Holzfrei

Nr. 35 1953
S. 5445—5604 2. September

Chemisches Zentralblatt

Vollständiges Repertorium für alle Zweige der reinen und angewandten Chemie

Im Auftrage der Deutschen Akademie der Wissenschaften zu Berlin, der Akademie der Wissenschaften zu Göttingen und der Gesellschaft Deutscher Chemiker herausgegeben von

Prof. Dr. **Maximilian Pflücke**

Chefredakteure: Dr. Eugen Klever und Prof. Dr. Maximilian Pflücke

124. Jahrgang

1953

Akademie-Verlag GmbH., Berlin — Verlag Chemie, GmbH., Weinheim/Bergstr.

Inhalt

Geschichte. Unterricht ... 5445
A. Allgemeine und physikalische Chemie ... 5445
A_1 Kernphysik und Kernchemie ... 5445
A_2 Optisches Verhalten der Materie ... 5451
A_3 Elektrizität. Magnetism. Elektrochem. ... 5455
A_4 Thermodynamik. Thermochemie ... 5460
A_5 Grenzschichtforschung. Kolloidchem. ... 5461
A_6 Strukturforschung ... 5462
A_7 Gleichgewichte. Kinetik ... 5465
B. Anorganische Chemie ... 5466
C. Mineralogische und geologische Chemie ... 5469
D. Organische Chemie ... 5471
D_1 Allgem. u. theoretische organ. Chemie 5471
D_2 Präparat. organ. Chemie. Naturstoffe 5479
Mono- und Oligosaccharide. Glykoside 5505
Alkaloide ... 5506
Natürliche Farbstoffe ... 5508
Terpene. Sapogenine ... 5509
Sterine. Gallensäuren ... —
Hormone. Vitamine. Enzyme ... 5510
Antibiotica ... 5512
Andere Naturstoffe ... 5512
D_3 Makromolekulare Chemie ... 5513
E. Biologische Chemie. Physiologie. Medizin ... 5517
E_1 Allgemeine Biologie und Biochemie. 5517
E_2 Enzymologie. Gärung ... 5518
E_3 Mikrobiolog. Bakteriolog. Immunolog. 5521
E_4 Pflanzenchemie. Pflanzenphysiologie. Pflanzenpathologie ... 5523
E_5 Tierchemie. Tierphysiologie. Tierpathologie ... 5524
E_6 Pharmakologie. Therapie. Toxikologie. Hygiene ... 5535
F. Pharmazie. Desinfektion ... 5543
G. Analyse. Laboratorium ... 5549
H. Angewandte Chemie ... 5556
I. Allgemeine chemische Technologie .. 5556
II. Feuerschutz. Rettungswesen ... 5556
III. Elektrotechnik ... 5557
IV. Wasser. Abwasser ... 5558
V. Anorganische Industrie ... 5559
VI. Silicatchemie. Baustoffe ... 5560
VII. Agrikulturchemie. Schädlingsbekämpfung ... 5562
VIII. Metallurgie. Metallographie. Metallverarbeitung ... 5565
IX. Organische Industrie ... 5574
X. Färberei. Organische Farbstoffe .. 5581
XI. a) Farben. Anstriche. Lacke. Naturharze ... 5582
b) Plaste (Kunstharze, Plastische Massen) ... 5585
XII. Kautschuk. Guttapercha. Balata .. 5587
XIII. Ätherische Öle. Parfümerie. Kosmetik ... 5589
XIV. Zucker. Kohlenhydrate. Stärke ... —
XV. Gärungsindustrie ... —
XVI. Nahrungs-, Genuß- und Futtermittel 5590
XVII. Fette. Seifen. Wasch- u. Reinigungsmittel. Wachse. Bohnermassen usw. 5596
XVIII. a) Holz. Cellulose. Zellstoff. Papier. Papierdruck. Celluloid. Linoleum 5597
b) Textilfasern ... 5599
XIX. Brennstoffe. Erdöl. Mineralöle ... 5601
XX. Schieß- u. Sprengstoffe. Zündmittel —
XXI. Leder. Gerbstoffe ... —
XXII. Leim. Klebstoffe usw. ... —
XXIII. Tinte. Hektographenmassen u. a. Spezialpräparate ... —
XXIV. Photographie ... —

Bibliographien: 5445. 5462. 5469. 5470. 5517. 5535. 5543. 5549. 5556. 5558. 5590. 5596. 5597. 5601.

Namenregister

Abbott Laboratories 5593.
Abdulla 5542.
Åberg 5531.
Acker 5522.
Adams 5551.
Addink 5464.
Adkins 5484.
Adler 5512. 5513.
Ahn, von 5537.
Akischin 5492.
Aktiebolaget Kanthal 5569.
Albert, A. 5504.
Albert, S. 5525.
Albright 5473.
Alexander 5528.
Alginate Industries Ltd. 5598.
Allied Chemical & Dye Corp. 5559.
Allied Laboratories, Inc. 5580.
Alloy Research Corp. 5572.
Alpert 5549.
Altenburg 5473.
Alumni Research Foundation 5547.
American Cyanamid Co. 5559. 5581. 5586. 5598.
Amos 5498.
Andersen, J. 5528.
Anderson, E. T. 5556.
Anderson, H. L. 5447.
Anderson, L. S. 5531.
Angus, George, and Co. Ltd. 5589.
Anox Akt.-Ges. 5573.
Arai 5507.
Arbel 5569.
Arles 5537.
Armstrong 5535.
Armstrong Cork Co. 5598.
Artsdalen, Van 5466.
Asboe-Hansen 5520.
A/S Nordisk Aluminiumindustri 5573.
Astaldi 5538.
Astrup 5519.
Aubertein 5498.
Audisio 5529.
Austerweil 5462.
Avalle 5589.
Avery 5561.
Azman 5593.
Babad 5592.
Babcock 5592.
Babcock & Wilcox Tube Co. 5568.
Bader 5511.
Badische Anilin- & Soda-Fabrik 5556. 5578. 5583. 5584. 5586. 5587. 5590. 5601. 5603.
Bahler 5521.
Bahna 5518.
Bailey 5518.
Bainowa 5506.
Baker 5498.
Balik 5538.
Balkin 5589.
Bamag-Meguin Akt.-Ges. 5559.
Bancroft, Joseph, & Sons Co. 5600.
Barail 5590.
Barber 5592.
Barker, J. 5523.
Barlow 5535.
Barschel 5550.
Barsh 5457.
Bary 5568.
Bass 5540.
Bastos Mora 5538.
Battat 5449.
Battelle Development Corp. 5573.
Bauer 5555.
Baumgarten 5514. 5481.
Bayes 5585.
Beatty, C. H. 5531.
Beatty, J. R. 5588.
Beauregard, de 5461.
Beaver 5572.
Beckmann 5555.
Beckwith 5562.
Beevers 5517.
Bell 5452.
Bell Telephone Laboratories, Inc. 5569.
Bencze 5522.
Benvenuti 5524.
Bergeron 5531.
Berlin 5528.
Bernstein, S. 5588.
Bernstein, H. J. 5474.
Berson 5483.
Bertalanffy, Emil, Chemisch-pharmazeutische Fabrik 5579.
Berthelot 5462.
Bertossi 5562.
Best 5530.
Beu 5462.
Bharucha 5510.
Bhatia 5589.
Biard 5588.
Bićan-Fišter 5543.
Billett 5465.
Bischoff 5530.
Bishop 5566.
Bittner 5518.
Björkqvist 5513.
Black 5538.
Blanchot 5542.
Blanco 5467.
Blanke 5540.
Blasberg, Friedr., elektrochem. Fabrik 5573.
Blaschke 5538.
Bloom 5508.
Bobrowa 5479.
Bockris 5472.
Bodman 5541.
Böhm, H. 5564.
Böhm, O. 5564.
Böhmova 5542.
Boer, de [5462].
Bolotina 5516. 5523.
Bonanomi 5454.
Bonotto 5602.
Boorse 5460.
Boots Pure Drug Co. Ltd. 5549.
Borchers, Gebr., Akt.-Ges. 5570. 5577.
Bornmann 5538.
Bornstein 5530.
Bost 5487. 5488.
Botterell 5540.
Boulanger 5517.
Bourne 5482.
Bourns 5477.
Bovet 5495. 5496.
Bovet-Nitti 5495.
Bower 5535.
Bowles 5565.
Bowman 5465.
Bowman Dairy Co. 5596.
Boxer 5536.
Bozel-Maletra, Soc. Industrielle de Produits Chimiques 5573.
Braganca 5518.
Brasted 5553.
Breny 5597.
Brewer, A. K. 5559.
Brewer, L. 5460.
Briggs 5508.
Brimblecombe 5564.
Brintzinger 5480.
British Cellophane Ltd. 5599.
Brockhaus 5535.
Brockhouse 5448.
Brook, Vander 5540.
Brooker 5508.
Broustet 5542.
Brown, A. 5460.
Brown, G. L. 5461.
Brown, H. 5529.
Brown, R. A. 5602.
Brown, S. C. 5549.
Brownell 5519.
Buchanan 5597.
Büchi 5544.
Buffam 5470.
Burk 5460.
Burke 5539.
Burnett 5527.
Burrows 5527.
Burssian 5560.
Butow 5446.
Byrde 5562. 5563.
Cadotte 5505.
Cameron 5449.
Campbell, M. E. 5552.
Campbell, P. N. 5534.
Campbell, R. M. 5526.
Campbell, T. W. 5472.
Camus 5476.
Canadian Kodak Co. 5561.
Capinpin 5524.
Carborundum Co. 5561.
Carver 5518.
Cassella Farbwerke Mainkur 5581. 5598.
Catel 5537.
Cave 5553.
Ceccaldi 5521.
Černáček 5542.
Chabbert 5522.
Chabrier 5548.
Chalvet 5463.
Chamings 5541.
Chaney 5535.
Chargaff 5519.
Charpal, de 5521.
Chatfield 5582.
Chatterjee 5470.
Chatton [5543].
Cheetham 5538.
Chemical Foundation, Inc. 5548.
Chemische Werke Albert 5565. 5586.
Chevais 5542.
Chiavarelli, S. 5495. 5496. 5497.
Childers 5462.
Chini 5599.
Chisholm 5452.
Chou 5462.
Chow 5593.
Chrzan 5560.
Churchward 5566.
Ciba Akt.-Ges. 5582.
City Auto Stamping Co. 5572.
Clark 5451.
Cleveland 5471.
Cobure 5530.
Coester 5446.
Coic 5524.
Coleman 5469.
Collier 5550.
Comess 5542.
Commercial Solvents Corp. 5548. 5549.
Conn, H. F. [5543].
Conn, J. W. 5528.
Constantini 5589.
Cooper 5592.
Coppenet 5524.
Corey 5475.
Corning Glass Works 5575.
Costa 5476.
Cotte 5519.
Cottet 5491.
Cottrall 5597.
Courtaulds Ltd. 5593. 5598.
Cover 5591.
Cox 5592.
Coyle 5549.
Craig 5449.
Crawford 5452.
Crespin 5451.
Cronheim 5536.
Crovetto 5597.
Cüer 5449.
Cuer 5594.
Cunliffe 5455.
Cunningham 5451.
Curien 5464.
Curry, J. C. 5592.
Curry, W. H. 5566.
Custer 5453.
Dabbs 5457.
Dämkes [5597].
Damanski 5523.
Danowski 5543.
Darnell 5460.
Daunt 5460.
David-Chaussé 5555.
Davidsohn 5590.
Davies, J. T. 5474.
Davison Chemical Corp. 5565.
Dawson 5457.
Denans 5518.
Denninger 5542.
Derjabin 5539.
Derudder 5490.
Detienne 5594.
Deutsche Edelstahlwerke Akt.-Ges. 5571.
Deutsche Erdöl-Akt.-Ges. 5561.
Deutsche Hydrierwerke Akt.-Ges. 5578. 5579. 5883.
Deutsche Rhodiaceta Akt.-Ges. 5601.
Devis 5530.
Dharmatti 5457.
Diamond 5528.
Dienes 5460.
Dilnot 5560.
Dodd 5478.
Doehaerd 5460.
Doittau 5593.
Dolinin 5539.
Donahue 5449.
Donnelly 5476.
Donohue 5475.
Dovey 5534.
Dow Chemical Co. 5577.
Dow Corning Corp. 5575. 5576. 5587. 5595.
Dow Corning Ltd. 5576.
Downes 5562.
Dresden 5457.
Drogin 5588.
Drossbach [5558].
Duff 5489.
Dumont [5535].
Dunning, K. W. 5458.
Dunning, W. J. 5458.
Du Pont de Nemours, E. I., & Co. 5574. 5580. 5582. 5586. 5587.
Dursch 5534.
Dutta 5537.
Dziewoński 5503.
Eayrs 5526.
Ebert 5529.
Ecker 5455.
Eckert 5520.
Edwards 5450.
Electric Furnace Products Co. Ltd. 5568.
Elgenstierna 5561.
Elgin National Watch Co. 5604.
Ellison 5597.
El Saifi 5523.
Ely 5532.
Emery 5551.
Engelbach 5542.
Eppling 5449.
Epsztein 5485.
Ergang 5458.
Erlemann 5505.
Erne 5512.
Escribano 5530.
Esty 5591.
Établissements Skoda 5571.
Euler, von 5477.
Everest 5566.
Everhart 5470.
Ezell 5536.
Fa. Ludwig Seibold 5558.
Fajans 5528.
Falco 5495.
Farbenfabriken Bayer 5545. 5546. 5579. 5580. 5586. 5587. 5601.
Farbwerke Hoechst, vormals Meister Lucius & Brüning 5546. 5547. 5580.
Favati 5530.
Fernstrom Paper Mills, Inc. 5594.
Fertig 5590.
Feustel 5587.
Fidlar 5535.
Fifield 5591.
Fineman 5461.
Finkel 5528.
Finland 5528.
Fischer-Bobsien 5600.
Fisher 5588.
Fleming jr. 5451.
Florestano 5521.
Fock 5446.
Fogelman 5525.
Foote 5523.
Foreman 5598.
Fowler, E. C. 5447.
Fowler, W. B. 5447.
Franchetti 5600.
Francillon 5518.
Franz 5456.
Fraser 5525.
Frederickson jr. 5550.
Frediani 5496.
Freitag 5588.
French [5596].
Freund 5547.
Frey 5543.
Frisch 5446.
Fuchs 5591.
Furman 5551.
Furness 5489.
Fuson 5471.
Gal 5504.
Galonsky 5449.
Gammill 5468.
Gantner 5590.
Garcia-Llauradó 5536.
Gardner 5528.
Gardner Board and Carton Co. 5598.
Gastrock 5596.
Gavis 5466.
Gawrilowa 5477.
Gazes 5536.
Geigy, J. R., Akt.-Ges. 5578. 5582.
General Electric Co. Ltd. 5569. 5575.
General Tire & Rubber Co. 5577.
Geschwind 5527.
Geyer 5556.
Ghiorso 5451.
Ghosh 5538.
Giacomello 5483.
Gibian 5520.
Gilbert, C. 5532.
Gilbert, Ch. M. 5469.
Gilbert, R. D. 5515.
Gillman, J. 5532.
Gillman, T. 5532.
Ginzel 5582.
Giuliano 5492.
Glaces et Crème Glacées Ch. Gervais, Soc. An. 5596.
Glockler 5549.
Golben 5457.
Goldberg, E. 5449.
Goldberg, L. J. 5536.
Goldfinger 5460.
Goldman 5460.
Goldschmidt, E. P. 5517.
Goldschmidt, St. 5534.
Goldschmidt, Th., Akt.-Ges. 5556.
Gomer 4546.
Gonikberg 5477.
Good 5449.
Gorenbein 5467.
Gorke 5514.
Goss 5567.
Goszczyńska 5544.
Goto 5507.
Gould 5476.
Graci jr. 5597.
Grad 5585.
Graefe 5492.
Graikoski 5591.
Grassmann 5516.
Gray 5530.
Grebenkemper 5457.
Green 5452.
Greenman 5543.
Greenwood 5566.
Greey 5540.
Grégoire 5519.
Gregory, F. S. 5588.
Gregory, Morton, Corp. 5572.
Gregory, N. W. 5461.
Grieger 5462.
Griffith, E. J. 5466.
Griffith, H. R. 5541.
Grumbach 5522.
Grunberg 5566.
Guillaume 5543.
Gupta 5538.
Gustavson 5517.
Gysin 5549.
Haag 5445.
Hackerman 5458.
Hackspill 5569.
Hadfields Ltd. 5572.
Haevernick 5445.
Hagen 5457.
Hall jr. 5458.
Halse 5543.
Hanna 5536.
Hansen 5528.
Hansler 5452.
Hansson 5561.
Harned 5458.
Harris, D. L. 5521.
Harris, J. W. 5528.
Harvey 5508.

Haselhorst 5565.
Haslewood 5525.
Hasselquist 5477.
Head 5478.
Heath 5531.
Heer 5460.
Heisel 5598.
Heller 5566.
Helmreich 5534.
Hemingway 5535.
Hendrick 5540.
Hendry jr. 5593.
Henkel & Cie, G. m. b. H. 5580.
Herbinot 5595.
Heresite & Chemical Co. 5584.
Herglotz 5557.
Hermann 5540.
Hess, E. L. 5530.
Hess, G. 5538.
Hess, W. C. 5534.
Hill, C. H. 5521.
Hill, R. W. 5449.
Hill jr., F. E. 5566.
Hirsjärvi 5476.
Hoff 5586.
Hoffman, P. F. 5564.
Hoffmann jr., W. H. 5596.
Hoffmann-La Roche, F., & Cie. (Soc. An.) 5594.
Hofmann 5516.
Holloway 5534.
Holmes 5452.
Holmgren 5597.
Honerla 5539.
Hood 5549.
Hoover 5558.
Hormel, Geo. A., & Co. 5593.
Horne 5556.
Horsley 5450.
Horst, Ven 5549.
Hoste 5559.
Hough 5455.
Hoveman 5595.
Howatson 5468.
Hudson 5445.
Hüttenwerke Huckingen Akt.-Ges. 5559.
Hughes, E. C. 5602.
Hughes, G. 5478.
Hughes, M. A. 5602.
Hukki 5461.
Hull 5528.
Hulm 5456.
Hume 5553.
Hunter 5538.
Hurlbut jr. 5550.
Hutcheon 5467.
Hvidsten 5532.
Hyder 5536.
I. G. Farbenindustrie Akt.-Ges. 5578.
Ijak 5583.
Ikeda, Hatsuko 5501.
Ikeda, Hiroshi 5501.
Ilver 5531.
Ingbar 5527.
Ingold [5517].
Innes 5526.
International Nickel Co. of Canada Ltd. 5570.
Irvine, M. D. 5529.
Irvine, S. R. 5529.
Itzerott 5564.
Iwanowa 5538.
Jackson 5449.
Jacob 5520.
Jacobs 5566.
Jacot 5526.
Jacquesson 5448.
Jännes 5532.
Jager 5529.
Janz 5476.
Jasewicz 5558.
Jenckel 5514.
Jetscheisstowa 5463.
Jewstignejewa 5506.
Jörder 5600.
Johansen 5531.
Johns-Manville Corp. 5584.
Johnson, A. S. 5541.
Johnson, H. J. [5470].
Johnson, R. M. 5525.
Johnston, H. L. 5462.
Jones, A. L. 5598.
Jones, K. W. 5449.
Jong, de 5556.
Joos 5445.
Josien 5471.
Joske 5540.
Juilfs [5445].
Jung 5481.
Juve 5588.
Kainer 5474.
Kaipainen 5522.
Kalliala 5527.
Kalyanasundaram 5524.
Kamenitschnyi 5560.
Kamm 5564.
Kampschmidt 5492.
Kanewskaja 5502.
Kaplon 5446.
Kappanna 5458.
Karvonen 5527.
Kass 5527. 5528.
Kastner 5529.
Katherman 5530.
Kelenský 5518.
Kensler 5556.
Kermack 5525.
Kieffer 5567.
King, E. L. 5465.
King, J. A. 5503.
King jr., J. St. 5536.
Kirchner 5554.
Kirkpatrick 5556.
Kittelberger & Co. 5583.
Klauber 5518.
Klemenc 5604.
Klier 5567.
Klimek 5543.
Kling 5481.
Klosa 5482. 5523.
Knight 5488.
Knudsen 5450. 5549.
Kobsewa 5523.
Koch 5537.
Kochi 5522.
Koddebusch 5481.
Koechlin 5593.
Koffler 5517.
Kono 5507.
Koopmans 5556.
Kopf 5538.
Koppers Co., Inc. 5581.
Korndorffer 5463.
Koslowa 5540.
Kosterlitz 5526.
Kraitchman 5453.
Krall 5465.
Krawitz 5452.
Kream 5519.
Kress 5543.
Kreulen 5601.
Krevelen, van 5601.
Krishnaswamy 5542.
Kriss 5467.
Krollpfeiffer 5445.
Krupp, Friedr., Akt.-Ges. 5571.
Kühl 5564.
Kuhn, R. 5474.
Kumer [5590].
Kunkee 5520.
Künßberg 5472.
Kunz 5449.
Kusminski 5515.
Kusnetzow 5446.
Kutscherow 5492.
Kutz Echave 5542.
Kutzim 5555.
Laird 5516.
Lal 5446.
Lambert 5479.
Landwehr 5585.
Lang 5543.
Lange & Co. K.-G. 5599.
Lapp 5538.
Larach 5455.
Larsen 5468.
Larsson 5517.
László 5461.
Lataste 5448.
Lathrop 5457.
Lauter 5523.
Lawrence 5591.
Lawson 5531.
Lax 5451.
Leary 5536.
Lechevalier 5522.
Lees 5525.
Legrand 5516.
Leonardi 5492.
Leone 5566.
Leppänen 5527.
Lerner 5518.
Leverenz 5454.
Lévy 5554.
Lewina 5492.
Lewis 5543.
Leyshon 5448.
Li, Ch. H. 5527.
Li, J. C. M. 5461.
LICENTA Patent-Verwaltungs-G. m. b. H. 5557. 5558.
Lindgren 5513.
Lindsay 5477.
Lindsey 5459.
Lingane 5459.
Linsley 5447.
Lister 5467.
Livingston 5471.
Liwschitz 5506.
Ljubomudrowa 5538.
Lockemann 5445.
Lockett 5529.
Loewel 5564.
Lonchamp 5449.
Long 5527.
Long, Dorman, & Co. 5587.
Lonza Elektrizitätswerke und Chemische Fabriken Akt.-Ges. (Gampel) 5558.
Loosli 5528.
Lorenson 5460.
Lorenz, C., Akt.-Ges. 5557.
Lessing 5473.
Louis 5528.
Luke 5552.
Lundgren, M. M. 5528.
Lundgren, T. E. E. 5561.
Luttinger 5447.
Maas 5519.
McAllister 5551.
McClure 5446.
McConnell 5538.
McCullough, J. D. 5476.
McCullough, J. F. 5466.
MacDonald, J. C. F. 5452.
McDonald, W. S. 5602.
McElfresh 5528.
McElvain 5484.
McFarlane 5534.
McGee 5471.
McGovern, J. J. 5539.
McGovern, J. P. 5539.
Machis 5556.
Mack, Heinrich, Nachf. 5590.
McKay 5500.
McMeekin 5525.
MacMillan, F. A. 5450.
McMillan, F. H. 5503.
Maggiolo 5471.
Magnesium Elektron Ltd. 5570.
Magrutsch jr. 5595.
Majer 5525.
Malatesta 5484.
Malcolm 5565.
Malm 5516.
Marcou 5600.
Marini-Bettòlo 4595. 5496.
Markham 5517.
Marks 5455.
Marquez 5450.
Mars and Huzenlaub 5594.
Marszak 5485.
Martin, J. J. 5473.
Martin, R. 5522.
Martin, R. L. 5447.
Marvel 5514.
Marzadro 5497.
Masing 5458.
Mastagli 5479.
Matsuda 5448.
Matthews 5447.
Matthias 5455.
Matubayasi 5550.
Matuda 5479.
Maurizio 5532.
Mauvisseau 5524.
Mayfield 5451.
May & Baker Ltd. 5579.
Meeks 5587.
Mei 5447.
Meites 5551. 5553.
Melentjewa 5502.
Melpolder 5602.
Merck 5545.
Merck & Co., Inc. 5565.
Merrell, Wm. S., Co. 5547.
Mertz 5452.
Mesenzowa 5492.
Metallgesellschaft Akt.-Ges. 5556. 5570.
Meunier 5508.
Meyer zu Schwabedissen 5555.
Michael 5517.
Michel 5577.
Mildner [5549].
Miles 5445.
Miller, J. M. 5554.
Miller, S. I. 5471.
Misra 5542.
Moak 5449.
Möhling 5458.
Moldave 5534.
Mond Nickel Co. Ltd. 5569.
Monkhouse 5535.
Monsanto Chemical Co. 5557. 5601.
Monson 5455.
Montgomery 5525.
Montreuil 5517.
Morgan 5535.
Morrison 5465.
Moussalli 5548.
Moyer 5525.
Mozota Sagardia 5539.
Müller 5598.
Müllertz 5519.
Mukerji 5537.
Mukherjee 5470.
Mulder 5452.
Muller 5590.
Munesue 5456.
Murib 5466.
Mustacchi 5516.
Muth 5555.
Myers 5461.
N. V. Philips' Gloeilampenfabrieken 5571. 5581.
N. V. Zilvervisch 5583.
N. V. Zuid-Nederlandsche Spiritusfabriek 5559.
Nachtigall 5567.
Nasarow, I. N. 5492. 5494.
Nasarow, M. P. 5560.
Nasset 5532.
Natividad 5542.
Natta 5479.
Naves 5590.
Nemetschek 5516.
Nessmejanow 5474.
New Jersey Zinc Co. 5570.
Newman, M. S. 5497.
Newman, R. 5453.
Newton 5455.
Nichols 5463.
Nickerson 5529.
Nicolaus 5568.
Nielsen 5453.
Nietzschmann 5537.
Nisimoto 5550.
Norris 5552.
North 5454.
Nouveau 5593.
Novacel Soc. An. 5595.
Novák 5504.
Novi 5541.
Odell 5508.
Oelsen 5567.
Oesper 5445.
Oetjen 5452.
Ogata 5448.
Ojeda Gil 5541.
Ojha 5470.
Oldenroth [5597].
Oldfield 5472.
Oliphant 5451.
Ollis 5501.
Olomucki 5485.
Opsahl 5527.
O'Rafferty 5538.
Orivuori 5461.
Orthmann 5514.
Otting 5523.
Oursina Soc. An. 5594.
Packh, de 5451.
Pagliassotti 5552.
Pal 5446.
Palazzo 5497.
Paléus 5509.
Palmer, K. J. 5475.
Palmer, L. S. 5455.
Palomäki 5461.
Panasiewicz 5504.
Pandow 5465.
Paper Patents Co. 5559.
Parant 5584.
Pardee 5520.
Parke, Davis & Co. 5548.
Parker, J. S. 5597.
Parker, L. W. 5452.
Parrod 5491.
Parrott 5539.
Patent-Treuhand-Ges. für elektrische Glühlampen m. b. H. 5584.
Paterson 5462.
Patrick 5561.
Patton, L. W. 5481.
Patton, T. C. 5585.
Paul 5480.
Paxton 5458.
Pearson 5534.
Peat 5518.
Pederson 5593.
Pein, v. 5540.
Pelnář 5556.
Pepinsky 5558.
Pepke 5544.
Pepper 5552.
Perkins 5566.
Perkinson jr. 5467.
Perlia 5544.
Persson 5561.
Pesstschanskaja 5515.
Petelin 5554.
Peters 5446.
Petrie 5560.
Petrowa 5523.
Petuely 5472.
Petyt 5595.
Pfannenstiel 5537.
Pfender 5567.
Philipp 5535.
Phillipps 5551.
Phillips Petroleum Co. 5585. 5587. 5603. 5604.
Phouphas 5524.
Picci 5562.
Pickup 5447.
Pietsch [5469].
Piper 5463.
Pitt 5475.
Pittsburgh Plate Glass Co. 5577.
Plaja 5538.
Plank 5550.
Plate 5477.
Poddubnaja 5474.
Pomerantz 5446.
Porath 5527.
Porges 5558.
Porsche 5552.
Powell 5521.
Premer 5535.
Preobrashenski 5506.
Preuß 5544.
Price, C. C. 5515.
Price, H. P. 5551.
Procédés industriels et Charbons actifs 5593.
Pry 5457.
Prystowsky 5536.
Pschorn-Walcher 5564.
Pubellier 5566.
Pummerer 5485. [5601].
Quastel 5518.
Quill 5467.
Raab [5535].
Rabinowicz 5585.
Rabó 5602.
Raghavan 5542.
Rahbek 5463.
Rahier 5491.
Raison 5600.
Rammler 5602.
Rao, B. S. V. R. 5552.
Rao, C. L. 5552.
Rasumowski 5491.
Ratner 5515.
Raupach 5562.
Ray 5537.
Reesor 5453.
Régie Nationale des Usines Renault 5571.
Rehder 5566.
Reich 5564.
Reilley 5551.
Reiners 5531.
Reinhardt 5527.
Reithel 5534.
Relman 5527.
Reuther jr. 5596. 5597.
Reutow 5474.
Reuttener Textilwerke Akt.-Ges. 5604.
Ribe 5449.
Rice 5539.
Richards 5541.
Rickards 5536.
Rile-Coe Filter Process, Inc. 5584.
Rimington 5531.
Rist 5491.
Ritter 5466.
Robert 5542.
Roberts 5457.
Robertson 5591.
Robson 5526.
Roemer 5573.
Rogers 5472.
Rohini 5542.
Rohner 5572.
Rollesson 5447.
Ronchi 5541.
Rose 5462.
Rosenberg 5530.
Rosenfeld 5516.
Ross 5539.
Rossel 5454.

Rossi-Landi 5568.
Roussel 5445.
Roux 5518.
Rouzet 5593.
Rowlands 5592.
Rowson 5526.
Roy, P. K. 5537.
Roy, R. 5542.
Roychowdhury 5469.
Royer 5554.
Rozyńska 5544.
Ruf 5535.
Ruhrchemie Akt.-Ges. 5577. 5603. 5604.
Ruigh 5522.
Russell 5471.
Rytschkina 5491.
Sacharkin 5506.
Sadgopol 5589.
Saedén 5513.
Saint 5540.
Sakol 5543.
Sakurai 5456.
Salam 5446. 5447.
Sala Roig 5542.
Salecker 5448.
Salkind 5560.
Salutsky 5467.
Sartori 5476.
Sauter 5542.
Sawjalow 5494.
Schallamach 5588.
Schalm 5539.
Scheina 5509.
Scheitlin 5448.
Schieffelin & Co. 5545.
Schieß 5550.
Schiff 5448.
Schmahl 5480.
Schmeken 5566.
Schmid 5522.
Schmidt 5536.
Schmidutz 5485.
Schneider, F. 5505.
Schneider, H. J. 5484.
Schoen 5503.
Schenley Industries, Inc. 5549.
Schpolski 5446.
Schubert 5528.
Schulz 5485.
Schutten 5557.
Schwaben [5556].
Schwidkowski 5446.
Searle 5531.
Searle, G. D., & Co. 5545. 5548. 5574. 5580. 5581.
Sears 5559.
Seifert 5485.
Seith 5566.
Selye 5526.
Seraphim 5595.
Serchi 5599.
Shapiro 5519.
Sharaf 5526.
Sharma, J. 5454.
Sharma, N. L. 5470.
Sharp 5481.
Sharp & Dohme, Inc. 5547. 5549.
Shaw 5568.
Shealy 5487. 5488.
Shell Development Co. 5583.
Shenhav-Hetman 5592.
Sherwin-Williams Co. 5593.
Shooter 5585.
Shutt 5447.
Siegel 5522.
Siemens & Halske Akt.-Ges. 5557. 5558.
Simha 5514.
Siminovitch 5520.
Simmons 5597.
Simonart 5593.
Sims 5596.
Singer, L. 5535.
Singer, S. J. 5522.
Singh 5542.
Sirek 5530.
Sisson 5527.
Sixma 5477.
Slaymaker 5452.
Smith, A. L. 5454.
Smith, B. W. 5450.
Smith, F. 5505.
Smith, G. D. 5516.
Smith, G. E. 5589.
Smith, J. D. 5517.
Soc. d'Électrochimie, d'Électrométallurgie et des Aciéries Électriques d'Ugine 5572.
Soc. des Usines Chimiques Rhône-Poulenc 5544. 5548.
Soc. Française des Carburants Forestiers 5595.
Société Française des Charbonnages du Tonkin 5568.
Soc. Méridionale du Caoutchouc
Someca (Soc. à Responsabilité limitée) 5589.
Söderhjelm 5532. 5533.
Soper 5477.
Sorensen, John R., & Co., Ltd. 5596.
Soubiran 5548.
Spangler 5513.
Spence 5532.
Spofa, Spojené farmaceutické závody, národní podnik 5547. 5548.
Spriestersbach 5505.
Ssuworow 5446.
Stacey, F. W. 5477.
Stacey, M. 5482.
Stack 5525.
Stacy 5588.
Stafseth 5592.
Stanton 5567.
Stark 5590.
Steigerwald 5543.
Stein 5483. 5502.
Steiniger 5564.
Stone 5592.
Strange 5521.
Straszewska 5597.
Strebel 5544.
Strobel 5592.
Stubbs, M. F. 5467.
Studebaker 5588.
Stuhlfauth 5534.
Sturtevant 5551.
Subrahmanyam 5470.
Sugarman 5450.
Sulser 5600.
Sultan 5463.
Sundberg 5554.
Sunderman 5555.
Sureau 5522.
Suriani 5583.
Sutherland 5590.
Sutton 5588.
Svetlik 5588.
Swahn 5555.
Swain 5560.
Swoboda 5532.
Tabor 5585.
Takeyama 5550.
Talaty 5458.
Talsma 5523.
Tamaru 5478.
Tamm 5519.
Tanghe 5516.
Tarlton 5500.
Tarpinian 5465.
Tatlow 5482.
Tchelitcheff 5480.
Tedder 5482.
Terechowa 5492.
Tessner 5463.
Tetenbaum 5453.
Texas Co. 5603.
Textilausrüstungs-Gesellschaft Schroers & Co. 5581.
Textilwerk Akt.-Ges. 5600.
Thode 5450.
Thomas, B. 5591.
Thomas, L. E. 5518.
Thorndike 5447.
Tice 5568.
Tickner 5473.
Tischtschenko 5509.
Todd 5460.
Tommila 5476.
Topalović-Avramov 5523.
Tourret 5602.
Tracey 5554.
Treggi 5524.
Trewhella 5530.
Troell 5531.
Truce 5498.
Trueblood 5475.
Tscheschko 5472.
Tumminello 5562.
Turner, D. G. 5589.
Turner, H. S. 5602.
Ubbink 5457.
Uebel 5537.
Ueberreiter 5514.
Ueno 5479.
Ufford 5452.
Uhlig 5459.
Ulmann 5550.
Umstätter [5556].
Union Carbide & Carbon Corp. 5574.
Union Carbide and Carbon Research Laboratories, Inc. 5572.
Union Chimique Belge S. A. 5584.
United Aircraft Corp. 5571.
United Anodising Ltd. 5573.
United States Rubber Co. 5586.
Usines de Melle 5595.
Ussataja 5468.
Valentin 5593.
Vanderbilt, R. T., Co., Inc. 5565.
Vanderhaeghe 5490.
Varley Dry Accumulators Ltd. 5589.
Vartiainen 5520.
Vavřín 5560.
Venho 5520.
Venkataramaniah 5552.
Venturi 5562.
Verein für chemische und metallurgische Produktion, Nationalunternehmen 5577.
Vereinigte Deutsche Metallwerke Akt.-Ges. 5573.
Verona 5524. 5562.
Vittory 5496. 5497.
Vix 5596.
Voce 5566.
Voet 5583.
Voigt 5469.
Voïnovitch 5594.
Vries, de 5468.
Vroelant 5463.
Vukčević-Kovačević 5543.
Wacker, Dr. Alexander, Gesellschaft für elektrochemische Industrie G. m. b. H. 5586.
Wade 5563.
Waelbroeck 5460.
Waksman 5522.
Walchli 5448.
Waldenfels, v. 5543.
Wall, F. T. 5462.
Wall, L. A. 5514.
Wallbank 5592.
Wallis 5532.
Walton 5536.
Waring 5453.
Warner 5592.
Wazer, Van 5466.
Weaver 5574.
Webber 5523.
Wedekind [5597].
Wedgwood 5524.
Weedon 5510. 5511.
Weertman 5460.
Weight 5501.
Weigl 5471.
Weill 5521.
Weill 5543.
Weizsäcker, v. [5445].
Welsh 5452.
Wentzel 5447.
Wenzl 5563.
Wessel 5560.
West 5468.
Westbrook 5596.
Westermarck 5530.
Western Electric Co., Inc. 5572.
Westinghouse Electric International Co. 5573.
Whalley 5597.
Whelan 5518.
Whitcomb 5481.
White, D. 5462.
White, M. R. 5528.
Wibaut 5492.
Wichterle 5504.
Wild 5462.
Wild-Barfield Electric Fournaces Ltd. 5571.
Wildman 5522.
Wiles 5450.
Williams, J. P. 5488.
Williams, R. 5459.
Williams, W. L. 5535.
Wilmarth 5457.
Windham 5592.
Winogradow 5543.
Winzler 5534.
Wise 5597.
Wissler 5529.
Witt, de 5523.
Witte 5480.
Wittenberg 5468.
Wokes 5524.
Wolf 5497.
Wood, H. C. 5540.
Wood, H. G. 5521.
Wood, J. D. 5525.
Woods, G. M. 5539.
Woods, R. J. 5510. 5511.
Woodside 5459.
Work 5534.
Wright, J. C. 5566.
Wright, R. J. 5470.
Wyart 5463.
Wyatt 5524.
Yaffe 5469.
Yager 5592.
Yamashita 5479.
Yllner 5512.
Yodh 5447.
Young 5602.
Zalai 5602.
Zemansky 5460.
Zieler 5557.
Zimmermann, Miramar, & Co. G. m. b. H. 5590.

Chemisches Zentralblatt

1953 Nr. 35 2. September

Geschichte. Unterricht.

G. Joos, *Walther Meißner 70 Jahre.* Würdigung der Verdienste des bekannten Physikers W. MEISZNER (geb. 16/12. 1882 in Berlin). Während seiner Leitung des berühmten Kältelabor. der PHYSIKALISCH-TECHNISCHEN REICHSANSTALT entdeckte MEISZNER gemeinsam mit seinem Mitarbeiter OCHSENFELD den MEISZNER-OCHSENFELD-Effekt der Supraleitung. (Z. angew. Physik **4.** 441. Dez. 1952.) KLEVER. 1

F. Krollpfeiffer, *Über Radikale und merichinoide Verbindungen. Ernst Weitz zum 70. Geburtstag am 21. Juni 1953.* Kurzer Lebenslauf u. Würdigung der Verdienste von E. WEITZ auf dem Gebiete der anorgan. u. organ. Chemie. Bes. wird auf seine Arbeiten über Radikale u. merichinoide Verbb. eingegangen. — Bild. (Angew. Chem. **65.** 313—15. 21/6. 1953.) KLEVER. 1

Claude S. Hudson, *Die grundlegenden Arbeiten von Fischer und van't Hoff über die Chemie der Kohlenhydrate.* Kurze Schilderung des Lebens u. der Arbeiten von EMIL FISCHER u. J. H. VAN'T HOFF. (J. chem. Educat. **30.** 120—21. März 1953. Washington, D. C.) H. W. LEVI. 1

Philip A. Roussel, *Die Fischersche Indolsynthese.* Nach einer kurzen Einführung in die Geschichte des Indols wird der Gang der Synth. ausführlich beschrieben. (J. chem. Educat. **30.** 122—25. März 1953. New Orleans, La., Tulane Univ.) H. W. LEVI. 2

Wyndham Miles, *Thomas Peters Smith, ein typischer früher amerikanischer Chemiker.* Nach einer kurzen Würdigung der Bedeutung der PHILADELPHIA CHEMICAL SOCIETY wird das Leben SMITHs, der um die Mitte des 18. Jahrhunderts geboren wurde, beschrieben. Er verunglückte auf der Rückkehr von einer Europareise im Jahre 1802 tödlich. (J. chem. Educat. **30.** 184—88. April 1953. Camden, N. J.) H. W. LEVI. 2

Georg Lockemann und **Ralph E. Oesper,** *Friedrich Stromeyer und die Geschichte des chemischen Laboratoriumsunterrichtes.* STROMEYERs Leben (1776—1835) u. seine Bedeutung für den chem. Unterricht werden behandelt. Es wird festgestellt, daß nicht LIEBIG, sondern STROMEYER in Göttingen den prakt. Laborunterricht begründet hat. (J. chem. Educat. **30.** 202—04. April 1953. Northeim, Mühle Hollenstedt; Cincinnati, O., Univ.) H. W. LEVI. 2

Thea Elisabeth Haevernick, *Antike Glasarmringe und ihre Herstellung.* Bei den antiken Glasarmringen sind nach der Herstellungstechnik 2 Typen zu unterscheiden: Die einen sind aus einem Glasstab zu einem Ring gebogen u. verschmolzen. Die 2., von den Kelten hergestellte Art besteht aus einem in sich gedehnten Stück ohne Naht aus gutem hartem Glas. Die frühesten Ringe aus dem Beginn des 3. Jahrhunderts v. Chr. sind aus entfärbtem Glas, später finden sich auch blaue, purpur, grüne u. braune. (Glastechn. Ber. **25.** 212—15. Juli 1952.) THIENE. 2

A. Allgemeine und physikalische Chemie.

Carl Friedrich v. Weizsäcker und **Johannes Juilfs,** Physik der Gegenwart. Bonn: Athenäum-Verl. 1952. (166 S. m. 30 Abb., 2 Bl. Abb.) 8° = Wissenschaft d. Zeit. DM 7,50.

A_1. Kernphysik und Kernchemie.

Rudolf Haag, *Über die Objektivierbarkeit der Zustände in der nichtrelativistischen Quantenmechanik.* Für die Revision der erkenntnistheoret. Grundlagen der Physik sind zwei Gesichtspunkte der Quantenmechanik verantwortlich: 1. Die Indeterminiertheit des elementaren Geschehens u. 2. die Schwierigkeiten der Objektivierbarkeit der Eigg. eines Systems. Auf Grund zweier allg. Forderungen an den Zustandsbegriff wird die Möglichkeit diskutiert, einem quantenmechan. Einzelsyst. objektive Zustandsgrößen zuzuordnen. Als kleinste hierdurch zugelassene Zustandsmannigfaltigkeit ergibt sich die Gesamtheit aller Wellenfunktionen. Die Anwendung des Zustandsbegriffs im hier definierten Sinn bei quantenmechan. Systemen erscheint jedoch nicht zulässig. (Z. Naturforsch. **8a.** 13—16. Jan. 1953. München, Univ., Inst. für Theoret. Phys.) GERHARD SCHMIDT. 80

I. W. Kusnetzow, *Gegen die idealistischen Verdrehungen der Begriffe Masse und Energie.* Ausführliche Diskussion des Masse–Energie-Problems vom materialist. Standpunkt. (Успехи Физических Наук [Fortschr. physik. Wiss.] **48.** 221—62. Okt. 1952.) KIRSCHSTEIN. 80

A. M. Butow und **Je. G. Schwidkowski,** *Über das Masse–Energie-Gesetz.* Diskussion über den Massebegriff u. die Erhaltung der M. nach den Prinzipien des dialekt. Materialismus. (Успехи Физических Наук [Fortschr. physik. Wiss.] **48.** 147—60. Okt. 1952.) KIRSCHSTEIN. 80

W. A. Fock, *Masse und Energie.* Diskussion über den Bruchteil der M., der nach der Relativitätstheorie in Feldmasse umgewandelt werden kann. (Успехи Физических Наук [Fortschr. physik. Wiss.] **48.** 161—65. Okt. 1952.) KIRSCHSTEIN. 80

Ss. E. Frisch, *Die Vorstellungen über Masse und Energie in der heutigen Physik.* Ausführliche Darst. der Äquivalenz von träger u. schwerer M. mit Diskussion des Masse–Energie-Problems. (Успехи Физических Наук [Fortschr. physik. Wiss.] **48.** 167—90. Okt. 1952.) KIRSCHSTEIN. 80

Ss. G. Ssuworow, *Zur Frage über das Masse–Energie-Gesetz.* Diskussion über die Unbestimmbarkeit der M. eines Körpers. (Успехи Физических Наук [Fortschr. physik. Wiss.] **48.** 213—20. Okt. 1952.) KIRSCHSTEIN. 80

E. W. Schpolski, *Über die Beziehung zwischen Masse und Energie.* Aus den Formeln für die Masse- u. Energieänderungen läßt sich bei bestimmten Prozessen die Energie–Masse-Relation ableiten, wenn nur das elektromagnet. Feld als besondere Erscheinungsform der Materie angesehen wird. (Успехи Физических Наук [Fortschr. physik. Wiss.] **48.** 191—211. Okt. 1952.) KIRSCHSTEIN. 80

F. Coester, *Die Symmetrie der S-Matrix.* (Vgl. C. **1952.** 958.) Die quantenmechan. Betrachtungen des Vf. zeigen, daß jede HEISENBERG-S-Matrix für eine geeignete Wahl beliebiger Phasen in einer Darst. symm. ist, bei der das Quadrat u. eine Komponente des Gesamtdrehimpulses diagonal sind. Die Folgen dieser Symmetrie für die komplexen Phasen der Matrixelemente werden diskutiert. (Physic. Rev. [2] **89.** 619—20. 1/2. 1953. Iowa City, Io., State Univ. of Iowa, Dep. of Phys.) GERHARD SCHMIDT. 80

Abdus Salam, *Renormalisierte S-Matrix für die skalare Elektrodynamik.* (Vgl. C. **1952.** 6321.) In Analogie zur Konstruktion einer divergenzfreien S-Matrix für Streuprobleme in der Spinorenelektrodynamik wird die Behandlung der Divergenzen durch Renormalisierung von M. u. Ladung in der skalaren Elektrodynamik behandelt. Es werden geladene skalare oder pseudoskalare Teilchen betrachtet. Die Einführung einer Konstanten in den Wechselwirkungsterm erweist sich nötig zur Unterdrückung der Divergenzen, die von der Streuung eines Teilchens mit dem Spin Null durch ein anderes herrühren. (Physic. Rev. [2] **86.** 731—44. 1/6. 1952. Princeton, N. J., Inst. for Advanced Study.) WIEDEMANN. 80

D. Lal, Yash Pal, M. F. Kaplon und **B. Peters,** *Zusammensetzung und zeitliche Schwankung der primären Höhenstrahlung.* Mittels Kernemulsionen wurde auf Ballonflügen auf der geomagnet. Breite von 3^0 der Fluß der prim. schweren Kerne zu 1,30 $\pm$0,25 Teilchen/m^2·sec·Raumwinkel für $6 < Z < 10$ u. zu 0,30$\pm$0,07 für $Z > 10$ bestimmt. Für das Energiespektr. gilt über ein weites Gebiet, 10^{10} bis 10^{12} eV/Nucleon, $e^{-1,56}$ sowohl für Protonen als auch für *He*- u. schwerere Kerne. Die energet. Zus. der prim. Strahlung ist: 66% entfällt auf Protonen, 26% auf He-Kerne, 5% auf *C*, *N* u. *O*, 3% auf Kerne mit $Z > 10$. Auch für die schwersten prim. Kerne im Energiegebiet $5 \cdot 10^9$ bis $5 \cdot 10^{11}$ eV/Nucleon kann die Intensitätsschwankung mit der Sonnenzeit nicht >10% u. mit der Sternzeit nicht >1% sein. (Physic. Rev. [2] **86.** 569—70. 15/5. 1952. Bombay, Tata Inst. of Fund. Res.; Rochester, N. Y., Univ. of Rochester.) WIEDEMANN. 85

Martin A. Pomerantz und **Gordon W. McClure,** *Die primäre Höhenstrahlung auf hohen Breiten.* (Vgl. C. **1952.** 7124.) Die Eigg. der Höhenstrahlteilchen mit Energien unter $1,6 \cdot 10^9$ eV für Protonen nördlich 52^0 wurden näher untersucht. Es wurde eine Vierfachkoinzidenzanordnung in horizontaler sowie in vertikaler Richtung verwendet, ferner eine zylindr. Ionisationskammer, die mit Po-α-Strahlen geeicht wurde u. nur Schauer größer als 1,0 Po-α anzeigte. Während des Sommers 1950 konnten kein Tagesgang u. keine Schwankung längerer Periode sowie kein Unterschied gegen 1949 in der Intensität festgestellt werden. Die Kurven der vertikalen Intensität gegen die Höhe zeigen auf 52^0 N mit einem 4 cm-Pb-Absorber ein Maximum bei 50 mm Hg, auf 69^0 N dagegen bei niedrigem Druck einen konstanten Verlauf, mit 7,5 cm Pb verschwindet das Maximum. Die vertikale Intensität nimmt bei der höheren Breite um 46% zu, dagegen wird bei der horizontalen Intensität u. ebenso in der Schauerhäufigkeit kein Breiteneffekt gefunden, bis hinauf zu den höchsten erreichten Höhen von 9 mm Hg. Die Restreichweite der neu entdeckten Teilchen in Luft beträgt auf 69^0 N ca. 150 g/cm^2. (Physic. Rev. [2] **86.** 536 bis 545. 15/5. 1952. Swarthmore, Pa., Bartol Res. Found. of Franklin Inst.) WIEDEMANN. 85

George W. Rollosson, *Eine Untersuchung durchdringender Höhenstrahlschauer in Wasser.* Ausführliche Darst. des C. **1953.** 166 referierten Sitzungsberichtes. (Physic. Rev. [2] **87.** 71—74. 1/7. 1952. Albuquerque, N. Mex., Univ. of New Mexico, Phys. Dep.) WIEDEMANN. 85

John Linsley, *Eine Methode der Interpretation der Multiplizitätsverteilung von Schauersekundärteilchen.* Die Kurve für die Abhängigkeit der durchschnittlichen Multiplizität n der Schauersekundärteilchen von der Wechselwirkungsenergie wird für Werte von n bis 15 konstruiert. Für n wird eine POISSON-Verteilung angenommen. Die Daten beziehen sich auf Zusammenstöße von Protonen mit *Ag* oder *Br*. (Physic. Rev. [2] **86.** 1050—51. 15/6. 1952. Charlottesville, Va., Univ. of Virginia.) WIEDEMANN. 85

J. Y. Mei und **E. Pickup,** *Gekoppelte Teilchenpaare in Höhenstrahlschauern in photographischen Emulsionen.* In ca. 26 km Höhe wurden 77 Schauer, die mit Sternen verbunden waren, in ILFORD G 5-Emulsionen untersucht. Die Sterne hatten im Durchschnitt 10 Schauerbahnen bei $< 90^0$ zur Primärrichtung, solche mit $\gtrless 20$ u. < 6 Bahnen wurden nicht beobachtet. Es wurden 25 Paare mit einem Winkel $< 4^0$ beobachtet, während statist. nur 3 erwartet wurden. Als Ursache wird der Zerfall $\pi^0 \rightarrow$ Elektronenpaar $+ h\nu$ sowie der Zerfall eines kurzlebigen neutralen Mesons der M. von 550 m_e diskutiert. (Physic. Rev. [2] **86.** 796—97. 1/6. 1952. Ottawa, Can., Nat. Res. Counc., Phys. Div.) WIEDEMANN. 85

G. Wentzel, *Pion-Proton-Streuung und die Mesonentheorie der starken Kopplung.* Nach der Theorie der starken Kopplung in der pseudoskalaren ladungssymm. Form werden die Wirkungsquerschnitte für $p + \pi^+ \rightarrow p + \pi^+$, $p + \pi^- \rightarrow p + \pi^-$, $p + \pi^- \rightarrow n + \pi^0$ berechnet. Um Übereinstimmung mit den Experimenten zu erhalten, muß die Resonanzbreite weit genug angenommen werden, um das Gebiet der kinet. Energien von 80—240 MeV einzuschließen. Die Frage des angeregten Zustands von Nucleonen wird diskutiert. (Physic. Rev. [2] **86.** 437—39. 15/5. 1952. Chicago, Ill., Univ. of Chicago, Inst. for Nucl. Stud., u. Dep. of Phys.) WIEDEMANN. 90

R. L. Martin, H. L. Anderson und **G. Yodh,** *Kernwirkungsquerschnitte für negative Pionen mit Energien von 109 und 133 MeV.* (Sitzungsbericht.) Ausführliche Darst. vgl. C. **1953.** 963. (Physic. Rev. [2] **86.** 604. 15/5.; Bull. Amer. physic. Soc. **27.** Nr. 1. 29. 31/1. 1952. Univ. of Chicago.) WIEDEMANN. 90

P. T. Matthews und **Abdus Salam,** *Die intermediäre Kopplungstheorie der pseudoskalaren Meson-Nucleon-Wechselwirkung.* Die Theorie der intermediären Kopplung von TOMONAGA für skalare Mesonen wird auf pseudoskalare Mesonen mit pseudoskalarer Kopplung erweitert. Die Berechnung hängt dann nicht von der Größe der Kopplungskonstanten f ab. Behandelt wird ein einzelnes freies Nucleon. Der Rückstoß wird nichtrelativist. berücksichtigt. Die Divergenzen werden bei der Ruhmasse des Nucleons abgeschnitten. Nach einer Behandlung des Falls der verbotenen Paarbldg. wird ein virtuelles Paar unter der Annahme zugelassen, daß mehrere vernachlässigt werden können. Es zeigt sich, daß für $f^2/4\pi \simeq 10$ die Entw. für die schwache Kopplung bei Renormalisation nur sehr langsam konvergiert. (Physic. Rev. [2] **86.** 715—26. 1/6. 1952. Princeton, N. J., Inst. for Adv. Study.) WIEDEMANN. 90

J. M. Luttinger, *π-Mesonenerzeugung und Ladungsunabhängigkeit.* Eine Prüfung der Frage, ob die Wechselwrkg. zwischen π-Mesonen u. Nucleonen ladungsunabhängig ist, wobei der gesamte Isotopenspin unverändert bleibt, kann durch Messung der Wirkungsquerschnitte für π-Mesonenerzeugung bei Nucleon-Nucleon- u. Nucleon-Deuteron-Zusammenstößen erfolgen. Bei $(p + d)$- u. $(n + d)$-Zusammenstößen müßte gelten $\sigma_{\pi^+} + \sigma_{\pi^-} = 2\,\sigma_{\pi^0}$. (Physic. Rev. [2] **86.** 571—72. 15/5. 1952. Madison, Wis., Univ. of Wisconsin, Dep. of Phys.) WIEDEMANN. 90

A. M. Thorndike, E. C. Fowler, W. B. Fowler und **R. P. Shutt,** *Streuung von positiven 50 MeV-Pionen durch Helium.* π^+-Mesonen aus einem Cyclotron erleiden Kern-Rkk. im Gas einer Diffusionsnebelkammer ohne Magnetfeld, die mit He u. Methanoldampf bei 15 at gefüllt ist. Auf 3400 Aufnahmen wurden 345 π-μ-Zerfälle im Fluge beobachtet. Die totale π-Reichweite wurde zu 935 g/cm^2 He bestimmt. 15 Wechselwirkungen ergaben eine Wechselwirkungsreichweite von 62 g/cm^2 oder einen Wirkungsquerschnitt von 107 mbarn. Der geometr. Wirkungsquerschnitt beträgt 150 mbarn. Die Wechselwrkg. von Pionen mit He kann in Form von Absorption, elast. Streuung oder unelast. Streuung mit oder ohne Ladungsaustausch erfolgen. Prozesse mit drei Bahnen schließen jedoch Absorption oder unelast. Streuung ein. Von 9 Ereignissen mit 2 Bahnen wurden 5 als elast. Streuung identifiziert. In einem Falle betrugen die Mesonenstreuwinkel 134, 153, 151, 132 u. 125^0. Für 4 Ereignisse mit Streuwinkeln von 65, 15, 23 u. 19^0 ist die Identifizierung nicht eindeutig; für die restlichen 4 Ereignisse scheinen Absorptions- oder unelast. Streuprozesse vorzuliegen. Elast. Streuprozesse scheinen ziemlich häufig in He aufzutreten, während in C die Sternbldg. vorherrscht. (Physic. Rev. [2] **85.** 929. 1/3. 1952. Upton, N. Y., Brookhaven Nat. Labor.) Gerhard Schmidt. 90

H. Salecker, *Zur Theorie der Streuung von Elektronen an Elektronen.* Vf. untersucht die Abänderungen der Elektron–Elektron-Streuung, die sich aus der verallgemeinerten Feldtheorie ergeben. Es werden das allg. Matrixelement für eine beliebige Strukturfunktion, der differentielle Wirkungsquerschnitt für eine Spezialisierung u. der allg. Wirkungsquerschnitt mit Hilfe des berechneten dargestellt. Die Abweichungen von der Møllerschen Formel, die sich bei zwei verschieden gewählten Größen der Abänderung des Elektronenradius ergeben, werden diskutiert. Die betrachteten Abweichungen bei einer plausiblen Größe der Abänderung können erst dann deutlich bemerkt werden, wenn die Energie des einfallenden Teilchens im Laboratoriumssyst. 10^9 eV überschreitet. (Z. Naturforsch. **8a.** 16–19. Jan. 1953. Stuttgart, TH., Inst. für theoret. u. angewandte Phys.) Gerhard Schmidt. 90

Jacques Jacquesson und **Armand Lataste,** *Bestimmung der Energie $h\nu$ einer γ-Strahlung durch Photoelektronenabsorption.* Die Geometrie der verwendeten Zähleranordnung zur Energiebest. der γ-Strahlen ist so gewählt, daß die Wrkg. der Compton-Elektronen in bezug auf diejenige der Photoelektronen vernachlässigbar ist u. daß die Verteilung der Photoelektronen für γ-Strahlen zwischen 0,2 u. 1,2 MeV aufgenommen werden kann. Die Winkelverteilung der Photoelektronen wird aus dem differentiellen photoelektr. Wirkungsquerschnitt erhalten; der am meisten bevorzugte Winkel zwischen Photoelektronen u. einfallendem γ-Strahl liegt bei 65°. Die Al-Absorptionskurve für die Photoelektronen hat bei einem ^{198}Au-γ-Strahler eine Unstetigkeit bei $h\nu$ + 0,42 MeV in Übereinstimmung mit den Werten anderer Autoren. Eine weitere Kurve wird für ^{187}W wiedergegeben. Hier treten Knicke auf, die γ-Energien von 0,44 u. 0,64 MeV entsprechen. Die Genauigkeit der Meth. ist $>$10% für Energien oberhalb 0,35 MeV. (C. R. hebd. Séances Acad. Sci. **232.** 1822–24. 16/5. 1951.) Gerhard Schmidt. 90

B. N. Brockhouse, *Resonanzstreuung langsamer Neutronen.* Vf. beschreibt eine Meth. zur Messung des Streuquerschnittes für langsame Neutronen von Substanzen mit hohem Absorptionsvermögen. Der Streuquerschnitt wird hierbei als eine Funktion der Neutronenenergie angegeben. Die Ergebnisse werden auf einen Streuquerschnitt von 5,07 barn für *V* normalisiert. Die Messungen werden durchgeführt für Resonanzen von Neutronen niedriger Energie in *Cd, Sm, Gd, Dy, Eu, Rh* u. *In.* Die Einniveauformel von Breit-Wigner ist exakt für Cd u. Sm erfüllt, jedoch nicht für Gd, wo zwei Resonanzen mitwirken. Die Streuergebnisse zeigen an, daß die Absorptionsquerschnitte von Cd u. Sm bei Resonanz höher liegen als die vorläufig angenommenen Werte. Für ^{149}Sm ist der Spin des Compoundkerns (0,096 eV-Resonanz) i + ½. Der Streuquerschnitt von Eu für Neutronen mit Energien von 0,03–0,15 eV beträgt 8 barn, nahezu unabhängig von der Energie. Der Streuquerschnitt von Dy ist 100 barn bei 0,03 eV u. nimmt langsam mit zunehmender Energie ab, wodurch die Existenz eines Niveaus bei negativer Neutronenenergie bestätigt wird. Der Spin des Compoundkerns für die 1,26 eV-Resonanz in ^{103}Rh liegt bei 1 u. der für die 1,45 eV-Resonanz in ^{115}In bei 4. (Canad. J. Physics **31.** 432–52. März 1953. Chalk River, Ontario, Can., A. E. of Canada, Chalk River Labors., Phys. Div.) Gerhard Schmidt. 90

L. I. Schiff, *Nichtlineare Mesonentheorie der Kernkräfte.* 3. Mitt. *Quantisierung für neutralen skalaren Fall mit nichtlinearer Kopplung.* (2. vgl. **1952.** 4404.) Quantisierung des früher behandelten Falles, bei dem die Nichtlinearität in die Kopplung verlegt wurde. Die Quantisierung ergibt dieselbe Wechselwirkungsenergie wie die klass. Berechnung u. führt ebenfalls nicht zur Sättigung. (Physic. Rev. [2] **86.** 856–57. 15/6. 1952. Stanford, Calif., Stanford Univ.) Wiedemann. 95

H. E. Walchli, W. E. Leyshon und **F. M. Scheitlin,** *Das kerngyromagnetische Verhältnis von ^{50}V und Messungen an ^{85}Rb und ^{35}Cl.* Abweichend von den in C. **1953.** 2707 (Sitzungsbericht) referierten Ergebnissen wird das Verhältnis ν (^{50}V)/ν(^{2}D) mit 0,649527 ±0,00007 u. das gyromagnet. Verhältnis für ^{50}V mit +0,55690±0,00006 angegeben. Anschließend werden aus Messungen an ^{85}Rb u. ^{35}Cl folgende Verhältniswerte mitgeteilt: ν(^{85}Rb)/ν(^{35}Cl) = 0,98541±0,00015; ν(^{85}Rb)/ν(^{1}H) = 0,096554±0,00001; ν(^{35}Cl)/ν(^{1}H) = 0,097985±0,00001. (Physic. Rev. [2] **85.** 922–23. 1/3. 1952. Oak Ridge, Tenn., Oak Ridge Nat. Labor., Stable Isotope Res. and Production Div.) Conrad. 95

K. Ogata und **H. Matsuda,** *Massen leichter Atome.* Vff. bestimmen die Massendifferenzen von 33 Dubletts mittels eines verbesserten Massenspektrographen vom Bainbridge-Jordan-Typ, der ein Auflösungsvermögen von ca. 60000 hatte. Im allg. stimmten die ermittelten Werte gut mit massenspektrograph. gewonnenen u. aus Kernzerfallsenergien berechneten überein. Beim $^{12}C(^1H)_4$–^{16}O-Dublett zeigte sich jedoch ein wesentlicher Unterschied, der massenspektrograph. Wert der Massendifferenz betrug

364,19 ±0,06 (·10^{-4} Atommasseneinheiten) u. der aus Kerndaten berechnete 363,72 ±0,19. Vff. berechnete die M. (Isotopengewicht) von ^{12}C aus 4 verschied. Dublettgruppen, wovon eine das $^{12}C(^1H)_4-^{16}O$-Dublett enthielt. Die 4 Werte zeigten gute Übereinstimmung, als mittlere M. von ^{12}C ergab sich damit 12,003844 ±6. Unter Benutzung dieser M. von ^{12}C wurden aus dem $(^1H)_2-^2D$-Dublett u. dem $(^2D)_3-\frac{1}{2}\,^{12}C$-Dublett die Massenstandardwerte von ^{1}H u. ^{2}D berechnet. Für die M. von ^{1}H ergab sich 1,008145 ±2, für ^{2}D 2,014741 ±3. Mit Hilfe dieser Standardwerte wurden die Isotopengewichte ^4He, ^{10}B, ^{11}B, ^{13}C, ^{14}N, ^{15}N, ^{18}O, ^{19}F, ^{20}Ne, ^{22}Ne, ^{27}Al, ^{28}Si, ^{29}Si, ^{30}Si, ^{32}S, ^{33}S, ^{34}S, ^{35}Cl, ^{37}Cl u. ^{40}Ar berechnet. (Physic. Rev. [2] **89.** 27—32. 1/1. 1953. Osaka, Osaka Univ., Fac. of Sci., Dep. of Phys.) E. HEINRICH. 100

M. E. Battat und **F. L. Ribe,** *Bildung von ^6He durch 14 MeV-Neutronenbeschuß von Li und Be.* Vff. untersuchen die Bldg. von ^{6}He durch Beschuß von ^{6}Li, ^{7}Li u. ^{9}Be mit 14 MeV-Neutronen. Die Neutronen wurden durch die Rk. ^{3}H(d,n)^{4}He gewonnen. ^{6}He wurde mit einem 10 Kanal-Verzögerungsanalysator nachgewiesen. Die Wirkungsquerschnitte betrugen für die Rk. ^{6}Li(n,p) 6,7 ±0,8, für ^{7}Li(n,d) 9,8 ±1,1 u. für ^{9}Be(n,α) 10 ±1 mbarn. Für die Halbwertszeit von ^{6}He wurde ein Wert von 0,83 ±0,03 Sek. gefunden. (Physic. Rev. [2] **89.** 80—83. 1/1. 1953. Los Alamos, N. Mex., Univ. of California, Los Alamos Sci. Labor.) E. HEINRICH. 103

C. D. Moak, W. M. Good und **W. E. Kunz,** *Die Reaktion $^6Li(t,p)^8Li$.* Ein Tritonenbündel von 5 μA u. 350 keV aus dem COCKROFT-WALTON-Beschleuniger läuft zwischen zwei elektrostat. Ablenkplatten hindurch u. trifft auf ein $^6Li_2SO_4$-Target, das auf ein Al-Fenster montiert ist. Ein dahinterliegender NaJ-Kristallzähler läßt die Rk. ^{6}Li(t,p)^{8}Li durch Beobachtung der β^--Aktivität aus der Reaktionsfolge $^8Li \rightarrow {}^8Be^* + \beta^- + \nu + Q$ erkennen. Der β^--Energieendpunkt liegt oberhalb 10 MeV. Für die Halbwertszeitmessungen wird ein Zeitschalter mit Untersetzer verwendet. Der β^--Zerfall der ^{8}Li-Aktivität paßt sich der 0,89 Sek.-Linie an. (Physic. Rev. [2] **85.** 928. 1/3. 1952. Oak Ridge, Tenn., Nat. Labor.) GERHARD SCHMIDT. 103

Pierre Cüer und **Jean-Pierre Lonchamp,** *Untersuchung der Reaktion thermischer Neutronen auf Bor.* Die bisher nicht übereinstimmenden Ergebnisse bei der Rk. ^{10}B(n,α) $^7Li^*$ werden mit Hilfe der photograph. Meth. (ILFORD E_1 + B) geprüft. Die gleiche Meth. wird zur Best. der Wahrscheinlichkeit des Anregungszustandes von ^{7}Li benutzt. Zur Unterscheidung der α- u. ^{7}Li-Bahnen wird das Verf. der gleichmäßigen Unterentw. (4 Min.) angewandt. Für die bei der oben angeführten Rk. emittierten α-Teilchen werden folgende Werte erhalten: Energie 1,474 u. 1,779 MeV; Reichweite in Luft 0,725 u. 0,883 cm; Reichweite in der Emulsion 4,985 ±0,07 u. 5,835 ±0,09 μ; mittleres Bremsvermögen 1460 ±50 u. 1510 ±50. Für ^{7}Li lauten die entsprechenden Werte 0,842 u. 1,015 MeV; 0,277 u. 0,31 cm; 2,04 ±0,09 u. 2,15 ±0,1 μ; 1360 ±70 u. 1440 ±80. Aus 30531 Bahnen wird der %-Satz der Bldg. von angeregtem ^{7}Li bestimmt. Nach Anbringung der Korrekturen für zufällige Koinzidenzen ist $\sigma_{^7Li}/\sigma_{^7Li^*} = 4,27 \pm 0,15\%$. (C. R. hebd. Séances Acad. Sci. **232.** 1824—26. 16/5. 1951.) GERHARD SCHMIDT. 103

H. L. Jackson, A. I. Galonsky, F. J. Eppling, R. W. Hill, E. Goldberg und **J. R. Cameron,** *Der differentielle Wirkungsquerschnitt von $^{12}C(p,p)^{12}C$.* Ausführliche Darst. des C. **1953.** 2708 referierten Sitzungsberichtes mit genaueren Meßdaten. (Physic. Rev. [2] **89.** 365—69. 15/1. 1953. Madison, Wis., Univ. of Wisconsin.) GERHARD SCHMIDT. 103

Herbert L. Jackson und **Aaron I. Galonsky,** *Die angeregten Zustände des ^{13}N-Kerns.* (Vgl. C. **1952.** 6325 u. vorst. Ref.) Die aus der Best. des differentiellen Wirkungsquerschnittes von ^{12}C(p,p)^{12}C erhaltenen Daten ermöglichen die Ableitung der experimentellen S-Wellenphasenverschiebung bis zu 1,4 MeV. Zusammenfassende Betrachtungen der Vff. bestärken die vorläufigen Impuls- u. Paritätszuordnungen, geben jedoch etwas verschied. Werte für die Resonanzenergien u. -breiten. Die Niveauzuordnungen werden zusammen mit den korr. Breiten- u. Resonanzenergien angeführt, wobei sich u. a. zeigt, daß die 0,46 MeV-Streuanomalie von einem virtuellen Niveau (j = ½, +) im Compoundkern ^{13}N, die 1,7 MeV-Streuanomalie von zwei virtuellen Niveaus, einem (j = 3/2, —)- u. einem (j = 5/2, +)-Niveau, herrühren. (Physic. Rev. [2] **89.** 370—74. 15/1. 1953.) GERHARD SCHMIDT. 103

D. S. Craig, D. J. Donahue und **K. W. Jones,** *Elektrostatische Analyse von Kernreaktionsenergien.* 2. Mitt. (1. vgl. C. **1952.** 5041.) Mit einem zylindr. elektrostat. Analysator wurden die Energien der auftreffenden Teilchen u. mit einem sphär. elektrostat. Analysator die Energien der bei der Rk. emittierten Teilchen gemessen. Der mittlere Beobachtungswinkel lag bei 134° 33′ ±3′. Zur Best. des Q-Wertes der Rk. ^{16}O(d,α)^{14}N wurde ein 0,001 in. Al-Target durch Erhitzen oxydiert u. mit 0,893 MeV-Deuteronen beschossen; analog wurde BaO hergestellt u. mit 0,847 MeV-Deuteronen beschossen.

Der mittlere Q-Wert ergab sich zu 3,113 ± 0,0035 MeV, der differentielle Wirkungsquerschnitt bei 134° 33′ war von der Größenordnung $9 \cdot 10^{-27}$ cm²/Raumwinkel. Mit 2,877 MeV-Deuteronen würde die Rk. $^{16}O(d, \alpha)^{14}N^*$ (2,3 MeV-Niveau) untersucht. Bei dem Al_2O_3-Target ergab sich der differentielle Wirkungsquerschnitt zu $< 1,4 \cdot 10^{-27}$ cm²/ Raumwinkel. Zur Unters. der Rk. $^{10}B(p, {}^3He)^8Be$ wurde eine Bromschicht auf eine 1000 Å Ni-Unterlage aufgedampft. Mit 3,421 u. 3,216 MeV-Protonen wurden ein mittlerer Q-Wert von −0,536 ± 0,003 MeV u. ein differentieller Wirkungsquerschnitt in der Größenordnung von $1 \cdot 10^{-27}$ cm²/Raumwinkel erhalten. Mit 3,333 MeV-Protonen wurden für die Rk. $^{10}B(p, \alpha)^7Be$ ein Q-Wert von 1,147 ± 0,0025 MeV u. ein differentieller Wirkungsquerschnitt in der Größenordnung von $2 \cdot 10^{-26}$ cm²/Raumwinkel gefunden. Die Energie des tiefsten Niveaus in ^{10}B wurde aus der unelast. Protonenstreuung zu 719 ± 1,6 keV, in ^7Be zu 429 ± 3 keV bestimmt. Der differentielle Wirkungsquerschnitt der Rk. $^{10}B(p, p')^{10}B^*$ (719 keV Niveau) war in der Größenordnung $3 \cdot 10^{-27}$ cm²/Raumwinkel, derjenige der Rk. $^{10}B(p, \alpha)^7Be^*$ lag um $1 \cdot 10^{-26}$ cm²/Raumwinkel. (Physic. Rev. [2] **88.** 808—11. 15/11. 1952. Madison, Wis., Univ.) GERHARD SCHMIDT. 103

Luis Marquez, *Die Ausbeute von ^{18}F aus mittleren und schweren Elementen mit 420 MeV-Protonen.* Die Elemente *O*, F, *Al*, *Cl*, *Cu*, *Ag* u. *Au* wurden mit 420 MeV-Cyclotronprotonen beschossen. Die chem. Reinheit sämtlicher Targets betrug 99,9% oder mehr. Die Targetkerne O, ^{18}O, F, Al, Cl, Cu, Ag u. Au lieferten ^{18}F-Kerne mit einer Ausbeute (in barn) von $8,3 \cdot 10^{-5}$, $4,1 \cdot 10^{-2}$, $2,2 \cdot 10^{-2}$, $8,4 \cdot 10^{-3}$, $2,2 \cdot 10^{-3}$, $8,0 \cdot 10^{-5}$, $1,6 \cdot 10^{-5}$ bzw. $4,4 \cdot 10^{-6}$. Die ^{18}F enthaltenden Proben wurden mit einem Endfenster-GEIGER-MÜLLER-Zähler gezählt. Die Identität wurde nicht nur chem. nachgewiesen, sondern auch durch Best. der Halbwertszeit von 112 Min., die in keinem Falle um mehr als um ± 2 Min. differierte. Bei dem Beschuß von Al mit 335 MeV- u. 420 MeV-Protonen traten Zersplitterungsprozesse auf. Für 420 MeV-Protonen betrugen die korr. Ausbeuten (in barn): an ^{24}Na $1,08 \cdot 10^{-2}$, an ^{22}Na $1,7 \cdot 10^{-2}$, an ^{18}F $8,4 \cdot 10^{-3}$, an ^{13}N $9,7 \cdot 10^{-4}$ u. an ^{11}C $2,8 \cdot 10^{-3}$. Ein Diagramm der Ausbeuten der schweren Fragmente (in barn) als Funktion der Massenzahl zeigt in allen Fällen nahezu den gleichen Verlauf. Zu Beginn bei kleinen Massenzahlen fällt die Ausbeutekurve der Zersplitterungsprodd. zunächst bei zunehmender Massenzahl stark ab, um dann immer flacher zu werden. (Physic. Rev. [2] **86.** 405—07. 1/5. 1952. Chicago, Ill., Univ., Inst. for Nucl. Stud.) GERHARD SCHMIDT. 103

L. S. Edwards und **F. A. MacMillan,** *Relative Ausbeuten von Kernphotoreaktionen.* Dünne Metallfolien wurden mit einem 70 MeV-Synchrotron-Röntgenbündel bestrahlt. Jede Probe befand sich zwischen zwei dünnen Polystyrolscheiben zur Expositionsprüfung mittels der Rk. $^{12}C(\gamma, n)^{11}C$. Die Aktivitätsmessungen wurden mit Endfenster-GEIGER-MÜLLER-Zählern vorgenommen. In 22 Elementen wurden 73 Rkk. von (γ,n)-, (γ,p)-, (γ,pn)-, (γ,2n)-, (γ,2p)-, u. (γ,2pn)-Prozessen untersucht. Die Ergebnisse erstrecken sich auf Halbwertszeit, relative Ausbeute, berechnete bzw. vorläufige Werte des integrierten Wirkungsquerschnittes. So lauten z. B. die Werte bei $^{46}Ti(\gamma, n)^{45}Ti$, 2,9 Std., 0,925, 0,44 MeV barn (berechnet); $^{62}Ni(\gamma, p)$ ^{61}Co 1,7 Std., 0,378, 0,18 MeV barn (berechnet); $^{54}Fe(\gamma, np)$ ^{52}Mn 21 Min., 0,222, 0,11 MeV barn (berechnet); $^{64}Zn(\gamma, 2n)$ ^{62}Zn, 9,5 Std., 0,073, 0,034 MeV barn (berechnet); $^{27}Al(\gamma, 2p)^{25}Na$, 59 Sek. 0,00476, 0,0022 MeV barn (berechnet); $^{59}Co(\gamma, 2pn)^{56}Mn$, 2,7 Std., 0,0047, 0,0022 MeV barn (berechnet); $^{109}Ag(\gamma, n)$ ^{108}Ag, 2,4 Min. 3,53, 1,66 MeV barn (berechnet), 1,65 MeV barn (vorl. Wert). (Physic. Rev. [2] **87.** 377. 15/7. 1952. Kingston, Ontario, Can., Queen's Univ., Synchrotron Labor.) GERHARD SCHMIDT. 103

Arthur W. Knudsen, *498 keV-γ-Strahlung von ^{103}Ru.* Mittels eines doppelt fokussierenden β-Spektrometers wurde die Energiedifferenz der γ-Strahlung von mit Neutronen beschossenem Ru u. der Vernichtungsstrahlung des Positronenstrahlers ^{22}Na gemessen. Beide Strahlungen fielen gleichzeitig auf eine 0,7 mm *U*-Folie u. lösten dort Photoelektronen aus der K-Schale aus. Die Energiedifferenz ergab sich zu 13,1 ± 0,8 keV (Energie der Vernichtungsstrahlung 510,969 ± 0,010 keV). Die γ-Strahlung von ^{103}Ru hat also 497,9 ± 0,8 keV. (Physic. Rev. [2] **86.** 571. 15/5. 1952. Washington, Naval Res. Labor., Nucl. Div.) WIEDEMANN. 103

Nathan Sugarman, *Spaltung von Quecksilber durch Mesonen.* (Sitzungsbericht.) Die Spaltung von Hg durch 122 MeV-π-Mesonen wurde untersucht. Die Ausbeute folgender Spaltprodd. wurde bestimmt: 2,4 Std.-^{83}Br; 36 Std.-^{82}Br; 9,7 Std.-^{91}Sr; 2,7 Std.-^{92}Sr; 3,7 Std.-^{92}Y u. 4,5 Std.-^{105}Ru. 5,5 Std.-^{127}Cs, 33 Min.-^{138}Cs u. 85 Min.-^{139}Ba wurden nicht gefunden. Die Spaltprodd. sind gegenüber denen bei der Spaltung mit energiereichen Neutronen reicher an Neutronen. (Physic. Rev. [2] **86.** 604. 15/5.; Bull. Amer. physic. Soc. **27.** Nr. 1. 29. 31/1. 1952. Univ. of Chicago.) WIEDEMANN. 103

D. R. Wiles, B. W. Smith, R. Horsley und **H. G. Thode,** *Spaltungsausbeuten der stabilen und langlebigen Isotope von Cäsium, Rubidium und Strontium und Kernschalen-*

struktur. Vff. bestimmen mit einer massenspektrometr. Meth. die relativen Ausbeuten der Isotope von Cs, Rb u. Sr aus der Spaltung von ^{235}U durch therm. Neutronen. Die Ausbeuten an Cs-Isotopen werden mit denen kombiniert, die vorläufig für die Xe-Isotope erhalten worden sind, um Ausbeuten hoher Präzision für die Massenketten von 131—137 zu liefern. Für die Cs-Isotope 133, 135 u. 137 liegen die absol. Ausbeuten bei 7,43, 7,18 bzw. 6,81%. Für die Rb-Isotope 85 u. 87 sind die Spaltungsausbeuten 1,3 bzw. 2,75%. Für die Sr-Isotope 88 u. 90 sind die Ausbeuteverhältnisse, auf den ^{90}Sr-Zerfall korr., 0,68 bzw. 1,00. Bei der Unters. der Neutroneneinfang-Rkk. erscheinen anomale Ausbeuten im Gebiet der 82-Neutronenschale. Für die Halbwertszeit von ^{137}Cs ergibt sich ein Wert von 33 ± 2 Jahren. (Canad. J. Physics **31**. 419—31. März 1953. Hamilton, Ontario, Can., McMaster Univ., Hamilton Coll., Dep. of Chem.) GERHARD SCHMIDT. 103

E. H. Fleming jr., A. Ghiorso und **B. B. Cunningham,** *Die spezifischen α-Aktivitäten und Halbwertszeiten von ^{234}U, ^{235}U und ^{236}U.* Unter präzisen Versuchsbedingungen wurden die spezif. α-Aktivitäten u. Halbwertszeiten von ^{234}U, ^{235}U u. ^{236}U bestimmt. Angereicherte Isotope wurden nach der von HUFFORD u. SCOTT (The Transuranium Elements, Research Papers [1949] Paper Nr. 16. 1) angegebenen Meth. mit einer elektrolyt. Zelle auf Pt-Plättchen gebracht u. gewogen. Die Zählungen wurden in einer Ionisationskammer mit kleinen Abmessungen durchgeführt. Für ^{234}U wurde eine spezif. Aktivität von $(1{,}370 \pm 0{,}009) \cdot 10^7$ Zerfällen/Min.·mg u. eine Halbwertszeit von $(2{,}475 \pm 0{,}016) \cdot 10^5$ Jahren erhalten. Für ^{235}U betrug die spezif. Aktivität $(4{,}74 \pm 0{,}10) \cdot 10^3$ Zerfälle/Min.·mg, die Halbwertszeit $(7{,}13 \pm 0{,}16) \cdot 10^8$ Jahre; für ^{236}U waren die entsprechenden Werte $(1{,}406 \pm 0{,}011) \cdot 10^5$ Zerfälle/Min.·mg u. $(2{,}391 \pm 0{,}018) \cdot 10^7$ Jahre. (Physic. Rev. [2] **88**. 642—52. 1/11. 1952. Berkeley, Calif., Univ. of California, Radiat. Labor., u. Dep. of Chem.) GERHARD SCHMIDT. 103

M. L. Oliphant, *Die industriellen Anwendungen der Atomenergie.* Vortrag über die Arbeitsweise von Atomstationen u. das experimentelle Programm mit Atomstationen. (Smithsonian Inst. Publ., Rep. **1951**. 223—34. Birmingham, Univ.) GERHARD SCHMIDT. 105

David C. de Packh, *Optische Fokussierung bei Beschleunigern mit konstantem Radius.* (Vgl. C. **1953**. 1123.) Berichtigung. Nachträglicher Hinweis auf das Verf. von WIDERÖE (Schweiz. Arch. angew. Wiss. Techn. **8**. [1947.] 10) für aufeinanderfolgende Fokussierung durch magnet. Linsen. (Physic. Rev. [2] **88**. 1434. 15/12. 1952.) GERHARD SCHMIDT. 112

A_2. Optisches Verhalten der Materie.

D. Crespin, *Über die Häufigkeit des Deuteriums in der Sonnenatmosphäre.* Vf. schätzte an Hand der PASCHEN- u. BALMER-Linien das Verhältnis der Häufigkeit von D u. H in der Sonnenatmosphäre ab. Danach scheint D in der Sonne weniger häufig zu sein als auf der Erde. (Bull. Cl. Sci., Acad. roy. Belgique [5] **38**. 838—50. 1952. Liège, Univ., Inst. d'Astrophys.) GOTTFRIED. 113

K. C. Clark, *Ionosphärische Absorption bestimmter Wellenlängen der Sonne im äußersten Ultraviolett durch N_2 und O_2.* Die Absorptionskoeffizienten von N_2 u. O_2 für die Emission der H-Lyman-Serie 2—7, der Resonanzlinie von *He I* bei 584 Å u. von 20 Linien zwischen 980 u. 850 Å wurden bestimmt. Für eine Atmosphäre konstanter relativer Zus. stehen die Absorptionskoeffizienten in Beziehung zu den atmosphär. Höhen der maximalen Photoionisation u. der maximalen Elektronenkonzentration. Die Gleichungen dafür berücksichtigen einen linearen Temperaturanstieg u. ein entsprechendes Absinken der D. mit zunehmender Höhe, sowie einen Rekombinationsprozeß, der sich mit der Höhe ändert. Mit Hilfe der Messungen für N_2 u. O_2 u. der bekannten berechneten Absorption für O werden ionosphär. Schichthöhen für den einfachen Fall vollkommener O_2-Dissoziation oberhalb 100 km u. keiner N_2-Dissoziation ausgerechnet. (Physic. Rev. [2] **87**. 271—76. 15/7. 1952. Seattle, Wash., Univ. of Washington.) D. BRÜCK. 113

Melvin Lax, *Das Franck-Condon-Prinzip und seine Anwendung auf Kristalle.* Ausführliche Darst. des C. **1953**. 2389 referierten Sitzungsberichtes unter Angabe der quantenmechan. Übergangswahrscheinlichkeit u. exakter sowie halbklass. Wiedergabe der Momente des Spektrums. Der Ausdruck für die normalisierte quantenmechan. Spektralverteilung wird abgeleitet. (J. chem. Physics **20**. 1752—60. Nov. 1952. Syracuse, N. Y., Syracuse Univ., Phys. Dep.) GERHARD SCHMIDT. 114

Earle B. Mayfield, *Zeitauflösende Spektroskopie der Glüherscheinungen von Kügelchen mit äußerst hoher Geschwindigkeit.* (Sitzungsbericht.) Es werden die Spektren leuchtender Spuren von Kügelchen sehr hoher Geschwindigkeit (5 km/Sek.) in Abhängigkeit von der Zeit aufgenommen. Dabei wird eine verbesserte opt. Einrichtung benutzt, welche einen O'BRIEN-Trommelspektrographen mit einer Schreibgeschwindigkeit von 0,1 mm/Sek.

u. ein Millisekunden-Zeitgerät enthält. Quantitative Unterss. der Spektren zeigen, daß ca. 90% des ausgestrahlten Lichtes mit den Atomlinien der Metalle u. den Molekülbanden ihrer Oxyde identifiziert werden kann. Nur sehr wenige der überlagerten kontinuierlichen Spektren können dem ballist. Stoß oder dem Luftstoß zugeschrieben werden. Die Kügelchen werden in eine Kammer, welche Gase unter vermindertem Druck enthält, geschossen. Es wird die Einw. des Gasdrucks auf die zeitauflösenden Spektren bestimmt. (Physic. Rev. [2] **85.** 769. 15/2. 1952; Bull. Amer. physic. Soc. **26.** Nr. 8. 21. 27/12. 1951. Inyokern, U. S. Nav. Ordn. Test. Stat., Michelson Labor.) Kleffner. 114

Louis C. Green, Marjorie M. Mulder, C. W. Ufford, E. Slaymaker, Eleanor Krawitz und **R. T. Mertz,** *Überlagerung von Konfigurationen im Grundzustand des He I.* Zur Best. des Einfl. der Ausgangskonfiguration auf die Konfigurationswechselwrkg entwickelten Vff. die aus 6 Summanden bestehende Hylleraas-Wellenfunktion u. die aus 3 Termen bestehende Hylleraas-Wellenfunktion des He I in Orthogonalfunktionen. Da die Koeffizienten der Entw. von der speziellen Art der benutzten Funktionen abhängen, wurden zwei verschied. Gruppen von Orthogonalfunktionen angewendet. Eine Gruppe bestand aus Wellenfunktionen vom Typ orthogonaler symm. Prodd., wobei die Funktionen der einzelnen Elektronen aus einem Hartree-Feld ohne Wechselwrkg. abgeleitet wurden. Die zweite Gruppe bestand aus orthogonalisierten analyt. Wellenfunktionen, wobei für die 1 s 2 s-Konfiguration die von Morse, Young u. Haurwitz angegebene Funktion benutzt wurde. Die Ergebnisse zeigen, daß eine sehr große Anzahl von Konfigurationen berücksichtigt werden muß, um die Hylleraas-Wellenfunktion mit guter Genauigkeit darzustellen. Unter den betrachteten Konfigurationen lieferten nach $1\,s^2$- die $2\,p^2$- u. $2\,s^2$-Zustände die größten Beiträge. (Physic. Rev. [2] **85.** 65—67. 1/1. 1952. Haverford, Pa., Haverford Coll., Strawbridge Observ., Philadelphia, Pa., Univ. of Pennsylvania, Randall Morgan Labor., New York, N. Y., Columbia Univ., Watson Scient. Comput. Labor.) E. Heinrich. 118

Lee W. Parker und **John R. Holmes,** *Eine Aufnahme der Isotopenverschiebung in O I.* (Sitzungsbericht.) Unters. der Isotopenstruktur von 18 Spektrallinien von an ^{18}O reichem Sauerstoff im Gebiet 2000—10000 Å. Starke scharfe Linien wurden für eine elektrodenlose Entladung in 0,2 Torr dieses O_2 (mit 2 Torr He) bei Kühlung mit fl. N_2 photograph. mittels Pérot-Fabry in Verbindung mit einem Prismenspektrographen aufgenommen. Die Linienverschiebung liegt im Bereich Null bis 0,5 cm^{-1} (bei 2884 Å). Der spezif. Masseneffekt sollte der gleiche sein für alle Zustände, die ihren Ausgang in der $2\,p^3\,3\,p$-Konfiguration haben. Die beobachteten relativen Verschiebungen zwischen Paaren solcher Zustände sollten daher durch den Masseneffekt allein gegeben werden, was in 2 von 3 Fällen gefunden wird. (Physic. Rev. [2] **88.** 174. 1/10. 1952. Univ. of South California.) Rudolph. 118

D. A. Chisholm, J. C. F. MacDonald, M. F. Crawford und **H. L. Welsh,** *Induzierte Infrarotabsorption in Wasserstoff und in mit Fremdgas gemischtem Wasserstoff bei Drucken bis zu 1500 Atmosphären.* Es wurde die durch mol. Zusammenstöße induzierte Infrarotabsorption in H_2 sowie in Gemischen von H_2 mit *He, Ar* u. N_2 bis zu Drucken von 1500 at. u. bei Tempp. zwischen 90 u. 376° K untersucht. Ganz allg. ergaben die Ergebnisse im Gebiet hoher Dichten, die diejenigen der entsprechenden Fll. erreichten oder sogar überschritten, neue Eigg. von induzierter Absorption. Das Hauptmerkmal bei hohen Dichten war das Aufspalten des Q-Zweiges in zwei gut aufgelöste Komponenten. Die Komponente mit der höheren Frequenz (Q_R) entspricht dem Hauptmaximum bei geringen Dichten, die Komponente mit der niederen Frequenz (Q_P) entspricht der schwachen, unvollkommen aufgelösten Komponente. Die Frequenz des Minimums zwischen Q_R u. Q_P ist bei allen Dichten gleich der Frequenz ν_0 des fundamentalen Schwingungsübergangs in dem freien H_2-Molekül. Ähnliche Aufspaltungen, wie hier im Syst. H_2–He, wurden in den Systemen H_2–Ar u. H_2–N_2 gefunden. Die Trennung u. die relativen Intensitäten der Q_R- u. Q_P-Komponenten sind stark von der D. u. der Temp. abhängig, u. zwar nimmt die Trennung der Maxima linear mit der D. von einem Grenzwert bei niedriger D. zu. Ferner nimmt für eine gegebene D. die Trennung der Maxima mit der Temp. zu. Endlich nimmt die Intensität von Q_P mit abnehmender Temp. sehr schnell ab. Ist $I_P(\nu - \nu_0)$ die Intensität von Q_P am Punkt $\nu - \nu_0$ vom Ursprung (4160 cm^{-1}) u. $I_R(\nu - \nu_0)$ der entsprechende Wert von Q_R, dann erhält man eine Gerade, wenn man $\ln[I_R(\nu - \nu_0)/I_P(\nu - \nu_0)]$ gegen $(\nu - \nu_0)$ graph. aufträgt, deren reziproke Neigung nahe kT ist. Ganz allg. ergibt sich aus den Unterss., daß die Aufspaltung des Q-Zweiges ein kinet. Phänomen ist. (Physic. Rev. [2] **88.** 957—58. 15/11. 1952. Toronto, Can., Univ., Mc Lennan Labor.) Gottfried. 120

E. E. Bell, R. L. Hansler und **R. A. Oetjen,** *Infrarotrotationsspektrum von Schwefelwasserstoff.* (Sitzungsbericht.) Das Rotationsspektr. von H_2S wird zwischen 65 u. 250 cm^{-1}

gemessen u. in Übereinstimmung mit den von CRAWFORD u. CROSS (J. chem. Physics **5.** [1937.] 621) vorausgesagten Energieniveaus gefunden. (Physic. Rev. [2] **88.** 174. 1/10. 1952. Ohio State-Univ.) RUDOLPH. 120

Roger Newman, *Das polarisierte Infrarotspektrum von Natriumformiat.* An $NaHCO_2$-Einkristallen, die durch Eindampfen der wss. Lsg. in Form von (0 1 0)-Platten gewonnen wurden, wird die Infrarotabsorption parallel u. senkrecht zur (0 1 0)-Ebene in polarisiertem u. nichtpolarisiertem Licht bei parallelem u. konvergentem Lichtstrahl im Gebiet 750—3200 cm^{-1} mittels BECKMAN-Spektrometer u. Infrarotmikroskop aufgenommen. Ergebnisse: Die asymm. C—O-Streckschwingung hat die Frequenz 1620 cm^{-1} gegenüber der entsprechenden RAMAN-Frequenz 1584 cm^{-1} der Lsg.; im Gebiet 1350—1400 cm^{-1} liegen zwei überlappende Banden, wobei die mit niedriger Frequenz nur $E_{||}$ absorbiert, während die höherer Frequenz anscheinend unpolarisiert ist; die Bande bei 2750 wird als $(\nu_1 + \nu_5)$-Frequenz bezeichnet. (J. chem. Physics **20.** 1663—64. Okt. 1952. Pasadena, Calif., California Inst. of Technol., Gates and Crellin Labor.) RUDOLPH. 120

J. Kraitchman, *Bestimmung der Molekularstruktur aus mikrowellenspektroskopischen Daten.* Es wird eine Meth. zur Best. der Lage eines Atoms in einem Mol. aus spektroskop. Messungen an zwei isotop. Arten des Mol. beschrieben. Explizite Ausdrücke für verschied. Typen von Moll. wurden hergeleitet. Diskutiert wurde die Anzahl der isotopen Arten, an denen Messungen durchgeführt werden müssen, um die Lage jedes Atoms in dem Mol. festzulegen. (Amer. J. Physics **21.** 17—24. Jan. 1953. East Pittsburgh, Pa., Westinghouse Res. Labor.) GOTTFRIED. 121

H. H. Nielsen, *Die Struktur der Moleküle PH_3, AsH_3 und SbH_3.* Für die Moll. PH_3, AsH_3 u. SbH_3 wurden die Werte für α (Winkel H—P—H) u. r_0 (Abstand P—H) aus den Infrarotspektren bestimmt zu $\alpha = 93^0 50'$, $91^0 35'$ bzw. $91^0 30'$ u. $r_0 = 1{,}424$ Å, 1,523 Å bzw. 1,711 Å. Die Werte stehen in guter Übereinstimmung mit den von LOOMIS u. STRANDBERG aus den Mikrowellenspektren abgeleiteten, die zu $93{,}5^0$, $92{,}0^0$ bzw. $91{,}5^0$ für α u. zu 1,419 Å, 1,523 Å bzw. 1,712 Å für entsprechendes r_0 bestimmt wurden. (J. chem. Physics **20.** 759. April 1952. Columbus, O., Ohio State Univ., Dep. of Phys. and Astron.) FREE. 121

G. E. Reesor, *Die Absorption von Mikrowellen in angeregtem Wasserstoff.* Es wurde die Absorption von angeregtem atomaren H im Frequenzbereich von 9950—10200 MHz u. 10750—11100 MHz in einer Entladungsröhre untersucht. Die Dämpfung in dem Plasma der Entladungsröhre wurde nach zwei Methoden, u. zwar nach der Meth. der stehenden Welle u. der Vergleichsmeth. gemessen. Die erhaltenen Ergebnisse lassen sich befriedigend durch Absorption von freien Elektronen erklären. Obgleich in dem untersuchten Bereich der $2\,s^2\,S_{1/2} \rightarrow 2\,p\,^2P_{3/2}$-Übergang von atomarem H liegt, wurde keine selektive Absorption beobachtet. Der von CARST u. LADENBURG (vgl. Z. Physik **48.** [1928.] 192) angegebene Wert für die Besetzung der H-Atome in dem $2\,s^2\,S_{1/2}$-Zustand scheint nach den durchgeführten Unterss. des Vf. zu groß zu sein. (Canad. J. Physics **29.** 87—96. März. 1951. Toronto, Can., Univ., Dep. of Phys., Mc Lennan Labor.) GOTTFRIED. 121

S. J. Tetenbaum, *Sechs-Millimeter-Spektren von COS und N_2O.* Von dem linearen Mol. COS wurden im 6 mm-Gebiet die reinen $J = 3 \rightarrow 4$-Rotationsübergänge gemessen, u. zwar die Linien des Grundzustandes bei 195^0 K, die Linien des angeregten Schwingungszustandes bei Zimmertemp.; der Druck betrug ca. $2 \cdot 10^{-3}$ mm Hg. Die experimentellen Ergebnisse für die Moll. $^{12}C^{16}O^{32}S$, $^{12}C^{16}O^{33}S$, $^{12}C^{16}O^{34}S$ u. $^{13}C^{16}O^{32}S$ sind tabellar. zusammengestellt. Es wurden nur 2 Quadrupolhyperfeinstrukturkomponenten für das Mol. $^{12}C^{16}O^{33}S$ gefunden. Die berechneten Rotationskonstanten u. die l-Typ-Verdopplungskonstante sind ebenfalls für alle Moll. tabellar. zusammengestellt. Weiter wurden die FERMI-Resonanzeffekte in dem Übergang $J = 3 \rightarrow 4$ von $^{12}C^{16}O^{32}S$ analysiert. Die sich gegenseitig störenden zwei Niveaus sind die $(1\,0^0\,0)$- u. $(0\,2^0\,0)$-Niveaus. — Beobachtet u. analysiert wurde ferner der Rotationsübergang $J = 1 \rightarrow 2$ von $^{13}N^{14}N^{16}O$ in seinem Grundzustand. Bei niedrigen Drucken besteht die Absorptionslinie aus drei getrennten Komponenten. Tabellar. sind die experimentellen Ergebnisse, die beobachteten Frequenzen u. die berechneten Rotationskonstanten zusammengestellt. Die Quadrupolkopplungskonstante für den endständigen ^{14}N-Kern beträgt $-1{,}05 \pm 0{,}20$ MHz. (Physic. Rev. [2] **88.** 772—74. 15/11. 1952. New Haven, Conn., Yale Univ., Sloane Phys. Labor.) GOTTFRIED. 121

Chas. E. Waring und **Robert L. Custer,** *Absolute Verdet-Konstanten für Wasser über einen Bereich verschiedener Temperaturen und im Gebiet sichtbarer Wellenlängen.* Es werden, basierend auf Messungen der magnet. Rotation von W. u. auf Messungen der Feldstärke des verwendeten Solenoids, absol. Werte der VERDET-Konstanten des W. im Temperaturbereich von 0—60^0 u. bei verschied. Wellenlängen bestimmt. Die ermittelten Werte,

z. B. 0,015324 ± 0,05% bei 11,5° u. 546 mμ u. 0,013013 ± 0,05% bei 20° u. 589 mμ stimmen mit den von DE MALLEMANN u. Mitarbeitern (C. R. hebd. Séances Acad. Sci. **202.** [1936.] 837) gefundenen Ergebnissen gut überein. Vff. diskutieren die Abhängigkeit des Temperaturkoeff. der VERDET-Konstanten von der Wellenlänge. Der Temperaturkoeff. für 436 mμ ist annähernd doppelt so groß wie der für 589 mμ. Weitere Einzelwerte der Konstanten für die 4 Wellenlängen 589, 578, 546 u. 436 mμ bei verschied. Tempp. sowie Beschreibung der Meßmeth. vgl. Original. (J. Amer. chem. Soc. **74.** 2506—09. 20/5. 1952. Storrs, Conn., Univ. of Connecticut, Dep. of Chem.) SPARMANN. 122

H. W. Leverenz und **D. O. North,** *Wechselwirkungen entfernter Fremdstoffzentren in Phosphoren.* Für rhomboedr. $ZnSiO_4 \cdot Mn$ wird die Abhängigkeit folgender Größen von der Zahl der Mn^{2+}-Ionen (N_{Mn}) auf Zn^{2+}-Gitterplätzen betrachtet: 1. Abklingkonstante τ des nahezu exponentiellen Nachleuchtens (bei 25°), 2. Temp. T_B, oberhalb welcher die Luminescenzausbeute stark zurückgeht, 3. Ausbeute η der Kathodoluminescenz sowie Wahrscheinlichkeit des Auftretens 4. von isolierten Mn-Atompaaren (P_2), 5. von isolierten Mn-Atomen ohne Mn-Nachbarn (P_{C_1}) u. 6. von isolierten Mn-Atomen ohne nächste Mn-Nachbarn in der 1.—5. Zone der verfügbaren Plätze ($P_{C\,1-5}$). Bei N_{Mn}-Werten größer als 1% nehmen τ, T_B u. η stark ab. Dagegen sinkt die Kurve von P_{C_1} erst bei größeren Werten von N_{Mn} ab, u. P_2 hat ein Maximum bei $N_{Mn} \gtrsim 10\%$. Aus dem Verlauf der Kurven folgt nach Vff., daß Gruppen von 2 oder mehr Mn-Ionen für die Leuchtzentren nicht von Bedeutung sind (im Gegensatz zur „cluster"-Theorie) u. isolierte Mn-Ionen (P_{C_1} bei hohem N_{Mn}) Leuchtzentren bilden können, vermutlich aber geringe Aktivierungsenergien besitzen, die zu kleinen τ-, T_B- u. η-Werten führen. Dagegen fällt die Kurve $P_{C_{1-5}}$ für Mn-Atome also, die in der die nächsten 28 Zn^{2+}-Plätze umfassenden Nachbarschaft keine Mn-Ionen um sich haben, prakt. im gleichen Gebiet der N_{Mn}-Werte wie T_B u. τ ab. Bei Mn-Ioneneinbau dieser Art müßten die Mn-Ionen ca. 12 Å voneinander getrennt sein, u. es ist wahrscheinlich, daß merkliche Wechselwrkg. über weit größere Entfernungen auftritt, bes. in ZnS-Phosphoren, bei denen ja die optimale Aktivatorkonz. bei 0,01% liegt. (Physic. Rev. [2] **85.** 930—31. 1/3. 1952. Princeton, N. J., RCA Labor. Div.) RUDOLPH. 125

J. Sharma, *Thermoluminescenz und Farbzentrenänderung in LiF.* Durch doppelte Umsetzung von LiCl mit NH_4F hergestelltes LiF in Pulverform, das ein dem Einkristall ähnliches therm. Ausleuchtverh. besitzt (vgl. PRINGSHEIM u. YUSTER, C. **1951.** I. 1836), zeigt nach Elektronenstrahlanregung bei größeren Erhitzungsgeschwindigkeiten einige neue Glow-Kurvenmaxima, so zwei Maxima bei —130 u. 143° (an Stelle nur eines bei —135°) sowie um 400° mit stärkerem Rotanteil der Emission. Dabei geht die blaue Färbung des LiF in Gelbbraun über (Absorptionsbandenverschiebung). Einstrahlung von blauem Licht führt dann zu roter Luminescenz. Bei Verfärbung des LiF mit Elektronenstrahlen bei höheren Tempp. (Raumtemp.) erfolgt der Übergang zur roten Emission erst bei Tempp. >400°. Die durch Elektronenbombardement bei tiefen Tempp. erzeugte blaue Fluorescenz der Kristalle geht bei sehr intensiver Kathodenstrahlanregung auch bei tiefen Tempp. in eine rote Emission über. Diese rote Luminescenz wird scheinbar durch Aggregation prim. Zentren verursacht. (Physic. Rev. [2] **87.** 535. 1/8. 1952. Calcutta, Univ., Coll. of Sci., Khaira-Labor. of Phys.) RUDOLPH. 125

J. Bonanomi und **J. Rossel,** *Luminescenzscintillationen in Alkalijodiden.* (Vgl. C. **1953.** 2712.) Vff. messen mit Scintillationszählern u. Photomultiplier an reinen u. an mit Tl aktivierten Alkalijodidkristallen die folgenden Charakteristika der durch γ- oder α-Strahlen [^{60}Co, Th (C + C'), Ra, Po] hervorgerufenen Luminescenzen bei Tempp. zwischen 77 u. 290° K: Form der Abklingkurven, Abklingzeiten, Glow-Kurven u. Luminescenzausbeute. Die experimentellen Ergebnisse stimmen mit der von Vff. entwickelten Theorie überein, die vom Modell eines luminescierenden Zentrums ausgeht u. den Prozeß als monomol. Rk. beschreibt. Die gefundene Temperaturabhängigkeit der Abklingzeit besitzt mit großer Genauigkeit die von der Theorie geforderte Form $1/\tau = s \cdot e^{-E/kT}$. Die gemessenen Werte der Aktivierungsenergie E liegen zwischen 0,6 u. 0,1 eV, die Abklingzeiten zwischen 10^{-7} u. 10^3 Sekunden. Die Rolle des Tl-Zusatzes, dessen Einfl. auf Luminescenzausbeute u. Emissionsspektr. sehr gering ist, wird diskutiert. (Helv. physica Acta **25.** 725—52. 15/12. 1952. Neuchâtel, Univ.) CONRAD. 125

Arthur L. Smith, *Luminescenz dreier Formen von Zinkorthophosphat mit Mn.* Reines $Zn_3(PO_4)_2$ wurde aus der Lsg. eines Zn-Salzes durch Na_2HPO_4 bei $p_H < 5$ gefällt. Zinkorthophosphat mit weniger als 0,75 Mol.-% Mn-Zusatz tritt beim Erhitzen bis hinauf zum F. (1070 u. 1080°) nur in e i n e r Modifikation (α) auf. Die Umwandlung in die β-Phase beginnt bei einem Mn-Geh. von 1 Mol-% bei über 700° u. ist bei 800° vollständig. Bei Erhöhung des Mn-Geh. auf 5 Mol-% tritt bei 700° die γ-Phase auf. Der Zusammenhang zwischen Struktur, Mn-Geh. u. Glühtemp. ist kompliziert. Ggw. von Pyrophosphat begünstigt die γ-Form. Der Einfl. von Alkaliphosphaten wird untersucht u. im Zusammenhang mit fremden früheren Resultaten diskutiert. Die gegenseitige Löslichkeit der Modifikationen ist gering. Bei Kathodenstrahlanregungen leuchtet α grün (Maximum: 5540 Å), β rot (6380 Å) u. γ rot (6320 Å). Auf Grund der Hypothese von LINWOOD, WEYL (J. opt. Soc. America **32.** [1942.] 443) u. SCHULMAN (C. **1947.** 309), betreffend den Zusammenhang zwischen Koordination des Mn-Ions u. dessen Emissionsspektr., wird auf Viererkoordination bei α, dagegen auf Sechserkoordination bei β u. γ geschlossen. (J. electrochem. Soc. **98.** 363—68. Sept. 1951. Lancaster, Pa., Radio Corp. Amer., Tube Dep.) BRAUER. 125

Simon Larach, *Eigenschaften der Kathodolumineszenz einiger Barium-Zinksilicat-Phosphore mit Managanaktivator.* Dem Syst. $BaO:ZnO:SiO_2$ angehörige Präpp., die mit Mn zwischen 0 u. 5 Gew.-% aktiviert waren, wurden mit Kathodenstrahlen angeregt. Das Emissionsspektr. zeigt blaue, grüne u. rote Banden u. ist sowohl vom Mn-Geh. als auch von der Zus. des Wirtsgitters abhängig. Die Ergebnisse unterscheiden sich wesentlich von den Befunden von ANDERSON u. WELLS (J. electrochem. Soc. **95.** [1949.] 299) die mit UV-Anregung (2537 Å) erhalten wurden. (J. electrochem. Soc. **98.** 369—70. Sept. 1951. Princeton, N. J., Radio Corp. Amer., RCA Labor. Div.) BRAUER. 125

A₃. Elektrizität. Magnetismus. Elektrochemie.

G. Ecker, *Der Einfluß der Kontraktion auf den Temperatur- und Feldstärkeverlauf vor der Kathode.* Beim Lichtbogen erfolgt der Übergang vom Entladungsquerschnitt der Säule auf denjenigen der schmalen Raumladungszone unmittelbar vor der Kathode in einem ausgedehten Bereich der Säule, dem Kontraktionsbereich, der bisher als Wärmeleitungsgebiet bezeichnet wurde u. über den im Gegensatz zum Raumladungsgebiet noch keine klaren theoret. Vorstellungen existieren. Die theoret.-mathemat. Behandlung des Problems führt zu Aussagen über das Ausmaß der Kontraktion, die Stromdichte, die Temp. vor der Kathode, die mittlere Feldstärke u. den Gesamtspannungsbedarf der Kontraktion. Die Ergebnisse der Rechnung sind in befriedigender Übereinstimmung mit den experimentellen Kenntnissen. (Z. Physik **132.** 248—80. 1952. Bonn, Univ., Inst. für Theoret. Phys.) H. W. LEVI. 131

Amos S. Newton, *Einige Beobachtungen am Massenspektrum von CO_2.* Im Massenspektr. von sorgfältig gereinigtem CO_2 wurde stets die M. 32 (= O_2^+) gefunden. Das Massenverhältnis 44/32 erwies sich im Bereich von 33,7 bis $251 \cdot 10^{-3}$ mm Hg als druckunabhängig, die Entstehung von O_2^+ beruht also auf einer Rk. 1. Ordnung. Das von einer CO_2-Probe mit 13,5% ^{18}O aufgenommene Massenspektr. zeigte, daß nur etwa die Hälfte des Sauerstoffs im O_2^+-Ion aus dem CO_2-Mol. stammt. Die Herkunft der anderen Hälfte konnte nicht aufgeklärt werden. Messung des Verhältnisses CO_2^+/CO_2^{2+} ergab um 8% geringere Bildungswahrscheinlichkeit von $(C^{16}O^{18}O)^{2+}$ gegenüber $(C^{16}O^{16}O)^{2+}$, was auf eine etwas geringere Stabilität des $(C^{16}O^{18}O)^{2+}$ infolge seiner Unsymmetrie zurückgeführt wird. (J. chem. Physics **20.** 1330—31. Aug. 1952. Berkeley, Calif., Univ. of California, Radiat. Labor.) CONRAD. 131

L. S. Palmer, A. Cunliffe und **J. M. Hough,** *Dielektrizitätskonstante von Wasserfilmen.* Es wurde die DK. dünner Wasserschichten zwischen Glimmerblättchen bei hohen Frequenzen (2 MHz) gemessen. Sie ist erheblich geringer als die von W. bekannte, um so kleiner, je kleiner die Schichtdicke ist. 5 μ dicke Filme haben die DK. 20, 2 μ dicke nur noch ca. 10. Die DK. ist frequenzabhängig, bei 2,5 kHz ist sie 2—4 mal größer als bei 2 MHz. W. in dünnen Schichten verhält sich also dielektr. ähnlich wie Eis u. ist deshalb nicht als „festes W.“, sondern als „fl. Eis“ zu bezeichnen. (Nature [London] **170.** 796. 8/11. 1952. Hull, Univ., Phys. Dep.) K. L. WOLF. 132

B. T. Matthias, *Isotopeneffekt in RbD_2PO_4.* (Sitzungsbericht.) Für tetragonale Einkristalle von RbD_2PO_4 wird die DK. parallel zur c-Achse als Funktion der Temp. bestimmt. RbD_2PO_4 wird ferroelektr. unter 218° K (5° höherer CURIE-Punkt gegenüber 213° von KD_2PO_4). Die CURIE-Punkte der entsprechenden H-haltigen Verbb. sind 147 bzw. 123° K. Es wird darauf hingewiesen, daß je höher die krit. Tempp. der ferroelektr. Übergänge liegen, um so geringer der Einfl. des Isotopieeffektes wird, was auf einen zunehmenden Einfl. des kT auf die Nullpunktsenergie hinweist. (Physic. Rev. [2] **85.** 723—24. 15/2. 1952; Bull. Amer. physic. Soc. **26.** Nr. 6. 27. 24/10. 1951. Bell Telephone Labor.) RUDOLPH. 132

Graham W. Marks und **Lester A. Monson,** *Der Einfluß einiger Oxyde der IV. Gruppe auf Dielektrizitätskonstante und Verlustwinkel von Bariumtitanat.* (Sitzungsbericht.) Best. der DK. ε u. des tg δ von keram. Massen aus $BaTiO_3$ mit 0,5—50% *SiO_2*, *TiO_2*, *ZrO_2*, *CeO_2* bzw. *ThO_2* (Sintertemp. der Preßlinge 1200—1360° während 1—2 Std. an Luft) im Temperaturbereich 30—170° mittels Wechselstrom von 1000 Hz. Die — bzgl. der Porosität der Keramik korr. — ε-Werte ergeben für das reine $BaTiO_3$ einen ferroelektr. CURIE-Punkt bei $T_c = 127{,}8 \pm 0{,}2^0$ C. T_c wird durch alle Oxyde erniedrigt, mit Ausnahme des T_c erhöhenden SiO_2. ε wird ebenfalls verringert. Die Meßwerte von ε der Gemische folgen im allg. nicht der Beziehung $\ln\varepsilon = v_1 \ln\varepsilon_1 - v_2 \ln\varepsilon_2$, wobei ε_1 u. ε_2 bzw. v_1 u. v_2 die DK. bzw. die Volumenanteile der jeweiligen reinen Komponenten sind. (Physic. Rev. [2] **85.** 723. 15/2. 1952; Bull. Amer. physic. Soc. **26.** Nr. 6. 27. 24/10. 1951. U. S. Navy Electronics Labor.) RUDOLPH. 132

Walter Franz, *Elektronische Leitung in kristallinen Isolatoren.* Die Grundlagen einer Theorie der räumlich homogenen elektron. Leitung in hohen elektr. Feldern u. des elektron. Durchschlages isolierender Kristalle werden entwickelt. Die Energieänderungen der Leitungselektronen unter dem Einfl. des Feldes u. der bremsenden Gitterstöße werden berechnet. Mit Hilfe dieser Ergebnisse u. unter Berücksichtigung von Stoßionisation u. Rekombination wird die stationäre Verteilungsfunktion der Leitungselektronen auf die verschied. Energien abgeleitet. Unter Zugrundelegung eines Modells, das von einem Valenzband, einem diskreten F-Niveau u. einem leeren Leitungsband ausgeht, wird dann die zeitliche Veränderung der Anzahl der Leitungselektronen berechnet, wobei neben den therm. Übergängen u. der Stoßionisation auch die innere Feldemission berücksichtigt wird. Nach Einbeziehung der mit dem Stromdurchgang verbundenen Temperaturerhöhung in die Betrachtung kann hieraus die Durchschlagsbedingung gewonnen werden, wobei zwischen dem Durchschlag nach beliebig langer Wartezeit u. dem Durchschlag nach beschränkter Zeit unterschieden wird. Die Anwendung auf das Beispiel *KBr* zeigt, daß innere Feldemission aus dem Valenzband als Ursache des Durchschlages bei den Alkalihalogeniden ausscheidet, jedoch unter Umständen die Zündung des Stoßionisationsdurchschlages durch innere Feldemission aus dem F-Band erforderlich sein kann. Die richtige Bedingung für den Stoßionisationsdurchschlag stimmt weder mit dem v. HIPPELschen „low energy criterion" noch mit dem FRÖHLICHschen „high energy criterion" überein. (Z. Physik **132.** 285—311. 1952. Münster/Westf., Univ., Inst. für Theoret. Phys.) H. W. LEVI. 135

Takemaro Sakurai und **Seiji Munesue,** *Der spezifische Widerstand aufgedampfter Tellurfilme.* Der spezif. elektr. Widerstand R von Te-Filmen (200—5000 Å), die durch Aufdampfen auf eine Unterlage (Kieselerde) im Vakuum hergestellt wurden, wird in Abhängigkeit von der Temp. gemessen. Bei Zimmertemp. (Temp. der Unterlage) hergestellte Filme zeigen nach Herst. einen hohen Widerstand, der im Laufe der Zeit auf einen Endwert absinkt. Die aufgenommene (log R, 1/T)-Funktion zeigt oberhalb der Herstellungstemp. einen irreversiblen, darunter einen reversiblen Verlauf. Im reversiblen Bereich läßt sich diese Funktion durch den Ausdruck $\ln(R - r) = U/2\,kT + \text{const.}$ darstellen (r passend gewählte Konstante, U Aktivierungskonstante einer massiven Probe = 0,34 eV). Bei steigender Temp. nähert sich r einem bestimmten Wert, bei 180^0 setzt ein starker Anstieg von R ein. Bei nachfolgender Temperaturerniedrigung nimmt r ab. Durch Beschuß des Films mit Elektronen (ca. 10000 eV) wird eine allg. Reversibilität erreicht. Der Widerstandsverlauf eines bei ca. 200^0 hergestellten Filmes stimmt mit dem massiver Proben gut überein. Das vorliegende Meßergebnis wird folgendermaßen gedeutet: Bei den kalt hergestellten Filmen tritt wohl eine Wanderung der Te-Atome u. eine Mikrokristallbldg. auf, aber diese Kristalle sind in der amorphen M. eingeschlossen. Die Kristalle wachsen, bis ein Gleichgewichtszustand erreicht ist. Der Widerstand setzt sich aus dem der Kristalle u. dem des großen amorphen Anteils mit seinem geringen Temperaturkoeff. (= r) zusammen. Durch Wärmebehandlung oder durch Beschuß mit Elektronen wachsen die Kristalle, so daß mit der Verringerung des amorphen Anteils der Widerstand sinkt. Durch die Wanderung der Atome werden die Hohlräume im amorphen Teil größer, u. r wächst. Diese Erscheinungen werden durch Beobachtungen mit dem Elektronenmikroskop u. durch Beugungsmessungen bestätigt. Bei hoher Temp. der Unterlage haben die niedergeschlagenen Te-Atome ausreichende Energie zur Wanderung u. zu ausgiebiger Kristallbildung. Durch geeignete Behandlung lassen sich so die gleichen Widerstandswerte wie bei massiven Proben herstellen. (Physic. Rev. [2] **85.** 921. 1/3. 1952. Sendai, Japan, Tõhoku Univ.) WERNER SCHULZ. 136

Robert Gomer und **John K. Hulm,** *Feldemission von Tantal im normalen und supraleitenden Zustand.* In einem Feldelektronenmikroskop wird die Feldemission einer Tantalspitze bei Tempp. von 2,2—300^0 K gemessen. Es zeigt sich, daß keine Unterschiede in der Emission unter- u. oberhalb der Sprungtemp. (4,4^0 K) sowohl bzgl. des Emissionsstromes als auch des Emissionsbildes auf dem Leuchtschirm bestehen. Die FOWLER-NORDHEIM-Gerade (log J/V^2 gegen $1/V$) verläuft streng linear. Der Radius der Kathodenspitze war ca. $5{,}7 \cdot 10^{-5}$ cm, die höchste Stromdichte 80 A/cm^2. Aus den Verss. wird geschlossen, daß die Potentialschwelle an der Oberfläche eines supraleitenden Metalls u. das chem. Potential der Leitfähigkeitselektronen — wenn überhaupt — nicht viel mehr als um den Betrag kT_c beeinflußt wird. (J. chem. Physics **20.** 1500—02. Sept. 1952. Chicago, Ill., Univ., Inst. for Study of Metals.) RUDOLPH. 136

M. Dresden, *Gitterschwingungen und Supraleitung.* (Sitzungsbericht.) Für ein eindimensionales Gitter wurde die Wechselwrkg. zwischen Gitterschwingungen u. Elektronengas neu berechnet. Ob die Gitterschwingungen stabil sind oder nicht, hängt entscheidend davon ab, wie die HAMILTON-Funktion auf das Syst. Elektron–Ion, auf die Gitterschwingungen u. auf die Wechselwrkg. verteilt wird. Diese Aufteilung ist aber nicht eindeutig möglich. (Physic. Rev. [2] **86.** 627. 15/5.; Bull. Amer. physic. Soc. **27.** Nr. 1. 52. 31/1. 1952. Univ. of Kansas.) KIRSCHSTEIN. 136

C. J. Grebenkemper und **John P. Hagen,** *Der Hochfrequenzwiderstand von Metallen im normalen und supraleitenden Zustand.* Vff. beschreiben eine Meth. zur Messung des Oberflächenwiderstandes R für Frequenzen der Größenordnung 9000 MHz. Messungen wurden bes. für *Sn* unter- u. oberhalb der Übergangstemp. T_c ausgeführt, u. zwar in Abhängigkeit von der Art der Vorbehandlung der Oberfläche. R steigt bei 4,2° K (also oberhalb T_c) in der Reihenfolge, Polieren der gegossenen Probe, Polieren u. Elektroplattieren, maschinelle Bearbeitung, nur Elektroplattieren, Kaltpressen, um ca. 30% an. Diese Ergebnisse stehen im Einklang mit der Theorie des anomalen Skineffektes von REUTER u. SONDHEIMER (vgl. C. **1949.** II. 19). Im supraleitenden Zustand macht sich die Oberflächenbeschaffenheit wesentlich stärker in R bemerkbar; z. B. beträgt R/R_n, wobei sich R auf den supraleitenden u. R_n auf den normalleitenden Zustand bezieht, bei 2,0° K 0,036 für gepreßtes Sn, aber 0,009 für poliertes u. elektroplattiertes Sn. R/R_n steigt linear mit dem Ausdruck $t^4(1 - t^2)/(1 - t^4)^2$, wo $t = T/T_c$, T = Meßtemp., so daß R/R_n auf T = 0° K extrapoliert werden kann (Daten vgl. Original). R-Messungen bei 24000 MHz zeigen, daß sich R im supraleitenden Zustand mit $f^{3/2}$ (f = Frequenz) ändert. Ähnliche Ergebnisse wurden für *Pb* u. *In* erhalten (einige Messungen für f = 9000 MHz). (Physic. Rev. [2] **86.** 673—79. 1/6. 1952. Washington, D. C., Naval Res. Labor.) FUCHS. 136

L. D. Roberts und **J. W. T. Dabbs,** *Über die Supraleitfähigkeit einer Hafnium-Zirkonium-Legierung.* (Sitzungsbericht.) Während bei reinem Zr eine scharfe Übergangstemp. (0,63° K) gefunden wurde, konnte an einer Legierung 95% Hf/5% Zr im Temperaturbereich oberhalb 0,22° K keine Supraleitung nachgewiesen werden. (Physic. Rev. [2] **86.** 628. 15/5.; Bull. Amer. physic. Soc. **27.** Nr. 1. 53. 31/1. 1952. Oak Ridge, Tenn., Nat. Labor.) KIRSCHSTEIN. 136

Robert Pry und **Arthur L. Lathrop,** *Der gyromagnetische Effekt in einem Supraleiter.* (Vgl. C. **1953.** 3679.) (Sitzungsbericht.) An supraleitendem *Zinn* wurde der gyromagnet. Effekt bei Feldstärken von 50 u. 100 Gauß nachgewiesen; er beruht auf der Bahnbewegung der Elektronen. (Physic. Rev. [2] **86.** 628. 15/5.; Bull. Amer. physic. Soc. **27.** Nr. 1. 53. 31/1. 1952. Rice Inst.) KIRSCHSTEIN. 137

J. Ubbink, *Theorie der antiferromagnetischen Resonanz am absoluten Nullpunkt in einem Kristall mit rhombischer Symmetrie.* Unter der Annahme zweier Untergitter eines antiferromagnet. Kristalles wird mit der Meth. von KITTEL (vgl. C. **1953.** 813) u. von NAGAMIYA (Progr. theoret. Phys. **6.** [1951.] 350) die Resonanzabsorption am absol. Temperaturnullpunkt errechnet. Ergebnisse liegen vor an $CuCl_2 \cdot 2\,H_2O$, die bis unter 3° K temperaturunabhängig sind. Mit diesen Ergebnissen stimmt die Theorie hinreichend überein. (Physic. Rev. [2] **86.** 567—68. 15/5. 1952. Leiden, Holland, Kamerlingh Onnes Labor.) FAHLENBRACH. 137

W. K. Wilmarth, M. K. Barsh und **S. S. Dharmatti,** *Magnetische Susceptibilitäten hydrierter Pyridin- und Chinolinlösungen von Kupfer(II)- und Nickel(II)-acetat und Salicylaldehyd.* Messung der magnet. Susceptibilitäten hydrierter Pyridin- u. Chinolinlsgg. von Cu(II)- bzw. Ni(II)-Acetat u. Salicylaldehyd vor u. nach Rk. mit Sauerstoff. Die Cu(II)-Salze werden zum Cu(I) red., eine stabile Verb. mit einwertigem Ni wurde nicht gefunden. Die Diskrepanz zwischen den hier durchgeführten u. früheren magnet. Messungen beruht nach Vermutung der Vff. auf Oxydation bei den älteren Messungen. (J. Amer. chem. Soc. **74.** 5035—37. 20/10. 1952. Los Angeles, Calif., Univ. of Southern California, Dep. of Chem.) K. L. WOLF. 137

Lyle R. Dawson und **Michael Golben,** *Eigenschaften verdünnter Lösungen von Magnesiumhalogeniden in Äthanol bei 20° aus Leitfähigkeitsmessungen.* Vff. bestimmten die elektr. Leitfähigkeiten verd. Lsgg. von $MgCl_2$, $MgBr_2$ u. MgJ_2 in A. bei 20°. Aus den Messungen ergibt sich, daß diese Verbb. unvollständig dissoziiert sind, u. zwar $MgCl_2$ am meisten u. MgJ_2 am wenigsten. Die Daten lassen erkennen, daß die Dissoziation der 2. Stufe unvollständig ist. Es wird ein Massenwirkungsgesetzausdruck für die 2. Dissoziation von zwei–ein-wertigen Elektrolyten für den speziellen Fall, daß die 1. Dissoziation vollständig ist, abgeleitet. Dieser Ausdruck wird hinsichtlich der Ionenverzögerung u.

des Abweichens vom idealen Verh. mit Hilfe der Meth. von FUOSS u. SHEDLOVSKY korrigiert. Aus den experimentellen Daten werden die Grenzleitfähigkeiten (43,45; 46,18; 48,79), die wirklichen u. die berechneten Neigungen, die klass. u. die thermodynam. Dissoziationskonstanten ($1{,}659 \cdot 10^{-4}$, $4{,}650 \cdot 10^{-4}$, $5{,}515 \cdot 10^{-4}$) berechnet. (J. Amer. chem. Soc. **74.** 4134—37. 20/8. 1952. Lexington, Ky., Univ., Dep. of Chem.) NIEMITZ. 138

K. W. Dunning und **W. J. Dunning,** *Die Thermodynamik dissoziierender Lösungsmittel.* Es werden thermodynam. Betrachtungen über den Einfl. zugefügter Ionen, die Dissoziationsprodd. einer dissoziierenden Lsg. sind, auf das chem. Potential angestellt. Bei Zugabe eines der Dissoziationsprodd. wird das chem. Potential des Lösungsm. anfänglich nicht geändert, unabhängig davon, wie kompliziert das Dissoziationsgleichgewicht ist. Aus der Anfangskrümmung der Kurve chem. Potential-Konz. kann auf die bereits als Folge der Dissoziation vorhanden gewesenen Ionenarten geschlossen werden. Die Kurve ist durchgebogen, wenn der zugefügte Stoff bei der Zugabe selbst dissoziiert u. alle seine Prodd. an der Dissoziation des Lösungsm. teilnehmen. Wenn der zugefügte Stoff in die Komponenten x u. y dissoziiert u. nur x an der Dissoziation des Lösungsm. teilnimmt, ist der Anfangsanstieg $-yRT$. Für höhere Konzz. des zugefügten Stoffes wird die Dissoziation des Lösungsm. unterdrückt, u. die Änderung des chem. Potentials mit der Konz. wird normal. (J. chem. Soc. [London] **1952.** 2993—97. Aug. Bristol, Univ.) W. KAUFMANN. 139

Herbert S. Harned und **Thomas R. Paxton,** *Die Thermodynamik von ionisiertem Wasser in Strontiumchloridlösungen aus Messungen der elektromotorischen Kraft.* Die EMK. der Zellen $H_2/HCl/SrCl_2/AgCl–Ag$ u. $H_2/Sr(OH)_2/SrCl_2/AgCl–Ag$ wird im Temperaturbereich von 0—50° bei verschied. Ionenstärken gemessen. Aus den erhaltenen Werten werden berechnet: das Normalpotential der Ag–AgCl-Elektrode, die Ionisationskonstante von W., die Aktivitätskoeffizienten von HCl in $SrCl_2$-Lsgg., die Funktion des Ionenaktivitätskoeff. u. die Ionisation von W. in $SrCl_2$-Lsgg., der relative partielle mol. Wärmeinhalt von HCl in $SrCl_2$-Lsgg., die Ionisationswärme von W. u. die Ionisationswärme von W. in $SrCl_2$-Lösungen. (J. physic. Chem. **57.** 531—35. Mai 1953. New Haven, Conn., Yale Univ., Dep. of Chem.) R. LEVI. 140

A. N. Kappanna und **E. R. Talaty,** *Elektrochemie von Fluoridlösungen.* 1. Mitt. *Elektrolyse von Silberfluoridlösungen.* Vff. nehmen die Zersetzungsspannung u. das Kathoden- u. Anodenpotential von Silberfluoridlsgg. in Abhängigkeit von der Stromdichte auf. Die Messungen werden bei 29° an einer polierten Pt-Elektrode ausgeführt. Die Zersetzungsspannungskurven laufen den Anodenpotentialkurven parallel. Sie zeigen beide zwei Knicke, während die Kathodenpotentialkurve n. verläuft. Der 1. Knick entspricht einer kathod. Abscheidung von Ag, der 2. der Abscheidung einer dunkelgrünen, glänzenden, krist. Substanz, die als AgO_2 identifiziert wurde. Weiter werden die Eigg. der kathod. Silber-Ndd. an polierten Pt-Elektroden u. silberüberzogenen Cu-Elektroden in AgF-Lsgg. verschied. Konz. u. nach Zufügen von verschied. Mengen von freier *HF* (**I**), NH_4F (**II**), *Nelkenöl* (**III**) + **II**, *Borax* (**IV**) + **III** + **II**, *Narcotin* (**V**), *Brucin* (**VI**), *Johannisbeeressenz* (**VII**), *Borsäure* (**VIII**) u. **VII** + *Citronenöl* (**IX**) untersucht. Zusatz von **II** gibt glänzende Ndd. mit einem reifartigen Aussehen, während **VII, III, II** u. **VIII** + **IX** glatte, matte u. **V, VI** u. **VIII** ungenügende Ndd. geben. In keinem Falle sind sie jedoch so gut, wie die aus Cyanidbädern erzeugten. (J. Indian chem. Soc. **28.** 413—24. Aug. 1951. Nagpur, Coll. of Sci., Chem. Labor.) R. LEVI. 141

R. Ergang, G. Masing und **M. Möhling,** *Zur Potentialbildung des Aluminiums in wässeriger Kochsalzlösung.* 2. Mitt. (Vgl. C. **1951.** I. 1798.) Die wahre anod. Polarisation des Al in NaCl-Lsg. wird untersucht. Dazu wird eine Analyse der Strom–Spannungs-Kurven im abfallenden Ast der Polarisationskurven vorgenommen. Es werden bes. große, geschmirgelte Elektroden (30 cm²) benutzt. Die NaCl-Konz. beträgt 0,1%, um auch die Anfänge der kathod. H_2-Entw. verfolgen zu können. Aus den erhaltenen Kurven wird geschlossen, daß die anod. Polarisation annähernd durch eine gerade Linie dargestellt werden kann, ihre Ursache also im wesentlichen im OHMschen Widerstand des Anodenmunds liegt. Es ist möglich, daß sie bei unedleren Werten in die exponentielle Kurve einer chem. Polarisation mündet. Die Berechnung des spezif. Widerstands des Elektrolyten in den anod. Poren ergibt $2 \cdot 10^8$ Ohm·cm. Dieser Wert liegt um 6 Zehnerpotenzen über dem zu erwartenden. Es wird daher auf eine — wahrscheinlich oxyd. — Deckschicht auf der Oberfläche des Al geschlossen. (Z. Elektrochem. angew. physik. Chem. **55.** 160—65. März 1951. Göttingen, Inst. für allg. Metallkunde.) R. LEVI. 142

Colby D. Hall jr. und **Norman Hackerman,** *Aufladeprozesse bei der anodischen Polarisierung des Titan.* Das Anodenpotential von Ti in neutraler NaCl-Lsg. wird in Abhängigkeit von der geflossenen Ladungsmenge bei konstanter Stromdichte gemessen. Es zeigt einen linearen Anstieg bis zum Wert der O_2-Entwicklung. Aus Messungen der

Polarisationskapazität wird geschlossen, daß die geflossene Ladungsmenge einer Abscheidung von 3 Sauerstoffatomen auf ein Titanatom in der Oberfläche entspricht. Das entspricht einer einfachen Schicht, wenn man annimmt, daß die O-Atome die gleiche Größe wie kovalent gebundener O haben. Die Kurven für den Abfall der O-Überspannung zeigen, daß die Entladung der Doppelschicht sowohl durch Fortsetzung der O_2-Entw. als auch durch Stromfluß durch einen Widerstand vor sich geht. Dieser Widerstand wächst mit wachsender Zeit der O_2-Entw. u. wird der Bldg. eines TiO_2-Films zugeschrieben. Nach mehrstd. O_2-Entw. bei Stromdichten oberhalb 10^{-3} A/cm² hört diese auf, u. das Potential steigt auf +10 V. Zu Beginn dieses schnellen Potentialanstiegs bedeckt sich die Ti-Oberfläche mit einem dünnen, transparenten, braunen Film. Bei 10 V wird er dunkelblau, u. es entstehen Löcher in der Oberfläche. Während diese wachsen, bildet sich ein gelatinöser, weißer Nd. von Titanoxydhydrat in der Lösung. Diese Effekte werden der Verdickung des TiO_2-Films zugeschrieben, der durch Zuwanderung von Ti-Ionen wächst. Infolge der Raumladung dieser überschüssigen positiven Ionen in dem Film wird das gemessene Elektrodenpotential höher, aber das Filmlösungspotential reicht nicht mehr zur O_2-Entw. aus. Bei 10 V bricht der Film zusammen. (J. physic. Chem. **57.** 262—68. März 1953. Amherst, Mass., Coll., Dep. of Chem.) R. LEVI. 142

Herbert H. Uhlig und **Glenn E. Woodside,** *Anodische Polarisation von passiven und nichtpassiven Chrom–Eisen-Legierungen.* Vff. messen Polarisationsströme u. -potentiale für Fe u. Fe–Cr-Legierungen mit 2,8—16% Cr in 3%ig. Na_2SO_4-Lösung. Die krit. Stromdichten, bei denen die anod. Auflsg. zugunsten einer O_2-Entw. abnimmt u. das Potential plötzlich sehr viel edlere Werte annimmt, sinken von 150 mA/cm² für Fe auf 0,05 mA/cm² für Legierungen mit 11,6% Cr. Bei Cr-Gehh. oberhalb 12% gibt es überhaupt keinen krit. Strom mehr u. ein beliebig kleiner polarisierender Strom, wie er von Korrosionsvorgängen auf dem Metall selbst geliefert wird, verschiebt das Potential in die edle Richtung u. unterbindet somit die Korrosion von selbst. Mit Hilfe coulometr. Messungen wird gezeigt, daß für Legierungen mit 9,2—16,7% Cr u. wahrscheinlich auch für andere Zuss. nur wenige Oberflächenschichten am Passivierungsprozeß beteiligt sind, so daß dicke Oxydfilme nicht die prim. Ursache der Passivität sein können. (J. physic. Chem. **57.** 280—83. März 1953. Cambridge, Mass., Massachusetts Inst. of Technol., Dep. of Metall., Corrosion Labor.) R. LEVI. 142

James J. Lingane und **Richard Williams,** *Abgeleitete Polarographie.* 1. Mitt. *Charakteristik des Leveque-Roth-Stromkreises.* Vff. untersuchen die Charakteristik der Anordnung von LÉVÊQUE u. ROTH (C. **1951.** I. 1046), die die Differentiation der polarograph. Stufe durch einen Kondensator hoher Kapazität in Reihe mit dem Galvanometer oder Registriergerät eines sonst konventionellen Polarographen erreicht. Es wird eine Gleichung für die Größe des Ableitungsmaximums angegeben für die Bedingung, daß der Elektrodenprozeß reversibel, die Aufladezeit des Kondensators sehr klein, die Zeitkonstante des Galvanometer-Kondensatorstromkreises im Verhältnis zur Änderung der angelegten EMK. klein ist u. daß die Galvanometerperiode kurz genug ist, um keine Verzögerung in der Anzeige hervorzurufen. Wenn diese Bedingungen nicht erfüllt sind, sind die Maxima kleiner. Die Höhe des Maximums ist nur dann der Konz. proportional, wenn die Konz. u. der Widerstand des Zellenkreises sehr klein sind. Andernfalls sinkt das Verhältnis von Ableitungsmaximum zu Konz. mit wachsender Konz. in einem vom Zellenwiderstand abhängigen Ausmaß. Eine Aufladeverzögerung, verbunden mit einer Galvanometerverzögerung, führt zu einer asymm. Ableitungskurve, deren Spitze bei einem höheren als dem Halbwellenpotential liegt. (J. Amer. chem. Soc. **74.** 790—96. 5/2. 1952. Cambridge, Mass., Harvard Univ., Dep. of Chem.) R. LEVI. 142

A. J. Lindsey, *Vibrierende Mikroelektroden in der Polarographie. Die Beziehung zwischen Diffusionsstrom und Vibrationsfrequenz und -amplitude.* Bei polarograph. Unterss. ist der Diffusionsstrom u. a. durch die Dicke der sich an der Elektrode ausbildenden Diffusionsschicht gegeben. Diese Schichtdicke ist stark temperaturabhängig sie reagiert außerdem auf Erschütterungen. In einer früheren Veröffentlichung (vgl. C. **1948.** E. 459) haben Vff. vorgeschlagen, die Elektroden vibrieren zu lassen. Eingehende Messungen zeigten, daß es in der Tat gelingt, auf diese Weise reproduzierbare Diffusionsströme zu erzeugen. Bis zu 40 Hz ist der Strom proportional der Vibrationsfrequenz, darüber ist er frequenzunabhängig. Bei niedrigen Frequenzen steigt der Strom proportional zur Vibrationsamplitude, bei höheren Frequenzen stellt sich von einer bestimmten Amplitude ab ein konstanter Wert ein. Für polarograph. Messungen wird empfohlen, die Amplitude größer als 0,7 mm u. die Frequenz auf 100 Hz einzustellen. Die Elektrode wird zweckmäßig an einem handelsüblichen elektromagnet. Massagegerät fixiert. (J. physic. Chem. **56.** 439—42. April 1952. London, Sir John Cass Coll.)

REUSSE. 142

A$_4$. Thermodynamik. Thermochemie.

J. G. Daunt und **C. V. Heer,** *Die Löslichkeit von ^3He in flüssigem ^4He.* (Sitzungsbericht.) Kurze Mitt. zu der C. **1953.** 494 referierten Arbeit. (Physic. Rev. [2] **86.** 627. 15/5.; Bull. Amer. physic. Soc. **27.** Nr. 1. 52. 31/1. 1952. Ohio State Univ.)
KIRSCHSTEIN. 149

Th. Doehaerd, Paul Goldfinger und **F. Waelbroeck,** *Direkte Bestimmung der Sublimationsenergie von Kohlenstoff.* In einer neuartigen App. wurde die Verdampfungsgeschwindigkeit von C im Bereich 2450—2840° K untersucht, wobei der Kondensationskoeff. f als bedeutend unter 0,1 liegend u. die Sublimationswärme L_c des C zu 141,26 kcal (spektroskop. Wert) bestimmt wurde. Die Versuchsergebnisse werden Werten aus der Literatur gegenübergestellt. (J. chem. Physics **20.** 757. April 1952. Brüssel, Univ. libre, Labor. for Spectroscop. Anal.) FREE. 150

F. Waelbroeck, *Über den Mechanismus der Graphitverdampfung.* (Vgl. vorst. Ref.) Aus den Ergebnissen vorst. Arbeit wird gefolgert, daß der Kondensationskoeff. des C komplexer Natur ist, wofür unter Berücksichtigung der Verhältnisse in der KNUDSEN-Zelle u. der Theorie von HERZBERG, HERZFELD u. TELLER über den Mechanismus der C-Verdampfung eine Ableitung gegeben wird. (J. chem. Physics **20.** 757—58. April 1952.)
FREE. 150

Leo Brewer, *Neuere Bestimmungen des Dampfdrucks von Graphit.* (Vgl. vorst. Reff.) Stellungnahme zu vorst. Arbeiten, in der bes. der niedrige, unter 0,1 liegende Kondensationskoeff. f kritisiert wird. (J. chem. Physics **20.** 758—59. April 1952. Berkeley, Calif., Univ. of California, Dep. of Chem. and Chem. Engng.) FREE. 150

A. Brown, M. W. Zemansky und **H. A. Boorse,** *Wärmekapazität von Niob bei tiefen Temperaturen.* (Vgl. C. **1952.** 7777.) (Sitzungsbericht.) Unterhalb 3,5° ist die spezif. Wärme wesentlich geringer, als sich nach dem T^3-Gesetz ergibt. Bei der Temp. $T_0/\sqrt{3}$ ist $C_{vs} = C_{vn}$; mit T_0 ist die Übergangstemp. ohne Magnetfeld bezeichnet, die 8,7° beträgt. (Physic. Rev. [2] **86.** 627—28. 15/5.; Bull. Amer. physic. Soc. **27.** Nr. 1. 52—53. 31/1. 1952. New York, N. Y., Columbia Univ.) KIRSCHSTEIN. 151

J. Weertman, D. Burk und **J. E. Goldman,** *Die spezifische Wärme von Chrom unterhalb Zimmertemperatur.* (Sitzungsbericht.) Nach der Meth. von ESTERMANN u. WEERTMAN (C. **1953.** 15) wurde die spezif. Wärme von Cr zwischen Helium- u. Zimmertemp. untersucht. Die früher beobachteten Anomalien konnten nicht bestätigt werden; vielmehr ergab sich eine n. DEBYE-Kurve. (Physic. Rev. [2] **86.** 628. 15/5.; Bull. Amer. physic. Soc. **27.** Nr. 1. 53. 31/1. 1952. Carnegie Inst. of Technol.) KIRSCHSTEIN. 151

D. Burk und **F. Darnell,** *Die spezifische Wärme von Hafnium bei 40—190° K.* (Vgl. vorst. Ref.) (Sitzungsbericht.) Nachdem schon früher die Beobachtungen von CRISTESCU u. SIMON (Z. physik. Chem., Abt. B **25.** [1934.] 273) über die spezif. Wärme von Ge widerlegt worden waren, wurde jetzt auch bei Hf eine monoton steigende DEBYE-Kurve gefunden; damit sind auch hier die Ergebnisse von CRISTESCU u. SIMON widerlegt. (Physic. Rev. [2] **86.** 628. 15/5.; Bull. Amer. physic. Soc. **27.** Nr. 1. 53. 31/1. 1952.)
KIRSCHSTEIN. 151

S. S. Todd und **R. E. Lorenson,** *Wärmekapazitäten bei niedrigen Temperaturen und Entropien bei 298,16° K der Orthotitanate des Bariums und Strontiums.* Vff. untersuchten die Wärmekapazitäten von krist. Ba_2TiO_4 (**I**) u. Sr_2TiO_4 (**II**) u. ihrer äquimolalen festen Lsgg. zwischen 51 u. 309° K. **I** zeigt einen regulären Verlauf im untersuchten Temperaturgebiet. **II** zeigt zwischen 51 u. 268° K ebenfalls n. Verh., bei höheren Tempp. steigen die Werte jedoch stark an u. nähern sich einem Maximum. Für die Entropie bei 298,16° K ergaben sich folgende Werte: **I** 47,0 ± 0,5, **II** 38,0 ± 0,3 u. für die äquimolale feste Lsg. von **I** u. **II** 45,8 ± 0,4 cal/Mol·Grad. (J. Amer. chem. Soc. **74.** 3764—65. 5/8. 1952. Berkeley, Calif., U. S. Dep. of the Interior, Bur. of Min., Minerals Thermodyn. Branch.)
E. HEINRICH. 151

S. S. Todd, *Wärmekapazität bei niedrigen Temperaturen und Entropien bei 298,16° K von Magnesiumorthotitanat und Magnesiumdititanat.* Vf. untersuchte die Wärmekapazitäten von krist. Mg_2TiO_4 u. $MgTi_2O_5$ zwischen 52 u. 298° K. Der Verlauf der Wärmekapazität in Abhängigkeit von der Temp. ist bei beiden Substanzen völlig regulär. Für Mg_2TiO_4 ergab sich bei 298,16° K ein Entropiewert von 24,76 ± 0,15 u. für $MgTi_2O_5$ 30,4 ± 0,2 cal/Grad·Mol. (J. Amer. chem. Soc. **74.** 4669—70. 20/9. 1952. Berkeley, Calif., U. S. Dep. of the Interior, Bur. of Min., Minerals Thermodyn. Branch.)
E. HEINRICH. 151

G. J. Dienes, *Aktivierungsentropien bei der metallischen Diffusion.* Vf. berechnet die verschied. Beiträge zur Aktivierungsentropie der metall. Diffusion. Als Grundlage der Überlegungen dient der Fehlstellenmechanismus der Diffusion. Vf. berücksichtigt speziell die Beiträge, die von der Änderung der Schwingungsfrequenz in der Nähe der Gitterlücke u. an Sattelpunkten herrühren u. die durch die Änderung der gesamten Aktivierungsenergie mit der Temp. bedingt sind. Die numer. Auswertung der Berechnungen für kub. flächen- u. raumzentrierte, hexagonale u. tetragonale Gitter mit Hilfe der GRÜNEISENschen Konstanten führt zu dem Ergebnis, daß negative Aktivierungsentropien theoret. möglich sind u. wahrscheinlich dann auftreten, wenn die Aktivierungsenergie klein ist. (Physic. Rev. [2] **89.** 185—88. 1/1. 1953. Upton, N. Y., Brookhaven Nat. Labor.) E. HEINRICH. 154

Olivier Costa de Beauregard, *Beziehung zwischen dem Prinzip der verzögerten Potentiale und dem zweiten Wärmesatz.* Theoret. Betrachtungen über die Entropieänderung eines Syst. makroskop. Strahler — freie Photonen bei einer Emission oder Absorption von Photonen, wobei die Regeln der statist. Mechanik zugrunde gelegt werden. (C. R. hebd. Séances Acad. Sci. **235.** 1193—94. 17/11. 1952.) GERHARD SCHMIDT. 154

James C. M. Li und **N. W. Gregory,** *Lösungs- und Bildungswärmen einiger Eisenhalogenide.* Zur Best. der Lösungswärmen von $FeCl_2$, $FeCl_3$, $FeBr_3$ u. $FeBrCl_2$ bei Konzz. von der Größenordnung 10^{-3} molal benutzten Vff. ein adiabat. Calorimeter, das mit 750 ml W. u. Stickstoff zur Vermeidung der Oxydation des Fe(II) gefüllt war. Das Calorimeter wurde durch Messung der Lösungswärmen von LiCl, NaCl, KCl, KBr u. KJ geeicht. Die Abweichungen der Messungen betrugen weniger als 3 cal. Für die Lösungswärmen der Eisenhalogenide ergaben sich folgende mittlere Resultate: $FeCl_2$ $-19,5 \pm 0,2$, $FeBr_2$ $-20,1 \pm 0,4$, $FeCl_3$ $-38,0 \pm 0,2$, $FeBr_3$ $-35,3 \pm 1,0$ u. $FeBrCl_2$ $-37,4 \pm 0,3$ kcal/Mol. Die aus diesen Messungen berechneten Bildungswärmen stimmten gut mit den aus Gleichgewichtsunterss. ermittelten Größen überein, wenn diese in bezug auf Hydrolyse u. Komplexionenbldg. korr. werden. (J. Amer. chem. Soc. **74.** 4670—72. 20/9. 1952. Seattle, Wash., Univ. of Washington, Dep. of Chem. and Chem. Engng.)
E. HEINRICH. 155

A_5. Grenzschichtforschung. Kolloidchemie.

Z. László, *Der Einfluß eines elektrischen Gleichstromfeldes auf die Adhäsionsspannung.* Vf. beschreibt eine App., mit der die Oberflächenspannung von Fll. nach der Capillarmeth. bestimmt werden kann. Die Capillare besteht in diesem speziellen Falle aus dem Raum zwischen zwei koaxialen Metallzylindern, an die ein rotationssymm. elektr. Feld ohne axialen Gradienten angelegt wird. Vorverss. mit einem Hochfrequenz-Wechselstrom-Feld (500 Hz, 600 V) ergaben bei *A.*, *Methyl-*, *Isopropyl-*, *Isoamyl-*, *Isobutylalkohol, Aceton,* CCl_4 u. *Bzl.* keine Änderungen der Oberflächenspannung. Ein Gleichstrompotential von ca. 250 V bewirkte eine Änderung der Art, daß die Fll. die positive Elektrode vollständig bedeckten u. eine Messung der Oberflächenspannung unmöglich wurde. Vf. erklärt dieses Phänomen durch das bei Anlegung eines Gleichstroms auftretende Anwachsen der Adhäsionskräfte an der positiven Elektrode. (J. chem. Physics **20.** 1807. Nov. 1952. Budapest.) G. HEINRICH. 166

Manuel N. Fineman, George L. Brown und **Robert J. Myers,** *Das Schäumen nichtionisierter oberflächenaktiver Stoffe.* Am Beispiel der sogenannten OPE-Hochpolymeren, die man durch Behandeln von Äthylenoxyd mit Alkoholen oder Phenolen erhält, wird gezeigt, daß das Schaumvermögen dieser Stoffe mit steigender Prüftemp. abnimmt u. mit der auf Grund ihres Trübungspunktes bestimmten Löslichkeit sich ändert. Dabei beruht der wichtigste Einfl. der Temp. auf einer Änderung der Löslichkeit. Es wird versucht, eine Beziehung zwischen dem Schaumvermögen u. der Form der Verteilungskurve der Äthylenoxydkettenglieder in den Makromoll. aufzustellen. (J. physic. Chem. **56.** 963—66. Nov. 1952. Philadelphia, Pa., Röhm & Haas Co.) HENTSCHEL. 166

R. T. Hukki, Antti Palomäki und **Erkki Orivuori,** *Eine elektrophoretische Untersuchung der Aktivierung von Sphalerit durch Kupfersulfat bei der Flotation.* Vff. beschreiben eine verbesserte elektrophoret. App., ihre Eichung u. die Versuchsmethodik. Mit Hilfe dieser App. wird die von GAUDIN u. SEN (Trans. AIME **169.** [1946.] 374) beschriebene Flotation des ZnS, bei der das ZnS nur dann flotiert werden kann, wenn es mit $CuSO_4$ aktiviert ist, untersucht. Vff. stellen in verschied. Versuchsreihen fest, daß das ζ-Potential des ZnS mit zunehmendem p_H negativer wird. Im Gegensatz zu den Ergebnissen von GAUDIN (Trans. AIME, 1930, Milling Methods, 424) wird aus reinen Xanthogenatlsgg. das negative Xanthogenation auch von nichtaktiviertem ZnS adsorbiert, jedoch ist die Menge zu gering, um eine Flotation des ZnS zu bewirken. Das Maximum der Cu-Ionenadsorption aus reinen $CuSO_4$-Lsgg. liegt zwischen p_H 7—8. In der Versuchsreihe, in der das ZnS erst mit $CuSO_4$ aktiviert u. dann mit K-Äthylxanthogenatlsg. versetzt wird, beobachten Vff., daß der ζ-Koeff. im Gegensatz zu der klass. Theorie positiv ist. GAUDIN u. RIZO-PATRÔN (Trans. AIME **153.** [1943.] 462) erklären diese Erscheinung aus anderen Verss. so, daß die Flotierbarkeit eines nichtaktivierten Minerals durch ein Sammlerkation, gebildet aus dem monovalenten Anion des Sammlers u. dem divalenten Kations des Minerals, bewirkt wird u. nicht durch das Sammleranion. Vff. unterstützen diese Theorie für ZnS im sauren Gebiet. Im alkal. Bereich scheint die Aktivierung in Übereinstimmung mit der klass. Theorie zu erfolgen. (Suomen Kemistilehti **25**. B42—49. 1952. Finland Inst. of Technol., Dep. of Min. and Metallurgy.) G. Heinrich. 169

F. T. Wall, P. F. Grieger und **C. W. Childers,** *Eine Schnellmethode zur Messung von Diffusionskoeffizienten von Lösungen.* Vff. schlagen eine schnelle Meth. zur Messung von Diffusionskoeffizienten D von Substanzen in Lsgg. vor, die darin besteht, eine poröse Platte in der zu untersuchenden Lsg. einzuweichen u. dann die Platte in einem Bad aus dem reinen Lösungsm. aufzuhängen. Die Geschwindigkeit der Diffusion des Gelösten aus der Platte wird dann durch Messung der Abnahme des scheinbaren Gewichtes der aufgehängten Platte in Abhängigkeit von der Zeit bestimmt. Die Geschwindigkeit dieser Abnahme kann direkt in Beziehung gesetzt werden zum Verlust an gelöster Substanz u. damit auch zum D derselben. Die Meth. wurde eingehend geprüft an wss. Lsgg. anorgan. Salze, deren D bekannt sind (*NaCl, KCl* in *HCl*). Der Prozeß verläuft genügend schnell, so daß leicht sogar die Best. von D bei sehr langsamen Diffusionen, wie denen von Hochpolymeren, vorgenommen werden kann. (J. Amer. chem. Soc. **74**. 3562—67. 20/7. 1952. Urbana, Ill., Univ. of Illinois, Noyes Chem. Labor.) Niemitz. 171

David White, Chien Chou und **H. L. Johnston,** *Wärmeleitfähigkeit und Isothermen von Helium, das an Silicagel adsorbiert ist.* Die Bestimmungen der Adsorptionsisothermen von He an Silicagel oberhalb u. unterhalb des λ-Punktes zeigen, daß alle Meßergebnisse in einer Kurve wiedergegeben werden können. Es besteht keine Tendenz zur Bldg. einer Rollin-Schicht unterhalb des λ-Punktes, wie dies bei den Eisenoxydexperimenten beobachtet wurde. Die Isothermen zeigen auch nicht die übliche S-Form, die für die Mehrschichtenadsorption an Silicagel charakterist. ist. Bei Anwendung der Langmuir-Theorie der Einfachschichtadsorption ergibt sich eine gute Übereinstimmung mit den Meßwerten. Andererseits kann unterhalb $P/P_0 \sim 0{,}4$ auch die Mehrschichttheorie von Brunauer, Emmet u. Teller erfolgreich angewandt werden. Die Ursache für das anomale Verh. von He an Silicagel ist noch nicht geklärt. (J. chem. Physics **20**. 1819—20. Nov. 1952. Columbus, O., Ohio State Univ., Dep. of Chem.) G. Heinrich. 176

G. V. Austerweil, *Selektivität und Selektionsvermögen von Ionenaustauschern.* Vf. gibt eine mathemat. Ableitung der Selektivität u. des Selektionsvermögens von Ionenaustauschern. An Hand älterer Arbeiten u. neuer Verss. mit einem Resorcinaustauscher u. Mischlsgg. von KCl u. $CaCl_2$ wird gezeigt, daß die Selektivität eine direkte Funktion des Verhältnisses der Austauschkoeffizienten der Ionen in Lsg. u. des Verhältnisses der Ionen, die sich im Augenblick des Gleichgewichtes im Austauscher befinden, ist. Die Selektivität folgt dem Massenwirkungsgesetz u. ist abhängig von der Löslichkeit u. der Polarität der Austauscher. (Bull. Soc. chim. France, Mém. [5] **18**. 528—31. Juli/Aug. 1951. Slè Péchiney, Serv. de Rech.) G. Heinrich. 176

Jan Hendrik de Boer, The dynamical character of adsorption. New York: Oxford. 1953. (254 S.) $ 6,—

A_6. Strukturforschung.

J. Berthelot und **A.-J. Rose,** *Bemerkung über die Prüfung von Seemann–Bohlin-Diagrammen.* Es wird auf den Einfl. der Filmdicke sowie auf die Best. der genauen Stellung der zu untersuchenden Probe in einer zylindr. Kamera vom Typ Seemann-Bohlin hingewiesen. (Bull. Soc. franç. Minéralog. Cristallogr. **75**. 295—96. April/Juni 1952. Paris, Sorbonne, Labor. de Minéral.) Gottfried. 181

Robert Wild, *Automatische Fokussierungsbedingung für Doppelkristallspektrometer.* (Rev. sci. Instruments **22**. 537—38. Juli 1951. Grand Forks, N. D., Univ., Dep. of Phys.) Gottfried. 181

Karl E. Beu, *Eine Vorrichtung zur Ausrichtung von Beugungskameras mit dem Röntgenstrahl.* Beschreibung der Methodik. (Rev. sci. Instruments **23**. 567. Okt. 1952. Detroit, Mich., General Motors Corp., Res. Labor. Div.) Gottfried. 181

M. S. Paterson, *Röntgenstrahlenbeugung durch flächenzentriert-kubische Kristalle mit Deformationsfehlern.* Vf. berechnete die Röntgenbeugungseffekte für flächenzentriertkub. Kristalle mit Deformationsfehlern, die in den (1 1 1)-Flächen auftreten. Es wurden Gleichungen für die Intensitätsverteilung im reziproken Gitter entwickelt, wobei gezeigt wird, wie man die Intensität des Fehlers aus Messungen der Linienbreiten der Intenferenzstreifen des reziproken Gitters oder der Verschiebungen ihrer Maxima bestimmt. Hierauf diskutiert Vf. den Einfl. der Deformationsfehler auf Pulverdiagramme. (J. appl. Physics **23.** 805—11. Aug. 1952. Chicago, Ill., Univ., Inst. for the Stud. of Metals.) GOTTFRIED. 181

Odilon Chalvet und **Claude Vroclant,** *Die Berechnung der interatomaren Abstände.* Überblick über die Methoden der theoret. Berechnung der interatomaren Abstände sowie der Berechnung der Kraftkonstanten aus den Infrarotspektren. (Cahiers de Physique **1952.** Nr. 40. 17—28. Nov. Centre de Chimie théorique de France.) GOTTFRIED. 182

Jean Wyart, *Die Bestimmung der interatomaren Abstände mit Hilfe der Beugung der Röntgenstrahlen und der Elektronen.* Zusammenfassender Überblick. (Cahiers de Physique **1952.** Nr. 40. 1—16. Nov. Paris, Fac. des Sci., Labor. de Minéral.) GOTTFRIED. 182

P. A. Tessner und **A. I. Jetscheisstowa,** *Untersuchung des Wachstumsprozesses von Rußteilchen mit Hilfe des Elektronenmikroskopes.* Elektronenmkr. wurden die absol. Geschwindigkeiten u. scheinbaren Aktivierungsenergien des C-Wachstums bei der Zers. von *Methan* (**I**), *Bzl.* u. *Cyclohexan* (**II**) untersucht. Es ergab sich eine Aktivierungsenergie von 78 kcal/Mol für **I**, 55 für **II** u. 138 für Benzol. Bis zu einer bestimmten Temp. war die Zersetzungsgeschwindigkeit von Bzl. geringer, dann größer als die von **II**. Bei hoher Temp. wurde neben dem Schichtwachstum die Bldg. von Fäden beobachtet, die neben C nur etwas H enthielten u. sich in der chem. Zus. nicht von den Rußteilchen u. der C-Schicht auf der Oberfläche unterschieden. Bei wiederholter Einführung der Fäden in den Reaktionsraum fand kein Längenwachstum mehr statt, dagegen eine Zunahme der Dicke. Die Bildungsgeschwindigkeit der C-Schicht auf der Fadenoberfläche betrug nur $^1/_4$—$^1/_5$ des Wertes auf der Oberfläche der Rußteilchen. (Доклады Академии Наук СССР [Ber. Akad. Wiss. UdSSR] [N. S.] **87.** 1029—31. 21/12. 1952. Inst. für physik. Chem. der Akad. der Wiss. der UdSSR u. Allunions Wiss. Forschungsinst. für Naturgase.) LEBTAG. 190

Adrienne R. Weill, *Das Wachstum der Kristalle.* Zusammenfassend werden kurz behandelt: Real- u. Idealkristall, Deformation der Kristalle, Versetzungen in Kristallen, die klass. Theorie des Wachstums sowie der Einfl. von Versetzungen auf das Wachstum der Kristalle. (Atomes **7.** 309—13. Sept. 1952.) GOTTFRIED. 190

Wm. W. Piper, *Wachstum von Zinksulfideinkristallen.* Einkristalle von reinem ZnS u. von mit geringen Mengen mit *Cu* oder *Ag* „verunreinigtem" ZnS wurden aus der Dampfphase in einem evakuierten Quarzröhrchen gezüchtet, das in einem aus keram. M. bestehenden elektr. Ofen hing, der im Inneren zwei Ni-Einsätze enthielt. Der untere Einsatz wurde auf eine Temp. von 1170—1200° gebracht, wobei das Sulfid verdampfte, während der obere Einsatz eine Temp. von 1070—1120° besaß. In diesem kühleren Teil des Quarzrohres bildeten sich die Einkristalle, u. zwar mit einer Geschwindigkeit von ca. 5 mg pro Tag. Auf diese Weise wurden in N_2 bis zu 5 mm große Kristalle mit einem Querschnitt von 3 mm² erhalten. Die Kristalle besaßen Wurtzittyp, doch war eine geringe Regellosigkeit in der Schichtenfolge senkrecht zur c-Achse zu beobachten. Die fundamentale opt. Absorptionskante lag bei (3,67 $\pm$ 0,03) eV. (J. chem. Physics **20.** 1343. Aug. 1952. Schenectady, N. Y., General Electric Res. Labor.) GOTTFRIED. 190

A. Korndorffer, H. Rahbek und **F. S. A. Sultan,** *Der Einfluß mechanischer Deformation auf das Wachstum von Cadmiumjodidkristallen aus Lösung.* CdJ_2-Kristalle wurden unter dem Mikroskop aus einem Tropfen Lsg. gezüchtet u. die Vorgänge sowohl in durchfallendem als auch in auffallendem Licht beobachtet. Ebenfalls unter dem Mikroskop wurden dann nach (0 0 0 1) nahezu vollkommene Blättchen einem sehr geringen Deformationsdruck durch einen Glasstab, der zu einem feinen Punkt ausgezogen war, ausgesetzt. Das weitere Wachstum der Blättchen wurde hierauf visuell u. photograph. verfolgt. Die beobachteten Wachstumsvorgänge lassen sich in 3 Gruppen einteilen: 1. Wachstum, das an dem Druckpunkt entlang sichtbaren Sprüngen beginnt, die sich während des Drucks gebildet hatten; 2. Wachstum, das an Punkten beginnt, die weit entfernt von dem Deformationspunkt liegen, wobei keine sichtbare Verbindung mit dem Druckpunkt feststellbar ist u. 3. Entw. der (1 1 $\bar{2}$ 0)-Flächen eines unvollkommenen Kristalls zu den (1 0 $\bar{1}$ 0)-Flächen erster Ordnung unter Bldg. eines stabilen Sechsecks. Aus den Verss. kann geschlossen werden, daß die mechan. Deformation der Hauptfaktor der auftretenden Wachstumseffekte ist. Das bei einigen Kristallen beobachtete spiralartige Wachstum wird auf Gleitprozesse zurückgeführt, die zur Bldg. oder zur Zunahme von Versetzungen führen. (Philos. Mag. [7] **43.** 1301—06. Dez. 1952. Egham, Royal Holloway Coll.) GOTTFRIED. 190

M. H. Nichols, *Das Wachstum von Tantaleinkristallen und ihre Oberflächenstruktur.* (Sitzungsbericht.) Durch die Bewegung von Ta-Draht längs eines Temperaturgradienten werden Ta-Einkristalle von cm-Länge hergestellt. Die qualitative Unters. des Bildes, das mit einer thermion. Elektronenprojektionsröhre erhalten wird, zeigt, daß es mit dem von W-Einkristallen ident. ist. Das ist ein weiteres Anzeichen dafür, daß die Anisotropie der thermion. Emission aus diesen Metallen mehr ein Oberflächen- als ein Volumeneffekt ist. Die so hergestellten Ta-Kristalle zeigen eine plateauähnliche Oberflächenstruktur senkrecht zur (1 1 0)-Richtung, welche sich nach fast 4½ Std. Vakuumerhitzung bei 2500° K annähernd 2 Bogengrade nach jeder Seite der (1 1 0)-Richtung um den Draht erstreckt. Nach dieser Erhitzung ist eine plateauähnliche Struktur senkrecht zur (1 0 0)-Richtung gerade eben mit 100facher Vergrößerung sichtbar. Nach einer zur Verminderung des Drahtdurchmessers um 5% ausreichenden Vakuumerhitzung vergrößert sich das Plateau senkrecht zur (1 1 0)-Richtung auf 10 Bogengrade u. jenes senkrecht zur (1 0 0)-Richtung um fast 5 Bogengrade. (Physic. Rev. [2] **85.** 769. 15/2. 1952; Bull. Amer. physic. Soc. **26.** Nr. 8. 21. 27/12. 1951. California Inst. of Technol.)

KLEFFNER. 190

N. W. H. Addink, *Der Unvollkommenheitsgrad von Kristallen.* Es wurde der Vers. unternommen, Kristalle der verschiedensten Substanzen nach ihrem Grad der Unvollkommenheit, der sich aus dem scheinbaren Wert der AVOGADROschen Zahl N ergibt, einzuordnen. N wurde für jeden Kristall nach der Formel N = C M/V d bestimmt, wo M das Mol.-Gew., C einen Faktor, der mit der Anzahl Moll. pro Elementarzelle in Zusammenhang steht, V das Vol. der Elementarzelle u. d die D. des Kristalls bedeuten. N wurde auf Grund eigener Messungen sowie auf Grund von Literaturdaten berechnet. Es wurde gefunden, daß Metalle, in Übereinstimmung mit ihrer Mosaikstruktur, einen relativ hohen Wert von N u. damit einen hohen Grad von Unvollkommenheit zeigen. Die niedrigsten N-Werte wurden für *Diamant, Quarz, Calcit* u. aus Lsg. hergestelltes *KCl* gefunden; dagegen zeigten aus der Schmelze erhaltene KCl-Kristalle einen relativ hohen Unvollkommenheitsgrad. (Recueil Trav. chim. Pays-Bas **70.** 202—08. Febr. 1951. Eindhoven, N. V. Philips' Gloeilampenfabrieken, Res. Labor.)

GOTTFRIED. 195

Hubert Curien, *Untersuchung der elastischen Wellen im kubisch-raumzentrierten Gitter des α-Eisens.* Es wurde theoret. die Wärmebewegung in dem kub.-raumzentrierten Gitter des α-Fe untersucht. Die Wärmebewegung kann man als Resultierende der Überlagerung von ebenen Wellen auffassen, die sich in dem Kristall fortpflanzen u. von denen jede eine Wellenlänge, eine Frequenz u. eine Schwingungsrichtung besitzt; diese charakterist. Elemente sind unter sich für jede Welle durch die Gesetze der Gitterdynamik verknüpft. Die Frequenz einer Welle wiederum ist mit der Wellenlänge u. der Fortpflanzungsrichtung durch eine „Säkulargleichung" verknüpft. Zur Aufstellung dieser Gleichung wurden für ein gegebenes Atom im Gitter die nächsten, zweitnächsten u. drittnächsten Atome in Betracht gezogen. Auf Grund der hohen Gittersymmetrie sind nur 7 „Atomkoeffizienten" notwendig, diese ihrerseits sind mit den 3 Koeffizienten der gewöhnlichen Elastizität C_{11}, C_{12}, C_{44} durch 3 Beziehungen verbunden: Unter Verwendung der Säkulargleichung kann man dann die Dispersionskurven entlang den verschied. Symmetrieachsen herleiten; diese Gleichungen geben dann die Änderung der Frequenz in Abhängigkeit von der reziproken Wellenlänge für die longitudinalen u. transversalen Wellen, die sich in Richtung der vierzähligen, zweizähligen u. dreizähligen Achsen fortpflanzen. Es wird weiter auseinandergesetzt, wie man die Frequenzen der Wellen der therm. Bewegung u. die Atomkoeffizienten mit Hilfe der Streuung der Röntgenstrahlen bestimmen kann. (Bull. Soc. franç. Minéralog. Cristallogr. **75.** 197—230. April/Juni 1952.)

GOTTFRIED. 197

H. Curien, *Untersuchung der elastischen Wellen im kubisch raumzentrierten Gitter des α-Eisens.* 2. Mitt. (1. vgl. vorst. Ref.) Anschließend an seine theoret. Unterss. (vgl. l. c.) über die elast. Wellen in einem raumzentriert-kub. Gitter berichtet Vf. über die Unters. der Streuung der Röntgenstrahlen an Einkristallen von α-Fe. Zur Unters. gelangten 4 Einkristalle eines angelassenen Blättchens aus Armco-Fe, deren verschied. Orientierungen durch LAUE-Aufnahmen bestimmt wurden u. die gestatteten, die Streuung parallel den vier-, drei- u. zweizähligen Symmetrieachsen zu messen. Die Intensität wurde mit einem GEIGER-Zähler, die des Streulichtes mittels Ionisationskammer u. Elektrometer gemessen. Auf Grund der erhaltenen Werte für das Streuvermögen wurden nach der Meth. von LAVAL die Frequenzen u. Geschwindigkeiten der therm. Wellen bestimmt, die sich in Richtung der obigen Achsen fortpflanzen. Die Meßergebnisse sind tabellar. zusammengestellt. Die Änderung der Frequenz dieser Wellen als Funktion der reziproken Wellenlänge entspricht den theoret. Voraussagen (vgl. l. c.). Weiter wurden die numer. Werte der Atomkoeffizienten berechnet, d. h. der Elemente der dynam. Matrix von BORN; infolge der Wechselwirkungen zwischen sich immer mehr entfernenden Atomen nehmen sie sehr schnell ab. Die beobachtete Dispersion der

Frequenzen erlaubte weiter das „Spektr. der Frequenzen" zu messen, d. h. die Anzahl der Frequenzschwingungsarten zwischen ν u. $\nu + d\nu$ für alle Werte von ν zwischen Null u. dem Frequenzmaximum. Aus diesem Spektr. wieder wurde die spezif. Gitterwärme des Fe ebenso wie der Faktor von DEBYE-WALLER für den Kristall berechnet. Die gesamte spezif. Wärme umfaßt noch einen magnet. Term sowie einen anomal großen elektron. Term, der von WEISS „unbekannter Term" genannt wurde. Die Deutung u. die theoret. Berechnung dieses elektron. Terms in ferromagnet. Kristallen bietet große Schwierigkeiten; Vf. gibt den durch eine Differenzbildung erhaltenen experimentellen Wert an. (Bull. Soc. franç. Minéralog. Cristallogr. **75**. 343—84. Juli/Sept. 1952.) GOTTFRIED. 197

F. E. Bowman und **M. Tarpinian,** *Die Messung des Young-Moduls und der inneren Reibung in Metallproben, die für eine gleichmäßige Cyclotronbestrahlung geeignet sind.* (Sitzungsbericht.) Nach theoret. Betrachtungen führt die Unters. der Cyclotronstrahlenwrkg. auf die elast. Konstanten von Metallen zu einem weiteren Verständnis der Natur der Strahlenschädigung. Es wird nun eine Technik entwickelt, um den Elastizitätsmodul von solchen Proben zu erhalten, die für Bestrahlungen geeignet sind. Die Cyclotronabmessungen ergeben eine strenge Begrenzung der Probengröße. Um eine gleichmäßige Bestrahlung zu erhalten, sind der Probendurchmesser auf ca. 0,13 mm u. die Probenlänge auf 12,7 mm beschränkt. Um alle diese Forderungen zu erfüllen, wird eine App. entwickelt, welche die Probe als schwingenden Tragbalken benutzt. Der Balken moduliert Lichtstrahlen, welche auf eine Photozelle fallen. Das Signal dieser Photozelle wird auf ein Meßinstrument übertragen, u. so wird die charakterist. Frequenz der Probe auf 1 : 1000 bestimmt. Aus dieser Frequenz kann wiederum der Modul errechnet werden. Durch die photograph. Aufnahme eines Oscillogramms des Photozellensignals bei Unterbrechung der Schwingungsanregung kann eine Kurve des freien Abklingens erhalten u. ein innerer Reibungswert bestimmt werden. (Physic. Rev. [2] **85**. 769. 15/2. 1952; Bull. Amer. physic. Soc. **26**. Nr. 8. 21. 27/12. 1951. Downey, Calif., North Amer. Aviation, Inc.) KLEFFNER. 200

A$_7$. Gleichgewichte. Kinetik.

Edward L. King, Harry J. Krall und **Mary L. Pandow,** *Untersuchungen über lösliche Silberjodid-Verbindungen.* Das Anwachsen der Löslichkeit von AgJ mit wachsender Ag^+- oder J^--Konz. deutet auf das Vorhandensein von Kationen- u. Anionenkomplexen in der betreffenden Lsg. hin. Vff. machten Löslichkeitsbestimmungen, Messungen der Ionenbeweglichkeiten u. spektrophotometr. Unterss. mittels eines BECKMAN-Spektrophotometers Modell DU, um die Beschaffenheit dieser Komplexe zu erkennen. Die Unterss. ergaben das Vorhandensein von Anionenkomplexen mit wechselnder Anzahl Ag^+-Ionen u. das Vorhandensein von Kationenkomplexen mit wechselnder Anzahl J^--Ionen. Es sollen in den Lsgg. nicht nur monomere u. dimere, sondern eine große Anzahl polymere Komplexe, ähnlich denen, deren Bldg. aus Me- u. OH-Ionen in Lsg. beobachtet wurde, vorliegen. Der große homöopolare Anteil der Ag–J-Bindungen scheint wesentlich für die Stabilisierung der polymeren Komplexe zu sein. Das Auftreten ähnlicher Komplexe in wss. Lsgg. von CuJ u. AuJ ist nicht unwahrscheinlich. Für die anderen Ag-Halogenverbb. wird angenommen, daß auf Grund der weniger homöopolaren Bindung Ag–Halogen die Ausbldg. entsprechender Komplexe gering ist. (J. Amer. chem. Soc. **74**. 3492—96. 20/7. 1952. Madison, Wis., Univ. of Wisconsin, Dep. of Chem.) PLUST. 223

T. J. Morrison, *Das Aussalzen von Nichtelektrolyten.* 1. Mitt. *Der Einfluß der Ionengröße, Ionenladung und Temperatur.* Vff. schlagen eine drei Konstanten enthaltende Gleichung vor, durch die die Löslichkeiten von einfacheren, nichtpolaren Gasen bei verschied. Tempp. ausgedrückt werden kann. Aus eigenen u. aus der Literatur entnommenen Löslichkeitsdaten der Gase H_2, CH_4, C_2H_6, C_3H_8, n-C_4H_{10}, C_2H_4, N_2, O_2 u. CO_2 u. ihrer Beeinflussung durch verschied. Elektrolyte ergibt sich, daß *LiCl* ebenso wie *BaCl*$_2$, *LaCl*$_3$ u. *HCl* einen niedrigeren Aussalzeffekt hervorrufen als *NaCl,* wenn man die Ionengrößen zum Vgl. heranzieht. Dagegen verhält sich *KCl* normal. *KJ* verursacht, verglichen mit NaCl, eine spezif. Abnahme, die mit steigender Molekülgröße zunimmt. Der Aussalzeffekt der Gase verringert sich allg. mit steigender Temperatur. Die partielle mol. Wärmekapazität der Gase wird beeinflußt, die größte Verminderung wird durch LiCl verursacht, die kleinste durch KJ. Daher wird vermutet, daß der Einfl. der Ionen auf die Struktur des Lösungsm. (W.) eine wichtige Rolle beim Aussalzeffekt spielt. (J. chem. Soc. [London] **1952**. 3814—18. Okt. Brighton, Techn. Coll.) NIEMITZ. 224

T. J. Morrison und **F. Billett,** *Das Aussalzen von Nichtelektrolyten.* 2. Mitt. *Der Einfluß der Variation des Nichtelektrolyten.* (1. vgl. vorst. Ref.) Der Aussalzeffekt der im vorst. Ref. genannten Gase sowie von *Bzl., Toluol* u. *Äthylbenzol* wird mit den Anforderungen der Theorie verglichen, wobei das Mol.-Vol. u. die Totalpolarisation als veränderliche Charakteristika der gelösten Moll. angesehen werden. Der Aussalzeffekt der Gase zerfällt in einen von den genannten Faktoren unabhängigen u. einen linear abhängigen Teil. Äthylen u. die aromat. KW-stoffe liegen nicht in dieser Linie. Der unabhängige Teil des Aussalzeffekts liefert Werte für die prim. Hydratation der Salze, die in ihrer Größenordnung mit den allg. angenommenen Werten übereinstimmen, deren Reihenfolge jedoch umgekehrt liegt. (J. chem. Soc. [London] **1952.** 3819—22. Okt.) NIEMITZ 224

J. Hamoodi Murib und **D. M. Ritter,** *Zersetzung des Nitrosyldisulfonations.* 1. Mitt. *Reaktionsprodukte und Kinetik der Entfärbung in saurer Lösung.* Die Zers. des *Kaliumnitrosyldisulfonates* (I) in wss. Lsg. ist abhängig vom p_H-Wert u. anderen Lösungspartnern. Neutralsalze haben keinen Einfluß. Halogenide beschleunigen die Zers. proportional ihrer Oxydierbarkeit, während der Einfl. saurer u. bas. Salze in durch sie bewirkten p_H-Wertänderungen begründet liegt. Im Gegensatz zu den Befunden in alkal. Lsg. läßt sich die Zers. von **I** in saurer Lsg. durch die Gleichung $4\,(SO_3)_2NO\cdot^{2-} + 7\,H_2O \rightleftharpoons 2\,(SO_3)_2NOH^{2-} + N_2O + 4\,SO_4^{2-} + 4\,H_3O^+$ wiedergeben. Kinet. Messungen ergaben, daß oberhalb p_H 3 die Entfärbung auf zwei Wegen verläuft, einmal durch eine Rk. 1. Ordnung bzgl. des Nitrosyldisulfonates u. des Hydroniumions, zum anderen durch eine verzweigte Ketten-Rk., bei welcher die HNO_2 katalyt. wirkt. Es werden dafür die Gleichungen 1. $(SO_3)_2NO\cdot^{2-} + H_3O^+ \overset{k_1}{\rightleftharpoons} (SO_3)_2NOH^{2-} + H_2O^+$; $H_2O^+ + H_2O \rightleftharpoons H_3O^+ + HO\cdot$; 2. $(SO_3)_2NO\cdot^{2-} + HO\cdot \overset{k_2}{\rightleftharpoons} N_2O, HNO_2, SO_4^{2-}$ u. H_3O^+ diskutiert. Die Darst. von **I** erfolgte nach RASCHIG bei 0°. Zum Aussalzen wurde festes KNO_3 verwendet. Ausbeute 80%. Das Absorptionsspektr. von **I** wurde mit einem BECKMAN-Spektrophotometer Modell DU aufgenommen. Zwei Maxima sind bei 248 u. 545 mμ vorhanden. Die entsprechenden mol. Extinktionskoeffizienten sind 1690 bzw. 20,8. (J. Amer. chem. Soc. **74.** 3394—98. 5/7. 1952. Seattle, Wash., Univ. of Washington, Dep. of Chem. and Chem. Engng.) PLUST. 225

B. Anorganische Chemie.

E. R. Van Artsdalen und **Jerome Gavis,** *Die Reaktion von Silylbromid mit Magnesium.* In Übereinstimmung mit den Unterss. von MADDOCK, REID u. EMELÉUS (Nature [London] **144.** [1939.] 328) gelang es Vff. nicht, aus SiH_3Br u. Mg das den GRIGNARD-Verbb. analoge SiH_3MgBr darzustellen. Außer einem 8—10%ig. Umsatz, einer Disproportionierung nach $2\,SiH_3Br + Mg \rightarrow SiH_4 + H_2 + Si + MgBr_2$, die gegenüber einer Si_2H_6-Bldg. auch thermodynam. begünstigt erscheint, wurde keine Rk. beobachtet. Auf Grund der Bindungsenergien Si–Br (70,2 kcal/Mol) u. Si–J (51,4 kcal/Mol) im SiX_4 vermuten Vff. auch beim SiH_3Br eine geringere Reaktionsfähigkeit gegenüber Mg als beim SiH_3J. (J. Amer. chem. Soc. **74.** 3196—97. 20/6. 1952. Ithaca, N. Y., Cornell Univ., Dep. of Chem.) PLUST. 261

J. R. Van Wazer, E. J. Griffith und **J. F. McCullough,** *Hydrolyse von kondensierten Phosphaten.* Kondensierte Phosphate hydrolysieren in wss. Lsg. zunächst unter Bldg. weniger kondensierter Phosphate u. schließlich zu reinem Orthophosphat. Die Hydrolysegeschwindigkeit hängt von der Temp., dem p_H, der Konz. des Phosphats u. der Ionenumgebung ab. Vff. hydrolysieren *Tetramethylammoniumtripolyphosphat* (**I**) u. *Tetramethylammoniumpyrophosphat* (**II**) in Lsg. mit 10% *Tetramethylammoniumbromid* (**III**) u. in Wasser. *Na-Tripolyphosphat* (**IV**) u. *Na-Pyrophosphat* wurden ebenfalls hydrolysiert, u. zwar in NaBr-Lsgg. von der gleichen Ionenstärke wie die **III**-Lösungen. Die p_H-Werte wurden bei 1, 4, 7, 10 u. 13 gehalten, die Tempp. bei 30, 60, 90 u. 125°. Der Abbau von Tripolyphosphat zu Pyrophosphat u. von Pyrophosphat zu Orthophosphat verläuft nach den Gesetzen der 1. Ordnung. Vff. fanden, daß die Hydrolysegeschwindigkeit von Tetramethylammoniumphosphaten in 10%ig. **III**-Lsg. bei steigendem p_H (von 1—13) kontinuierlich abnimmt, was im Gegensatz zu den Messungen am **IV** von WATZEL (Chemie **55.** [1942.] 356) u. anderer Autoren steht. Die Temperaturabhängigkeit der Geschwindigkeitskonstanten k für die Umwandlung von Tripoly- in Pyrophosphat wird durch die Gleichung $k = A\,e^{-E/RT}$ gegeben (A = Frequenzfaktor, E = Aktivierungsenergie). Bei 1%ig. **I**-Lsg. mit 10% **III** fällt A mit steigendem p_H (von 1—4) zunächst ein wenig u. steigt dann (über 4) sehr steil an. log E steigt mit wachsendem p_H linear an. Zugesetztes **III** verringert die Hydrolysegeschwindigkeit sowohl in saurem als auch in alkal. Medium. Dies beweist, daß die Hydrolyse der Pyrophosphate u. Tripolyphosphate nicht von OH^--Ionen katalyt. beschleunigt wird. Bei den Verss. mit Na-Salzen wurden höhere Hydrolysegeschwindigkeiten als bei den Tetramethylammoniumsalzen gefunden. Zusatz überschüssiger Na-Ionen steigert die Hydrolysegeschwindigkeit noch mehr. (J. Amer. chem. Soc. **74.** 4977—78. 5/10. 1952. Dayton, O., Monsanto Chem. Comp., Phosphate Div. Res. Labor.) R. MATTNER. 264

Je. Ja. Gorenbein und **Je. Je. Kriss,** *Untersuchung von konzentrierten Elektrolytlösungen in Arsenbromid als Lösungsmittel. System $ZnBr_2 \cdot Al_2Br_6$–$AsBr_3$.* (Vgl. C. **1952.** 4271.) Zwecks Nachprüfung des von GORENBEIN festgestellten Gesetzes (C. **1952.** 4096) für hochkonz. Elektrolytlsgg. wurden bei 100, 110, 120, 130 u. 140° bei der Elektrolytkonz. 32—100% D., Viscosität η sowie spezif. ($\varkappa$) u. mol. elektr. Leitfähigkeit μ von $ZnBr_2 \cdot Al_2Br_6$ (**I**)–$AsBr_3$ (**II**) untersucht u. hierbei festgestellt, daß der maximale korr. Wert von μ dem korr. Wert von μ für **I** entspricht. Die Kurven $\varkappa$ — Gew.-% **I** u. μ — Gew.-% **I** steigen mit zunehmender bzw. abnehmender **I**-Konz. bis zu einem Maximum an u. fallen dann ab. Mit steigender Temp. wird dieses Maximum nach der höheren Konz. verschoben. Die Maxima sind durch die starke Zunahme von η bei steigender Konz. von **I** bedingt. Bei Anbringung einer Korrektur auf η verschwinden die beiden Maxima. Zwischen **I** u. **II** findet demnach keine chem. Rk. statt (**I** = Elektrolyt, **II** = Dielektrikum). Aus dem Vgl. der Temperaturkoeffizienten von μ u. η ergibt sich, daß bei hohen Konzz. zwischen Leitfähigkeit u. Viscosität annähernd eine umgekehrte Proportionalität besteht. Der korr. Wert von μ nimmt mit der Verdünnung ab. Für hochkonz. Lsgg. gilt die lineare Beziehung $\log \mu_1 = \log \mu_0 - k\,(\sqrt[3]{V} - \sqrt[3]{V_0})\,\sqrt[3]{V\,V_0}$, wenn μ_1 bzw. μ_0 die korr. mol. Leitfähigkeit des betreffenden Elektrolyten bzw. bei gegebener Verdünnung, V bzw. V_0 das Vol. der Lsg. mit 1 Mol Elektrolyt bzw. das Molvol. in Litern, k eine Konstante bedeuten. Die lineare Beziehung gilt für Elektrolytkonzz. von 45—100%. (Журнал Физической Химии [J. physik. Chem.] **26.** 346—51. März 1952. Kiew, Veterinär-Inst.) LEBTAG. 294

R. E. Blanco und **J. D. Perkinson jr.,** *Darstellung von Galliumcitrat durch Ionenaustausch.* Die Verteilung des Ga^{3+} zwischen einem Dowex 50-Harz u. 0,1- bzw. 0,5 mol. Citratlsg. wurde zunächst in Gleichgewichtsmessungen untersucht. Im p_H-Gebiet 3—8 ist der Galliumcitratkomplex so stark, daß sich prakt. kein Ga^{3+} im Harz befindet. Anschließende Experimente in Adsorptionssäulen zeigten jedoch, daß die Eluierung des Ga^{3+} vom Harz durch Citratlsg. bei p_H 3 am günstigsten ist, da bei höheren p_H-Werten eine teilweise Hydrolyse u. damit Ausfällung des Ga^{3+} erfolgt. So lassen sich ca. 60% von an Dowex 50 adsorbiertem Ga durch 0,5 mol. Na-Citratlsg. bei p_H 3 eluieren. Allerdings beträgt das Molverhältnis Ga/Citrat im Eluat nur 0,15—0,24. Es läßt sich auch durch geringere Durchflußgeschwindigkeit nicht steigern. (J. Amer. chem. Soc. **73.** 2696—2700. Juni 1951. Oak Ridge, Tenn., Oak Ridge Nat. Labor., Chem. Techn. Div., u. Oak Ridge Inst. of Nucl. Stud., Med. Div.) GABRIELE GÜNTHER. 295

M. F. Stubbs, *Die Oxydation von Indiumtrisulfid.* Vf. überprüft die therm. Zers. von In_2S_3 an Luft durch Erhitzen auf Tempp. von 280—460°. Dabei zeigt die Verb. bis 280° nur geringe oberflächliche Oxydation, während sie zwischen 300 u. 460° allmählich zu einer Mischung aus Sulfat u. Oxyd umgewandelt wird, wobei die relative Zus. von der Oberflächengröße, der Temp. u. Erhitzungszeit abhängt. Die Verb. *InS* ist in keinem Fall festgestellt worden. Zur Darst. der reinen Verb. In_2S_3 muß man die Substanz mehrere Std. im Vakuum oder in H_2S-Atmosphäre auf ca. 300° erhitzen. (J. Amer. chem. Soc. **74.** 1098—99. 20/2. 1952. Socorro, N. Mex., New Mexico Inst. of Min. and Technol., Dep. of Chem.) WEITBRECHT. 296

Laurence L. Quill und **Murrell L. Salutsky,** *Trennung des Praseodyms von Lanthan durch fraktionierte Carbonatfällung in trichloressigsaurer Lösung.* Vff. benutzen zur Trennung Pr–La das Verf. der Fällung aus homogener Lsg., indem sie Lsgg. der gemischten Oxyde in *Trichloressigsäure* (**I**) erhitzen u. die gebildeten Carbonate spektralanalyt. bei 444,5 mμ u. 589,0 mμ auf ihren Pr-Geh. prüfen. Untersucht wird die sukzessive Fällung kleiner Fraktionen (Verf. A) u. die wiederholte Fällung einer einzelnen Fraktion (Verf. B). Bei A wird das Oxydgemisch in heißer 25%ig. **I** gelöst, auf einen Geh. von 10 g/Liter verd., auf 90° erhitzt u. 20 Min. nach Beginn der Trübung filtriert, das Filtrat nochmals 35 Min. bei 90° gehalten u. erneut filtriert. Bei B dagegen wird die Lsg. der Oxyde in 25%ig. **I** nur auf 25 g/Liter verd., 2 Std. bei 90° gehalten u. filtriert, dann der Nd. mehrfach in 5%ig. **I** gelöst u. in gleicher Weise gefällt. Ferner wird der Einfl. der Temp. u. der Konz. der Seltenen Erden überprüft. Danach eignet sich A zur Pr-Anreicherung aus Mischungen mit $<$80% Pr, während B bei Gehh. $>$80% Pr sehr rasch zu spektralreinem Pr mit einer Ausbeute von ca. 25% führt. Ein Einfl. der Temp. zwischen 60 u. 90° wird nicht festgestellt, dagegen ist die Trennwrkg. aus Lsgg. mit 10 g Oxyd/Liter die beste. Die Anwendung der Verff. auf ein Konzentrat der Y-Gruppe zeigt ein gutes Ergebnis. (Analytic. Chem. **24.** 1453—55. Sept. 1952. East Lansing, Mich., Michigan State Coll., Kedzie Chem. Labor.) WEITBRECHT. 305

B. A. J. Lister und **J. M. Hutcheon,** *Darstellung von reinem Hafnium mittels Kationenaustausch.* (Vgl. LISTER, C. **1952.** 6346.) Es wird eine Zr–Hf-Mischung mit den n. Zr–Hf-Gehh. auf eine Kationenaustauschkolonne (Zeokarb 225) aufgegeben u. das

Zr mit $1nH_2SO_4$-Lsg., das fester gehaltene Hf danach durch $3nH_2SO_4$-Lsg. eluiert. Die bevorzugte Eluierung des Zr wird durch die Unterschiede in den Gleichgewichten der Kation–Anion-Komplexe, welche in den H_2SO_4-Lsgg. dieser beiden Salze existieren, ermöglicht. Bei Verwendung von natürlichem Material mit weniger als 1% Hf u. einer großen Kolonne von 57 cm^2 Wirkungsquerschnitt wird die fast theoret. Ausbeute an Hf mit 75% Reinheit erhalten. Dieses angereicherte Material wird auf eine 120 cm hohe Kolonne (Durchmesser 2,5 cm) mit ca. 300 g Austauschharz aufgegeben. Nach Durchfluß von 7,5 Liter $1nH_2SO_4$ wird das Hf mit $3nH_2SO_4$-Lsg. ausgewaschen. Das aus dem Eluat dargestellte Nitrat zeigt bei fast theoret. Hf-Ausbeute bei der spektrograph. Unters. nur 0,3% Zr. Bei einem einmaligen Aufgeben auf jede der beiden Kolonnen werden 8 g Hf-Nitrat von 99,7% Reinheit erhalten; der Zr-Geh. beträgt nur ca. $^1/_{10}$ von dem der im Handel erhältlichen Hf-Salze. (Research **5.** 291—92. Juni 1952. Harwell, Berks., Atomic Energy Res. Establ.) Gedschold. 323

Edwin M. Larsen, John Howatson, Adrian M. Gammill und **Layton Wittenberg,** *Additionsverbindungen von Zirkonium- und Hafniumtetrachlorid mit Phosphoroxyhalogeniden.* Vff. untersuchten die Rkk. von $ZrCl_4$ u. $HfCl_4$ mit $POCl_3$, POF_2Cl u. POF_3, wobei die letzteren im Überschuß angewandt wurden. Da schon bei —15° Fluorierung der Tetrachloride eintrat, wurden die Rkk. bei —40° vorgenommen. Die mit entsprechenden P-Oxyhalogeniden erhaltenen Verbb. waren $2\ POCl_3 \cdot MeCl_4$ (I), $2\ POFCl_2 \cdot MeCl_4$ (II), $POF_2Cl \cdot MeCl_4$ (III) u. $POF_3 \cdot MeCl_4$ (IV) (Me = Zr oder Hf). Bei längerer Einw. der F-haltigen P-Oxyhalogenide wurde ein Halogenaustausch nach z. B. $ZrCl_4 + 2\ POF_2Cl \rightarrow 2\ POF_2Cl \cdot ZrCl_4$; $2\ POF_2Cl \cdot ZrCl_4 + 4\ POF_2Cl \rightarrow 2\ POCl_3 \cdot ZrCl_4 + 4\ POF_3$ usw. beobachtet, der mit POF_2Cl in 2 Std. 36%ig u. mit $POFCl_2$ in 22 Std. 18%ig war. Bei Erwärmung von I auf 60—150° entsteht unter $POCl_3$-Abgabe ohne Schmelzen $POCl_3 \cdot MeCl_4$, von dem die Hf-Verb. bei 130° sublimiert. Bei 145° beginnt die Zersetzung. II gab beim Erwärmen auf 150° $POFCl_2 \cdot MeCl_4$. Bei langsamer Steigerung der Temp. erhielten Vff. bei 260—270° ein Destillat $2\ POCl_3 \cdot 3\ ZrCl_4$. Wie in der Lsg. tritt auch in der Schmelze ein Halogenaustausch ein. Daher traten beim schnellen Steigern der Temp., wobei der Halogenaustausch unwesentlich wurde, nur $MeCl_4$ u. P-Oxyhalogenide als Zersetzungsprodd. auf. Die gleichen wurden beim Erhitzen von III u. IV erhalten. Die FF. der 1:1-Verbb. mit $POFCl_2$ waren bei Zr 74—78°, bei Hf 80—83°, mit POF_2Cl bei Zr 106—109°, bei Hf 110—113°. (J. Amer. chem. Soc. **74.** 3489—92. 20/7. 1952. Madison, Wis., Univ. of Wisconsin, Dep. of Chem.) Plust. 323

Je. Ss. Ussataja, *Über die Oxydation von Molybdänit in wässerigen Lösungen.* Untersucht wurde die Oxydation von *Molybdänit* (I) in der wss. Lsg. von Säure, Lauge u. Salz in Abhängigkeit von der Art der Lsg., vom p_H, der Ggw. von Oxydations- u. Reduktionsmitteln in der sauren bzw. alkal. Lsg. u. von der Temperatur. Danach nimmt die Oxydation von I mit steigendem p_H zu u. ist oberhalb p_H 10 am stärksten. In saurer, neutraler u. schwach alkal. Lsg. bilden die Oxydationsprodd. auf I einen Film, der die weitere I-Oxydation verhindert. Starke Laugen u. Oxydationsmittel (H_2O_2, Fe^{3+}) begünstigen die I-Oxydation durch Zerstörung des Filmes oder die Verhinderung seiner Bildung. In alkal. Lsg. wird die I-Oxydation durch erhöhte Temp. begünstigt, in saurer Lsg. bis 60° fast nicht beeinflußt. Aus den Verss. geht hervor, daß der Übergang von Mo in die Lsg. mit der Oxydation von I zusammenhängt. Die Schutzhaut besteht aus dem bei der Sulfidoxydation frei werdenden elementaren S oder aus Mo-Oxyden. Die Ergebnisse werden in ihrer Bedeutung für die Auswaschung u. Wanderung von Mo in der Oxydationszone der Erzlagerstätten erörtert. (Записки Всесоюзного Минералогического Общества [Schr. Allunions mineralog. Ges.] [2] **81.** 298—303. 1952.) Lebtag. 336

Philip W. West und **Charles G. de Vries,** *Das Wesen der Kobalt–Thiocyanat-Reaktion.* Bei der Unters. der Vogel-Rk. weisen Vff. die Komplexe $[Co(SCN)]^+$ u. $[Co(SCN)_6]^{4-}$ (I) in wss. Lsg. u. gemischten Lösungsmitteln mit Hilfe der spektrophotometr. Titration u. der Jobschen Meth. durch Messung der optimalen opt. Dichte nach. Sie zeigen, daß Moll. der verwendeten organ. Lösungsmittel nicht in stöchiometr. Verhältnis an der Rk. teilnehmen, jedoch ihre DKK. Einfl. auf die opt. Dichte haben. An den ersten 4 Gliedern der Alkoholreihe wird gefunden, daß die DK. im umgekehrten Verhältnis zur opt. Dichte steht. Das Auftreten der blauen Farbe wird dem Komplex I zugeschrieben, indem die Thiocyanatanlagerung die weniger polaren Verbb. anzieht, wodurch eine Dehydratation des komplexen Kobaltions bewirkt u. so eine Verstärkung der den wasserfreien Kobaltverbb. eigentümlichen blauen Farbe erzielt wird. Durch einen Vgl. mit dem Kobaltselenocyanat wird ein Zusammenhang zwischen dem Auftreten der blauen Farbe u. der Elektronenkonfiguration des Zentralatoms aufgezeigt. (Analytic. Chem. **23.** 334—37. Febr. 1951. Baton Rouge, La., Louisiana State Univ.) Braasch. 355

Ruth Powers Yaffe und **Adolf F. Voigt,** *Spektrophotometrische Untersuchungen einiger Rutheniumkomplexe.* 1. Mitt. *Das System Ruthenium–Thiocyanat.* Es wird die Komplexbldg. von *Ru(III)*- u. *Ru(IV)-Perchlorat* mit CNS^- spektrophotometr. untersucht. Ru^{3+} u. Ru^{4+} reagieren mit CNS^- unter Bldg. des tiefblauen Komplexes $Ru(CNS)_1^{2+}$, der bei der Ionenstärke 1 eine Beständigkeitskonstante von 60 ± 1 besitzt, die von der vorhandenen Säurekonz. unabhängig ist. Die Red. des Ru(IV) zu Ru(III) wird durch CNS^- bewirkt. Beweise für die Bldg. höherer Komplexe wurden nicht erhalten. Vff. diskutieren eine Meth. zur Deutung spektrophotometr. Daten, die bes. für einen Komplex geringer Beständigkeit anwendbar ist. Opt. Dichten u. Absorptionsspektren des Ru–CNS-Syst. bei verschied. Zusammensetzungsverhältnissen vgl. Original. (J. Amer. chem. Soc. **74.** 2500—02. 20/5. 1952. Ames, Io., Iowa State Coll., Inst. for Atomic Res. and Dep. of Chem.) SPARMANN. 363

Ruth Powers Yaffe und **Adolf F. Voigt,** *Spektrophotometrische Untersuchungen einiger Rutheniumkomplexe.* 2. Mitt. *Das System Ruthenium–Thioharnstoff.* (1. vgl. vorst. Ref.) Es wird die Komplexbldg. zwischen *Ru(III)*- u. *Ru(IV)-Perchlorat* mit Thioharnstoff (abgekürzt mit Hth) spektrophotometr. untersucht. Sowohl Ru^{3+} als auch Ru^{4+} bilden die gleichen blaugrünen Komplexe $Ru[SC(NH)NH_2]_1^{2+}$ (I) u. $Ru[SC(NH)NH_2]_3$ (II). Bei dieser Komplexbldg. verhält sich Hth wie eine Säure, indem jedes Mol., das in den Komplex eintritt, ein H^+ abspaltet: $Ru^{3+} + Hth \rightleftharpoons Ru(th)_1^{2+} + H^+$ u. $Ru(th)_1^{2+} + 2\,Hth \rightleftharpoons Ru(th)_3 + 2\,H^+$. Die Bildungskonstante von **I** beträgt $16{,}3 \pm 0{,}5$ u. die von **II** $5{,}3 \pm 0{,}1$ bei einer Ionenstärke von 3,0. Mögliche Hydrolyse-Rkk. von **I** u. **II**, etwa nach den Gleichungen $Ru^{3+} + Hth + H_2O \rightleftharpoons Ru(Hth)OH^{2+} + H^+$ u. $Ru(Hth)OH^{2+} + 2\,Hth + 2\,H_2O \rightleftharpoons Ru(Hth)_3(OH)_3 + 2\,H^+$, werden diskutiert, aber nicht für wahrscheinlich gehalten, zumal **II** durch einige organ. Lösungsmittel extrahierbar ist. **II** ist paramagnet., wobei die g-Susceptibilität mit $+3 \pm 1{,}5$ c.g.s.-Einheiten/g bei 20°, die mol. Susceptibilität mit 1000 ± 500 c.g.s.-Einheiten/Mol angegeben wird Für die Bldg. eines Dithioharnstoffkomplexes konnten keine Beweise gefunden werden. Opt. Dichten u. Absorptionsspektren der Komplexe vgl. Original. (J. Amer. chem. Soc. **74.** 2503—06. 20/5. 1952.) SPARMANN. 363

Leopold Gmelins Handbuch der anorganischen Chemie. Hrsg. vom Gmelin-Institut in Clausthal-Zellerfeld. Hauptred. **Erich Pietsch.** 8. Aufl. Photomechan. Neudr. System-Nr. 9, T. A. Lfg. 1, Nr. 10, T. A. Lfg. 1. Weinheim/Bergstr. u. Berlin: Verl. Chemie. 1952. 4°. 9. Schwefel. T. A. A. Geschichtliches Lfg. 1. (60 S. m. 11 Abb.) DM 11,—. 10. Selen. T. A. A. Geschichtliches. Vorkommen. Das Element (außer den elektrischen Eigenschaften). Lfg. 1. (VII + 292 S. m. 7 Abb.) DM 47,—.

C. Mineralogische und geologische Chemie.

M. K. Roychowdhury, *Eine Bemerkung über das Vorkommen von Bauxitlagerstätten im Gebiet von Amarkantak.* Vf. beschreibt kurz die verschied. Bauxitlagerstätten des obigen Gebietes, dessen Menge auf ca. 600000 t geschätzt wird. Der Bauxit ist ziemlich gleichmäßig in seiner Zus. u. enthält weniger als 1—4% SiO_2, 55—60% Al_2O_3, 5—8% Fe_2O_3 u. 8—11% TiO_2. (Quart. J. geol., Mining metallurg. Soc. India **24.** 65—70. 1952. Geol. Surv. of India.) GOTTFRIED. 380

Charles M. Gilbert, *Laumontit von der Anchorbucht, Mendocino County, Californien.* Ein in dem Sandstein der Anchorbucht auftretendes zeolith. Mineral konnte röntgenograph. als Laumontit identifiziert werden. Die opt. Eigg. schwanken stark mit dem Grad der Hydratation. Vollkommen hydratasiert ist die opt. Achsenebene parallel {0 1 0}: $2\,V = 45 \pm 5°$; Auslöschung $z : c = 10°$. Die Brechungsindizes sind $\alpha = 1{,}515 \pm 0{,}003$; $\gamma = 1{,}525 \pm 0{,}003$. Bei 100° entwässert oder in trockner Atmosphäre bei Zimmertemp. wandelt sich der Laumontit in *Caporcianit* oder *Leonhardtit* mit den folgenden Eigg. um: opt. Achsenebene parallel {0 1 0}, $2\,V = 30—35°$; Auslöschung $z : c = 32—34°$. Die Berechnungsindizes sind $\alpha = 1{,}506 \pm 0{,}003$; $\gamma = 1{,}517 \pm 0{,}003$. Beim Behandeln mit W. nimmt das entwässerte Mineral leicht wieder W. auf unter entsprechender Änderung der opt. Eigenschaften. (Bull. geol. Soc. America **62.** 1517. Dez. 1951. Berkeley, Calif., Univ.) GOTTFRIED. 380

R. G. Coleman, *Riebeckit vom St. Peter's Dom, Colorado.* (Sitzungsbericht.) Es wurde der in den Pegmatiten des St. Peter's Doms in großen schwarzen prismat. Kristallen vorkommende Riebeckit chem. u. opt. untersucht. Assoziiert mit dem Mineral sind *Mikroklin, Albit, Zirkon, Astrophyllit* u. *Fluorit.* Die chem. Analyse ergab: SiO_2 50,58 (%); Al_2O_3 1,53; TiO_2 0,28; Fe_2O_3 16,15; FeO 14,53; MnO 1,23; MgO 0,49; CaO 0,41; Na_2O 9,97; K_2O 2,17; H_2O^+ 0,72; H_2O^- 0,10; F_2 2,67 — 0, für F_2 1,13 Σ 99,70. Hieraus ergeben sich als Formeln $Na_3Fe_3Fe_2(OH)_2Si_8O_{22}$ oder $Na_3Fe_2Fe_2(OH)_2Si_8O_{22}$. Die Brechungsindizes sind $\alpha = 1{,}687$; $\beta = 1{,}691$; $\gamma = 1{,}696$; $\gamma - \alpha = 0{,}009$; $2\,V = 70°$ (—);

$v > v$ sehr stark, Auslöschung $x : c = 5^0$. x = indigoblau; y = blau; z = gelbgrün; $x > y > z$; opt. Achsenebene parallel (0 1 0). (Bull. geol. Soc. America **62.** 1517. Dez. 1951.) GOTTFRIED. 380

B. S. W. Buffam, *Uranvorkommen im Gebiet von Beaverlodge, Saskatchewan, Canada.* (Sitzungsbericht.) Das U-Vork. des obigen Gebietes, an der Nordküste des Athabaska-Sees, besteht aus mehreren Hundert isolierten Vorkk. von *Pechblende* u. erstreckt sich über ein Gebiet von ca. 120 Quadratmeilen. Zusammen mit der Pechblende kommen Pyrit, Chalkopyrit u. Co-, Ni-, Pb- u. Zn-haltige Mineralien vor. (Bull. geol. Soc. America **62.** 1427. Dez. 1951. Toronto.) GOTTFRIED. 383

Donald L. Everhart und **Robert J. Wright,** *Einige geologische Charakteristika von uranführenden Gangvorkommen.* (Sitzungsbericht.) Auf Grund der Geologie von 12 wichtigen U-führenden Gangvorkk. in der Welt kommen als Muttergesteine felsische Intrusivgesteine u. silicat. Metasedimente in Frage. Mit den U-Mineralien sind assoziiert Cu-, Co- u. Ag-haltige Mineralien, Bleisulfide u. -sulfarsenide sowie Eisenoxyde. Gangmineralien sind die verschied. Formen von SiO_2, Fe-haltige Carbonate, Fluorit u. Baryt. Die paragenet. Stellung der Pechblende in den Gängen ist verschieden, wahrscheinlich infolge der Tatsache, daß sie aus koll. Lsg. entstanden ist. (Bull. geol. Soc. America **62.** 1436. Dez. 1951. New York, N. Y., U. S. A. E. C., Div. of Raw Materials.) GOTTFRIED. 383

N. N. Chatterjee und **Sailenkumar Mukherjee,** *Untersuchung von sulfidischen Erzmineralien von Ghatsila, Singhbhum mit der Kontaktabdruckmethode.* Es wurden eine Reihe von *Cu*-Erzen von den Mosabani-Gruben im Distrikt Singhbhum mkr. u. nach der Kontaktabdruckmeth. untersucht. Hauptmineralien sind *Chalkopyrit, Pyrrhotin* u. *Pentlandit*; daneben treten auf *Arsenopyrit, Magnetit* u. *Bornit.* Aus den mkr. Unterss. konnte die Mineralisationsfolge festgelegt werden; es lassen sich drei verschied. Mineralisationsepochen unterscheiden. — Das Prinzip der Kontaktabdruckmeth. beruht darauf, daß einige organ. Reagentien mit sehr verd. Lsgg. verschied. Metalle charakterist. Farben liefern. Diese Reagentien wurden benutzt, um von den polierten Oberflächen eines Erzminerals gefärbte Kontaktabdrücke zu erhalten. Die gute elektr. Leitfähigkeit der Erzmineralien wird dadurch ausgenutzt, daß man sie in Berührung mit einer schwach sauren oder alkal. Lsg. des Reagens bringt u. sie der Wrkg. eines niedriggespannten elektr. Stromes aussetzt, der die Farb-Rk. beschleunigt. Das zu untersuchende Erz wird in eine 60:40-Mischung einer plast. M. (*Moulderite*) u. Graphit eingebettet; auf die polierte Oberfläche wird ein photograph. Papier gelegt, von dem die empfindliche Schicht abgewaschen worden ist, das zuvor mit der speziellen Reagenslsg. getränkt u. kurz zwischen Filtrierpapier abgetrocknet ist. Durch das Syst. wird für kurze Zeit ein elektr. Strom geleitet u. dann das Papier entfernt. Je nach dem Reagens u. dem Metall treten dann auf dem Papier deutlich gefärbte Flecken auf. Reagenslsgg. sind: für *Cu* eine 1%ig. ammoniakal. Lsg. von *α-Benzoinoxim* in A.; für *Fe* eine 5%ig. wss. Lsg. von *Sulfosalicylsäure* gemischt mit HNO_3 1:11; für Cu u. *Ni* ein Gemisch einer alkoh. Lsg. von α-Benzoinoxim mit einer 1%ig. Lsg. von *Dimethylglyoxim.* Mit dem ersten Reagens gibt Cu eine mattgrüne Farbe, mit dem zweiten Fe einen violettroten Abdruck, der nach Trocknen braun wird, u. mit dem dritten Reagens Cu eine bräunlichgrüne u. Ni eine rosa Färbung. (Quart. J. geol., Mining metallurg. Soc. India **24.** 47—53. 1952.) GOTTFRIED. 384

N. L. Sharma und **N. V. R. Subrahmanyam,** *Eine vorläufige Mitteilung über die Petrogenese einiger Glimmertrapps des Ramnagar-Gebietes, Ranigany-Kohlenfeld.* Die petrograph. Unters. der Glimmertrapps der obigen Gebiete ergab, daß diese Trapps nicht das Prod. einer einfachen Kristallisation aus einem Magma sind, das der heutigen chem. Zus. des Gesteins entsprach. Die Gesteine haben während ihres Kristallisationsprozesses u. später so viel Änderungen erfahren, daß man auf Grund chem. Analysen keinen Rückschluß auf ihre Petrogenese ziehen kann. (Quart. J. geol., Mining metallurg. Soc. India **24.** 133—40. 1952. Dhanbad.) GOTTFRIED. 385

D. N. Ojha, *Ein neuer Meteorit von Madhipura, Bihar.* Es wurde ein am 23/5. 1950 bei Madhipura niedergegangener Meteorit untersucht. Die mineral. Zus. besteht aus *Olivin, Enstatit, Plagioklas, Nickel-Eisen, Troilit* u. *Magnetit.* Die chem. Analyse lieferte die folgenden Werte: SiO_2 30,6(%), Fe_2O_3 34,5; NiO 4,51; CaO —; MgO 29,7; Na_2O Spur; K_2O —; SO_3 vorhanden. Auf Grund der Zus. kann der Meteorit als eine *Hypersthen-Olivin-Chondrit* bezeichnet werden. (Quart. J. geol., Mining metallurg. Soc. India **24.** 169—71. 1952.) GOTTFRIED. 397

Harlan J. Johnson, Studies of organic limestones and limestone-building organisms. Golden: Col. School of Mines. 1952. (94 S. m. Abb., Mappen u. Diagr.) $ 1,50.

D. Organische Chemie.

D_1. Allgemeine und theoretische organische Chemie.

Allison Maggiolo und **Peter B. Russell,** *Die Ultraviolettabsorptionsspektren von Phenylpyrimidinen.* Die UV-Absorptionsspektren von *4.6-Dimethyl-2-phenylpyrimidin* (**I**), *6-Methyl-4-phenylpyrimidin* (**II**) u. *5-Phenylpyrimidin* (**III**) zwischen 2300 u. 3100 Å in A. werden ermittelt u. mit denen von *Pyrimidin, 2-, 3-, 4-Phenylpyridin, Pyridin, Diphenyl* u. *Bzl.* verglichen. Die Verknüpfung eines Benzolringes mit einem Pyrimidinring bewirkt Verstärkung des Absorptionsmaximums u. dessen Verschiebung zu längeren Wellen. Für **I** u. **II** lassen sich — im Gegensatz zu **III** — Grenzformeln nach DEWAR konstruieren, bei denen ein N-Atom negative Ladung besitzt; diese zusätzliche Resonanzmöglichkeit ist nach Ansicht der Vff. verantwortlich für die bes. ausgeprägten Absorptionsmaxima. Durch Substitution in o-Stellung zur Ringverknüpfungsstelle wird die Ausbldg. planarer Grenzzustände erschwert bzw. verhindert; daher sind die ebenfalls ermittelten Absorptionsmaxima von *4-Chlor-5-phenylpyrimidin* (**IV**), *4.6-Dichlor-2-methyl-5-phenylpyrimidin* u. *4-Chlor-5-[o-chlorphenyl]-pyrimidin* (**V**) weniger ausgeprägt. Der Einfl. der CH_3-Gruppen in **I** u. **II** ist unerheblich, da sie sich nicht in o-Stellung zum Phenyl befinden. Die erhaltenen Ergebnisse sind in Übereinstimmung mit der Theorie von LEWIS u. CALVIN (Chem. Reviews **25.** [1939.] 273).

V e r s u c h e: *4.6-Dimethyl-2-phenylpyrimidin* (**I**); λ_{max} 2580 Å; ε_{max} 20200. — *4-Methyl-6-phenylpyrimidin* (**II**), $C_{11}H_{10}N_2$, F. 42—43° (aus Ae. mit PAe.), durch 3std. Kochen von 2-Mercapto-4-methyl-6-phenylpyrimidin in Ggw. von RANEY-Ni in Alkohol; λ_{max} 2730 Å; ε_{max} 18000. — *4.6-Dioxy-2-methyl-5-phenylpyrimidin,* $C_{11}H_{10}O_2N_2$, F. > 350° (W.), durch 20std. Kochen von Phenylmalonsäurediäthylester u. Acetamidin in Ggw. von C_2H_5ONa in A. u. Ansäuern. — *4.6-Dichlor-2-methyl-5-phenylpyrimidin,* $C_{11}H_8N_2Cl_2$, F. 162—163° (Bzl.), durch 40 Min. Kochen von 3,5 g vorst. Verb. u. $POCl_3$; 3,2 g (Ausbeute). — *5-Phenylpyrimidin* (**III**), $C_{10}H_8N_2$, F. 23—27°, Kp.$_{0,01}$ 120—140° (Badtemp.), durch 5std. Kochen von **IV** u. Thioharnstoff in A., 1std. Kochen der intermediären *Thiuroniumverb.* (6 g) in 2nNaOH, Ansäuern u. 3std. Erhitzen mit RANEY-Ni in A.; gelbes Öl; λ_{max} 2560 Å; ε_{max} 12100; daraus mit 25%ig. HNO_3 u. gesätt. KNO_3-Lsg. *Nitrathemihydrat,* $C_{10}H_8N_2 \cdot HNO_3 \cdot 1/2 H_2O$, F. 181—183°. — *4-Amino-5-[o-chlorphenyl]-pyrimidin,* $C_{10}H_8N_3Cl$, F. 180° (Bzl.), durch 14std. Erhitzen von 30 g o-Chlorphenylacetonitril u. $HCONH_2$ auf 180°, Ansäuern u. 1std. Erhitzen auf dem Dampfbad; 20 g. — *5-[o-Chlorphenyl]-4-oxypyrimidin,* $C_{10}H_7ON_2Cl$, F. 136—137° (Bzl.-A.), durch 16std. Kochen von 8 g vorst. Verb. in konz. HCl, Alkalisieren (p_H 11), Filtrieren u. Ansäuern; 7,5 g. — *4-Chlor-5-[o-chlorphenyl]-pyrimidin* (**V**), $C_{10}H_6N_2Cl_2$, F. 20—21°, Kp.$_{0,01}$ 150—160° (Badtemp.), durch 1/2std. Kochen von 7 g vorst. Verb. in $POCl_3$; 5,5 g. (J. chem. Soc. [London] **1951.** 3297—3300. Dez. Tuckahoe, N. Y., Wellcome Res. Labor.) W. HOFFMANN. D 118

John W. Weigl und **Robert Livingston,** *Zum Spektrum von Chlorophyll in Piperidin.* Nach Trocknung einer *Chlorophyll a* (**I**)-Lsg. in Ae. in einem Strom von gereinigtem He u. Wiederauflsg. in Piperidin (**II**) geht die Farbe von Blau in Gelbgrün über. Folgende spektrale Änderungen: Hauptbande im Roten wird nach 6425 Å verschoben u. um 35% erniedrigt; Hauptabsorptionsbande im Blauen nach 4300 Å verschoben u. um 63% verstärkt. Die kleine rote Bande wird — ohne Wellenlängenschiebung — 25% schwächer. Nach Verdampfen des **II** unter He u. Wiederauflsg. in Ae. werden ursprüngliche Farbe u. Spektr. nicht wieder erhalten: **II** hat eine irreversible Änderung des **I**-Spektr. verursacht. Lösen von **I** in Benzylamin ruft ähnliche Veränderungen hervor. (J. Amer. chem. Soc. **74.** 3452. 5/7. 1952. Minneapolis, Minn., Univ. of Minnesota, School of Chem.) RUDOLPH. D 118

Paul R. McGee, Forrest F. Cleveland und **Sidney I. Miller,** *Infrarotspektrale Daten und vorläufige Zuordnungen für CF_3Br und CF_3J.* Wellenzahlen, geschätzte Intensitäten u. Zuordnungen im Gebiet 400—2200 cm^{-1} werden auf Grund von Spektrogrammen (aufgenommen mit BECKMAN-Spektrographen) für gasförmiges *CF_3Br* u. *CF_3J* zusammengestellt. Diese Verbb. wurden durch therm. Bromierung bzw. Jodierung von CF_3COOAg hergestellt. (J. chem. Physics **20.** 1044. Juni 1952. Chicago, Ill., Illinois Inst. of Technol., Dep. of Phys. u. Dep. of Chem.) RUDOLPH. D 120

Marie-Louise Josien und **Nelson Fuson,** *Frequenz der Infrarotcarbonylbande in den „Fulvenketonen".* Zum Vgl. mit der Theorie untersuchten Vff. die Infrarotspektren folgender Fulvenketone in CCl_4 [in () Wellenzahl ν der CO-Bande in cm^{-1}]: *Fluorenon* (**I**, 1720); *3,4-* (1719); *2.3-* (1716) u. *1.2-Benzofluorenon* (1709); *3.4.5.6-* (1717) u. *1.2.3.4-Dibenzofluorenon* (1708); *2.3-Dimethyl-* (1712); *2.3-Diphenyl-* (1713) u. *2.3.6-Tribromindon* (1736); *Tetraphenylcyclopentadienon* (1710) sowie zum Vgl. *1.4-Naphthochinon*

(1675), *2.3-Dimethyl-* (1660) u. *2.3-Dibrom-1.4-naphthochinon* (1685). Aus den Werten der Derivv. wird für die Lage der CO-Bande bei *Indon* 1727 cm^{-1}, bei *Cyclopentadienon* 1738 cm^{-1} abgeschätzt. Aus den Versuchsergebnissen geht die theoret. vorhergesagte Verminderung der ν-Werte mit dem Umfang des Mol. hervor. Bei den Benzoderivv. von I treten die gleichen Besonderheiten wie bei den Chinonen auf. (C. R. hebd. Séances Acad. Sci. **236**. 1879–81. 11/5. 1953.) KRESZE. D 120

Max T. Rogers und **Tod W. Campbell,** *Die elektrischen Momente einiger aliphatischer Peroxyde, Disulfide und Diselenide.* Die elektr. Momente dreier Peroxyde, dreier Disulfide u. zweier Diselenide wurden in Bzl. bei 25° gemessen. Die Momente lassen sich erklären, wenn man die Moll. als Ketten mit H_2O_2-ähnlicher Struktur (Diederwinkel zwischen 70 u. 120°) ansieht. Große tert.-Butylgruppen verkleinern das Moment aus ster. Gründen. *Ascaridol* ($Kp._{10}$ 94,5°, n_D^{25} 1,4722, $D.^{25}_4$ 0,9889, μ = 2,85 D) hat ein anomal hohes Moment. Gemessen wurden außerdem: *tert.-Butylhydroperoxyd* ($Kp._{40}$ 45°, n_D^{25} 1,3975, $D.^{25}_4$ 0,8861, μ = 1,87 D); *tert.-Butylperoxyd* ($Kp._{97,7}$ 52,5°, n_D^{25} 1,3867, $D.^{25}_4$ 0,7926, μ = 0,92 D), *Di-n-butyl-* ($Kp._{17}$ 115°, n_D^{25} 1,4905, $D.^{25}_4$ 0,93245, μ = 2,06 D), *-isobutyl-* ($Kp._{17}$ 97,0°, n_D^{25} 1,4847, $D.^{25}_4$ 0,92225, μ = 2,00 D) u. *-tert.-butyldisulfid* ($Kp._{11}$ 72°, $D.^{25}_4$ 0,9194, μ = 1,86 D) sowie *Diäthyl-* ($Kp._{44}$ 98°, n_D^{25} 1,5806, $D.^{25}_4$ 1,6772, μ = 1,87 D) u. *Di-tert.-butyldiselenid* ($Kp._{3-4}$ 63–67°, n_D^{25} 1,5351, $D.^{25}_4$ 1,3529, μ = 1,73 D). (J. Amer. Chem. Soc. **74**. 4742–43. 5/10. 1952. East Lansing, Mich., State Coll., Kedzie Chem. Labor., u. Los Angeles, Univ. of California, Dep. of Chem.) K. L. WOLF. D 132

F. F. Tscheschko, *Über die Säureeigenschaften von Benzolsulfonamid.* Zusammen mit WALJASCHKO wurde der Einfl. von NaOH auf das UV-Absorptionsspektr. von *Benzolsulfonamid* (I) bei verschied. Mol-Verhältnis in wss.-alkoh. Lsg. untersucht. Bei 2 Mol NaOH zu 1 Mol I zeigt sich die stärkste Veränderung des Spektr., indem es sich demjenigen von Benzolsulfochlorid nähert. Das ähnliche Spektr. weist auf gleiche Elektronenverteilung mit je 3 Elektronenpaaren am Cl bzw. am N hin. In alkal. Lsg. stellt sich das dynam. Gleichgewicht $C_6H_5SO_2NH_2 + 2\,Na^+ + 2\,OH^- \rightleftarrows [C_6H_5SO_2\ddot{N}:]^{--} + 2\,Na^+ + 2\,OH^- + 2\,H^+ \rightleftarrows [C_6H_5SO_2\ddot{N}:]^{--} + 2\,Na^+ + 2\,H_2O$ ein. Die Ionisation von I hat Verschiebung der Absorption nach kürzeren Wellen zur Folge; sie wird durch Kurven für die elektr. Leitfähigkeit, die H-Ionenkonz. u. durch polarograph. Messungen illustriert. Die Kurven weisen alle beim Verhältnis 2:1 charakterist. Veränderungen bzw. Punkte auf. Dasselbe für D., Viscosität, Oberflächenspannung u. Brechungsindex. (Доклады Академии Наук СССР [Ber. Akad. Wiss. UdSSR] [N. S.] **88**. 855–58. 11/2. 1953. Charkow, Polytechn. Lenin-Inst.) SCHMELZ. D 139

Lucy F. Oldfield und **J. O'M. Bockris,** *Reversible Oxydations–Reduktions-Reaktionen aromatischer Amine.* Es wird das Redoxpotential von *Benzidin* (I) u. I-Derivv. [*o-Tolidin* (II), *o-Dianisidin* (III) u. *o.o'-Dichlorbenzidin* (IV)] sowie von substituierten Diphenylaminen u. Anilinen (*3-Amino-6-benzoylamino-4-methylbenzol, 4-Chlor-2-aminotoluol, 2-Aminophenol-4-sulfonamid, 4-Benzoylsulfonyl-2-methoxyanilin, 4-Amino-, 4.4'-Diamino-, 4-Amino-4'-methoxy-* u. *4-Amino-3-methoxydiphenylamin*) bestimmt. Die Messungen wurden in W. u. wss. Aceton bei verschied. p_H-Werten u. bei Tempp. von 0, 25 u. 40° durchgeführt (Potentialwerte vgl. Original). Diskussion der Abhängigkeit des Potentials von der Art des Substituenten, Werte für ΔF, ΔH u. ΔS für die Oxydation von I, II, III u. IV: ΔF −42,5; −40,4; −37,3 u. −43,2; ΔH −54,6; −56,9; −46,5 u. −58,1. Die Oxydation führt zu den entsprechenden Benzidinchinondiiminen. Die Auswertung der Ergebnisse macht es wahrscheinlich, daß intermediär Semichinonradikale entstehen. (J. physic. Colloid Chem. **55**. 1255–74. Okt. 1951. London, South Kensington, Royal Coll. of Sci., Dep. of Chem.) ZIMMER. D 140

F. Petuely und **U. Künßberg,** *Die Erfassung der Endiol-(α)-α-carbonyl-Gruppierung mit Tillmans' Reagens und der polarographisch-anodischen Oxydationsstufe.* Ascorbinsäure u. ihre Homologen, Glucoredukton, Reduktinsäure usw., werden durch das TILMANSsche Reagens (TR), das p-Dichlorphenolindophenol, im alkal. u. sauren Medium oxydiert. Außer H_2S u. Sulfhydrylverbb., die auch die Rk. geben, besitzen alle diese Verbb. die Gruppierung $R-\underset{\underset{O}{\|}}{C}-\underset{\underset{OH}{|}}{C}=\underset{\underset{OH}{|}}{C}-R_1$, die Endiol-(α)-α-carbonyl-Funktion, im Molekül. Um die Spezifität des TR im sauren Medium abzugrenzen, wurden folgende Substanzen untersucht u. parallel dazu im sauren Medium ihr polarograph. Verh. bestimmt u. die Ergebnisse verglichen: *l-Ascorbinsäure* (I), *d-Araboascorbinsäure* (II), *Glucoredukton* (III), *Reduktinsäure* (IV), *Dioxymuconsäure* (V), *Diketoadipinsäure, 2-Keto-l-gulonsäure,* Ca-Salz der *2-Keto-d-gluconsäure, Krokonsäure, Kojisäure, Oxymethylfurfurol, Methylcyclopentandiondicarbonsäurediäthylester, Methylcyclopentandion, Isobrenzschleimsäure,*

Furoin, Benzoin, Cyclopentantrion u. *Acetessigester*. Eine Gruppe dieser Verbb. (I—V) entfärben TR im sauren Medium u. geben eine polarograph. Stufe. Sie besitzen entweder eine Endiol-(α)-α-carbonyl-Gruppierung oder eine Gruppierung wie in **V**, die relativ instabil ist u. eine Art Zwischenstellung zu den Verbb. der 2. Gruppe einnimmt. Diese 2. Gruppe umfaßt die Substanzen, die zwar die Carbonylgruppe in Konjugation zur Doppelbindung besitzen, an dieser jedoch nur eine oder gar keine freie OH-Gruppe tragen, oder die, wenn sie der Struktur von **V** nahestehen, ebenfalls eine der OH-Gruppen nicht oder nicht in freier Form aufweisen. Diese Verbb. zeigen nur im alkal. Medium mehr oder minder stark reduzierende Eigg. u. geben auch keine polarograph.-anod. Stufe im sauren Medium. Die Red. im alkal. Medium ist in der Regel auf die Ausbildung von enol. Gruppen zurückzuführen. Die Red. im sauren Medium tritt dagegen nur bei einer kleinen Gruppe von Verbb. mit ganz bestimmter Struktur ein, Vff. halten es daher im Gegensatz zu v. EULER für günstiger, nur diese Verbb. als Reduktone zu bezeichnen. Sie zeigen eine sehr stabilisierte Dienolgruppierung (Wasserstoffbrücke) u. reagieren prakt. nur in dieser Form. (Mh. Chem. **83**. 80—94; S.-B. österr. Akad. Wiss., math.-naturwiss. Kl., Abt. IIb **161**. 80—94. 1952. Graz, Univ., Med.-chem. Inst. u. Pregl-Labor.) AMELUNG. D 142

F. P. Lossing und **A. W. Tickner**, *Untersuchung freier Radikale mit Hilfe der Massenspektrometrie*. 1. Mitt. *Die Messung von Methylradikalkonzentrationen*. Vff. haben eine Meth. entwickelt, um mit einem modifizierten Massenspektrometer den Partialdruck der bei der therm. Zers. einiger gasförmiger Verbb. auftretenden CH_3-Radikale (**I**) zu bestimmen. Im Gasvorratsbehälter des Massenspektrometers ist ein auf definierte Tempp. bis 1000° einstellbarer Zersetzer eingebaut. Das Massenspektr. wird bei 50 V Ionisierungsspannung einmal mit u. einmal ohne therm. Zers. aufgenommen u. aus der Differenz der Anteil der therm. entstandenen **I** bestimmt. Die Empfindlichkeit der App. wurde durch Zers. bekannter Mengen von *Dimethylquecksilber* (**II**) u. *Di-tert.-butylperoxyd* (**III**) nach Korrektur der für die M. 15 erhaltenen Spitze zu 0,47 ± 0,07 derjenigen für CH_4 unter den gleichen Bedingungen gefunden. Damit entspricht einem Ionenstrom von $3 \cdot 10^{-14}$ A bei der M. 15 ein CH_3-Partialdruck von 0,02 mm Hg oberhalb der Gaseinlaßstelle in der Zersetzungsapparatur. Mit Hilfe dieser Werte wurde bei der Unters. der Zers. von **III** mit He als Trägergas nach Kombination mit Werten der Literatur für E der Wert 38 kcal/Mol u. für den Frequenzfaktor der Wert $7 \cdot 10^{15}$ gefunden. Bei der Zers. von **II** ergab sich eine Abhängigkeit vom Druck des Trägergases im Bereich 5—20 mm Hg im Zersetzer. Mit Hilfe der gemessenen Werte für die Partialdrucke der **I** wurde der Nutzeffekt der Stöße für die Rekombination von **I** zu $2—3 \cdot 10^{-2}$ bei 850° geschätzt. (J. chem. Physics **20**. 907—14. Mai 1952. Ottawa, Can., Nat. Res. Council, Div. of Chem.) CONRAD. D 150

L. F. Albright und **J. J. Martin**, *Thermodynamische Eigenschaften von Chlortrifluormethan*. Der Dampfdruck von *Chlortrifluormethan* („*Freon-13*") (**I**) gehorcht zwischen —200 u. —15° F der Gleichung $\log_{10} p = 36,76130 - 2623,988/T - 11,80586 \log_{10} T + 5,71495 \cdot 10^{-3} T$ mit einem Fehler von höchstens 0,08%. Im Temperaturbereich von —15 bis +80° F ist die vorst. Gleichung mit einem Fehler von 0,14% behaftet, während die Gleichung $\log_{10} p = 56,34405 - 3351,281/T - 19,16910 \log_{10} T + 9,20366 \cdot 10^{-3} T$ innerhalb von 0,08% genau ist. Die Beziehungen zwischen Gasdichte, Druck u. Temp. werden graph. dargestellt. Die D. des fl. **I** wurde zwischen —224 u. +78° F bestimmt u. wird durch die Gleichung $D_{fl} = 36,07 + 0,01566 (t_c - t) + 1,110 (t_c - t)^{1/2} + 6,665 (t_c - t)^{1/3} + 3,245 (t_c - t)^2$ wiedergegeben. Die krit. Temp. von **I** beträgt 83,93° F, der krit. Druck 39,29 at, die krit. D. 577,79 kg/m³. Für die spezif. Wärme des Gases gelten die Beziehungen $c_{v\infty} = 0,01602 + 0,0002823 T - 1,159 \cdot 10^{-7} T^2$ u. $c_{p0} = 0,03504 + 0,0002823 T - 1,159 \cdot 10^{-7} T^2$ B. T. U./lbs. · ° R. Ferner wurden die Enthalpie u. die Entropie von Dampf, Fl. u. überhitztem Dampf bestimmt u. sind in Tabellen u. graph. wiedergegeben. Die Meßergebnisse werden mit den Unterss. anderer Autoren verglichen. (Ind. Engng. Chem. **44**. 188—98. Jan. 1952. Ann Arbor, Mich., Univ. of Michigan.) FORCHE. D 155

Kurt Altenburg, *Die Temperaturabhängigkeit der Ultraschallgeschwindigkeit und der Oberflächenspannung des Äthylenglykols*. (*Ein Beitrag zur Frage der Anomalie der Temperaturabhängigkeit der Wärmeleitfähigkeit des Äthylenglykols*.) Es wurden die Temperaturabhängigkeit der Ultraschallgeschwindigkeit (Frequenz des Ultraschallquarzes 800 kHz) u. der Oberflächenspannung (Meth. des maximalen Blasendrucks) an Äthylenglykol gemessen. In dem untersuchten Intervall von 20—70° zeigten sich keine Abweichungen vom stetigen Verlauf. Auf Grund einiger sich an diese Messungen anschließenden Überlegungen zeigt Vf., daß die Existenz einer Anomalie der Temperaturabhängigkeit der Wärmeleitfähigkeit, wie sie von KRAUS (Z. angew. Physik **1**. [1948.] 173) u. LEIDEN-

FROST (Z. Ver. dtsch. Ing. **93.** [1951.] 1128) beobachtet wurde, unwahrscheinlich ist. (Z. physik. Chem. **201.** 91—96. Nov. 1952. Dresden, TH, Inst. für allg. Elektrotechnik.)

E. HEINRICH. D 159

J. T. Davies, *Die Anwendung der Gleichung von Gibbs auf geladene monomolekulare Filme und ihre Desorption von der Grenzfläche Öl–Wasser.* Die GIBBSsche Gleichung ist in ihrer einfachen Form auf verd. Lsgg. von Kolloidelektrolyten bei Überschuß an anorgan. Elektrolyten anwendbar. Theoret. wird dies auf Grund kinet. u. elektr. Überlegungen gezeigt u. prakt. nach einem neuen Verf., nämlich durch Messung der Desorptionsgeschwindigkeit von Monofilmen des *Cetyltrimethylammoniumions* an der Grenzfläche Paraffinöl–W., nachgewiesen. Für diese Filme schwankt das elektr. Potential u. befindet sich dabei in guter Übereinstimmung mit Werten, die sich aus Messungen des Oberflächenpotentials u. aus der Theorie von GOUY ergeben. Die Adsorptionsenergie für eine CH_2-Gruppe an der Grenzfläche zwischen fl. Paraffin u. W. wird zu 811 cal berechnet. (Trans. Faraday Soc. **48.** 1052—61. Nov. 1952. London, King's Coll.)

HENTSCHEL. D 166

H. J. Bernstein, *Die physikalischen Eigenschaften der Moleküle in Beziehung zu ihrer Struktur.* 1. Mitt. *Beziehungen zwischen additiven Moleküleigenschaften in verschiedenen homologen Reihen.* Von der Voraussetzung ausgehend, daß die additiven Eigg. eines Mol. sich streng aus Beiträgen sämtlicher Atome im Mol. zusammensetzen, vor allen Dingen auch, daß Atome, die nicht miteinander verbunden sind, aufeinander einwirken können, wird eine allg. Berechnung der Anteile durchgeführt. Die Meth. ist vor allen Dingen wertvoll zur Auffindung von nichtadditivem Verh. z. B. bei Bindungslängen, das etwa auf Resonanz oder Hyperkonjugation beruhen kann. Durchgeführt wird die Berechnung für substituierte Methane $CX_{4-n}Y_n$, Äthane $C_2X_{6-n}Y_n$ — hierbei kann durch die neue Meth. der Anteil an „gauche"- u. „trans"-Isomeren in dem Rotationsisomerengemisch ermittelt werden —, Äthylene $C_2X_{4-n}Y_n$, Benzole, $C_6X_{6-n}Y_n$, u. acycl. aliphat. KW-stoffe. In einer Tabelle sind die additiven Beiträge, die die einzelnen Atome zu den mol. Eigg. beisteuern, für die Paraffine zusammengefaßt; im einzelnen wurden die Beiträge für nachst. Verbb. aufgeführt: *Methan, Äthan, Propan, n-Butan, 2-Methylpropan, n-Pentan, 2-Methylbutan, 2.2-Dimethylpropan, n-Hexan, 2-* u. *3-Methylpentan, 2.2-* u. *2.3-Dimethylbutan, n-Heptan, 2-* u. *3-Methylhexan, 3-Äthylpentan, 2.2-, 2.3-, 2.4-* u. *3.3-Dimethylpentan, 2.2.3-Trimethylbutan, n-Octan, 2-, 3-* u. *4-Methylheptan, 3-Äthylhexan, 2.2-, 2.3-, 2.4-, 2.5-, 3.3-* u. *3.4-Dimethylhexan, 2-Methyl-3-äthylpentan, 3-Methyl-3-äthylpentan, 2.2.3-, 2.2.4-, 2.3.3-* u. *2.3.4-Trimethylpentan* sowie *2.2.3.3-Tetramethylbutan.* (J. chem. Physics **20.** 263—69. Febr. 1328. Aug. 1952. Ottawa, Can., Nat. Res. Council, Div. of Chem.)

ZIMMER. D 182

Richard Kuhn und **Helmuth Kainer,** *Pentaphenylpyrroliumperchlorat.* Das einfachste N-haltige Analogon des Pentaphenylcyclopentadienyl, eines Radikals, bei dem jedes der 5-Ring-C-Atome sein Oktett hat u. trotzdem die Gesamtzahl der Elektronen ungerade ist, ist das Kation des *Pentaphenylpyrrols* (**I**), das *Pentaphenylpyrroliumion* (**II**), dessen mesomere Formen durch Ladungsresonanz auch Anordnungen zeigen, bei denen N als Ammonium gleichzeitig mit 3wertigem C vorliegt. Aus **I** wurde mit Jod-$AgClO_4$ in Ae. *Pentaphenylpyrroliumperchlorat* (**III**) erhalten, dessen Lichtabsorption u. magnet. Susceptibilität sowie deren Abfall mit der Zeit gegeben werden. Eine Spannungsreihe von „Inium"-Salzen — nach ihrem Verh. gegen $AgClO_4$ — zeigt die Reihenfolge: *Tris-dipyridylsilber(II)-perchlorat,* **III**, *Ag(I)ClO₄, Tri-p-tolylaminiumperchlorat, Pyocyaniniumperchlorat.* — **I**, $C_{34}H_{25}N$, F. 283° (Bzl.–Methanol), aus 15 g Tetraphenylcyclopentadien u. Nitrobenzol 7 Std. am Rückfluß, 1,8—2,0 g (Ausbeute): **III**, $[C_{34}H_{25}N]ClO_4$, F. 188—190° (Zers.), aus **I** in Chlf. mit frisch dargestellter, filtrierter J_2–$AgClO_4$-Lsg., Herauslösen des **III** aus dem AgJ-**III**-Nd. mit Chlf. u. Fällen mit Ae., „alte" J_2–$AgClO_4$-Lsg. (1 Tag bei 0° gestanden) reagiert nicht. **III** ist lösl. nur in Chlf. (blau), die Lsg. zers. sich allmählich unter Farbänderung über Grün nach Gelb in N_2-Atmosphäre. Durch Einleiten von O_2 Farbumschlag nach Rot. χ para, mol. $= 1126 \cdot 10^{-6}$, λ_{max} 670 mμ, mit Formazan in Chlf. scharf titrierbar. (Chem. Ber. **85.** 498—507. 1952. Heidelberg, Max-Planck-Inst. für Med. Forsch., Inst. für Chemie.)

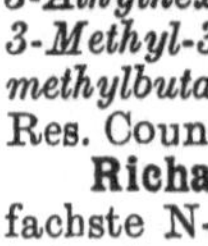
II

DU MONT. D 182

A. N. Nessmejanow, O. A. Reutow und **Ss. Ss. Poddubnaja,** *Über die Stereochemie der elektrophilen Substitution beim tetraedrischen Kohlenstoff.* Untersuchungsobjekte waren die *l-Menthylester* (**Ia** u. **Ib**) der *opt.-akt. α-Brommercuriphenylessigsäuren* u. die *Bis-l-menthylester* der *opt.-akt. α-Mercuri-bis-phenylessigsäure* (**IIa** u. **IIb**). Zur Gewinnung von **Ia** u. **Ib** dienten die l-Menthylester von (+)- u. (—)-α-Bromphenylessigsäure, die, mit Hg nach der Meth. von REUTOW u. BESSPROSWANNYI (vgl. C. **1952.** 6683) behandelt, das gleiche äquimol. Gemisch von **Ia** u. **Ib** ergaben. Durch Kristallisation aus viel CH_3OH wurden die 2 Diastereomeren, F. 162—163°; $[\alpha]_D^{18}$ —96,5°, u. F. 152—154°;

$[\alpha]_D^{18}$ $-49,3^0$, getrennt. Die bei der Bldg. von **Ia—Ib** am α-C-Atom eintretende Racemisierung wird durch die intermediäre Bldg. des Radikals, $C_6H_5\dot{C}HCO_2C_{10}H_{19}$, gedeutet. Wurden die Diastereomeren in Chlf. mit NH_3-Gas behandelt, so entstand aus jedem nur ein Prod.; **Ia** gab **IIa**, F. 119—122⁰, $[\alpha]_D^{18}$ $-21,4^0$, **Ib** gab **IIb**, F. 118—120⁰, $[\alpha]_D^{18}$ $-7,7^0$. Bei diesem Übergang ist offenbar die ursprüngliche Konfiguration an beiden α-Atomen der Bis-ester noch vorhanden. — Bei der Einw. von $HgBr_2$ auf **IIa** oder **IIb** in sd. Aceton resultierte das gleiche äquimol. Gemisch von **Ia** u. **Ib**. Bei der Entstehung dieses Gemisches muß, da sich die Rk. mit $HgBr_2$ nur an einem der α-C-Atome im Bis-ester abspielt (die C–Hg-Bindung am anderen α-C-Atom braucht nicht gelöst zu werden), opt. Umkehrung an diesem C-Atom angenommen werden. Der Einwand, daß erst nach Bldg. von **Ia** bzw. **Ib** unter der Einw. des Kochens oder durch $HgBr_2$ Racemisation am α-C-Atom eingetreten sein könnte, ließ sich durch entsprechende Verss. entkräften. Der verschied. Ausfall der 2, auf Grund früherer Erfahrungen zweifellos elektrophilen Substitutions-Rkk. erklärt sich vielleicht durch verschied. Mechanismen; einige werden diskutiert. (Доклады Академии Наук СССР [Ber. Akad. Wiss. UdSSR] [N. S.] **88**. 479—82. 21/1. 1953.) R. KNOBLOCH. D 184

Robert B. Corey, Jerry Donohue, Kenneth N. Trueblood und **Kenneth J. Palmer,** *Eine Röntgenuntersuchung von lufttrockenen Kristallen von Lysozymchlorid: Die dreidimensionale Patterson-Funktion.* (Vgl. C. **1952**. 2519.) Zur Unters. geeignete Kristalle von Lysozymchlorid wurden aus einer Lsg. mit dem p_H 4,5 erhalten. An der Luft getrocknet, bilden die Kristalle tetragonale Bipyramiden, die einachsig positive Interferenzfiguren zeigen. Die Brechungsindices variieren mit dem Feuchtigkeitsgeh., sie betragen im Mittel n = 1,554, während die Doppelbrechung mit 0,004 nahezu konstant bleibt. Die Elementarzelle mit Z = 8 hat die Dimensionen a = 71,2 Å; c = 31,4 Å. Wahrscheinlichste Raumgruppen sind $D_4^4 - P4_12_1$ oder $D_4^8 - P4_32_1$. Auf Grund der von 198 verschied. (hkl)-Reflexionen beobachteten Intensitäten wurde die vollständige dreidimensionale PATTERSON-Funktion berechnet. Aus dieser Funktion ergab sich kein Anhalt für das Vorhandensein von stäbchenähnlichen Gebilden, wie sie im Methämoglobin u. Metmyoglobin vom Pferd nachgewiesen werden konnte. Es wird die Möglichkeit an Hand einer zweidimensionalen PATTERSON- u. FOURIER-Projektion diskutiert, kugelförmige oder ellipsoidförmige Teilchen in der Zelle unterzubringen. Eine endgültige Entscheidung konnte noch nicht getroffen werden. (Acta crystallogr. [Copenhagen] **5**. 701—10. 10/11. 1952. Pasadena, Calif., Inst. of Technol.; Albany, Calif., Western Regional Res. Labor.) GOTTFRIED. D 195

Geoffrey J. Pitt, *Eine Verfeinerung der Kristallstruktur von Kaliumbenzylpenicillin.* Gegenüber den früheren Unterss. (vgl. CROWFOOT, BUNN, ROGERS-LOW u. TURNER-JONES, The Chemistry of Penicillin. Princeton, Univ. Press. 1949, S. 310) standen dem Vf. bei der vorliegenden Unters. bessere u. größere Kristalle von Kaliumbenzylpenicillin zur Verfügung, die aus wss. n-Butylalkohol erhalten worden waren. Mit diesen Kristallen wurden WEISSENBERG- u. Schwenk-Aufnahmen hergestellt. Im ganzen wurden 1680 Interferenzen erhalten, gegenüber 650 bei den früheren Untersuchungen. Bei der weiteren Strukturunters. wurden die früher erhaltenen (vgl. l. c.) Parameter zugrunde gelegt. Auf den erhaltenen FOURIER-Projektionen konnten drei weitere Atome des Mol. getrennt werden. Es sei noch bemerkt, daß in der benutzten Zelle (Raumgruppe $P2_12_12_1$) die Schraubenachsen entlang den Linien 0 ¼ z; x 0 ¼ u. ¼ y 0 verlaufen; die allgemeinste Punktlage hat die Koordinaten xyz; ½ − x, ½ + y, z̄; ½ + x, ȳ, ½ − z; x̄, ½ − y, ½ + z. Es werden die folgenden, endgültig gefundenen Parameterwerte angegeben (wegen der Bezifferung vgl. nebenst. Molekülskizze). K (x =) 0,350; (y =) 0,528; (z =) −0,001; O_2 0,381; −0,127; 0,055; O_3 0,358; 0,205; 0,058; C_4 0,433; 0,044; 0,060; $(CH)_5$ 0,585; 0,061; 0,073; C_6 0,616; 0,094; 0,124; $(CH_3)_7$ 0,491; 0,015; 0,154; $(CH_3)_8$ 0,752; −0,019; 0,137; S_9 0,624; 0,372; 0,134; $(CH)_{10}$ 0,660; 0,442; 0,077; N_{11} 0,657; 0,243; 0,052; C_{12} 0,796; 0,247; 0,041; O_{13} 0,871; 0,121; 0,025; $(CH)_{14}$ 0,810; 0,467; 0,060; $(NH)_{15}$ 0,923; 0,506; 0,092; C_{16} 1,054; 0,577; 0,082; O_{17} 1,083; 0,617; 0,042; $(CH_2)_{18}$ 1,167; 0,569; 0,118; C_{19} 1,117; 0,521; 0,164; $(CH)_{20}$ 1,053; 0,686; 0,191; $(CH)_{21}$ 1,000; 0,635; 0,231; $(CH)_{22}$ 1,020 0,425; 0,249; $(CH)_{23}$ 1,077; 0,267; 0,224; $(CH)_{24}$ 1,123; 0,318; 0,180. Die neu erhaltenen Bindungslängen u. Bindungswinkel sind tabellar. zusammengestellt. Es wird darauf hingewiesen, daß die Lagen der Atome des Benzolringes nicht so genau sind wie die

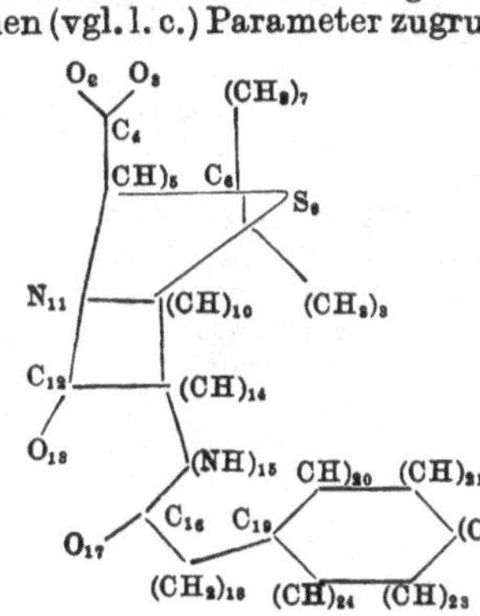

der anderen Atome. (Acta crystallogr. [Copenhagen] **5.** 770—75. 10/11. 1952. Oxford, Labor. of Chem. Crystallogr.) GOTTFRIED. D 195

G. J. Janz und **T. H. Donnelly,** *Die Beziehung zwischen Temperatur und Zusammensetzung von 2.4- und 2.6-Dichlorphenolgemischen.* Das Syst. *2.4* (**I**)- u. *2.6* (**II**)-*Dichlorphenol* wurde durch Best. der Abkühlungskurve u. durch die Taupunkt-F.-Meth. untersucht. **I** u. **II** bilden ein einfaches Eutekticum mit 62,4% **I** bei F. 20,3°. Durch die Meth. der therm. Analyse können die relativen **I**- u. **II**-Mengen in einem unbekannten Gemisch beider Isomerer bestimmt werden; man muß jedoch wissen, ob das Gemisch auf der **I**- oder **II**-reichen Seite des Eutekticums liegt. Dies kann leicht durch eine zweite F.-Best. nach Zugabe einer kleinen **I**- oder **II**-Menge entschieden werden. (Analytic. Chem. **24.** 1045—46. Juni 1952. Troy, N. Y., Renselaer Polytechn. Inst., Walker Labor.) K. F. MÜLLER. D 221

Edwin S. Gould und **James D. McCullough,** *Einige Komplexe aus Diarylselenoxyden und Quecksilber(II)-halogeniden. Dibenzselenophenoxyd, p.p'-Dimethoxydiphenylselenoxyd* (**I**) u. *p.p'-Diäthoxydiphenylselenoxyd* bilden mit $HgCl_2$, $HgBr_2$ u. HgJ_2 stabile 1:1-Komplexe; **I** bildet mit HgJ_2 merkwürdigerweise keinen Komplex, ebenso reagieren negativ substituierte Selenoxyde, wie p.p'-Dichlordiphenylselenoxyd, u. auch Diphenylselenoxyd selbst. Cu(II), Cd(II), Fe(III), Ni(II), Cr(III) u. Zn(II) geben mit den Selenoxyden keine Komplexe.

Versuche: *p.p'-Dimethoxydiphenylselenid* (**II**) u. *p.p'-Diäthoxydiphenylselenid* (**III**), aus den entsprechenden Selendichloriden durch Red. in Chloroformsuspension mittels KJ-H_2SO_4-Lsg.; 45% (Ausbeute). — *p.p'-Dichlordiphenylselenoxyd,* $C_{12}H_{10}OCl_2Se$, aus Methanol F. 212° (Zers.), durch Oxydation des entsprechenden Diarylselenids mit Peressigsäure. — **I,** $C_{14}H_{14}O_3Se$, aus Bzl., F. 144° (Zers.), aus **II** durch Oxydation mittels 30%ig. H_2O_2 in Dioxanlsg. bei 80°; 63%. — *p.p'-Diäthoxydiphenylselenoxyd,* $C_{16}H_{18}O_3Se$, F. 150° (Zers.); 58%. — *Verb.* $C_{14}H_{14}O_4Se$, F. 148,5—149,5° (Bzl.), bei der Oxydation von **II** mit Peressigsäure in Eisessig; ist kein Selenoxyd; analoge *Verb.* $C_{16}H_{18}O_4Se$, F. 176—177°, aus **III**; beide Verbb. geben mit Hg-Halogeniden keine Komplexe; HgJ_2 wurde von beiden Verbb. in die energiereichere gelbe Modifikation umgewandelt. — $(p\text{-}CH_3OC_6H_4)_2SeOHgCl_2$, F. 160°; $(p\text{-}CH_3OC_6H_4)_2SeO\cdot HgBr_2$, F. 115°; $(p\text{-}C_2H_5OC_6H_4)_2SeO\cdot HgCl_2$, F. 110°; $(p\text{-}C_2H_5PC_6H_4)_2SeO\cdot HgBr_2$, F. 129°; $(p\text{-}C_2H_5\cdot OC_6H_4)_2SeO\cdot HgJ_2$, F. 137—138° (Zers.); $(C_6H_4)_2SeO\cdot HgCl_2$, F. 182° (Zers.), $(C_6H_4)_2SeO\cdot HgBr_2$, F. 191° (Zers.) u. $(C_6H_4)_2SeO\cdot HgJ_2$, F. 218° (Zers.) (alle FF. korr.), wurden aus den entsprechenden Selenoxyden u. den Hg(II)-Halogeniden in der zur Lsg. gerade ausreichenden Menge sd. 95%ig. A. hergestellt. (J. Amer. chem. Soc. **73.** 3196—97. Juli 1951. Brooklyn, N. Y., Polytechn. Inst.; Los Angeles, Calif., Univ. of California, Chem. Labors.) ZIMMER. D 223

Guido Sartori, Giacomo Costa und **Anna Maria Camus,** *Die Elektrochemie der d-Weinsäure. Homogene und heterogene Gleichgewichte der Lösungen der d-Weinsäure und ihrer Salze.* 3. Mitt. *Das heterogene Gleichgewicht zwischen d-Weinsäure und Kaliumacetat.* (2. vgl. Ann. Chimica **42.** [1952.] 214.) Analog, wie es l. c. für das Syst. d-Weinsäure–KOH–H_2O geschehen ist, werden die für das Syst. *d-Weinsäure–*CH_3COOK*–*H_2O möglichen Beziehungen des Löslichkeitsgleichgewichtes zwischen den einzelnen Ionen abgeleitet. Die analyt. Unters. dieses Syst. liefert Werte, die mit den thermodynam. berechneten gut übereinstimmen. (Ann. Chimica **42.** 309—16. Juni 1952. Triest, Univ., Chem. Inst.) HENTSCHEL. D 224

Pekka Hirsjärvi und **Eero Tommila,** *Über die alkalische Alkoholyse von Benzolsulfonylchlorid.* (Vgl. TOMMILA u. HIRSJÄRVI, C. **1953.** 1463.) Vff. verfolgten die basenkatalysierte Alkoholyse von *Benzolsulfonylchlorid* (**I**) titrimetr. bei 25°. In absol. Methanol (**II**) u. NaOH sowie in absol. A. u. $NaOC_2H_5$ als Katalysatoren war die Rk. in 20 bis 30 Sek. bereits beendet, während ohne Katalysator in A., der 0,05 Mol/Liter W. enthielt, nach 300 Sek. erst 0,67% umgesetzt war. Mit Na-Acetat (**III**) in absol. **II**, absol. A. oder absol. n-Propanol (**IV**) wurde die Rk. bei 25,00, 17,00 u. 0,00° verfolgt. Die nach der 1. sowie 2. Ordnung berechneten Reaktionsgeschwindigkeitskonstanten k_1 u. k_2 zeigen jedoch einen Gang; die Rk. war fortgeschritten [in () Reaktionsdauer in Min., % Umsatz]: bei 25° in **II** (122; 72,7), in A. (245; 62,5), in **IV** (315; 66,1); bei 17° in **II** (406; 72,6), in A. (354; 53,7), in **IV** (590; 63,2); bei 0° in **II** (1374; 70,7), in A. (3952; 58,7), in **IV** (1411; 48,6). Präparativ wurde aus **I** u. **III** in wasser- u. acetanhydridfreier Essigsäure (**V**) nach 5tägigem Stehen Acetanhydrid, Na-Benzolsulfonat, NaCl (ca. 70%) u. unverändertes **III** u. **V** erhalten. — Vff. nehmen an, daß bei Ggw. von NaOH oder $NaOC_2H_5$ in reinem Alkohol prakt. nur 1. $RSO_2Cl + R'OH \rightarrow RSO_2OR' + HCl$ u. 2. $RSO_2Cl + R'ONa \rightarrow RSO_2OR' + NaCl$ auftreten, daß also die Rkk. $RSO_2Cl + R'OH \rightarrow RSO_2OH + R'Cl$; $R'Cl + NaOH \rightarrow R'OH + NaCl$; $R'OH + RSO_2OR' \rightarrow RSO_2OH + R'OR'$, sowie $RSO_2OR' + NaOH \rightarrow RSO_2ONa + R'OH$ bzw. $RSO_2OR' + R'ONa \rightarrow RSO_2ONa +$

R'OR' u. $RSO_2Cl + 2\,NaOH \rightarrow RSO_2ONa + NaCl + H_2O$ sowie $RSO_2OR' + H_2O$ $RSO_2OH + R'OH$ keine Bedeutung haben. Die Rk. mit **III** wurde unter Berücksichtigung der Rk. 1, einer Rk. 1. Ordnung (k_1 wurde bereits früher ermittelt), der bimol. Rk. zwischen **I** u. CH_3COO^- (k_2) u. Rk. 2 (k'_2) graph. ausgewertet u. dabei für die Rk. in **II** bei 25° k_2 ca. $1 \cdot 10^{-3}$ u. k'_2 ca. 300 Liter/Mol·Sek. erhalten. Die k-Werte in A. liegen in der gleichen Größenordnung. (Acta chem. scand. **5.** 1097—1104. 1951. Helsinki, Finnland, Univ., Chem. Inst.) GNAUCK. D 225

F. W. Stacey, J. G. Lindsay und **A. N. Bourns,** *Isotopeneffekte bei der thermischen Desaminierung von Phthalamid.* Es wurde die therm. Zers. des Phthalsäurediamids (I) zu *Phthalimid* (II) unter besonderer Berücksichtigung eines N-Isotopeneffektes untersucht. Das benutzte **I** hatte einen Geh. von ca. 0,4% ^{15}N. Für die Desaminierung von **I** lassen sich 4 spezif. Geschwindigkeitskonstanten aufstellen: **I** (^{14}N, ^{14}N) $\xrightarrow{k_1}$ **II** (^{14}N) + $^{14}NH_3$; **I** ($^{14}N^{15}N$) $\xrightarrow{k_2}$ **II** (^{15}N) + $^{14}NH_3$; **I** (^{14}N, ^{15}N) $\xrightarrow{k_3}$ **II** (^{14}N) + $^{15}NH_3$ u. **I** (^{15}N, ^{15}N) $\xrightarrow{k_4}$ **II** (^{15}N) + $^{15}NH_3$. Die Desaminierung ist eine Rk. 1. Ordnung, die Geschwindigkeitskonstante hat bei 210° den Wert $3{,}6 \cdot 10^{-2}$ Sek.$^{-1}$. Das Verhältnis $^{14}NH_3/^{15}NH_3$ ist gleich $(1 - \alpha) \cdot k_1/\alpha \cdot 2\,k_3$, wobei α massenspektrograph. ermittelt wird. Es wird so gefunden, daß bei der Zers. von obigem **I**-Gemisch die Bldg. von $^{14}NH_3$ 1,2% leichter verläuft als die von $^{15}NH_3$. Zusätzlich läßt sich daraus ableiten, daß die Bldg. von $^{14}NH_3$ aus **I** (^{14}N, ^{15}N) mit 0,6% größerer Wahrscheinlichkeit als aus **I** (^{14}N, ^{14}N) verläuft. Dieses Verh. wird zurückgeführt auf eine Aktivierungsenergie, welche nötig ist, um die C—N-Bindung zu spalten; diese Aktivierungsenergie hängt neben anderen Faktoren auch von der M. der N-Isotopen ab. (Canad. J. Chem. **30.** 135—45. Febr. 1952. Hamilton, Ontario, Can., McMaster Univ., Hamilton Coll., Dep. of Chem.) ZIMMER. D 225

F. L. J. Sixma, *Intramolekulare Umsetzungen.* Übersicht über die wichtigsten Tatsachen der intramol. Rkk., bes. von 1.2-Umlagerungen. — 78 Literaturangaben. (Chem. Weekbl. **48.** 869—82. 15/11. 1952. Amsterdam, Univ., Labor. voor Organ. Scheikunde.) WESLY. D 225

M. G. Gonikberg, A. F. Plate und **A. Je. Gawrilowa,** *Isomerisation von Methylcyclopentan in Gegenwart von Aluminiumchlorid unter Druck.* In Ggw. von $AlCl_3$ sind *Methylcyclopentan* (I) u. *Cyclohexan* (II) reversibel ineinander überführbar. In der vorliegenden Unters. wurde die Isomerisation unter Drucken von 1—660 at durchgeführt, um Einblick in den Reaktionsmechanismus zu erhalten. **I** wurde mit 10% $AlCl_3$ im Autoklaven aus nichtrostendem Stahl 3 Std. auf 80° erhitzt u. der gewünschte Druck durch H_2, N_2 oder hydrostat. erzeugt. Die Prüfung des Reaktionsprod. ergab, daß nur **I** u. **II** vorhanden waren. Unter den Versuchsbedingungen wurde das Gleichgewicht nicht erreicht; daher war die Ausbeute an **II** ein Maß für die Reaktionsgeschwindigkeit. An **II** wurde unter N_2-Druck erhalten: bei 1 at 60,5%, bei 140 at 60%, bei 460 at 48,5%, bei 660 at 38,5%. Bei 640 at hydrostat. Druck betrug die Ausbeute 36,5%. Während demnach N_2- oder hydrostat. Druck zu dem gleichen Ergebnis führten, wurde bei Anwendung von H_2-Druck die Rk. bes. stark gebremst; z. B. betrug die Ausbeute an **II** bei 25 at 61%, bei 130 at 48,5%, bei 460 at 17% u. bei 615 at nur 8%. Hieraus ist zu schließen, daß bei der Isomerisation eine Zwischen-Rk. erfolgt, die mit Vergrößerung des Vol. verbunden ist, u. daß die Einstellung des Gleichgewichts dieser Rk. die Isomerisationsgeschwindigkeit bestimmt. Eine darartige Rk. kann die schon von ZELINSKY u. TUROWA-POLJAK (Журнал Общей Химии [J. allg. Chem.] **2.** (**64.**) [1932.] 666) vermutete Dehydrierung von **I** unter Bldg. von freiem H_2 sein. Die bes. starke Bremsung durch H_2 spricht hierfür. (Доклады Академии Наук СССР [Ber. Akad. Wiss. UdSSR] [N. S.] **83.** 81—83. 1/3. 1952. Inst. für organ. Chem. der Akad. der Wiss. der UdSSR.) MAHLER. D 225

F. G. Soper, *Der Mechanismus chemischer Reaktionen.* Vf. gibt einen Überblick über chem. Rkk., vor allem Umlagerungen, an Hand von Beispielen aus der Gas- u. Flüssigkeitsphase. Die Betrachtung erfolgt von thermodynam. u. kinet. Seite her. Bes. eingegangen wird auf die Grundlagen u. Ableitungen der Übergangszustandstheorie in Gasen u. Flüssigkeiten. Folgende Rkk. werden als Beispiele herangezogen: ortho-para-Wasserstoffumlagerung, Zerfall von $C_6H_5N_2Cl$ in alkoh. Lsg., Umlagerung von Iminoestern, HOFFMANNscher Abbau von *3.5-Dinitro-6-α-naphthylbenzamid,* Bromierung von Ketonen, Hydrolyse von Estern u. WALDENsche Umkehrung bei Substitutionsreaktionen. (Rev. pure appl. Chem. **1.** 2—13. März 1951. Dunedin, New Zealand, Univ. of Otaga.) KLEINWÄCHTER. D 225

Hans von Euler und **Hans Hasselquist,** *Elektronentransport und Stabilisierung bei der Reaktion zwischen Dienen und Philodienen.* 1. Mitt. Vff. untersuchten die Stabilität u. Umlagerungsmöglichkeit von bei Diensynthesen gewonnenen Produkten. Als Ausgangsmaterial diente *5.8.9.10-Tetrahydro-5.7-dimethylnaphthochinon-(1.4)* (I, $C_{12}H_{14}O_2$, gelbgrüne Prismen [PAe.], F. 48—50°), das aus p-Chinon u. 1.3-Dimethylbutadien (II) gewonnen wurde. Mit HBr–Eisessig-Lsg. lagerte sich I um in *5.8-Dihydro-1.4-dioxy-5.7-dimethylnaphthalin* (III, $C_{12}H_{14}O_2$, F. 104,5°, in Eisessig dunkelviolette Fluorescenz, Diacetylverb., $C_{16}H_{18}O_4$, F. 69—70°). Durch Oxydation von I mit CrO_3 entstand dagegen n. *5.7-Dimethylnaphthochinon-(1.4)* ($C_{12}H_{10}O_2$, gelbe Nadeln [PAe.], F. 128,5—129°). Wurde I im Bombenrohr bei 65° mit II erhitzt, bildete sich *Bis-[dimethylbutadien]-chinon [1.4.5.8.11.12.13.14-Oktahydro-1.3.6.8-tetramethylanthrachinon]* (?) ($C_{18}H_{24}O_2$, F. 189 bis 190°, hellblaue Fluorescenz in Eisessig). Bei Oxydation dieser Verb. mit Br_2 erhielten Vff. ein *Tetramethylanthrachinon* vom F. 231—232°, in dem die Stellung der Methylgruppe noch nicht geklärt ist. — Vff. untersuchten weiterhin die Wärmeentw. bei der Umlagerung von I zu III. Die Temperatursteigerung wächst mit wachsender Konz. von I stark. Nach Ansicht der Vff. ist das zum Teil auf eine Verschiebung des Gleichgewichts bei I zurückzuführen. Ferner ist in Betracht zu ziehen, daß die Umwandlung polymol. verläuft. Wird die Lsg. von I vor Zugabe von HBr vorgewärmt, erfolgt der Anstieg zum Temperaturmaximum rascher, entsprechend einem großen Temperaturkoeff. der Reaktionsgeschwindigkeit. Lagert man HBr oder HCl an I an, werden zunächst die angulären H-Atome gelockert. — Auch die Diensynth. verläuft mit starker Wärmeentwicklung. (Ark. Kemi **2.** 367—72. 1950. Stockholm, Univ., Inst. für organ.-chem. Forsch. u. Vitamininst.) PAULIG. D 225

Frank S. H. Head und **G. Hughes,** *Die Oxydation einfacher organischer Verbindungen durch Natriummetaperjodatlösungen, die dem Tageslicht ausgesetzt sind.* Na-Metaperjodat (I) bewirkt außer der Glykolspaltung auch die Oxydation einiger Alkohole, Aldehyde u. Säuren, die meistens bis zu CO_2 fortschreitet. Es wird gefunden, daß die Einw. von Licht diese Rk. stark beschleunigt. Gleichzeitig zers. sich I im Licht durch Autoreduktion. Unter Berücksichtigung dieser Tatsache wird die Oxydation folgender Verbb. mit 100%ig. Überschuß von I in wss. Lsg. bei Einw. von Tageslicht (a) u. im Dunkeln (b) untersucht u. die Oxydationsprodd. bestimmt: I, (a) nach 5 Monaten verbraucht unter Bldg. von O_2 u. 1% O_3; (b) keine meßbare Veränderung. — *Ameisensäure,* (a) 10—12 Tage, vollständig zu CO_2 oxydiert; (b) 15 Tage, ~10%. — *Formaldehyd,* (a) über HCOOH zu CO_2, nach 14 Tagen ~14%; (b) bedeutend langsamer. — *Glykolsäure,* (a) im Sonnenlicht nach 2 Tagen vollständig zu CO_2. CH_2O als Zwischenprod. isoliert. In diffusem Licht nach 10 Tagen; (b) viel langsamer. — *Oxalsäure,* (a) nach 10 Tagen vollständig oxydiert; dabei Bldg. von O_3; (b) langsamer. — *Glyoxal* mit äquimol. Menge I nach 8 Min. quantitativ zu HCOOH. — *Acetaldehyd,* (a) nach 15 Tagen zu 67% in CH_3COOH übergeführt, keine Weiteroxydation; (b) sehr langsam. — *Essigsäure,* (a) nach 2 Monaten keine Reaktion. — *Methanol,* (a) nach einigen Tagen über CH_2O u. HCOOH zu CO_2; dabei Bldg. von O_3; (b) keine Rk. nach 20 Tagen. — *Äthanol,* (a) nach 35 Tagen 16% CH_3CHO, der zu CH_3COOH weiteroxydiert wird; (b) keine Rk. nach 35 Tagen. — *Äthylenglykol* wird bereits im Dunkeln in 15 Min. vollständig in CH_2O übergeführt. — Da die Rkk. stark abhängig sind von der Lichtintensität u. die Verss. bei Sonnen- u. Tageslicht verschied. Stärke durchgeführt wurden, sind die Ergebnisse nur bedingt vergleichbar. — Bei Anwendung von nur 50% der zur vollständigen Oxydation benötigten Menge I tritt kurz vor dem Verschwinden von I J_2 auf. (J. chem. Soc. [London] **1952.** 2046—52. Juni. Didsbury, Manchester, Brit. Cotton Ind. Res. Ass., Shirley Inst.) MACHOLDT. D 226

R. E. Dodd, *Die Photolyse von Propionaldehyd.* Die Photolyse von dampfförmigem *Propionaldehyd* (I) durch UV-Licht von 3132 Å wird bei 210—450° untersucht, u. zwar a) bei andauernder u. b) unterbrochener Belichtung. Die ab 400° stark auftretende therm. Zers. u. die Selbstkondensation werden berücksichtigt. Durch Vgl. der Messungen von a) u. b) u. durch die beobachtete Krümmung der log k — 1/T-Kurve werden 2 konkurrierende Radikalketten-Rkk. für die Photolyse von I wahrscheinlich gemacht in dem untersuchten Temperaturgebiet, in dem die photochem. Zers. vorherrscht. (J. chem. Soc. [London] **1952.** 878—83. März. Newcastle-on-Tyne, King's Coll., Chem. Labor.) MACHOLDT. D 226

Kenzi Tamaru, *Über die Wirkung von Trägersubstanzen bei der katalytischen Hydrierung von Acetylen mittels Palladiumkatalysator.* Die Hydrierung von *Acetylen* (I) mittels Pd auf Ruß, Aktivkohle (MERCK), japan. Säureton, Talkum, Silicagel, gekörnter Aktivkohle u. Quarzsand (1 : 100) wird vom Vf. untersucht, um den Einfl. des Trägers auf den Reaktionsmechanismus zu untersuchen. Die vier ersten Träger katalysieren die Hydrierung in zwei getrennten Schritten (bei 30°), in der gleichen Weise wie Aluminiumoxyd u. Kieselgur. Hydrierung u. Polymerisation von I findet im ersten Schritt statt, im zweiten wird nach dem Verbrauch von I mit geringerer Geschwindigkeit Äthylen zu Äthan reduziert. Die Art des Trägers bestimmt das Verhältnis der beiden

Geschwindigkeiten. Mit gekörnter Aktivkohle findet die Hydrierung von I u. Äthylen gleichzeitig statt, infolge der niedrigen Diffusionsgeschwindigkeit von I in das Innere des Kornes. Wird der Katalysator gepulvert, erscheint der Knickpunkt in der Hydrierkurve, die dann ähnlich verläuft wie bei Silicagel. Bei Quarzsand verläuft die Hydrierung der beiden KW-stoffe ebenfalls gleichzeitig, was durch die Verlangsamung der Adsorptionsgeschwindigkeit von I — die dadurch geschwindigkeitsbestimmend wird — durch die abgesetzten Polymeren zu erklären ist. Gekörnte Aktivkohle u. Quarzsand können also nicht für die selektive Hydrierung von I verwendet werden. (Bull. chem. Soc. Japan **24.** 177—80. Sept. 1951. Tokio, Univ., Dep. of Chem. [Orig.: engl.]) G. WINKLER. D 227

S. Ueno, *Mechanismus der Hydrierung von Linolensäure.* Vf., **M. Matuda** u. **K. Yamashita** hydrierten *Linolensäuremethylester* bei n. Temp. u. n. Druck mit 5%ig. RANEY-Ni in Aceton partiell u. oxydierten das Prod. mit $KMnO_4$. Die einbas. Säuren wurden durch PAe. von den zweibas. getrennt. Durch Best. der Neutralisationszahl NZ u. fraktionierte Fällung konnte *Azelainsäure* (F. 101° [Bzl.]) sowie *C_9–C_{12}-Dicarbonsäuren,* durch Best. der NZ u. als Ag- bzw. Ba-Salz *Essigsäure, Propionsäure* u. *Capronsäure* erkannt werden. Vf. schließt daraus, daß unter den Reaktionsbedingungen Linolensäure in 15.16-Stellung am leichtesten, dann in 9.10-, am schwierigsten in 12.13-Stellung hydriert wird. — *Linolensäuremethylester* aus Perilla-Öl (D. 0,9320; n 1,4793) durch Verseifung mit alkoh. K_2CO_3, Freisetzung der Säure mit HCl, Bromierung bei —10° während 5 Std., 3 Std. Stehen bei —5°, Entbromung des Hexabromids mit Zn u. SO_2-haltigem Methanol. (Fette Seifen einschl. Anstrichmittel **54.** 467—68. Aug. 1952. Osaka, Japan, Kinki Univ.) GNAUCK. D 227

M. I. Bobrowa, *Über die Bedeutung der Größe der freien Energie für die Bestimmung des Hydrierungsverlaufs von Gemischen organischer Verbindungen.* Bei der kathod. Hydrierung von *Benzochinon* (**I**) + *Toluchinon* (**II**), **II** + *Durochinon* (**III**) u. **I** + **III** wird die H-Verteilung durch den Wert der freien Energie der Hydrierung, durch das Redoxpotential E_0 der Komponenten des Gemisches, bestimmt. Bei der Hydrierung derselben Systeme am Pt-Katalysator ist die H-Verteilung ähnlich der Verteilung bei der kathod. Hydrierung. In beiden Fällen werden **I** u. **II** wegen der geringen Unterschiede ihrer Hydrierungsenergie gleichzeitig hydriert. Im Gemisch von **II** u. **III** beginnt die Hydrierung von **III** erst, wenn 75% von **II** hydriert sind. Im Gemisch **I** + **III** beginnt die Hydrierung von **III** (geringere freie Reaktionsenergie) erst nach der vollständigen Red. von **I**. Die Hydriergeschwindigkeiten von **I** u. **III** sind einander gleich. Die experimentellen Werte von E_0 stimmen mit den aus der freien Hydrierungsenergie ermittelten Werten gut überein. Die aus E_0 errechneten Werte für $E_{1/2}$ stimmen mit den experimentellen Werten überein. (Журнал Физической Химии [J. physik. Chem.] **26.** 822—33. Juni 1952. Leningrad, Molotow-Inst.) LEBTAG. D 227

Pierre Mastagli und **Paulette Lambert,** *Katalytische Hydrierung von substituierten Zimtsäuren und Zimtsäureestern mittels Raney-Nickel.* Während *Zimtsäure, Äthylcinnamat, Äthyl-p-* u. *-o-methoxycinnamat* sich bei Zimmertemp. u. 70—112 atü H_2 in 2½ bis 5 Std. mit RANEY-Ni reduzieren lassen, sind bei α-methyl- u. α-phenylsubstituierten Derivv. (*α-Methylzimtsäure, α-Phenyl-, Äthyl-p-* u. *-o-methoxy-α-methylcinnamat*) Tempp. von 150—200° erforderlich. Substitution durch OCH_3 in p-Stellung erschwert (Temp. 200°), in o-Stellung erleichtert (Temp. 75°) die Reduktion. — *Äthyldihydrocinnamat,* $Kp._{25}$ 138—140°, n_D^{19} 1,500; *p-Methoxydihydrozimtsäureäthylester,* $Kp._{20}$ 173°, $n_D^{21,5}$ 1,505; *o-Methoxydihydrozimtsäureäthylester,* $Kp._{24}$ 162—163°, n_D^{18} 1,501; *α-Methyldihydrozimtsäure,* $Kp._{23}$ 167—168°, F. 37°; *α-Phenyldihydrozimtsäureäthylester,* $Kp._{22}$ 196—197°, n_D^{24} 1,5425; *p-Methoxy-α-methyldihydrozimtsäureäthylester,* $Kp._{40}$ 175—180°, n_D^{20} 1,497, u. *o-Methoxy-α-methyldihydrozimtsäureäthylester,* $Kp._{24}$ 161—163°, n_D^{18} 1,501. (C. R. hebd. Séances Acad. Sci. **233.** 751—52. 1/10. 1951.) DU MONT. D 227

D_2. Präparative organische Chemie. Naturstoffe.

Giulio Natta, *Die Synthesen von organischen sauerstoffhaltigen Verbindungen bei hohen Drucken mit CO.* (Vortrag.) Nach einem histor. Überblick über die Verwendung von CO bei organ. Synthesen werden in dem Bericht bes. die in der italien. Industrie benutzten neueren Verff. eingehend besprochen. Neben Fragen über die Gewinnung von CO bzw. von seinen Gemischen mit H_2 werden die Tempp. u. Drucke, Katalysatoren u. ihre Wrkg., Gleichgewichtskonstanten, Ausbeuten u. a. behandelt u. eine Deutung der Vorgänge bei den Rkk. mit Co-Katalysatoren gegeben: Bldg. von Co-Carbonylen, speziell von Co-Carbonylwasserstoffen als Zwischenprodukte. Diese Oxosynthesen, deren Mechanismus dargelegt wird [Bldg. von $Co(CO)_3 \cdot COH$], ist nur in Ggw. von metall. Co, Co-Salzen oder Co-Carbonylverbb. (nicht mit Ni) in saurem Medium möglich. Im einzelnen werden angeführt: Die Hydrierung des CO, die *Methanol*-Synth., die

Synthesen von *Aldehyden* u. ihre physikal.-chem. Verhältnisse, sowie von *Alkoholen* (*n*- u. *Isobutylalkohol, Amylalkohol*). Die Addition von CO an O_2-haltige ungesätt. Verbb. (Methyloleat u. Linolsäure), die direkte *Ester*-Synth. aus ungesätt. Verbb., CO u. Alkoholen (auch mit Acetylen), die Synth. von *Aniliden* (aus CO, Anilin u. Olefinen), von *Säuren* u. *Estern* (Essigsäure aus CO u. CH_3OH, Ester aus Alkoholen u. CO) werden besprochen u. ein Ausblick auf das weite Feld der Synthesen von wichtigen Zwischenprodd. für die Herst. von Lösungsmitteln, Weichmachern u. plast. Massen gegeben. (Chim. e Ind. [Milano] **33.** 272—82. Mai 1951. Mailand, Polytecnico, Ist. di chim. industr.) Wingchen. 450

R. Paul und **S. Tchelitcheff,** *Untersuchungen über Acetale.* 3. Mitt. *Bildung von Acetaläthern der Aldole durch Kondensation von Acetalen.* (2. vgl. C. **1953.** 1316.) Einw. von elektrophilen Verbb., z. B. BF_3, $SnCl_2$, $SnCl_4$, $ZnCl_2$, auf Acetale führt zur Bldg. von *Aldolacetaläthern.* Es ist möglich, daß bei der Rk. zunächst durch Alkoholabspaltung der entsprechende Vinyläther entsteht, an den sich dann ein zweites Mol. Acetal anlagert.

V e r s u c h e : Die Darst. der nachst. Verbb. erfolgte durch Erhitzen des Acetals mit dem Katalysator, Schütteln mit 20%ig. K_2CO_3-Lsg. u. Dest. der unlösl. Schicht. — *1.1.3-Triäthoxybutan,* $C_{10}H_{22}O_3$, $Kp._{20}$ 85—86°, durch 1 std. Kochen von 0,5 Mol Diäthylacetal mit 2 cm³ BF_3–Ae.; 10% (Ausbeute); bei 24 std. Rk. bei 25° 96%, bei 6 std. Kochen mit 1 g $FeCl_3$ 44%, bei Erhitzen mit $FeCl_3$ auf 200° 15%, bei Kochen mit $SnCl_4$ 6,7%, mit $AlCl_3$ 11%, mit $SnCl_2$ 10%, mit $ZnCl_2$ 47%, mit $HgCl_2$ 16%; $n_D^{21,5}$ 1,4093; $D.^{21,5}_4$ 0,877; Mol.-Refr. 52,42. — *1.1.3-Triisopropoxybutan,* $C_{13}H_{28}O_3$, $Kp._{20}$ 106°, durch 20 std. Erwärmen von 0,5 Mol Diisopropylacetal mit 1,5 g $ZnCl_2$ auf 100°; n_D^{21} 1,4142; $D.^{21}_4$ 0,867; Mol.-Refr. 66,99; 43%. — *1.1.3-Triisobutoxybutan,* $C_{16}H_{34}O_3$, $Kp._{20}$ 138°, a) durch 6 std. Erhitzen von 0,5 Mol Diisobutylacetal mit 0,2 g $FeCl_3$ auf 125°; n_D^{25} 1,4191; $D.^{25}_4$ 0,854; Mol.-Refr. 81,04; 49%; b) durch 24 std. Rk. mit 2 cm³ BF_3–Ae. bei 23°; 69%. — *1.1.3-Trihexyloxybutan,* $C_{22}H_{46}O_3$, $Kp._2$ 172—174°, durch 16 std. Erhitzen von Dihexylacetal mit 2 g $ZnCl_2$ auf 100°; n_D^{20} 1,4385; $D.^{20}_4$ 0,867; Mol.-Refr. 108,5; 45%. — *1.1.3-Trimethoxy-2-äthylhexan,* $C_{11}H_{24}O_3$, $Kp._{20}$ 102—104°, durch 16 std. Erhitzen von 0,5 Mol 1.1-Dimethoxybutan mit 1 g $ZnCl_2$ auf 100°; n_D^{22} 1,4266; $D.^{22}_4$ 0,909; Mol.-Refr. 57,58; 24%. — *1.1.3-Triäthoxy-2-äthylhexan,* $C_{14}H_{30}O_3$, $Kp._{20}$ 125—126°, a) durch 12 std. Erhitzen von 0,5 Mol 1.1-Diäthoxybutan mit 1 g $ZnCl_2$ auf 100°; n_D^{20} 1,4249; $D.^{20}_4$ 0,879; Mol.-Refr. 71,55; 74%; b) durch 48 std. Erhitzen mit 5 cm³ BF_3–Ae. auf 21°; 15%. — *1.1.3-Tributoxy-2-äthylhexan,* $C_{20}H_{42}O_3$, $Kp._2$ 139—140°, durch 16 std. Kochen von 1 Mol 1.1-Dibutoxybutan mit 4 g $ZnCl_2$ auf 100°; n_D^{21} 1,4393; $D.^{21}_4$ 0,870; Mol.-Refr. 99,83; 45%. — *2.2.4-Trimethyl-1.1.3-triäthoxypentan,* $C_{14}H_{30}O_3$, $Kp._{20}$ 114—115°, durch 16 std. Erhitzen von 1 Mol 1.1-Diäthoxy-2-methylpropan mit 3 g $ZnCl_2$ auf 100°; n_D^{20} 1,4249; $D.^{20}_4$ 0,882; Mol.-Refr. 71,30; 53%. — *1.1.3-Triäthoxy-2-pentylnonan,* $C_{20}H_{42}O_3$, $Kp._{1,5}$ 137—139°; durch 6 std. Erhitzen von 94 g 1.1-Diäthoxyheptan mit 2 g $ZnCl_2$ auf 100°; n_D^{21} 1,4359; $D.^{21}_4$ 0,867; Mol.-Refr. 99,50; 47%. — *1.1.3-Triisopropoxy-2-pentylnonan,* $C_{23}H_{48}O_3$, $Kp._2$ 185—187°, durch 8 std. Erhitzen von 87 g 1.1-Diisopropoxyheptan mit 2 g $ZnCl_2$ auf 100°; n_D^{23} 1,4386; $D.^{23}_4$ 0,864; Mol.-Refr. 113,2; 10,5%. Daneben wurde *1.1-Diisopropoxy-2-pentylnonen-(2),* $C_{20}H_{40}O_2$, $Kp._2$ 140—142°, n_D^{22} 1,4472; $D.^{22}_4$ 0,851; Mol.-Refr. 98,00, erhalten; 11%. — *1.1.2.3.4-Pentaäthoxybutan,* $C_{14}H_{30}O_5$, $Kp._{20}$ 134—136°, durch 16 std. Kochen von 48 g Äthoxyacetal mit 2 cm³ BF_3–Ae.; $n_D^{25,5}$ 1,4192; $D.^{25,5}_4$ 0,939; Mol.-Refr. 74,78; 9%. — *3-[Tetrahydropyranyl-(2′)]-2-äthoxytetrahydropyran,* durch 10 std. Erhitzen von 2-Äthoxytetrahydropyran mit 1—2% $ZnCl_2$ auf 100°; 40%. — *3-[Tetrahydropyranyl-(2′)]-2-isopropoxytetrahydropyran,* ebenso aus 2-Isopropoxytetrahydropyran; 41%. (Bull. Soc. chim. France, Mém. [5] **18.** 844—46. Nov./Dez. 1951. Rhône-Poulenc, Soc. des Usines Chim.; Vitry-sur-Seine, Labors. de Rech.) Horst Baganz. 580

Herbert Brintzinger, Hermann Schmahl und **Hermann Witte,** *Reaktionen mit Chlormethylschwefelchlorid.* 2. Mitt. (1. vgl. C. **1950.** II. 754.) $ClCH_2SCl$ (**I**) lagert sich an Acetylen 2 fach an unter Bldg. von $ClCH_2SCHClCHClSCH_2Cl$ (**II**); mit Äthylenoxyd entsteht $ClCH_2CH_2OCH_2SOCH_2CH_2Cl$ (**III**). Mit 2 Mol Carbazol reagiert **I** unter Austritt von 2 HCl u. Bldg. von *Carbazolyl-(9)-[carbazolyl-(9)-methyl]-sulfid* (**IV**); mit $C_6H_5N\cdot(CH_3)_2$ wird $(CH_3)_2NC_6H_4CH_2SC_6H_4N(CH_3)_2$ (**V**) gebildet. Aus **I** u. Phenolen entstehen *Harze*, aus **I** u. Cyclohexanon 1 : 1 ein *Polymerisat* (**VI**), in dem 5 Cyclohexanonringe durch 4 —CH_2S-Brücken zwischen den 2- u. 6′-Stellen verknüpft sind; bei 2 u. mehr bilden sich *Polymerisate* (**VII**) mit jeweils 2 —CH_2S-Brücken zwischen 2 Ringen. Rk. von **I** mit Bzl. in Ggw. von $AlCl_3$ führt zu $C_6H_5CH_2SC_6H_5$ (**VIII**) u. $C_6H_5CH_2SC_6H_4\cdot CH_2SC_6H_5$ (**IX**) u. mit Toluol zu $C_7H_7CH_2SC_7H_6SCH_2C_7H_7$ (**X**).

V e r s u c h e : *α.β-Dichlor-α.β-bis-[chlormethylmercapto]-äthan* (**II**), $C_4H_6Cl_4S_2$, $Kp._{12}$ 42—43°, aus **I** mit CH≡CH bei Raumtemp. oder ca. 60° bis zur Gewichtskonstanz, hellgelbes Öl, schwach HCl abspaltend; daneben *rotbraunes Öl*, Kp.$_{12}$ 95—100°, u. als Rückstand *schwarzes, weiches Harz*, an der Luft etwas nachtrocknend. — *β-Chloräthoxymethylsulfensäure-β-chloräthylester* (**III**), $C_5H_{10}O_2Cl_2S$, Kp.$_{16}$ 150°, durch langsames Einleiten von 2 Mol Äthylenoxyd in **I**; beim 1. Mol exotherme, beim 2. langsame Rk., gelbes, stechend riechendes Öl, nach einigen Tagen dunkelrot werdend; als Vorlauf hellgelbes, äther. riechendes *Öl*, Kp.$_{16}$ 72—73°. — *Carbazolyl-(9)-[carbazolyl-(9)-methyl]-sulfid* (**IV**), $C_{25}H_{18}N_2S$, F. 205° (Zers.), aus **I** u. angewärmter Lsg. von Carbazol in Xylol, HCl-Entw., $^1/_4$std. Sieden; braungelber Nd., daraus durch Ausäthern u. durch Vakuumeinengen des 1. Filtrats gelbe Kristalle; Rückstand sehr hochschm., graubraun. — *[p-Dimethylaminophenyl]-[p-dimethylaminobenzyl]-sulfid* (**V**), $C_{17}H_{22}N_2S$, F. 111,5°, aus $C_6H_5N(CH_3)_2$ in CH_3COOH u. **I** in CH_3COOH in exothermer Rk., ½ Std. gekocht, mit W. 1 : 1 verd., ammoniakal. gemacht u. ausgeäthert; $C_6H_5N(CH_3)_2$ im Vakuum abdest.; Öl krist. nach 2 Tagen in CH_3COOH-Dampf, hellgrüne Nadeln; daneben blaues Öl. — Mit Phenol oder Kresol u. **I** entstanden unter HCl-Entw. spröde dunkle *Harze*, die in chlorierten KW-stoffen lösl. sind u. Filme bilden. — *Polykondensat* (**VI**), $C_{34}H_{50}O_5S_4$, Kp.$_{16}$ 80°, aus 9,8 g Cyclohexanon u. 11,6 g **I** in stürm. Rk. unter HCl-Entw.; auf 120° (Bad) nacherhitzt; Vakuumdest.; als Rückstand dunkelbraunes thermoplast. *Harz* mit sonstigen Eigg. wie vorst. Harze. Mit 23,2, 34,8 u. 46,4 g **I** u. Rk. wie vorst. enthielt das *Harz* (**VII**) 30—34% S; daneben gelbes *Öl*, Kp.$_{16}$ 90—98°, unbekannter Konst. mit ca. 50% S. — *Phenylbenzylsulfid* (**VIII**), F. 40°, aus 16 g Bzl. u. 11,6 g **I** in CS_2 mit 26 g $AlCl_3$, heftige Rk., rückflußgekocht, CS_2 u. Bzl. abdest., Rückstand auf Eis gegossen, Benzolauszug eingedampft u. in Ae. mit verd. KOH ausgeschüttelt; aus dem Ae. eine *farblose Fl.*, Kp.$_{16}$ 64°, u. durch Ausziehen des Rückstandes mit sd. A. *Phenyl-[benzylmercaptobenzyl]-sulfid* (**IX**), $C_{20}H_{18}S_2$, Kp.$_{16}$ 150°, gelbes Öl. — *Dixylyltoluylendisulfid* (**X**), $C_{23}H_{24}S_2$, Kp.$_{15}$ 175—176°, aus Toluol u. **I** analog **VIII**, orangerotes Öl; *Vorlauf*, Kp.$_{15}$ 64—65°, farblos. (Chem. Ber. **85**. 338—43. 1952. Stuttgart, Forschungsinst. für Pigmente u. Lacke.) LEHMSTEDT. 600

Herbert Brintzinger, Hubert Koddebusch, Karl-Erich Kling und **Gerhard Jung,** *Die Darstellung von Chlormethylschwefelchlorid und Chlormethansulfochlorid.* 3. Mitt. *Über mono- und bifunktionelle organische Schwefel- und Sulfochloride.* (2. vgl. vorst. Ref.) Die Synth. von *Chlormethylschwefelchlorid* (**I**) verläuft über folgende Stufen: *CH_3SCN* (**II**) → *CH_3SSCH_3* (**III**) → *CH_3SCl* (**IV**) → **I**. Durch Chlorierung von Trithioformaldehyd (**V**) ohne sorgfältigen Ausschluß von W. wird *Chlormethansulfochlorid* (**VI**) neben *Bis-[chlormethyl]-sulfid* u. *-disulfid* erhalten.

Versuche: *Methylrhodanid* (**II**), Kp. 131°, aus KSCN in W. mit $(CH_3)_2SO_4$ unter anfänglichem Erwärmen. — *Dimethyldisulfid* (**III**), Kp. 110°, aus **II** in CH_3OH mit KOH in CH_3OH (anfänglich Eiskühlung, zuletzt 40°, dann Kühlung mit Eiswasser); Öl; 75—80% (Ausbeute). — *Chlormethylschwefelchlorid* (**I**), Kp.$_{40}$ 50°, Kp.$_{750}$ 123°, durch Einrühren von SO_2Cl_2 in die CCl_4- oder $CHCl_3$-Lsg. von **III** bei anfangs —15 bis —20°, dann 0°; nach einigen Std. bei Zimmertemp. Dest./40 mm, orangefarbenes Öl; 90 bis 95%. — *Chlormethansulfochlorid* (**VI**), Kp.$_{27}$ 82°, Kp.$_{750}$ 173—174° (geringe Zers.), a) durch Einleiten von Cl_2 in Suspension von **V** (aus $Na_2S_2O_3$, Formalin u. HCl) in CH_3COOH u. W. unter öfterem Kühlen; nach fast völliger Lsg. Zugabe von etwas W. u. 5std. Cl_2-Einleiten bei 40°; am folgenden Tage Fällen mit Eiswasser; geringer Vorlauf bei Vakuumdest., Öl; b) durch 4—5std. Einleiten von H_2S in Paraformaldehyd u. Formalinlsg. in konz. HCl bei 60—70°, am besten unter Druck (Nd. von **V**); dann bei zunächst —15 bis —20° 3std. Einleiten von Cl_2, zuletzt bei Raumtemp.; weiter wie a). (Chem. Ber. **85**. 455—57. 20/5. 1952.) LEHMSTEDT. 600

Dexter B. Sharp, Leo W. Patton und **Stuart E. Whitcomb,** *Autoxydation von Ketonen.* 1. Mitt. *Diisopropylketon.* Wie bereits früher festgestellt wurde, ist die α-Stellung olefin. Systeme für einen Angriff freier Radikale bevorzugt. Es sollte nun festgestellt werden, ob die α-Stellung von Ketonen ebenfalls für einen solchen Angriff empfänglich ist. Oxydation von *Diisopropylketon* mit mol. O_2 lieferte als prim. Oxydationsprod. *2-[2.4-Dimethylpentanon-(3)-yl]-hydroperoxyd* (**I**) u. als sek. Oxydationsprod. *Aceton* u. *Isobuttersäure,* die durch Zers. von **I** erhalten wurden. Die Werte des Infrarotspektr. wurden während der Oxydation aufgenommen. Anschließend wird ein Reaktionsmechanismus erörtert, der zur Bldg. von **I** führen kann.

Versuche: Die Oxydation von *Diisopropylketon* erfolgte bei 100 u. 110° bei Tageslicht u. bei 100° im Dunkeln in einer ausführlich beschriebenen App. durch Einleiten von O_2 bei der jeweils gewünschten Temp. unter Abnahme von Proben in regelmäßigen Zeitabständen. Die Proben wurden nach WAGNER u. Mitarbeitern (C. **1948**. I. 1044) auf Peroxydgeh. untersucht, mit Basen titriert zur Best. des Säuregeh. u. die Infrarotspektren aufgenommen. Das schließlich erhaltene Oxydationsprod. wurde dest., mit dem während der Oxydation in der Kühlfalle aufgefangenem Material vereinigt

u. fraktioniert: *Aceton*, Kp. 55—57°; der Rückstand wurde mit dem ursprünglich erhaltenen vereinigt u. mit 5%ig. NaOH (+ Phenolphthalein) ausgezogen. Aus der wss. Lsg. wurde nach Zugabe von 85% H_3PO_4 *Isobuttersäure*, Kp. 150—156° (*Anilid*, F. 103—104°; *p-Bromphenacylester*, F. 75,5—76,6°) erhalten. Dest. der organ. Phase von der Na(OH)-Extraktion ergab unverändertes *Diisopropylketon* u. ein *Hydroperoxyd* des *Diisopropylketons*, $C_7H_{14}O_3$, Kp.$_{0,8}$ 62—69°, n_D^{20} 1,4321, $D.^{20}_4$ 1,013. Beim Vers., diese Verb. im Rohzustand zu dest., wurden Aceton u. Isobuttersäure erhalten. (J. Amer. chem. Soc. **73.** 5600—03. Dez. 1951. Manhattan, Kans., Kansas State Coll., Dep. of Chem., u. Dep. of Phys.) HORST BAGANZ. 710

E. J. Bourne, M. Stacey, J. C. Tatlow und **J. M. Tedder,** *Untersuchungen an Trifluoressigsäure. 5. Mitt. Trifluoressigsäureanhydrid als Kondensationsmittel bei Reaktionen von Salpetriger Säure und Salpetersäure.* (4. vgl. C. **1951.** II. 2461.) Eine Lsg. von rauchender HNO_3 in *Trifluoressigsäureanhydrid* (**I**) wirkt als Nitrierungsmittel u. eignet sich zur Darst. von Salpetersäureestern aus Alkoholen u. von Nitroverbb. von aromat. Verbindungen. Gegenüber dem üblichen HNO_3–H_2SO_4-Nitriergemisch hat das HNO_3–I-Gemisch den Vorteil, daß es bei der Nitrierung von Cyaniden nur geringfügige Hydrolyse verursacht. — Bei der Einw. von Lsgg. von Alkylnitriten in I auf aromat. Verbb. erhält man nicht die erwarteten Nitrosoverbb., sondern Nitroverbb., Diazoniumsalze u. nicht identifizierte N-haltige sirupöse Produkte. Bei den reaktionsträgen aromat. Verbb., wie Bzl. u. Naphthalin, überwiegt die Nitrierung, während aus den reaktionsfähigeren aromat. Verbb., wie *Mesitylen* (**IV**), *Pseudocumol* (**V**) u. *Anisol* (**VI**), Diazoniumsalze entstehen, die durch Umsetzung mit *β-Naphthol* (**VII**) als Azofarbstoffe isoliert wurden. Höhere Ausbeuten an Diazoniumsalzen erhält man durch Umsetzung der Nitrosoverbb. mit Alkylnitrit u. I. Demnach ist anzunehmen, daß Lsgg. von Nitriten in I nitrosierend wirken u. die gebildeten Nitrosoverbb. in Diazoniumsalze übergehen. Diese Umwandlung läßt sich dadurch erklären, daß durch Dehydratisierung des Nitrits N_2O_3 entsteht, welches zu NO + NO_2 disproportioniert. Mit dem so gebildeten NO setzen sich die Nitrosoverbb. gemäß R—NO + NO → $R—N_2^+ \cdot NO_3^-$ zu Diazoniumnitraten um.

V e r s u c h e : *m-Nitrophenylcyanid* (**II**), $C_7H_4O_2N_2$, F. 117°, durch 90 Min. langes Erwärmen eines Gemisches aus 0,50 cm³ Phenylcyanid, 0,80 cm³ rauchender HNO_3 u. 1,50 cm³ **I** auf 55°, Abkühlen, Eingießen in überschüssige $NaHCO_3$-Lsg., Extraktion mit Chlf., Eindampfen u. Umkristallisation aus Aceton–Leichtbenzin; 85% (Ausbeute). Durch Extraktion der angesäuerten wss. Phase erhält man 1% *m-Nitrobenzoesäure* (**III**). Wenn zur Nitrierung an Stelle von **I** konz. H_2SO_4 verwendet wird entstehen 40% **II** u. 45% **III**. — Analog erhält man aus Nitrobenzol 65% *m-Dinitrobenzol* u. aus Brombenzol 24% *p-Nitrobrombenzol*, 1% *o-Nitrobrombenzol* u. 60% *2.4-Dinitrobrombenzol*. Die Nitrierung von *Mannit* u. *Sorbit* bei 0° liefert die entsprechenden *Hexanitrate* mit 45%ig. Ausbeute. — *Mesitylazo-β-naphthol* (**VIII**), $C_{19}H_{18}ON_2$, F. 131—133°; durch Eintragen von 2,20 cm³ Amylnitrit in ein Gemisch aus 0,40 cm³ **IV** u. 4,30 cm³ **I** bei 0°, Gießen auf Eis + $NaHCO_3$-Lsg., Ausschütteln mit Ae., Behandlung der wss. Schicht mit überschüssigem **VII** in NaOH, Extraktion mit Chlf. u. Umkristallisation aus wss. Aceton; hellrote Nadeln; 47%. — *2.4.5-Trimethylphenylazo-β-naphthol*, $C_{19}H_{18}ON_2$, F. 159°; ebenso aus **V**, Amylnitrit, **I** u. **VII**; 13%. — *p-Methoxyphenylazo-β-naphthol*, $C_{17}H_{14}O_2N_2$, F. 139—140°; aus **VI**, Äthylnitrit, **I** u. **VII**; 21%. — *Phenylazo-β-naphthol*, F. 131°, durch Eintragen von 0,15 g Nitrosobenzol in ein 5 Min. auf 40° erwärmtes u. dann auf 0° abgekühltes Gemisch aus 0,40 cm³ Amylnitrit u. 0,80 cm³ **I**; aus Essigsäure dunkelrote Nadeln; 48%. Nach diesem Verf. erhält man aus Nitrosomesitylen **VIII** mit 60%ig. Ausbeute. — *1-Nitronaphthalin*, F. 61°; aus **I**, Amylnitrit u. Naphthalin bei 0°; 79%. (J. chem. Soc. [London] **1952.** 1695—96. Mai. Birmingham, Univ., Chem. Dep.) FORCHE. 810

Josef Klosa, *Beitrag über einige Umesterungsreaktionen des Oxalsäurediäthylesters.* Es werden einige Umesterungs-Rkk. von Oxalsäurediäthylester in Ggw. von Alkohol u. Na-Alkoholat beschrieben. Fügt man nach beendeter Rk. Benzyl- bzw. Nitrobenzylcyanid zu, so entstehen Phenyl- bzw. p-Nitrophenylcyanbrenztraubensäureester.

V e r s u c h e : *Oxalsäureester*: *Diisopropylester*, $C_8H_{14}O_4$, Kp. 189—190°, durch Lösen von 3,5 g Na in 70 cm³ Isopropanol, anteilweises Zufügen von 25 g Oxalsäurediäthylester (**I**), Erwärmen auf 70°, Verdünnen, Ansäuern u. Ausäthern nach 12 std. Stehen; 20 g (Ausbeute). Analog: *Di-n-propylester*, Kp. 214°; 60%. *Di-n-butylester*, Kp. 240°; 62%. *Diisobutylester*, Kp. 227—229°, Kp.$_{20}$ 143°; 67%. *Diisoamylester*, Kp. 266 bis 268°; 63%. *Dibenzylester*, $C_{16}H_{14}O_4$, F. 79—80°, aus 26 g **I** u. konz. Na-Benzylatlsg. unter Kühlung während der Rk.; 21 g; läßt sich sowohl rückverwandeln als auch in jeden beliebigen anderen Ester mit dem entsprechenden Alkohol verwandeln. — *Phenylcyanbrenztraubensäure-n-propylester*, $C_{13}H_{13}O_3N$, F. 87—88°, aus Na-Propylat u. 25 g **I** u. Zusatz von Benzylcyanid, Nadeln aus Essigsäure; 15 g. *Oxim*, $C_{13}H_{14}O_3N_2$, F. 98—99°,

Nadeln aus Essigsäure. — Analog nachst. *Phenylcyanbrenztraubensäureester*: *Isopropylester*, F. 80—81°, Nadeln aus Essigsäure; 80%. *Oxim*, $C_{13}H_{14}O_3N_2$, F. 90—91°. *Isobutylester*, $C_{14}H_{15}O_3N$, F. 86—88°, Blättchen aus Essigsäure; 75%. *Oxim*, $C_{14}H_{16}O_3N_2$, F. 220° (bei 211° sinternd), gelbe Nadeln. *n-Butylester*, F. 72—73°, Blättchen. *Oxim*, $C_{14}H_{16}O_2N_2$, F. 84—85°, Nadeln. *Isoamylester*, $C_{15}H_{17}O_3N$, F. 85—86°; Nadeln; 73%. *Oxim*, $C_{15}H_{18}$·O_3N_2, F. 55—56°, Nadeln (A.). — *Phenylcyanbrenztraubensäure*, F. 193—194°, aus den Estern durch 1 std. Sieden mit konz. H_2SO_4, gelbe Substanz. — Die Ester geben beim Erwärmen in NaOH (0,2n) oder Kochen mit W. *Benzylcyanid*; durch Säuren werden sie in Phenylbrenztraubensäure gespalten. — *p-Nitrophenylcyanbrenztraubensäureester*: *Methylester*, $C_{11}H_8O_5N_2$, F. 175°, grüne Nadeln aus Essigsäure; 14%. *Oxim*, $C_{11}H_9O_5N_3$, F. 194—195°, gelbe Kristalle. *Isopropylester*, $C_{13}H_{12}O_5N_2$, F. 140°, aus 25 g I, rötlichgelbe Kristalle aus Eisessig-W.; 12,5 g. *Oxim*, $C_{13}H_{13}O_5N_3$, F. 165°, gelbe Nadeln. *n-Propylester*, F. 138—140°, orangefarbene Kristalle; 9,6 g. *Oxim*, $C_{13}H_{13}O_5N_3$, gelbe Kristalle. *Isobutylester*, $C_{14}H_{14}O_5N_2$, F. 117—118°, schokoladenbraune Nadeln; 7 g. *Oxim*, $C_{14}H_{15}O_5N_3$, schrumpfen ab 125° u. sind bei 165° geschmolzen, ockergelbe Nadeln. *n-Butylester*, F. 100—102°, schokoladenbraune Blättchen. *Oxim*, $C_{14}H_{15}O_5N_3$, F. 225 bis 235°. (Arch. Pharmaz. Ber. dtsch. pharmaz. Ges. **285./57.** 364—68. Okt. 1952. Uders-leben/Kyffhäuser, Organ.-chem. Labor.) LEHWALD. 820

Maria Luisa Stein und **Giordano Giacomello,** *Über einige diäthylsubstituierte Amide von Dicarbonsäuren.* Zur Prüfung ihrer analept. Wrkg. wurden die *N.N.N'.N'-Tetraäthyldiamide* der *Fumar-*, *meso-α.α'-Dibrombernstein-*, *Methylbernstein-* u. *Anhydromethylencitronensäure*, ferner die *Monodiäthylamide* der *Malein-* u. *d(—)-Dibenzoylweinsäure* u. deren *Monomethylester* dargestellt.

Versuche: *Maleinsäuremonodiäthylamid*, $C_8H_{13}O_3N$, F. 41°, Kp.$_1$ 134°, aus Maleinsäureanhydrid u. $(C_2H_5)_2NH$ (I) in Ae. durch Rühren bei 20°. *Methylester*, C_9H_{15}·O_3N, Kp.$_2$ 125°, mit CH_2N_2 in Ae., Öl. — *N.N.N'.N'-Tetraäthylfumarsäurediamid*, $C_{12}H_{22}O_2N_2$, F. 45° (mit 1 Mol Kristallwasser), F. 88,3° (wasserfrei), Kp.$_{1,5}$ 170°, aus dem Dichlorid u. I in Ae. unter Kühlung. — *N.N.N'.N'-Tetraäthyl-meso-α.α'-dibrombernsteinsäurediamid*, $C_{12}H_{22}O_2N_2Br_2$, F. 136° (aus Ae.), aus vorst. Verb. mit Br_2 in Chlf. bei 0°. — *d(—)-N.N-Diäthyldibenzoylweinsäuremonoamid*, $C_{22}H_{23}O_7N$, F. 133—136° (Tafeln aus Ae. + Ligroin), aus d-Dibenzoylweinsäureanhydrid u. I in warmem Xylol; $[\alpha]_D^{20}$ —40,7° (c = 1,35 in Chlf.). *Methylester*, $C_{23}H_{25}O_7N$, F. 105° (aus A.), mit CH_2N_2 in Ae.; $[\alpha]_D^{20}$ —11,4° (c = 0,878 in Chlf.). — *rac.-N.N.N'.N'-Tetraäthylmethylbernsteinsäurediamid*, $C_{13}H_{26}O_2N_2$, Kp.$_2$ 131°, aus Methylbernsteinsäuredichlorid u. I in Ae.; D.^{20} 0,992; n_D^{20} 1,4683. — *N.N.N'.N'-Tetraäthylanhydromethylencitronensäurediamid*, $C_{15}H_{26}O_5N_2$, F. 109° (aus Äthylacetat), aus Anhydromethylencitronensäuredichlorid u. I in Bzl. unter Kühlen. (Ricerca sci. **22.** 1007—10. Mai 1952. Rom, Univ., Ist. di chim. farmac. e tossicol.) K. FABER. 820

Jerome A. Berson, *Über die Struktur der Dehydracetsäure.* Vf. untersucht an Hand der vorhandenen Literatur sowie durch eigene spektroskop. Messungen u. potentiometr. Titrationen die Struktur der *Dehydracetsäure* (I), des *Ae.* von **I** (**II**), des *Triacetsäurelactons* (**III**), des zugehörigen *Methyläthers* (**IV**) u. der aus **I** durch katalyt. Red. erhaltenen *Desoxodehydracetsäure* (**V**). Die UV-Spektren von **I** u. **II** sowie die von **III** u. **IV** zeigen keine wesentlichen Unterschiede. Ebenso läßt das UV-Spektr. von **V** keine tiefgreifenden Änderungen des Mol. gegenüber **I—IV** erkennen. **I**, **III** u. **V** reagieren sauer u. sind weitgehend enolisiert, was auch aus den übereinstimmenden Spektren folgt, während **II** u. **IV** keine Enolisierung u. auch keine sauren Eigg. zeigen. **I** u. **I**-Ion haben gegenüber **III** u. **III**-Ion die n. bathochrome Verschiebung ihrer λ_{max}-Werte, jedoch besitzen jeweils die Ionenformen von **I** u. **III** die kleineren λ_{max}-Werte im Verhältnis zu **I** u. **III** (nichtionisiert). Vf. kommt schließlich zu dem Ergebnis, daß die Strukturformeln für **I** u. **III** die obenst. sein müssen, von denen sich die weiteren Derivv. ableiten. Die Struktur von **I** entspricht der bereits von FEIST [1890] vorgeschlagenen. Die Verbb. **II** u. **IV** existieren dabei in mehreren tautomeren Formen entsprechend den Enolformen von **I** u. **III**.

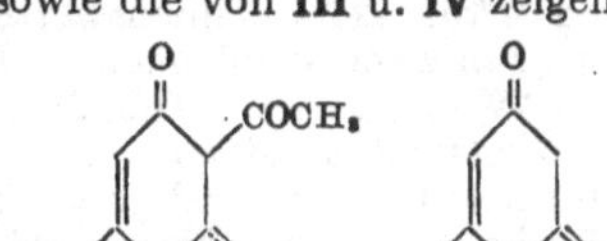

I III

Versuche (FF. korr.): *Dehydracetsäure* (**I**), F. 108—109° (A.), Nadeln; λ_{max} 310 mμ (log ε = 4,05); im alkal. Milieu: λ_{max} 294 mμ (log ε = 3,91); p_K 5,30. — *Triacetsäurelacton* (**III**), aus **I** mit 90%ig. H_2SO_4, Nadeln aus W., F. 186—186,5°; in A. oder 20 mol. Überschuß an H_2SO_4: λ_{max} 283 mμ (log ε = 3,78); in alkoh. NaOH: λ_{max} 278 mμ (log ε = 3,84); p_K 5,00. — *Triacetsäurelactonmethyläther* (**IV**), Nadeln aus Ae., F. 78 bis 80°; λ_{max} 280 mμ (log ε = 3,76). — *Dehydracetsäureäthyläther* (**II**), Nadeln aus Ae., F. 90—91,2°; λ_{max} 312 mμ (log ε = 3,89). — *Desoxodehydracetsäure* (**V**), aus **I** durch katalyt. Red., Prismen, F. 188—188,1°; λ_{max} 290 mμ (log ε = 3,92); pK 5,30. (J. Amer. chem. Soc. **74**. 5172—75. 20/10. 1952. Los Angeles, Calif., Univ., Dep. of Chem.) L. FISCHER. 870

Paolo Malatesta, *Über Chlorisopropylchlorcarbonate.* Durch Chlorierung von *Isopropylformiat* (I) oder *Isopropylchlorcarbonat* (II) in Glasgefäßen beim Belichten mit einer 200 Watt-Lampe wurde *Trichlorisopropylchlorcarbonat* (III) erhalten. In Quarzgefäßen unter Belichten mit UV-Licht entsteht daraus *Pentachlorisopropylchlorcarbonat* (IV). Durch Hydrolyse von IV entsteht *symm.-Tetrachloraceton.* IV hat demnach die Struktur $ClOC-CO(CHCl_2)_2Cl$. III gibt bei Hydrolyse keine Ketonkörper u. hat demnach die Struktur $ClOC\cdot CO(CHCl_2)(CH_2Cl)H$.

Versuche: *Trichlorisopropylchlorcarbonat* (III), $C_4H_4O_2Cl_4$, Kp.$_{20}$ 95°, durch Chlorieren von I oder II bei 95° in einer Glasapp. unter Belichten mit einer 200 Watt-Lampe in 30 Std.; D.$^{18}_{20}$ 1,4361, n_D^{21} 1,4938. — *Pentachlorisopropylchlorcarbonat* (IV), $C_4H_2O_2Cl_6$, Kp.$_{20}$ 117—118°, durch Chlorieren von III bei 150—160° in einer Quarzapp. unter Belichten mit UV-Licht; D.$^{20}_{15}$ 1,523, n_D^{21} 1,5932. — *symm.-Tetrachloraceton,* Kp. 180°, aus IV durch 48std. Rühren mit W. bei 20°. (Ricerca sci. **22**. 1760—65. Sept. 1952. Rom, Univ., Ist. di chim. farmac.) K. FABER. 880

Henry J. Schneider, Homer Adkins und **S. M. McElvain,** *Die Hydrierung von Amiden und Ammoniumsalzen. Die Transalkylierung von tertiären Aminen.* Im Gegensatz zu früheren Arbeiten (vgl. WOJCIK u. ADKINS, J. Amer. chem. Soc. **56**. [1934.] 2419) finden Vff. jetzt, daß bei Hydrierung von *Lauramid* über einem Cu–Cr–Ba-Oxydkatalysator (I) bei 250° u. 300—800 at in Dioxan als Hauptprod. *Dodecanol-(1)* (II) neben verschied. Aminen auftritt. Bei Temperaturerniedrigung vergrößert sich das Verhältnis Alkohol zu prim. Amin. *Saures Ammoniumlaurat* liefert unter gleichen Bedingungen in Dioxan 38% II, in A. II als Hauptprod. neben geringen Mengen n-Dodecylamin, n-Dodecyläthylamin u. Äthyllaurat. In W. findet nur eine geringe Hydrierung statt, was der vollständigen Desaktivierung des Katalysators zugeschrieben wird. Für die Hydrierung in A. wird ein Reaktionsmechanismus angegeben, der über die intermediäre Bldg. der Ester führt. Mit dem Ziel, Säuren direkt zu Alkoholen zu reduzieren, werden bei 250° u. 400 at in tert. Aminen als Lösungsmittel — um die Einw. der freien Säure auf den bas. Katalysator zu verhindern — Säuren u. Ester mittels I hydriert. Die Rk. verläuft langsam. *Laurinsäure* in Triäthylamin (V), mit 10 g I Umsatz 0,2 Mol in 4 Std., liefert 50% II u. *N.N-Diäthyldodecylamin* (III). Die Bldg. von III könnte erklärt werden durch Pyrolyse des prim. gebildeten Triäthylammoniumlaurats in A. u. N.N-Diäthyllauramid u. Hydrierung des letzteren zu III. Dagegen spricht, daß tert. Amine nur in sehr geringen Ausbeuten bei der Red. von N.N-Dialkylamiden erhalten werden. Es wird festgestellt, daß Alkohole u. tert. Amine bei 250° in Ggw. von I oder RANEY-Ni miteinander reagieren nach $R_3N + R'OH \rightarrow R_2R'N + ROH$. In Abwesenheit von Hydrierkatalysatoren findet die Rk. nicht statt. Mit RANEY-Ni tritt als konkurrierende Rk. die Hydrogenolyse des Alkohols zum KW-stoff ein. Es ist erforderlich, diese Rkk. unter H_2-Druck (270—400 at) durchzuführen, um die Dehydrierung der Alkohole zu den Estern zu vermeiden. Unter N_2 wird bei 250° ein allmählicher Druckanstieg beobachtet, der die Bldg. von Estern unter Entstehung von H_2 anzeigt. — Mit I findet unter 250° keine nennenswerte Transalkylierung statt. — Für den Reaktionsmechanismus werden zwei Möglichkeiten diskutiert.

Versuche: Die Zus. der Hydrierungsprodd. (Katalysator I) von *Lauramid, Caprylamid* u. *Ammoniumlaurat* in Abhängigkeit von Lösungsm., Druck, Temp. u. Reaktionsdauer wird tabellar. angegeben. — *Methyllaurat* (IV), Kp.$_1$ 87—88°, durch Methanolyse von Cocosnußöl, n_D^{25} 1,4302. — *Lauramid,* $C_{12}H_{25}ON$, F. 99—101°, aus IV u. NH_3, 2 Std. im Autoklaven bei 250°; 90—95% (Ausbeute). — *Dodecanol-(1)* (II), F. 23—24°, durch Hydrierung von Lauramid mittels I, ferner durch Hydrierung von IV, n_D^{25} 1,4409; 16—62%. Daneben: *Dodecylaminhydrochlorid,* F. 184—186°, 0,5—17%; *Didodecylamin,* F. 55—56°, 22—52%; *Hydrochlorid,* F. 205—206°. — *Methylcaprylat,* Kp.$_1$ 38—42°, analog IV, n_D^{25} 1,4160. — *Caprylamid,* F. 105—106°. — *Laurinsäure,* F. 41—42°. — *Saures Ammoniumlaurat,* $C_{24}H_{51}O_4N$, F. 74—76°, durch Einleiten von trocknem NH_3 unter Rühren in eine Lsg. von 100 g Laurinsäure in 750 cm³ wasserfreiem Ae., kleine Platten, Ausbeute 85—95 g. — *Triäthylamin* (V), Kp. 89—89,5°, n_D^{25} 1,3987. — *Diäthyldodecylamin* (III), $C_{16}H_{35}N$, Kp.$_2$ 121—123°, durch Transalkylierung von 0,73 Mol V u. 0,2 Mol II mittels I bei 250° u. 380 at H_2, n_D^{25} 1,4392; 20 g; *Methojodid,* $C_{17}H_{38}NJ$, F. 122—123°; *Methyltosylat,* $C_{24}H_{45}O_3NS$, F. 128,5—129,7°; *Hydrochlorid,* $C_{16}H_{36}NCl$, F. 117—119°; *Styphnat,* $C_{22}H_{38}O_8N_4$, F. 57,1—58,1°. — *Didodecyläthylamin,* $C_{26}H_{55}N$, Kp.$_{0,03}$ 176—180°, Darst. wie oben, n_D^{25} 1,4516. — *Tridodecylamin,* Kp.$_{0,03}$ 220—228°, durch Transalkylierung von II u. V unter Zusatz geringer Mengen III, n_D^{25} 1,4567. — *Octyldiäthylamin,* Kp.$_1$ 95—98°, $C_{12}H_{27}N$, durch Transalkylierung von

Octanol u. V, n_D^{25} 1,4228. — *Dioctyläthylamin*, Kp.$_{0,7}$ 123—128°, n_D^{25} 1,4411. — *Undecan*, Kp. 194—194,5°, durch Hydrogenolyse von II über RANEY-Ni, n_D^{25} 1,4150; 13%. (J. Amer. chem. Soc. **74.** 4287—90. 5/9. 1952. Madison, Wis., Univ., Labor. of organ. Chem.) G. WINKLER. 910

Roland Epsztein, Martin Olomucki und **Israel Marszak,** *Über die katalytische Hydrierung ungesättigter quaternärer Ammoniumverbindungen.* 2. Mitt. *Analytische Kontrolle der Hydrogenolyse.* (1. vgl. C. **1952.** 4289.) In Fortsetzung früherer Verss. wurden verschied. α- u. β-Acetylen- sowie α-Äthylenammoniumjodide der Hydrierung in Ggw. von RANEY-Ni, ADAMS-Pt oder Pd/Al_2O_3 bei n. Temp. u. n. Druck unterworfen. Der Verlauf wurde durch Titration des entstehenden tert. Aminhydrojodids bestimmt. Die α-Acetylenverbb. absorbieren mit Pd ein H_2 u. erleiden keine Hydrogenolyse (**Hy**). Mit Pt hingegen wird unter Aufnahme von 3 H_2 vollständige **Hy** erzielt. Mit RANEY-Ni erfolgt die H_2-Aufnahme weniger rasch u. wird nach Absorption wechselnder Mengen (aber stets mehr als 2 H_2) gehemmt. Der Katalysator wird hierbei angegriffen, doch läßt dies keine Deutung der unterschiedlichen H_2-Absorptionswerte zu. α-Äthylenverbb. absorbieren mit Pd kein H_2, mit Pt werden unter völliger **Hy** 2 H_2 absorbiert. Die β-Acetylenverbb. absorbieren nur 2 H_2 ohne **Hy**. — Die untersuchten Verbb. waren $HC{\equiv}C\cdot CH_2\cdot N(CH_3)_3J$, $CH_3(CH_2)_3\cdot C{\equiv}C\cdot CH_2N(CH_3)_3J$, $(CH_3)_3C\cdot C{\equiv}C\cdot CH_2N(CH_3)_3J$, $CH_3CH(OH)C{\equiv}C\cdot CH_2N(CH_3)_3J$, $CH_3(CH_2)_3CH{=}CH\cdot CH_2N(CH_3)_3J$ (I), $HC{\equiv}C\cdot(CH_2)_2\cdot N(CH_3)_3J$ (II), $CH_3\cdot C{\equiv}C\cdot(CH_2)_2N(CH_3)_3J$, $C_2H_5C{\equiv}C\cdot(CH_2)_2N(CH_3)_3J$ (III), $CH_3\cdot(CH_2)_2\cdot C{\equiv}C\cdot(CH_2)_2N(CH_3)_3J$ u. $CH_3(CH_2)_3\cdot C{\equiv}C\cdot(CH_2)_2N(CH_3)_3J$. Das bei der **Hy** erhaltene *Trimethylaminhydrojodid*, $C_3H_{10}NJ$, F. 258—260° (A.), wurde in den meisten Fällen isoliert, bei **I** auch das zweite Prod. der **Hy**, *n-Heptan*, C_7H_{16}, Kp. 99°, n_D^{16} 1,380. — *1-Tri-methylammoniumbuten-(3)-jodid*, $C_7H_{16}NJ$, F. 241—242° (A.), durch Hydrierung von II in A. in Ggw. von RANEY-Ni bis zur Aufnahme von 1 H_2. — *1-Trimethylammoniumhexen-(3)-jodid*, $C_9H_{20}NJ$, F. 165°, wie vorst. aus **III**. (Bull. Soc. chim. France, Mém. [5] **19.** 777—79. Juli/Aug. 1952.) FREYTAG. 910

Werner Schulz, *Über die Darstellung von Acetalen und Acetalestern der Penaldinsäuren.* Acetale der Penaldsäuren (im Original Penaldinsäuren; vgl. C. **1951.** I. 1151) wurden durch Rk. von 4-[Alkoxymethylen]-oxazolonen-(5) in einem wasserfreien Alkohol mit dem entsprechenden Alkalialkoholat, Isolierung des gebildeten Anlagerungsprod. u. Ansäuern seiner wss. Lsg. erhalten. Die Acetalester konnten durch Einleiten von HCl in die alkoh. Lsgg. der Acetale oder durch Rk. von 4-[Acyloxymethylen]-oxazolonen-(5) mit Na-Alkoholaten in absol. Alkoholen dargestellt werden. Der angewandte Alkohol bestimmt die Zus. der Acetal- u. Estergruppe.

Versuche: *α-Benzoylamino-β.β-dimethoxypropionsäure* (III), $C_{12}H_{15}O_5N$, F. 139,5 bis 140° (Zers.), a) aus 2-Phenyl-4-methoxymethylenoxazolon-(5) (II) (F. 112°) in absol. CH_3OH mit Na-Methylat, Eindampfen nach 24 std. Stehen bei 25°/10 mm u. Ansäuern der wss. Lsg.; aus Aceton Kristallbüschel; 83,2% (Ausbeute); b) ebenso aus 2-Phenyl-4-äthoxymethylenoxazolon-(5) (I) (F. 96°); 98,6%. — *α-Benzoylamino-β.β-diäthoxypropionsäure*, $C_{14}H_{19}O_5N$, F. 94,5—96,5° (Zers.), aus I oder II u. Na-Äthylat in absol. A.; Kristalle aus Ae.; 79,5 bzw. 73,9%. — *α-Benzoylamino-β.β-diisoamyloxypropionsäure*, $C_{20}H_{31}O_5N$, F. 103—108° (Zers.), aus II in Isoamylalkohol mit Na-Isoamylat; 71,2%. — III-*Methylester*, $C_{13}H_{17}O_5N$, F. 67—69°, a) durch Einleiten von HCl in methylalkoh. III bei —10°, Eindampfen bei 30°/10 mm u. 30°/0,1 mm, Aufnehmen in Ae., Schütteln mit $NaHCO_3$ u. Aufarbeitung der äther. Lsg.; 64% (roh); b) durch 24 std. Stehen von IV mit Na-Methylat; Nadeln; 49,5%; c) durch je 1 std. Erhitzen von II in absol. CH_3OH auf 120°/6,5 at, 140°/11 at u. 160°/18,5 at; 67,2%. — *2-Phenyl-4-benzoyloxymethylenoxazolon-(5)* (IV), $C_{17}H_{11}O_4N$, F. 157—159° (Zers.), durch Lösen von 2-Phenyl-4-oxymethylenoxazolon-(5) in wss. $NaHCO_3$, Rk. mit Benzoylchlorid u. Aufnehmen in Ae.; 30%. (Chem. Ber. **85.** 249—53. 1952. Berlin, Schering Akt.-Ges., Forschungslabor). HORST BAGANZ. 950

Rudolf Pummerer, Georg Schmidutz und **Helmut Seifert,** *Über Dehydrotetrachlor-p-kresol, ein Radikal mit einwertigem Sauerstoff.* 11. Mitt. *über die Oxydation der Phenole.* (10. vgl. PUMMERER u. LUTHER, Ber. dtsch. chem. Ges. **61.** [1928.] 1102.) Es wird gezeigt, daß *Dehydrotetrachlor-p-kresol* (I) in Lsg. zu ca. 90% freie Radikale bildet u. als Grund für eine doppelte Gefrierpunktserniedrigung keine Disproportionierung zum Chinonmethid u. Tetrachlor-p-kresol (II) (vgl. ZINCKE [1904]) angenommen werden kann. Durch Einleiten von NH_3, das mit II sofort eine Fällung des unlösl. Ammoniumsalzes gibt, in eine Benzollsg. von I konnte II nicht nachgewiesen werden. Die gegen Luft u. O_2 beständige grünlichgelbe Radikallsg. wird durch Verbb. mit akt. H zu II red.; Tetrachlorhydro-

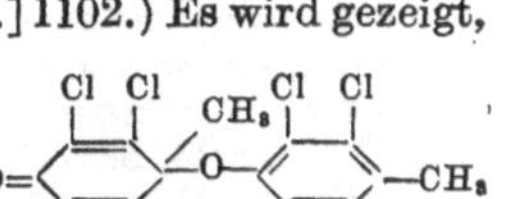

I

chinon wird durch die Lsg. zu Chloranil (**VIII**) dehydriert, HBr zu Br_2; HCl liefert **II** u. dessen *Pseudochlorid.* Weiterhin wird die Anwesenheit des *Tetrachlorkresoxyls,* eines Radikals mit einwertigem Sauerstoff, durch Rk. mit K oder besser mit Phenyldiphenylylketonkalium zur **II**-K-Verb., mit NO zu einer lockeren orangeroten Additionsverb. u. mit Trityl bewiesen; im letzteren Fall konnte der **II**-*Tritylläther* (**V**) nicht gefaßt werden, da er durch Spuren Feuchtigkeit zu **II** u. Triphenylcarbinol zers. wird. Während das Radikal mit Styrol, Cyclohexen, Dimethylfulven u. Chinon nicht reagiert, tritt mit Dimethylbutadien, Cyclopentadien u. Anthrahydrochinondimethyläther 1.4-Addition ein. Die Konst. als doppelter Äther wird jeweils durch verschied. Spaltmethoden bewiesen. Im letztgenannten Fall konnte das prim. sicher entstehende *Anthrachinonacetal* nebenst. Konst. nicht isoliert werden, da es durch wenig Feuchtigkeit hydrolysiert wird. — In konz. Lsgg. findet zu 90% Dimerisierung des Radikals statt u. anschließend Stabilisierung zum *Oktachlor-p.p'-dioxydiphenyläthan* (**IV**), wobei das Radikal in seiner Resonanzform als Tetrachlor-p-oxybenzyl reagieren dürfte. Beim Lagern im Dunkeln verliert **I** seine gelbe Farbe, ohne daß die Radikaleigg. verschwinden; möglicherweise bildet sich dabei das Peroxyd (dimeres Aroxyl). — Aus dem Absorptionsspektr. der Radikallsg. läßt sich nichts über die Konst. des Radikals aussagen; zum Vgl. werden die Spektren des **II**-*Pseudobromids* (**III**), von *Tetrachlortoluchinol,* **VIII**, **II** u. *Tetrachlorhydrochinon* angegeben (alle in Chlf.).

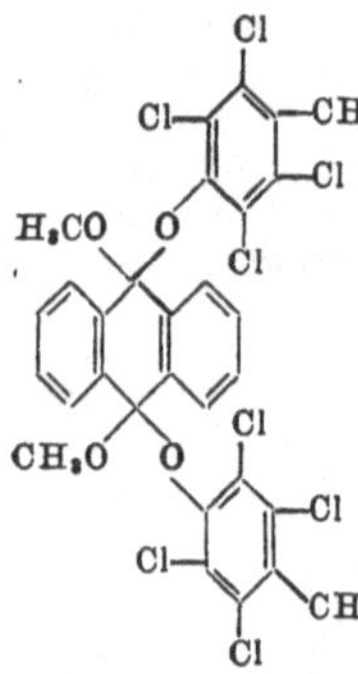

Versuche: *Dehydrotetrachlor-p-kresol* (**I**), $C_{14}H_6O_2Cl_8$, aus bei 150—157°/15 mm sublimiertem Tetrachlor-p-kresol (**II**) (F. 188—189°); Oxydationswert bei Red. mit KJ in wss. Aceton 93,6—97,5%, von festem, 1 Jahr altem **I** nach Lagern im Dunkeln 74 bis 78,5% (enthält 10,5% **II**), von 2 Jahre altem (nach Entfernen von 25% **II**) 40,8 bis 42,1%; Umfällen durch Eintragen einer Chloroformlsg. in CH_3OH bei —75°; Mol.-Gew. 260—330,7°; keine elektr. Leitfähigkeit in Bzl.; magnetochem. Unters.: $\chi_{Mol} = -267 \cdot 10^{-6}$. Frisch bereitete Acetonlsg. entfärbt bei —50° augenblicklich $KMnO_4$-Lsg., analog **VIII** u. **II**-Pseudobromid, langsamer entfärbt Tetrachlor-p-toluchinol. — **II**-*Ammoniumsalz,* $C_7H_7ONCl_4$, durch Einleiten von NH_3 in eine Benzollsg. von 246 mg **II**; mkr. Nädelchen; 210 mg (Ausbeute); in kaltem W. sehr schwer, in heißem W. schwer löslich. **II**-*Silbersalz,* $C_7H_3OCl_4Ag$, mkr., leuchtend gelbe Blättchen; unlösl. in W. u. den gebräuchlichen organ. Lösungsmitteln; 100%. **II**-*Acetat,* $C_9H_6O_2Cl_4$, F. 108,5—109° (verd. CH_3COOH), aus 5 g **II**; feine seidenglänzende Nadeln; 4,8 g. — Tetrachlorhydrochinon in Ae. läßt sich mit **I** in quantitativer Ausbeute dehydrieren unter Bldg. von *Chloranil* (**VIII**), F. 288,5—289° (Bzl.); **I** in Bzl. gibt mit Diphenylamin tiefgrüne u. mit Indol u. Carbazol tiefrote Färbungen. — 2 g **I**, mit CH_3OH erhitzt, lieferten *ω-Methoxy-tetrachlor-p-kresol,* F. 151° (Bzn.), 100 mg, u. **II**; 110 mg; analog wurden durch Behandlung von **I** mit HCl in Bzl. *Tetrachlor-p-kresolpseudochlorid,* $C_7H_3OCl_5$, F. 142,5 bis 143,5° (Bzn.), 41%, u. **II**, 66%, gewonnen; bei Einw. von HBr auf **I** in Bzl. wurde nur **II** isoliert.; 82%. — Beim Schütteln der Benzollsg. von **I** mit O_2 tritt Entfärbung ein ohne meßbaren Verbrauch an O_2. — *Tetrachlor-p-kresolpseudobromid* (**III**), F. 158°; Leitfähigkeitsänderung in Acetonitril, nicht in Chlf.; **III** reagiert in Bzl. mit Silberperchlorat unter Bldg. von AgBr u. ist beständig gegen Hg u. Mg. — *Oktachlor-p.p'-diphenoläthan* (**IV**), $C_{14}H_6O_2Cl_8$, F. 328,5—329,5° (Zers.), aus **I** nach 1 std. Stehen in Bzl.; aus Eisessig seidige, an den Enden abgeschrägte Prismen; 95%; unlösl. in Ae., A., Aceton, Chlf. u. CCl_4, wenig lösl. in Bzl. u. Essigester, in der Wärme leichter lösl. in Dioxan, Nitrobenzol u. Xylol, lösl. in NaOH bzw. Sodalösung. *Diacetylverb.,* $C_{18}H_{10} \cdot O_4Cl_8$, F. 263,5—264,5° (Essigsäureanhydrid); dünne, schillernde, parallelogrammartige Blättchen; wenig lösl. in A., Aceton u. Bzn., leicht lösl. in heißem Essigsäureanhydrid, Bzl. u. Chlf.; **IV** entsteht auch aus **III** u. Zn-Staub in Xylol; 9%; als Hauptprod. der Rk. vermutlich *ω-[m-Xylyl]-tetrachlor-p-kresol,* $C_{15}H_{12}OCl_4$, F. 145—146° (Zers.). — **I**, auf 100° erhitzt, schm. kurz, um unter Erwärmung auf 190—230° wieder zu erstarren; isoliert wurden danach **II** u. **IV**. — Die Rk. von **I** mit NO unter CO_2 lieferte **IV** u. **II**, die Isolierung einer nebenher entstehenden orangeroten Substanz gelang nicht. Bei Anwesenheit von Luft wirkte das aus NO gebildete NO_2 nitrierend unter Bldg. von *Tetrachlor-p-kresolchinitrol,* das mit Methanol den Dehydrokörper lieferte. Aus dem Ag-Salz von **II** entsteht mit Nitrosylchlorid gleichfalls **II** (97,5%) u. bei Ggw. von Spuren Luft eine geringe Menge rotes Harz. — Die Einw. von K in Bzl. auf **I** geht so langsam vor sich, daß die Umlagerung zu **IV** nicht ganz ausgeschaltet werden konnte. Isoliert wurden 50% rohes u. 23% reines **II**, aber bei Verwendung von Phenyldiphenylylketonkalium 91% **II**. — Eine warme, gesätt. Chloroformlsg. von Triphenylmethyl reagiert unter CO_2 mit **I** unter Entfärbung, offenbar unter Bldg. von *Triphenylmethyltetrachlor-p-kresol-*

äther (V), der bei Anwesenheit geringer Mengen Feuchtigkeit sofort hydrolysiert. Isoliert wurden 96,6% II neben etwas IV, *Triphenylmethylperoxyd* u. *Triphenylcarbinol.* In 5%ig. Sodalsg. wird V nicht hydrolysiert. — Anthrahydrochinondimethyläther u. I, in Chlf. zum Sieden erhitzt, lieferten 84% CH_3OH, als HCHO colorimetr. bestimmt, 96% II u. *Anthrachinon.* — *2.3-Dimethyl-1.4-bis-[tetrachlor-p-kresoxy]-buten-(2)* (VI), $C_{20}H_{16}O_2Cl_8$, F. 209—211° (Bzl.–PAe.), durch Lösen von 20 g I in 2.3-Dimethylbutadien (Kp. 69,5°) bei 60—65°; 6,3 g, daneben 5,2 g II u. ein harziges Prod.; VI ist schwer lösl. in PAe. u. A., leicht lösl. in heißem Bzl., Essigester u. Chloroform. — *Tetrachlor-p-kresylacetonyläther,* $C_{10}H_8O_2Cl_4$, F. 98,5° (wss. Aceton), aus VI durch Ozonisieren in Chlf.; flache, seidenglänzende Blättchen; 87,5%; leicht lösl. in Bzl., Aceton, A., Essigester u. Eisessig. Die Synth. gelang in 86,3%ig. Ausbeute aus dem Ag-Salz von II u. Bromaceton in Benzol. — Erhalten wurden durch Spaltung von VI mit $AlBr_3$ in Bzl. 93% II u. mit Pd-Hydrazin in alkoh. KOH 96% II. — *2.5-Bis-[tetrachlor-p-kresoxy]-cyclopentan* (VII), $C_{19}H_{12}O_2Cl_8$, F. 227—229° (Zers.) (Bzl.–PAe.): In frisch dargestelltem Cyclopentadien werden bei 35—38° 30 g I gelöst; 9,2 g; schwer lösl. in PAe. u. A., leicht lösl. in heißem Bzl., Essigester u. Chlf.; Mol.-Gew. 550 (Bzl.). Durch Spaltung von VII mit Pd u. Hydrazin in alkoh. KOH entstehen 92,8% II; mit $AlBr_3$ in Bzl. 97,8% II, mit HBr 30,7% II. — Durch Ozonisierung von VII wurde ein *Ozonid,* $C_{19}H_{12}O_5Cl_8$, F. 149° (Zers. u. Gasentw.) erhalten; schräg auslöschende Prismen; 80%; leicht lösl. in Chlf. u. CCl_4, ziemlich leicht lösl. in A., CH_3OH u. Eisessig. Spaltung vorst. Ozonids mit alkoh. KOH führte zur Dicarbonsäure, wahrscheinlich *α.α'-Bis-[tetrachlor-p-kresoxy]-glutarsäure* (oder eine isomere Verb.), $C_{19}H_{12}O_6Cl_8$, F. 115—117° (verd. Essigsäure); kurze, feine Nadeln; leicht lösl. in Aceton, Bzl., Essigester, A. u. Chlf., schwer lösl. in Petroläther. Spaltung des Ozonids mit alkal. Ag_2O-Lsg. führte zu II; bei trockener Zers. des Ozonids wurde O_2 abgespalten. — Das II-*Acetylderiv.* entsteht auch aus 10 g I u. Acetylchlorid; Nadeln; 5,7 g, daneben 3,8 g der *Verb.* $C_9H_6O_3Cl_4$, F. 89—90° (verd. CH_3OH), die möglicherweise das *Acetylderiv.* des *Tetrachlor-p-oxybenzylalkohols* ist. (Chem. Ber. **85**. 535—55. 1952. Erlangen, Univ., Chem. Labor.) FAASS. 1060

R. W. Bost und **Otis L. Shealy,** *β-Dimethylaminoäthylester organischer Dithiosäuren.* 1. Mitt. *Dithioacetylcholinjodid. Dithioessigsäure-[β-dimethylaminoäthyl]-ester* (I) wurde durch Rk. von *Na-Dithioacetat* (II) mit β-Chloräthyldimethylamin dargestellt u. in das Hydrochlorid u. Jodmethylat übergeführt. I gibt mit $AgNO_3$ einen Ag_2S-Nd. u. wird von 3%ig. H_2O_2 oder 3nHNO_3 zersetzt. Auch die wss. Lsgg. der Salze zersetzten sich rasch, was durch Messung der Absorptionsspektren nachgewiesen werden konnte.

Versuche: *Na-Dithioacetat* (II), nach HOUBEN u. POHL (1907) durch Zers. einer äther. Lsg. von $CH_3CSSMgJ$ mit Eis u. verd. HCl u. Extraktion der Ätherschicht mit 1,25n NaOH; 25% (Ausbeute). — *Dithioessigsäure-p-bromphenacylester,* $C_{10}H_9OBrS_2$, F. 96,5—97,0°, aus vorst. Verb. u. p-Bromphenacylbromid in heißem 95%ig. A., aus A. gelbe Platten. — *β-Chloräthyldimethylamin,* $Kp._{760}$ 107—109°, durch 3std. Kochen von $SOCl_2$ mit β-Dimethylaminoäthanol in Bzl., Abtrennen u. Lösen des Nd. in wenig W., Zugabe von 30%ig. NaOH u. Extraktion mit Ae.; 49%. — *Dithioessigsäure-[β-dimethylaminoäthyl]-ester* (I), durch 3std. Rühren von II mit vorst. Verb. in W., Aufnehmen in Bzl., Extraktion mit 5%ig. HCl, Zugabe eines geringen Überschusses 5%ig. NaOH u. Extraktion mit Benzol. — *β-Dithioacetoxyäthyldimethylammoniumchlorid,* $C_6H_{14}\cdot NClS_2$, F. 130—132°, durch Einleiten von trockenem HCl in I in Bzl., hygroskop. gelbe Platten aus Chlorbenzol; 76%. — *β-Dithioacetoxyäthyltrimethylammoniumjodid* (*Dithioacetylcholinjodid*), $C_7H_{16}NJS_2$, F. 172,5—173,5°, durch 3tägiges Stehen von 0,6 Mol CH_3J mit I aus 0,1 Mol II in Bzl., amorpher grünlichgelber Nd.; 72%. (J. Amer. chem. Soc. **73**. 24—25. Jan. 1951. Chapel Hill, N. C., Univ. of North Carolina, Venable Chem. Labor.) HORST BAGANZ. 1210

R. W. Bost und **Otis L. Shealy,** *β-Dimethylaminoäthylester organischer Dithiosäuren.* 2. Mitt. *Ester aromatischer Dithiosäuren.* (1. vgl. vorst. Ref.) Eine Reihe von *aromat. Dithiosäuren* wurde durch Erhitzen von Aldehyden in A. mit $(NH_4)_2S_2$ u. Ansäuern der Fl. als auch durch Behandlung des harzigen Rückstandes mit alkoh. KOH u. Ansäuern der Lsg. erhalten. *4-Methyldithiobenzoesäure* wurde durch Rk. von p-Tolyl-MgBr mit CS_2 dargestellt. Die Veresterung der Säuren erfolgte entweder durch Rk. der Zn-Salze in organ. Lösungsmitteln oder der Na-Salze in wss. Lsg. mit *β-Chloräthyldimethylamin* (I). Die erhaltenen Dithioester wurden in Hydrochloride, Citrate u. Jodmethylate übergeführt. Sie wurden leicht durch 3%ig. H_2O_2 oder 3nHNO_3 oxydiert u. gaben mit $AgNO_3$ einen Nd. von Ag_2S. Ihre wss. Lsgg. waren recht stabil. — Einige der Hydrochloride u. Citrate wiesen im Goldfischtest stärkere lokalanästhet. Wirksamkeit auf als *Novocain,* jedoch waren andere äußerst toxisch. Weitere Testverss. zeigten, daß die Verbb. als Oberflächen- u. Parenteralanästhetica unbrauchbar sind. Die Jodmethylate riefen am Kaninchen eine Tonussteigerung hervor, die aber geringer war als die von *Acetylcholin* oder *Prostigmin* hervorgerufene. Einige der Salze ziehen direkt auf Wolle u. Acetatseide auf. Die Farbstoffe werden aber leicht von Licht, W. u. Oxydationsmitteln angegriffen.

Versuche: *4-Methyldithiobenzoesäure*, Darst. nach BOST u. MATTOX (J. Amer. chem. Soc. **52.** [1930.] 332). — Die Darst. der Na-Salze der Dithiosäuren erfolgte nach LEVI u. BRUNI (Atti Accad. naz. Lincei **32.** [1923.] 5) aus dem Aldehyd in A. + $(NH_4)_2S_2$. m-Nitrodithiobenzoesäure konnte auf diesem Wege nicht erhalten werden. Zur Darst. von p-Aminodithiobenzoesäure wurde p-Nitrobenzaldehyd nach COHN u. SPRINGER (1903) mit $NaHSO_3$ red. u. dann wie üblich umgesetzt. Die *S-Benzylpseudothiuroniumsalze* (*Bpt.*) u. *p-Bromphenacylester* (*Bpe.*) wurden auf üblichem Wege, die *Zn-Salze* durch Zugabe von CH_3COOH u. wss. Na-Salz zu Zn-Acetat in W. u. 3—4std. Rühren erhalten. Diese sind im Rohzustand stabiler als die reinen wss. Lsgg. der Na-Salze u. konnten durch 24std. Behandlung mit einem 20%ig. Überschuß von Na_2S in diese wieder übergeführt werden. *Dithiosäurederivv. R—C_6H_4—CSSH: R = H, Na-Salz*; 36% (Ausbeute). *Bpt.*, $C_{15}H_{16}N_2S_3$, F. 101,5—102,5° (W.), orangerote Platten. — *R = 2 Cl, Na-Salz*; 22%. *Bpt.*, $C_{15}H_{15}N_2ClS_3$, F. 87—88°, (W.), gelbe Nadeln. — *R = 4 Cl, Na-Salz*; 35%. *Bpt.*, $C_{15}H_{15}N_2ClS_3$, F. 109—110° (W.), orange Platten. — *R = 2 OH, Na-Salz*; 27%. *Bpe.*, $C_{15}H_{11}O_2BrS_2$, F. 122—123° (95%ig. A.), gelbe Nadeln. — *R = 4 OH, Na-Salz*; 45%. *Bpt.*, $C_{15}H_{16}ON_2S_3$, F. 75—76° (W.), rote Platten. — *R = 4 Methoxy, Na-Salz*; 25%. *Bpt.*, $C_{16}H_{18}ON_2S_3$, F. 98—99° (W.), orangerote Platten. — *R = 4 NH_2, Na-Salz*; 16% (bezogen auf 4-Nitrobenzaldehyd). *Bpe.*, $C_{15}H_{12}ONBrS_2$, F. 174—175° (Zers.), aus 95%ig. A. orange Nadeln. — *R = 4-Dimethylamino, Na-Salz*; 37%. *Bpt.*, $C_{17}H_{21}N_3S_3$, F. 132—132,5° (Acetonitril), orange Nadeln. — *R = 4 CH_3, Na-Salz*; 24%. *Bpt.*, $C_{16}H_{18}N_2S_3$, F. 107—108° (W.), rote Platten. — *R = 3.4-Methylendioxy, Na-Salz*; 23%. *Bpt.*, $C_{16}H_{16}O_2N_2S_3$, F. 92—93° (W.), orange Nadeln. — *R = 3-Methoxy-4-oxy, Na-Salz*; 29%. *Bpe.*, $C_{16}H_{13}O_3BrS_2$, F. 131—132° (95%ig. A.), orangegelbe Nadeln. — *β-Chloräthyldimethylamin* (I), Darst. vgl. vorst. Referat. Die Darst. der *β-Dimethylaminoäthylester* der Formel R—C_6H_4—CSS—$CH_2CH_2N(CH_3)_2$ erfolgte a) durch Lösen von 0,1 Mol Zn-Salz in einem geeigneten wasserfreien sd. Lösungsm., Zugabe von 0,2 Mol I u. 5std. Kochen; b) durch 3std. Rühren des Na-Salzes mit I in W. u. Aufnehmen in einem geeigneten Lösungsmittel. Die nachst. Hydrochloride wurden durch Darst. der Ester nach b), Einleiten von HCl u. Kristallisation aus Nitromethan u. die *Citrate* durch Zugabe der doppelten Menge Citronensäure in Aceton zu dem Ester in Ae. oder Chlf. erhalten. — Die Darst. der *Jodmethylate* (*Jm.*) erfolgte durch Zugabe der 6fachen Menge CH_3J zu dem Ester (Darstellungsmeth. in Klammern angegeben) im geeigneten Lösungsm. u. 4tägiges Stehen. — *R = H, Hydrochlorid*, $C_{11}H_{16}NClS_2$, F. 160—161°, Ae. (Lösungsm. des Esters), rote Prismen; 75% (bezogen auf das Na-Salz). *Jm.*, $C_{12}H_{18}NJS_2$, F. 199—200° (Zers.), (a), Bzl. (angewandtes Lösungsm.), orangegelbe Nadeln aus W.; 45%. — *R = 2 Cl, Hydrochlorid*, $C_{11}H_{15}NCl_2S_2$, F. 171—172°, Ae., gelbe Prismen; 76%. *Jm.*, $C_{12}H_{17}NClJS_2$, F. 158—159° (W.), (b), Ae., gelbe Nadeln; 80%. — *R = 4 Cl, Citrat*, $C_{17}H_{23}O_7NClS_2$, F. 140,5—141,5° (Zers.), Ae., rosa Platten aus W.; 58%. *Jm.*, $C_{12}H_{17}NClJS_2$, F. 209,5—210° (Zers.), (b), Ae., orange Platten aus 95%ig. A.; 60%. — *R = 2 OH, Citrat*, $C_{17}H_{22}O_8NS_2$, F. 147—148° (Zers.), Chlf., gelbe Prismen aus W.; 60%. *Jm.*, $C_{12}H_{18}ONJS_2$, F. 187,5° (95%ig. A.), (b), Chlf., gelbe Nadeln; 65%. — *R = 4 OH, Hydrochlorid*, $C_{11}H_{16}ONClS_2$, F. 157—158,5°, Aceton, orange Prismen; 40%. *Jm.*, $C_{12}H_{18}ONJS_2$, F. 194—195° (W.), (b), gelbe Platten; 55%. — *R = 4-Methoxy, Hydrochlorid*, $C_{12}H_{18}ONClS_2$, F. 194—194,5° (95%ig. A.), Ae., orange Prismen; 79%. *Jm.*, $C_{13}H_{20}ONJS_2$, F. 198—198,5° (Zers.), rote Prismen aus W., (a), Xylol, 31%; (b), Ae., 74%. — *R = 4-Amino, Monocitrat*, $C_{17}H_{24}O_7N_2S_2$, F. 162—162,5° (Zers.), Ae., gelbe Würfel aus W.; 42%. — *R = 4-Dimethylamino, Monohydrochlorid*, $C_{13}H_{21}N_2ClS_2$, F. 226° (Zers.), Chlf., gelborange Platten aus A.-W.; 52%. *Jm.*, $C_{14}H_{23}$·N_2JS_2, F. 202—203° (Zers.), (b), Chlf., gelbe Platten aus W.; 56%. — *R = 4 CH_3, Citrat*, $C_{18}H_{25}O_7NS_2$, F. 128—130° (Zers.), Ae., amorpher, gelber Nd. aus W.; 55%. *Jm.*, $C_{13}H_{20}NJS_2$, F. 183,5—184,5° (W.), (a), Bzl., gelbe Platten; 53%. — *R = 3.4-Methylendioxy, Hydrochlorid*, $C_{12}H_{16}O_2NClS_2$, F. 189—190°, Ae., rote Nadeln; 57%. *Jm.*, $C_{13}H_{18}O_2NJS_2$, F. 202,5—203,5° (Zers.), (b), Ae., gelbe Platten aus W.; 59%. — *R = 3-Methoxy-4-oxy, Hydrochlorid*, $C_{12}H_{18}O_2NClS_2$, F. 177—178°, Aceton, gelborange Prismen; 42%. *Jm.*, $C_{13}H_{20}O_2NJS_2$, F. 172—173° (W.), (b), gelbe Platten; 71%. (J. Amer. chem. Soc. **73.** 25—28. Jan. 1951.) HORST BAGANZ. 1210

Samuel B. Knight, R. W. Bost, Otis L. Shealy und **J. Paul Williams**, *β-Dimethylaminoäthylester organischer Dithiosäuren.* 3. Mitt. *Absorptionsspektren.* (2. vgl. vorst. Ref.) Die Absorptionsspektren der in vorst. referierten Arbeiten dargestellten *β-Dimethylaminoäthylesterhydrochloride, -citrate* u. *-jodmethylate* organ. *Dithiosäuren* wurden im

UV- u. sichtbaren Licht bestimmt u. mit den Spektren einiger O-analoger Verbb. verglichen. Es zeigte sich, daß die Dithioverbb. bei längeren Wellenlängen absorbieren als die entsprechenden O-Verbindungen. Ihre Absorptionsmaxima liegen zwischen 300 bis 400 mμ. Einführung von Substituenten in den Phenylkern führte zu Bathochromie in nachst. Reihenfolge: p-Dimethylamino > p-Amino > 3.4-Methylendioxy > 3-Methoxy-4-oxy > p-Oxy ≈ p-Methoxy > p-Methyl > p-Chlor ≈ o-Chlor ≈ o-Oxy. Während *β-[p-Oxydithiobenzoxy]-äthyldimethylammoniumchlorid* bei 338 mμ absorbiert, absorbiert die o-Oxyverb. bei 312 mμ, was wahrscheinlich auf ster. Hinderung beruht. Je größer im allg. die durch einen Substituenten hervorgerufene bathochrome Verschiebung ist, um so größer ist auch die Absorptionsintensität. Die Absorption der Jodmethylate ist der der Hydrochloride fast gleich. An Hand der Spektren konnte bewiesen werden, daß substituierte Phenyldithioverbb. in wss. Lsgg. kaum verändert werden, während die Methyldithioverbb. schon nach einer Woche vollkommen zers. sind.

Versuche: *β-[p-Methoxybenzoxy]-äthyldimethylammoniumchlorid*, $C_{12}H_{18}O_3NCl$, F. 158,5—159,5° (absol. A.–Ae.), aus Anisoylchlorid u. β-Dimethylaminoäthanol in absol. Aceton, Nadeln; 90% Ausbeute. — *β-Benzoxyäthyldimethylammoniumchlorid*, F. 147,5°, Nadeln. (J. Amer. chem. Soc. **73**. 29—31. Jan. 1951.) HORST BAGANZ. 1210

J. C. Duff und **V. I. Furness**, *Reaktionen zwischen Dialkylanilinen und Hexamin in Essig- und Ameisensäure.* Rk. von Dialkylanilinen mit Hexamin (I) in Eisessig führte zur Bldg. von *p-Dialkylaminobenzaldehyden.* Im Gegensatz zu der Annahme von ANGYAL u. RASSACK (C. **1950**. II. 2297) wurde dabei kein CH_2O entwickelt. Als einziges Nebenprod. wurde *Methylamin* (**II**) erhalten, u. zwar stets in äquimol. Mengen zum Aldehyd. Da sich auch bei längerem Erhitzen dieses Verhältnis nicht änderte, mußte angenommen werden, daß sowohl der Aldehyd wie auch **II** durch Spaltung eines Zwischenprod. gebildet werden. Dies steht im Einklang mit der bereits früher angenommenen Vermutung, daß die Rk. nach folgendem Schema verläuft: $3\,R_2NC_6H_5 + C_6H_{12}N_4 \rightarrow NH_3 + 3\,R_2NC_6H_4CH_2\cdot N{:}CH_2$ (**A**); $R_2NC_6H_4\cdot CH_2\cdot N{:}CH_2$ (**A**) $\rightarrow R_2N\cdot C_6H_4\cdot CH{:}N\cdot CH_3 \xrightarrow{W.} R_2NC_6H_4CHO + CH_3NH_2$. Da jedoch keine Zwischenprodd. zu fassen waren, wurde die Isomerisierung Verb. **A** analoger Verbb. untersucht. Kochen von *N-Methylenbenzylamin* (**III**) u. *p-Dimethylamino-N-methylenbenzylamin* (**IV**) in CH_3COOH u. Zugabe von W. lieferte 61% Benzaldehyd u. 55% p-Dimethylaminobenzaldehyd u. die entsprechenden Mengen **II**. Bei Rk. in wasserhaltiger CH_3COOH waren die Ausbeuten an Aldehyd geringer, was wiederum im Gegensatz zu dem Reaktionsschema von ANGYAL steht. Weiterhin konnte gezeigt werden, daß es sich um eine bas. katalysierte Rk. handelt. Rk. mit Trimethylamin (**V**) oder Pyridin führte zu den gleichen Ergebnissen. Es wurde daher angenommen, daß auch bei der Rk. von Dialkylanilinen mit **I** eine entsprechende Isomerisierung stattfindet u. das vorst. Reaktionsschema den tatsächlichen Verlauf wiedergibt. Obwohl Phenole über sek. Amine zu phenol. Aldehyden führen, wird angenommen, daß auch hierbei zunächst Bldg. eines N-Methylenoxybenzylamins u. dann Kondensation mit Phenol eintritt. Bei der Umsetzung von Dialkylanilinen mit **I** in HCOOH u. A. entstanden neben den erwarteten Aldehyden *p-Dialkylaminobenzyldimethylamine*, die mit CH_3J monoquaternäre Salze bildeten. Therm. Zers. der quaternären Hydroxyde führte stets zur Abspaltung von **V**. Es wird angenommen, daß die ditert. Basen über eine Methylenverb. des Typs $R_2N\cdot C_6H_4\cdot CH_2\cdot N{:}CH_2$ entstehen. In Übereinstimmung damit wurde beim Erhitzen von **III** u. **IV** mit **I** in sd. alkoh. HCOOH *Benzyldimethylamin* bzw. *p-Dimethylaminobenzyldimethylamin* (**VI**) erhalten.

Versuche: 0,07 Mol Dimethyl- bzw. Diäthylanilin (oder 0,05 Mol Di-n-propyl-, Di-n-butyl-, Benzylmethyl- u. Benzyläthylanilin) in Eisessig wurden zu 0,07 Mol **I** in sd. Eisessig zugetropft u. 2 Std. gekocht. Die Isolierung der Aldehyde erfolgte a) durch Gießen der Reaktionslsg. in 0,5nHCl, Zugabe von NaOH zu der einen Hälfte des Filtrates, Extraktion mit Ae. u. Dest. (*p-Dimethylaminobenzaldehyd*, $Kp._{12}$ 170—175°, F. 73°. — *p-Diäthylaminobenzaldehyd*, $Kp._9$ 168—170°, F. 41°). b) Durch Eingießen in 2,5nHCl u. Aufarbeitung der einen Hälfte des Filtrats wie vorst. (*p-Äthylmethylaminobenzaldehyd*, $Kp._{10}$ 180—184°, F. 44°. — *p-Di-n-propylaminobenzaldehyd*, $C_{13}H_{19}ON$, $Kp._4$ 180—182°, n_D^{20} 1,5684, strohgelbes Öl. *Phenylhydrazon*, $C_{19}H_{25}N_3$, F. 104°. *p-Nitrophenylhydrazon*, $C_{19}H_{24}O_2N_4$, F. 164°, dunkelgrüne Kristalle. — *p-Di-n-butylaminobenzaldehyd*, $C_{15}H_{23}ON$, $Kp._3$ 198—200°, n_D^{20} 1,5852. *Phenylhydrazon*, $C_{21}H_{29}N_3$, F. 92°. *p-Nitrophenylhydrazon*, $C_{21}H_{28}O_2N_4$, F. 133°, dunkelrote Kristalle). c) Durch Eingießen in 5nHCl u. Charakterisierung des Aldehyds als *p-Nitrophenylhydrazon* (*p-Benzylmethylaminobenzaldehyd*, F. 179°. — *p-Benzyläthylaminobenzaldehyd*, F. 164°). Die Best. des *Methylamins* (**II**) erfolgte durch Zugabe von Alkali zu den zurückbehaltenen Lsgg., Dest. der Amine, Auffangen in HCl, Eindampfen, Ausziehen mit Chlf. (Di- u. Trimethylaminsalze) u. mit n-Butanol von 100°. — *p-Dimethylaminobenzylamin*, $Kp._{14}$ 150°, durch Red. von p-Dimethylaminobenzaldoxim mit 3%ig. Na-Amalgam. — *p-Dimethylamino-N-methylenbenzylamin* (**IV**), $C_{10}H_{14}N_2$, F. 97°, durch Rk. der vorst. Verb. mit 40%ig. CH_2O, Trocknen u. Waschen der viscosen Fl. mit Alkohol. Erhitzen von 0,0061 Mol **IV** mit **I** in Eisessig, Durchleiten von Luft, Zugabe von W. lieferte nach der üblichen Aufarbeitung 0,034 Mol **II** u. 0,033 Mol *p-Dimethylaminobenzaldehyd*. Bei Anwendung von **V** 0,0028 Mol, bei Anwendung von Pyridin 0,0025 Mol Aldehyd. — *N-Methylenbenzylamin* (**III**), F. 48°, aus Benzylamin u. CH_2O. Umsetzung von 0,0084 Mol **III** mit **I** in Eisessig lieferte 0,0052 Mol **II** u. 0,0051 Mol Benzaldehyd; mit **V** 0,0036 Mol, mit Pyridin 0,0034 Mol. — *p-Dimethylaminobenzyldimethylamin* (**VI**), $C_{11}H_{18}N_2$, $Kp._{10}$ 135 —136°, durch Zutropfen von 0,24 Mol Dimethylanilin in 85%ig. HCOOH zu **I** in sd. A., 2std. Kochen, Verdünnen mit W., Zugabe von NaOH u. Extraktion mit Ae., n_D^{20} 1,5422. *Jodmethylat*, $C_{12}H_{21}N_2J$, F. 250°. *Monopikrat*, $C_{11}H_{18}N_2 \cdot C_6H_3O_7N_3$, F. 143°, orangegelbe Kristalle. *Dipikrat*, $C_{11}H_{18}N_2 \cdot 2\,C_6H_3O_7N_3$, F. 163°, glänzende gelbe Kristalle. — Ebenso wurden dargestellt: *p-Diäthylaminobenzyldimethylamin* (**VII**), $C_{13}H_{22}N_2$, $Kp._8$ 150—151°, n_D^{20} 1,5425. *Jodmethylat*, $C_{14}H_{25}N_2J$, F. 146°. *Monopikrat*, $C_{13}H_{22}N_2 \cdot C_6H_3O_7N_3$, F. 105°, gelbe Kristalle. *Dipikrat*, $C_{13}H_{22}N_2 \cdot 2\,C_6H_3O_7N_3$, F. 151°, gelbe Kristalle. — Nachst. Verbb. wurden durch Anwendung von 0,12 Mol Dialkylanilin dargestellt: *p-Di-n-propylaminobenzyldimethylamin*, $C_{15}H_{26}N_2$, $Kp._4$ 138—139°, n_D^{20} 1,5130. *Jodmethylat*, $C_{16}H_{29}N_2J$, F. 147°. *Dipikrat*, $C_{15}H_{26}N_2 \cdot 2\,C_6H_3O_7N_3$, F. 140°, gelbe Kristalle. — *p-Di-n-butylaminobenzyldimethylamin*, $C_{17}H_{30}N_2$, $Kp._4$ 160—161°, n_D^{20} 1,5261. *Jodmethylat*, $C_{18}H_{33}N_2J$, F. 135—136°. *Dipikrat*, $C_{17}H_{30}N_2 \cdot 2\,C_6H_3O_7N_3$, F. 114° (Zers.), gelbe Kristalle. — *p-Benzylmethylaminobenzyldimethylamin*, $C_{17}H_{22}N_2$, $Kp._8$ 215—216°, n_D^{20} 1,6015. *Jodmethylat*, $C_{18}H_{25}N_2J$, F. 140—144° (Zers.). *Monopikrat*, $C_{17}H_{22}N_2 \cdot C_6H_3O_7N_3$, F. 140°, gelbe Kristalle. *Dipikrat*, $C_{17}H_{22}N_2 \cdot 2\,C_6H_3O_7N_3$, F. 163° (Zers.), gelbe Kristalle. — *p-Benzyläthylaminobenzyldimethylamin*, $C_{18}H_{24}N_2$, $Kp._3$ 210—211°, n_D^{20} 1,5943. *Jodmethylat*, $C_{19}H_{27}N_2J$, F. 157° (Zers.). *Monopikrat*, $C_{18}H_{24}N_2 \cdot C_6H_3O_7N_3$, F. 110°, gelbe Kristalle. — Behandlung der Jodmethylate von **VI** u. **VII** mit wss. Ag_2O, Eindampfen des Filtrats im Vakuum, Zers. in der Hitze unter Auffangen der Dämpfe in HCl führte zu **V**-*Hydrochlorid*, F. 277—278°. — *Benzyldimethylamin*, durch Zutropfen von 85%ig. HCOOH zu **III** u. **I** in A. auf dem Dampfbad, Verdünnen mit W., Zugabe von Alkali, Extraktion mit Ae., Dest. u. Reinigung des Destillates ($Kp._{10}$ 72°) durch Aufnehmen in HCl u. Ausschütteln mit Äther. *Jodmethylat*, $C_{10}H_{16}NJ$, F. 179—180°. — *p-Dimethylaminobenzyldimethylamin* (**VI**), $Kp._{10}$ 130—132°, analog aus **IV**. (J. chem. Soc. [London] **1952.** 1159—64. März. Birmingham, Coll. of Technol.)

HORST BAGANZ. 1310

H. Vanderhaeghe und **G. Derudder**, *Tuberkulostatische Wirksamkeit von Derivaten der 4-Amino-2-oxybenzoesäure* (*p-Aminosalicylsäure*). Zur Unters. auf ihre tuberkulostat. Wrkg. stellen Vff. einige Derivv. von *p-Aminosalicylsäure* (**I**) dar. **I**-*Äthylester* entsteht aus p-Nitrotoluol durch Chlorierung in o-Stellung, Oxydation zur *2-Chlor-4-nitrobenzoesäure*, Austausch des Cl-Atoms gegen die OH-Gruppe, Veresterung u. Reduktion. Direkte Veresterung von **I** liefert nur geringe Ausbeuten u. führt zum Teil zu Decarboxylierung, während die Veresterung nach NIEWLAND (J. Amer. chem. Soc. **58.** [1936.] 271) mit BF_3 als Katalysator gute Ausbeuten ergibt. — Ferner wird eine Anzahl aliphat. *2-Alkoxyderiv.* von **I** aus o-Toluidin durch Nitrierung mit HNO_3 in p-Stellung, Diazotierung u. Verkochung zu *3-Nitro-6-methylphenol*, Verätherung der OH-Gruppe, Oxydation zur Säure u. Red. dargestellt, wobei die Ausbeuten bei der Alkoxylierung mit größeren Molekülresten infolge ster. Hinderung abnehmen. — Die entsprechenden *2-Aryloxyverbb.* von **I** werden analog aus 4-Nitro-2-chlorbenzoesäure durch Rk. mit den entsprechenden K-Phenolaten in Ggw. von Cu u. katalyt. Red. erhalten. Hierbei entstehen bei der Red. von 2-[p-Methylphenoxy]-, 2-[o-Chlorphenoxy]- u. 2-[p-Chlorphenoxy]-4-nitrobenzoesäure nicht die erwünschten Aminoverbb., sondern gefärbte, nichtkrist. Produkte. — Zur Unters. des Einfl. der o-Substituenten auf die Elektronegativität der COOH-Gruppe stellen Vff. mittels elektrometr. Titration den p_H-Wert der Halbneutralisation fest u. berechnen die p_K-Werte (vgl. Tabelle 2 im Original). Wegen geringer Löslichkeit verschied. Säuren lassen sich nach dieser Meth. nicht alle p_K-Werte feststellen. Das Spektr. von **I** erweist sich in geringem Maße als vom Lösungsm. abhängig. Betreffend tuberkulostat. Wrkg. vgl. Original.

Versuche: *2-Chlor-4-nitrotoluol*, F. 60—62°, aus p-Nitrotoluol mit 5% $SbCl_3$; 100% (Ausbeute). — *2-Chlor-4-nitrobenzoesäure*, F. 130—140°, aus vorst. Verb. u. $K_2Cr_2O_7 + H_2SO_4$; 40—50%. — *4-Nitrosalicylsäure*, F. 227—230°, aus vorst. Verb. durch 6std. Erhitzen mit $Ca(OH)_2 + H_2O$ + etwas Cu-Pulver auf 160°. *Äthylester*, F. 84 bis 85°, durch 10—20std. Sieden mit gesätt. alkoh. HCl; 60%. — *4-Aminosalicylsäureäthylesterhydrochlorid*, F. 186—187°, a) aus vorst. Verb. durch Red. mit alkoh. $SnCl_2$-

Lsg.; b) aus I, A. u. H_2SO_4 als *freier Ester*, F. 114—115°; 10% (daneben *m-Aminophenol*, F. 126—128°); c) aus I u. A. in Ggw. von BF_3 (l. c.); 70%. *Polyglykolester* (*p-NH₂, o-OH, $C_6H_4COO(CH_2CH_2O)_{ca.\,10}\cdot CH_2CH_2OH$*), aus 3,8 g I u. einer Suspension von 30 g Polyglykol Dow 400 u. 12 cm³ 48%ig. BF_3-Ae. durch 4std. Erwärmen auf 35—40°, nach 1wöchigem Stehen Neutralisieren u. Ausäthern. — *4-Nitro-o-kresol*, aus o-Toluidin mit HNO_3, Diazotieren u. Verkochen. — *4-Nitro-2-methoxytoluol*, F. 70—71°, aus vorst. Verb. u. Dimethylsulfat; 85%. — *4-Nitro-2-äthoxytoluol*, F. 60—61°, a) wie vorst. mit Äthylsulfat 2 Tage bei Raumtemp.; 40%; b) aus vorst. Verb., Na-Alkoholat u. Äthylchlorid 2 Std. auf dem Wasserbad; 72%. — *4-Nitro-2-n-propoxytoluol*, F. 52—54°, mit Propyljodid; 65% .— *4-Nitro-2-n-butoxytoluol*, F. 56—58°; 80%. — Nachst. *4-Nitro-2-alkoxybenzoesäuren*, aus vorst. substituierten Toluolen durch Zufügen von $KMnO_4$ in W. zu einer warmen Lsg. u. Abfiltrieren nach 5std. Erwärmen; aus dem eingeengten Filtrat durch Ansäuern: *Methoxy-*, F. 148—149°; 55—58%. — *Äthoxy-*, F. 150—151°; 20—26%. — *n-Propoxy-*, F. 149—150°; 5,5—8%. — *n-Butoxy-*, F. 129—130,5°; 4,5%.— *4-Nitro-2-chlorbenzoesäure*, F. 139—140°; analog; 32%. — Nachst. *4-Amino-2-alkoxybenzoesäuren*, durch Red. vorst. Verbb. in Essigester in Ggw. von Pt bei n. Temp. u. Anfangsdruck von 1,5 at (ca. 1 Std.) in gelblich gefärbten Kristallen bei 70—80%ig. Ausbeute: *Methoxy-*, F. 147—148° (Zers.). — *Äthoxy-*, F. 150—151° (Zers.). — *Propoxy-*, F. 180—181° (Zers.). — Nachst. *4-Nitro-2-aryloxybenzoesäuren*, aus K-Alkoholat, dem entsprechenden Phenol, 4-Nitro-2-chlorbenzoesäure u. etwas Cu-Pulver durch Eindampfen im Vakuum bis zur Trockne, 2std. Erhitzen auf 190—200° (Badtemp.), Aufnehmen in W., Einstellen auf p_H 5, Abblasen des überschüssigen Phenols mit Wasserdampf, Ansäuern des Rückstandes bis zur beginnenden Trübung, Reinigen mit Kohle u. Einengen des Filtrats; 30—40%: *Phenoxy-*, F. 150—160° (A.). — *p-Methylphenoxy-*, F. 166—167°. — *o-Chlorphenoxy-*, F. 176—177° (A.). — *p-Chlorphenoxy-*, F. 168—169°. — *4-Amino-2-phenoxybenzoesäure*, $C_{13}H_{11}O_3N$, F. 149—150°, durch katalyt. Red. der entsprechenden vorst. Verb. in Essigester. (Bull. Soc. chim. belges **61.** 310—21. 31/7. 1952. S. A. R. I. T. [Genval].) LEHWALD. 1350

Jacques Parrod, Noel Rist, Jean Cottet und **Max Rahier,** *2-Oxy-4-aminobenzoylaminoessigsäure* (*p-Aminosalicylursäure*). Aus 4-Nitro-2-acetoxybenzoesäure entsteht über das *Säurechlorid* durch. Rk. mit Glykokoll in alkal. Medium *4-Nitro-2-acetoxybenzoylaminoessigsäure*, die durch Erhitzen in $CaCO_3$-Lsg. in *Ca-4-Nitro-2-oxybenzoylaminoacetat*, durch Oxalsäure in die entsprechende *Säure* u. bei anschließender katalyt. Red. in *p-Aminosalicylursäure* verwandelt wird. Sie erweist sich in ihrer bakteriostat. Anwendung auf menschliche Tuberkelbacillen als 24 mal schwächer als p-Aminosalicylsäure.

V e r s u c h e: *2-Acetoxy-4-nitrobenzoesäure*, $C_9H_7O_6N$, F. 170—175° (MAQUENNE-Block), aus 80 g der Säure durch Acetylierung ;80 g (Ausbeute). — *2-Oxy-4-nitrobenzoylaminoessigsäure*, $C_9H_8O_6N_2$, F. 205—206° (mit ½ Mol Dioxan, F. 203°), durch Erhitzen von 22,5 g vorst. Verb. mit $SOCl_2$ in Bzl., Eingießen in eine wss. Lsg. von 9 g Glykokoll u. Na_2CO_3, Ansäuern, Aufnehmen des abfiltrierten Nd. in sd. W., Zufügen von $CaCO_3$ unter Rühren bis zur Beendigung der CO_2-Entw., Behandeln des Nd. mit Oxalsäure in der Wärme u. Filtrieren; aus dem Filtrat Nadeln (Dioxan); 10,7 g. *Ca-Salz*, $C_{18}H_{14}O_{12}N_4Ca$. — *2-Oxy-4-aminobenzoylaminoessigsäure* (*p-Aminosalicylursäure*), $C_9H_{10}O_4N_2\cdot H_2O$, F. 110°, aus 7,8 g vorst. Verb. durch Hydrierung in Methanol mit PtO_2 1 Std.; 7 g; $FeCl_3$-Rk. rotviolett. (Bull. Soc. chim. France, Mém. [5] **19.** 622—24. Mai/Juni 1952. Inst. de Biol. Physico-Chim., Service de Synth. Org., u. Inst. Pasteur, Service de la Tuberculose.) LEHWALD. 1350

W. W. Rasumowski und **Je. F. Rytschkina,** *Struktur und Reaktionsfähigkeit aromatischer Kohlenwasserstoffe. Über die Azokupplung von asymmetrischem Diphenyläthylen mit p-Nitrobenzoldiazoniumchlorid.* Durch Einw. von p-Nitrobenzoldiazoniumchlorid auf asymm. Diphenyläthylen in wss. Pyridin bei 20—25° wurden *Diphenyl-p-nitrophenyläthylen*, $(C_6H_5)_2C{=}CH{-}C_6H_4NO_2$ (I), u. *p-Nitrobenzyldiphenylcarbinol*, $(C_6H_5)_2COH{-}CH_2{-}C_6H_4NO_2$ (II) erhalten. Die Konst. von I wurde durch Oxydation zu *Benzophenon* u. *p-Nitrobenzoesäure* bewiesen. Durch Verreiben mit konz. H_2SO_4 ging II in I über. Bromierung von I u. II lieferte das gleiche *Dibromid.* I ist offenbar ident. mit der Verb. von WIZINGER u. CYRIAX (vgl. C. **1946.** I. 919), für die die falsche Formel $C_{19}H_{13}O_2N$ angegeben wird.

V e r s u c h e: *Diphenyl-p-nitrophenyläthylen* (I), $C_{20}H_{15}O_2N$, F. 154°; aus Bzl. u. Essigester + PAe. gelbe Kristalle. *Dibromid*, $C_2\,H_{15}O\,NBr_2$, F. 178—178,5°. *Amin*, F. 137° (Zers.), durch Red. von I mit Fe + CH_3CO_2H; gelbe Kristalle. — *p-Nitrobenzyldiphenylcarbinol* (II), $C_{20}H_{17}O_3N$, F. 150°; aus Bzl. gelbliche Kristalle. (Доклады Академии Наук СССР [Ber. Akad. Wiss. UdSSR] [N. S.] **88.** 839—41. 11/2. 1953. Leningrad, Elektrotechn. Bontsch-Brujewitsch-Inst.) SCHMELZ. 1410

L. W. F. Kampschmidt und **J. P. Wibaut,** *Reaktion zwischen o-Phthalaldehyd und Hydroxylamin.* Es wird der Mechanismus der Rk. zwischen *o-Phthalaldehyd* (I) bzw. *Naphthalinozonid* mit *Hydroxylaminhydrochlorid* (II) in sodaalkal. Lsg. diskutiert. Als mit den Ergebnissen am besten übereinstimmend hat sich folgender Reaktionsablauf erwiesen: **I** wird von **II** zu *Phthalsäurealdehyd* (**III**) oxydiert, aus dem sich mit **II** das *Oxim* (**IV**) bildet. **IV** ergibt unter Wasserabspaltung ein *Benzoxazin*, das sich zum *Phthalsäuremononitril* umlagert. Dieses reagiert mit weiterem **II** zu *Phthalimidmonoxim* (**V**). Daneben entsteht in kleinerer Menge *Phthalimiddioxim.*

V e r s u c h e: *Phthalimidmonoxim* (**V**), F. 258°, aus **III** u. **II** in sodaalkal. Lsg., 30% (Ausbeute). — *Phthalsäurealdehydoxim* (**IV**), F. 100—120°, erstarrt wieder u. schm. dann bei 230° (Phthalimid), aus **III** u. **II** in wss. Lsg., 70%; gibt beim Erhitzen in sodaalkal. Lsg. **V**; 22%. — *Phthalimiddioxim*, $C_8H_7O_2N_3$, F. 264° (A.–Aceton), als Nebenprod. bei der Darst. von **V** aus **I** u. **II**. — *Benzoylphthalimidmonoxim*, $C_{15}H_{10}O_3N_2$, F. 246°, aus **V** u. Benzoylchlorid in KOH, in Chlf. lösen, mit A. fällen; 40%. — *Phthalimid*, F. 232,5°, aus **V** u. konz. H_2SO_4 + HNO_3 unter Kühlung; 60%. — Verss., **V** aus Phthalimid u. **II** zu gewinnen, schlugen fehl. (Recueil Trav. chim. Pays-Bas **71.** 601—08. Mai 1952. Amsterdam, Univ., Labor. for Organic Chem.) BAUMANN. 1530

R. Ja. Lewina, N. N. Mesenzowa und **P. A. Akischin,** *Kontaktisomerisation ungesättigter Kohlenwasserstoffe.* 18. Mitt. *Isomerisation von Methylencyclohexan an Chromoxyd auf Aluminiumoxyd.* (17. vgl. (Вестник Московского Университета, Серия Физико-Математических и Естественных Наук [Nachr. Moskauer Univ., physik.-mathemat. u. naturwiss. Ser.] **7.** [1952.] Nr. 2. 87. Beim Überleiten von dampfförmigem Methylencyclohexan (I) im schwachen N_2-Strom über Cr_2O_3/Al_2O_3 bei 250° erfolgt völlige Isomerisation unter Bldg. von 60% *1-Methylcyclohexen-(1)*, 33% *1-Methylcyclohexen-(2)* u. vielleicht *1-Methylcyclohexen-(3)*. Unter den Versuchsbedingungen erfahren diese die ZELINSKYsche katalyt. Umwandlung in ein Gemisch von *Toluol* u. *Methylcyclohexan* (II), zu 7% bei einmaligem, zu 21% bei zweimaligem Überleiten von I über den Katalysator. Zur Identifizierung der Reaktionsprodd. wurde das RAMAN-Spektr. des Katalysats aufgenommen. II wurde durch Behandeln des Katalysats mit H_2SO_4 (80- u. 90%iger, dann rauchender mit 7% SO_3) isoliert; seine Konstanten: Kp.$_{741}$ 100—101°; D.$^{20}_4$ 0,7685; n_D^{20} 1,4235. (Вестник Московского Университета, Серия Физико-Математических и Естественных Наук [Nachr. Moskauer Univ., physik.-mathemat. u. naturwiss. Ser.] **7.** Nr. 12. 49—53. Dez. 1952. Zelinsky-Labor. für organ. Chem. u. Labor. für Molekülspektroskopie.) R. KNOBLOCH. 1810

Gerd Graefe, *Über Mesoinosit, ein Erzeugnis aus Maisquellwasser.* Übersicht über Vorkk., Eigg., Konst., Konfiguration, Gewinnung u. biol. Bedeutung an Hand der Literatur. — 32 Hinweise. (Stärke **4.** 275—82. Nov. 1952. Hamburg, Deutsche Maizena-Werke, GmbH.) ULMANN. 1860

Raffaele Giuliano und **Giuseppina Leonardi,** *Über einige Derivate der Δ^1-Cyclopentencarbonsäure-(1).* Durch Verschmelzen von Cyclopentanol-(1)-carbonsäure-(1) (I)-Äthylester mit Phthalsäureanhydrid wird der *Äthylester* der *Cyclopenten-(1)-carbonsäure-(1)* (II) erhalten. Bei Einw. von $POCl_3$ auf I entsteht an Stelle von II das *Lactid von* I. Durch Verseifen des Äthylesters hergestellte II wird mit $SOCl_2$ in das Säurechlorid (IIa) übergeführt, aus dem einige Derivv. von gegebenenfalls pharmazeut. Interesse gewonnen werden.

V e r s u c h e: *Cyclopenten-(1)-carbonsäure-(1)* (II), Äthylester, Kp.$_{25}$ 92°, aus I-Äthylester durch Verschmelzen mit Phthalsäureanhydrid u. Benzolsulfonsäure bei 170—180° (1 Std.); 50% Ausbeute. *Säurechlorid* (**IIa**), aus II mit $SOCl_2$ bei 50—60° in 1 Std.; Kp. 179°. *Diäthylamid*, $C_{10}H_{17}ON$, Kp.$_{50}$ 154°, aus **IIa** mit $(C_2H_5)_2NH$ in Bzl. durch 1std. Erhitzen. *Diäthylaminoäthylester*, $C_{12}H_{21}O_2N$, Kp.$_{35}$ 160—163°, aus **IIa** u. Diäthylaminoäthanol in Bzl. durch 3std. Erhitzen; *Pikrat*, F. 99°; *Hydrochlorid*, $C_{12}H_{22}O_2NCl$, F. 127°, aus A. Nadeln. *Ureid*, $C_7H_{10}O_2N$, F. 195° (Zers.; A.), durch Erhitzen von **IIa** mit Harnstoff. *Isoamylester*, $C_{11}H_{18}O_2$, Kp. 230—231°. — I-*Lactid*, $C_{12}H_{16}O_4$ F. 77—78° (aus A. Nadeln), durch Erhitzen von I mit $POCl_3$ (3 Std.). (Ricerca sci. **22.** 1205—09. Juni 1952. Rom, Univ., Ist. di Chim. farm. tossicol.) K. FABER. 2010

I. N. Nasarow, W. F. Kutscherow und **L. N. Terechowa,** *Acetylenderivate.* 126. Mitt. *Synthese polycyclischer, den Steroiden verwandter Verbindungen.* 14. Mitt. *Synthese tetracyclischer Ketone mit Methylcyclopentanring B.* (125. vgl. C. **1952.** 1158; 13. vgl. nachst. Ref.) Die schon früher (vgl. C. **1951.** II. 2594) durchgeführte Reaktionsfolge, beginnend mit der Kondensation von 2-Methoxybutadien-(1.3) (I) mit 1.3-Dimethylcyclopenten-(1)-on-(5) (II), die im Endergebnis zu einem Isomeren von 15-Methylandrostendion-(3.17) geführt hatte, wurde wieder aufgenommen. Es zeigte sich, daß aus I u. II neben *5-Methoxy-3.8-dimethyl-Δ^5-tetrahydroindanon-(1)* (III) auch das *Isomere* mit der Methoxygruppe in 6-Stellung entstand. (Die 2 Ringe sind in cis-Stellung aneinander gefügt.) Trennung beider durch Dest. gelang nicht. Die Hydrolyse des Gemisches ergab aber neben dem schon bekannten *3.8-Dimethylhexahydroindandion-(1.5)* das *Indandion-(1.6)-Deriv.*, deren Trennung mittels der Disemicarbazone möglich war. Auch bei der Kondensation mit C_2H_2 u. anschließender Hydrolyse wurden die den beiden Isomeren entsprechenden Verbb. *1-Äthinyl-3.8-dimethyl-5-* bzw. *-6-ketohexahydroindanol-(1)* (**IV** bzw. **V**) erhalten. In **IV** wurde in der früher beschriebenen Weise die Red. der Äthinylgruppe zur Vinylgruppe u. dann die Dehyratation zu *1-Vinyl-3.8-dimethyl-5-keto-Δ^1-hexahydroinden* (**VI**) durchgeführt. Die Kondensation dieses Diens mit 1-Methylcyclopenten-(1)-on-(5) (**VII**) bzw. 1-Methylcyclohexen-(1)-on-(6) (**VIII**) führte wieder zu Gemischen. Im 1. Fall ent-

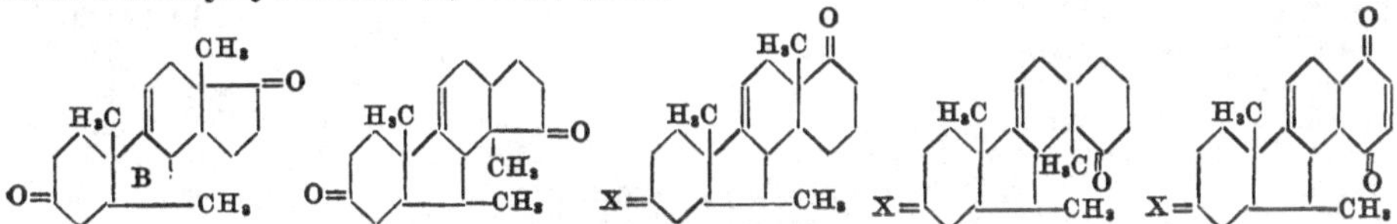

IX X XI $X = O$ XII $X = O$ XIII $X = O$

XVI $X = \langle{}^{H}_{OCH_3}$ XVII $X = \langle{}^{H}_{OCH_3}$ XV $X = \langle{}^{H}_{OCH_3}$

standen die *tetracycl. Diketone* **IX** u. **X**, im 2. Fall **XI** u. **XII**. Kondensation mit Chinon lieferte dagegen als einzige Verb. das *tetracycl. Triketon* **XIII**. Wurde **V** den analogen Rkk., der Hydrierung zur Vinylverb. u. anschließender Dehydratation unterworfen, so entstand *1-Vinyl-3.8-dimethyl-6-keto-Δ^1-hexahydroinden.* Dieses gab bei der Dienkondensation mit Maleinsäureanhydrid *9.11-Dimethyl-6-ketodekahydrofluorendicarbonsäure-(1.2)-anhydrid.* Das Gemisch von 5 (**III**)- u. 6-Methoxy-3.8-dimethyl-Δ^5-tetrahydroindanon-(1) wurde wie früher in Ggw. von Pd hydriert. Das Gemisch der Hydrierungsprodd., *5-* u. *6-Methoxy-3.8-dimethylhexahydroindanon-(1)*, durch fraktionierte Dest. zu trennen, gelang nicht. Bei der Kondensation mit C_2H_2 konnte eines der Reaktionsprodd., *1-Äthinyl-3.8-dimethyl-5-methoxyhexahydroindanol-(1)* rein erhalten werden. Dieses wurde in Ggw. von Pd zur entsprechenden *1-Vinylverb.* hydriert u. diese zu *1-Vinyl-3.8-dimethyl-5-methoxy-Δ^1-hexahydroinden* (**XIV**) dehydratisiert. Mit Maleinsäureanhydrid entstand hieraus *9.11-Dimethyl-7-methoxydekahydrofluorendicarbonsäure-(1.2)-anhydrid,* mit Chinon die *tetracycl. Verb.* **XV**, die in Ggw. von Pd unter gewöhnlichen Bedingungen nicht hydriert wird. **XIV** lieferte bei der Dienkondensation mit **VIII** ein Gemisch der *tetracycl. Verbb.* **XVI** u. **XVII**.

V e r s u c h e: *1.3-Dimethylcyclopenten-(1)-on-(5)* (**II**), Kp.$_{10}$ 53—55°; durch Cyclisation von Allylisopropenylketon nach NASAROW u. SARETZKAJA (Известия Академии Наук СССР, Отделение Химических Наук [Bull. Acad. Sci. URSS, Cl. Sci. chim.] **65.** [1944.]); n_D^{20} 1,4655. — *2-Methoxybutadien-(1.3)* (**I**), Kp. 75—76°; aus 1.3.3-Trimethoxybutan mit $NaHSO_4$ nach DUKSTRA (J. Amer. chem. Soc. **57.** [1935.] 2255); n_D^{20} 1,4435; die Ausbeute wurde auf 75% erhöht. — *5-Methoxy-3.8-dimethyl-Δ^5-tetrahydroindanon-(1)* (**III**). 20 g **I** wurden mit 550 g **II** u. 2 g Pyrogallol 1½ Std. im Stahlautoklaven auf 230° u. nach Zusatz von weiteren 20 g **I** nochmals 1½ Std. auf gleiche Temp. erhitzt; die Fraktionierung ergab 38 g Kondensationsprod., Kp.$_2$ 95—140°, neben viel wiedergewonnenem **II** u. 95 g durch Isomerisation von **II** entstandenem *1.3-Dimethylcyclopenten-(3)-on-(5)*. 208 g eines aus mehreren Operationen stammenden Kondensationsprod. lieferten 100 g **III**, Kp.$_{1,5}$ 103—104°, die etwas *6-Methoxyderiv.* enthielten; n_D^{20} 1,4960. — *3.8-Dimethylhexahydroindandion-(1.5)*; 20 g **III** wurden mit 60 cm³ 3%ig. HCl 5 Std. verrührt; die Fraktionierung ergab 6,5 g, Kp.$_2$ 119—121°; n_D^{20} 1,4925, die etwas *1.6-Dion* enthielten. *Disemicarbazon,* $C_{13}H_{22}O_2N_6$, F. 253—254° (Zers.); aus CH_3OH Nadeln; wenig lösl. in CH_3OH. *Disemicarbazon* des *1.6-Dions,* $C_{13}H_{22}O_2N_6$, F. 224—225° (Zers.); aus CH_3OH Kristalle; leicht lösl. in CH_3OH. — *1-Äthinyl-3.8-dimethyl-5-ketohexahydroindanol-(1)* (**IV**), F. 134—136°; aus einer Lsg. von 100 g **III** in 200 cm³ absol. Ae., die in 1½ Std. bei —70° zu einer mit 300 Litern C_2H_2 behandelten Lsg. von KNH_2 (50 g K; 950 cm³ fl. NH_3) hinzugefügt wurde; ein schwacher C_2H_2-Strom wurde noch 14 Std. bei gleicher Temp. durchgeleitet. NH_3 wurde verdampft u. der Rückstand bei —10° mit NH_4Cl-Lsg. zers.; das Reaktionsprod. wurde 5 Std. mit 2%ig. HCl verrührt, der sich ausscheidende, mit Öl durchsetzte Kristallbrei abgesaugt u. mit 30%ig. CH_3OH gewaschen. Das mit Ae. aufgenommen Öl wurde fraktioniert u. aus der Fraktion Kp.$_{0,02}$ 110—125° auf Ae.-Zusatz weiteres **IV** erhalten. Insgesamt 26,3 g; die äther. Mutterlauge enthielt **V**. — *1-Äthinyl-3.8-dimethyl-6-ketohexahydroindanol-(1)* (**V**), $C_{13}H_{18}O_2$, F. 118—119,5°; aus der vorst. erhaltenen äther. Mutterlauge auf Zusatz von PAe., weitere Mengen aus der Ae. + PAe.-Mutterlauge durch

Fraktionieren ($Kp._2$ 145—150°); aus Aceton Kristalle; insgesamt 6,2 g. — Gemisch der *tetracycl. Diketone* **IX** u. **X**, $C_{19}H_{26}O_2$, $Kp._{0,02}$ 170—180°; aus 1,4 g **VI** u. 16,4 g **VII** in Ggw. von 0,1 g Pyrogallol bei 5 std. Erhitzen auf 170°; gelbliches Öl; n_D^{20} 1,5370; 1 g. *Disemicarbazon* (individuell oder Gemisch?), $C_{21}H_{32}O_2N_6$, F. 201—202° (Zers.); aus A. Kristalle. Beim Hydrieren von **IX** + **X** (Pt; A.) bildet sich ein Gemisch der *Dihydroprodd.* $C_{19}H_{28}O_2$, $Kp._{0,012}$ 130—140°; glasartig; n_D^{20} 1,5320. — Gemisch der *tetracycl. Diketone* **XI** u. **XII**, $C_{20}H_{28}O_2$, $Kp._{0,013}$ 143—150°; aus **VI** u. überschüssigem **VIII** analog Vorst.; Öl; n_D^{20} 1,5375. Hieraus beim Hydrieren (Pt; A.) ein Gemisch der *Dihydroprodd.* $C_{20}H_{30}O_2$, $Kp._{0,02}$ 150—160°; Öl; n_D^{20} 1,5330. — *Tetracycl. Triketon* **XIII**, $C_{19}H_{22}O_3$, F. 136—137°; aus 2 g **VI** u. 1,05 g Chinon in Ggw. von Pyrogallol in 15 cm³ Dioxan, 5 Std. bei 60°; aus CH_3OH Kristalle. *Disemicarbazon*, $C_{21}H_{28}O_3N_6$, schm. nicht bei 300°; aus CH_3OH + Wasser. — *1-Vinyl-3.8-dimethyl-6-ketohexahydroindanol-(1)*, $C_{13}H_{20}O_2$, F. 88—89°; durch Hydrieren von **V** (Pd; Dioxan) bis zur Aufnahme von 2 H; aus PAe. Kristalle. *Semicarbazon*, $C_{14}H_{23}O_2N_3$, F. 166—167,5°; aus 40%ig. CH_3OH Nadeln. — *1-Vinyl-3.8-dimethyl-6-keto-Δ^1-hexahydroinden*, $Kp._7$ 125—130°; 1,7 g vorst. Verb. werden mit 0,8 g $KHSO_4$ 20 Min. auf 120°/80 mm erhitzt; n_D^{20} 1,5160; zers. sich schnell. *Semicarbazon*, $C_{14}H_{21}ON_3$, F. 187—188°; aus 80%ig. CH_3OH Kristalle. — *9.11-Dimethyl-6-ketodekahydrofluorendicarbonsäure-(1.2)-anhydrid*, $C_{17}H_{20}O_4$, F. 206—207°; aus 0,55 g vorst. Verb. u. 0,3 g Maleinsäureanhydrid, 3 Std. bei 120—125°; aus Bzl. + PAe. Kristalle; 0,25 g. Hieraus durch 3std. Kochen mit 2%ig. HCl die freie *Dicarbonsäure*, $C_{17}H_{22}O_5$, F. 236—238° (Zers.); aus 40%ig. A. Kristalle. — Gemisch von *5- u. 6-Methoxy-3.8-dimethylhexahydroindanon-(1)*, $Kp._2$ 94—98°; durch Hydrieren von **III** (Pd; Dioxan); n_D^{20} 1,4785; 6,7 g aus 10 g **III**. — *1-Äthinyl-3.8-dimethyl-5-methoxyhexahydroindanol-(1)*, $C_{14}H_{22}O_2$, F. 114—115°; aus vorst. Gemisch in Ae. u. C_2H_2 in Ggw. von KNH_2 in fl. NH_3 bei —70°; aus PAe. Kristalle; 9,3 g aus 25 g neben dem fl., nicht rein erhaltenen Isomeren. — *1-Äthyl-3.8-dimethyl-5-methoxyhexahydroindanol-(1)*, $C_{14}H_{26}O_2$, $Kp._{2,5}$ 116 bis 117°; durch erschöpfendes Hydrieren vorst. Verb. (Pd; Dioxan); $D._4^{20}$ 0,9920; n_D^{20} 1,4870. — *1-Vinyl-3.8-dimethyl-5-methoxyhexahydroindanol-(1)*, $C_{14}H_{24}O_2$, $Kp._{2,5}$ 120 bis 121°; durch Hydrieren vorvorst. Verb. (Pd; Dioxan) bis zur Aufnahme von 2 H; $D._4^{20}$ 1,0118; n_D^{20} 1,4970; 3,2 g aus 3,6 g. — *1-Vinyl-3.8-dimethyl-5-methoxy-Δ^1-hexahydroinden* (**XIV**), $Kp._7$ 110—111°; aus 4,6 g vorst. Verb. mit 2,3 g $KHSO_4$, ½ Std. bei 120—130°/80 mm; n_D^{20} 1,4980; äußerst unbeständig; 3,3 g. — *9.11-Dimethyl-7-methoxydekahydrofluorendicarbonsäure-(1.2)-anhydrid*, $C_{18}H_{24}O_4$, F. 115—116°; aus **XIV** u. Maleinsäureanhydrid, 2½ Std. bei 120°; aus PAe. + Bzl. Nadeln; 0,4 g aus 0,9 g **XIV**. Hieraus mit sd. 3%ig. HCl die freie *Dicarbonsäure*, $C_{18}H_{26}O_5$, F. 216—217°; aus 50%ig. A. Kristalle. — *Tetracycl. Verb.* **XV**, $C_{20}H_{26}O_3$, F. 125—126°; aus 0,8 g **XIV** u. 0,4 g Chinon in 10 cm³ absol. Dioxan, 5 Std. bei 60—65°; das Reaktionsprod. wird im Vakuum dest. (135—150°/0,02 mm); aus 60%ig. A. Kristalle. — Gemisch der *tetracycl. Verbb.* **XVI** u. **XVII**, $C_{21}H_{32}O_2$, aus 1,1 g **XIV** u. stark überschüssigem **VIII**, 5 Std. bei 180°; das Reaktionsprod. dest. bei 135—150°/0,015 mm; hellgelbes, dickes Öl; 0,62 g. (Известия Академии Наук СССР, Отделение Химических Наук [Nachr. Akad. Wiss. UdSSR, Abt. chem. Wiss.] **1952**. 442—52. Mai/Juni. Inst. für organ. Chem. der Akad. der Wiss. der UdSSR.) R. KNOBLOCH. 2650

I. N. Nasarow und **Ss. I. Sawjalow**, *Synthese von polycyclischen, den Steroiden verwandten Verbindungen.* 13. Mitt. *Reaktion carbocyclischer Ketone mit 1-Acetylcyclohexen-(1).* (12. vgl. Известия Академии Наук СССР, Отделение Химических Наук [Nachr. Akad. Wiss. UdSSR, Abt. chem. Wiss.] **1952**. 300.) Dekalon-(1) (**I**), 6-Methoxy-9-methyl-Δ^6-oktalon-(1) (**II**), 9-Methyl-Δ^6-oktalon-(1) (**III**) u. 3.8-Dimethyl-Δ^5-tetrahydroindanon-(1) (**IV**) wurden mit $NaNH_2$ in die Na-Verbb. übergeführt u. diese der Einw. von 1-Acetylcyclohexen-(1) (**V**) unterworfen. Hierbei reagierte **II** nicht. In den übrigen Fällen wurden Kondensationsprodd. gewonnen, aus **I** *2-[2'-Acetylcyclohexyl-(1')]-dekalon-(1)*, aus **III** *9-Methyl-2-[2'-acetylcyclohexyl-(1')]-Δ^6-oktalon-(1)* u. aus **IV** *3.8-Dimethyl-2-[2'-acetylcyclohexyl-(1')]-Δ^5-tetrahydroindanon-(1)*. Eine intramol. Kondensation unter Abspaltung von W. zwischen der CO-Gruppe in **I**, **III** u. **IV** u. CH_3 der Acetylgruppe in **V** („Crotonkondensation"), die den Hormonen der Androstanreihe verwandte Verbb. geliefert hätte, erfolgte nicht.

V e r s u c h e: *2-[2'-Acetylcyclohexyl-(1')]-dekalon-(1)*, $C_{18}H_{28}O_2$, $Kp._2$ 172—178°. Man behandelt 3 g **I** mit 0,8 g $NaNH_2$ in 50 cm³ Ae. 7 Std. bei Zimmertemp. unter Durchleiten von H_2, kocht 1 Std. zur völligen Entfernung von NH_3, fügt zu der Suspension unter Kühlung mit Eis tropfenweise 2,4 g **V** hinzu, läßt 2 Std. in der Kälte, dann über Nacht u. hierauf 1½ Std. beim Sieden einwirken u. zers. mit verd. HCl; 1,9 g (Ausbeute). *Bis-[2.4-dinitrophenylhydrazon]*, $C_{30}H_{36}O_8N_8$, F. 213—215° (Zers.); aus Benzol. — *9-Methyl-2-[2'-acetylcyclohexyl-(1')]-Δ^6-oktalon-(1)*, $C_{19}H_{28}O_2$, $Kp._{0,05}$ 153—157°; aus 2 g **III**, 0,5 g $NaNH_2$ u. 1,5 g **V** in 40 cm³ Ae.; n_D^{20} 1,5412; 1,2 g. *2.4-Dinitrophenylhydr-*

azon, $C_{25}H_{32}O_5N_4$, F. 215—217° (Zers.); aus Benzol. — *3.8-Dimethyl-2-[2'-acetylcyclohexyl-(1')]-Δ^5-tetrahydroindanon-(1)*, $C_{19}H_{28}O_2$, Kp.$_2$ 166—170°; aus 3 g **IV**, 0,72 g $NaNH_2$ u. 2,2 g **V** in 50 cm^3 Ae.; n_D^{20} 1,5395; 2,2 g. Nimmt beim Hydrieren (Pt; Methanol) 1 H_2 auf. *2.4-Dinitrophenylhydrazon*, $C_{25}H_{32}O_5N_4$, F. 223—224° (Zers.); aus Benzol. (Известия Академии Наук СССР, Отделение Химических Наук [Nachr. Akad. Wiss. UdSSR, Abt. chem. Wiss.] **1952.** 437—41. Mai/Juni. Inst. für organ. Chem. der Akad. der Wiss. der UdSSR.) R. KNOBLOCH. 2700

G. B. Marini-Bettòlo, S. Chiavarelli und **D. Bovet**, *Untersuchungen über synthetische Sympatholytica der Ergotaminreihe*. 1. Mitt. *N-substituierte Derivate des dl-ac-Tetrahydro-β-naphthylamins mit Amin und Amidfunktion*. Inhaltlich ident. mit der C. **1952.** 6364 referierten Arbeit. (Rend. Ist. super. Sanità. **15.** 767—85. 1952. Rom, Ist. sup. di Sanità, Labor. di Chim. terapeut.) K. FABER. 2700

Stefano Chiavarelli und **G. B. Marini-Bettòlo**, *Untersuchungen über synthetische Sympatholytica der Ergotaminreihe*. 2. Mitt. *Benzylamin-, Phenyläthylamin- und Phenylisopropylaminderivate mit Amin- und Amidfunktion*. (1. vgl. vorst. Ref.) Inhaltlich ident. mit der C. **1952.** 2669 referierten Arbeit. (Rend. Ist. super. Sanità **15.** 786—95. 1952.) K. FABER. 2700

G. B. Marini-Bettòlo und **S. Chiavarelli**, *Untersuchungen über synthetische Sympatholytica der Ergotaminreihe*. 3. Mitt. *Neue Tetrahydro-β-naphthylaminderivate mit Amin- und Amidgruppen, welche Piperidin- und Morpholinreste enthalten*. (2. vgl. vorst. Ref.) Inhaltlich ident. mit der C. **1952.** 2670 referierten Arbeit. (Rend. Ist. super. Sanità **15.** 796—803. 1952.) K. FABER. 2700

G. B. Marini-Bettòlo, S. Chiavarelli und **F. Bovet-Nitti**, *Untersuchungen über synthetische Sympatholytica der Ergotaminreihe*. 4. Mitt. *2-Aminotetralinderivate als Modelle des Ergometrins*. (3. vgl. vorst. Ref.) Inhaltlich ident. mit der C. **1952.** 2994 referierten Arbeit. (Rend. Ist. super. Sanità **15.** 804—12. 1952.) K. FABER. 2700

Stefano Chiavarelli und **G. B. Marini-Bettòlo**, *Untersuchungen über synthetische Sympatholytica der Ergotaminreihe*. 5. Mitt. *Über einige Derivate des 1.2.3.4-Tetrahydrochinolins*. (4. vgl. vorst. Ref.) Inhaltlich ident. mit der C. **1953.** 2124 referierten Arbeit. (Rend. Ist. super. Sanità **15.** 813—25. 1952.) K. FABER. 2700

G. B. Marini-Bettòlo und **M. R. Falco**, *Untersuchungen über synthetische Sympatholytica der Ergotaminreihe*. 6. Mitt. *N-substituierte Derivate des 2-Aminotetralins mit verzweigter, Amin- und Amidgruppen enthaltender Seitenkette*. (5. vgl. vorst. Ref.) Zur Unters. des Einfl. der Länge der N-substituierten Seitenkette in *2-Aminotetralinderivv.* auf die pharmakol. Wrkg. werden *N-Alkyl-N'-tetralyl-(2)-* bzw. *N'-Alkyl-N-tetralyl-(2)-derivv.* des *α-Alaninamids* sowie des *α-* u. *β-Aminobutyramids* dargestellt.

I

Versuche: *N-Acyl-2-aminotetralinderivv.*: *N-α-Brompropionyl-*, (**II**) F. 142°, aus 2-Aminotetralin (**III**) u. α-Brompropionylbromid in 8%ig. NaOH. *N-Methyl-N-[α-brompropionyl]-*, F. 143°, ebenso aus N-Methyl-2-aminotetralin. *N-Äthyl-N-[α-brompropionyl]-*, F. 147°. *N-α-Brombutyryl-*, F. 112°, aus **III** u. α-Brombutyrylchlorid, aus Bzl. + PAe. Nadeln. *N-β-Brombutyryl-*(**IV**), F. 128—130° (aus verd. A.), F. 149—152° (aus Bzl. + PAe.). — *Tetralyl-(2)-derivv.* (**I**): $X = NHCOCH(CH_3)_2$, Kp.$_{0,3}$ 149°, aus **II** u. $(CH_3)_2NH$ durch Erhitzen in Bzn. im Rohr auf 90° (20 Std.). $X = NHCOCH(CH_3)N(C_2H_5)_2$, Kp.$_4$ 160° bis 165°. $X = N(CH_3)COCH(CH_3)N(CH_3)_2$, Kp.$_{0,4}$ 191°; *Pikrat*, F. 106°. $X = N(CH_3)CO \cdot CH(CH_3)N(C_2H_5)_2$, Kp.$_{0,4}$ 160; *Pikrat*, F. 144°. $X = N(C_2H_5)COCH(CH_3)N(CH_3)_2$, Kp.$_{0,1}$ 161°; *Pikrat*, F. 102°. $X = N(C_2H_5)COCH(CH_3)N(C_2H_5)_2$, Kp.$_{0,05}$ 156°; *Pikrat*, F. 141°. $X = NHCOCH(C_2H_5)N(CH_3)_2$, Kp.$_{0,4}$ 163°. $X = NHCOCH(C_2H_5)N(C_2H_5)_2$, Kp.$_{0,4}$ 172°. — *N.N.-Dimethyl-N'-[tetralyl-(2)]-α-alaninamid.*, *Jodmethylat* [**I**, $X = NHCOCH \cdot (CH_3)N(CH_3)_3J$], F. 226, mit überschüssigem CH_3J in Aceton bei 60°. $X = N(CH_3)COCH \cdot (CH_3)N(CH_3)_3J$, F. 216°. $X = N(C_2H_5)COCH(CH_3)N(CH_3)_3J$, F. 218°. — *N.N.-Diäthyl-N'-[tetralyl-(2)]-β-aminobutyramid* [**I**, $X = NHCOCH_2CH(CH_3)N(C_2H_5)_2$], Kp.$_{0,2}$ 186°, aus **III** u. β-[N-Diäthylamino]-buttersäuremethylester in Ggw. von Na-Metall durch Erhitzen im Rohr auf 100° (48 Std.); *Pikrat*, F. 112°. *N-Crotonyl-2-aminotetralin* [**I**, $X = NHCOCH = CHCH_3$], F. 133—134° (Bzl. + PAe.), aus **III** u. Crotonylchlorid in 8%ig. NaOH oder aus **IV** mit $(CH_3)_2NH$ bzw. $(C_2H_5)NH$. — *N'-Äthyl-N-[tetralyl-(2)]-α-alaninamid* [**I**, $X = NHCH(CH_3)CONHC_2H_5$], Kp.$_1$ 178°, aus **III** u. N-Äthyl-α-brompropionamid durch Erhitzen auf 70° im Rohr (2 Std.); *Pikrat*, F. 157°. — *N'.N'-Diäthyl-N-[tetralyl-(2)]-α-alaminamid* [**I**, $X = NHCH(CH_3)CON(C_2H_5)_2$], Kp.$_{0,6}$ 167°, aus **III** durch Erhitzen mit N.N-Diäthyl-α-brompropionamid (24 Std. Rückfluß); *Pikrat*, F. 177°. — *N'.N'-Diäthyl-N-[tetralyl-(2)]-N-methyl-α-alaninamid* [**I**, $X = N(CH_3)CH \cdot (CH_3)CON(C_2H_5)_2$], Kp.$_{0,5}$ 142°, ebenso aus N-Methyl-2-aminotetralin; *Pikrat*, F. 189° (aus A.). — *N'.N'-Diäthyl-N-[tetralyl-(2)]-α-aminobutyramid* [**I**, $X = NHCH(C_2H_5) \cdot$

$CON(C_2H_5)_2$], Kp.$_{0,1}$ 145°, aus **III** u. N.N-Diäthyl-α-brombutyramid; *Pikrat*, F. 164° (aus A.). — *N'.N'-Diäthyl-N-[tetralyl-(2)]-β-aminobutyramid* [**I**, $X = NHCH(CH_3)CH_2\cdot CON(C_2H_5)_2$], Kp.$_{0,4}$ 162°, aus **III** u. N.N-Diäthyl-β-brombutyramid. (Rend. Ist. super. Sanità **15**. 826—36. 1952.) K. FABER. 2700

G. B. Marini-Bettòlo und **S. Chiavarelli**, *Untersuchungen über synthetische Sympatholytica der Ergotaminreihe*. 7. Mitt. *Neue Derivate des N'-[Tetralyl-(2)]-glycinamids und -β-alaninamids*. (6. vgl. vorst. Ref.) Die Darst. zahlreicher *N'-[Tetralyl-(2)]-glycinamid-* u. *-β-alaninamidderivv*. vom Typ **I** u. **II** wird beschrieben. Durch Red. mit $LiAlH_4$ werden daraus die entsprechenden *Äthylen-* bzw. *Propylendiaminderivv*. erhalten.

I X = $NHCOCH_2NHR$
II X = $NHCOCH_2CH_2NHR$

V e r s u c h e: *N'-[Tetralyl-(2)]-glycinamide* (**I**) u. *N'-[Tetralyl-(2)]-β-alaninamide* (**II**), aus N-Halogenacyltetralyl-(2)-amin durch Erhitzen mit Alkyl- oder Arylamin im Rohr auf 90° (24 Std.): $X = NHCOCH_2NHCH_3$, Kp.$_{0,4}$ 175—187°. $X = NH\cdot COCH_2NHC_2H_5$, Kp.$_{0,4}$ 164°. $X = NHCOCH_2CH_2NHCH_3$, Kp.$_{0,4}$ 170°. $X = NHCOCH_2CH_2NHC_2H_5$, Kp.$_{1,5}$ 102°. $X = N(CH_3)COCH_2CH_2NHCH_3$, Kp.$_{0,1}$ 168°; *Pikrolonat*, F. 234°. $X = NHCOCH_2N(n\text{-}C_3H_7)_2$, Kp.$_{10}$ 225°. $X = NHCOCH_2CH_2\cdot N(n\text{-}C_3H_7)_2$, Kp.$_5$ 221°. $X = NHCOCH_2NHC_4H_9(n)$, Kp.$_{0,15}$ 182°; *Pikrat*, F. 159°. $X = NH\cdot COCH_2CH_2\cdot NHC_5H_{11}$, Kp.$_{0,6}$, 140°; *Hydrochlorid*, F. 207°. $X = NHCOCH_2CH_2NHCH_2\cdot CH_2C_6H_5$, Kp.$_{0,8}$ 243°; *Hydrochlorid*, F. 249°. — *N'-[Tetralyl-(2)]-N-alkyläthylen-*(bzw. *-propylen-*)*diamine*, aus **I** bzw. **II** mit $LiAlH_4$ in Bzl. durch 8 Std. Erwärmen: $X = NHCH_2CH_2NHC_2H_5$, Kp.$_{0,1}$ 152°; *Pikrat*, F. 190°. $X = NHCH_2CH_2CH_2NHC_2H_5$, Kp.$_{0,15}$ 175°; *Pikrat*, F. 226°. $X = NHCH_2CH_2CH_2N(CH_3)_2$, Kp.$_3$ 162°; *Pikrolonat*, F. 199°. — *N-Tetralyl-(2)-N'-tetralyl-(2)-glycin-*(bzw. *-β-alanin-*)*amide* (**I** bzw. **II**), durch Erhitzen von N-Chloracetyl- bzw. N-β-Brompropionyl-2-aminotetralin (**V**) mit 2-Aminotetralin (**IV**) bei 100° in 24 Std. im Rohr: $X = NHCOCH_2NHC_{10}H_{11}$, Kp.$_{0,05}$ ≈ 254°; *Hydrochlorid*, F. 265°. $X = NHCOCH_2CH_2NHC_{10}H_{11}$, Kp.$_{0,1}$ ≈ 260°; *Hydrochlorid*, F. 227°. *N.N'-Bistetralyl-(2)-succindiamid*, F. 239—240° (aus Chlf. u. A.), aus Succinyldichlorid u. **IV**. — *Piperazin-1.4-bis-propiontetralyl-(2)-amid*, F. 212° (aus A.), durch Erhitzen von Piperazin mit **V** in absol. Äthanol. — *N'-[Tetralyl-(2)]-glycinamid-* bzw. *-β-alaninamidjodmethylate*, aus den Glycinamiden bzw. dem β-Alaninamid mit CH_3J in absol. A. oder Aceton: $X = NHCOCH_2N(CH_3)_3J$, F. 192°. $X = NHCOCH_2CH_2N(CH_3)_3J$, F. 182°. $X = N(CH_3)CO\cdot CH_2N(CH_3)_3J$, F. 177°. (Rend. Ist. super. Sanità **15**. 837—43. 1952.) K. FABER. 2700

G. B. Marini-Bettòlo, R. Lani Vittory und **D. Bovet**, *Untersuchungen über synthetische Sympatholytica der Ergotaminreihe*. 8. Mitt. *Substituierte N-[Tetralyl-(2)]-β-alaninamide*. (7. vgl. vorst. Ref.) Durch Rk. von 2-Aminotetralin oder Monoalkylderivv. davon mit N-substituierten β-Halogenpropionsäureamiden werden N'-substituierte *N-[Tetralyl-(2)]-β-alaninamide* erhalten. Viele Verbb. dieser Reihe haben eine deutliche sympatholyt. Wirkung.

V e r s u c h e : *N-Alkyl-β-halogenpropionamide*, durch Eintropfen von 1 Mol β-Brom- (oder Chlor-) propionylchlorid in 3 Mol Amin in Chlf. unter Kühlen: *N-Methyl-β-chlor-*, F. 66—67°. *N.N.-Dimethyl-β-brom-*, Kp.$_8$ 106°. *N-Äthyl-β-brom-*, F. 78—79°. *N-Äthyl-β-chlor-*, F. 67—68°. *N.N-Diäthyl-β-chlor-*, Kp.$_5$ 105—108°. *N-n-Propyl-β-chlor-*, F. 55 bis 56°. *N-Isopropyl-β-chlor-*, F. 69—70°. *N-n-Butyl-β-chlor-*, F. 38—39°. — *N-[Tetralyl-(2)]-N'-alkyl-β-alaninamide*, durch Erhitzen von 2 Mol 2-Aminotetralin (bzw. 2-Alkylaminotetralin) mit 1 Mol β-Halogenpropionamid auf 100° (24 Std.): $R\cdot NHCH_2CH_2CO\cdot NHCH_3$ (R = Tetralyl-(2)], Kp.$_{0,4}$ 180—185°, $n_D^{21,8}$ 1,5560. $R\cdot N(CH_3)CH_2CH_2CONH\cdot CH_3$, Kp.$_{0,2}$ 176—192°, n_D^{22} 1,5586. $R\cdot NHCH_2CH_2CON(CH_3)_2$, Kp.$_{0,3}$ 150—156°, $n_D^{21,8}$ 1,5479. $R\cdot N(CH_3)CH_2CH_2CON(CH_3)_2$, Kp.$_{0,05}$ 150—170°, n_D^{22} 1,5550. $R\cdot NHCH_2CH_2CO\cdot NHC_2H_5$, Kp.$_{0,5}$ 175—185°. $R\cdot N(CH_3)CH_2CH_2CONHC_2H_5$, Kp.$_{0,2}$ 180—182°, $n_D^{19,3}$ 1,5474; am Hund mit 0,002—0,005 g/kg sympatholyt. wirksam. $R\cdot NHCH_2CH_2CO\cdot N(C_2H_5)_2$, Kp.$_{0,5}$ 168—178°, $n_D^{22,5}$ 1,5354. $R\cdot N(CH_3)CH_2CH_2CON(C_2H_5)_2$, Kp.$_{0,4}$ 160 bis 163°, $n_D^{22,5}$ 1,5367. $R\cdot NHCH_2CH_2CONHCH_2CH_2CH_3$, Kp.$_{0,1}$ 175—195°, $n_D^{22,8}$ 1,5416. $R\cdot N(CH_3)CH_2CH_2CONHCH_2CH_2CH_3$, Kp.$_{0,2}$ 154°, $n_D^{22,9}$ 1,5470. $R\cdot NHCH_2CH_2CONH\cdot CH(CH_3)_2$, F. 68°, Kp.$_{0,1}$ 167—175°; *Pikrat*, F. 130°. $R\cdot NHCH_2CH_2CONH(CH_2)_3CH_3$, Kp.$_{0,1}$ 170°, n_D^{23} 1,5278; *Pikrolonat*, F. 131°. (Rend. Ist. super. Sanità **15**. 844—49. 1952.) K. FABER. 2700

G. B. Marini-Bettòlo, H. A. Frediani und **S. Chiavarelli**, *Untersuchungen über synthetische Sympatholytica der Ergotaminreihe*. 9. Mitt. *Die Trennung in die optischen Antipoden von N.N-Diäthyl-N'-[tetralyl-(2)]-glycinamid und ihre charakteristischen physikalisch-chemischen Eigenschaften*. (8. vgl. vorst. Ref.) Die D-*Tartrate* von (+)- u. (—)-*N.N-Diäthyl-N'-tetralyl-(2)]-glycinamid* werden durch fraktionierte Kristallisation aus absol. A. u. Äthylacetat in reinem Zustand gewonnen. Einige physikal.-chem. Eigg. (Löslichkeiten, UV-Absorptionsspektren, chromatograph. Verh.) werden untersucht.

Versuche: *DL-N.N-Diäthyl-N'-[tetralyl-(2)]-glycinamid* (I), $Kp._{0,075}$ 152—154°, n_D^{30} 1.5270. *Hydrochlorid*, F. 63°. *Pikrat*, $C_{16}H_{24}ON_2 \cdot C_6H_3O_7N_3$, F. 187° (aus Ae.); bei der Darst. aus unreinem N-Chloracetyl-2-aminotetralin erhält man als Nebenprod. *N.N'-Bis-[tetralyl-(2)]-glycinamid*, $Kp._{0,3}$ 245—250°. — *DL-I-D-Tartrat*, $C_{16}H_{24}ON_2 \cdot C_4H_6O_6$, F. wechselnd zwischen 84 u. 120°, aus I u. D-Weinsäure in absol. A. durch Ausfällen mit Äthylacetat. Durch Kristallisation aus absol. A. u. Äthylacetat werden nachst. stereoisomere Salze erhalten. — (+)-*I-D-Tartrat*, $C_{16}H_{24}ON_2 \cdot C_4H_6O_6 \cdot H_2O$, F. 156°, $[\alpha]_D$ +37°, Löslichkeit in A. bei 25° 33,6 g/kg. — (—)-*I-D-Tartrat*, F. 109°, $[\alpha]_D$ —17,4°, Löslichkeit in A. 70,8 g/kg. UV-Absorptionsspektren beider stereoisomerer Salze s. Original. — (+)-I, aus dem Tartrat mit NH_3 bei 0°, $[\alpha]_D^{25}$ +35°. — (—)-I, ebenso, $[\alpha]_D^{25}$ —36,8°. (Rend. Ist. super. Sanità **15.** 850—61. 1952.) K. FABER. 2700

S. Chiavarelli, R. Landi Vittory, M. Marzadro und **G. Palazzo**, *Untersuchungen über synthetische Sympatholytica der Ergotaminreihe.* 10. Mitt. *Über einige N-Alkylderivate des 2-Aminotetralins.* (9. vgl. vorst. Ref.) Verschied. *N-Alkylderivv.* des *2-Aminotetralins* (I) werden durch Alkylierung mit Dialkylsulfaten oder durch Red. der SCHIFF-schen Basen oder der Acylderivv. hergestellt. Bei Rk. von I mit Bis-[2-chloräthyl]-methylamin entsteht *N-[Tetralyl-(2)]-N'-methylpiperazin*, mit 1.4-Dibrombutan *N-[Tetralyl-(2)]-pyrrolidin.* Aus I u. Halogenfettsäureestern werden *N-Tetralyl-(2)-aminocarbonsäureester* erhalten.

Versuche: *dl-2-Aminotetralin* (I), $Kp._{0,5}$ 102—105°, mit RANEY-Ni/H_2 unter Druck (vgl. 1. Mitt., C. **1952.** 6364), n_D^{18} 1,5648. *Pikrat*, $C_{10}H_{13}N \cdot C_6H_3O_7N_3$, F. 221°. *Pikrolonat*, $C_{10}H_{13}N \cdot C_{10}H_8O_5N_4$, F. 240°. — *dl-2-Methylaminotetralin* (II), $C_{11}H_{15}N$, $Kp._{0,5}$ 177—181°, aus I mit $(CH_3O)_2SO_2$ oder mit H_2CO + HCOOH, n_D^{22} 1,5533. *Hydrochlorid*, $C_{11}H_{15}N \cdot HCl$, F. 155° (aus A. + Ae.). *Pikrat*, $C_{11}H_{15}N \cdot C_6H_3O_7N_3$, F. 218° (A.). — *dl-2-Dimethylaminotetralin*, $C_{12}H_{17}N$, $Kp._3$ 123—132°, aus II mit $(CH_3O)_2SO_2$ u. als Nebenprod. bei der Darst. von II, n_D^{22} 1,5358. *Pikrat*, $C_{12}H_{17}N \cdot C_6H_3O_7N_3$, F. 165° (A.). — *dl-2-Äthylaminotetralin* (III), aus I mit $(C_2H_5O)SO_2$, $Kp._{0,3}$ 114—124°, n_D^{22} 1,5490. *Pikrat*, $C_{12}H_{17}N \cdot C_6H_3O_7N_3$, F. 186°. — *dl-2-Diäthylaminotetralin*, $C_{14}H_{21}N$, $Kp._4$ 120—124°, aus III mit $(C_2H_5O)_2SO_2$ in Aceton in Ggw. von K_2CO_3, n_D^{22} 1,5525. *Pikrat*, $C_{14}H_{21}N \cdot C_6H_3O_7N_3$, F. 126—128° (A.). — *dl-2-Propylaminotetralin*, $Kp._4$ 125°, aus I mit C_3H_7J in Methanol durch 3std. Erhitzen auf 60—80°, n_D^{22} 1,5372. *Pikrat*, $C_{13}H_{19}N \cdot C_6H_3O_7N_3$, F. 136°. — *N-[Tetralyl-(2)]-N'-methylpiperazin*, $C_{15}H_{22}N_2$, $Kp._{0,8}$ 140—160°, aus I u. Bis-[2-chloräthyl]-methylamin durch 1 std. Erhitzen in Toluol in Ggw. von NH_2Na. — *N-[Tetralyl-(2)]-N'-äthylpiperazin*, $C_{16}H_{24}N_2$, $Kp._1$ 145—165°, ebenso mit Bis-[2-chloräthyl]-äthylamin. — *N-[Tetralyl-(2)]-pyrrolidin*, $C_{14}H_{19}N$, $Kp._7$ 155°, aus I u. 1.4-Dibrombutan durch Erhitzen in A. (12 Std.). — *N-[Tetralyl-(2)]-aminomethylimidazolin*, $C_{14}H_{19}N_3$, $Kp._{0,8}$ 183—187°, aus I u. Chlormethylimidazolin durch 8std. Erhitzen. — *N-[Tetralyl-(2)]-glycinäthylester*, $C_{14}H_{19}O_2N$, $Kp._{0,6}$ 151°, aus I u. Bromessigsäureäthylester durch Erhitzen auf 100° (20 Std.). — *N-[Tetralyl-(2)]-β-alaninäthylester*, $C_{15}H_{21}O_2N$, $Kp._{0,6}$ 152°, aus I u. β-Brompropionsäureäthylester. — *N-[Tetralyl-(2)]-α-alaninäthylester*, $C_{15}H_{21}O_2N$, $Kp._2$ 128°, aus α-Brompropionsäureäthylester (IV). — *N-Methyl-N-[tetralyl-(2)]-α-alaninäthylester*, $Kp._{1,5}$ 138—140°, aus II u. IV. *Hydrochlorid*, $C_{16}H_{23}O_2N \cdot HCl$, F. 183°. (Rend. Ist. super. Sanità **15.** 862—69. 1952.) K. FABER. 2700

Melvin S. Newman und **Milton Wolf**, *Eine neue Synthese von Benzo-[c]-phenanthren: 1.12-Dimethylbenzo-[c]-phenanthren.* Die Synth. verläuft folgendermaßen: *o-CH₃C₆H₄CH = C(COOC₂H₅)₂* (I) + o-$CH_3C_6H_4MgBr$ → $(o\text{-}CH_3C_6H_4)_2CHCH(COOC_2H_5)_2$ (II) → $(o\text{-}CH_3C_6H_4)_2CHCH(COOH)_2$ (III), über Säurechlorid u. Diazoketon → $(o\text{-}CH_3C_6H_4)_2CH \cdot CH(CH_2COOH)_2$ (IV). 2. Meth.: II red. zu $(o\text{-}CH_3C_6H_4)_2CHCH(CH_2OH)_2$ (V) → $(o\text{-}CH_3C_6H_4)_2CHCH[CH_2OSO_2C_6H_4 \cdot NO_2\text{-}(p)]_2$ (VI) über Dinitril → IV. Durch Ringschluß des Säurechlorids aus IV entsteht VII, das nach Red. zum *Diol* durch Erhitzen mit S in *1.12-Dimethylbenzo-[c]-phenanthren* (VIII) übergeht. VII liefert mit CH_3MgJ ein Diol, das durch Dehydratisierung u. Dehydrierung *1.5.8.12-Tetramethylbenzo-[c]-phenanthren* (IX) ergibt.

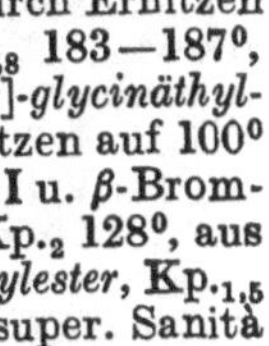

VII

Versuche (FF. korr.): *2-Methylbenzalmalonsäurediäthylester* (I), $C_{15}H_{18}O_4$, $Kp._{0,6-0,7}$ 128°, durch ca. 20std. Kochen von o-Tolualdehyd, Malonsäurediäthylester, Bzl., C_6H_5COOH u. Piperidin; n_D^{25} 1,5266; 89,3% (Ausbeute). — *2.2'-Dimethylbenzhydrylmalonsäurediäthylester* (II), $C_{22}H_{26}O_4$, F. 52,8—53,8° (PAe.), aus I in Ae. u. o-$CH_3C_6H_4MgBr$ in Ae. bei 0—5°, dann 2 Std. Zimmertemp.; $Kp._{0,7-0,8}$ 175 bis 190°; 72%. *Freie Säure* (III), $C_{18}H_{18}O_4$, F. **194° (Zers.) aus Bzl.,** durch alkal. Verseifung von II; 92,7%. — *2-Methylbenzhydrylmalonsäure* (X), $C_{17}H_{16}O_4$, aus wss. CH_3COOH, F. 182,2—182,8° (Zers.), aus Benzalmalonsäurediäthylester in Ae. u. o-$CH_3C_6H_4MgBr$ in Ae. bei 0—5°; nach 12 Std. bei Zimmertemp. mit verd. HCl zers.: *Ester* ($Kp._{0,9-1,5}$ 182 bis 186°; 83%) alkal. verseift; 92% roh. — *2-[2.2'-Dimethylbenzhydryl]-propandiol-(1.3)* (V), $C_{18}H_{22}O_2$, $Kp._{0,5-0,6}$ 196—200°, F. 79,4—80,4° (Bzl.-PAe.), aus II mit $LiAlH_4$ in Ae. durch

1 std. Kochen u. Anreiben des Destillats mit PAe.; 95,5% roh. *Bis-[p-nitrobenzolsulfonat]* (**VI**), $C_{30}H_{28}O_{10}N_2S_2$, F. 197,5—198,5° (Zers.). — *β-[2.2'-Dimethylbenzhydryl]-glutarsäure* (**IV**), $C_{20}H_{22}O_4$, F. 207,5—208° aus Aceton-Bzl., a) Herst. des Chlorids von **III** mit PCl_5 in Bzl. u. Evakuieren des Bzl. u. $POCl_3$; Lösen in Ae. u. Rk. mit CH_2N_2 in Ae. bei 0°; Nd. des Diazomethylketons mit Aceton angerührt u. in Triäthylaminlsg. von C_6H_5COOAg enthaltendes Aceton gegossen; 5—6 mal festes C_6H_5COOAg zwecks N_2-Entw. zugegeben; Ester mit KOH in 80%ig. A. verseift; 40,4%; b) **VI** in Aceton mit NaJ u. KCN in W. 20 Std. bei Zimmertemp. gerührt u. 4 Std. gekocht; Rohprod. 1 Tag mit konz. HCl-CH_3COOH (4:1 Vol.) gekocht; 22%. — *5.6.6a.7.8.12b-Hexahydro-1.12-dimethylbenzo-[c]-phenanthrendion-(5.8)* (**VII**), $C_{20}H_{18}O_2$, F. 222,2—222,8°, aus dem Chlorid von **IV** (Herst. mit PCl_5) in $(CHCl_2)_2$ bei 0° mit $AlCl_3$; nach 5 Min. Kühlbad entfernt u. nach 29 Std. bei Zimmertemp. Zers. mit Eis + HCl; Rückstand der Dampfdest. in Bzl.-Ae. aufgearbeitet; Nadeln aus absol. A.; 62%. — *1.2.3.4-Tetrahydro-4-keto-8-methyl-1-[o-tolyl]-naphthyl-(2)-essigsäure*, $C_{20}H_{20}O_3$, F. 167,6—168,6°; Lsg. von 1,5 g **IV** u. 2,1 g PCl_5 in Bzl. bei —5° mit $SnCl_4$ versetzt: gelber Nd.; nach 45 Min. bei 20° auf Eis gegossen, Nd. in Ae.-Bzl. gelöst, mit NaOH ausgezogen u. angesäuert; Nädelchen aus Bzl.; 1,4 g; entstand auch durch Ringschluß mit H_2F_2; 90%. *2.4-Dinitrophenylhydrazon*, $C_{26}H_{24}O_6N_4$, F. 278,5—279,6° (Zers.; von 260° an, schnell im Cu-Block erhitzt), orangerote Tafeln aus wss. Dioxan. — *5.6.6a.7.8.12b-Hexahydro-1.12-dimethylbenzo-[c]-phenanthrendiol-(5.8)*, $C_{20}H_{22}O_2$, F. 213 bis 214°, aus **VII** u. $LiAlH_4$ in Ae., Nadeln aus Bzl.; 100%. — *1.12-Dimethylbenzo-[c]-phenanthren* (**VIII**), $C_{20}H_{16}$, F. 105,8—107,2°, durch 20 Min. Erhitzen von 3,25 g vorst. Verb. u. 0,352 g S auf 205—210°, 75 Min. auf 225° u. Dest. bei 0,06—0,07 mm/Bad 205—210°: 1,16 g; Chromatographie in Bzl. an Al_2O_3 → 250 cm³ Eluat mit 0,545 g; aus A. gelbe Prismen; Herst. eines reinen Pikrats oder 2.4.7-Trinitrofluorenonkomplexes gelang nicht. — *1.5.8.12-Tetramethylbenzo-[c]-phenanthren* (**IX**), $C_{22}H_{20}$, F. 176,2—177°, durch ½ std. Kochen von **VII** in Bzl. mit CH_3MgJ in Ae. u. Zers. mit wss. NH_4Cl; wie bei **VIII** mit S erhitzt u. chromatographiert, gelbe Täfelchen aus Bzl.-A.; 45% roh. *Trinitrobenzol-verb.*, $C_{50}H_{43}O_6N_3$, aus A., F. 139,6—141,2°. — *β-[2-Methylbenzhydryl]-glutarsäure*, $C_{19}H_{20}O_4$, F. 200,2—200,6° (Zers., aus Aceton-Bzl.), aus 42,6 g **X** analog **IV** nach a); mit CH_2N_2 in Ae. 1 Std. bei 0—5° u. 16 Std. bei Zimmertemp. gehalten; auf 250 cm³ eingeengt; Diazoketon in CH_3OH mit gesätt. $C_6H_5COOAg/N(C_2H_5)_3$-Lsg. zers.; nach N_2-Entw. noch 2 Std. gekocht; Benzollsg. des Filtrats mit verd. HCl, W. u. Sodalsg. gewaschen, eingedampft u. Rückstand 16 Std. mit 10 g NaOH in 20 cm³ W. u. 50 cm³ A. dampfbaderhitzt; 15,3 g. — *5.6.6a.7.8.12b-Hexahydro-1-methylbenzo-[c]-phenanthrendion-(5.8)*, $C_{19}H_{16} \cdot O_2$, F. 181—182°, durch Zugabe von $AlCl_3$ zur $(CHCl_2)_2$-Lsg. des Dichlorids (PCl_5 in Bzl.) der vorst. Verb. bei 0°, 31 std. Stehen bei 20° u. Zers. mit Eis + HCl; Bzl. abgeblasen u. neutrales Prod. isoliert; Nadeln aus Bzl.-PAe.; 42%. — *1-Methylbenzo-[c]-phenanthren* (**XI**), F. 139,6—141°, durch Red. vorst. Verb. mit $LiAlH_4$ in Ae. u. Dehydrierung des Diols wie bei **VIII** (1 Std., 225—230°); nach Zugabe von etwas Zn-Staub im Vakuum dest. u. aus PAe. umkrist.; 34%. — Die UV-Spektren von Benzo-[c]-phenanthren, **XI, VIII** u. **IX** sind sich sehr ähnlich; bei den Methylderivv. ist der Verlust an Feinstruktur bemerkenswert. (J. Amer. chem. Soc. **74.** 3225—28. 5/7. 1952. Columbus, O., Ohio State Univ., Chem. Labor.) LEHMSTEDT. 2850

W. Baker, *Neue Arbeiten über Großringverbindungen.* Übersicht unter Hervorhebung von Synthesen nach dem „Prinzip der starren Gruppen", bei dem der intramol. Ringschluß durch Beschränkung der freien Drehbarkeit der Ketten gehindert wird. — 38 Literaturstellen. (Ind. chim. belge **17.** 633—42. 1952. Bristol, Univ., Dep. Org. Chem.) LEHMSTEDT. 2950

Paul Aubertein, *Darstellung von Furfurylalkohol.* Die in der Literatur beschriebene Darst. von *Furfurylalkohol* (**I**) aus Furfurol (**II**) durch CANNIZZARO-Rk. läßt sich auch in halbtechn. Maßstab unter Einhaltung bestimmter Bedingungen ausführen: **II** muß zur Natronlauge zugegeben werden u. nicht umgekehrt, die verwendete NaOH soll am Anfang der Rk. möglichst konz. sein, man verd. im Laufe der Rk. mit Eis, da sonst die Viscosität des Gemisches zu groß wird, die Rk.-Temp. soll etwa 20° betragen, als Lösungsm. eignet sich CCl_4; die prakt. zu erreichende Ausbeute an I beträgt ∼60%. (Mém. Poudres **32.** 411—16. 1950. Sorgues, Poudrerie Nat.) SPAETH. 3061

William E. Truce und **M. Frederick Amos,** *Die Metallierung von Diarylsulfonen.* 1. Mitt. Rk. von Diphenylsulfon bzw. [o-Bromphenyl]-phenylsulfon (**V**) mit n-Butyl-Li (I) führte zu Metallierungsprodd., die nach Carbonierung *o-Benzolsulfonylbenzoesäure* mit 80% bzw. 64,5% Ausbeute lieferten. [p-Bromphenyl]-phenylsulfon gab als Hauptprod. nach gleicher Rk. *4-Brom-2-carboxydiphenylsulfon* (**II**) u. nur wenig *p-Benzolsulfonylbenzoesäure.* **II** wurde auch durch Oxydation von *4-Brom-2-methyldiphenylsulfon* erhalten, das aus 4-Brom-2-methylthiophenol über *4-Brom-2-methylbenzolsulfonylchlorid* dargestellt wurde. *4-Brom-2'-carboxydiphenylsulfon* wurde zum Vgl. hergestellt. — Aus [m-Bromphenyl]-phenylsulfon (**IV**) wurde mit **I** *3-Brom-2-carboxydiphenylsulfon* erhalten, das auch durch Rk. von 3-Brom-2-methylphenyl-MgBr mit Benzolsulfenylchlorid u. Oxydation des erhaltenen Sulfids dargestellt werden konnte. *3-Brom-5-carboxy-*, *5-Brom-2-carboxy-* u. *3-Brom-2'-carboxydiphenylsulfon* erwiesen sich als nicht ident. mit dem Reaktionsprodukt. — Rk. von 2-Methylthiophen mit SO_3-Dioxan führte zu einer Sulfonsäure, die ein Amid vom F. 121° lieferte u. die *2-Methylthiophen-5-sulfonsäure* (**VI**) sein muß, denn die Umsetzung ihres Sulfochlorids mit Bzl. in Ggw. von $AlCl_3$ u. die nachfolgende Oxydation des Reaktionsprod. ergab *2-Benzolsulfonylthiophen-5-carbonsäure* (**III**); **III** erwies sich als ident. mit dem aus Phenyl-[thienyl-(2)]-sulfon u. **I** bei anschließender Carbonierung erhaltenen Produkt. Die von MUHLERT [1886] durch Spaltung von 2-Methyl-5-acetylthiophen mit Oleum gewonnene Verb. kann nicht, wie angegeben, **VI** sein, da das dort beschriebene Amid bei 78 bis 80° schmilzt. — Es wird angenommen, daß die Metallierungs-Rk. mit **I** zunächst unter Ausbldg. eines Komplexes verläuft, derart, daß das Li^+ einen elektronenreichen Substituenten u. das $Butyl^-$ die sauerste Position des Ringes angreift. Diese Theorie steht in Einklang mit den erhaltenen Ergebnissen.

Versuche (FF. korr.): *[m-Nitrophenyl]-phenylsulfon*, aus m-Nitrobenzolsulfonylchlorid u. Bzl. in Ggw. von $AlCl_3$; 68,5% (Ausbeute). — *[m-Aminophenyl]-phenylsulfon*, F. 110—112°, durch Red. vorst. Verb. mit Sn u. HCl; 89%. — *[m-Bromphenyl]-phenylsulfon* (**IV**), $C_{12}H_9O_2BrS$, F. 121,5—123,5° (A. + W.), durch Diazotierung vorst. Verb. in 48%ig. HBr, Zugabe zu kalter CuBr-Lsg. u. kurzes Erwärmen auf dem Dampfbad; 17,2%. — *[o-Bromphenyl]-phenylsulfon* (**V**), $C_{12}H_9O_2BrS$, F. 117—119° (A.), a) durch Oxydation von [o-Nitrophenyl]-phenylsulfid mit 30%ig. H_2O_2 (99%), Red. mit Sn u. HCl (84%) u. SANDMEYER-Rk.; 17%; b) durch Rk. von o-Brombenzolsulfonylchlorid mit Bzl. in Ggw. von $AlCl_3$; 63,5%. — Durchführung der Metallierung: Zugabe von **I** zu dem Sulfon in Ae. unter Kühlung in N_2-Atmosphäre, 2 std. Rühren, Zugabe von Trockeneis, Hydrolyse mit 3 n HCl, Ausziehen der äther. Lsg. mit 5%ig. NaOH u. Ansäuern der wss. Lösung. — *o-Benzolsulfonylbenzoesäure*, $C_{13}H_{10}O_4S$, F. 143—144° (Bzl.), a) aus Diphenylsulfon; 80%; b) aus **V** 64,5%; aus der äther. Lsg. wurde eine geringe Menge *Diphenylsulfon* isoliert. — *4-Brom-2-carboxydiphenylsulfon* (**II**), $C_{13}H_9O_4BrS$, F. 153 bis 154°, aus [p-Bromphenyl]-phenylsulfon; 52,2%. *p-Benzolsulfonylbenzoesäure*, F. 273 bis 276°, durch Einengen der sauren Lsg.; 1,88%; durch Eindampfen der Ätherlsg. wurde ein blaßgelber Nd. erhalten, F. 79—80° (A.). Bei einem zweiten Vers. wurde aus der äther. Lsg. eine Verb. vom F. 222—224° (A.) isoliert. — *4-Brom-2-methylbenzolsulfonylchlorid*, $C_7H_6O_2ClBrS$, F. 64—65° (CH_3COOH), durch Rk. von 4-Brom-2-methylthiophenol mit Cl_2 in CH_3COOH; 25,5%. *Amid*, $C_7H_8O_2NBr$, F. 179—180° (A.). — *4-Brom-2-methyldiphenylsulfon*, $C_{13}H_{11}O_2BrS$, F. 106—106,5° (A.), durch Rk. des vorst. Chlorids mit Bzl. in Ggw. von $AlCl_3$; 74%. Daraus **II** durch Oxydation nach NEWELL [1898]. — *p-Brombenzolsulfenylchlorid*, C_6H_4ClBrS, $Kp._4$ 105—107°, durch Rk. von p-Bromthiophenol (F. 70—74°) mit Cl_2 in CCl_4; 64,5%. — *4-Brom-2'-methyldiphenylsulfon*, $C_{13}H_{11}O_2$·BrS, F. 82—83,5° (A.), durch Zugabe vorst. Verb. zu o-Tolyl-MgBr, Lösen des Ätherrückstands in CH_3COOH u. Oxydation des rohen 4-Brom-2'-methyldiphenylsulfids mit 30%ig. H_2O_2; 54%. — Daraus *4-Brom-2'-carboxydiphenylsulfon*, $C_{13}H_9O_4BrS$, F. 166,5—168,5°. — *[m-Tolyl]-phenylsulfon*, $C_{13}H_{12}O_2S$, F. 119—120,5° (A.), durch Rk. von m-Toluolsulfonylchlorid (aus m-Thiokresol) mit Bzl. in Ggw. von $AlCl_3$; 62%. — *m-Benzolsulfonylbenzoesäure*, $C_{13}H_{10}O_4S$, F. 186—187°, aus vorst. Verbindung. — *3-Brom-2-carboxydiphenylsulfon*, $C_{13}H_9O_4BrS$, F. 242—244° (unkorr.) (A. + W.), aus **IV** u. **I**; 54%; durch Einengen der sauren Lsg. wurde eine unreine Verb. vom F. 208—222° isoliert; Abdampfen des Ae. gab ein Prod. vom F. 100—120°. — *3.5-Dibrom-4-methylnitrobenzol*, F. 54—56° (A.), durch Zutropfen von Br_2 zu geschmolzenem p-Nitrotoluol, Erwärmen bis zur beendeten HBr-Entw., Gießen in W., Zugabe von $Na_2S_2O_3$, Extraktion mit Ae. u. Fraktionierung im Vakuum: 1. $Kp._1$ 107—111°, F. 68—75°, 2. $Kp._1$ 111—118; 3. $Kp._1$ 122—128°, F. 52—56°; 4. $Kp._1$ 130—138°, F. 51,5—55,5°. Fraktion 3 u. 4 lieferte die Dibromverb.; 21,6%. *3-Brom-4-methylnitrobenzol*, F. 77,5°, aus Fraktion 1. — *2.6-Dibromtoluol*, $Kp._{12}$ 110,5—112°, durch Desaminierung von 3.5-Dibrom-4-methylanilin; 22,4%. — *3-Brom-2-methyldiphenylsulfon*, $C_{13}H_{11}O_2BrS$, F. 101—102,5° (A.), durch Zugabe von Benzolsulfenylchlorid in Ae. zu der Mono-Mg-Verb. vorst. Verb., Aufnehmen des Ätherrückstands in CH_3COOH u. Oxydation des rohen 3-Brom-2-methyldiphenylsulfids mit 30%ig. H_2O_2; 33,5%. — *3-Brom-2-carboxydiphenylsulfon*, F. 243 bis 245° (unkorr.) (A. + W.), durch 9 std. Kochen vorst. Verb. mit $KMnO_4$ u. NaOH, Zugabe von A. u. Ansäuern des Filtrates. — *5-Brom-2-methylanilin*, $Kp._{1,5}$ 102,5—103,5°, durch Red. von 4-Brom-2-nitrotoluol mit Sn u. HCl; 64%. — *5-Brom-2-methyldiphenylsulfon*, $C_{13}H_{11}O_2BrS$, F. 120—121° (A.), durch Rk. von 5-Brom-2-methylbenzolsulfonylchlorid (aus 5-Brom-2-methylthiophenol) mit Bzl. in Ggw. von $AlCl_3$; 22%. — *5-Brom-*

2-carboxydiphenylsulfon, $C_{13}H_9O_4BrS$, F. 199—200,5° (Bzl.), aus vorst. Verbindung. — *m-Brombenzolsulfenylchlorid*, C_6H_4ClBrS, Kp.₁ 92—93°, durch Rk. von m-Bromthiophenol (aus m-Bromanilin) mit Cl_2 in CCl_4; 45,8%. — *3-Brom-2'-methyldiphenylsulfon*, $C_{13}H_{11}O_2BrS$, F. 60—61° (A.), durch Zugabe von o-Tolyl-MgBr zu vorst. Verb. u. übliche Aufarbeitung über das rohe 3-Brom-2'-methyldiphenylsulfid; 52%. — *3-Brom-2'-carboxydiphenylsulfon*, $C_{13}H_9O_4BrS$, F. 153,5—155°. — *3.5-Dibromtoluol*, F. 39—39,5° (A.), aus 2.6-Dibrom-4-methylanilin; 68,2%. — *3-Brom-5-methyldiphenylsulfon*, $C_{13}H_{11}O_2BrS$, F. 117—118° (A.), aus Benzolsulfenylchlorid u. der Mono-Mg-Verb. von 3.5-Dibromtoluol über rohes 3-Brom-5-methyldiphenylsulfid; 55%. — *3-Brom-5-carboxydiphenylsulfon*, $C_{13}H_9O_4BrS$, F. 198—199,5° (Bzl.), durch Oxydation vorst. Verb. mit $KMnO_4$. — *2-Benzolsulfonylthiophen-5-carbonsäure* (**III**), $C_{11}H_8O_4S_2$, F. 205—207,5° (unkorr.) (A.-W.), aus Phenyl-[thienyl-(2)]-sulfon u. **I**; 60%. — *2-methylthiophen-5-sulfonsaures Na* (**VI**-*Na-Salz*), durch Eindest. von SO_3 in Äthylenchlorid, Zugabe von Dioxan unter 15°, dann von 2-Methylthiophen unter 20°, 2std. Rühren, Gießen in W., Neutralisation der wss. Schicht mit NaOH, Eindampfen u. Extraktion mit A.; 49,2%. — *2-Methylthiophen-5-sulfonamid*, $C_5H_7O_2NS_2$, F. 119,5—121° (A.), durch 3std. Erhitzen des Na-Salzes mit PCl_5 auf dem Dampfbad, Gießen auf Eis u. Zugabe von fl. NH_3 zu dem Öl. — *2-Benzolsulfonyl-5-methylthiophen*, $C_{11}H_{10}O_2S_2$, F. 91—92,5° (A.), durch Rk. von 2-Methyl-5-thiophensulfonylchlorid mit Bzl. in Ggw. von $AlCl_3$; 51,4%; Oxydation lieferte **III**. — Durch 10std. Kochen von **V** mit Li in Ae. unter N_2, Zugabe von Trockeneis, Hydrolyse mit Säure, Extraktion des Ae. mit 5%ig. NaOH u. Eindampfen der äther. Lsg. wurde **V** quantitativ zurückgewonnen. Gleiches Resultat bei der m- u. p-Bromverbindung. (J. Amer. chem. Soc. **73**. 3013—17. Juli 1951. Lafayette, Ind., Purdue Univ., Dep. of Chem.) HILDEGARD BAGANZ. 3071

A. F. McKay und **E. J. Tarlton**, *Reaktionen von Aminen mit 3-Nitrosooxazolidon-(2)*. (Vgl. auch C. **1953**. 529.) Bei der Rk. von *p-Anisidin* (**I**) mit *3-Nitrosooxazolidon-(2)* (**II**) entstehen als flüchtige Bestandteile CO_2, N_2 u. etwas *Acetylen* (letzteres wahrscheinlich nicht in der Haupt-Rk.), als feste Bestandteile *2-[p-Anisylamino]-äthyl-N-[p-anisyl]-carbamat* (**III**) u. *N.N'-Di-[p-anisyl]-äthylendiamin* (**IV**) u. aus den fl. Bestandteilen neben **I** *symm.-Di-p-anisylharnstoff* (wahrscheinlich erst durch die Isolierung bei der Dest.). Die Identifizierung von **III** erfolgt durch Rk. mit p-Anisylisocyanat (**V**) zu *N-[β-(N''-p-Anisylcarbamyloxy)-äthyl]-N.N'-di-[p-anisyl]-harnstoff*, das ebenfalls aus *N-[β-Oxyäthyl]-p-anisidin* (**VI**) u. **V** dargestellt wurde. Die Identifizierung von **IV** wurde durch Synth. aus 1.2-Dibromäthan u. **I** sichergestellt. — Analog entstehen bei Rk. von *p-Phenetidin* (**VII**) mit **II** *2-[p-Phenetylamino]-äthyl-N-[p-phenetyl]-carbamat*, *N.N'-Di-[p-phenetyl]-äthylendiamin*, CO_2 u. N_2. Abschließend wird der Reaktionsmechanismus diskutiert (s. Original).

Versuche: *Oxazolidon-(2)*, F. 89—90°, nach HOMEYER (A. P. 2 399 118); 62% (Ausbeute). — *3-Nitrosooxazolidon-(2)* (**II**), F. 52—53°, aus vorst. Verb. durch Lösen in 70%ig. HNO_3 u. der 2fachen Menge W. bei 10° u. Unterschichten mit gesätt. $NaNO_2$-Lsg. bei 0°, gelbe Kristalle; zers. sich nach 4—36std. Stehen unter Feuererscheinung!; 68,8%. — *N.N'-Di-[p-anisyl]-äthylendiamin* (**IV**), $C_{16}H_{20}O_2N_2$, F. 104—105° (A.), a) aus 0,172 Mol **II** durch Zufügen zu einer 50%ig. wss.-alkoh. Lsg. von 0,481 Mol **I** unterhalb 25°, nach Beendigung der Gasentw. u. Stehen aus dem krist. Nd. durch Aufnehmen in 50%ig. A.; aus dem Rückstand nach Auswaschen mit Ae. durch Rekristallisation aus Essigester; 34,3% (roh); b) aus **I** u. 1.2-Dibromäthan durch ½std. Erwärmen, Zufügen von W., Aufkochen u. Abfiltrieren; aus dem Filtrat; 97,9% (roh). Aus dem in W. nichtlösl. Nd. von b) *N.N'-Bis-[p-anisyl]-piperazin*, F. 234—235° (Pyridin); 4,09%. — *N-[p-Anisyl]-2-[p-anisylamino]-äthylcarbamat* (**III**), $C_{17}H_{20}O_4N_2$, F. 123—124°, aus der Essigestermutterlauge von **IV** durch Zufügen von PAe.; 35,7% (roh). — *N-[β-(N''-p-Anisylcarbamyloxy)-äthyl]-N.N'-di-[p-anisyl]-harnstoff*, $C_{25}H_{27}O_6N_3$, F. 160—161°, a) aus **III** u. **V**; 83,1%; b) aus **VI** u. 2 Mol **V**. — *symm.-Di-[p-anisyl]-harnstoff*, F. 242—243°, aus dem äther. Extrakt von **IV** durch Rektifikation. Daneben *1.3-Di-[p-anisyl]-imidazolidon-(2)*, $C_{17}H_{18}O_3N_2$, F. 268,5—270°. — In einem anderen Vers. mit **II** u. **I**, bei dem nach Abdest. eines Teils des W. mit 25%ig. H_2SO_4 angesäuert wurde, konnte *Acetaldehyd* nachgewiesen werden. Nach Zusatz der H_2SO_4 bilden sich hier gleichzeitig 0,46% *Acetylen*. — *N.N'-Di-[p-phenetyl]-äthylendiamin*, $C_{18}H_{24}O_2N_2$, F. 99—100°, a) aus **II** u. **VII** wie vorst.; 25—30%; b) aus 1.2-Dibromäthan u. **VII**. — Daneben bei vorst. b) *N.N'-Bis-[p-phenetyl]-piperazin*, F. 223—223,5° (Pyridin). — *N-[p-Phenetyl]-2-[p-phenetylamino]-äthylcarbamat*, $C_{19}H_{24}O_4N_2$, F. 143—144°; 7,2—13,06%. — *Äthylenglykol-bis-[N-(p-anisyl)-carbamat]*, $C_{18}H_{20}O_6N_2$, F. 174,8—175,2°, durch Sieden von Äthylenglykol mit **V**; aus dem Nd. nach Auswaschen mit Bzl.; 16,5%. Aus dem Benzolextrakt durch Verdünnen mit PAe. *β-Oxyäthyl-N-[p-anisyl]-carbamat*, $C_{10}H_{13}O_4N$, F. 90—91°. — *N-[β-Oxyäthyl]-p-anisidin* (**VI**), F. 43,4—44°, Kp.₀,₃ 140—150°, aus Äthylenchlorhydrin u. **I** durch

Vakuumdest. des Gemisches; 73,9%. Daneben *N.N-Bis-[β-oxyäthyl]-p-anisidin*, F. 71,5 bis 73° (Aceton + PAe.). — *N-[β-(N''-Phenylcarbamyloxy)-äthyl]-N-[p-anisyl]-N'-phenylharnstoff*, $C_{23}H_{23}O_4N_3$, F. 145—146,5° (A.), aus **VI** u. Phenylisocyanat; 93,5%. — *β-Chloräthyl-N-[p-anisyl]-carbamat* (**VIII**), F. 86—87° (J. org. Chemistry **16**. [1951.] 1829). — *3-[p-Anisyl]-oxazolidon-(2)*, F. 109—111° (A.), aus **VIII** u. Na-Alkoholat in absol. A., ½ Std. rühren; 73,8%. (J. Amer. chem. Soc. **74**. 2978—81. 20/6. 1952. Ottawa, Ontario, Can., Def. Res. Chem. Labors.) LEHWALD. 3132

W. D. Ollis und **D. Weight,** *Synthese 3-substituierter Chromone durch Umlagerung von o-Acyloxyacetophenonen.* Die durch Basen katalysierte BAKER-VENKATARAMAN-Umlagerung von o-Acyloxyacetophenonen zu o-Oxydibenzoylmethanen wurde auf einige ω-substituierte o-Acyloxyacetophenone ausgedehnt; die erhaltenen 1.3-Diketone wurden zu den entsprechenden Chromonen cyclisiert. 2-Benzoyloxy-4.ω-dimethoxyacetophenon ließ sich nicht umlagern. Die mit KOC_2H_5 in Pyridin ausgeführte Umlagerung von 2.4-Dibenzoyloxy-ω-methoxyacetophenon (**I**) ergab außer dem gewünschten *α-Benzoyl-4-benzoyloxy-2-oxy-α-methoxyacetophenon* (**VIII**), das nicht krist. erhalten werden konnte, auch das Hydrolyseprod. von **I**, *4-Benzoyloxy-2-oxy-ω-methoxyacetophenon*; mit KOH in Pyridin trat weitgehende Hydrolyse ein.

Versuche: *2-Oxy-4-methoxypropiophenon* (**II**), F. 56° (A.), durch 10std. Kochen von 2.4-Dioxypropiophenon mit Methylsulfat u. K_2CO_3 in Bzl.; 72% (Ausbeute). — *2-Oxy-4.ω-dimethoxyacetophenon* (**III**), F. 66°, wie vorst. aus 2.4-Dioxy-ω-methoxyacetophenon; 78%. — *2-Benzoyloxy-4-methoxypropiophenon* (**IV**), $C_{17}H_{16}O_4$, F. 48°, durch ¼std. Erwärmen von **II** mit C_6H_5COCl in Pyridin auf dem Dampfbad u. Gießen in verd. HCl; aus A. Nadeln; 90%. — *2.4-Dibenzoyloxypropiophenon* (**V**), $C_{23}H_{18}O_5$, F. 92°, analog; aus CH_3OH Nadeln; 86%. — *2-Benzoyloxy-4.ω-dimethoxyacetophenon*, $C_{17}H_{16}O_5$, F. 43°, durch 2std. Stehen von **III** mit C_6H_5COCl in Pyridin bei Raumtemp. u. Gießen in verd. HCl; aus A. Nadeln; 50% (roh). — *2-Benzoyloxy-4.6-dimethoxydesoxybenzoin* (**VI**), $C_{23}H_{20}O_5$, F. 94°, durch Benzoylierung von 2-Oxy-4.6-dimethoxydesoxybenzoin (**XI**), wie **IV**; aus Chlf. oder Äthylacetat Nadeln; 87%. — *α-Benzoyl-2-oxy-4-methoxypropiophenon* (**VII**), $C_{17}H_{16}O_4$, F. 134°, durch Schütteln von **IV** mit gepulvertem KOH in Pyridin während 5 Min. u. Eingießen in 20%ig. CH_3COOH; aus A. Würfel; 70%. — *α-Benzoyl-4-benzoyloxy-2-oxypropiophenon* (**IX**), wie vorst. aus **V**; konnte nicht krist. erhalten werden u. gab bei der Dest. *4-Benzoyloxy-2-oxypropiophenon*, $C_{16}H_{14}O_4$, F. 80°. — *α-Benzoyl-4-benzoyloxy-2-oxy-α-methoxyacetophenon* (**VIII**), aus **I** in Pyridin mit KOC_2H_5 bei Raumtemp. u. Zugabe von verd. CH_3COOH nach 1 Min.; konnte nicht rein erhalten werden; als Nebenprod. fiel aus der Lsg. in heißem A. *4-Benzoyloxy-2-oxy-ω-methoxyacetophenon* ($C_{16}H_{14}O_5$, F. 122°, Prismen) aus. — *α-Benzoyl-2-oxy-4.6-dimethoxydesoxybenzoin* (**X**), $C_{23}H_{20}O_5$, F. 180°, durch Eintragen von KOH in die Lsg. von **VI** in Pyridin u. Gießen in verd. HCl; aus A. Prismen; 97% (roh). — *7-Methoxy-3-methylflavon*, $C_{17}H_{14}O_3$, F. 116°, durch Erwärmen von **VII** in Eisessig mit konz. HCl während 5 Min. auf dem Dampfbad u. Verdünnen mit W.; aus A. Nadeln; 85%. — *7-Benzoyloxy-3-methylflavon*, $C_{23}H_{16}O_4$, F. 127°, wie vorst. aus rohem **IX**; aus CH_3OH Nadeln; 93%. — *7-Oxy-3-methylflavon*, F. 278° (A.), a) durch Entmethylierung vorvorst. Verb. durch 8std. Kochen in Eisessig mit HBr (D. 1,49) u. Verdünnen mit W.; 95%; b) durch ½std. Kochen vorst. Verb. mit wss.-alkoh. KOH, Verdünnen mit W. u. Sättigen mit CO_2; 84%. *Acetylderiv.*, F. 132° (A.). — *7-Benzoyloxy-3-methoxyflavon*, $C_{23}H_{16}O_5$, F. 131°, aus rohem **VIII**; aus A. Nadeln. — *7-Oxy-3-methoxyflavon*, F. 233°, aus A. Nadeln. — *5.7-Dimethoxy-2.3-diphenylchromon*, $C_{23}H_{18}O_4$, F. 195°, aus 0,75 g **X**; aus Äthylacetat 0,7 g Rhomben. — *5.7-Dioxy-2.3-diphenylchromon*, F. 250°, durch 8std. Kochen von 0,3 g vorst. Verb. in CH_3COOH mit HBr (D. 1,49) u. Verdünnen mit W.; 0,2 g. — *o-Acetoacetylphenol*, F. 92°, durch Rühren von o-Acetoxyacetophenon in Pyridin mit KOH während 15 Min. bei Raumtemp. u. Ansäuern mit verd. HCl; aus Bzl.-PAe. Nadeln; 7%. — *o-[Furoyl-(2)-oxy]-acetophenon*, $C_{13}H_{10}O_4$, F. 92°, aus o-Oxyacetophenon in Pyridin mit Furoyl-(2)-chlorid u. Gießen in verd. HCl nach 1 Std.; aus A. Platten; 99%. — *2-[Furoyl-(2)-oxy]-4.6-dimethoxydesoxybenzoin*, $C_{21}H_{18}O_6$, F. 116°, wie vorst. aus **XI**; aus A. Platten; 91%. — *Furoyl-(2)-o-oxybenzoylmethan*, $C_{13}H_{10}O_4$, F. 76°, aus A. gelbe Nadeln; 65%. — *α-[Furoyl-(2)]-2-oxy-4.6-dimethoxydesoxybenzoin*, $C_{21}H_{18}O_6$, F. 139°, aus A. Prismen; 93%. — *2-[Furyl-(2)]-chromon*, $C_{13}H_8O_3$, F. 135°, aus A. Nadeln; 91%. — *2-[Furyl-(2)]-5.7-dimethoxyisoflavon*, $C_{21}H_{16}O_5$, F. 195°, aus A. Nadeln. (J. chem. Soc. [London] **1952**. 3826—30. Okt. Bristol, Univ.) SPAETH. 3211

Hiroshi Ikeda und **Hatsuko Ikeda,** *Isolierung von Aminen unter Anwendung von Polyhalophenolen.* 1. Mitt. *Isolierung einiger Pyridinverbindungen aus ihren Gemischen. Pentachlorphenol* (**I**) bildet mit Aminen *Molekülverbb.*, die in W. unlösl. sind u. sich wegen ihres verschied. Verh. in organ. Lösungsmitteln eignen, gewisse Amine aus Gemischen zu isolieren; die stärker bas. Amine fallen dabei in Form der entsprechenden Phenolate zuerst aus. Beschrieben wird die Isolierung von *Pyridinpentachlorphenolat* (**II**) aus Gemischen von *Pyridin* (**III**) u. α-Picolin (**IV**) u. die Isolierung von *Piperidinpentachlorphenolat* aus Gemischen von **III** u. Piperidin (**V**). Durch Farb-Rkk. nach der Benzoylchloridmeth. oder mit p-Chlorphenol nach HERINGTON (vgl. Analyst **76.** [1951.] 90) ergibt sich, daß der Reinheitsgrad des handelsüblichen „reinsten" **III** von dem des aus **II** zurückgewonnenen **III** noch übertroffen wird.

Versuche: Isolierung von *Pyridinpentachlorphenolat* (**II**), $C_{11}H_6ONCl_5$, F. 90—92°, lange Nadeln, a) aus 16,5 g **I** u. 5 g **III** („reinst") in Ae.; 15 g (Ausbeute); b) aus 3,3 g **I**, 0,7 g **III** u. 0,3 g **IV** in Ae.; 2,1 g; c) aus 6,23 g **I**, 1 g **III** u. 1 g **IV** in Ae.; 2 g; d) ein Gemisch (F. 79—81°; 2,9 g) von **II** u. *α-Picolinpentachlorphenolat* (F. 84—85°; Blättchen) entsteht aus 3 g **I**, 0,3 g **III** u. 0,7 g **IV** in Äther. — Rückgewinnung des *Pyridins* (**III**) a) durch Ausschütteln der äther. Lsg. von **II** mit HCl, Einengen der wss. Phase u. Dest. über festem NaOH; b) durch Erhitzen von **II** auf 230° u. nochmalige Dest. über NaOH. — Isolierung von *Piperidinpentachlorphenolat*, F. 238—240°, rhomb. Kristalle, a) durch Zugabe einer Lsg. von 6,5 g **I** in Methanol zu 1 g **III** u. 1 g **V** in Methanol; 3,9 g; b) durch Zugeben einer Lsg. von 1 g **III** u. 1 g **V** in W. zu 3,1 g pulverisiertem **I**, 1 std. Schütteln, Filtrieren u. Waschen mit Ae.; 3,5 g; c) durch Zugeben einer Lsg. von 0,3 g **V** in W. zu 1 g pulverisiertem **II**, 1 std. Schütteln, Filtrieren u. Waschen mit Ae.; 0,8 g. — Rückgewinnung des *Piperidins* (**V**) durch Ausschütteln einer Lsg. von vorst. Verb. in Bzl.–Butanol (2 : 1) mit HCl, Einengen der wss. Phase u. Dest. über festem NaOH. (J. sci. Res. Inst. [Tokyo] **46.** 185—87. Sept. 1952. [Orig.: engl.]) W. HOFFMANN. 3231

Maria Luisa Stein, *Derivate des 1-Carboxymethyl-3-carboxypyridiniumbromids.* Durch Rk. von Cholesterylbromacetat (**II**) mit Nicotinsäurederivv. werden cholesterinhaltige Derivv. des *1-Carboxymethyl-3-carboxypyridiniumbromids* (**I**) erhalten. Diese für therapeut. Zwecke vorgesehenen Verbb. sind aber meist in W. schwer löslich.

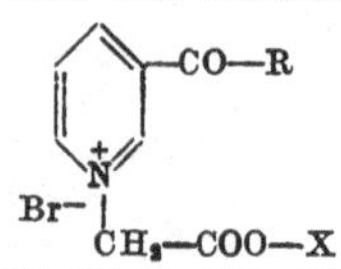

I R = OH, OC_2H_5, NH_2, $N(C_2H_5)_2$, X
X = Cholesteryl

Versuche: *1-[Carbocholesteryloxymethyl]-3-carboxypyridiniumbromid*, $C_{35}H_{52}O_4NBr$, F. 242° (Zers.), durch Erhitzen von **II** mit Nicotinsäure (**III**) in A. (40 Std.), aus A. Kristalle. *3-Äthylester*, $C_{37}H_{56}O_4NBr$, F. 182° (Zers.), ebenso aus **III**-Äthylester, $[\alpha]_D^{20}$ —59,27° (c = 0,845), aus Chlf. + Ae. Kristallnadeln; *Perchlorat*, $C_{37}H_{56}O_4N \cdot ClO_4$, F. 205° (Zers.), Tafeln. *3-Cholesterylester*, $C_{62}H_{96}O_4NBr$, F. 237° (Zers.), aus **III**-Cholesterylester (F. 152,5° aus Aceton) wie oben, $[\alpha]_D^{20}$ —51,27° (c = 1,18 in Chlf.), aus Chlf. + Ae. Pulver. *3-Amid*, $C_{35}H_{53}O_3N_2Br$, F. 218—220° (Zers.), ebenso aus **III**-Amid, Kristalle aus Chlf. oder A.; *Perchlorat*, F. 225 bis 227° (Zers.), amorph. *3-N.N-Diäthylamid*, $C_{39}H_{61}O_3N_2Br$, F. 219—220° (Zers.), ebenso aus **III**-Diäthylamid, $[\alpha]_D^{20}$ —19,70 (c = 1% in $CHCl_3$), Pulver aus Chlf. + Ae.; *Perchlorat*, F. 226° (Zers.); *Pikrat*, F. 228—230°. — *1-[Diäthylcarbaminylmethyl]-3-[diäthylcarbaminyl]-pyridiniumbromid* (**I**, R = X = —$N(C_2H_5)_2$), $C_{16}H_{26}O_2N_3Br$, aus **III**-Diäthylamid u. Bromessigsäurediäthylamid in wasserfreiem Ae., Öl. (Ricerca sci. **22.** 1776—81. Sept. 1952. Rom, Univ., Ist. di chim. farm.) K. FABER. 3231

G. A. Melentjewa und **Ss. I. Kanewskaja,** *Untersuchungen auf dem Gebiet der heterocyclischen Verbindungen.* 1. Mitt. *Synthese von Chinolyl-(6)-aminoalkanolen.* Die Kondensation von Chinolinaldehyd-(6) (**I**) mit Nitroalkanen liefert *α-Chinolyl-(6)-β-nitroalkanole*, deren katalyt. Hydrierung zu den entsprechenden β-Aminoalkanolen führt. Die besten Ausbeuten werden in wasserarmem A. erhalten, da dann die als Neben-Rk. auftretende Abspaltung von NH_3 aus den Aminoalkoholen, die zu Chinolylketonen führt, zurückgedrängt wird. Diese Zers. erfolgt aber auch bei der Aufarbeitung der Reaktionsmasse u. führt zu schwankenden Ausbeuten.

Versuche: *α-[Chinolyl-(6)]-β-nitroäthanol*, $C_{11}H_{10}O_3N_2$, F. 139—140°; zu 2,5 g **I** in 30 ml absol. A. werden 3 ml Nitromethan u. 15 Tropfen Diäthylamin zugefügt; man läßt 2 Tage im Dunkeln einwirken, saugt den Nd. ab, wäscht mit kaltem A. u. krist. aus A.; gelbliches, leichtes Kristallpulver; 67% (Ausbeute). *Hydrochlorid*, $C_{11}H_{10}O_3N_2 \cdot HCl$, Zers. >250°; aus A. Nadeln. — *α-[Chinolyl-(6)]-β-nitropropanol*, $C_{12}H_{12}O_3N_2$, F. 134°; Herst. analog Vorst. mit Nitroäthan; aus Bzl. Kristalle; 77%. — *α-[Chinolyl-(6)]-β-aminoäthanol*, durch Hydrierung vorvorst. Verb. (RANEY-Ni; absol. A.); wird als *Dihydrochlorid* isoliert. *Dihydrochlorid*, $C_{11}H_{12}ON_2 \cdot 2\,HCl$, Zers. >250°; Kristallpulver aus A.; 35—40%. — *α-[Chinolyl-(6)]-β-aminopropanol-Dihydrochlorid*, $C_{12}H_{14}ON_2 \cdot 2\,HCl$; Herst. analog Vorst.; aus A. Nadeln; 23—63%. Als Nebenprod. entsteht *Äthyl-[chinolyl-(6)]-keton-Semicarbazon*, $C_{13}H_{14}ON_4$, F. 218—220°; aus A. gelbliche Kristalle. (Журнал Общей Химии [J. allg. Chem.] **23.** (**85.**) 310—15. Febr. 1953. Moskau, Pharmazeut. Inst.) H. FRÖHLICH. 3231

John A. King und **Freeman H. McMillan,** *Die Herstellung von Pyridazonylsäuren.* 6-Methylpyridazon-(3) (**I**) wurde mit den α-Halogenestern der Essig-, Propion- u. Isobuttersäure zu *6-Methylpyridazon-(3)-yl-(2)-alkancarbonsäureestern* umgesetzt u. *6-Carbäthoxypyridazon-(3)* (**II**) sowie *Pyridazon-(3)* (**III**) derselben Rk. unterworfen. Die Ester wurden zu den *Säuren* verseift, von denen 3 mit Acetanhydrid in Pyridin unter CO_2-Abspaltung die entsprechenden *Methylketone* ergaben.

Versuche: *6-Methylpyridazon-(3)-yl-(2)-essigsäureäthylester* (**IV**), $C_9H_{12}O_3N_2$, F. 77,5—79° (Bzl.), aus je 1 Mol C_2H_5ONa u. **I** in absol. A. durch Eintropfen von 1 Mol $CH_2BrCOOC_2H_5$ bei 15—20°, 1std. Kochen, Evakuieren des Filtrats u. Lösen in Bzl.; Kp.$_{5-6}$ 159—167°; 82% (Ausbeute). *Freie Säure* (**IVs**), $C_7H_8O_3N_2$, F. 237—240° (Zers.), durch Kochen von **IV** in 5%ig. HCl oder 10%ig. NaOH u. Ansäuern; 91%. — *6-Methylpyridazon-(3)-yl-(2)-acetamid,* $C_7H_9O_2N_3$, F. 224—225° (W.), aus **IV** u. 28%ig. NH_4OH; 71%. *N.N-Diäthylamid,* $C_{11}H_{17}O_2N_3$, F. 110,5—112°, aus je 0,2 Mol **I**, C_2H_5ONa in A. u. $CH_2ClCON(C_2H_5)_2$; 15 Std. gekocht u. Heißfiltrat zur Trockne gedampft; aus A.-Ae. umkrist.; 55%. *Anilid,* $C_{13}H_{13}O_2N_3$, F. 203—204° (A.), durch 2½std. Kochen von **IVs** u. Anilin (ca. 200°). — *2.6-Dimethylpyridazon-(3),* Kp. 234—236°, F. 47—48,5°, durch Ölbaderhitzen von **IVs** auf 245—250° bis zum Aufhören der CO_2-Entw.; 77%. — *6-Methylpyridazon-(3)-yl-(2)-aceton* (**V**), $C_8H_{10}O_2N_2$, F. 99,5—100° [A.-Skellysolve B (**VI**), dann Bzl.], durch 2std. Kochen von 16,8 g **IVs**, 50 cm³ Acetanhydrid u. 34 cm³ Pyridin u. Abdampfen im Vakuum; 9,6 g. *Semicarbazon,* $C_9H_{13}O_2N_5$, aus A. F. 204—205° (Zers.). — *α-[6-Methylpyridazon-(3)-yl-(2)]-propionsäureäthylester,* $C_{10}H_{14}O_3N_2$, Kp.$_{0,1-0,2}$ 97 bis 101°, aus $CH_3CHBrCOOC_2H_5$ analog **IV**, 45 Min. gekocht; n_D^{25} 1,5025, $D.^{25}_{25}$ 1,1423; 66%. *Freie Säure,* $C_8H_{10}O_3N_2$, F. 141—142° (W.), durch 1std. Kochen des Esters mit 10%ig. NaOH, Ansäuern mit HCl u. Einengen; 99%. — *Methyl-α-[6-methylpyridazon-(3)-yl-(2)]-äthylketon,* $C_9H_{12}O_2N_2$, Kp.$_{0,4}$ 94—99°, aus vorst. Verb. analog **V**, n_D^{25} 1,5226; 78%. *Semicarbazon,* $C_{10}H_{15}O_2N_5$, aus W., F. 201—202°. — *α-Methyl-α-[6-methylpyridazon-(3)-yl-(2)]-propionsäureäthylester,* $C_{11}H_{16}O_3N_2$, Kp.$_{0,3}$ 105—114°, aus $(CH_3)_2CBrCO \cdot OC_2H_5$ analog **IV**; 18%. *Freie Säure,* $C_9H_{12}O_3N_2$, F. 214—214,5° (A.), aus dem Ester mit sd. 10%ig. NaOH (3 Std.); war nicht wie vorst. Säuren in ein Keton überzuführen. — *Pyridazon-(3)-yl-(6)-carbonsäure* (**IIs**), F. 257° (Zers.), aus **I** u. $K_2Cr_2O_7$—H_2SO_4; 76%. *Äthylester* (**II**), F. 127—128°. Daraus mit NH_4OH bei Zimmertemp. *Amid,* F. 314—315° (Zers.), u. mit Anilin (30 Min. 180°, 1 Std. 195°) *Anilid,* $C_{11}H_9O_2N_3$, aus A., F. 254,5 bis 256°. — *2-Methylpyridazon-(3)-yl-(6)-carbonsäureäthylester,* $C_8H_{10}O_3N_2$, F. 67,5—68° (**VI** + Bzl.), durch ½std. Kochen von **II** u. CH_3J in absol. A. mit C_2H_5ONa in A.; dann wie **IV**; 66%. *Freie Säure* (**VII**), $C_6H_6O_3N_2$, F. 237—238° (Zers.), aus dem Ester mit sd. wss. HCl (1 : 1, 1 Std.). — *6-Carbäthoxypyridazon-(3)-yl-(2)-essigsäureäthylester,* $C_{11}H_{14}O_5N_2$, F. 82—83° (A.), aus **II** u. $CH_2BrCOOC_2H_5$ analog **IV**; 61%. — *6-Carboxypyridazon-(3)-yl-(2)-essigsäure,* $C_7H_6O_5N_2$, F. 220—223° (W.), aus 3,4 g vorst. Verb. durch 20std. Kochen mit wss. HCl (1 : 1) u. Verdampfen im Vakuum; 1,4 g. — *Pyridazon-(3)-yl-(2)-essigsäureäthylester,* $C_8H_{10}O_3N_2$, F. 52,5—53° (**VI** + Bzl.), aus *Pyridazon-(3)* (**III**) (aus **IIs** bei 275°; 82%) u. $CH_2ClCOOC_2H_5$ analog **IV**, Kp.$_{0,25-0,9}$ 109—117°; 64%. *Freie Säure,* $C_6H_6O_3N_2$, F. 174—175° (W.), wie **VII**; 66%. — *Pyridazon-(3)-yl-(2)-aceton,* $C_7H_8O_2N_2$, F. 98—99° (**VI** + Bzl.), analog **V** aus vorst. Verb.; Vakuumrückstand mit 10%ig. NaOH u. Bzl. aufgearbeitet; Sublimation bei 0,15 mm/Bad 100°; 22% roh. *Semicarbazon,* $C_8H_{11}O_2N_5$, F. 215—216° aus H_2O. (J. Amer. chem. Soc. **74**. 3222—24. 5/7. 1952. New York, Warner Inst. for Therap. Res.) LEHMSTEDT. 3272

K. Dziewoński und **J. Schoen,** *Reaktionen von Harnstoff und Thioharnstoff mit hydroaromatischen Ketonen.* 1. Mitt. *Kondensation von Harnstoff mit 1-Keto-1.2.3.4-tetrahydronaphthalin.* Bei der Kondensation von α-Tetralon (**III**) mit 2 Mol Harnstoff (**IV**) oder 1 Mol Biuret (**V**) entsteht als Hauptprod. *1.2.3.4.5.6-Hexahydro-2.4-diketo-7.8-benzochinazolin* (**I**) oder dessen tautomere Form, *5.6-Dihydro-2.4-dioxy-7.8-benzochinazolin* (**Ia**). Die Struktur von **I** folgt aus der partiellen Dehydrierung zu *1.2.3.4-Tetrahydro-2.4-diketo-7.8-dibenzochinazolin* (**II**), das zum Vgl. aus 1-Aminonaphthoesäure-(2)-amid u. $COCl_2$ hergestellt wurde. **I** liefert ein von der Form **Ia** abgeleitetes *Di-Na-Salz* sowie ein unbeständiges *Ag-Salz.* Beim Erhitzen mit CH_3J + NaOH unter Druck entsteht aus **I** *1.2.3.4.5.6-Hexahydro-1-methyl-2.4-diketo-7.8-benzochinazolin* unter Methylierung des stärker bas. $N_{(1)}$-Atoms. Mit PCl_5 + $POCl_3$ liefert **I** das von **Ia** abgeleitete Dichlorid, *5.6-Dihydro-2.4-dichlor-7.8-benzochinazolin,* u. mit HNO_3 unter gleichzeitiger Oxydation der beiden Methylengruppen *1.2.3.4.5.6-Hexahydro-x-nitro-2.4.5.6-tetraketo-7.8-benzochinazolin,* das sich zur zugehörigen Aminoverb. reduzieren läßt. — Bei der Kondensation von **III** mit **IV** entsteht als Nebenprod. eine Verb., für die die Struktur *1.2;5.6-Dibenzo-3.4.7.8-tetrahydrophenanthridon* (**VI**) angenommen wird, u. deren Entstehung so erklärt wird, daß sich zunächst 2 Mol **III** zu *1.2.3.4-Tetrahydro-1-keto-2-[1'.2'.3'.4'-tetrahydronaphthyliden-(1')]-naphthalin* kondensieren, aus dem dann mit **IV** **VI** entsteht.

Versuche (mit **A. Panasiewicz**): *1.2.3.4.5.6-Hexahydro-2.4-diketo-7.8-benzochinazolin* (I), $C_{12}H_{10}O_2N_2$, F. 315—316°, a) durch 8std. Erhitzen von **III** u. **IV** auf 180°, Eingießen in W., Auswaschen des Nd. mit Bzl., Aufnehmen in verd. NaOH u. Ausfällen mit HCl; aus CH_3COOH Prismen; 60% (Ausbeute); b) ebenso aus **III** u. **V**. *Di-Na-Salz*, $C_{12}H_8O_2N_2Na_2$, schm. nicht, sehr leicht lösl. in H_2O. Das *Ag-Salz* konnte nicht rein isoliert werden. — *1.2.3.4.5.6-Hexahydro-1-methyl-2.4-diketo-7.8-benzochinazolin*, $C_{13}H_{12}O_2N_2$, F. 245—246°, durch 4—5std. Erhitzen von I mit CH_3J in methanol. NaOH auf 100 bis 105° unter Druck; aus W. lange Nadeln. — *5.6-Dihydro-2.4-dichlor-7.8-benzochinazolin*, $C_{12}H_8N_2Cl_2$, F. 165—166°, durch $^3/_4$std. Kochen von I mit PCl_5 + $POCl_3$, Eindampfen im Vakuum, Aufnehmen in Bzl. u. Einengen; hellgelbe Nadeln; mit W. tritt Zers. ein. — *1.2.3.4.5.6-Hexahydro-2.4.5.6-tetraketo-x-nitro-7.8-benzochinazolin*, $C_{12}H_5O_6N_3$, F. >350°, durch Versetzen von I in CH_3COOH mit HNO_3 (D. 1,51) u. konz. H_2SO_4 oder durch 4std. Erhitzen von I mit 24%ig. HNO_3; aus Nitrobenzol gelbe Plättchen. — *1.2.3.4.5.6-Hexahydro-2.4.5.6-tetraketo-x-amino-7.8-benzochinazolin*, $C_{12}H_7O_4N_3$, F. >350°, durch Red. vorst. Verb. in verd. A. mit $Na_2S_2O_4$ in der Wärme; aus verd. Sodalsg. lange, dünne Nadeln. — *1.2.3.4-Tetrahydro-2.4-diketo-7.8-benzochinazolin* (*2.4-Dioxy-7.8-benzochinazolin*) (II), $C_{12}H_8O_2N_2$, F. 340—342°, a) in geringer Ausbeute durch Erhitzen von I mit Se auf 300° bis zum Aufhören der H_2Se-Entw., Behandlung mit 20%ig. NaOH, in der I lösl. ist, während II zurückbleibt, u. Kristallisation aus konz. CH_3COOH; b) durch Überführung von 1-Aminonaphthoesäure-(2) durch 4—5std. Erhitzen mit **IV** u. Extraktion mit sd. W. in das *Amid* ($C_{11}H_{10}ON_2$, F. 166—167°, aus W. oder Bzl. Nadeln), von dem 6 g in Toluol in der Wärme mit einer 20%ig. $COCl_2$-Lsg. in Toluol tropfenweise versetzt wurden; 0,6 g. — *1.2;5.6-Dibenzo-3.4.7.8-tetrahydrophenanthridon* (**VI**), $C_{21}H_{17}ON$, F. 307°, als Nebenprod. bei der Darst. von I nach a) als in NaOH unlösl. Prod.; aus konz. $CH_3 \cdot COOH$ blaßgelbe Nadeln. (Bull. int. Acad. polon. Sci. Lettres, Cl. Sci. math. natur., Sér. A **1950**. 101—12. Jan./Dez. Kraków, Jagiellonian Univ., Labor. of Organ. Chem.) SPAETH. 3272

Adrien Albert, *Die Pteridine*. Übersicht: Schmetterlingspigmente, biol. Bedeutung der *Pteridine*, Folsäure, Synth. der Pteridine, physikal. u. chem. Eigenschaften. — 25 Literaturzitate. (Rev. pure appl. Chem. **1**. 51—63. Juni 1951. Australian Nat. Univ.) NITZSCHKE. 3272

Emery M. Gal, *Pteridinuntersuchungen*. 2. Mitt. *2-Methylpteridine*. (1. vgl. C. **1952**. 1335.) 4.5-Diamino-6-oxy-2-methylpyrimidin u. 2-Methyl-4.5.6-triaminopyrimidin kondensieren leicht mit Oxalsäure; mit Glyoxalbisulfit konnte in beiden Fällen kein reines Prod. erhalten werden. Aus der Löslichkeit der dargestellten *2-Methylpteridine* in Phosphatpuffer wird geschlossen, daß die Einführung der Methylgruppe in 2-Stellung die Löslichkeit der Pteridine verbessert.

Versuche: *2-Methyl-4.6.7-trioxypyrimido-[4.5:b]-pyrazin*, $C_7H_6O_3N_4 \cdot H_2O$, aus 4.5-Diamino-6-oxy-2-methylpyrimidinbisulfit, Na-Oxalat u. Oxalsäure durch 3std. Erhitzen auf 250° im Vakuum, Lösen in 2nNaOH, Ansäuren mit 2nEssigsäure u. 2nHCl, Kristallisation aus heißem Alkali u. Trocknen bei 150° im Vakuum; schm. nicht bis 300°. — *4-Amino-6.7-dioxy-2-methylpyrimido-[4.5:b]-pyrazin*, $C_7H_7O_2N_5$, aus 2-Methyl-4.5.6-triaminopyrimidinsulfat, überschüssiger Oxalsäure u. Na-Oxalat durch 3std. Erhitzen auf 250° bei 70 mm, Lösen in 2nNaOH, Verdünnen mit W., Einfiltrieren in 2nHCl, mehrfaches Umfällen in gleicher Weise u. Trocknen bei 100° im Vakuum; schm. nicht bis 300°. — Die UV-Maxima beider Pteridine u. der Ausgangssubstanzen werden angegeben. (J. Amer. chem. Soc. **72**. 5315—16. Nov. 1950. Berkeley, Univ. of California, Med. School, Div. of Biochem.) NITZSCHKE. 3272

O. Wichterle und **J. Novák**, *3.6-Dihydro-1.2-oxazin*. 3. Mitt. *über die Addition von Nitrosoverbindungen an Diene*. (2. vgl. C. **1950**. II. 2557.) Vff. beweisen, daß aus chlorierten Ketoximen $R_2CCl(NO)$ u. Butadien (I) nicht, wie in der 1. Mitt. (Collect. Trav. chim. Tchécoslov. **12**. [1947.] 292) angegeben, das Hydrochlorid des 3.4-Oxidopyrrolidins gebildet wird, sondern das des *3.6-Dihydro-1.2-oxazins* (**II**), ebenso wie aus Nitrosobenzol u. I N-Phenyl-3.6-dihydro-1.2-oxazin (**III**) erhalten wird (vgl. 2. Mitt., l. c.). **II** entsteht also durch 1.4-Addition der Chlornitrosoverb. an **I** u. spätere hydrolyt. Spaltung. — Mit Zn + Essigsäure wird aus **II** in Analogie zu **III** unter Ringspaltung *1-Aminobuten-(2)-ol-(4)* gebildet, doch nimmt **II** im Gegensatz zu **III** bei der Hydrierung mit PtO_2 1,34 Äquivalente H_2 auf unter Bldg. von *Pyrrolidin*, *Tetrahydro-1.2-oxazin* (**V**) u. *1-Aminobutanol-(4)* (**IV**); außer der Ringspaltung tritt also auch einfache Absättigung der Doppelbindung in **II** u. Entfernung des O-Atoms ein. **IV** kann auch aus **V** mit Zn + Eisessig gewonnen werden. — **II** u. **V** verhalten sich gegenüber HNO_2 wie n. sek. Amine u. bilden *Nitrosamine*, die bei der Red. mit Zn unter den Bedingungen der Herst. von Hydrazinverbb. N_2 entwickeln, was mit der Tautomerie der Hydrazinderivv. erklärt wird: Das tautomere Diimid ($HOCH_2CH:CHCH_2N:NH$ [**VI**] bzw. $HO(CH_2)_4N:NH$ [**VII**]) wird leicht unter N_2-Abspaltung den entsprechenden Alkohol liefern. Zwar konnte *Crotylalkohol* (aus **VI**) nicht mit Sicherheit nachgewiesen werden, wohl jedoch *Butylalkohol* (aus **VII**). — Mit C_2H_5Br werden **II** u. **V** N-äthyliert; beide *N-Äthylverbb.* spalten bei der Red. mit Zn + Essigsäure an der N—O-Bindung. — *2.2-Dimethyl-3.6-dihydro-1.2-oxaziniumhydroxyd*, aus **II** über das entsprechende Jodid gewonnen, ist auch in Lsg. unbeständig u. spaltet (ebenso wie das Acetat) *Dimethylamin* ab, ohne daß andere Spaltprodd. isoliert werden konnten. — Mit Chlf. + KOH entstanden aus **II** 2 Verbb., von denen keine das erwartete *2-Formyl-3.6-dihydro-1.2-oxazin* war. Auch die N-Nitroverb. von **II** konnte nicht gewonnen werden. — **II**-Hydrobromid verbrauchte bei der Rk. mit Br_2 5 Äquivalente, wobei 5 Mol HBr in der wss. Lsg. nachgewiesen wurden u. ein in höheren Alkoholen, Aceton u. Bzl. lösl. amorpher, wahrscheinlich polymerer Nd. entstand, der mit KOH oder Zn-Pulver stark ungesätt. gasförmige Prodd. bildete.

Versuche: *3.6-Dihydro-1.2-oxazin* (**II**)-*Hydrochlorid* wurde wie in der **1.** Mitt. (l. c.) aus **I** u. Chlornitrosocyclohexan in Bzl. dargestellt, wobei die Ausbeute bei Einw. einer ca. 20%ig. Lsg. von **I** u. beim Arbeiten unterhalb 30° während der Dauer der Addition gesteigert werden kann. — *1-Aminobuten-(2)-ol-(4)*, C_4H_9ON, Kp.$_{1,5}$ 84—85°, aus 5 g **II** in Eisessig durch Zugabe von 5 g Zn-Pulver, Einengen des Filtrats im Vakuum, Verdünnen mit W., Fällen des Zn mit H_2S, Abdest. von CH_3COOH nach Zugabe von wenig H_2SO_4, Dampfdest., Fällen von $BaSO_4$ im Rückstand u. Vakuumdest.; viscose Fl., unlösl. in Ae.; D.^{20} 1,011; n_D^{20} 1,4992; 3,2 g (Ausbeute). — Nach 4std. Hydrierung von 60,5 g **II**-Hydrochlorid in CH_3OH in Ggw. von PtO_2 bei 945 mm u. 21°, Lösen der erhaltenen Hydrochloride in W., Alkalisieren u. Dest. wurden erhalten: a) *Pyrrolidin*, Kp.$_{760}$ 84 bis 85°; 3,8 g; *Chloroplatinat*, $(C_4H_9N)_2PtCl_6$, F. 201°; b) *Tetrahydro-1.2-oxazin* (**V**), C_4H_9ON, Kp.$_{80}$ 70—71°; D.^{20} 0,9940; n_D^{20} 1,4064; 26,7 g; c) *1-Aminobutanol-(4)* (**IV**), Kp.$_2$ 70—72°; 2,7 g. **V**-*Pikrat*, $C_{10}H_{12}O_8N_4$, F. 151—152° (CH_3OH). — *Tetrahydro-1.2-oxazin-2-carbonsäureanilid*, $C_{11}H_{14}O_2N_2$, F. 66°, aus **V** u. C_6H_5NCO in Äther. — **IV**, $C_4H_{11}ON$, wird auch aus **V** durch Red. mit Zn + CH_3COOH, Einengen des Filtrats, Alkalisieren zur Zinkatbldg., Ausziehen mit Chlf. u. Dest. gewonnen. — *N'-[δ-Oxybutyl]-N-phenylthioharnstoff*, $C_{11}H_{16}ON_2S$, F. 105° (Chlf.), aus **IV** u. C_6H_5NCS. — *2-Äthyl-3.6-dihydro-1.2-oxazin*, $C_6H_{11}ON$, Kp.$_{100}$ 66—69°, aus **II** u. Äthylbromid in der Kälte; D.^{20} 0,9671; n_D^{20} 1,4569. *Pikrat*, $C_{12}H_{14}O_8N_4$, F. 89° (CH_3OH). — *1-Äthylaminobuten-(2)-ol-(4)*, $C_6H_{13}ON$, Kp.$_2$ 82—83°, aus 5 g vorst. Verb. durch Red. mit Zn + CH_3COOH wie bei **V**; D.^{20} 0,9479; n_D^{20} 1,4882; 3,2 g. — *2-Äthyltetrahydro-1.2-oxazin*, $C_6H_{13}ON$, Kp.$_{100}$ 64 bis 65°, aus **V** u. C_2H_5Br; D.^{20} 0,8974; n_D^{20} 1,4372. — *1-Äthylaminobutanol-(4)*, $C_6H_{15}ON$, Kp.$_{1,5}$ 76°, aus 5 g vorst. Verb. mit Zn + Eisessig; D.^{20} 0,9120; n_D^{20} 1,4548; 3,1 g. — *2-Nitroso-3.6-dihydro-1.2-oxazin*, $C_4H_6O_2N_2$, Kp.$_3$ 74°, aus **II**-Hydrochlorid in verd. HCl u. $NaNO_2$ unter Kühlung; ölige, gelbe Flüssigkeit. — Bei Zugabe von Eisessig zu vorst. Verb. u. Zn-Pulver unterhalb 15° tritt N_2-Entw. ein; wurde aus dem Rückstand die Essigsäure im Vakuum beseitigt u. in Ae. aufgenommen, konnte bei Vakuumdest. keine einheitliche Substanz identifiziert werden; das Destillat entfärbte Br_2 u. gab bei CrO_3-Oxydation Crotonaldehydgeruch. — *2-Nitrosotetrahydro-1.2-oxazin*, $C_4H_8O_2N_2$, Kp.$_{1,5}$ 75 bis 76°, aus 10 g **V**; gelbe, ölige Fl.; 10,2 g. Bei der Zn–Essigsäure-Red. wurde *n-Butanol* identifiziert; Kp.$_{100}$ 67—75°; *p-Bromphenylurethan*, F. 63°. — *2.2-Dimethyl-3.6-dihydro-1.2-oxaziniumjodid*, $C_6H_{12}ONJ$, F. 133° (Zers.), aus 10 g **II** in CH_3OH u. CH_3J; aus A. Lamellen; 8,1 g. — *2-Benzoyl-3.6-dihydro-1.2-oxazin*, $C_{11}H_{11}O_2N$, Kp.$_3$ 153—155°. — *2-Benzoyltetrahydro-1.2-oxazin*, $C_{11}H_{13}O_2N$, Kp.$_2$ 152—153°. — *2-Acetyl-3.6-dihydro-1.2-oxazin*, $C_6H_9O_2N$, Kp.$_6$ 83—84°. — *2-Acetyltetrahydro-1.2-oxazin*, $C_6H_{11}O_2N$, Kp.$_{10}$ 83 bis 84°. — *2-Benzyl-3.6-dihydro-1.2-oxazin*, $C_{11}H_{13}ON$, F. 78° (A.), aus **II** u. $C_6H_5CH_2Cl$. — Nach Rk. von 5 g **II** in CH_3OH mit 7 g Chlf. bei langsamer Zugabe von methanol. KOH, Einengen des Filtrats, Ausäthern u. Dest. wurden 2 Fraktionen erhalten vom Kp.$_{20}$ 53 bis 54° u. Kp.$_1$ 61—62°; beide entsprechen in ihren Analysendaten nicht der gesuchten Formylverbindung. (Collect. Trav. chim. Tchécoslov. **15.** 309—21. 1950. Prag, École Polytechn., Inst. de Chim. organ. exp.) NITZSCHKE. 3282

F. Schneider und **G. A. Erlemann**, *Nachweis von D-Psicose als Umlagerungsprodukt von Glucose, Fructose und Mannose.* Bei Umlagerungsverss. mit Glucose, Fructose u. Mannose im neutralen, schwach sauren u. schwach alkal. Gebiet bei höheren Tempp. wurde unter den Reaktionsprodd. die *D-Psicose* durch Vgl. mit authent. Material identifiziert. Das von LOBRY DE BRUYN u. EKENSTEIN (Recueil Trav. chim. Pays Bas **15.** [1896.] 92; **16.** [1897.] 274) als Glucose angesehene, in Ggw. von $Pb(OH)_2$ entstehende Umwandlungsprod. der Fructose erwies sich gleichfalls als D-Psicose. — 1 Papierchromatogramm. (Naturwissenschaften **39.** 160. April 1952. Braunschweig, TH, Inst. für landwirtsch. Technol. u. Zuckerind.) WILLENBERG. 3400

J. E. Cadotte, F. Smith und **D. Spriestersbach,** *Eine neue Glykosidsynthese.* Durch Heißperkolation (Apparaturskizze) über Kationenaustauschharze (Amberlite IR 120

Dowex 50) wurden *Methylglykopyranoside* folgender Zucker dargestellt: *α-D-Glucose*, F. 116°; $[\alpha]_D^{25}$ +135°; 48% (Ausbeute). *β-D-Glucose*, F. 110°; $[\alpha]_D^{25}$ −30°. *α-D-Mannose*, F. 194°; $[\alpha]_D^{25}$ +82°; 69%. *α-D-Galaktose*, F. 105° (Hydrat); $[\alpha]_D^{25}$ +183°; 10%. *β-D-Arabinose*, F. 172°; $[\alpha]_D^{25}$ −244°; 30%. *β-L-Arabinose*, F. 172°; $[\alpha]_D^{25}$ +240°; 36%. *β-D-Xylose*, F. 150—157°; $[\alpha]_D^{25}$ −54°; 9%. *α-L-Rhamnose*, F. 101°; $[\alpha]_D^{25}$ −55,5°; 50%. — Die Meth. eignet sich auch zur Glykosidierung von methylierten Zuckern: *Methyl-2.3.4.6-tetramethyl-D-glucosid*, Kp.$_{0,05}$ 110° (Badtemp.); $[\alpha]_D^{25}$ +62; aus 2.3.4.6-Tetramethylglucose, von Uronsäuren: *Methyl-α-D-galakturonosidmethylestermonohydrat*, F. 141°; $[\alpha]_D^{25}$ +128° (c = 0,3, W.). *Methyl-β-D-glucofururonosid-3.6-lacton*, $C_7H_{10}O_6$, F. 139°; $[\alpha]_D^{20}$ −56,5° (W., c = 1,9); Prismen (A./Ae.), neben *Methyl-α-D-glucofururonosid-3.6-lacton*, $C_7H_{10}O_6$, F. 147,8°; $[\alpha]_D^{20}$ +146,5° (W., c = 0,5); aus D-Glucuron in Methanol unter Rückflußkochen über Dowex 50. *Methyl-2.5-dimethyl-β-D-glucofururonosid-3.6-lacton*, F. 91°; $[\alpha]_D^{25}$ +5° (W., c = 3,6). *Methyl-2.5-dimethyl-α-D-glucofururonosid-3.6-lacton*, F. 129°; $[\alpha]_D^{25}$ +171° (W., c = 0,8), aus vorst. Verbb. mit CH_3J/Ag_2O. *Methylmannuronosid*, $[\alpha]_D^{25}$ +85° (CH_3OH, c = 2,5); $[\alpha]_D^{25}$ +46° (W., c = 1), aus D-Mannuron; sowie zur Bldg. von Isopropylidenderivv. von Zuckern: *1.2;5.6-Diaceton-D-glucofuranose*, F. 105°, u. *1.2-Monoaceton-D-glucofuranose*, F. 150°, durch Extraktion eines Gemisches von 10 g D-Glucose u. 18 g Amberlite IR 120 im Soxhletapp. mit Aceton während 24 Std.; *1.2;4.5-Diaceton-α-fructose*, F. 119°, aus D-Fructose u. Aceton durch 20std. Schütteln mit Dowex 50. (J. Amer. chem. Soc. **74**. 1501—04. 20/3. 1952. St. Paul, Minn., Univ., Div. of Agricult. Biochem.) NEZEL. 3400

R. P. Jewstignejewa, R. Ss. Liwschitz, M. Ss. Bainowa, L. I. Sacharkin und **N. A. Preobrashenski**, *Untersuchungen in der Reihe der Isochinolinverbindungen. 5. Mitt. Synthese des Alkaloids Emetin.* (4. vgl. C. **1951**. II. 2319.) Die die Synth. von *Emetin* (**I**) betreffenden experimentellen Daten werden nachgetragen. *N-[3.4-Dimethoxyphenyläthyl]-β'-äthyl-α-piperidon-γ-essigsäurehomoveratrylamid* wird in 2 Formen **A** u. **B**, die im Verhältnis der cis-trans-Isomerie am γ- u. β'-C-Atom zueinander stehen, erhalten. Beide wurden getrennt den weiteren Rkk. unterworfen. **I** enthält 4 asymm. C-Atome ($C_{(9)}$, $C_{(7)}$, $C_{(6)}$ u. $C_{(1)}$; l. c.); dementsprechend ist eine Anzahl Stereoisomerer zu erwarten, **I** wurde als festes u. fl. Prod. erhalten. Vff. nehmen an, daß in diesen Gemische vorliegen, u. daß die Isomerie durch die Asymmetrie des $C_{(9)}$- u. $C_{(1'')}$-Atoms bedingt ist. Zur Isolierung individueller Isomerer wurden Salze hergestellt; aus dem festen Prod. wurde mit dl-Campher-β-sulfonsäure ein *Bis-[campher-β-sulfonat]* erhalten, das eine mit dem natürlichen l-Emetin ident. Base lieferte. Auch die *d-Tartrate* waren identisch. Das synthet. Präp. u. natürliches **I** gaben das gleiche Absorptionsspektr., auch das aus beiden nach verschied. Methoden hergestellte *Rubremetin.*

Versuche: Die Ausgangsprodd. zur Synth. des Emetins wurden nach bekannten Verff. hergestellt. *α.α'-Acetondicarbonsäurediäthylester*, Kp.$_2$ 118—120°; aus Citronensäure mit 48%ig. Ausbeute u. *-dimethylester*, Kp.$_{10}$ 131—135°; 46%. — *β-Oxyglutarsäurediäthylester*, Kp.$_5$ 128—130°, u. *-dimethylester*, Kp.$_8$ 138—139°; nach LOCHTE u. PICKARD (J. Amer. chem. Soc. **68**. [1946.] 721), MARCEL u. DELEPINE (C. R. hebd. Séances Acad. Sci. **224**. [1947.] 1396) aus vorst. Verbb. durch Hydrieren (Ni; A. bzw. CH_3OH; 130 at; 150°); 92,5 bzw. 85%. — *β-Acetoxyglutarsäurediäthylester*, Kp.$_4$ 138 bis 140°, u. *-dimethylester*, Kp.$_5$ 134—135°; aus vorst. Verbb. mit sd. Acetanhydrid; 96,5 bzw. 95%. — *Glutaconsäurediäthylester*, Kp.$_3$ 103—105° u. *-dimethylester*, Kp.$_2$ 94—95°; aus vorst. Verbb. durch Erhitzen mit CH_3CO_2K (1 : 0,0084 Mol) auf 135° (Temp. des Dampfes); 74,5 bzw. 71,5%. — *β-[Cyancarbäthoxymethyl]-glutarsäurediäthylester*, Kp.$_3$ 167—169°; aus vorst. Diäthylester u. $CNCH_2CO_2C_2H_5$ in sd. C_2H_5ONa-Lsg.; 84%. Analog *β-[Cyancarbomethoxymethyl]-glutarsäuredimethylester*, Kp.$_2$ 157—159°; 74,5%. — *β-[α'-Cyan-α'-carbäthoxypropyl]-glutarsäurediäthylester*, $C_{16}H_{25}O_6N$, Kp.$_3$ 169—171°; aus 83 g vorst. Diäthylesters u. 92 g C_2H_5J in Ggw. von C_2H_5ONa-Lsg. (7,4 g Na; 148 cm³ absol. A.); man kocht ca. 3 Std. bis zur neutralen Rk.; $D.^{20}_{20}$ 1,0947; n_D^{20} 1,4521; 82 g. — *β-[α'-Cyan-α'-carbomethoxypropyl]-glutarsäuredimethylester*, $C_{13}H_{19}O_6N$, Kp.$_1$ 150—152°; analog Vorst. aus dem Dimethylester oder (weniger gut) durch Kondensation von Glutaconsäuredimethylester mit Äthylcyanessigsäuremethylester; $D.^{20}_{20}$ 1,825; n_D^{20} 1,4597. — *β-[α'-Cyanpropyl]-glutarsäurediäthylester*, $C_{13}H_{21}O_4N$, Kp.$_{2,5}$ 139—140°. Zu einem Gemisch von 25,8 g vorvorst. Verb. u. C_2H_5ONa-Lsg. (1,18 g Na; 40 cm³ absol. A.) fügt man 1,42 g W. hinzu, läßt 12 Std. einwirken u. kocht 1 Std.; die Reaktionsmasse wird nach Verdampfen des A. im Vakuum in W. gelöst, Unverseiftes mit Ae. extrahiert u. aus der Lsg. nach Ansäuern der α'-Carboxyester mit Ae. extrahiert; dieser wird zur Abspaltung von CO_2 1 Std. auf 170—180°/15 mm erhitzt; $D.^{20}_{20}$ 1,0535; n_D^{20} 1,4519; 6 g. — *N-[3.4-Dimethoxyphenyläthyl]-β'-äthyl-α-piperidon-γ-essigsäurehomoveratrylamid* (l. c. Verb. **II**), $C_{29}H_{40}O_6N_2$. Ein Gemisch von 5,2 g vorst. Verb. u. 24 g Homoveratrylamin wird in Ggw. von 8 g Skelett-Ni in 15 cm³ absol. A. 2 Std. bei 110—115° u. 130 at

H_2-Anfangsdruck hydriert; man filtriert die Lsg., verdampft den A. im Vakuum u. erhitzt den Rückstand 3 Std. auf 180—200° (Badtemp.). Nach Durchwaschen mit 200—300 cm³ absol. Ae. zur Entfernung von überschüssigem Amin wird das gelbe, ölige Reaktionsprod. mit Toluol in 3,2 g des lösl. **A**-*Isomeren* u. 5,8 g des unlösl. **B**-*Isomeren* zerlegt. — *4'.5'-Dimethoxy-6-äthyl-7-[6''.7''-dimethoxy-3''.4''-dihydroisochinolyl-(1'')-methyl]-3.4.5.6.7.8-hexahydro-9.10-dehydrobenzo-[1'.2':1.2]-chinoliziniumchlorid-Hydrochlorid* (l. c. *Dehydrobase* III). a) 3,2 g des **A**-Isomeren vorst. Verb. werden mit 25 cm³ $POCl_3$ in 40 cm³ Toluol 1 Std. gekocht; man verdampft im Vakuum, wäscht den Rückstand mit absol. Ae., löst in 8 cm³ 6%ig. HCl u. verdampft im Vakuum; rotbraunes Öl; 3,5 g. b) 5,8 g des **B**-Isomeren vorst. Verb. werden mit 4,5 cm³ $POCl_3$ in 40 cm³ Toluol 1 Std. gekocht; weitere Aufarbeitung analog Vorst.; rotbraunes Öl; 6,2 g. Hieraus durch Fällen mit NaJ in wss. Lsg., Extraktion mit Chlf. u. Umfällen des Verdampfungsrückstandes der Chloroformlsg. mit Ae. aus alkoh. Lsg. das *Jodid-Hydrojodid*, $C_{29}H_{38}O_4N_2J_2$, F. 257—258°. — *4'.5'-Dimethoxy-6-äthyl-7-[6''.7''-dimethoxy-1''.2''.3''.4''-tetrahydroisochinolyl-(1'')-methyl]-benzo-[1'.2':1.2]-3.4.5.6.7.8-hexahydrochinolizin, Emetin* (I), $C_{29}H_{40}O_4N_2$. a) 3,5 g vorst. Chlorid-Hydrochlorids aus dem **A**-Isomeren in 10 cm³ absol. A. werden mit alkoh. NH_3 behandelt; der Nd. wird abfiltriert u. die Lsg. 2 Std. in Ggw. von 8 g Skelett-Ni bei 70—80° u. 130 at anfänglichem H_2-Druck hydriert; aus der wss. Lsg. des Reaktionsprod. wird die Base mit NH_3 abgeschieden; man nimmt mit Ae. auf; hellgelbes Öl; 55,5%. b) Analog werden 6,2 g des aus dem **B**-Isomeren erhaltenen Chlorid-Hydrochlorids behandelt; die Base wird als gelbliches, amorphes Pulver, F. 60—63°, gewonnen; 18,4%. Wird die Hydrierung in Ggw. von PtO in A. bei 1,5—2 at, dann bei 130 at durchgeführt, so beträgt die Ausbeute 40%. Hieraus das *Dihydrochlorid*, $C_{29}H_{40}O_4N_2 \cdot 2\,HCl$, F. 145 bis 146°. — *l-Emetin*, F. 71,5—72,5°; aus dem Bis-[campher-β-sulfonat] (s. unten); amorphes Pulver. *Dihydrochlorid*, $C_{29}H_{40}O_4N_2 \cdot 2\,HCl$, F. 243—255°; Pulver. *Bis-[campher-β-sulfonat]*, $C_{29}H_{40}O_4N_2 \cdot 2\,C_{10}H_{16}O_4S$, F. 238,5—240°. Zu 1,033 g des aus dem **B**-Isomeren erhaltenen I in 5 cm³ absol. A. werden 0,996 g dl-Campher-β-sulfonsäure hinzugefügt; man impft mit einem Kristall aus natürlichem I; aus absol. A. Kristalle; 12%. *d-Tartrat*, F. 159—161,5°. (Журнал Общей Химии [J. allg. Chem.] **22.** (**84.**) 1467—77. Aug. 1952. Moskau, Lomonossow-Inst. für feinchem. Technol.) R. KNOBLOCH. 3500

Kakuji Goto, Tatsuo Arai und **Tetsuro Kono,** *Untersuchungen über Sinomenin.* 62. Mitt. *Über die Reduktion des 1-Bromsinomeneins.* (61. vgl. Bull. chem. Soc. Japan **22.** [1949.] 262.) Während bei der katalyt. Red. von 1-Bromsinomenein (I) in saurer Lsg. ein Gemisch alkalilösl. Basen entstand, führte die Red. mit Al-Isopropylat zu *1-Bromsinomeneinalkohol* (II). II ist in 2%ig. NaOH unlösl., gibt keine $FeCl_3$-Rk., bildet ein Benzoylderiv., ist aber mit CH_2N_2 nicht methylierbar, enthält 2 Methoxylgruppen, von denen eine leicht hydrolysierbar ist. Durch CrO_3-Oxydation wird II in I zurückverwandelt. Diese Eigg. werden zur Stützung von Formel II herangezogen. Bemerkenswert ist der leichte Übergang von II in *1-Bromsinomeninon* durch Lösen in 2%ig. HCl bei 20° u. Alkalisieren mit $NaCO_3$.

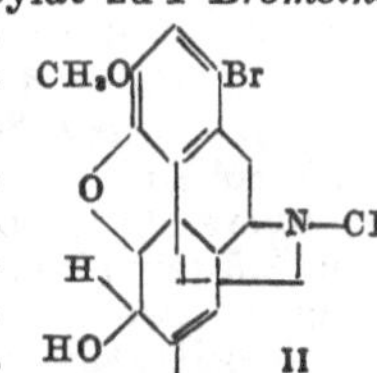

II

Versuche: *1-Bromsinomeneinalkohol* (II), $C_{19}H_{22}O_4NBr$, F. 171°, $[\alpha]_D^{20}$ + 53,5° (c = 2,055 in CH_3OH), aus I u. Al-Isopropylat in Isopropanol während 2—3 Std. auf dem W.-Bad, Isolierung aus der alkal. Lsg. mit Ae.; derbe Prismen; 40—60% (Ausbeute). *Methojodid*, $C_{20}H_{25}O_4NBrJ$, F. 232—233°. *Monobenzoat*, $C_{26}H_{26}O_5NBr$, F. 194,5° (A./Aceton). — Red. von I mit PtO_2/H_2 in Pyridon bei 1 at/26° gab beim Ausschütteln aus NaOH-alkal. Lsg. 10—20% II u. nach Sättigen der alkal. Lsg. mit CO_2 u. Ausschütteln mit Chlf. *1-Bromdihydrosinomenin* (III), F. 235°; 10—20%; *Semicarbazon*, F. 250—256°, *Methojodid*, F. 224° (Zers.). — *1-Bromdiacetylsinomenol*, $C_{20}H_{17}O_6Br$, F. 186°, durch Kochen von II mit Acetanhydrid u. Na-Acetat. — Red. von II mit $Pd/BaSO_4$ in schwach saurer Lsg. führte bei Absorption von 1 Mol H_2 zu *Sinomeninon*, F. 151° (*Jodmethylat*, F. 265°), bei 2 Mol zu α- u. *β-Dihydrosinomeninon.* — I, $C_{19}H_{20}O_4NBr$, F. 214°, aus II durch Oxydation mit CrO_3 in Aceton bei 20° oder mit $KMnO_4$ in Aceton; 40 bzw. 20%. — Durch Al-Isopropylat-Red. wurde aus Sinomenin nur Ausgangsmaterial, aus 1-Bromsinomeninhydrochlorid neben Ausgangsmaterial eine Substanz mit F. 216°, aus (+)-1-Bromdihydrocodeinon eine nicht phenol. Base mit F. 188° u. aus 1-Bromsinomeninon ein Basengemisch erhalten, aus dem nach Acetylierung eine kleine Menge *1-Bromtetrahydrosinomeninontriacetat*, F. 184°, isoliert wurde. — Red. von Sinomenin mit PtO_2/H_2 in Pyridin bei 25—26 gab nach Aufnahme von 2 Mol H_2 *Dihydrosinomeninol*, F. 160—162°, nach Aufnahme von 1 Mol H_2 *Dihydrosinomenin*, F. 198° (*Oxim*, F. 212—213°). Aus 1-Bromsinomenin entstand nach Aufnahme von 1 Mol H_2 **III.** Das Ausmaß der Red. ist von der Katalysatormenge abhängig. (Bull. chem. Soc. Japan **23.** 17—20. Mai 1950. Tokyo, Univ., Kitasato Inst., Agricult. Dep.)

NEZEL. 3500

Lindsay H. Briggs, E. G. Brooker, W. E. Harvey und **A. L. Odell,** *Solanumalkaloide.* 8. Mitt. *Solamargin, ein neues Alkaloid aus Solanum marginatum.* (7. vgl. C. **1953.** 540.) Aus den grünen Beeren von in Neuseeland gewachsenem Solanum marginatum wird mit 0,3–0,5% Ausbeute ein in A. u. CH_3OH leichtlösl. Alkaloid *Solamargin* (**I**; $C_{45}H_{73}O_{15}N$, Tafeln aus 50%ig. A., F. 301° [Zers.] [V.] nach Sintern bei 270°, $[\alpha]_D^{20}$ —105° [CH_3OH]; *Pikrat,* $C_{45}H_{73}O_{15}N \cdot C_6H_3O_7N_3$, gelbe Nadeln aus 20%ig. A., F. 188–189° [Zers.] [V.]; *Pikrolonat,* $C_{45}H_{73}O_{15}N \cdot C_{10}H_8O_5N_4$, gelbe Nadeln aus 80%ig. A., F. 204–205° [Zers.]; *Benzoat,* $C_{45}H_{73}O_{15}N \cdot C_7H_6O_2$, spaltet beim Erhitzen Benzoesäure ab) isoliert das, bei vollständiger Hydrolyse mit wss.-alkohol. HCl, *Solasodin* (**II**; F. 199,5–200°; *Hydrochlorid,* F. 307,5 bis 308° [Zers.][V.]; *Pikrat,* F. 142–143° [Zers.]), *Glucose* (**IV**) u. *Rhamnose* (**V**) (beide papierchromatograph. identifiziert), bei partieller Hydrolyse mit 2%ig. wss. HCl hingegen *Solasodin-β-glucosid*

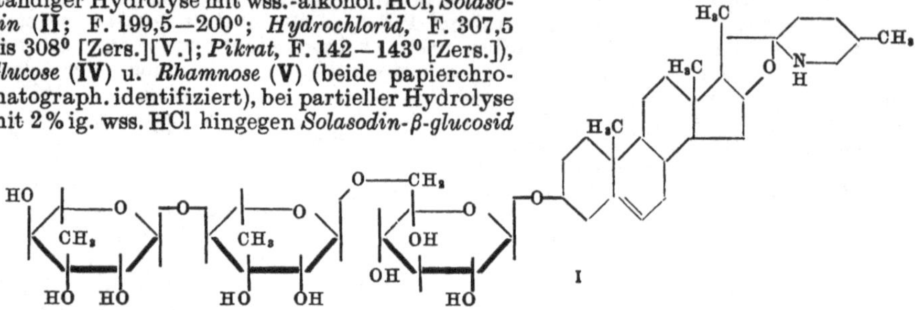

I

(**III**; $C_{33}H_{53}O_7N$, Nadeln aus CH_3OHNH_3, F. 251–253° [Zers.] [V.], $[\alpha]_{D20}$ —122° [CH_3OH]; *Pikrat* $C_{33}H_{53}O_7N \cdot C_6H_3O_7N_3$, F. 191°; *Tartrat,* F. 216° [Zers].; *Citrat,* F. 165° [Zers.;] *Oxalat,* F. 308° [Zers.]; *N-Nitrosoderiv.,* $C_{33}H_{52}O_8N_2$, F. 233,5–234° [Zers.]) u. **V** (F. 91–93°; *Phenylosazon,* F. 184,5–185°) liefert u. folglich nach dem Schema **V–V–IV–II** aufgebaut sein muß. Da **I** nicht red., sind die Zuckerreste über ihre lactol. Gruppen verknüpft, u. zwar wahrscheinlich durch β-Bindungen. Für **IV** ist dies aus der gegenüber **II** stärkeren Linksdrehung von **III** abzuleiten, für die **V**-Reste aus ihrer leichten hydrolyt. Abspaltbarkeit. **III** wird durch Emulsin bei p_H 4,6 nicht hydrolysiert, sondern erst durch wss.-alkoh. HCl unter Bldg. von **II** u. **VI**; **II** entsteht auch bei der Sublimation (190–200°) von **III** im Hochvakuum. Durch Se-Dehydrierung wird **III**, ebenso wie **II**, zu *2-Äthyl-5-methylpyridin* (*Pikrat,* $C_8H_{11}N \cdot C_6H_3O_7N_3$, F. 141,5–142,5°; *Styphnat,* F. 169,6°) abgebaut. (Mit [V.] bezeichnete FF. sind im evakuierten Röhrchen bestimmt.) (J. chem. Soc. [London] **1952.** 3587–91. Sept. Auckland, New Zealand, Univ. Coll.) BOIT. 3500

H. Bloom und **Lindsay H. Briggs,** *Solanumalkaloide.* 9. Mitt. *Beziehungen zwischen Konstitution und Basizität bei Solasodin, seinen Derivaten und Solanidin.* (8. vgl. vorst. Ref.) Solasodin u. seine Derivv. mit intakter Ätherbrücke [Solasonin, Solamargin, Solasodamin [neues Solasodintetrasaccharid aus Solanumarten], Solasodanol u. Solasodien-(3.5)] sind infolge des induktiven Effektes des O-Atoms, welches zusammen mit dem N am gleichen C-Atom haftet, erheblich schwächere Basen (pK_7 in 60%ig. Alkoholwasser 6,2–6,3) als Derivv. mit geöffnetem Ätherring [Dihydrosolasodanol, Dihydrosolasodenol, Dihydrosolasodien-(3.5); pK_b 4,2–4,3], bei denen ein solcher Effekt nicht auftritt. Verbb. der 1. Gruppe werden bevorzugt am O acyliert, Verbb. der 2. Gruppe am O u. am N. Durch Überführung des Dihydrosolasodenols in sein N-Methylderiv. vermindert sich die Basizität auf pK_b 5,5, einen Wert, der mit dem für Solanidin gemessenen (5,38) vergleichbar ist. (J. chem. Soc. [London] **1952.** 3591–92. Sept.) BOIT. 3500

Paul Meunier, *Von Carotinen zu Retinenen.* Durch Oxydation von *β-Carotin* (**I**) in A.-haltigem (2–3%) Ae. mit MnO_2 wird *Retinen* (**II**) in einer Ausbeute von 57% erhalten, wenn man das Rk.-Gemisch 20 Min. an der Luft schüttelt. Es wurde durch das Absorptionsmaximum (Max. 664 mμ) seines Reaktionsprod. mit $SbCl_3$, sein Dinitrophenylhydrazon (F. 207°) u. seine Reduzierbarkeit mittels Li- u. Al-Hydrids zu *Vitamin A* (**III**) erkannt. Die Oxydation von **I** mit MnO_2 in PAe. führt zu einem Prod. mit einem Max. bei 335 mμ, das dem Hydrat oder Halbacetal von **II** zugeschrieben wird. Auch in gewöhnlichem Ae. erhält man dieses, wenn gleichzeitig UV-bestrahlt wird. Wenn die Rk. in Chlf. ausgeführt wird, entsteht ein Prod. mit einem Max. bei 345 mμ, bei dem sich es wahrscheinlich um ein cis-Isomeres mit gefalteter Seitenkette handelt. Durch Erhöhung der MnO_2-Menge führt die Oxydation zum **II**-Epoxyd (**IV**). Ist die Menge des MnO_2 so groß, daß das gesamte **III** adsorbiert wird, so läßt sich zeigen, daß es noch vor der Oxydation zu einer Faltung der Seitenkette kommt. Im Zusammenhang mit der **III**-ähnlichen biolog. Wrkg. von **II** wird die Vermutung

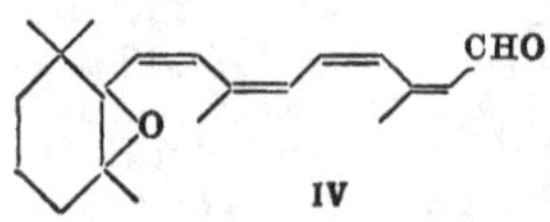

IV

ausgesprochen, daß die Verwertung von **I** im Organismus statt über die bisher angenommene hydrolyt. Spaltung in **III** über eine oxydative Stufe zum Aldehyd führt, der dann zu **III** reduziert wird. Auch *Lycopin* (**V**) (F. 176°) aus Tomaten läßt sich durch MnO_2 in Ae. mit 3% A. unter Lichtausschluß schnell oxydieren. Das Oxydationsprod. hat ein Max. bei 400 μ, sein Reaktionsprod. mit $SbCl_3$ bei 715 mμ, was mit den Konstanten von *Retinen₂* (**VI**) übereinstimmt. Durch Chromatographie mit Al_2O_3 lassen sich ungefähr 10% einer Verb. abtrennen, bei der es sich wahrscheinlich um das Hydrat von **IV** handelt. Das erhaltene **VI** läßt sich leicht zu *Vitamin* A_2 (**VII**) reduzieren, sein 2.4-Dinitrophenylhydrazon (F. 204°) zeigt ein schwächeres Max. bei 735 (375?) mμ u. ein stärkeres bei 440 mμ. Mit Anilin bildet es ein Analogon zu Porphyropsin. **V** zeigt bei der Ratte keine biolog. Wrkg., doch ist die von 6 γ **VI** vergleichbar mit 2,5 γ **III**. Mit diesen Befunden kann die Unsicherheit der Struktur von **VII** beseitigt werden, das demnach als ein prim. Alkohol mit offener Kette, der sich von **V** ableitet, betrachtet werden kann. Es wird auf die wirtschaftliche Bedeutung der Gewinnung von **II** u. **VI** bzw. **III** aus Vegetabilien hingewiesen. (Int. Z. Vitaminforsch. **23**. 21—36. 1951. Lyon, Fac. des Sci., Inst. de Chim., Labor de Chem. Biol.) LOCH. 3550

Sven Paléus, *Aufbereitung von Cytochrom c mit Hilfe der Papierelektrophorese.* Cytochrom c läßt sich durch Papierelektrophorese bei p_H 9,87 in eine beweglichere, rotviolette Ferrocytochromfraktion (**I**) u. eine langsamere, rotbraune Ferricytochromfraktion (**II**) trennen. Bei p_H 7 ist das Verhältnis der Beweglichkeit der beiden Fraktionen umgekehrt. Reines **II** gibt bei p_H 9—10 wieder eine Mischung von **I** u. **II**. Die Neigung zur Red. wird auch an Präpp. beobachtet, die durch Ionenaustausch gereinigt sind. (Acta chem. scand. **6**. 969—70. 1952. Stockholm, Med. Nobel Inst.) GABRIELE GÜNTHER. 3550

D. Tischtschenko und **Ss. Scheina,** *Ein neuer Umwandlungstypus der Terpene.* 11. Mitt. *Einwirkung von Chlor auf α-Fenchen.* (10. vgl. C. **1953**. 4378.) Nach LJUBOMILOW u. Mitarbeitern (Журнал Общей Химии [J. Chim. gén.] **9**. (**71**.) [1939.] 2069) läßt sich aus Pinen ein KW-stoff $C_{10}H_{16}$ gewinnen, der in Isofenchylacetat übergeführt werden kann. Eine Nachprüfung ergab, daß sich fast ausschließlich Camphen bildet, so daß diese Meth. nicht zur Herst. von Fenchenen brauchbar ist. Dagegen eignet sich der aus Fenchelöl nach Oxydation des Anethols zu Anisaldehyd erhaltene Rückstand, in dem *d-Fenchon* (**I**) angereichert ist. **I** wurde zu einem Gemisch von α- u. *β-l-Fenchylalkohol* (**II**) red. u. dieses nach QVIST (Liebigs Ann. **417**. [1918.] 278) in ein Gemisch von α-(**III**), β- u. *γ-Fenchen*, das erstere vorherrschend, übergeführt. Die Einw. von Cl_2 auf **III** ergab hauptsächlich *7.7-Dimethyl-3-chlormethylbicyclo-[1.2.2]-hepten-(2)* (γ-„*Fenchenchlorid*") (**IV**) u. weniger *7.7-Dimethyl-2-chlormethylenbicyclo-[1.2.2]-heptan* (*ω-Chlor-α-fenchen*) (**V**). Beweisend für die Konst. von **IV** war die Umwandlung durch Ozonisation in *1.1-Dimethyl-2-formyl-5-chloracetylcyclopentan*, durch dessen weitere Oxydation *cis-Apocamphersäure* entstand. **V** gab bei der Ozonisation *α-Fenchocamphoron*. Aus **IV** wurde durch Ersatz von Cl durch OH *7.7-Dimethyl-3-oxymethylbicyclo-[1.2.2]-heptan-(2)* („*γ-Fenchenol*") (**VI**) erhalten, das zu dem entsprechenden *Aldehyd* (**VII**) oxydiert werden konnte.

Versuche: *d-Fenchon* (**I**), Kp. 191—193,5°. 8967 g Fenchelöl wurden mit Bichromat-H_2SO_4 oxydiert; der in $NaHSO_3$-Lsg. unlösl. Teil des Oxydationsprod. wurde mit Wasserdampf dest. u. lieferte 5397 g Öl, die bei 10—11 mm fraktioniert wurden; $D.^{20}_4$ 0,9408; n_D^{20} 1,4623; $[\alpha]_D^{20}$ +78,3°; 1347 g. Ein Vorlauf gab bei einer Nachbehandlung mit dem 3fachen Vol. HNO_3 (D. 1,41) zwecks Zerstörung von Beimengungen noch ca. 170 g. *Oxim*, F. 164—166°. — *l-Fenchylalkohol* (**II**) (Gemisch des α- u. β-Isomeren), Kp. 199—201°. Durch Red. von **I** mit (iso-$C_3H_7O)_3$ Al in Isopropylalkohol unter Abdest. des gebildeten Acetons; Reaktionsdauer 80 Std.; fast 100% (Ausbeute, auf umgesetztes **I** berechnet). — *α-Fenchen* (**III**), $Kp._{760}$ 155—156°. Erhitzen von 47 g **II** u. 13 g $AlPO_4$ im Bad auf 210—220° ergab 40,4 g Öl. So wurden in einzelnen Operationen insgesamt 536 g **II** verarbeitet u. 760 g Öl erhalten. Dieses wurde bei 9 mm fraktioniert. $D.^{20}_4$ 0,8699; n_D^{20} 1,4734; $[\alpha]_D$ —38,2°; 102,6 g neben 35,3 g bzw. 20,7 g der nachst. Verbindungen. — *γ-Fenchen*, $Kp._{760}$ 147—148°; $D.^{20}_4$ 0,8616; n_D^{20} 1,4613. — *β-Fenchen*, $Kp._{760}$ 151—153°; $D.^{20}_4$ 0,8663; n_D^{20} 1,4711. — *7.7-Dimethyl-3-chlormethylbicyclo-[1.2.2]-hepten-(2)* (**IV**), $C_{10}H_{15}Cl$, $Kp._{2,3}$ 55°; durch Chlorierung von 50 g **III** (12,5 g $KMnO_4$; 70 ml HCl) bei —2 bis —6°, Reaktionsdauer 2¾ Std., u. Fraktionierung; $D.^{20}_4$ 1,018; n_D^{20} 1,4931; Mol.-Refr. ($[MR]_D$) 48,71; 10,4 g. — *1.1-Dimethyl-2-formyl-5-chloracetylcyclopentan*, $C_{10}H_{15}O_2Cl$, durch Ozonisieren von **IV** in Chlf. unter Eiskühlung; man zers. das Ozonid durch 6 std. Behandeln mit Eiswasser, verdampft das Chlf. u. dest. bei 0,001 mm/160—180° (Badtemp.); $D.^{20}_4$ 1,164; n_D^{20} 1,4997; $[MR]_D$ 51,18; 3,6 g aus 9,5 g **IV**. — *cis-Apocamphersäure*, F. 204—206°, aus vorst. Verb. mit $KMnO_4$ in wasserhaltigem Aceton; sternchenförmig angeordnete Nadeln. — *7.7-Dimethyl-3-oxymethylbicyclo-[1.2.2]-hepten-(2)* („*γ-Fenchenol*") (**VI**), $C_{10}H_{16}O$, $Kp._3$ 74°; aus dem Acetat (s. unten) durch 6 std. Kochen mit alkohol. KOH; $D.^{20}_4$ 0,9876; n_D^{20} 1,4935; $[MR]_D$ 44,8; 6,9 g aus 13,5 g. *Acetat*, $C_{10}H_{15}OOCCH_3$, $Kp._3$ 74—75°. 24,4 g der aus **III** erhaltenen Fraktion der Chloride werden mit 38 g CH_3CO_2K

u. 110 cm³ CH_3CO_2H 3 Std. gekocht; das aus **IV** entstehende Acetat wird von nicht reagierendem **V** durch Fraktionieren im Vakuum getrennt; $D.^{20}_4$ 0,996; n_D^{20} 1,4711; $[MR]_D$ 54,46; 14,6 g neben 5,7 g **V**. *Saures Pthhalat*, F. 144°; aus Bzn. Nadeln. — *7.7-Dimethyl-3-formylbicyclo-[1.2.2]-hepten-(2)* (**VII**), $Kp._3$ 61—63°; durch Oxydation von **VI** mit CrO_3 in CH_3CO_2H; man dest. mit Wasserdampf, nimmt das Destillat mit Ae. auf u. fraktioniert im Vakuum; $D.^{20}_4$ 0,952; n_D^{20} 1,4808. *Semicarbazon*, F. 102—104°; aus CH_3OH Kristalle. — *α-Fenchocamphoron*, $C_9H_{14}O$, durch Ozonieren von **V** in Chloroform. *Semicarbazon*, $C_{10}H_{17}ON_3$, F. 210—212°. — *7.7-Dimethyl-2-chlormethylenbicyclo-[1.2.2]-heptan* (*ω-Chlor-α-fenchen*) (**V**), $Kp._{1,5}$ 57—59°; $D.^{20}_4$ 1,000; n_D^{20} 1,4793. (Журнал Общей Химии [J. allg. Chem.] **22**. (84.) 1824—29. Okt. 1952. Forsttechn. Kirow-Akad.)

H. FRÖHLICH. 3600

B. C. L. Weedon und **R. J. Woods**, *Untersuchungen in der Polyenreihe*. 38. Mitt. *Die Synthese von Phenylanalogen von Vitamin-A-Säure und Vitamin A*. (37. vgl. HENBEST, C. **1952**. 2990.) Es wird die Synth. von krist. *Phenylanalogen* von *Vitamin-A-Säure* u. *Vitamin A* beschrieben. — Ein Vgl. der Absorptionsspektren von reinem *3.7-Dimethyl-9-phenylnonatetraen-(2.4.6.8)-(1)* mit dem von LINNELL u. SHEN (Quart. J. Pharmac. Pharmacol. **1**. [1949.] 971) dargestellten Prod. zeigte, daß die Reinheit des letzteren höchstens 15% betrug. — Styrylmagnesiumbromid u. Crotonylidenaceton (**II**) lieferten *3-Methyl-1-phenyloctatrien-(1.4.6)-ol-(3)*, das anionotrop zum *6-Methyl-8-phenyloctatrien-(3.5.7)-ol-(2)* (**VI**) umgelagert wurde, welches bei Oxydation das entsprechende Keton gab. Dieses wurde auch aus **II** über *2-Methylheptatrien-(1.3.5)-carbonsäure-(1)-äthylester* (**I**) u. *3-Methyloctatrien-(2.4.6)-ol-(1)* (**III**) bzw. über *1-Äthoxy-3-methyloctadien-(4.6)-in-(1)-ol-(3)* (**IV**), *3-Methyloctatrien-(2.4.6)-al* (**V**) u. *3-Methyl-1-phenyloctatrien-(2.4.6)-ol-(1)* erhalten. Durch REFORMATSKI-Rk. u. anschließende Dehydratation wurde es in 2 geometr. isomere *2.6-Dimethyl-8-phenyloctatetraen-(1.3.5.7)-carbonsäuren-(1)* (**VIIa, b**) übergeführt (wahrscheinlich unterscheiden sie sich in der Konfiguration an der α.β-Doppelbindung), deren einer Ester mit $LiAlH_4$ das *Phenylanaloge* von *Vitamin A* lieferte. Die Säuren zeigten keine wachstumsfördernde Wirkung.

Versuche (Absorptionsmaxima in A. bestimmt; alle Verss. in inerter Atmosphäre durchgeführt; Reinigung der Dinitrophenylhydrazone durch Chromatographie in Bzl. an Al_2O_3): *β-Bromstyrol*, F. 6—7°; $Kp._{23}$ 106°; n_D^{27} 1,6040. — *2-Methylheptatrien-(1.3.5)-carbonsäure-(1)-äthylester* (**I**), $C_{11}H_{16}O_2$, $Kp._{18}$ 139—150°, $Kp._2$ 107—108°, $Kp._{0,5}$ 78° (unter Mitarbeit von **K. R. Bharucha**); n_D^{21} 1,5600—1,5650: λ_{max} 2990 Å (ε = 34000). Der intermediäre *Oxyester*, $C_{11}H_{18}O_3$, $Kp._{0,1}$ 83°, n_D^{18} 1,4825, λ_{max} 2280 Å (ε = 29500) wurde aus 55 g Crotonylidenaceton (**II**), 90 g Bromessigsäureäthylester u. aktivierter Zn-Wolle durch Erhitzen in Bzl. u. anschließendes Schütteln mit verd. CH_3COOH erhalten; 71 g (Ausbeute). Er wurde zur W.-Abspaltung mit p-Toluolsulfonsäure in Bzl. 6 Std. erhitzt u. die Lsg. mit gesätt. $NaHCO_3$-Lsg. gewaschen; 53 g. — *2-Methylheptan-1-carbonsäureäthylester*, $C_{11}H_{22}O_2$, $Kp._{18}$ 100—102°, n_D^{24} 1,4236: 2,534 g **I** wurden mit ADAMS-Pt-Katalysator in Essigester hydriert; 1,8 g. — *2-Methylheptatrien-(1.3.5)-carbonsäure-(1)*, prismat. Nadeln aus Bzl.-CH_3OH, F. 160—161°; λ_{max} 2960 Å (ε = 42000), durch Verseifen von 2 g **I**; 0,65 g. — *3-Methyloctatrien-(2.4.6)-ol-(1)* (**III**), $C_9H_{14}O$, $Kp._{0,8}$ 85°; n_D^{27} 1,5656; λ_{max} 2680 Å (ε = 54000) u. 2800 Å (ε = 43500): 45 g **I** wurden mit $LiAlH_4$ bei —40° bis —20° behandelt; 30 g. *3.5-Dinitrobenzoat*, $C_{16}H_{16}O_6N_2$, aus Leichtbzn. gelbe Prismen, F. 124°. *α-Naphthylurethan*, $C_{20}H_{21}O_2N$, aus Leichtbzn. Nadeln, F. 106°. — *1-Äthoxy-3-methyloctadien-(4.6)-in-(1)-ol-(3)* (**IV**), $C_{11}H_{16}O_2$, $Kp._{0,3}$ 82°, n_D^{20} 1,4920 bis 1,4971, λ_{max} 2280 Å (ε = 20000), aus 12,2 g **II** u. Äthoxyacetylenylmagnesiumbromid in Ae. bei 0° u. Zerlegen mit NH_4Cl-Lsg.; 9,2 g. — *3-Methyloctatrien-(2.4.6)-al* (**V**), $C_9H_{12}O$, $Kp._{0,1}$ 70—75°; n_D^{24} 1,6005; λ_{max} 3220 Å (ε = 30500): 24,8 g **III** wurden in PAe. mit MnO_2 oxydiert; 20,0 g. *2.4-Dinitrophenylhydrazon*, $C_{15}H_{16}O_4N_4$, F. 192—193° ($CH_3COOC_2H_5$); λ_{max} in Chlf. 4050 Å (ε = 44000). *Semicarbazon*, $C_{10}H_{15}ON_3$, aus wss. CH_3OH hellgelbe Plättchen, F. 178—179° (Zers. auch schon bei 0°); λ_{max} 3250 u. 3390 Å (ε = 36500 bzw. 33000). **V** wurde auch aus 6,4 g **IV** in Essigester durch Schütteln mit Pd-$CaCO_3$ in H_2-Atmosphäre u. Behandeln in Ae. mit 0,2nH_2SO_4 bei 40° erhalten 1,2 g. — *3-Methyloctanal*, $C_9H_{18}O$, $Kp._{15}$ 79°, n_D^{22} 1,4320, aus 3,7 g **V** durch Hydrieren mit PtO_2 in CH_3OH; 2,13 g. *2.4-Dinitrophenylhydrazon*, $C_{15}H_{22}O_4N_4$, Nadeln aus CH_3OH, F. 79—80°. *Semicarbazon*, $C_{10}H_{21}ON_3$, Platten aus wss. CH_3OH F. 86°. — *3-Methyl-1-phenyloctatrien-(2.4.6)-ol-(1)*, $C_{15}H_{18}O$, Nadeln aus Leichtbzn., F. 73°, λ_{max} 2960 Å (ε = 22500) u. 2800 Å (ε = 19500), aus 6,5 g **V** u. Phenylmagnesiumbromid bei 0—20°; 3,3 g, aus den Mutterlaugen weitere 4,3 g. — *3-Methyl-1-phenyloctatrien-(1.4.6)-ol-(3)*, $Kp._{10^{-4}}$ 85° (Badtemp.)-n_D^{25} 1,5743, λ_{max} 2280 Å (ε = 19500) u. λ_{max} 2370 Å (ε = 19500), aus 49,5 g **II** u. Styrylmagnesiumbromid in Ae. bei 0—20°; 0,65 g; daneben *Diphenylbutadien*, F. 150—151°, Platten aus Leichtbzn.; 4,3 g. Styryl-Li u. **II** lieferten ein Öl, $Kp._{10^{-3}}$ 120° (Badtemp.) n_D^{25} 1,5745, λ_{max} 2280, 2370 u. 2420 Å, welches nach anionotroper Umlagerung Spuren von

VI lieferte. — *6-Methyl-8-phenyloctatrien-(3.5.7)-ol-(2)* (**VI**), $C_{15}H_{18}O$, Prismen aus Leichtbzn., F. 102,5°, aus 6 g vorst. Alkohol durch Behandeln mit 0,01 mol. HCl in wss. Aceton bei 20°; λ_{max} 3190 Å (ε = 48000), 3320 Å (ε = 36000); 1,95 g. In Ggw. eines Pt-Katalysators wurde in Essigester die 2,95 Doppelbindungen entsprechende Menge H_2 absorbiert. — *6-Methyl-8-phenyloctatrien-(3.5.7)-on-(2)*, $C_{15}H_{16}O$, aus Leichtbzn. gelbe Platten, F. 102°, λ_{max} 3600 Å (ε = 42000), aus 10 g **VI** durch Oxydation mit MnO_2 in PAe.; 7,7 g. *2.4-Dinitrophenylhydrazon*, $C_{21}H_{20}O_4N_4$, F. 192° (Essigester); λ_{max} 4130 Å (ε = 33500) (Chlf.). — *2.6-Dimethyl-8-phenyloctatetraen-(1.3.5.7)-carbonsäuren-(1)* (**VII a, b**), $C_{17}H_{18}O_2$, gelbe Platten aus Bzl.; **VIIa**, F. 195°, λ_{max} 3640 Å (ε = 56000), **VIIb**, F. 165°, λ_{max} 3630 Å (ε = 51000): Das aus 5 g vorst. Ketons, Bromessigsäureäthylester u. Zn in Bzl. erhaltene Rk.-Gemisch von Oxy- u. ungesätt. Estern wurde in Bzl. mit p-Toluolsulfonsäure 5 Std. erhitzt; nach chromatograph. Reinigung in PAe. wurde der **VII a**-*Äthylester*, $C_{19}H_{22}O_2$, gelbe Nadeln, F. 122—123°, λ_{max} 3680 Å (ε = 56500), isoliert, der mit methanol. KOH zu **VII a** verseift wurde; 184 mg. Verseifung des neben **VII a**-Äthylester anfallenden fl. rohen **VII b**-Äthylesters lieferte **VII b**; 1,085 mg. **VII a**-*Methylester*, $C_{18}H_{20}O_2$, aus Bzl. Leichtbzn. (1:3) gelbe Nadeln, F. 125°, λ_{max} 3670 Å (ε = 48500), aus 140 mg **VII a** u. CH_2N_2 u. Reinigung durch Chromatographie; 114 mg **VII b**-*Methylester*, hellgelbe Nadeln, F. 123° (Leichtbzn.), λ_{max} 3650 Å (ε = 53500), aus 200 mg **VII b**; 107 mg. — *3.7-Dimethyl-9-phenylnonatetraen-(2.4.6.8)-ol-(1)*, $C_{17}H_{20}O$, hellgelbe Platten aus Bzl.–Leichtbzn.; F. 137°; λ_{max} 330 Å (ε = 46500), 3430 Å (ε = 50500) u. 3620 Å (ε = 45000): 560 mg **VII a**-Äthylester wurden mit $LiAlH_4$ in Ae. bei —30° bis —15° behandelt; 196 mg. Oxydation in PAe. u. Bzl. mit MnO_2 gab den entsprechenden *Aldehyd*; *2.4-Dinitrophenylhydrazon*, $C_{23}H_{22}O_4N_4$, F. 213—214° (Essigester–CH_3OH); λ_{max} 4400 Å (ε = 49000) (Chlf.). — Zum Vgl. werden tabellar. die Absorptionsmaxima von *$CH_3\cdot(CH{:}CH)_3\cdot COOH$, $CH_3\cdot(CH{:}CH)_3\cdot CH_2OH$, $CH_3(CH{:}CH)_2\cdot C(CH_3)(OH)\cdot C{:}CH$, $CH_3\cdot(CH{:}CH)_3\cdot CHO$, Vitamin-$A_1$-Säure, Vitamin-$A_2$-Säure, Vitamin A_1* u. *A_2* angegeben. (J. chem. Soc. [London] **1951**. 2687—93. Okt. London, Imperial Coll. of Sci. and Technol.) FAASS. 3800

H. Bader, B. C. L. Weedon und **R. J. Woods**, *Untersuchungen in der Polyenreihe. 39. Mitt. Verschiedene Synthesen von mit Vitamin A verwandten Acetylenverbindungen aus Äthinylcyclohexen.* (38. vgl. vorst. Ref.) Die Red. des Methylesters der höherschm. 8-[Cyclohexen-(1')-yl]-2.6-dimethyloctatrien-(1.3.5)-in-7-carbonsäure-(1) (**V**) (vgl. HEILBRON u. Mitarbeiter, C. **1950**. II. 1466) mit $LiAlH_4$ liefert *9-Cyclohexen-(1')-yl]-3.7-dimethylnonatrien-(2.4.6)-in-(8)-ol-(1)* (**I**) (vgl. 34. Mitt. v. CHEESEMAN u. Mitarbeitern, J. chem. Soc. [London] **1949**. 3120). — Äthinylcyclohexen gibt mit Octatrien-(3.5.7)-on-(2) (**VII**) bzw. mit Pentadien-(2.4)-al-(1) (**VIII**) *1-[Cyclohexen-(1')-yl]-3-methylnonatrien-(4.6.8)-in-(1)-ol-(3)* (**III**) bzw. *1-[Cyclohexen-(1')-yl]-heptadien-(4.6)-in-(1)-ol-(3)* (**IV**). **III** konnte durch anionotrope Umlagerung in das im Gegensatz zu **I** unbeständige niedrigere Homologe (**II**) übergeführt werden. **IV** liefert bei der Umlagerung *7-[Cyclohexen-(1')-yl]-heptadien-(2.4)-in-(6)-ol-(1)*, welches mit Aceton u. Al-tert.-Butylat *10-[Cyclohexen-(1')-yl]-decatrien-(3.5.7)-in-(9)-on-(2)* ergab. Wie der entsprechende Alkohol war auch diese Verb. in bezug auf Vitamin A-Wrkg. inakt.; sie lieferte mit Bromessigsäuremethylester u. Zn *10-[Cyclohexen-(1')-yl]-2-methyldecatetraen-(1.3.5.7)-in-(9)-carbonsäure-(1)*.

Versuche (λ_{max} in Å.; alle Rkk. wurden in einer inerten Atmosphäre durchgeführt; alle Dinitrophenylhydrazone wurden in Bzl. chromatograph. gereinigt): *Pentadien-(2.4)-al-(1)* (**VIII**), λ_{max} 2580 Å (ε = 29000). *2.4-Dinitrophenylhydrazon*, F. 176—177°; λ_{max} 3860 Å (ε = 37500) (Chlf.). — *8-[Cyclohexen-(1')-yl]-2.6-dimethyloctatrien-(1.3.5)-in-(7)-carbonsäure-(1) höherschm. Form* (**V**), aus Ae. hellgelbe Nadeln, F. 179—180°; λ_{max} 2570 Å (ε = 11000), 26000 Å (ε = 12000), 3390 Å (ε = 27500): 9,9 g 8-[Cyclohexen-(1')-yl]-6-methyloctadien-(3.5)-in-(7)-on-(2) u. Bromessigsäureäthylester wurden in Bzl. mit akt. Zn-Wolle u. einer Spur J_2 3/4 Std. gekocht; das isolierte Reaktionsprod. (n_D^{26} 1,5602) wurde in Bzl. 5 Std. mit p-Toluolsulfonsäure zur azeotropen Entfernung des W. erhitzt. Der rohe Ester (n_D^{25} 1,6200) wurde 72 Std. mit KOH in CH_3OH bei 20° behandelt, mit Ae. wurde extrahiert u. bei p_H 4 die Säure gefällt; 2,1 g (Ausbeute). Aus den äther. Mutterlaugen konnte die *niedrigschm. Form* (**VI**), F. 151—152°, aus ws. CH_3OH Nadeln, isoliert werden; 1,68 g. Bei Aufarbeitung des rohen dehydratisierten Esters (6 g) durch Chromatographie in PAe. wurden 3,35 g *Äthylester*, $C_{19}H_{24}O_2$, als Isomerengemisch, $Kp._{10^{-4}}$ 120° (Badtemp.), n_D^{22} 1,6470, λ_{max} 3450 Å (ε = 34000), isoliert. — *9-[Cyclohexen-(1')-yl]-3.7-dimethylnonatrien-(2.4.6)-in-(8)-ol-(1)* (**I**), Nadeln aus Pentan, F. 75—76°; roh gelbes viscoses Öl, n_D^{22} 1,618; λ_{max} 2560 u. 3200 Å: 380 mg **V** wurden mit CH_2N_2 verestert, dann wurde der rohe Methylester (λ_{max} 3400 Å) mit $LiAlH_4$ in Ae. bei —65° bis —30° behandelt; 180 mg. **I**-*Anthrachinon-2-carboxylat*, aus Aceton Platten, F. 154°. Das obenst. Äthylestergemisch konnte nur unbefriedigend red. werden. — **VI**-*Methylester*, λ_{max} 3480 Å, aus 700 mg **VI** u. CH_2N_2, gab mit $LiAlH_4$ ein hellgelbes Öl; n_D^{21} 1,6217; λ_{max} 3240 Å; 620 mg.

— *Octatrien-(3.5.7)-on-(2)* (**VII**), $C_8H_{10}O$, Kp.$_{0,05}$ 44—45°; n_D^{22} 1,587; λ_{max} 3000 Å (ε = 36500): 6 g **VIII** u. Al-tert.-Butylat wurden 20 Std. in Aceton–Bzl. erhitzt u. mit verd. H_2SO_4 versetzt; 2,5—3,75 g; polymerisiert schon bei 0°. *Semicarbazon*, $C_9H_{13}ON_3$, aus wss. CH_3OH hellgelbe Nadeln, F. 187° (Zers.); λ_{max} 2990, 3130 u. 3250 Å (ε = 53500 bzw. 73500 bzw. 69000); 70%. — *Hexylmethylketon*, n_D^{20} 1,4170; 1 g vorst. Ketons wurde in CH_3OH in Ggw. von PtO_2 hydriert; 0,9 g. *2.4-Dinitrophenylhydrazon*, aus A. orangefarbene Prismen, F. 57°. — *1-[Cyclohexen-(1')-yl]-3-methylnonatrien-(4.6.8)-in-(1) ol-(3)* (**III**), $C_{16}H_{20}O$, Kp.$_{10^{-5}}$ 80—85° (Badtemp.); n_D^{35} 1,5788; λ_{max} 2280, 2650 u. 2730 Å (ε = 19500 bzw. 38500 bzw. 36500): 7,6 g 1-Äthinylcyclohexen wurden in Ae. mit Äthylmagnesiumbromid umgesetzt u. anschließend bei 5—25° mit **VII** zur Rk. gebracht; 12 g eines 65%ig. Alkohols. — *9-[Cyclohexen-(1')-yl]-7-methylnonatrien-(2.4.6)-in-(8)-ol-(1)* (**II**), als ca. 40%ig. Öl, n_D^{22} 1,5641, λ_{max} 2270, 3080 u. 3150 Å, aus **III** u. verd. H_2SO_4 in Ggw. einer Spur Hydrochinon in Ae. bei Zimmertemp. (30 Std.) u. Reinigung in PAe. durch Chromatographie. *p-Phenylazobenzoat*, $C_{29}H_{28}O_2N_2$, aus 0,2 g Rohprod. u. p-Phenylazobenzoylchlorid; Reinigung durch Chromatographie u. Behandeln mit n-Hexan–Butanon (20 : 1) bei —20°; hygroskop. hellorangefarbene Mikroprismen, F. 114° (Aceton), λ_{max} 3230 Å (ε = 59000) (Hexan); 13 mg. — *1-[Cyclohexen-(1')-yl]-heptadien-(4.6)-in-(1)-ol-(3)* (**IV**), $C_{13}H_{16}O$, hellgelbes Öl, Kp.$_{10^{-5}}$ 90—95° (Badtemp.), n_D^{21} 1,5566, λ_{max} 2270 Å (ε = 32000), aus 14 g **VIII** u. Cyclohexenylacetylenylmagnesiumbromid in Ae.; 22,5 g. *α-Naphthylurethan*, $C_{24}H_{23}O_2N$, aus Bzl.–PAe. Mikroprismen, F. 191°. — *1-Cyclohexylheptanol-(3)*, $C_{13}H_{26}O$, Kp.$_{0,3}$ 87—88°; n_D^{23} 1,4682: 2 g **IV** wurden in CH_3OH in Ggw. von PtO_2 hydriert; 1,7 g. — 15std. Oxydation von 1,3 g vorst. Alkohols mit CrO_3 in Essigsäure bei 20° lieferte *1-Cyclohexylheptanon-(3)*, $C_{13}H_{24}O$, Kp.$_{17}$ 110°; n_D^{23} 1,4600; 1,2 g. *2.4-Dinitrophenylhydrazon*, $C_{19}H_{28}O_4N_4$, aus A. gelbe Nadeln, F. 97—98°. — *7-[Cyclohexen-(1')-yl]-heptadien-(2.4)-in-(6)-ol-(1)*, $C_{13}H_{16}O$, *feste Form*, Kp.$_{10^{-5}}$ 90° (Badtemp.), F. 47—48° (Hexan), schwachgelbe Nadeln, n_D^{20} 1,6216, λ_{max} 2910 Å (ε = 29000), *fl. Form*, Kp.$_{10^{-3}}$ 90° (Badtemp.), n_D^{20} 1,6130, λ_{max} 2820, 2910 u. 3040 Å (ε = 24500 bzw. 25500 bzw. 21500), aus 27,5 g **IV** in Ae. durch Schütteln mit verd. H_2SO_4 u. chromatograph. Reinigung in PAe.; 23 g Rohprodukt. *p-Phenylazobenzoat*, $C_{26}H_{24}O_2N_2$, aus Aceton orangerote mkr. Prismen, F. 88°; λ_{max} 3080 Å (ε = 40500) (Hexan). — *10-[Cyclohexen-(1')-yl]-decatrien-(3.5.7)-in-(9)-on-(2)*, $C_{16}H_{18}O$, Kp.$_{5 \cdot 10^{-4}}$ (Badtemp.); n_D^{19} 1,687; λ_{max} 2630 u. 3500 Å (ε = 9500 bzw. 35500): 13,7 g vorst. Alkohols wurden mit Al-tert.-Butylat in Aceton–Bzl. 24 Std. erhitzt, mit H_2SO_4 zerlegt. Isolierung erfolgte mit GIRARD-Reagens T u. die Reinigung durch Chromatographie in PAe.-Bzl.; 0,13 g. *2.4-Dinitrophenylhydrazon*, $C_{22}H_{22}O_4N_4$, aus Essigester dunkelrote Nadeln, F. 181° (Zers.), λ_{max} 4150 Å (ε = 51000) (Chlf.), u. aus Essigester–A. dunkelrote Platten, F. 183° (Zers.), λ_{max} 4210 Å (ε = 46500). *Semicarbazon*, aus CH_3OH gelbe Nadeln, F. ca. 198° (Zers.); λ_{max} 2650 u. 3650 Å (ε = 9000 bzw. 55500). — *10-[Cyclohexen-(1')]-yl-2-methyldecatetraen-(1.3.5.7)-in-(9)-carbonsäure-(1)*, $C_{18}H_{20}O_2$ (unter Mitarbeit von **D. G. Lewis**), gelbe Prismen aus CH_3OH, F. 210—215° (Zers.); λ_{max} 3600 Å (ε = 38500): 2,6 g des rohen vorst. Ketons wurden mit Zn u. Bromessigsäuremethylester in Bzl. erhitzt; der *Oxyester* (3 g, orangerotes Öl) wurde mit wasserfreier Oxalsäure 2 Std. bei 100°/0,1 mm erhitzt u. der dehydratisierte Ester (1,7 g) mit 10%ig. KOH in CH_3OH verseift; 20 mg. — Zum Vgl. werden tabellar. die Absorptionsmaxima von *6-Methyloctatrien-(3.5.7)-on-(2)*, *1-[Cyclohexen-(1')-yl]-3.7-dimethylnonatrien-(4.6.8)-in-(1)-ol-(3)*, **I**-*p-Phenylazobenzoat* u. von den von HEILBRON u. Mitarbeitern (l. c.) gewonnenen Cyclohexenylverbb. angegeben. (J. chem. Soc. [London] **1951**. 3099 bis 3104. Nov.) FAAS. 3800

Kurt Erne, *Die Chemie einiger Antibiotica.* 1. Mitt. *Terramycin.* Übersicht über die Konst. des Terramycins. — 13 Literaturhinweise. (Farmac. Revy **51**. 718—21. 21/11. 1952.) GEITZ. 3900

Erich Adler und **Sven Yllner**, *Einige ligninchemische Modellversuche mit Veratrylglycerin.* Veratrylglycerin (**I**) wurde als Modellsubstanz für Lignin untersucht. Erhitzen von **I** mit Sulfitlsgg. bewirkt einen Austausch der dem aromat. Kern benachbarten OH-Gruppe durch HSO_3 zu 1-[3.4-Dimethoxyphenyl]-propandiol-(2.3)-sulfonsäure-(1) (**IV**). Die Sulfonierungsgeschwindigkeit bei verschied. p_H ist von gleicher Größenordnung wie bei Lignin. Erhitzen von **I** mit 2%ig. alkoh. HCl ergibt *1-[3.4-Dimethoxyphenyl]-2-äthoxypropananon-(1)* (**II**) u. *1-[3.4-Dimethoxyphenyl]-1-äthoxypropanon-(2)* (**III**). Aus Holz oder Lignin werden bekanntlich die entsprechenden 4-Oxy-3-methoxyphenylverbb. erhalten. **I** u. sein *β*-Guajacyläther (**V**) (vgl. nachst. Ref.) spalten beim Erhitzen mit 28%ig. H_2SO_4 Formaldehyd ab. Die entsprechenden Sulfonsäuren (**IV** u. **VI**) liefern bei gleicher Behandlung weniger Formaldehyd. Die gleiche Beobachtung wurde bei Lignin u. Ligninsulfonsäuren gemacht. Beim Erhitzen von **I**, **V**, **IV** u. **VI** mit Alkali entsteht kein Veratrumaldehyd. Derartige Strukturen sind daher nicht für die Bldg. der beiden Aldehyde beim Erhitzen von Ligninsulfonsäuren mit Alkali verantwortlich.

Versuche (mit **K. J. Björkqvist**: *1-[3.4-Dimethoxyphenyl]-propandiol-(2.3)-sulfonsäure-(1)* (**IV**), durch 3std. Erhitzen von 1-[3.4-Dimethoxyphenyl]-glycerin (I), Sulfitlauge (5% SO_2, p_H 1,4) im Rohr auf 135°, Entfernen des überschüssigen SO_2 im N_2-Strom, Filtration über einen Kationenaustauscher u. Ausfällung als *Ba-Salz*, $(C_{11}H_{15}\cdot O_7S)_2Ba$, unter Zugabe von Aceton zur eingeengten Lsg.; 74% (Ausbeute). — *1-[3.4-Dimethoxyphenyl]-2-äthoxypropanon-(1)* (II), F. 79—80° (A.-W.), u. *1-[3.4-Dimethoxyphenyl]-1-äthoxypropanon-(2)* (III). I wurde 48 Std. mit 2%ig. alkoh. HCl gekocht, der bisulfitunlösl. Anteil in Bzl. aufgenommen u. bei 110—125°/0,001 mm dest., aus dem Destillat krist. II durch Impfen; das restliche Öl gab in A. mit 2.4-Dinitrophenylhydrazinlsg. II-*2.4-Dinitrophenylhydrazon*, F. 150—152°, u. III-*2.4-Dinitrophenylhydrazon*, F. 139 bis 140°, die chromatograph. getrennt wurden. — α-[2 Methoxyphenoxy]-β-oxypropioveratron (vgl. nachst. Ref.) spaltet mit 28%ig. H_2SO_4 kein HCHO ab, sondern liefert *1-[3.4-Dimethoxyphenyl]-propandion-(1.2)* (F. 69—70°; *Chinoxalinderiv.*, F. 117°) u. *Guajacol*. (Svensk Papperstidn. **55**. 238—44. 15/4. 1952. Stockholm, Swed. Forest Prod. Res. Labor., Dep. of Wood Chem.) O. Engel. 3950

Erich Adler, Bengt O. Lindgren und **Ulla Saedén**, *Der β-Guajacyläther des β-Veratrylglycerins als ligninchemische Modellsubstanz.* 52. Mitt. *über die Chemie des Sulfitprozesses.* (51. vgl. C. **1953**. 5190.) Der *β-Guajacyläther des Veratrylglycerins* (I) wurde ausgehend vom Acetoveratron analog einem Verf. von Long u. Troutman (J. Amer. chem. Soc. **71**. [1949.] 2473) über α-*[2-Methoxyphenoxy]-β-oxypropioveratron* (**II**) dargestellt. I läßt sich in saurer Lsg. mit Sulfit sulfonieren, wobei die in Benzylalkoholstellung befindliche OH-Gruppe gegen SO_3H ausgetauscht zur Sulfonsäure III wird. Ebenso läßt sich II sulfonieren. I reagiert mit

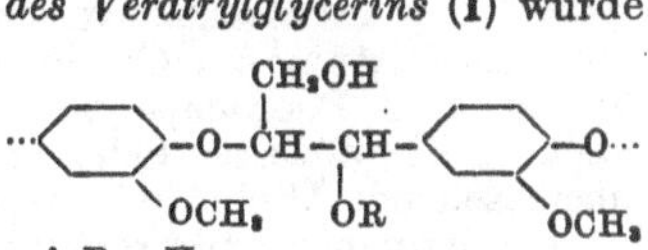

A R = H
B R = Alkyl

Thioglykolsäure, das Reaktionsprod. wurde nicht isoliert. I spaltet mit 28%ig. H_2SO_4 Formaldehyd ab, II dagegen nicht. I reagiert bei 80° mit alkoh. HCl, wahrscheinlich unter Verätherung der α-OH-Gruppe zu **IV**. **IV** läßt sich bei niedrigem p_H (1,5) zu **III** sulfonieren, bei höherem (4—5) fast nicht. Aus den Verss. wird geschlossen, daß der sogenannten B'-Gruppierung im herausgelösten Lignin die Formulierung **A** u. der B-Gruppe im nativen Lignin die Formulierung **B** zukommt.

Versuche: *ω-[2-Methoxyphenoxy]-acetoveratron*, $C_{17}H_{18}O_5$, F. 90—92° (CH_3OH), durch $^3/_4$std. Erwärmen von ω-Bromacetoveratron (F. 73—77°) u. Guajacol in Aceton in Ggw. von K_2CO_3 auf dem Wasserbad, Verdünnen mit W. u. Extraktion mit Chlf.; 76% (Ausbeute). — *α-[2-Methoxyphenoxy]-β-oxypropioveratron* (II), $C_{18}H_{20}O_6$, F. 114 bis 116° (CH_3OH), durch $1^1/_4$std. Erwärmen vorst. Verb. mit 40%ig. Formalin u. K_2CO_3 in A. auf 35°; 84%. *Acetat*, $C_{20}H_{22}O_7$, F. 108°, aus Isopropyläther Nadeln. — *α-Veratrylglycerin-β-guajacyläther* (I), $C_{18}H_{22}O_6$, durch Red. von **II** in A. mit $NaBH_4$ (1 Std. Schütteln, Stehen über Nacht), Zers. mit W. u. Extraktion mit Chlf.; Sirup, vermutlich Gemisch von Diastereomeren. — *1-[3.4-Dimethoxyphenyl]-2-[2-methoxyphenoxy]-propanol-(3)-sulfonsäure-(1)* (**III**), durch 7½std. Erwärmen von I mit $NaHSO_3$-Lsg. (5% SO_2, p_H 1,5) im Rohr auf 135° u. Ausfällung als *Ba-Salz*, $(C_{18}H_{21}O_8S)_2Ba$. — *1-[3.4-Dimethoxyphenyl]-1-äthoxy-2-[2-methoxyphenoxy]-propanol-(3)* (**IV**), $C_{20}H_{26}O_6$, durch 2½std. Kochen von I mit alkoh. HCl, Neutralisation mit $NaHCO_3$, Extraktion mit Chlf., Ausschütteln mit NaOH, Eindampfen der Chloroformlsg. u. Filtration in Bzl. über Al_2O_3; Sirup; aus dem NaOH-Extrakt Guajacol (o-Methoxyphenoxyessigsäure, F. u. Misch-F. 115—116°). **IV** gibt durch 7std. Erwärmen mit $NaHSO_3$-Lsg. (p_H 1,5) auf 135° **III**. — *1-[3.4-Dimethoxyphenyl]-2-[2-methoxyphenoxy]-propanon-(1)-sulfonsäure-(3)*, durch 5std. Erwärmen von **II** mit $NaHSO_3$–Na_2SO_3-Lsg. (5% SO_2, p_H 6) im Rohr auf 135° als *Na-Salz*, $C_{18}H_{19}\cdot O_8SNa$. — UV-Absorptionskurven von vorst. Verb., **I, II, III**-Ba-Salz u. **IV** vgl. Original. (Svensk Papperstidn. **55**. 245—54. 15/4. 1952. Stockholm, Swed. Forest Prod. Res. Labor., u. Royal Inst. of Technol., Dep. of Cellulose Technol. and Wood Chem.)
O. Engel. 3950

D₃. Makromolekulare Chemie.

R. D. Spangler, *Die durch Messung des Phasenwinkels ermittelten viscoelastischen Eigenschaften von Polymeren.* (Sitzungsbericht.) Vf. beschrieb eine App. zur Messung des mechan. Phasenwinkels von Polymeren, aus dem die viscose u. elast. Komponente berechnet werden können. Die Proben (geformte Kunststoffe, Einzel- oder Cordfäden) wurden dabei erzwungenen Schwingungen von 20 oder 30 Hz bei Spannungen bis an die Bruchgrenze des Materials unterworfen. Bei einigen Polymerisatschmelzen war die elast. Komponente etwa genau so groß wie die viscose Komponente. Meßdaten wurden u. a. für FM 10001 Nylon, FM 3001 Nylon, Lucite (Acrylesterharz) u. Alathon (Polyäthylen) angegeben. (Physic. Rev. [2] **86**. 644. 15/5. 1952.) Schäff. 4000

Robert Simha und **L. A. Wall,** *Kinetik des Kettenabbaus.* Vff. erörtern die von Simha u. Mitarbeitern (J. Polymer Sci. **5.** [1950.] 615 u. **6.** [1951.] 39) entwickelte verallgemeinerte Theorie der Depolymerisation von Kettenpolymeren u. vergleichen experimentelle Ergebnisse über die Änderung des Mol.-Gew. u. die Depolymerisationsgeschwindigkeit von *Polystyrol* u. *Polymethacrylsäuremethylester* mit den Voraussagen der Theorie. Bei der verallgemeinerten Theorie sind die 2 Parameter, kinet. Kettenlänge u. Übertragungskonstante, für die Erörterung der Mol.-Gew.-Verteilung, des Durchschnitts-Mol.-Gew. u. der Zersetzungsgeschwindigkeit wichtig. Die Geschwindigkeit nimmt gleichförmig mit dem Umsatz ab, wenn die kinet. Kettenlänge im Vgl. zum Durchschnittspolymerisationsgrad groß ist — unabhängig vom Startmechanismus. Wenn die kinet. Kettenlänge klein ist, tritt ein Maximum an Geschwindigkeit auf, wenn der Start regellos an der Kette erfolgt oder wenn die Übertragung bevorzugt ist. Wenn der Start nur an den Kettenenden stattfindet, wird die Depolymerisation eine Rk. nullter Ordnung. Obgleich die verallgemeinerte Theorie für jeden beliebigen Wert der kinet. Kettenlänge entwickelt wurde, liegen bis jetzt nur Berechnungen für Extremfälle vor. Dagegen wurde die Anfangsgeschwindigkeit für alle Bedingungen angegeben. Die noch auftretenden Abweichungen der Theorie vom Befund erfordern zur quantitativen Deutung eine weitere Aufklärung des Reaktionsmechanismus, bes. hinsichtlich der Start-Rk., u. eine verbesserte Auswertung der Geschwindigkeitsgleichungen. Die Theorie wurde entwickelt, um die therm. u. Photodepolymerisation von linearen Polymeren aufzuklären. Es gibt aber auch Abbauprozesse (Schädigung textiler Fasern, enzymat. Proteinabbau), die eine überraschende Ähnlichkeit mit den erörterten Erscheinungen zeigen, obwohl ihr Chemismus vollkommen andersartig ist. Die Beschreibung der Kinetik dieser Rkk. könnte in gleicher Weise wie bei Kettenpolymeren erfolgen: in einem Extremfalle ein langsamer Vorgang, auf den schnellere folgen, bzw. im anderen Extremfalle ein einziger Prozeß mittlerer Geschwindigkeit. (J. physic. Chem. **56.** 707—15. Juni 1952. New York, N. Y., Univ., Dep. of Chem. Engng.; Washington, D. C., Nat. Bur. of Stand.) Schäff. 4000

Kurt Ueberreiter und **Hans-Joachim Orthmann,** *Der Ordnungsgrad fester Polyäthylene.* Vff. untersuchten die Abhängigkeit des kristallinen Anteils (Ordnungsgrad) von festem *Polyäthylen* (I) von der Temp., dem Mol.-Gew. u. anderen Faktoren. Die spezif. Voll. von n-Paraffinen, fraktioniertem I u. therm. abgebautem I wurden bei -30 bis 150^0 gemessen u. daraus der Ordnungsgrad berechnet. Dieser verringert sich bei n-Paraffinen mit steigender Kettenlänge von 100% auf 88%. Der Ordnungsgrad von festem I ändert sich prakt. nicht durch Schockabkühlung oder Hochverstrecken; nur die Orientierung der Kristallite zueinander wird geändert. Bei I ist der Ordnungsgrad außerdem noch eine Funktion der Seitengruppenzahl. Er ist also geringer als bei n-Paraffinen. Eine Beziehung zwischen dem Ordnungsgrad u. dem Seitengruppenanteil des Makromol. wurde abgeleitet. Durch therm. Abspaltung von Seitengruppen steigt der Ordnungsgrad. Die größere therm. Stabilität kürzerer n-Paraffin- u. I-Ketten wird durch den geringeren Schwingungsknotenabstand (kleinere Schwingungsamplitude) erklärt. Auch der F. von I ist eine Funktion der Seitengruppenzahl. Beim Polymerisationsgrad $P > 100$ gilt $Or \approx 60 - 3000/P$ u. $F. \approx 114 - 6500/P$ (Or = Ordnungsgrad). Die empir. Gleichung $Or = 9{,}3 + 0{,}437\ F$ läßt aus dem F. der I-Probe ihren bei 20^0 zu erwartenden Ordnungsgrad berechnen. Für den Abstand z zweier Seitengruppen eines I gilt $z = 21 + 64/(114 - F)$, bei $F. < 114^0$. (Kolloid-Z. **128.** 125—36. Okt. 1952. Berlin-Dahlem, KWI für physikal. Chem. u. Elektrochem.) Schäff. 4010

Ernst Jenckel und **Klaus Gorke,** *Über die Lösungswärme von Gläsern, besonders der hochmolekularen Stoffe.* Beim Auflösen eines glasig erstarrten (z. B. hochmol.) Stoffes geht er aus seinem eingefrorenen Zustande in den Gleichgewichtszustand der Schmelze über, wobei die Einfrierwärme Q_e frei wird. Die meßbare Lösungswärme setzt sich also aus Q_e u. der eigentlichen Lösungswärme zusammen, wobei letztere bei indifferenten Lösungsmitteln gleich null ist. Die Brauchbarkeit dieser Vorstellung wird an Hand der Diskussion bekannter Messungen der Lösungswärmen (bes. von *Polystyrol*) bestätigt. Hiernach ist die überraschend hohe exotherme Lösungswärme hochmol. Gläser auf deren glasigen Zustand, nicht auf ihre hochmol. Natur zurückzuführen. Beim Auflösen eines hochmol. Stoffes oberhalb seiner Einfriertemp. ist $Q_e = 0$, ebenfalls in Übereinstimmung mit experimentellen Daten. (Z. Naturforsch. **7a.** 630—32. Sept. 1952. Aachen, TH, Inst. für theoret. Hüttenkunde u. physikal. Chem.) Fuchs. 4010

C. S. Marvel und **Henry E. Baumgarten,** *Polyalkylensulfide mit gummiartigen Eigenschaften.* (Vgl. Marvel u. Chambers, J. Amer. chem. Soc. **70.** [1948.] 993, u. Marvel u. Aldrich, C. **1951.** II. 234.) Vff. untersuchen im Anschluß an frühere Arbeiten *Polyalkylensulfide,* die durch Addition von Hexamethylendithiol (I) an Diallyl (II) oder Dimethallyl (III) dargestellt wurden. Um gummiartige Prodd. zu erhalten, wurde eine

„Vulkanisierung" (Vernetzung) der Polyalkylensulfide durch Verwendung von *2.6-Diallylphenol* (**IV**) oder *Diallylcarbinol* (**V**) als Diolefinkomponente angestrebt. Deren Hydroxylgruppe konnte durch Rk. mit einem Diisocyanat ein Diurethan bilden, oder aber es konnte mit **IV** eine Variante der Phenol–Formaldehyd-Rk. durchgeführt werden. Polymerisation von **I** u. **III** in Cyclohexan unter UV-Lichtbestrahlung gab Polyalkylensulfide mit einer Grenzviscosität von 0,18, das Mol.-Gew. der erhaltenen farblosen, viscosen Fl. war jedoch noch zu gering. Durch Blockpolymerisation unter UV-Licht wurden hochviscose Fll. der Grenzviscosität 0,32 erhalten, die im CO_2-Acetonbad zu amorphen Prodd. eingefroren werden konnten, jedoch nicht kristallisierten. Emulsionspolymerisation mit *MP–189–EF* als Emulsionsmittel (einer Mischung von Alkansulfonsäuren, dargestellt aus einer Petroleumfraktion durch Sulfochlorierung u. anschließende Hydrolyse), *Ammoniumsulfat* als Katalysator u. *Natriumbisulfit* u. *Kupfer(II)-sulfat* als Aktivator gab Polymere mit nicht immer genau reproduzierbarer, aber zwischen 0,50 u. 0,77 liegender Grenzviscosität. Block- u. Lösungspolymerisation von **I** mit **IV**, 2.6-Diallylphenylacetat oder **V** gab nur Polymere von niedriger Grenzviscosität. Die Emulsionspolymerisation von **I** mit **IV** verläuft langsamer als die von **I** mit **III** u. gibt Prodd. mit einer maximalen Grenzviscosität von 0,52; mit **V** liefert **I** unter diesen Bedingungen Prodd. der maximalen Grenzviscosität 0,33. Das Polymere mit der höchsten Grenzviscosität war weiß, fest u. fiberartig, F. 67—69°, das Mol.-Gew. jedoch noch zu gering, um es zu Fäden zu ziehen. Vff. stellten schließlich Mischpolymere aus **I** u. einer Mischung von **II**, **III**, **IV** u. **V**, die innerhalb weiter Grenzen (vgl. Original) variiert wurde, dar, indem sie entweder jedes Diolefin mit **I** für sich mischten u. die Paare dann zusammengaben, oder alle Diolefine vor der **I**-Zugabe mischten. Im ersten Falle resultierten wachsartige, feste Körper, im zweiten gummiartige, feste oder halbfeste Produkte. Die Grenzviscositäten betrugen 0,45—0,68 bzw. 0,35 bis 0,60. Das Polymere aus **I** mit **II**, **III** u. **IV** (1 : 2 : 1) hatte nach zweimaligem Umfällen aus Chlf.–Methanol die Grenzviscosität 0,60 u. war ein weiches, gummiartiges Produkt. Eine dritte fraktionierte Fällung erhöhte die Grenzviscosität auf 1,16 u. ergab ein elast. festes Prod., das einem Polybutadien von der gleichen Grenzviscosität ähnlich war. Vernetzung der **IV** enthaltenden Polymeren konnte durch $^1/_2$—$^3/_4$std. Erhitzen mit überschüssigem *Hexamethylentetramin* (**VI**) auf 155° erreicht werden u. ergab ein sprödes, gelbes Produkt. War **IV** neben den anderen Diolefinen vorhanden, resultieren bei dieser Rk. in Bzl. unlösl., gummiartige Festkörper, jedoch mit zu geringem Mol.-Gewicht. Die optimale **IV**-Konz. liegt bei 25 Mol-%. Wurde das Polymere mit **II**, **III** u. **V** (1 : 2 : 1) mit **VI** vernetzt, wurde ein sehr zähes, in Bzl. unlösl. Material von hoher Festigkeit erhalten. Ein Polymeres aus **I** mit **III** u. **V** (9 : 1) wurde durch 1 std. Erhitzen mit *Hexamethylendiisocyanat* in Chlorbenzol vernetzt u. gab ein gummiartiges, in Bzl. unlösl. Prod. mit geringer Festigkeit. Ersatz des genannten Emulsionsmittels durch eine 1%ig. Lsg. von *Dodecylamin-Hydrochlorid* ergab nur geringe Ausbeuten an Polymeren. Hinsichtlich der Darst. des Ausgangsmaterials u. der Polymerisationstechnik vgl. Original. (J. Polymer Sci. **6**. 127—43. Febr. 1951. Urbana, Ill., Univ., Noyes Chem. Labor.) RUSKE. 4010

Charles C. Price und **Richard D. Gilbert**, *Charakteristische Größen für die Mischpolymerisation von Fumarsäurenitril.* Nach der früher (vgl. C. **1951**. I. 731) beschriebenen Meth. wurden die relativen Geschwindigkeitskonstanten der Mischpolymerisation von *Styrol* (**I**) u. *Fumarsäurenitril* (**II**) bestimmt zu $r_1 = 0{,}23 \pm 0{,}1$ u. $r_2 = 0{,}01 \pm 0{,}01$; entsprechend für *Methacrylsäuremethylester* (**III**) u. **II** zu $r_1 = 3{,}5 \pm 0{,}5$ u. $r_2 = 0{,}01 \pm 0{,}01$. Die Q- u. e-Werte von **II** ergeben sich zu 0,4—0,6 bzw. 1,6—2,0. Die Mischpolymerisate sind in Aceton löslich. Die Mol.-Geww. betragen ca. 25000 für die Mischpolymerisate aus **I** u. **II** bzw. ca. 10000 für die Mischpolymerisate aus **II** u. **III**. (J. Polymer Sci. **8**. 577—81. Juni 1952. Notre Dame, Ind., Univ., Dep. of Chem.) FUCHS. 4010

Ss. B. Ratner, *Über den Abriebindex des Kautschuks und seine Beziehung zum Reibungskoeffizienten.* Der Abriebindex v des *Kautschuks* (**I**) ist keine Materialkonstante, sondern nimmt mit der Belastung zuerst rasch, dann langsamer zu. Bei abnehmendem Reibungskoeff. μ des **I** nimmt v zu. Eine von der Belastung unabhängige, den Abriebwiderstand kennzeichnende Konstante ist der vom Vf. vorgeschlagene „Abriebkoeff." $K = v\mu$. Ähnliche Ergebnisse werden auch bei anderen Materialien erwartet. (Доклады Академии Наук СССР [Ber. Akad. Wiss. UdSSR] [N. S.] **87**. 743—46. 11/12. 1952. Wiss. Forsch.-Inst. für die Gummiind.) R. K. MÜLLER. 4030

A. Ss. Kusminski und **R. Ja. Pesstschanskaja**, *Oxydation eines Polymeren mit polarem Substituenten an der Doppelbindung.* Die Kinetik der Oxydation von *polymerem Chloropren* wurde in einer Kreislaufanordnung, die die Kondensation u. Fraktionierung der flüchtigen Prodd. gestattete, zwischen 60 u. 90° untersucht. Danach erfolgt mit wachsender Geschwindigkeit der O_2-Aufnahme Anwachsen der Geschwindigkeit der HCl-Abspaltung, mit Beendigung der O_2-Aufnahme auch Stillstand der HCl-Abspaltung. In N_2

findet dagegen bis 150° noch keine Abspaltung von HCl statt. Es ist anzunehmen, daß zunächst durch Anlagerung von O_2 an die Doppelbindungen Peroxyde gebildet werden u. dann die geschwächte C—Cl-Bindung gespalten wird. Durch Phenyl-β-naphthylamin (I) wird die Oxydation des Polymeren gehemmt. Die Abnahme von I erfolgt anfangs schnell. Nach 2 Std. sind nur noch kleine, weiterhin fast konstant bleibende Mengen vorhanden. Zu dem gleichen Zeitpunkt beginnt die autokatalyt. Oxydation. Zugabe von ca. 3% Phenoxypropylenoxyd, das HCl bindet, verlangsamt den Verbrauch an I u. verlängert die Induktionsperiode. Durch erneute Zugabe von I im autokatalyt. Stadium wird eine neue Induktionsperiode hervorgerufen. Ersatz von I durch das HCl-Salz verkürzt die Induktionsperiode wesentlich. Vff. schließen, daß die Autoxydation zwar durch die Rk. von I mit den Peroxydradikalen gehemmt wird, daß aber die Bldg. von I-Hydrochlorid, das nur wenig inhibiert, einen Teil von I unwirksam macht. (Доклады Академии Наук СССР [Ber. Akad. Wiss. UdSSR] [N. S.] **85.** 1317—20. 21/8. 1952. Wiss. Forschungsinst. der Gummiind.) Wiedemann. 4030

Ch. Legrand, *Über die Raumgruppe der Cellulose.* Genaue röntgenograph. Unterss. mit monochromat. fokussierter Strahlung an verschied. Arten von Cellulose ergaben einwandfrei, daß eine (0 3 0)-Interferenz nicht auftritt. Damit wird die früher angegebene Raumgruppe P 2_1 bestätigt. (Acta crystallogr. [Copenhagen] **5.** 800—02. 10/11. 1952. Bellevue, Seine et Oise, Centre Nat. de la Rech. Sci., Labor. de Rayons X.) Gottfried. 4050

Carl J. Malm, Leo J. Tanghe, Barbara C. Laird und **Glenn D. Smith,** *Wiederveresterung von Celluloseacetat während der Hydrolyse. Celluloseacetat* (I) mit 39,3% Acetyl wird in Essigsäure in Ggw. von HCl als Katalysator bei Ggw. von 0,2% W. weiterverestert (steigender Acetylgeh., sinkender Geh. an CH_2OH-Gruppen), von 2% Wassergeh. an beginnt die Hydrolyse (bis 33% Acetyl), mit wachsendem Wassergeh. wächst der Geh. an CH_2OH-Gruppen. Die opt. Drehwerte sind bei hohem Wassergeh. am niedrigsten, bei 5% W. u. Hydrolyse bis 33% Acetyl werden die Drehwerte positiv. — Wird die Hydrolyse in anderen Lösungsmitteln, die keine Rückveresterung zulassen, vorgenommen, z. B. Dioxan, Aceton oder Methylcellosolve, so ist der Geh. an CH_2OH-Gruppen unabhängig von dem Wassergeh. höher als in Essigsäure, die opt. Drehwerte variieren wenig. — Bei der Hydrolyse in 95%ig. Buttersäure werden beträchtliche Mengen des Buttersäurerestes in I aufgenommen, das Endprod. hat geringen Geh. an CH_2OH-Gruppen u. positive Drehwerte. In 60%ig. Buttersäure erfolgt nur geringe Umesterung. — Wird umgekehrt *Cellulosebutyrat* (49,4% Butyrat, 5,2% Acetat) in Essigsäure hydrolysiert, so erfolgt bei 5% Wassergeh. eine erhebliche Erhöhung des Acetylgeh. u. des opt. Drehwertes. Bei höherem Wassergeh. wird der Effekt geringer. (J. Amer. chem. Soc. **74.** 4105—07. 20/8. 1952. Rochester, N. Y., Eastman Kodak Comp.) Rossow. 4050

U. Hofmann, Th. Nemetschek und **W. Grassmann,** *Über die Querstreifung von Kollagenfibrillen und ihre Veränderung im Elektronenmikroskop.* (Vgl. Naturwissenschaften **39.** [1953.] 215.) Die Querstreifung der Kollagenfasern der Katzenschwanzsehne läßt sich elektronenmkr. in 10 Streifen auflösen: a-Triplett: a_1, a_2, a_3; b-Duplett: b_1, b_2; c_1, c_2; d; e-Dublett: e_1, e_2. Die Schwärzungsmaxima konnten mit Hilfe von Photometerkurven festgelegt werden. Die Streifen e_1, e_2, a_3 u. c_1 sind kaum breiter als 15 Å. Eine ganzzahlige Gliederung der Streifen innerhalb der Periode von ca. 700 Å ist entgegen früheren Ansichten auszuschließen. Die bisherigen Annahmen über den Aufbau der Kollagenfibrillen werden unter besonderer Berücksichtigung der neuen Daten krit. diskutiert u. Veränderungen der Fibrillenstruktur beschrieben, wie sie im Verlaufe der Einw. der Elektronen im Elektronenmikroskop auftreten. (Z. Naturforsch. **7b.** 509 bis 513. Sept./Okt. 1952. Darmstadt, TH, Eduard-Zintl-Inst., u. Regensburg, Forschungsstelle für Eiweiß u. Leder.) Zahn. 4070

Piero O. Mustacchi, *Dehnbarkeit von hydratisiertem Kollagen.* Kollagenfasern aus Kaninchensehnen wurden unter W. gedehnt, mit Trockeneis ausgefroren u. im Vakuum entwässert. Von den Fasern wurden Elektronenmikroskopaufnahmen gemacht u. die längsten erkennbaren Perioden gemessen. Die gefundene Länge von 7000 Å entspricht ca. 6 Polypeptidketten von 419 Aminosäuren, die im Kollagen angenommen werden. — 3 Abbildungen (J. Amer. Leather Chemists Assoc. **46.** 479—83 Sept. 1951. San Francisco, Calif., Univ. of California, School of Med., Div. of Pathol.) O. Engel. 4070

T. T. Bolotina und **Je. L. Rosenfeld,** *Elektrophoretische Untersuchung von Glykogen-Eiweiß-Komplexen.* Die elektrophoret. Unterss. des Gemisches von 60 mg *Myosin* (I) u. 20 mg Glykogen (II) (vom Kaninchen) nach 24std. Dialyse bei 4° ergab für eine Komponente fast die gleiche Beweglichkeit wie bei I, für die 2. Komponente fast den doppelten Wert von II. Es liegt also ein I/II-Komplex neben freiem I vor. I wird auch dann nicht völlig gebunden, wenn 6 mg I u. 80 mg II angewandt werden. (Доклады

Академии Наук СССР [Ber. Akad. Wiss. UdSSR] [N. S.] **87.** 643—44. 1/12. 1952. Labor. für physikal. Chem. der Akad. der Wiss. der UdSSR.) V. SCHROEDER. 4070

K. H. Gustavson und **Alvar Larsson,** *Die Wechselwirkung zwischen Polymetaphosphaten und Hautprotein.* Die Wechselwrkg. von angesäuerten Lsgg. von Polymetaphosphaten (PMP) mit *Kollagen* wird untersucht. — Bei p_H-Werten von 2,0—6,0 werden PMP-Anionen in verschied. Mengen von Kollagen irreversibel gebunden. Der maximale Grad der Inaktivierung der kation. Gruppen erfordert p_H-Werte von 1,3—1,5, während der maximale Betrag an gebundenen PMP, bestimmt als P, bei p_H 2,4 liegt. — Die durchschnittlichen Mol.-Geww. von PMP in angesäuerten Lsgg. des Na-Salzes wurden durch Endgruppentitration bei verschied. p_H bestimmt. — Durch Elektrolyte kann PMP aus seiner Verbindung mit Kollagen verdrängt u. ebenso seine Aufnahme verzögert werden, was auf Beibehaltung der elektrovalenten Bindung hindeutet. PMP-Lsgg. mit p_H-Werten $<$4,5 wirken dehydratisierend, bei p_H 5—6 wird Quellung u. Änderung der Schrumpfungstemp. beobachtet. — Das Maximum des Bindungsvermögens für Säure wird bei der Fixierung von PMP überschritten. Nicht alle anion. Gruppen der PMP-Ketten treten in Reaktion. Als Grund nehmen die Vff. ster. Hinderung an. (Acta chem. scand. **5.** 1221—43. 1951. Stockholm, Garverinäringens Forskningsinst.) HEYNS. 4070

C. K. Ingold, Structure and mechanism in organic chemistry. Ithaca, N. Y.: Cornell Univ. Press. 1953 (835 S. m. Diagrs.) $ 9,75.

E. Biologische Chemie. Physiologie. Medizin.

E_1. Allgemeine Biologie und Biochemie.

G. Michael, *Die Anwendung von Isotopen in der biologischen und landwirtschaftlichen Forschung.* Überblick über Anwendungsmöglichkeiten, Gültigkeit u. Fehlerquellen der Isotopenmethode. (Z. Pflanzenernähr., Düng., Bodenkunde **55.** (**100.**) 247—57. 1951. Jena, Univ., Agrikulturchem. Inst.) WINIKER. 4100

Harry Beevers, E. P. Goldschmidt und **Henry Koffler,** *Die Verwendung von Estern biologisch aktiver schwacher Säuren zur Behebung von Permeabilitätsschwierigkeiten.* Viele biol. wichtige Substrate u. Inhibitoren sind schwache Säuren u. gelangen als Anionen wesentlich schlechter durch Membranen, als im undissoziierten Zustand. Solche Substanzen können daher nur in einem relativ engen p_H-Bereich zu biol. Verss. herangezogen werden. Diese Schwierigkeit zu überwinden gelang den Vff. durch Anwendung der entsprechenden Ester. Die vergleichenden Unterss. über die Inhibitorwrkg. von *Malonsäure* u. *Malonsäurediäthylester* zeigten, daß der Ester über einen weiteren p_H-Bereich als die Säure durch natürliche Membranen diffundieren kann. Die Anwendungsmöglichkeiten der Ester für solche Verss. hängen hauptsächlich davon ab, inwieweit der betreffende Organismus in der Lage ist, den Ester in der Zelle hydrolyt. zu spalten. (Arch. Biochem. Biophysics **39.** 236—38. Juli 1952. Lafayette, Ind., Univ., Dep. of Biol. Sci., Div. of Bot. and Bacteriol.) H. SCHEURLEN. 4100

Paul Boulanger und **Jean Montreuil,** *Untersuchungen über die Nucleinsäuren.* 3. Mitt. *Der Austausch von radioaktivem Phosphor in den Ribonucleotiden der Rattenleber.* (2. vgl. C. **1952.** 5748.) Intraperitoneal injizierten ^{32}P ließen Vff. 15 Min. bis 10 Tage auf den Rattenorganismus einwirken. Dann wurden aus den Lebern der getöteten Tiere fraktionsweise *Uridylsäure* (**I**), *Cytidylsäure* (**II**), *Adenylsäure* (**III**) u. *Guanylsäure* (**IV**) durch Fällen mit 10%ig. Trichloressigsäure, Entfetten, Hydrolyse, Adsorption u. Elution (Adsorbens: Deacidite) u. anschließende Papierchromatographie abgetrennt. Je nach der Länge der Einwirkungsdauer von ^{32}P auf den Rattenorganismus zeigten sich große Unterschiede im Isotopengeh. der Ribonucleinsäuren. Anfangs war dieser in **I** u. **II** am höchsten, später stand **III** an der Spitze. Der 24 Std.-Wert von **IV** war der niedrigste. Die a- u. b-Isomeren von **III** u. **IV** zeigten in jedem Zeitpunkt verschied. ^{32}P-Gehalt. Die Ergebnisse sprechen für verschied. „Mobilitäten" der Nucleotide, weisen auf verschied. Typen von Internucleotidbindung hin u. lassen eine verzweigte Struktur der Ribonucleinsäuren ähnlich den Schemata von MAGASANIK u. CHARGAFF (Biochim. biophysica Acta [Amsterdam] **7.** [1951.] 396) vermuten. (Biochim. biophysica Acta [Amsterdam] **9.** 619—23. Dez. 1952. Lille, Fac. de Méd., Labor. de Chim. Biol.; Inst. de Rech. sur le Cancer.)
WOLFGANG ALBRECHT. 4150

R. Markham und **J. D. Smith,** *Polynucleotide und Endgruppen in Ribonucleinsäuren.* Die enzymat. Aufspaltung von Nucleinsäuren wird untersucht. Nach Einw. von *Ribonuclease* (**I**) werden Polynucleotide mit Pyrimidinnucleotidresten am Ende isoliert. Diese Endgruppen werden von **I** nicht aufgespalten. **I** erweist sich als spezif. *Pyrimidinnucleotidester-Diesterase.* Adenosin u. Guanosin sind weitere Endgruppen, die durch **I**

in Freiheit gesetzt werden. Mit *Phosphomonoesterase* werden aus Ribonucleinsäuren Endgruppen vom Pyrimidinnucleotidtyp erhalten. Es wird angenommen, daß Ribonucleinsäuren Gemische darstellen. (Biochem. J. **50.** XXXVIII. März 1952. Cambridge, Univ., Molteno Inst.) NIESWANDT. 4150

M. J. Carver und **Lloyd E. Thomas,** *Eine elektrophoretische Untersuchung der Lipoproteine aus Zellkernen.* Vff. untersuchen elektrophoret. die Lipoproteine der Zellkerne von Kalbsthymus u. Kalbsleber. Jedes der untersuchten Lipoproteine ergab die Anwesenheit von nur 1 Komponente mit dem isoelektr. Punkt zwischen p_H 4,65 u. 4,85. (Arch. Biochem. Biophysics **40.** 342—45. Okt. 1952. Columbia, Mo., Univ. of Missouri, Dep. of Biochem.) NEHRING. 4150

John J. Bittner, *Untersuchungen über die erbliche Empfänglichkeit und den erblichen hormonalen Einfluß auf die Entstehung von Brustkrebs bei Mäusen.* (Vgl. auch ALBERT u. JOHNSON, C. **1953.** 5525.) Vf. berichtet über die Wrkg. eines weiteren Erbfaktors, einer erblichen hormonalen Beeinflussung, der neben der erblichen Empfänglichkeit u. dem Milchfaktor für die Entstehung von Brustkrebs bei virginellen Mäusen verantwortlich sein soll. Bei manchen Mäusestämmen besteht eine Verbindung zwischen der Anwesenheit dieses Faktors u. der Entw. einer Nebennierenrindenhyperplasie bei gonadektomierten Tieren. Es ist nicht möglich, die Anzahl der Gene zu bestimmen, die entweder diesen hormonalen Einfl. oder die erbliche Empfänglichkeit bedingen, da auch noch andere äußere oder innere Faktoren die Entw. von Mammatumoren beeinflussen. (Cancer Res. **12.** 594—601. Aug. 1952. Minneapolis, Minn., Univ., Med. School, Dep. of Physiol., Div. of Cancer Biol.) H. SCHEURLEN. 4160

Ernest Klauber, Ladislav Bahna und **Vojtech Kelenský,** *Intrauterine Applikation von Antibioticis und Sulfonamiden während intrauteriner Behandlung des Portiokrebses mit Radium.* Komplikationen bakteriellen Ursprungs bei der Radiumbehandlung des Portiokrebses konnten durch Anwendung einer Sonde, die die gleichzeitige intrauterine Einführung von Ra u. Antibioticis ermöglicht, verhindert werden. (Bratislavské Lékarské Listy **33.** 109—18. 1953. Bratislava, Onkolog. ustav.) LOCH. 4160

E$_2$. Enzymologie. Gärung.

J. M. Bailey, S. Peat und **W. J. Whelan,** *Zusammenhang zwischen Kettenlänge und Q-Enzymaktivität.* Die volle Wirksamkeit des Q-Enzyms wird nur erreicht, wenn die Kettenlänge des Substrates mindestens 40 Einheiten beträgt. Bei geringerer Kettenlänge (z. B. Maltohexaose mit 30 Einheiten) wirkt das Ferment nur sehr langsam, während ein Polysaccharid mit 58 Einheiten vollständig gespalten wird. (Biochem. J. **51.** XXXIV. Juli 1952. Bangor, Univ., Coll. of North Wales, Chem. Dep.) BAUMANN. 4210

Henry Roux, Marcelle Denans und **Maryse Francillon,** *Über die biochemische Wirkung von Polyphosphorsäureesteramiden des Aneurins und von Natriumpolyphosphaten.* 3. Mitt. *Über eine kräftige physiologische Wirkung der Polyphosphorverbindungen.* (2. vgl. C. **1952.** 3670.) Durch die Polyphosphorsäureesteramide von Aneurin wird der *Zucker*-Spiegel sowie der Geh. an *Milchsäure* u. *Brenztraubensäure* im Blut von n. Hunden stark beeinflußt. (Bull. Soc. Chim. biol. **33.** 1152—67. 1951. Marseille, Fac. de Méd., u. Paris, Inst. Nat. d'Hyg.) HESSE. 4210

B. M. Braganca und **J. H. Quastel,** *Oxydationen von Aminosäuren durch Schlangengift. Ophioaminosäureoxydase* (I) von 2 *Cobra*-Arten (*Agkistrodon piscivorus* u. RUSSELLs *Viper*) überträgt als Flavinadenindinucleotid anaerob Wasserstoff direkt aus 0,01 mol. Lsg. von d-α-Aminosäuren, DL-Methioninsulfoxyd, DL-Äthioninsulfoxyd, S-(n-Butyl)-homocysteinsulfoxyd u. S-(n-Amyl)-homocysteinsulfoxyd auf Ferricyanid; die Sulfoxyde u. andere S-haltige Aminosäuren werden von I auch in Ggw. von O_2 oxydiert. (Arch. Biochem. Biophysics **40.** 130—34. Sept. 1952. Montreal, General Hosp.) KLINGMÜLLER. 4210

Aaron Bunsen Lerner, *Säugetiertyrosinase: Einfluß von Ionen auf die Fermentwirkung.* (Vgl. C. **1951.** II. 1143.) Die Wrkg. verschied. Ionen auf die *Tyrosinase* (**I**)-Aktivität wurde in der WARBURG-App. mit *Tyrosin* (**II**) oder *3.4-Dioxyphenyl-β-alanin* (**III**) als Substrat manometr. gemessen. Die einwertigen Kationen, wie Li^+, Na^+, K^+ u. NH_4^+ zeigten keinen Einfl., während Anionen wie F^-, Cl^-, *Nitrit, Acetat, Jodat, Persulfat* u. *Oxalat* die **II-I-** u. die **III-I**-Rk. deutlich hemmten. Von 24 untersuchten Metallionen inaktivierten nur *Hg*-, *Ag*- u. *Au*-Ionen das Ferment deutlich. Diese Ionen konkurrieren mit den Cu-Ionen um die akt. Gruppen des Apofermentes. Wie die Verss. mit einer Cu-freien **I**-Lsg. zeigten, ist diese kompetitive Hemmung nur langsam reversibel. Da Ggw. eines Überschusses von *Arsenit,* einem wirksamen SH-Gruppeninhibitor, die Reaktivierung der Cu-freien Fermentlsg. nicht verhindert, ist sicher, daß das als Coferment wirkende Cu nicht durch eine Mercaptidbindung an das Apoferment gebunden ist. (Arch. Biochem. Biophysics **36**. 473—81. April 1952. Ann Arbor, Mich., Univ. of Michigan, School of Med., Dep. of Dermatol.) V. PECHMANN. 4210

Tage Astrup und **Sten Müllertz**, *Die Fibrinplattenmethode zur Bestimmung der fibrinolytischen Aktivität*. Als Maß für die fibrinolyt. Aktivität eines Enzyms (*Plasmin* u. andere fibrinolyt. Enzyme) wird die Fläche genommen, die aus einer Fibrinplatte herausgelöst wird. Genaue Angaben über die Herst. der Fibrinplatten, die rechner. Auswertung u. Genauigkeit der Ergebnisse. (Arch. Biochem. Biophysics **40**. 346—51. Okt. 1952. Kopenhagen, Carlsberg-Stiftung, Biol. Inst.) MATTHIES. 4210

J. Grégoire und **M. Cotte**, *Spektrophotometrische Bestimmung von Cholinesterasen in Seren*. Die Entfärbbarkeit des *Phenolrotes* (Absorptionsmaximum bei 558 mμ) durch die bei der Hydrolyse des *Acetylcholinhydrochlorides* frei werdende Essigsäure wird als Kriterium bei der spektrophotometr. Messung der *Cholinesterasen* benutzt. Die Best. läßt sich rasch, verläßlich u. mit geringsten Mengen Untersuchungsmaterial (z. B. 30 mm^3 Serum) durchführen. (C. R. Séances Soc. Biol. Filiales **146**. 741—44. Mai 1952. Marseilles, Fac. de Méd., Labor. di Chim. biol.) KEIL. 4210

Jacob Kream und **Erwin Chargaff**, *Verfahren zur Untersuchung von Purin- und Pyrimidindesaminasen in kleinen Mengen*. Die Unters. von *Adenase*, *Guanase* u. *Cytosindesaminase* sowie der Reaktionsprodd. erfolgt papierchromatograph., u. zwar entweder direkt auf dem Papier oder in vitro mit nachfolgender papierchromatograph. Trennung. Hierdurch können gleichzeitig die Substrate u. die Reaktionsprodd. getrennt u. bestimmt werden. Die fermentative Desaminierung von *Adenin* zu *Hypoxanthin*, von *Guanin* zu *Xanthin*, von *Cytosin* zu *Uracil* u. von *8-Azaguanin* zu *8-Azaxanthin* wird beschrieben. Hypoxanthin u. Xanthin werden nach chromatograph. Trennung im UV spektrophotometr. bestimmt. (J. Amer. chem. Soc. **74**. 4274—77. 5/9. 1952. New York, N. Y., Columbia Univ., Coll. of Phys. and Surg., Dep. of Biochem.) LOHMANN. 4210

Werner K. Maas, *Pantothenatuntersuchungen*. 3. Mitt. *Beschreibung des extrahierten pantothenat-synthetisierenden Ferments von Escherichia coli*. (2. vgl. C. **1952**. 7194.) Extraktion eines aus β-Alanin u. Pantoat *Pantothensäure* synthetisierenden Fermentsyst. aus dem W-Stamm von E. coli (wild) mit 0,01 mol. Kaliumphosphatlsg. bei p_H 7,0. Lagerung des Extraktes bei 6° hat nach einer Woche noch keinen Aktivitätsverlust zur Folge. ATP, das zur Erzielung optimaler Aktivität in relativ hoher Konz. vorhanden sein muß, kann nicht durch 5-Adenylsäure ersetzt werden. Sehr hohe ATP-Konz. inhibiert. NH_4^+, K^+, Mg^{2+} u. Mn^{2+} aktivieren, Na^+ in Ggw. von K^+ oder NH_4^+ inhibiert. Coenzym A, Cystein u. Cyanid sind ohne Einfl. auf die Fermentaktivität. Bei einem p_H-Wert von 8,5 wird optimale Aktivität erzielt. (J. biol. Chemistry **198**. 23—32. Sept. 1952. New York, N. Y., Cornell Univ., Med. Coll., Tuberculosis Res. Labor., U. S. Public Health Serv.) REISS. 4210

Christoph Tamm, Herman S. Shapiro und **Erwin Chargaff**, *Die Beziehung zwischen der Wirkung der Pankreasdesoxyribonuclease und der Art ihrer Substrate*. (Vgl. C. **1952**. 5753.) Es wurde die Fähigkeit krist. *Pankreasdesoxyribonuclease* (I) (in Ggw. von Mg^{2+}-Ionen) u. von Mg^{2+}-Ionen allein zur Bldg. dialysierbarer Fragmente aus mehreren zu *Kalbsthymusdesoxyribonucleinsäure* (II) in Beziehung stehenden Substraten untersucht, wobei außer intakter hochpolymerer **II** auf verschied. Weise erhaltene *Depolymerisations*-Prodd. [a) 1 Std. bei 25° u. p_H 11,8; b) 1 Std. bei 25° u. p_H 2,95; c) 24 Std. bei 37° u. p_H 2,86], *Abbau*-Prodd., deren Purine (**III**) teilweise abgespalten waren [a) 24 Std. bei 37° u. p_H 2,3, dann Dialyse gegen Boratpuffer von p_H 7,2, Leitungswasser u. schließlich dest. W., Gefriertrocknung; b) 26 Std. bei 36° u. p_H 1,7, Dialyse wie unter a), Gefriertrocknung], u. *Apurinsäure* (**IV**) Verwendung fanden. In den physikal. Eigg. sich unterscheidende, in der chem. Zus. jedoch unveränderte Substrate wurden durch das vollständige Enzymsyst. annähernd in gleichem Maße u. mit der gleichen Geschwindigkeit angegriffen. Teilweise oder vollständige Abspaltung von **III** verminderte die Angreifbarkeit durch **I**. Das Entfernen von **III** verändert u. a. die amphoteren Eigg. von **II** u. führt reaktionsfähige Aldehydgruppen ein. Mg^{2+}-Ionen bewirkten eine nichtenzymat. Spaltung der **II**-Abbauprodd. u. von **IV**, wobei 0,02 mol. $MgSO_4$ prakt. die optimale Konz. darstellte. Li^+-Ionen waren weniger wirksam. Die **II**-Depolymerisationsprodd. (Denaturierung) waren im Gegensatz zu intakter **II** gegen Mg^{2+}-Ionen nicht völlig stabil. Der Wirkungsmechanismus der Mg^{2+}-Ionen ist noch ungeklärt. Die Zus. der Dialyserückstände nach partiellem **IV**-Abbau unterschied sich nur geringfügig von der des Ausgangsmaterials, bes. hinsichtlich des Verhältnisses von *Thymin*: *Cytosin*. Ähnlich verhielten sich die partiellen Abbauprodd. von **II**. Die Einw. des kompletten Enzymsyst. bzw. von Mg^{2+}-Ionen allein führt offensichtlich zu einer Reihe von Depolymerisationsprodd. mit statist. gleicher Komponentenverteilung. Lediglich die kleinsten Dialyserückstände enthielten einen größeren Anteil an *Pyrimidinnucleotiden* u. weniger *Zuckerphosphat*-Einheiten. Der Verlauf der Rkk. wurde durch die Bilanz der Reaktionsprodd., vollständige Analyse der nichtdiffundierbaren Fragmente der einzelnen Abbaustoffe u. opt. Beobachtungen verfolgt. (J. biol. Chemistry **199.** 313—27. Nov. 1952. New York, N. Y., Columbia Univ., Dep. of Biochem., Coll. of Phys. and Surg.) K. MAIER. 4210

Heinz Gibian, *Über das Hyaluronsäure–Hyaluronidase-System.* 6. Mitt. *Über Gewebshyaluronidasen.* (5. vgl. C. **1953.** 586.) Im Vgl. mit einer Standard-*Hyaluronidase* wurde die viscositätssenkende Wrkg. zahlreicher Organe verschied. Tiere auf *Hyaluronsäure* gemessen, wobei sich große quantitative Unterschiede ergaben. Daß es sich dabei tatsächlich definitionsgemäß um Gewebshyaluronidasen handelt, ergab sich aus der parallel gehenden Freilegung von Acetylglucosamingruppen. Allerdings unterscheiden sich diese Enzyme vom Testesferment u. einer Bakterienhyaluronidase durch ihr p_H-Optimum (bei etwa p_H 3) u. dessen größere Unabhängigkeit von der Ionenstärke, ferner durch eine andere Wirkungsrelation zwischen Viscositäts- u. Acetylglucosamintest. (Hoppe-Seyler's Z. physiol. Chem. **291.** 6—13. 1952. Berlin-West, Schering A. G.) GIBIAN. 4210

Heinz Gibian, *Über das Hyaluronsäure–Hyaluronidase-System.* 8. Mitt. *Das Vorkommen von Hyaluronsäure im Harn im Zusammenhang mit ihrem vermuteten Einfluß auf die Harnsteinbildung.* (7. noch nicht veröffentlicht; 6. vgl. vorst. Ref.) Nach Anreicherung mittels Ultrafiltration oder Acetonfällung wurden im Harn gesunder Versuchspersonen hyaluronidaseempfindliche *Mucopolysaccharidsäuren* turbidimetr. nachgewiesen. Größenordnungsmäßig wurde 1—2 γ/cm^3 Harn auf dem Ultrafilter, ca. 5 γ/cm^3 in der Acetonfällung gefunden (bezogen auf eine Vergleichs-*Hyaluronsäure*). Diese Mengen wurden durch subcutane *Hyaluronidase*-Injektionen (10—100 SCHERING-Einheiten „Kinetin") innerhalb von 2 Std. nicht signifikant verändert. Dieser Befund macht Änderungen der koll. Eigg. des Harns nach subcutanen Hyaluronidasegaben über eine Ausscheidung von Hyaluron- oder Chondroitinschwefelsäure unwahrscheinlich (vgl. BUTT u. Mitarbeiter, C. **1953.** 3759). (Hoppe-Seyler's Z. physiol. Chem. **292.** 117—24. 1953. Berlin-West, Schering A. G.) GIBIAN. 4210

G. Asboe-Hansen, *Fehlen einer intensivierenden oder spreading-Wirkung der Hyaluronidase auf Kontaktekzeme. Hyaluronidase* hatte keine verstärkende Wrkg. auf verschied. allerg. Rkk. beim Meerschweinchen, noch auch auf bei Allergikern durch etliche Reagentien hervorgerufene Kontaktekzeme. (Acta dermato-venereol. [Stockholm] **31.** 710—12. 1951. Kopenhagen, Univ., Med. Fak., Labor. für Bindegewebsforschung.) GIBIAN. 4230

Osmo Vartiainen, Eino V. Venho und **Daniel Eckert,** *Reaktion des Körperwassers des Frosches auf Hypophysenhinterlappenextrakt und Hyaluronidase.* Bei männlichen Fröschen bewirkte in den abdominalen Lymphbeutel gegebene *Hyaluronidase* (**I**) eine gewisse Gewichtsminderung, was durch *Pyribenzamin* verhindert wurde. Umgekehrt hemmt **I** partiell die durch Hypophysenhinterlappenextrakt verursachte Gewichtserhöhung. Weibliche Tiere sprachen weniger oder gar nicht auf **I** an. (Ann. Med. exp. Biol. fenn. **29.** 69—74. 1951. Helsinki, Univ., Dep. of Pharmacol.) GIBIAN. 4230

Arthur B. Pardee und **Ralph E. Kunkee,** *Enzymaktivität und Bakteriophageninfektion.* 2. Mitt. *Die Aktivität vor und nach der Virusinfektion.* (1. vgl. C. **1952.** 3995.) Vff. entwickelten eine Meth. zur Herst. konz. Prophagenlysate hoher Enzymaktivität in Escherichia coli-Kulturen. Zum Vgl. wurden die Enzymaktivitäten in den Bakterienextrakten untersucht, die durch Beschallung oder Verreibung mit Aluminium hergestellt waren. Im allg. zeigte die Aktivität von 9 verschied. Enzymen vor u. nach der Infektion keine deutlichen Abweichungen. Es besteht die Möglichkeit einer geringen Vermehrung von Katalase u. der Abnahme von Oxydase u. Desaminase. Die angewandte Untersuchungsmeth. ergibt einen breiten Überblick, ist aber nicht voll quantitativ. Auch bestehen Schwierigkeiten in der Erfassung struktureller Zellelemente u. des möglichen Abbaus von labilen Enzymen. (J. biol. Chemistry **199.** 9—24. Nov. 1952. Berkeley, Calif., Univ., Virus Labor.) SCHÖNBERG. 4230

Louis Siminovitch und **François Jacob,** *Induzierte Biosynthese eines Enzyms während der Entwicklung der Bakteriophagen bei Escherichia coli K 12.* Nach UV-Bestrahlung (Hg-Dampflampe, 500 erg/mm^2/Min. in 100 cm Abstand bei $\lambda = 2537$ Å) einer Kultur eines lysogenen *E. coli–K 12* (λ)-Stammes erlangen die Zellen die Fähigkeit zur Adaptation an die Verwertung von *Lactose* (**I**) als alleiniger C-Quelle. 15 Min. nach **I**-Zugabe geht das Bakterienwachstum weiter u. nach 30 Min. erfolgt Lyse unter Freisetzung der Bakteriophagen. Wird **I** unmittelbar nach der Bestrahlung der *K 12* (λ)-Kultur zugefügt, dann bildet der Stamm *β-Galaktosidase* (**II**) mit einer um 50% geringeren Geschwindigkeit als eine unbestrahlte Kultur. Diese Geschwindigkeit bleibt bis zur 80. Min. konstant. Wird **I**

später während der Latenzperiode zugesetzt, so erfolgt ebenfalls gleichmäßige **II**-Synth., jedoch nimmt deren Ausmaß mit verzögerter Zugabe immer mehr ab. Nach Bestrahlung einer Kultur des nicht lysogenen Stammes *K 12 S* mit einer UV-Dosis, die beim lysogenen die Phasenentw. auslöst, synthetisieren die Bakterien **II** mit einer Geschwindigkeit, die nur noch 20% derjenigen der nichtbestrahlten Kontrolle beträgt. Die **II**-Synth. umfaßt anscheinend 2 Stufen, wobei nur die erste von der Phagenentw. beeinflußt wird. Nach Bldg. eines die **II**-Synth. steuernden „*Organisators*" (**III**) verläuft diese mit konstanter Geschwindigkeit in Abhängigkeit von der vorhandenen **III**-Menge. Mit fortschreitender Phagenentw. verringert sich die Möglichkeit zur **III**-Bldg., so daß die Geschwindigkeit der **II**-Synth. bei späterem Zusatz der induzierend wirkenden **I** progressiv abnimmt. (Ann. Inst. Pasteur **83.** 745—54. Dez. 1952. Inst. Pasteur, Serv. de Physiol. microbienne.) K. MAIER. 4230

R. Weill, P. F. Ceccaldi und **O. de Charpal,** *Histologische Untersuchung über die Wirkung von depolymerisierenden Enzymen auf den Zahnschmelz.* Filtrate aus *Clostridium perfringens* (enthaltend: *Kollagenase, Lecithinase,* ein oxydables *Hämolysin, Hyaluronidase*) bzw. von *Clostridium histolyticum* (enthaltend: spezif. Kollagenase, aber keine Hyaluronidase) vermögen das gesamte *Dentin* anzugreifen. Eine vorangehende Decalcifizierung ist nicht erforderlich; jedoch wird decalcifiziertes Dentin rascher durch Enzyme zerstört. — Die braune Pigmentierung beruht auf einer Veränderung der organ. Substanz des Zahnschmelzes. (C. R. Séances Soc. Biol. Filiales **146.** 6—7. Jan. 1952. Fac. de Méd., Labor. de Biol. méd.) HESSE. 4230

Harland G. Wood (unter techn. Mitarbeit von **Dora Lee Harris**), *Die Vergärung von* $^{14}C_{(3.4)}$- *und* $^{14}C_{(1)}$*-markierter Glucose durch Clostridium thermoaceticum.* $^{14}C_{(1)}$*-Glucose* u. $^{14}C_{(3.4)}$*-Glucose* wurden der Vergärung durch Zellsuspensionen von *Cl. thermoaceticum* unterworfen u. das gebildete Acetat (**I**) abgebaut. Aus $C_{(1)}$-markierter Glucose (**II**) entsteht vorwiegend CH_3-markiertes **I**, während aus $C_{(3.4)}$-markierter nur sehr wenig ^{14}C direkt in **I** eintritt. Die Ergebnisse stimmen mit der Annahme überein, daß die 1.2- u. 5.6-Atome von **II** direkt in **I** verwandelt werden, u. das 3. **I**-Mol. aus CO_2 synthetisiert wird, wobei $C_{(3)}$ u. $C_{(4)}$ als CO_2-Quelle dienen. (J. biol. Chemistry **199.** 579—83. Dez. 1952. Cleveland, O., Western Reserve Univ., School of Med., Dep. of Biochem.) K. MAIER. 4270

E$_3$. Mikrobiologie. Bakteriologie. Immunologie.

Joan F. Powell und **R. E. Strange,** *Biochemische Veränderungen während der Keimung von Bakteriensporen.* Aus dem bei der Keimung von B. subtilis u. B. megatherium auftretenden Gewichtsverlust von ca. 30% Trockensubstanz schließen Vff., daß die Keimung eine Änderung der Zellpermeabilität einleitet. Im Austausch gegen W. werden vom zunächst weitgehend wasserfreien Zellinneren nach außen Aminosäuren, Peptide, Glucosamin (an nicht dialysierbares Peptid gebunden), Ca^{2+} u. eine stark im UV absorbierende Substanz (vgl. nachst. Ref.) abgegeben. Der hohe Ca-Gehalt der Sporen wird mit ihrer Hitzeresistenz in Verb. gebracht. (Biochem. J. **54.** 205—09. Mai 1953. Porton, Wiltshire, Microbiol. Res. Dep.) MOISAR. 4320

Joan F. Powell, *Isolierung von Dipicolinsäure (Pyridin-2.6-dicarbonsäure) aus Sporen von Bacillus megatherium.* 50% der von keimenden Sporen des B. megatherium exkretierten Trockensubstanz (vgl. vorst. Ref.) wurden als stark UV-absorbierendes Ca-Salz der *Pyridin-2.6-dicarbonsäure* (**I**) identifiziert. Aus der Tatsache, daß das Verhältnis der Extinktionswerte bei 2700 u. 2775 Å für das Ca-Salz von **I** 1:12, für die Na-, Mg-, Ba- u. Al-Salze dagegen nur 1:1,20—1:1,26 beträgt, vermutet Vf. eine abweichende Struktur des Ca-Salzes mit bestimmter Funktion für die Sporenbildung. (Biochem. J. **54.** 210—11. Mai 1953. Porton, Wiltshire, Microbiol. Res. Dep.) MOISAR. 4320

C. H. Hill, *Untersuchungen über die Wachstumshemmungen von Streptococcus faecalis durch Natriumpropionat.* Die durch *Propionat* (**I**) bedingte Wachstumshemmung von Str. faecalis kann durch *Natriumacetat* aufgehoben werden; die Resistenz gegen **I** kann durch Gaben von *Pantothensäure* (**II**) zum Medium vergrößert werden. Auf dem verwandten Medium synthetisierte Str. faecalis **II.** Nach Ansicht des Vf. beruht die inhibitor. Wrkg. möglicherweise auf einer Verb. zwischen **I** u. *Coenzym A,* wodurch die oxydative Decarboxylierung der Brenztraubensäure zu Essigsäure gestört wird. (J. biol. Chemistry **199.** 329—32. Nov. 1952. Lincoln, Nebraska, Univ. of Nebraska, Dep. of Agricultural Chem.) NEHRING. 4330

H. J. Florestano und **M. E. Bahler,** *Kritischer Vergleich der antibakteriellen Eigenschaften der meistens angewandten Sulfonamide.* In vitro-Unterss. an 18 verschied., bei Tierkrankheiten pathogen auftretenden Bakterienarten mit *Sulfanilamid* (**I**), *Sulfapyridin* (**II**), *Sulfathiazol* (**III**), *Sulfadiazin* (**IV**), *Sulfamerazin* (**V**), *Sulfamethazin* (**VI**),

Sulfabenzamid (**VII**), *Sulfacetamid* (**VIII**) u. *Sulfisoxazol* (**IX**). Im allg. war die Reihenfolge der Wirksamkeit folgende: **III** > **IV** = **V** = **IX** > **II** = **VI** > **VII** = **VIII** > **I**. (J. Amer. veterin. med. Assoc. **121**. 474—77. Dez. 1952. Indianopolis, Ind., Pitman Moore Comp., Division of Allied Labors.) DOSSMANN. 4330

Albert Siegel, S. J. Singer und **S. G. Wildman,** *Eine Vorstudie von hochmolekularen Komponenten von normaler und virus-infizierter Escherichia coli.* Methoden zur Extraktion der lösl. hochmolekularen Komponenten von Escherichia coli wurden entwickelt. Durch elektrophoret. u. ultrazentrifugale Analyse der Extrakte wurden die Mengen der „frei" beweglichen u. „gebundenen" *Desoxypentosenucleinsäure* (*DNS*) im n. Bakterium u. während der ersten Hälfte der latenten Infektionszeit von T_2-Bakteriophagen festgestellt. Es ist anzunehmen, daß bei gleichem Stickstoff-Geh. die Menge der „freien" DNS während der frühen Stadien der Infektion stärker als im nicht infizierten Bakterium abnimmt. (Arch. Biochem. Biophysics **41**. 278—93. Dez. 1952. Pasadena, Calif., Inst. of Technology, Kerckhoff Labors. of Biology, u. Crellin Labors. of Chemistry u. Los Angelos, Calif., Univ., Dep. of Botany.) SCHÖNBERG. 4331

Mutsuyuki Kochi, William L. Ruigh, Robert F. Acker, Hubert A. Lechevalier und **Selman A. Waksman,** *Antibioticabildende Fähigkeit von Streptomyces 3560, einem Glied der S. flavus-Gruppe.* Aus einer Bodenprobe von Texas wurde eine *Kultur 3560* gezüchtet u. nachgewiesen, daß diese zur *Streptomycesflavus-Gruppe* gehörte, die mit *Streptomyces rimosus* nahezu ident. war. Die Bldg. von Antibioticis durch diese Kultur wurde in Schüttelflaschen mit verschied. Medien wie *Hefe-Dextrose* oder *Sojabohnenmehl-Dextrose* untersucht. Es wurden 2 Substanzen a u. b isoliert, deren Einfl. auf eine Reihe von Testorganismen geprüft wurde; a war ident. mit *Terramycin* u. wirkte antibakteriell, b = *Rimocidin* zeigte antifungicide Wirkung. (Proc. nat. Acad. Sci. USA **38**. 383—91. Mai 1952. New Jersey Agricultural Exp. Station, Rutgers Univ., Dep. of Microbiology.) DOSSMANN. 4340

René Martin, Y. Chabbert und **B. Sureau,** *Die Kombination der Antibiotica. Untersuchung und Bewertung ihres bakteriostatischen und baktericiden Effektes. Klinische Anwendung.* Nach Einzelgabe u. Kombination von *Penicillin* (**I**), *Streptomycin* (**II**), *Chloramphenicol* (**III**), *Aureomycin* (**IV**) u. *Terramycin* (**V**) wurde neben der bakteriostat. durch Plattenguß-Zählverf. die bactericide Einw. auf *Streptococcus viridans* u. *Enterococcus faec.* bestimmt. Von einigen Stämmen überlebten bei 5 E./cm³ **I** bzw. 80—160 γ/cm³ **II** ca. 10%, nach Kombination von 1,2—5 E./cm³ **I** + 40—80 γ/cm³ **II** jedoch nur 0,01—0,001% (Synergismus!). **I** + **III**, **II** + **III**, **II** + **IV** u. **II** + **V** verhalten sich oft antagonistisch. Die Kombinationen **III** + **IV** u. **III** + **V** wirken im Vgl. zu den Komponenten indifferent. Die Verss. wurden klin. bestätigt. In 2 demonstrierten Fällen von Endocarditis wurde durch 8 M.E. **I** + 2 g **II** in 48 Std. völlige, im 3. Fall teilweise Heilung erzielt. Synergismus von **I** + **II** ist keine Regel, so daß einer Behandlung stets Verss. in vitro vorangehen müssen. (Presse méd. **61**. 168—71. 11/2. 1953. Paris.) SPEYER. 4340

W. J. Kaipainen, *Wirkung von Antibioticakombinationen auf die bakterielle Resistenz.* Vf. untersuchte, ob durch *Dihydrostreptomycin* (**I**)-Zugaben die wachsende Resistenz von *E. coli, A. aerogenes, S. typhi* u. *Proteus vulgaris*-Stämmen gegen *Aureomycin* (**II**), *Chloromycetin* (**III**) oder *Terramycin* (**IV**) oder ob die Resistenzsteigerung gegen **I** durch Zugabe von **II**, **III** oder **IV** verhindert wird. Die Ergebnisse waren in allen Kombinationen etwa gleich. Es scheint wenigstens eine Teilhemmung u. somit eine theoret. Grundlage für den therapeut. Gebrauch der Kombinationen **II** + **I**, **III** + **I** u. **IV** + **I** zu bestehen. (Ann. Med. exp. Biol. fenn. **30**. 61—71. 1952. Helsinki, Univ., Dep. of Serol. and Bacteriol.) K. BÖHM. 4340

W. J. Kaipainen, *Erworbene Penicillinresistenz.* Beschreibung kompletter Resistenz zweier *Bacillus subtilis*-Stämme gegenüber *Penicillin* (**I**) nach einer einzigen Kulturpassage in Fleischbrühe, die **I** enthielt, obgleich die gegen **I** erworbene Resistenz der Bakterien gewöhnlich in mehreren mutagenet. Stufen vor sich geht. (Ann. Med. exp. Biol. fenn. **30**. 59—60. 1952. Helsinki, Univ., Dep. of Serology and Bacteriology.) K. BÖHM. 4340

A. Grumbach, H. Schmid und **W. Bencze,** *Über ein pflanzliches Antibioticum.* Aus *Plumiera acutifolia* wurde eine neue Substanz, *Fulvoplumierin* (**I**), $C_{14}H_{12}O_4$, isoliert. F. 151—152° (Zers.), orange gefärbte Kristalle, Maximum der langwelligen Hauptbande bei 366 mμ (log ε = 4,56; Alkohol). Die Verb. ist opt. inakt., red. TOLLENS-Reagens in der Kälte, gibt rote Farb-Rk. mit alkoh. Alkali u. nimmt bei katalyt. Hydrierung 5,5 Mole H_2 auf. Die 4 O-Atome sind auf eine Carbomethoxygruppe u. einen ungesätt. Lactonring verteilt. — **I** hemmt in vitro in Konzz. von 1—5 γ/cm³ (Acetonlsg.; Nährboden nach DUBOS-NOUFLARD) das Wachstum von 6 verschied. *Mycobacterium tuberculosis*-Stämmen; ein partiell streptomycinresistenter Stamm ließ bei 10 cm³ ebenfalls kein Wachstum mehr erkennen. Von anderen geprüften Bakterienarten wurden lediglich *Brucella abortus*-Stämme durch I hemmend beeinflußt. — Das Glucosid Plumierid erwies sich im Vergleichstest als wirkungslos. (Experientia [Basel] **8.** 224—25. 15/6. 1952. Zürich, Hygiene-Inst., u. Chem. Inst.) SCHLOTTMANN. 4340

M. G. Webber, W. M. Lauter und **P. A. Foote,** *Eine vorläufige phytochemische Untersuchung von Tillandsia usneoides L. (Spanisches Moos).* Das Moos enthält eine antibakterielle Substanz (I), vermutlich ein Flavonolglykosid. Zur Gewinnung wurde kalt mit Aceton ausgezogen. Der Auszug wurde mit PAe. u. anschließend mit Chlf. ausgeschüttelt, der verbleibende Extrakt, der 80—90% W. enthielt, an Al_2O_3 chromatographiert u. mit Methanol nachgewaschen. Mit Essigsäure–Methanol 5:95 wurde I eluiert. Kristallisationsverss. scheiterten bisher. (J. Amer. pharmac. Assoc., sci. Edit. **41.** 230—35. Mai 1952. Gainesville, Fla., Univ., Coll. of Pharm.) HERRMANN. 4340

E_4. Pflanzenchemie. Pflanzenphysiologie. Pflanzenpathologie.

Walter Otting, *Borgehalt und Verteilung des Bors in verschiedenen Pflanzen.* Bestimmungen des *B*-Geh. verschied. Pflanzen (1.1'-Dianthrimid-Rk. nach ELLIS, ZOOK u. BAUDISCH, C. **1950.** II. 2229) führten zu folgenden Feststellungen: Alle untersuchten Pflanzen enthielten mehr oder weniger B, das vor allem in den Blättern u. Geschlechtsorganen angereichert ist, während die Wurzeln u. Früchte auffallend wenig B enthalten. In Blättern scheint eine gewisse Anreicherung in den Chloroplasten vorzuliegen, doch ist dieses B, wenigstens teilweise, nur sehr locker gebunden, wie Unterss. an panaschierten Blättern u. Preßsaft von Futterrübenblättern ergaben. (Z. Pflanzenernähr., Düng., Bodenkunde **55.** (**100.**) 235—47. 1951. Heidelberg, Max-Planck-Inst. für Med. Forschung., Inst. für Chemie.) WINIKER. 4410

A. F. Damanski und **R. Topalović-Avramov,** *Der C-Vitamingehalt der Feige während der Vegetationsperiode.* In Feigen wurde der Geh. an Vitamin C (I) nach der Meth. von EMMERIE u. VAN EEKELEN, Invertzucker, Rohrzucker u. W. in verschied. Stadien der Reife bestimmt. Der Geh. an I sinkt im Verlauf der Reife; er ist am höchsten in ganz grünen Früchten, in vollreifen dagegen minimal. Auch der Wassergeh. nimmt ab mit fortschreitender Reife. Die Änderung des Zuckergeh. verläuft in umgekehrter Richtung. Ein Parallelismus zwischen der Bldg. von I u. Glucose besteht nicht. (Acta pharmac. jugosl. **1.** 37—45. 1951. Belgrad, Pharmaz. Fak., Inst. für Bromatologie.) BECKMANN. 4425

C. T. de Witt und **T. Talsma,** *Die Bestimmung der Tätigkeit von Wurzeln mit Hilfe von radioaktiven Isotopen.* Man verabreicht der Pflanze im Feld örtlich ein radioakt. Element u. verfolgt dessen Verteilung durch die Wurzeln, oder man läßt auf die Wurzeln nach der Ernte kurze Zeit ein radioakt. Element einwirken u. bestimmt nach einiger Zeit die aufgenommene Menge des Elementes. Die Unterss. zeigen, daß junge Wurzeln mehr radioakt. Phosphat als alte Wurzeln aufnehmen. (Landbouwkund. Tijdschr. **64.** 398—99. Juni 1952. Wageningen, Niederlande, Labor. voor Natuur- en Weerkunde.) WESLY. 4450

J. Klosa, *Über keimhemmende Extrakte aus Pflanzen.* Preßsäfte von angekeimten oder nicht angekeimten Weizen-, Erbsen-, Hafer- u. Gerstenkörnern bewirken eine starke Keimungshemmung bei Erbsen, Weizen, Hafer u. Kresse. Bei einer Verdünnung der Preßsäfte 1:5 wurde dagegen eine Stimulation der Keimung beobachtet. (Naturwissenschaften **39.** 405. 1. Septemberheft 1952. Berlin-Altglienicke.) H. SCHEURLEN. 4455

A. N. Petrowa, T. T. Bolotina und **A. A. Kobsewa,** *Untersuchung der Prozesse der Synthese und des Zerfalls der Stärke in den Kartoffelknollen zu verschiedenen Vegetationszeiten.* In Anbetracht der Wichtigkeit enzymat. Prozesse bei der Bldg. von Stärke in Kartoffeln untersuchten Vff. wss. Extrakte von jungen, frisch geernteten u. von 4 Monate gelagerten Kartoffeln auf das Vorliegen von synthetisierenden u. spaltenden Fermenten. Mit ansteigender Reife u. bei Lagerung (4 Monate bei Zimmertemp.) bis zum Auftreten von Keimen nimmt die spaltende Aktivität der Extrakte stark ab, während die Synthesefähigkeit während der Reife unverändert bleibt, hernach jedoch ansteigt. Bei der Lagerung nimmt der Geh. an Stärke bis 13,6—15,5% zu gegenüber 10,6—12,2% in der jungen Knolle; die Menge der reduzierenden Stoffe verringert sich. (Биохимия [Biochemie] **18.** 47—50. Jan./Febr. 1953. Moskau, Labor. für physiol. Chem. der Akad. der Wiss. der UdSSR.) ULMANN. 4460

J. Barker und **A. F. El Saifi,** *Untersuchungen über den Respirations- und Kohlenhydratstoffwechsel von Pflanzengeweben.* 1. Mitt. *Experimentaluntersuchungen über Bildung von Kohlendioxyd, Milchsäure und anderen Produkten in Kartoffelknollen unter anaeroben Bedingungen.* An bei 10° in Luft- u. N_2-Atmosphäre lagernden Kartoffeln wurde festgestellt: 1. Die CO_2-Abgabe unter N_2 steigt für 2 Tage leicht an, fällt sodann stark ab (Minimum nach 6—9 Tagen) u. steigt anschließend laufend (nach 18—20 Tagen Ausgangswert erreicht); in Luft bleibt der Wert über diese Zeit konstant (ca. 3,2 mg CO_2/100 g Frischgewicht/Std.). 2. *Saccharose* (I)- u. *Hexose* (II)-Werte ändern sich wenig in Luft; unter N_2 fällt der I-Geh. stark ab, II zeigt gleichbleibende oder leicht ansteigende Werte. 3. Die *Milchsäure* (III)-Produktion bleibt unverändert in Luft (über 32 Tage) u. steigt steil an unter N_2, u. zwar von 0,01 auf 0,2% des Frischgewichtes in 15—20 Tagen; dann beginnender Abfall (entsprechend dem A.-Anstieg). Während des Ansteigens der III-Werte steigt auch der Geh. an anderen alkohollösl. Nichtzuckersubstanzen. 4. Nach ca. 10 Tagen beginnt unter N_2 der Anstieg der A.-Produktion, der vom 20.—30. Tage ab sehr steil wird u. nach 40 Tagen den Wert von ca. 0,3% des Frischgewichtes erreicht (Ausgangswert ca. 0,005%, der in Luft unverändert bleibt). 5. Neben Acetaldehyd wurde (vom 12. Tage ab) unter N_2 eine weitere flüchtige, von saurer $KMnO_4$-Lsg. absorbierte Substanz festgestellt. (Proc. Roy. Soc. [London], Ser. B **140.** 362—85. 20/11. 1952. Cambridge, Univ., Low Temp. Stat. for Res. in Biochem. and Biophys.) SCHLOTTMANN. 4460

Giancarlo Treggi, *Vergleich der Wirkungen von Natriumnitrat und Calciumnitrat auf Lupinus albus L.* $NaNO_3$ erwies sich im Gefäßvers. bzgl. Gesamtentw., Nodulation u. Ertrag dem $Ca(NO_3)_2$ überlegen. (Ann. Sperimentaz. agrar. [N. S.] **6.** 1435—40. 1952. Pisa, Univ., Ist. di Patol. vegetale e Microbiol. agraria.) SCHLOTTMANN. 4470

O. Verona und **A. Benvenuti,** *Einfluß von Natrium auf die Entwicklung der Kartoffel.* (Vgl. vorst. Ref.) $NaNO_3$ erbrachte bessere Resultate als $Ca(NO_3)_2$. Es wurde durch gleichzeitige Gabe von K_2SO_4 wahrscheinlich gemacht, daß Na eine bessere Ionenresorption, bes. von $K^{\cdot}$, vermittelt als Ca. (Ann. Sperimentaz. agrar. [N. S.] **6.** 1441—46. 1952.) SCHLOTTMANN. 4470

Y. Coic, Coppenet und **M. J. Mauvisseau,** *Verschiedenheit der Empfindlichkeit gegen Manganmangel bei Hafersorten.* 20 verschied. Hafersorten zeigten große Unterschiede in ihrem Mn-Bedürfnis. Der Mn-Geh. des Bodens allein gibt keinen Anhalt dafür, ob er für die betreffende Sorte ausreicht, sondern ausschlaggebend ist sein Löslichkeitszustand. Es ist auch nicht ausgeschlossen, daß biol. Vorgänge eine gewisse Rolle spielen. (C. R. hebd. Séances Acad. Agric. France **39.** 209—12. 1952.) GRIMME. 4470

José M. Capinpin und **Narciso M. Natividad,** *Der Einfluß von 2.4-D-Spritzungen auf Melonen und Wassermelonen mit besonderer Berücksichtigung der Samenbildung und des Fruchtgewichtes.* Die Melonenpflanzen wurden mit 2.4-D-Lsgg. steigender Konz. gespritzt (15—20—25 p. p. m.). Nur die stärkste Gabe verringerte die Zeit zwischen Blüte u. Fruchtreife. Früchte der Wassermelonen erlitten durch die Spritzung einen merkbaren Gewichtsverlust. Die Konz. 25 p. p. m. verringerte bei beiden Melonenarten die Samenausbldg. mengenmäßig. (Philippine Agriculterist **35.** 260—65. Okt. 1951.) GRIMME. 4485

Chryssanthos Phouphas, *Wirkung von Maleinhydrazid auf den Gehalt an Zuckersubstanzen von Topinamburkulturen in vitro.* (Vgl. C. **1953.** 3103.) Auf 100 g Ausgangstrockengewebe von Topinamburgewebskulturen (Nährmedium: KNOOPsche Lsg., 1 : 2 verd., 1,3% Gelose, 5% Glucose, 10^{-5} Cysteinhydrochlorid, 10^{-6} Aneurin, 10^{-7} Indolessigsäure) wurden im Dunkeln bei 20° nach 16, 32 u. 64 Tagen gefunden: a) Trockengewebe 187, 249 u. 287 g; b) reduzierende Zucker (Ausgangswert 0,55 g): 9,45, 15,45 u. 13,5 g; c) Saccharose (Ausgangswert 23,15 g): 36,55, 61,85 u. 51,35 g; d) Inulin (Ausgangswert 28,85 g): 33,2 64,25 u. 97,6 g. Bei Zugabe von 10^{-6} *Maleinhydrazid* (I) betrugen die entsprechenden Werte: a) 187,5, 316 u. 277; b) 12,1, 17,7 u. 16,75; c) 54,95, 89,25 u. 55,55; d) 39,45, 66,65 u. 92,65 g. Bei Ggw. von 10^{-5} I ergaben sich für a) 152, 244 u. 287; b) 6,4, 13,4 u. 13,65; c) 36,4, 81,35 u. 108,5; d) 22,65, 42,6 u. 57,85 g. I hemmt somit die Inulinsynth. in einer Konz. von 10^{-5} u. erhöht die Saccharosereserve bereits in der Konz. 10^{-6}. (Bull. Soc. Chim. biol. **34.** 900—03. 1952. Paris, Fac. de Sci., Labor. de Biol. végétale.) SCHLOTTMANN. 4486

R. Kalyanasundaram, *Ascorbinsäure und Fusariumwelke der Pflanzen.* In Blättern von *Gossypium arboreum,* mit *Fusarium vasinfectum,* u. von *Cajanus cajan,* mit *Fusarium udum* beimpft, wurden über 5—12 Wochen *Ascorbinsäure* (I) u. *reduzierende Zucker* (II) bestimmt. I nimmt laufend ab, II dagegen zu, oder zumindest liegen die II-Werte der infizierten wesentlich höher als die der Kontrollpflanzen. Bedeutung der I im Zellstoffwechsel u. Zusammenhänge ihrer Abnahme mit dem Chlorophyllschwund als erstem Anzeichen der Krankheit werden kurz diskutiert. (Proc. Indian Acad. Sci., Sect. B **36.** 102—04. Sept. 1952. Madras, Univ., Bot. Labor.) SCHLOTTMANN. 4490

E_5. Tierchemie. Tierphysiologie. Tierpathologie.

F. Wokes, P. Wedgwood und **J. Wyatt,** *Thiocyanate in Milch und anderen biologischen Flüssigkeiten.* Spektrometr. Unters. der bei der Pyridin–Benzidin-Meth. nach ALDRIDGE (Analyst **70.** [1945.] 474) mit *Thiocyanat* erhaltenen Färbung ergab, daß die

anfängliche maximale Absorption bei 500 mμ sich ändert u. sich nach 30—40 Min. auf 545 mμ einstellt. Messungen sollen deshalb nach dieser Zeit bei 545 mμ vorgenommen werden. Das Absorptionsmaximum der Pyridin-Pyrazolon-Meth. nach BOXER u. RICKARDS (Arch. Biochemistry **30.** [1951.] 372) liegt dagegen konstant bei 635 mμ. Mit beiden Methoden konnte in humaner u. Kuhmilch sowie in Speichel, Harn u. Sperma Thiocyanat bestimmt werden. (Biochem. J. **50.** XIX—XX. Jan. 1952. King's Langley, Ovaltine Res. Labor.; Watford u. St. Albans, East. Gas Board Labor.)
KRUSEN. 4520

T. L. McMeekin, *Milchproteine.* Durch Zentrifugieren u. Dialyse dargestelltes nichtdenaturiertes Na-Caseinat zeigt die gleiche opt. Drehung wie durch Alkali- oder Säurezugabe erhaltenes. Durch Zugabe von 5 Moll. Guanidinhydrochlorid wird die Drehung nur wenig beeinflußt. Die Drehung von β-Lactoglobulin wird durch Denaturierung stark verändert. *Casein* (**I**) konnte durch Elektrophorese in 3 Fraktionen zerlegt werden, die sich in ihrer Zus. aus polaren Gruppen u. nichtpolaren CH_2-Gruppen unterschieden, somit also auch eine andere Aminosäurezus. aufweisen müssen. Das Verhältnis der 3 I-Fraktionen ist während des Lactationscyclus der Kuh weitgehend konstant, während die Molkenproteine Änderungen unterworfen sind, die sich bes. darin zeigen, daß sie 27 Tage vor dem Kalben den Blutserumproteinen sehr ähnlich sind. In weiteren Unterss. konnte Vf. zeigen, daß β-Lactoglobulinkristalle je nach den Fällungsbedingungen größere Mengen an W., Salzen u. Zucker enthalten können. Die Ergebnisse werden mit den von anderen Autoren erhaltenen verglichen. — 24 Literaturangaben. (J. Milk Food Technol. **15.** 57—61. März/April 1952. Philadelphia, Pa., East. Reg. Res. Labor.)
KRUSEN. 4520

Dorothy Fraser, W. O. Kermack, H. Lees und **J. D. Wood,** *Stickstoffhaltige Bestandteile in Hummer- und Krabbenfleisch, die nicht aus den Proteinen stammen.* Im alkoh. Auszug von Hummer- u. Krabbenfleisch werden papierchromatograph. die N-haltigen Bestandteile identifiziert. 60% entfallen auf Aminosäuren (vorwiegend *Prolin, Glykokoll, Taurin, Glutamin* u. *Asparagin*) u. Amidstickstoff, 5% auf flüchtige Basen u. 15% auf *Trimethylaminoxyd. Kreatin* u. *Kreatinin* sind in Spuren vorhanden. Läßt man das Fleisch vor der Unters. 24 Std. bei Zimmertemp. liegen, so erhöht sich der Gesamtstickstoff, Aminosäuren u. flüchtige Basen sind reichlicher vorhanden, die Trimethylaminoxydmenge nimmt ab, *Glutamin* wird fast vollständig zu *Glutaminsäure* hydrolysiert. Bei 0° treten diese Veränderungen nicht auf. (Biochem. J. **51.** XXXII. Juli 1952. Aberdeen, Univ., Dep. of Biol. Chem.) BAUMANN. 4520

G. A. D. Haslewood, *Gallensalze des Europäischen Frosches, Rana temporaria, und des Alligators mississippiensis. Rana temporaria* (**I**) u. *Alligator mississippiensis* (**II**) gehören entwicklungsmäßig zu den primitiven Tierarten, wie aus der chem. Natur ihrer Gallensalze hervorgeht. Das wichtigste Gallensalz von I ist der Sulfatester des *Ranols,* $C_{27-28}H_{43-45}(OH)_5$. In seinem Steroidkern sind $-CH_2OH$ u. an $C_{(3)}$, $C_{(7)}$ u. $C_{(12)}$ sek. OH-Gruppen enthalten. Durch Säurehydrolyse wird leicht ein Tetraacetat, durch alkal. Hydrolyse Derivv. des *Anhydroranols* mit Oxydring erhalten. Aus dem Gemisch der Gallensäuren von **II** wurde eine von der Formel $C_{27}H_{46}O_5$, F. 170°, isoliert u. als Äthylester u. Dehydroderiv. charakterisiert. (Biochem. J. **50.** XXXV. März 1952. London, Guy's Hosp., Med. School.) NIESWANDT. 4520

M. V. Stack, *Organische Bestandteile des Zahnschmelzes.* Die meisten untersuchten Zahnschmelzproben enthalten 0,4—0,8% organ. Substanz, einschließlich 0,1% Citronensäure. Lösl. u. unlösl. Zahnschmelzproteine wurden durch Dialyse, Proteine von anderen Keratinen durch Papierchromatographie unterschieden. — 11 Literaturangaben. (Biochem. J. **50.** XXXIX. März 1952. London, Guy's Hosp., Dep. of Dental Med.)
NIESWANDT. 4525

M. J. Fogelman, P. O. B. Montgomery und **Carl A. Moyer,** *Interner Wasseraustausch nach Blutverlust bei splenektomierten Hunden.* Unter Anwendung schweren W. (Deuteriumoxyd) wurde die capilläre Wasserdiffusion im Körper splenektomierter Hunde unter n. Bedingungen u. nach Blutverlust verfolgt. In den eingehend beschriebenen Verss. konnte festgestellt werden, daß der %-Satz des pro Min. in die Körpergewebe hineindiffundierenden Blutwassers nach Blutverlust deutlich geringer wurde, was auf eine Änderung der Capillarfunktion zurückgeführt wird. (Amer. J. Physiol. **169.** 94—101. 1/4. 1952. Dallas, Tex., Univ., Southwestern Med. School.) DUCHO. 4550

Robert G. Majer, *Kalkmilchgallenblase. Bericht eines Falles.* (Vgl. C. **1952.** 1031.) Bei dem geschilderten Fall normalisierte sich der präoperative Blutkalkspiegel von 7,8 mg-% nach Cholecystektomie auf 10 mg-%. (J. int. Coll. Surgeons **17.** 427—31. April 1952. Los Angeles, Calif., St. Vincents Hosp.) BROSEMANN. 4552

S. Albert und **Ralph M. Johnson** (unter techn. Mitarbeit von **Ruth Hoste**), *Die Wirkung von Erbfaktoren, des Milchfaktors und des physiologischen Zustandes auf den*

Phosphorstoffwechsel der endokrinen Drüsen bei Mäusen. (Vgl. auch BITTNER, C. **1953.** 5518.) Erbfaktoren beeinflussen den P-Geh. u. die P-Aufnahme der Ovarien, der Nebennieren u. der Thyreoiden, wie durch Verss. an virginellen, nichtvirginellen u. trächtigen Mäusen verschied. Stämme durch ^{32}P festgestellt wurde. Das Vorhandensein des Milchfaktors (BITTNER) bewirkt bei virginellen Tieren eine Zunahme des Ovargewichts, der P-Aufnahme der Hypophyse u. Abnahme des P-Geh. der Thyreoidea, Abnahme des Ovargewichts bei nichtvirginellen Tieren u. verminderte P-Aufnahme der Ovarien u. Nebennieren. Bei Trächtigkeit tritt eine deutliche Zunahme des Gewichts u. verstärkte P-Aufnahme der endokrinen Drüsen ein. (Cancer Res. **12.** 584—88. Aug. 1952. Detroit, Mich., Inst. of Cancer Res., Richard Cohn Radiobiol. Labor.) H. SCHEURLEN. 4558

Rosa M. Campbell, I. R. Innes und **H. W. Kosterlitz,** *Überschuß von Ribonucleinsäure in der Leber während der Trächtigkeit.* Von CAMPBELL u. KOSTERLITZ war früher (J. Endocrinology **6.** [1949.] 171) gefunden worden, daß der *Ribonucleinsäure* (**I**)-Geh. der Leber von Ratten während der 2. Hälfte der Trächtigkeit erhöht ist, u. daß dieser **I**-Anstieg trotz Entfernung der Föten am 14. Tage beobachtet wurde, solange die Placentaentw. anhielt. Bei der Prüfung der für diesen Effekt notwendigen Bedingungen an adrenalektomierten, ovarektomierten u./oder hypophysektomierten Tieren kommen Vff. zu dem Schluß, daß der **I**-Überschuß durch einen placentären Faktor herbeigeführt wird, dessen Wrkg. durch einen hypophysären Faktor unterstützt werden soll. (J. Endocrinology **7.** XXXIV—XXXV. Aug. 1951. Aberdeen, Md., Univ., Physiol. Dep.) VINCKE. 4558

J. T. Eayrs, *Der Einfluß des Geschlechts auf die Entwicklung des Zentralnervensystems bei der Albinoratte.* Unterss. über das Körper- u. Zentralnervensyst. (ZNS)-Wachstum während der ersten 24 Lebenstage bei ♂ u. ♀ Ratten, die teilweise mit *Gonadotropin* (**I**) aus dem Serum trächtiger Stuten behandelt wurden. Beide Größen, die an sich bei ♀ kleiner als bei ♂ waren, wurden durch die bis zur Tötung der Tiere fortgesetzte Injektion von 10 I.E. **I**/Tag nicht beeinflußt. Das Auftreten des bei ♂ früher als bei ♀ vorhandenen Stellreflexes wurde bei ♀ durch **I**-Behandlung beschleunigt. — Beschreibung der histolog. Befunde. Vf. vermutet, daß die *Androgen*-Produktion für eine Beschleunigung der Entw. des ZNS verantwortlich ist. (J. Endocrinology **7.** 271—79. Aug. 1951. Birmingham, Univ., Dep. of Anat.) VINCKE. 4559

J. M. Robson und **A. A. Sharaf,** *Die Wirkung von Natriumöstronsulfat auf den Mäuseuterus in vitro.* Die Bewegungen der Mäuseuteri wurden in RINGER-LOCKE-Lsg. aufgezeichnet. Das *Natriumsalz des Östronsulfats* (**I**) beeinflußte diese Bewegungen verschieden, je nach der Cyclusphase des Versuchstieres oder der Hormonbehandlung, die es erfahren hatte. Eine Verstärkung der Bewegungen durch **I** wurde bei n. Tieren beobachtet, die sich im Vollöstrus befanden oder bei kastrierten Tieren, die mit *Östradiol* oder anderen Steroiden, z. B. *Androsteron,* vorbehandelt waren. Zugabe von **I** zur Bad-Fl. hemmte die Bewegungen bei n. Tieren im Metöstrus oder während der Trächtigkeit, sowie bei kastrierten Tieren, die mit *Testosteron, Progesteron* u. anderen Steroiden vorbehandelt waren. — Die zur Herbeiführung der beobachteten Wirkungen notwendigen **I**-Konzz. waren sehr hoch — im allg. zwischen 1 : 5000 u. 1—10000 — u. liegen außerhalb der physiol. Grenzen. (J. Endocrinology **7.** 221—26. Aug. 1951. London, Guy's Hosp., Med. School, Dep. of Pharmacol.) VINCKE. 4559

L. E. Rowson, *Methoden zur Herbeiführung multipler Ovulation bei der Kuh.* Nichtträchtige Kühe u. Rinder wurden mit Serum trächtiger Stuten (**I**) oder mit **I**-Handelspräpp. in subcutan injizierten Einzeldosen behandelt. Im Zeitpunkt des gewöhnlich 3—5 Tage danach eintretenden Östrus wurden die Tiere besamt; 5—12 Tage nach der **I**-Injektion wurden alle Tiere geschlachtet u. die Ovarien untersucht. — Die Injektion von 3600 oder 4500 I.E. **I** bewirkte übereinstimmend die Bldg. von zahlreichen (im Mittel 26) Follikeln, ähnliche Mengen von **I**-Handelspräpp. führten zu einer etwas geringeren Zahl (im Mittel 14). Nach dieser Behandlung trat in 24 bzw. 5,4% spontan Ovulation auf. Die analogen Werte nach zusätzlicher intravenöser Injektion von 2000 I.E. *Choriongonadotropin* (**II**) waren 42 bzw. 22% für beide Arten von **I**-Präparaten. Die Anwesenheit eines großen Corpus luteum während der **II**-Applikation steigerte die Zahl der Ovulationen beträchtlich. Dieselbe Wrkg. hatte auch nach Entfernen des Corpus luteum die an die **I**-Zufuhr anschließende, 4 Tage lang fortgesetzte Injektion von 20 mg *Progesteron* (**III**)/Tag mit anschließender **II**-Injektion. Die nach **I**-Behandlung vorhandenen Eizellen konnten in Abwesenheit eines Corpus luteum leicht befruchtet werden; in seiner Anwesenheit oder nach **III**-Applikation blieb die Befruchtung aus. (J. Endocrinology **7.** 260—70. Aug. 1951. Cambridge, Univ., School of Agricult.) VINCKE. 4559

Bernard Jacot und **Hans Selye,** *Über die angeblichen durch die Nebenniere vermittelten Wirkungen von Gonadotropinen.* Bei intakten ♀ Ratten führte die 6 Tage lang fortgesetzte Behandlung mit 50 I.E. *Choriongonadotropin* (I)/Tag zu einer Vergrößerung der Präputialdrüsen. Bei kastrierten Tieren war dies nicht der Fall. Vff. schließen deshalb, daß I das Wachstum der Drüsen nicht durch Ausschüttung eines androgenartigen Hormons aus den Nebennieren, die bei beiden Tiergruppen intakt waren, stimuliert. — *Prolactin* (6 Tage lang 0,17 I.E./Tag) war sowohl bei n. als auch bei kastrierten Tieren ohne Wrkg. auf die Präputialdrüsen. (Arch. int. Physiol. **59**. 448—50. Dez. 1951. Montreal, Can., Univ., Inst. of exp. Med. and Surg.) VINCKE. 4559

Jeanette C. Opsahl und **C. N. H. Long,** *Identifizierung von ACTH in menschlichem Placentagewebe.* Verss. mit Extrakten aus unmittelbar nach der Entbindung verarbeiteten Placenten. Zuerst wurden die Placenten sofort in Trockeneis gefroren u. vor der Extraktion einen Tag aufbewahrt; später wurden sie sofort extrahiert. Die Prüfung der verschied. dabei erhaltenen Fraktionen ergab nach Vff. die Anwesenheit von *ACTH* (I) in Placentagewebe u. die Produktion großer I-Mengen in ihm. Das Verf. von LYONS (Proc. Soc. exp. Biol. Med. **35**. [1937.] 645) zur I-Extraktion aus Hypophysen ist bei Placenten nicht anwendbar. — Bei n. oder hypophysektomierten Mäusen erzeugten die verschied. Extrakte eine deutliche Hemmung des *Hyaluronidase* (II)-Ausbreitungstestes. Diese Fraktionen waren bei adrenalektomierten Mäusen ohne jede Wrkg. u. auch bei intradermaler Injektion an der Stelle der II-Applikation wirkungslos. Die hemmende Wrkg. der Extrakte ist nicht auf die Anwesenheit von Nebennierenrindensteroiden (*Cortison* oder *Verb. F*) zurückzuführen. Ähnliche hemmende Wrkg. zeigten hypophysäres I sowie intaktes bzw. durch Hitze inaktiviertes *Choriongonadotropin.* — Die Anwesenheit von I in den Extrakten wurde weiter durch Abnahme des *Ascorbinsäure*-Geh. der Nebenniere u. Eosinophilensturz des Blutes bei hypophysektomierten Ratten u. Mäusen erhärtet. (Yale J. Biol. Med. **24**. 199—209. Dez. 1951. New Haven, Conn., Yale Univ., Dep. of Physiol. Chem.) VINCKE. 4559

William O. Reinhardt, Irving I. Geschwind, Jerker O. Porath und **Cho Hao Li,** *Die Bedeutung der Intermedinaktivität in Präparaten von adrenocorticotropem Hormon.* Vff. untersuchten das Problem der Identität von *Intermedin* (I) u. *adrenocorticotropem Hormon* (II). In verschied. Präpp. von II wurde die Aktivität von I (durch Vergrößerung der Melanophorenflecke von Rana pipiens) u. II (durch Ausschüttung von *Ascorbinsäure* [III] durch die Nebenniere) getestet u. gefunden, daß beide Aktivitäten nicht miteinander parallel gehen. Die beiden Hormone ließen sich durch Chromatographie an Cellulose u. Elution mit Puffern von verschied. p_H trennen. Ebenso läßt sich mit Hilfe der Papierelektrophorese bei p_H 8,0—9,0 eine weitgehende Trennung von I u. II erzielen, wobei die II-Aktivität hauptsächlich am Ausgangspunkt u. etwas zur Kathode hin gefunden wird, während sich die stärkste I-Aktivität an der Anode findet. Durch Behandeln des Präp. in der Wärme mit verd. NaOH läßt sich I selektiv aktivieren, während II dabei fast völlig ausgeschaltet wird. Vff. bestimmten ferner die I- u. II-Aktivität im Hypophysenvorder- u. -mittellappen von Rana catesbiana u. fanden, daß der III-Test durch HVL-Extrakte doppelt so stark ausfällt wie durch HML-Extrakte, während im Melanophorentest HML-Extrakte ungefähr die 60fache Wrkg. der HVL-Extrakte besitzen. — Durch diese Versuchsdaten halten Vff. es für erwiesen, daß I u. II nicht miteinander ident. sind. (Proc. Soc. exp. Biol. Med. **80**. 439—42. Juli 1952. Berkeley, Calif., Univ., Div. of Anat., u. Hormon Res. Labor., Dep. of Biochem.) H. SCHEURLEN. 4560

H. Kalliala, M. J. Karvonen und **V. Leppänen,** *Freiwerden von antidiuretischem Hormon beim Hund während des Säugens.* An Hündinnen wurde die Urinmenge u. die Na-Ausscheidung im Urin nach Wasserzufuhr in Verbindung mit dem Säugen gemessen. Es tritt eine Hemmung der Diurese u. ein vorübergehendes Ansteigen der Na-Ausscheidung auf, vergleichbar mit den durch intravenöse Injektion von 0,01—0,5 Millieinheiten *Pituitrin* hervorgerufenen Wirkungen. (Ann. Med. exp. Biol. fenn. **30**. 96—105. 1952. Helsinki, Univ., Children's Clinic, u. Dep. of Physiol.) K. BÖHM. 4560

Sidney H. Ingbar, Edward H. Kass, Charles H. Burnett, Arnold S. Relman, Belton A. Burrows und **John H. Sisson,** *Die Wirkungen von ACTH und Cortison auf den Transport von Harnsäure, Phosphor und Elektrolyten durch die Nierentubuli bei Patienten mit normaler Nieren- und Nebennierenfunktion.* Bei 3 von 4 Patienten (1 ♀, 3 ♂) mit n. Nieren- u. Nebennierenfunktion wurden unter *ACTH* (I)- oder *Cortison* (II)-Behandlung beträchtlich vermehrte Harnsäure- u. P-Ausscheidung sowie verringerte Na-Ausscheidung beobachtet. Diese Änderungen schienen von denen im Serum u. von den diesbzgl. Filtrationsraten unabhängig zu sein. Vff. schließen deshalb, daß I u. II möglicherweise den Transport der genannten Stoffe durch die Nierentubuli beeinflussen. Daraus erklärt sich vielleicht auch ein Teil der Stoffwechselwirkungen dieser Hormone. (J. Lab. clin. Med. **38**. 533—41. Okt. 1951. Boston, Mass., City Hosp.; Harvard Med. School, Dep. of Med.; Massachusetts Mem. Hosp. u. Univ., School of Med., Dep. of Med.) VINCKE. 4560

Frank H. Gardner, Arthur E. McElfresh, John W. Harris und **Louis K. Diamond,** *Die Wirkung von adrenocorticotropem Hormon (ACTH) bei idiopathisch erworbener hämolytischer Anämie in bezug auf die hämolytischen Mechanismen.* Bericht über 3 Patienten (2 Kinder, 1 Frau) mit schwerer idiopath. erworbener hämolyt. Anämie während *ACTH* (I)-Behandlung. Bei allen Kranken wurde eine eindeutige Abnahme des Coombs-Titers u. der mechan. Fragilität der Erythrocyten (E.) festgestellt. Bei 2 Kranken kehrte die osmot. Fragilität zur Norm zurück. Die I-Behandlung erwies sich bei 2 Patienten als nützliches Vorbereitungsmittel zur Splenektomie; sie wird zur Kontrolle der E.-Zerstörung vor der Operation empfohlen. Die Behandlung mit I allein ist von nur vorübergehender Wirkung. (J. Lab. clin. Med. **37.** 444—57. März 1951. Boston, Mass., Peter Bent Brigham Hosp., Boston City Hosp., u. Harvard Med. School.) Vincke. 4560

Kai Bent Hansen und **Jørgen Andersen,** *Blutveränderungen bei hämolytischer Anämie unter ACTH-Therapie.* (Vgl. C. **1952.** 5439. 5597.) Bericht über einen Fall von erworbener hämolyt. Anämie, der zehn Tage mit *ACTH* behandelt wurde. Unter der Therapie zeigte sich anfangs ein Anstieg der *γ-Globuline* (I) u. ein Negativwerden des *Coombs-Tests* (C.T.). Später fielen die I wieder u. C.T. wurde positiv. (Blood **7.** 1210—15. Dez. 1952. Aalborg, Dänemark, Municipal Hosp.) Matthies. 4560

Edward H. Kass, Marguerite M. Lundgren und **Maxwell Finland,** *Wirkung von ACTH auf Leukocytenzählung bei weißen Mäusen.* Bei weißen, 15—20 g schweren Mäusen bewirkte schon die intraperitoneale Injektion von 0,5 cm^3 physiol. NaCl-Lsg. oder desselben Vol. von 2%ig. Lsgg. von *Gelatine* bzw. *γ-Globulin* aus menschlichem Serum eine eindeutige Eosinopenie u. Leukopenie, die 2—6 Std. lang andauerten. Die Applikation von 0,125, 0,5 u. 1,25 mg *ACTH* (I) bewirkte keine zeitlich ausgedehntere Eosinopenie als die genannten Proteine. Injizierte man den Tieren 2,5 mg I intraperitoneal, so trat eine 8—12 Std. anhaltende Eosinopenie auf; bei Injektion dieser Dosis alle 12 Std. konnten Eosinopenie u. Leukopenie 4—5 Tage lang aufrecht erhalten werden. Danach wurden die Tiere gegen diese I-Dosis refraktär. Die beobachtete Leukopenie rührte von einer Lymphopenie her. — Die erhaltenen Befunde legen nach Vff. die Vermutung nahe, daß die Maus eine unerwartet starke Resistenz gegen I zeigt. Mahnung zur Vorsicht bei der Wertung von Befunden nach kleineren I-Dosen. (J. Lab. clin. Med. **37.** 458—63. März 1951. Boston, Mass., Boston City Hosp., u. Harvard Med. School.) Vincke. 4560

Clayton G. Loosli, Richard B. Hull, Byron S. Berlin und **E. Russell Alexander,** *Der Einfluß von ACTH auf den Verlauf von experimenteller Infektion mit Influenzavirus Typ A.* In Verss. an zahlreichen mit Influenzavirus A infizierten weißen Mäusen zeigte sich, daß die tägliche subcutane Injektion von 0,25, 0,5, 1,0 u. 4,0 mg *ACTH* (I) auf den Verlauf der Infektion ungünstig einwirkte. Die Mortalität war bei den behandelten Tieren höher als bei den Kontrollen. — Zahlreiche histolog. Bilder von Lunge u. Nebenniere. (J. Lab. clin. Med. **37.** 464—76. März 1951. Chicago, Ill., Univ., School of Med.) Vincke. 4560

M. R. White, A. J. Finkel und **J. Schubert,** *Wirkung von adrenocorticotropem Hormon auf Gewebsverteilung und akute Toxizität von Beryllium.* Mäuse erhielten intravenös 0,001 γ/kg $^7BeCl_2$ oder 0,3 mg/kg ^{7}Be-haltiges $BeSO_4$ u. gleichzeitig 2mal täglich 1,25 mg *ACTH.* Es wurden durch *ACTH* keine wesentlichen Veränderungen in Gewebsverteilung oder Exkretion von *Be* hervorgerufen. Die Mortalität von Mäusen, die 0,7 mg/kg *Be* (DL_{95}) erhielten, wurde ebenfalls nicht beeinflußt. Demnach kann die günstige Wrkg. von *ACTH* auf die menschliche Beryllosis nicht auf einer direkten Rk. zwischen *ACTH* u. *Be* beruhen. (Proc. Soc. exp. Biol. Med. **80.** 603—04. Aug./Sept. 1952. Chicago, Ill., Argonne Nat. Labor., Div. of Biol. and Med. Res.) Krusen. 4560

Jerome W. Conn, Lawrence H. Louis und **Stefan S. Fajans,** *Über die Wahrscheinlichkeit, daß Verbindung F (17-Oxycorticosteron) das durch die normale menschliche Nebennierenrinde produzierte Hormon ist.* Bericht über ausgedehnte Stoffwechseluntersss. an einem n. 22jährigen Mädchen, das nach 4 Tage langer Kontrollperiode 4 Tage lang 400 mg *Verb. F* (I)/Tag erhielt, worauf die Unterss. noch 4 Tage lang fortgesetzt wurden. Wiedergabe der Urin- u. Blutanalysenwerte. — Vff. ziehen aus ihren Befunden den Schluß, daß alle Stoffwechseländerungen, die bei n. Individuen durch *ACTH* (II) bewirkt werden, bei der Versuchsperson durch perorale Applikation von I erzeugt wurden. Die Tatsache, daß I-Zufuhr eine starke u. progressive Zunahme der Ausscheidung der *17-Ketosteroide* (III) des Urins bewirkte, zeigt nach Vff., daß man nicht die Ausschüttung eines besonderen *„androgenen Steroids“* zu postulieren braucht, um den Anstieg in der III-Ausscheidung nach II-Zufuhr bei n. Personen zu erklären. — Der einzige beobachtete Unterschied in der Wrkg. von I bzw. II war das Ausbleiben einer Wrkg. von I auf das

Gesamt- bzw. freie *Cholesterin* des Serums, während II eine starke Abnahme des Geh. an Cholesterinestern bewirkt. — Vff. kommen zu dem Schluß, daß wahrscheinlich I das Nebennierenrindenhormon ist, u. daß man nach Stimulation der n. Nebennierenrinden durch II die Stoffwechselwirkungen von I beobachtet. In derselben Dosierung wirkte I-Acetat per os gleich stark, während es bei intramuskulärer Injektion nur geringfügig wirksam war. Freies I war — intramuskulär injiziert — mindestens ebenso stark wirksam wie bei peroraler Einnahme. (Science [Washington] **113.** 713—14. 22/6. 1951. Ann Arbor, Univ., Dep. of Int. Med.) VINCKE. 4561

B. V. Jager, Harold Brown und **Margaret Nickerson,** *Änderungen im Proteingehalt und Volumen des Plasmas und im Hämatokritwert bei Patienten, die ACTH oder Cortison erhielten.* Beobachtungen an 19 Patienten während u. nach *ACTH* (I)- oder *Cortison* (II)-Therapie in bezug auf Hämatokritwert, Blutkörpersenkungsgeschwindigkeit, Fibrinogengeh. des Plasmas, sowie Albumin-, Globulin-, γ-Globulin- u. Mucoproteingeh. des Serums. 15 Patienten litten an sogenannten Kollagenkrankheiten. 18 Patienten erhielten 10 bis 180 mg I/Tag 10—67 Tage, einer 100 mg II/Tag 14 Tage lang. Vgl. der Werte mit denen von 30 n. Erwachsenen beiderlei Geschlechts. — Am häufigsten wurde eine Verminderung des γ-Globulins beobachtet, weniger regelmäßig eine solche des Fibrinogengeh. während der Behandlung. (J. Lab. clin. Med. **37.** 431—43. März 1951. Salt Lake City, Univ. of Utah, Coll. of Med., Dep. of Med., Salt Lake County Gen. Hosp., u. Veter. Admin. Hosp.) VINCKE. 4561

Robert H. Ebert und **Robert W. Wissler,** *In vivo-Beobachtungen der Wirkungen von Cortison auf die Gefäßreaktion nach hohen Dosen Pferdeserum unter Benutzung der Kaninchenohrkammer-Technik.* 7 erwachsenen Kaninchen, von denen 4 Kammern in beiden Ohren u. 3 in je einem aufwiesen (vgl. SANDISON, Amer. J. Anatomy **41.** [1928.] 447), wurden 2 intravenöse Injektionen von je 10 cm³ n. Pferdeserum/kg Körpergewicht mit 18 Tagen Abstand gegeben. Die Tiere wurden im allg. mehrere Tage vor u. nach der 2. Injektion mit *Cortison* (I) behandelt. Zahlreiche Bilder der Gefäßschäden. Unter der I-Behandlung wurde eine weitgehende Verminderung dieser Schäden festgestellt. Der Gefäßtonus blieb besser erhalten, die Endothelschädigung war verringert u. ebenso (als Folge des verminderten Austritts von Leukocyten) die Exsudatmenge. Die Stärke der bei der 2. Seruminjektion auftretenden Symptome war vermindert. — Die I-Wirkungen sind reversibel; nach Beendigung der Behandlung wurde eine Verschlimmerung der Gefäßschäden beobachtet. (J. Lab. clin. Med. **38.** 497—510. Okt. 1951. Chicago, Ill., Univ., Deps. of Med. and Pathol.) VINCKE. 4561

S. Rodman Irvine und **Mary Dailey Irvine** (unter techn. Mitarbeit von **Carol B. Kastner**), *Die Wirkung von Cortison auf das primäre und sekundäre Kammerwasser und auf die Vascularisation der Cornea bei Kaninchen.* 17 erwachsene Kaninchen erhielten 10 mg *Cortison* (I)/Tag 4 Tage oder länger, bevor unter Pantocainanästhesie durchschnittlich ca. 0,25 cm³ Kammer-Fl. entnommen wurden. Zur Kontrolle dienten 46 n. Kaninchen. I bewirkte weder eine Änderung des Proteingeh. bei diesen Kammerwasserproben noch in dem wiedergebildeten (sek.) Kammerwasser. I hatte auch keinen eindeutigen Einfl. auf den Anstieg des Eiweißgeh., der nach Läsionen der Cornea auftrat. Die Vascularisation der Cornea nach geringer Verletzung mittels Elektrokauter, Diathermie oder Elektrolyse wurde durch I eindeutig gehemmt. (Bull. Johns Hopkins Hosp. **89.** 288—302. Okt. 1951. Baltimore, Md., Johns Hopkins Hosp., u. Univ., Wilmer Ophthalmolog. Inst.) VINCKE. 4561

B. M. Audisio, *Desoxycorticosteron und Allergie.* Vf. untersuchte bei 20 Patienten mit verschied. Krankheiten den Ausfall der Intracutan-Rk. (Alttuberkulin u. sterile Milch) bei gleichzeitiger Verabfolgung von *DOCA*, das zu 30—40 mg in 2 Tagen gegeben wurde. Gegenüber der n. Rk. war hier die Intracutan-Rk. bei 60% der Fälle stark vermindert hinsichtlich ihrer Flächenausdehnung u. entzündlichen Reaktion. Die weißen Blutzellen reagierten mit einer Abnahme der Granulocyten u. einer geringen Lymphocytose. Linksverschiebung der Leukocyten. K war in 45% der Fälle vermehrt. (Minerva med. [Torino] **44.** I. 593—95. 7/3. 1953. Torino, Ospedale Magg. di S. Giov. Battista.) P. G. SCHEURLEN. 4561

Mary F. Lockett, *Die Auswertung von Nebennierenextrakten vor ihrer Anwendung bei der Behandlung von Nebenniereninsuffizienz.* Die Unterss. wurden an 10 adrenalektomierten Hündinnen ausgeführt, von denen 6 außerdem noch ovarektomiert waren. Bei kastrierten Tieren wurden jedoch keine reproduzierbareren Werte erhalten als bei Tieren, die nur adrenalektomiert waren. Bei der Auswertung von Nebennierenrindenextrakten wurde als Kriterium bes. das Verh. des Chloridgeh. des Blutplasmas, daneben aber auch der Nichtprotein-N u. der Hämatokritwert des Gesamtblutes benutzt. Zur Testung eines Extraktes wurden je zwei Tiere verwendet. Pflege u. Ernährung der Tiere werden eingehend beschrieben. Entgegen der sonst an nebennierenlosen Hunden beobachteten großen Fehlerbreite kann nach Vf. mit ihrer Meth. mit einer Genauigkeit von ±5% ausgewertet werden. Dauer der Auswertung 12—14 Tage. (J. Endocrinology **7.** 248—57. Aug. 1951. Glasgow, Univ., Dep. of Materia Med.) VINCKE. 4561

Raymond Devis, *Chemische Methoden und klinische Anwendungen der chromatographischen Fraktionierung der Urinsteroide.* Krit., ausgedehnte Erörterung der hauptsächlichen chromatograph. Bestimmungsmethoden für *17-(u. 20-)Ketosteroide* (**I**) u. der Verss., Nebennierenrindensteroide, Pregnandiol u. Östrogene mit Hilfe solcher Verff. zu bestimmen. Vf. benutzte in 454 Verss. an 80 Gesunden u. 374 Kranken für die **I** das modifizierte Verf. von DINGEMANSE u. Mitarbeitern (J. clin. Endocrinol. **6.** [1946.] 535; Acta Brev. Neerl. **14.** [1946.] 34), das genau beschrieben wird. Es wird gefordert, jede chromatograph. Trennung der **I** chem. u. physikal. zu kontrollieren, da sonst nur Resultate von rein empir. Wert erhalten werden. Diese Kontrolle zeigte bei einigen patholog. Zuständen eine Änderung der Zus. der **I**-Fraktionen. Die Vorteile des Verf. werden erörtert. (Ann. d'Endocrinol. **12.** 451—80. 1951. Louvain, Univ., Labor. Chim. Hormonolog.) VINCKE. 4561

E. L. Hess, Aspascia Cobure und **Edward F. Rosenberg,** *Elektrophoretische Untersuchungen am Serum von Patienten mit rheumatischer Arthritis, die mit Cortison behandelt wurden.* Die in der TISELIUS-App. vorgenommene Prüfung des Serums dreier Patienten (2 ♀, 1 ♂) während der *Cortison* (**I**)-Behandlung von je ca. 4 Wochen Dauer zeigte eine meist an der oberen Grenze der Norm liegende Abweichung der Werte für die α_1-, α_2- u. β-Globuline. Während der klin. Besserung trat keine Rückkehr der manchmal anomal veränderten Albumin- u. α_1-Globulinwerte zur Norm ein. (J. Lab. clin. Med. **38.** 526—32. Okt. 1951. Chicago, Ill., Northwestern Univ., Med. School.) VINCKE. 4561

Otakar V. Sirek und **Charles H. Best,** *Intramuskuläre Cortisonverabreichung an Hunde.* Die intramuskuläre Injektion von täglich 50—300 mg *Cortison* (**I**) 4—14 Tage lang an 4 Hunde führte zu einem Diabetesinsipidus-Syndrom mit Polydipsien bis zu 6200 ml u. Polyurien bis zu 5800 ml täglich. Blutzuckerbestimmungen u. Glucosetoleranzteste ergaben keine Störungen des Kohlenhydratstoffwechsels durch hohe **I**-Dosen. (Proc. Soc. exp. Biol. Med. **80.** 594—98. Aug./Sept. 1952. Toronto, Can., Univ., Banting-and-Best-Dep. of Med. Res.) KRUSEN. 4561

J. Bornstein und **P. Trewhella,** *Ein Antiinsulinfaktor im Plasma bei einigen Fällen von Diabetes mellitus.* An alloxandiabet., hypophysektomierten, adrenalektomierten Ratten wurde die Senkung des Blutzuckerspiegels (B.Z.) nach Injektion von 0,0002 E. krist. *Insulin* (**I**) bestimmt. 4 Tage später wurden 0,5 cm³ Citratplasma von unbehandelten Diabetikern injiziert u. die etwaige Änderung des B.Z. festgestellt. Vff. schließen daraus auf den **I**-Geh. des Plasmas. Plasmaproben von unbehandelten Diabetikern, die nach dieser Technik **I**-frei waren, erzeugten nach Vff. bei den Versuchstieren eine Resistenz gegen die angegebene **I**-Dosis, die bis zu 6 Wochen anhielt. (J. Endocrinology **7.** XXXIII—XXXIV. Aug. 1951.) VINCKE. 4564

J. Escribano, *Bedeutung der Cholesterinämie für die Klinik.* Übersichtsarbeit über die Zustände von *Cholesterin*-Vermehrung u. -Verminderung im Blut. Tabellar. Zusammenstellung der fraglichen u. gesicherten Befunde bei den verschied. Krankheiten. Schilderung von Einflüssen des Alters, Geschlechts, der Diät u. der Gravidität. (Med. clín. [Barcelona] **20.** (**11.**) 69—75. Febr. 1953. Barcelona, Univ., Clínica Médica B.), P. G. SCHEURLEN. 4572

Hakon Westermarck, *Die Zusammensetzung von Pferdeblut im Verlauf einer tödlichen contagiösen Bronchopneumonie.* Untersucht wurden anorgan. *Phosphor* (**I**), *Calcium, Vitamin A* (**II**), *Ascorbinsäure* u. *Gesamteiweiß* (**III**) im Serum, *Nicotinsäure* im Vollblut sowie Erythrocyten, Leukocyten, Neutrophile u. Eosinophile (**IV**) von Pferden, die eine tödlich verlaufende contagiöse Bronchopneumonie durchmachten. Es zeigte sich eine deutliche Abnahme von **I, II, III** u. **IV** im Stadium der Erschöpfung. Ähnliche Befunde zeigten sich bei Tieren, die eine unverträgliche Bluttransfusion erhielten, so daß die beobachteten Veränderungen nicht spezif. sind. (Ann. Med. exp. Biol. fenn. **30.** 254—58. 1952. Helsinki, Univ.) MATTHIES. 4572

Fritz Bischoff, Robert E. Katherman, Vittorio Favati und **Charles L. Gray,** *Stoffwechselwirkungen roter Blutzellen auf Östron.* Kaninchenerythrocyten vermögen je nach Versuchsbedingungen entweder die biol. Wrkg. von *Östron* (**I**) zu steigern oder aber **I** zu zerstören unter Verlust der biol. Aktivität. Die Steigerung der Wrkg. erfolgt durch ein Fermentsyst., welches *Glucose-* oder *Fructose-*Ggw. erfordert u. nicht durch Hämolyse zerstört wird. O_2 ist nicht erforderlich, sondern hat sogar schädliche Wirkung. Das Ferment wird bei 63° in einer Std. zerstört, 20% A. u. ein p_H von 4,7 führen zur vollkommenen Hemmung. 0,1 n *NaF* u. 0,001 n *Jodacetat* hemmen nicht, dagegen *Salicylat*

u. ein p_H von 8,9. Das Wirkungsoptimum liegt bei p_H 6,6—8,2. Denaturierung von Hämoglobin durch *Na-Laurylsulfat*, sowie *Cyanid* u. *Methylenblau* zerstören die biol. Aktivität von I. (Amer. J. Physiol. **171.** 100—05. Okt. 1952. Santa Barbara, Calif., Cottage Hosp.) MATTHIES. 4573

H. Heath, C. Rimington, C. E. Searle und **A. Lawson,** *Einige Wirkungen von Ergothionein bei Ratten.* Entgegen früheren Mitteilungen finden Vff., daß Ratten oral oder subcutan zugeführtes *Ergothionein* (I) zum Teil rasch im Harn ausscheiden. Mit dem Futter zugeführtes I wird schnell in der Leber u. langsamer in den Erythrocyten gespeichert, jedoch nicht im Plasma. I übt nach den Unterss. der Vff. keine antithyroiden Wirkungen bei der Ratte aus. Es werden Methoden für die Best. von I in Geweben u. Harn beschrieben. (Biochem. J. **50.** 530—33. Febr. 1952. London, Univ., Coll. Hosp. Med. School, u. Royal Free Hosp., School of Med.) NEHRING. 4573

Clarissa H. Beatty, *Ergothioneingehalt der Erythrocyten bei experimentellem Diabetes.* Bei Ratten steigt der Geh. an *Ergothionein* (I) in Erythrocyten bis zu einem Alter von 6 Monaten an. Bei Tieren im Alter von 6—12 Monaten zeigt sich kein Einfl. des Alloxandiabetes auf den I-Gehalt. Pankreasentfernung hat Anstieg von I im Erythrocyten zur Folge. Wird der Abfluß des Bauchspeichels in den Darm operativ ausgeschaltet, zeigt sich keine Veränderung des I-Wertes. Die Gabe von Insulin oder Hyperglykämiefaktor an pankreatektomierte Ratten hat keinen Einfl. auf den I-Geh. in den Erythrocyten. Die Werte von red. *Glutathion* in Erythrocyten liegen sowohl bei Alloxandiabetes als auch bei pankreatektomierten Ratten im Bereich der Kontrollwerte. (J. biol. Chemistry **199.** 553—61. Dez. 1952. Portland, Ore., Univ. of Oregon, Med. School.) MATTHIES. 4573

L. S. Anderson, *Blutersatzmittel im Atomkrieg. Ein Überblick über die augenblickliche Situation.* Es werden die Verletzungen, die beim Atomkrieg auftreten können u. diejenigen, die Behandlung mit Plasma oder Plasmaersatzmitteln (I) erfordern, aufgezählt u. die Menge der nach einer Atomexplosion benötigten Infusions-Fl. abgeschätzt. Die bekanntesten I u. ihre Eigg. werden kurz erwähnt u. das *Dextran* näher behandelt. Hierbei wird auch das Problem der Zuträglichkeit von Dextran für Verletzte, die zugleich radioakt. geschädigt wurden, berührt. — 23 Zitate. (Canad. J. publ. Health **43.** 235—41. Juni 1952. Trail, Brit. Columbia, West Kootenay Health Unit.) WILLENBERG. 4576

R. Bergeron, *Die Dextraninfusion bei der Armee.* Bericht über Anwendung von *Dextran* (I) brit. Herkunft in neun Fällen. Es werden Angaben über die klin. Eigg. von I u. seine Indikationen gemacht. (Ann. belges Méd. militaire **105.** 165—68. Sept./Okt. 1952. Bruxelles, Hôpital Militaire.) WILLENBERG. 4576

L. Troell und **B. Åberg,** *Der Kohlenhydratgehalt des Magensaftes nach intravenöser Zufuhr von teilweise hydrolysiertem bakteriell erzeugtem Dextran bei klinischen Fällen.* Da die Meth. von HINT u. THORSØN (Acta chem. scand. **1.** [1947.] 808) zur Best. von *Dextran* (I) bei Eingeweideinhalt zu hohe Werte liefert, wurde ein neues Verf. angewendet. — Zum Magensaft werden 10% Trichloressigsäure gegeben, zum Sieden erhitzt, sofort abgekühlt, filtriert u. nach der Carbazolmeth. von DISCHE der Kohlenhydratgeh. bestimmt. Die Abweichungen betrugen bei 100 μg I (*Macrodex*)/ml $\pm$3,6%. Es wurde gefunden, daß sich der durchschnittliche Kohlenhydratgeh. im Magensaft Nüchterner von 23$\pm$2 mg/100 ml (gerechnet als Anhydroglucose) nach intravenöser I-Zufuhr wesentlich erhöhte (Tabelle). Durch Isolierung des I aus dem Magensaft mittels Abscheidung des Eiweißes, Dialyse, Fällung, Hydrolyse zu Glucose u. Papierchromatographie wurde nachgewiesen, daß die Erhöhung des Kohlenhydratgeh. auf die Anwesenheit von I zurückgeht. Das Maximum des I-Geh. im Magensaft liegt am Ende des 1. Tages u. am 2. Tage nach der Infusion. Das I im Magen ist wahrscheinlich nicht enzymat. depolymerisiert. (Scand. J. clin. lab. Invest. **4.** 355—58. 1952. Stockholm, Karolinska sjukhuset.) WILLENBERG. 4576

O. Ingemann Johansen, K. Ilver und **F. Reiners,** *Untersuchungen über Cykobemin (Cyanocobalamin).* 1. Mitt. Es werden folgende Nachweis-Rkk. vorgeschlagen: Co: Bldg. von komplexem Co-Thiocyanat (Lsg. in Aceton blau bis grün); Cyanid: Kochen mit Oxalsäure, Nachw. von HCN mit Benzidin + Cu-Acetat auf Filterpapier; Hydroxocobalamin: papierchromatograph. (mit KH_2PO_4 getränktes Filterpapier; Eluiermittel: mit W. gesätt. n-Butanol) oder spektrophotometr. (Extinktion bei 351 u. 361 mμ); Cyanocobalamin (Vitamin B_{12}) (I): spektrophotometr. (Extinktion bei 361 mμ; nicht zuverlässig, bes. nach Erhitzen); I nach Umwandlung in Dicyanidkomplex: Zusatz von KCN u. 20% Na_2SO_4, Extraktion mit Benzylalkohol, Zusatz von Chlf., Extraktion mit W., Teilung: Probe I mit KCN versetzt, Probe II mit KH_2PO_4, Best. der Extinktionsdifferenz bei 582 mμ. — 19 Literaturhinweise. (Dansk Tidsskr. Farmaci **27.** 1—19. Jan. 1953. Kopenhagen, Farmakopékommissionens Labor.) R. K. MÜLLER. 4587

Jouni Jännes, *Untersuchungen über den Vitamin-B_{12}-Gehalt des menschlichen Blutplasmas.* (Vorl. Mitt.) *Vitamin-B_{12}*-Best. im menschlichen Plasma mittels eines E. coli-Stammes. Bei 5 n. Personen betrug der Geh. 10—22 mγ/ml Plasma, bei 2 Patienten mit perniciöser Anämie 4—6 mγ/ml Plasma. (Ann. Med. exp. Biol. fenn. **30.** 329—30. 1952. Helsinki, Univ.) MATTHIES. 4587

Eugenio Maurizio, *Das Vitamin B_{12} oder Cyanocobalamin in der Behandlung der Graviditätstoxikosen und der Eklampsie.* Vf. berichtet über günstige Erfolge in der Behandlung von Schwangerschaftstoxikosen u. der Eklampsie mit täglichen Gaben von 20—50 γ *Vitamin B_{12}* (I). Eklampt. Anfälle sollen durch diese Therapie unterbunden u. Erscheinungen der Toxikosen innerhalb von 24 Std. aufgehoben worden sein. Die Wrkg. des I wird seiner Fähigkeit, Nucleinsäuren zu bilden u. in den Leberstoffwechsel im Sinne eines lipotropen Mechanismus einzuwirken, zugeschrieben. (Minerva med. [Torino] **44.** I. 571—72. 7/3. 1953. Genova, Univ., Clin. Obstetr. e Gynecolog.) P. G. SCHEURLEN. 4587

G. C. Wallis, *Vitamin-D-Mangel bei Farmkälbern.* Im Rahmen einer Übersicht weist Vf. darauf hin, daß zur Rachitisprophylaxe bei der Kälberaufzucht das Futter bis auf einen Geh. von 1000—4000 U.S.P.-E. *Vitamin D* ergänzt werden muß. — 18 Literaturangaben. (J. Amer. veterin. med. Assoc. **120.** 392—96. Juni 1952. New York, N. Y., Standard Brands, Inc.) KRUSEN. 4587

W. Swoboda, *Die Röntgensymptomatik der Vitamin-D-Intoxikation im Kindesalter.* Über die an 13 Kindern, die irrtümlicherweise 1—2 Wochen lang täglich 40—100 mg *Vitamin D* erhielten, erhobenen röntgenolog. Befunde wird an Hand von 10 Abbildungen berichtet. 3 Symptomgruppen sind festzustellen: abnorme *Ca*-Einlagerungen im Skelett, bes. an den Metaphysen, u. in den Weichteilen; abnorme *Ca*-Verarmung des Skelettes in Form von meist lokalisierten Osteoporosen; *Ca*-haltige perostale Appositionen. Das Zusammentreffen aller drei röntgenolog. erfaßbaren Symptome bei Aufnahmen von Schädel, Händen, Kniegelenken u. Unterschenkeln läßt mit größter Wahrscheinlichkeit auf eine D-Hypervitaminose schließen. — 41 Literaturangaben. (Fortschr. Gebiete Röntgenstrahlen verein. Röntgenprax. **77.** 534—45. Nov. 1952. Wien, Univ., Kinderklinik.) KRUSEN. 4587

Harald Hvidsten, *Vitamin E in der Haustierernährung.* Pflanzliche Futtermittel enthalten im allg. so viel *Vitamin E* (I), daß der Bedarf der Haustiere gedeckt wird. Mangelerscheinungen können aber, bes. bei Jungtieren, auftreten, wenn das Futter große Mengen Fett mit ungesätt. Fettsäuren enthält, die I inaktivieren. Tran sollte nicht in zu hohen Mengen verfüttert werden, vor allem wenn das Futter sonst wenig Tocopherol enthält. Bei großen Haustieren führt I-Mangel zu verminderter Fruchtbarkeit. (Tidsskr. norske Landbruk **59.** 194—205. Mai/Juni 1952.) R. K. MÜLLER. 4587

E. S. Nasset und **Margaret T. Ely,** *N-Bilanz ausgewachsener Ratten, die Futter mit wenig L- oder DL-Lysin oder ohne Arginin erhielten.* (Vgl. auch C. **1952.** 716. 4960.) N-Bilanzunterss. an ausgewachsenen Ratten zeigten, daß L-Lysin (I) für die Erhaltung essentiell ist. Der Bedarf beträgt 3,6 $\pm$ 0,07 mg L-I oder 7,8 $\pm$ 0,27 mg DL-I pro Tag pro kg, da die D-Form offensichtlich nicht verwertet wird. Ist I der begrenzende Faktor der Verwertung des Nahrungs-N, so nehmen Vff. an, daß die N-Bilanz eine lineare Funktion der I-Aufnahme ist. Argininmangel war ohne Wrkg. auf die N-Bilanz. (J. Nutrit. **48.** 391—400. 10/11. 1952. Rochester, N. Y., Univ. of Rochester, School of Med. and Dent., Dep. of Physiol. and Vital Econom.) NEHRING. 4589

J. Gillman, C. Gilbert, T. Gillman (unter techn. Mitarbeit von **I. Spence**), *Experimentelle Untersuchung über die Beziehungen zwischen Mais und Leberaffektionen.* Alleinige Verfütterung von Mais ruft bei Ratten Lebernekrosen u. -verfettungen hervor, die auch nicht durch Vitamin E verhindert werden können. Diese Schädigungen treten bei Zulagen von 5% Casein oder 10% Hefe nicht auf bzw. können sie durch Milchzufütterung behoben werden. Für die Leberschäden wird der Mangel an *Lysin* u. *Tryptophan* im *Zein* verantwortlich gemacht. (Minerva med. [Torino] **44.** I. 475—83. 24/2. 1953. Johannesburg, Witwatersrand Univ., Ist. di Fis. e Anat.) P. G. SCHEURLEN. 4589

Lars Söderhjelm, *Untersuchungen über die Fettresorption bei Kindern.* 1. Mitt. *Der Einfluß mit Erhitzung behandelter Milch auf die Fettretention bei frühgeborenen Säuglingen.* An 32 Frühgeburten (von 912—2200 g Körpergewicht) wurde die Fettbilanz in 98 Verss. von 3—7 Tagen Dauer untersucht, indem 2,6—7,8 g Fett/kg/Tag als Brustmilchfett (I) mit der Frauen- oder Kuhmilch zugeführt wurde. Frühgeborene resorbieren I ebensogut wie Neugeborene zu 92%; nach Berücksichtigung eines Fettverlustes von 5% mit der Nahrung u. 10% in Faeces, zu 89%. Vorheriges Erhitzen, Pasteurisieren oder Gefrieren beeinflußt die Resorption nicht. (Acta paediatrica [Uppsala] **41.** 207—21. Mai 1952. Uppsala, Univ., Dep. of Pediatr., u. Galveston, Tex., Univ., Med. Branch.) KLINGMÜLLER. 4594

Lars Söderhjelm, *Untersuchungen über die Fettresorption bei Kindern.* 2. Mitt. *Der Einfluß von Propylenglykol, Lecithin, Cholin, Aureomycin und fettarmer Diät auf die Fettretention bei Kindern.* (1. vgl. vorst. Ref.) Unterss. an Frühgeburten u. Kindern bis zu 8 Jahren ergaben keine Beeinflussung der Fettresorption durch zusätzliche Verabreichung von Netzmitteln (*Propylenglykol,* das in einem Polyvitaminpräp. enthalten ist), 0,5—2,0 g *Lecithin* täglich oder 1 u. 3 g *Cholin* täglich bei 2 Kindern, u. von *Aureomycin* 0,05—0,25 g täglich. Fettarme Diät zeigt eine positive Fettbilanz; bei Erkrankungen mit Steatorrhoe war die Bilanz negativ. (Acta paediatrica [Uppsala] **41.** 316—24. Juli 1952. Uppsala, Univ., Dep. of Pediatr., u. Galveston, Tex., Univ., Med. Branch.) KLINGENMÜLLER. 4594

Lars Söderhjelm, *Untersuchungen über die Fettresorption bei Kindern.* 3. Mitt. *Prüfung der Fettoleranz.* (2. vgl. vorst. Ref.) Die Best. des Gesamtfettes im Serum nach der Trübungsmeth. von KUNKEL, AHRENS jr., EISENMENGER (Gastroenterology **11.** [1948.] 499) ist eine gute, einfache, orientierende Meth. u. benötigt nur geringe Mengen Capillarblut bzw. 0,05—0,2 ml Serum, deren Trübung mit Phenol photometriert wird. — Die Resorption von Öl wird durch Verabreichung von entrahmter Milch etwas gebessert. (Acta paediatrica [Uppsala] **41.** 325—33. Juli 1952. Uppsala, Univ., Dep. of Pediatr.) KLINGENMÜLLER. 4594

Lars Söderhjelm, *Untersuchungen über die Fettresorption bei Kindern.* 4. Mitt. *Polyungesättigte Fettsäuren in Faeces von Kindern.* In Fortsetzung früherer Arbeiten (3. vgl. vorst. Ref.) werden die Stühle von hospitalisierten Kleinkindern, die entweder mit Muttermilch oder mit Kuhmilchmischungen (aus Trockenmilch) ernährt worden sind, auf Art u. Menge des darin enthaltenen Fettes untersucht. Verseifung des aus dem homogenisierten Kot abgetrennten Fettes; Abtrennung des Unverseifbaren (mit PAe.), anschließend nach Ansäuern Extraktion der Gesamtfettsäuren mit PAe.; Ermittlung der polyolefin. Fettsäuren auf spektrometr. Wege nach HOLMAN u. BURR (Arch. Biochemistry **19.** [1948.] 474) vor u. nach der Alkaliisomerisierung; Auswertung in üblicher Weise. Es zeigt sich, daß im Kot von Muttermilchkindern 1,8—7,1% der Fettsäuren mehr als 1 Doppelbindung enthalten; bei Kuhmilchkindern liegen die analogen Werte bei 0,4 bis 2,0%. Hinweis, daß Muttermilchfett mehr ungesätt. Fettsäuren enthält als Kuhmilchfett; Kuhmilchfett wird weniger leicht resorbiert als Muttermilchfett. Die ungesätt. Fettsäuren werden während der ersten Wochen des Lebens weniger gut aufgenommen als in späterer Periode. Dies wird dahingehend gedeutet, daß das vermehrte Auftreten polyungesätt. Säuren im Kot während der ersten Lebenswochen nicht zwingend auf die seither angenommene „endogene" Fettausscheidung zurückzuführen ist, wiewohl diese Möglichkeit besteht. Hinweis, daß ein Kind mit Leberschaden bei Brustmilchernährung im Kot 7,3% der Gesamtfettsäuren als polyungesätt. Säuren enthält; Annahme, daß dies durch gestörte Fettresorption zustande gekommen ist. Da nach Darreichung von Aureomycin hinsichtlich der Verteilung der polyolefin. Fettsäuren eine Veränderung nicht manifest wird, wird eine Bldg. solcher Säuren durch Bakterien als nicht in Betracht kommend hingestellt. Im Mekonium sind ca. 3% der Gesamtfettsäuren polyolefin.; über die Herkunft dieser Säuren läßt sich nichts aussagen. (Acta Soc. med. Upsaliensis **57.** 438—47. 10/12. 1952. Uppsala, Univ., Dep. of Pediatr., u. Inst. of Med. Chem.) TÄUFEL. 4594

Lars Söderhjelm, *Untersuchungen über Fettresorption.* 5. Mitt. *Polyungesättigte Fettsäuren in fötalen Organen.* (4. vgl. vorst. Ref.) Während bei einer Reihe von Tieren die Rolle der „essentiellen" Fettsäuren sichergestellt ist, liegen in dieser Beziehung für den Menschen abschließende Erfahrungen noch nicht vor, wenn auch in der Literatur über entsprechende Beobachtungen an Erwachsenen u. an Kindern berichtet wird. Aus der Tatsache, daß bei Tieren wie bei Menschen, bes. bei Kindern, die Fettmangelerscheinungen erst nach langer Verabfolgung einer fettarmen Diät manifest werden, wird gefolgert, daß die Kinder bei der Geburt entweder einen Vorrat an essentiellen Fettsäuren mitbringen, oder daß sie wenigstens in gewissem Ausmaß zur Synth. derselben befähigt sind. Zur Aufklärung der Verhältnisse werden die polyolefin. Fettsäuren in verschied. Organen von menschlichen Föten (Gehirn, Leber, Herz, Muskel, Lunge, Nieren, subcutanes Fett) auf spektrometr. Wege vor u. nach der Alkalisierung bestimmt (Meth. vgl. 4. Mitt.); Differenzierung nach Dienen, Trienen, Tetraenen, Pentaenen u. Hexaenen. Es ergibt sich, daß alle Organe erhebliche Mengen an Tetraen- u. Hexaensäuren enthalten, während Pentaensäuren nicht nachweisbar sind. Diene treten in den meisten Organen auf, Triene nur vereinzelt. Alle Neugeborenen verfügen über ein Depot an polyolefin. Fettsäuren, unabhängig von ihrer Größe. Die Herkunft dieser Säuren (Bldg. durch Eigensynth. oder Zufuhr über die Placenta) bleibt noch zu ermitteln. (Acta Soc. med. Upsaliensis **57.** 448—54. 10/12. 1952.) TÄUFEL. 4594 vy

H. R. Dursch und **F. J. Reithel,** *Die Hydrolyse von Glucose-4-phosphat.* Als Beitrag zur Klärung des Mechanismus, durch den *Galaktose* (I) von *Glucose* (II) in biol. Systemen hergeleitet werden kann, untersuchen Vff. die Hydrolyse von *Gluocse-4-phosphat* im sauren, neutralen u. alkal. Medium. Es tritt keine WALDENsche Umkehrung während der Hydrolyse der Zuckerphosphate ein. Dieses Ergebnis stimmt mit denen von COHN (C. **1949.** E. 429) überein.

Versuche: Zu *Ba-D-Glucose-4-phosphat* 0,1n H_2SO_4 im Überschuß zugeben, $BaSO_4$ abfiltrieren, Lsg. 30 Std. auf 100° halten, mit *Pyridin* extrahieren u. unter Verwendung von WHATMAN Nr. 1-Papier u. *Kollidin–W.* als Lösungsm. chromatographieren: II, aber keine I. — *Di-Na-Glucose-4-phosphat* in W. (p_H 7,2) 42 Std. bei 100° oder in W. mit Kartoffelpreßsaft–Phosphatase-Lsg. (p_H 5,2) oder *Darmphosphatase*-Lsg. (p_H 8). (J. Amer. chem. Soc. **74.** 830. 5/2. 1952. Ore., Eugene, Univ. of Oregon, Dep. of Chem.) J. MATTNER. 4596

Ernst Helmreich, Konrad Stuhlfauth und **Stefan Goldschmidt,** *Vergleichende Untersuchungen über den aeroben Fructose- und Glucoseverbrauch von Gewebeschnitten aus Gehirnrinde, Leber und Herz der Ratte.* Vff. untersuchen den Zuckerverbrauch von Gewebeschnitten aus Großhirnrinde, Leber u. Herz (linker Ventrikel) der Ratte in 0,2% Zucker enthaltender Nährlösung. Sie finden, daß Gehirngewebeschnitte, um aerob überleben zu können, nur $^1/_3$ der verbrauchten *Glucose* (I)-Menge an *Fructose* (II) benötigen. Sie geben beim Umsatz einer bestimmten Menge **II** 3mal soviel CO_2 ab u. verbrauchen entsprechend 3mal soviel O_2 wie beim Umsatz einer gleich großen Menge **I.** Lebergewebeschnitte verbrauchen fast doppelt soviel **II** wie Gehirngewebeschnitte; Herzgewebeschnitte verbrauchen keine **II.** (Z. Naturforsch. **7b.** 418—20. Juli 1952. München, TH u. Univ., Med. Poliklinik, Organ.-Chem. Inst.) NEHRING. 4596

Kivie Moldave, Richard J. Winzler und **Harold E. Pearson,** *Die Markierung der Aminosäuren von normalem und virusinfiziertem Mäusegehirn mit ^{14}C in vitro.* Zerkleinertes Hirn junger Mäuse wurde mit verschied. mit ^{14}C markierten Substanzen behandelt u. die Aufnahme des ^{14}C in die einzelnen proteingebundenen Aminosäuren untersucht. Als ^{14}C-Träger wurden verwendet *Natriumacetat* (I), *Kaliumformiat* (II), *Bicarbonat* (III) u. *Glucose* (IV). Ein Teil der Proben wurde mit THEILERs GD VII-Mäuse-Encephalomyelitis-Virus infiziert. Die Prüfung des ^{14}C-Stoffwechsels ohne u. mit Infektion erfolgte colorimetr. u. durch radioakt. Aktivitätsbest.; sie ergab: Der ^{14}C-Geh. von **I** wird übernommen von *Glutaminsäure, Asparaginsäure, Histidin, Alanin, Prolin, Serin* u. *Glycin.* Im Falle der Infektion findet kein Übergang des ^{14}C zum Histidin statt, alle anderen Prozesse bleiben unbeeinflußt. Bei Verwendung von **II** geht ^{14}C über auf Serin, *Methionin,* Histidin, *Tyrosin, Phenylalanin, Cystin,* Glutaminsäure u. Asparaginsäure. Bei Infektion wird ^{14}C-Übergang auf Serin, Methionin, Tyrosin + Phenylalanin u. Cystin intensiviert, derjenige auf Histidin behindert. Von **III** wird ^{14}C nur durch Asparagin- u. Glutaminsäure übernommen, von **IV** durch alle Aminosäuren außer Prolin u. Threonin. Bei Infektion wurde der Übergang in allen Fällen aktiviert außer bei Histidin u. Lysin. Die beobachteten Metabolismen werden diskutiert. (J. biol. Chemistry **200.** 357—65. Jan. 1953. Los Angeles, Calif., Univ. of Southern California, School of Med., Depp. of Biochem., Nutrit. and Med. Microbiol., u. Los Angeles County Hosp., Labor. Div.) REUSSE. 4596

A. Dovey, R. C. Holloway und **A. S. McFarlane,** *Einbau von Glykokoll in Kaninchenplasmaproteine.* Nach Injektion von $^{14}C_{(\alpha)}$-Glykokoll (I) untersuchen Vff. freies u. gebundenes I in halbstündlich entnommenen Serumproben. Das freie I fällt innerhalb von 2 Std. auf 10% des Maximalwertes ab. Nach 15 Std. ist die Proteinaktivität maximal u. annähernd gleich der Aktivität des freien I. Dies kann nach Ansicht der Vff. nur dadurch erklärt werden, daß alles markierte Protein-I aus freiem Plasma-I mit hoher Aktivität stammt, d. h. aus dem Zeitraum von ca. 2 Std. nach der Injektion. Das deutet darauf hin, daß die Leber extrem schnell die Nahrungsaminosäuren in Plasmaprotein umwandelt. (Biochem. J. **51.** XXVI. Juni 1952. London, Mill Hill, Nat. Inst. for Med. Res.) NEHRING. 4596

W. C. Hess, *Cystathionin in der Leber nach Fütterung mit Methionin und Serin.* Ratten werden nach 48 Std. Hunger mit je 150 mg pro 100 g Körpergewicht *L-Methionin* (I) u. *L-Serin* durch Sonde gefüttert u. nach 1 Std. getötet. Im Leberextrakt wird durch zweidimensionale Papierchromatographie mit 80% Phenol/W. u. mit 64% Collidin/W. die Bldg. von *Cystathionin* als Zwischenprod. bei der Biosynth. von *Cystein* nachgewiesen. I allein liefert kein Cystathionin. (Arch. Biochem. Biophysics **40.** 127—29. Sept. 1952. Georgetown, Wash., Univ., School of Med., Dep. of Biol. Chem.) KLINGMÜLLER. 4596

P. N. Campbell und **T. S. Work,** *Biosynthese von Protein.* 1. Mitt. *Aufnahme von Glycin, Serin, Valin und Lysin durch die Milchdrüse des Kaninchens.* Mit ^{14}C markiertes

Glycin, Valin u. *Lysin* wurden Kaninchen intravenös gegeben u. die Aktivität der Plasmaproteine sowie des Caseins u. der Molkenproteine der abgepumpten Milch bestimmt. Es zeigt sich, daß der Stickstoff für die Synth. der Milchproteine zum größten Teil aus den Aminosäuren des Blutes stammt. Injektion von ^{14}C-markierten Proteinen hat nur schwachen Anstieg der Aktivität der Milchproteine zur Folge. (Biochem. J. **52.** 217—27. Okt. 1952. London, Nat. Inst. for Med. Res.) MATTHIES. 4596

Albrecht G. Bower, Frank Mattison Morgan und **Albert L. Chaney,** *Stickstoff- und Kaliumstoffwechsel: Der Reaktionsverlauf bei Poliomyelitis.* Biochem. Unterss. des Krankheitsverlaufes in akuter u. subakuter Dissimilations- sowie in Assimilationsphase. Markante negative N_2-Bilanz bei akuter Poliomyelitis läßt auf eintretende neuromuskuläre Schwäche schließen; sie wird von negativer K-Bilanz begleitet. Verabreichung von 3 g oder mehr K/Tag schützt vor Hypokaliumämie. Hyperkaliumämie wird von Schock u. respirator. Acidosis begleitet. (Amer. J. med. Sci. **223.** 532—46. Mai 1952. Los Angeles, Calif., Coll. of Med. Evangelists, Dep. of Med., County General Hosp.) C. VOGEL. 4596

Leon Singer, W. D. Armstrong und **Mary Louise Premer,** *Calciumumsatz im Skelett bei nicht wachsenden Ratten.* (Vgl. C. **1951.** II. 2475.) Bei 30 weiblichen Ratten mit konstantem Gewicht bei 240—270 g wurden nach Injektion einer größeren Gabe von ^{45}Ca zu verschied. Zeitpunkten bis zu 210 Tagen nach der Behandlung die *Ca*-Ausscheidung, der Gesamt-Ca- u. der radioakt. Ca-Geh. in verschied. Skelettbestandteilen u. im Gesamtorganismus festgestellt. Die Ergebnisse bestätigen die Annahme, daß Fraktionen mit verschied. Umsatzgeschwindigkeit im Ca-Bestand des Skeletts vorhanden sind. Sie stehen auch in Übereinstimmung mit der Anschauung, daß bei den Knochensalzen der Ca-Austausch an den Kristalloberflächen schnell, im Innern der Kristalle aber langsam erfolgt. Die spezif. Aktivität verschied. Knochen u. die Änderung dieser Aktivität mit der Zeit weisen darauf hin, daß der Ca-Umsatz eines Knochens durch seine anatom. Lage beeinflußt wird. (Proc. Soc. exp. Biol. Med. **80.** 643—46. Aug./Sept. 1952. Minneapolis, Minn., Univ., Med. School, Dep. of Physiol. Chem.) SCHWAIBOLD. 4596

Wilhelm Raab, Hormonal and neurogenic cardiovascular disorders. Balt.: Williams & Wilkins. 1953. (722 S. m. Abb.) $ 15,—.

Martial Dumont, Les vitamines en obstétrique. Paris: Masson & Cie. (156 S.) fr. 1000,—.

E_6. Pharmakologie. Therapie. Toxikologie. Hygiene.

Kurt Philipp und **Fritz Ruf,** *Über einige diagnostische und therapeutische Anwendungen des radioaktiven Jods.* Der Umsatz des ^{131}*J* im n. u. entarteten Schilddrüsengewebe wird zusammenfassend dargestellt. So können außer Hyper- oder Hypothyreosen auch maligne Geschwülste hinsichtlich ihres Reifegrades diagnostiziert werden, wobei neben allg. Aktivitätsmessungen von außen her auch Mikroradiographien von Tierverss. beschrieben werden. Die therapeut. Anwendung des ^{131}J auf die Thyreoidea wird eingehend erläutert u. die Deutung ihrer Wirkungsweise diskutiert. Auch die Hypophyse u. ihr physiol. Zustand ist der Beobachtung mittels Tracergaben von ^{131}J zugänglich. Vff. berichten weiter über eine Meth. zur Unters. der peripheren Durchblutung von Muskeln u. Haut. So kann die Resorption von ^{131}J zur Prüfung der Durchblutungsstörungen in den Extremitäten, z. B. nach Frakturen, Spätschädigungen durch frühere Thrombosen u. a., herangezogen werden. (Strahlentherapie **89.** 118—27. 1952. Freiburg/Br., Univ., Radiolog. Inst. u. Chirurg. Klinik.) REUSSE. 4601

Frank C. Monkhouse, Edward Fidlar und **John C. D. Barlow,** *Freisetzung von Heparin im anaphylaktischen Schock bei bestrahlten und nichtbestrahlten Tieren.* Vff. untersuchten den *Heparin*-Geh. des Blutes von Ratten, Meerschweinchen u. Hunden nach anaphylakt. Schock in Abhängigkeit von zuvor stattgefundenen Bestrahlungen (Röntgen- oder γ-Strahlen von ^{60}Co). Bei submaximalen Antigendosen erhöht vorherige Bestrahlung den Heparingehalt. (Amer. J. Physiol. **169.** 712—20. 1/6. 1952. Toronto, Can., Univ., Dep. of Physiol.) REICHLE. 4601

J. Brockhaus, *Subcutane Pyelographie bei jungen Kindern mit Hilfe der Hyaluronidase und mit Anwendung des Tomographen.* In den Oberschenkel werden zunächst 3—5 ml Kontrastmittel (*Perabrodil M 42%*, BAYER; mit der 2—3 fachen Menge bidest. W. verd.), dann 2 ml *Luronase* (*Hyaluronidase*; BAYER), dann Rest des Kontrastmittels (Gesamtmenge je nach Größe des Kindes 5—20 ml) subcutan injiziert. Röntgenaufnahme 20—70 Min. nach der Injektion unter Anwendung des Tomographen nach JOCHIM. (Fortschr. Gebiete Röntgenstrahlen verein. Röntgenprax. **77.** 602—05. Nov. 1952. Lübeck, Städt. Krankenhaus Süd.) KRUSEN. 4601

Allan Hemingway und **W. Lane Williams,** *Lungenödem nach Sauerstoffvergiftung.* Bei Aufenthalt in fast reiner O_2-Atmosphäre starben Meerschweinchen nach 4—6 Tagen.

2 Tage nach Versuchsbeginn entwickelte sich ein Lungenödem. Lungengewicht u. lösl. Proteinstickstoff in den Lungen fast verdoppelt. (Proc. Soc. exp. Biol. Med. **80**. 331—34. Juni 1952. Minneapolis, Minn., Univ., Dep. of Physiol. and Anat.) DUCHO. 4606

J. García-Llauradó, *Schutzwirkung des Kaliumions in der Pathologie der Bauchchirurgie.* Zusammenfassende Übersichtsarbeit über die Bedeutung des K im allg. u. bes. im Hinblick auf postoperative Zustände mit Hypokaliämie. Hinweise auf die diagnost. Zeichen eines K-Mangels (Herzstromkurve, peritonit. Erscheinungen usw.). Therapie mit KCl-Lsg.; Besprechung der Physiopathologie des K u. der Therapie mit KCl. Hinweis auf Toxizität des K. (Med. clin. [Barcelona] **20**. (**11**.) 79—87. Febr. 1953. Barcelona, Univ., Cátedra de Patol. Méd.) P. G. SCHEURLEN. 4606

G. E. Boxer und **J. C. Rickards**, *Untersuchungen über den Stoffwechsel des Kohlenstoffs von Cyanid und Thiocyanat.* Verss. mit $Na^{14}CN$ am Hund zeigen, daß es schon nach 1 Tag als freies Cyanid, als *Vitamin-B_{12}-cyanid* u. als *Thiocyanat* im Urin ausgeschieden wird. Es konnte durch Verss. an der Ratte gezeigt werden, daß *Cyanid* (I) u. *Thiocyanat* (II) miteinander im Gleichgewicht stehen, denn nach Injektion von I oder II tritt in der Atemluft immer etwas *HCN* auf. Sowohl I als auch II werden im Rattenorganismus zu CO_2 abgebaut. Etwa $^2/_3$ des injizierten II wird als II im Urin ausgeschieden, der Rest wird als $^{14}CO_2$ ausgeatmet. ^{14}C von I u. dem daraus im Organismus entstandenen II findet sich in der CH_3-Gruppe von *Cholin* u. *Methionin*, sowie im *Allantoin*, wobei vermutlich *Formiat* als Zwischenglied wirkt. In den Leberproteinen wird im Gegensatz zu den Fettsäuren der Leber eine relativ hohe ^{14}C-Aktivität gefunden. (Arch. Biochem. Biophysics **39**. 7—26. Juli 1952. Rahway, N. J., Merck & Co., Res. Labor.) H. SCHEURLEN. 4607

Georg Cronheim, J. Stanton King jr. und **Nelta Hyder**, *Die Wirkung der Salicylsäure und ähnlicher Verbindungen auf das Nebennieren–Hypophysensystem.* An Ratten konnte nachgewiesen werden, daß subcutan verabreichte *Salicylsäure* (I) u. einige ihrer Substitutionsprodd. eine deutliche Entleerung der Nebennieren an Ascorbinsäure hervorrufen, ausgenommen *p-Amino*-I, p-Oxy-I. Ähnliche Wrkg. erzeugt auch *Benzoesäure* (II), dagegen nicht zahlreiche ihrer substituierten Verbb., u. a. *p-Amino*-II. Auch 12 erprobte verschied. aliphat. Säuren (Essig-, Adipin-, Ascorbin-, Dehydroascorbin-, Citronen-, Fumar-, Glucon-, Glucuron-, Milch- Pantothen-, Brenztrauben- u. Bernsteinsäure) erzielten kein solches Ergebnis. Ein solcher Effekt trat auch nicht bei hypophysektomierten Tieren ein. Damit interpretieren sich diese Effekte als Wrkg. über den Hypophysenvorderlappen, d. h. auf die Produktion oder Ausschüttung von adrenocorticotropem Hormon. (Proc. Soc. exp. Biol. Med. **80**. 51—55. Mai 1952. Bristol, Tenn., Res. Dep. of S. E. Massengill Co.) DUCHO. 4607

Robert P. Walton, Leon I. Goldberg, Peter C. Gazes, John S. Leary, Humphrey K. Ezell, Charles B. Hanna und **Rose P. Prystowsky**, *Die Wirkungen der Hyperpyrexie auf das Herz in situ: Untersuchungen mit Dicumarol, Dinitrophenol und äußerer Hitzeanwendung.* An Hand eingehender Literatur u. eigener Verss. beschreiben Vff. die Wirkungen des *Dicumarols* (I), *Dinitrophenols* (II) u. äußerer Hitzeeinw. auf die Herzmuskelkraft u. geben gleichzeitig einen Überblick über die bislang in dieser Richtung angestellten Versuche. Mit erhöhter intracellulärer Temp., wie sie bes. durch I u. II hervorgerufen wird, geht eine verstärkte mechan. Funktion einher. — 33 Literaturangaben. (Amer. J. Physiol. **169**. 78—93. 1/4. 1952. Charleston, S. C., Med. Coll.) DUCHO. 4607

L. Schmidt, *Pharmakologie und Toxikologie einer neuen Klasse von Verbindungen mit laxierender Wirkung.* 15 Verbb. der Gruppe der 4.4′-Dioxydiphenylpyridylmethane, die laxierende Wrkg. zeigen, wurden untersucht. Es handelt sich um: *4.4′-Diacetoxydiphenylpyridyl-(2)-methan* (I), *4.4′-Dioxydiphenylpyridyl-(2)-methan, 4.4′-Dioxydiphenylpyridyl-(3)-methan, 4.4′-Dioxydiphenylpyridyl-(4)-methan, 4.4′-Dioxydiphenylpyridyl-(3)-methylmethan, 4.4′-Dioxydiphenylpyridyl-(4)-methylmethan, 4.4′-Dioxy-3.3′-dimethyldiphenylpyridyl-(2)-methan, 4.4′-Dioxy-2.2′-dimethyldiphenylpyridyl-(2)-methan, 4.4′-Dioxy-3.3′-dimethoxydiphenylpyridyl-(2)-methan, 4.4′-Dimethoxydiphenylpyridyl-(2)-methan, 4.4′-Dioxy-3.3′-dimethyldiphenylpyridyl-(3)-methan, 4.4′-Dioxydiphenyl-6-methylpyridyl-(3)-methylmethan, 4.4′-Dioxydiphenylpyridyl-(2)-phenylmethan, 4.4′-Dioxydiphenylpyridyl-(2)-methylmethan* u. *4.4′-Dioxydiphenyl-6-methylpyridyl-(2)-methan.* — Da I die beste laxierende Wrkg. aufwies (15 mg/kg), wurde es genauer untersucht. Es zeigte bei Injektion an Versuchstieren eine nur sehr geringe, bei Durchströmung einer 0,02%ig. wss. Aufschwemmung im Dünndarm ebenfalls nur geringe, im Dickdarm dagegen starke Steigerung der Peristaltik. Bei Ratten, die 30 mg/kg I u. gefärbtes Futter erhielten, waren die Fäces bereits nach 1 Std., bei Kontrollen erst nach 4 Std. gefärbt. In toxikolog. Verss. wurden von Ratten peroral 3 g/kg u. subcutan 2 g/kg I ohne Vergiftungserscheinungen vertragen, intravenös beträgt die DL_{100} 40 mg/kg. Bei Dauerverabreichungen von 3 Monaten von 30 mg/kg I konnten keine schädigenden Einflüsse auf Organe, Blut u. Fertilität beobachtet werden. (Arzneimittel-Forsch. **3.** 19—23. Jan. 1953. Freiburg/Br., Univ., Pharmakol. Inst.) KRUSEN. 4607

W. Catel und **Chr. Nietzschmann,** *Cytostatische und toxische Wirkungen von Streptomycin, Solvoteben und Conteben auf Kaulquappen.* Unterss. zur Feststellung, ob die wachstumshemmende Wrkg. von *Streptomycin* (I) auf den Tuberkelbacillus auch an schnell wachsenden, höher organisierten Lebewesen nachweisbar ist. Vgl. mit *Solvoteben* (II) u. *Neoteben* (III). 0,05%ig. I-Lsg. u. 0,2%ig. II-Lsg. üben auf Kaulquappen eine signifikante cytostat. Wrkg. aus. Mit 0,1%ig. II-Lsg. ist der stimulierende Einfl. gering. II u. III in 0,5%ig. u. höher konz. Lsgg. waren bei diesen Verss. stark tox. u. erheblich giftiger als I. (Die Medizinische **1952.** 1336. 18/10. Mammolshöhe, Landeskinderheilstätte.) DOSSMANN. 4607

B. von Ahn, *Die akute Wirkung von Nicotin auf Elektrokardiogramme von Kaninchen.* Subcutane Injektion von 0,97 mg/kg *Nicotin* (I) in Form von I-Bitartrat zeigte keine Wrkg., während nach höheren Dosen, die noch nicht letal wirken, als deutlichstes Zeichen Bradykardie mit Sinusarrhythmie beobachtet wurden. Ferner traten sinu-auriculärer Block u. gelegentlich atrio-ventriculärer Block 1. Grades auf, während Extrasystolen selten, auriculäres Flimmern oder Flattern u. T-Wellenänderungen nicht beobachtet wurden. Demnach greift I hauptsächlich über den Vagus am Sinusknoten an. (Cardiologia [Basel] **20.** 289—306. 1952. Borås, Schweden, General Hosp.) KRUSEN. 4608

Fr. E. Koch und **H. Uebel,** *Experimentelle Untersuchungen über die örtliche Gewebswirkung der Echinacea purpurea Moench.* Verss. an Meerschweinchen ergaben, daß die Ausbreitung einer experimentellen subcutanen Streptokokkeninfektion nach einer Vorbehandlung mit 1—2 mal 0,4 ml *Echinacin* (I) wesentlich geringer ist als bei unbehandelten Kontrollen. Durch Vorbehandlung mit Formaldehyd wird die Entw. der Infektion stark gefördert u. führt bald ad exitum. Vff. führen die I-Wrkg. auf eine direkte Hemmung der *Hyaluronidase* (II) u. ein starke Anregung der Fibroblastenvermehrung zurück, wodurch II zusätzlich gehemmt wird. — 33 Literaturangaben. (Arzneimittel-Forsch. **3.** 16—19. Jan. 1953. Köln-Merheim, Biol. Inst. Dr. Madaus.) KRUSEN. 4608

P. K. Roy, A. T. Dutta, G. K. Ray und **B. Mukerji,** *Eine vorläufige Mitteilung über die pharmakologische Wirkung der aus Cissampelos pareira Linn. (falsche Pareira brava) isolierten Gesamtalkaloide.* Beschreibung der Droge, ihrer Inhaltsstoffe u. Isolierung der Gesamtalkaloide. Die Gesamtalkaloide der falschen Pareira sind für die weiße Maus in einer Dosis von 50 mg/kg intravenös toxisch. Sie setzen die Kontraktion muskulöser Hohlorgane herab, doch ist diese Wrkg. von nur kurzer Dauer. Die willkürliche Muskulatur scheint aber keine Erschlaffung zu erleiden. Auf die Zentren der Medulla wirken sie stimulierend. Auf Blutdruckanstieg in den Carotiden folgt Abfall durch Stimulation des Vaguszentrums. (Indian J. med. Res. **40.** 95—99. Jan. 1952. Calcutta, Indigenous Drugs Inquiry, Ind. Counc. of Med. Res., Dep. of Pharmacol., School of Trop Med.) K. BÖHM. 4608

L. Aries, *Zur Therapie mit Lachesis.* In einer Übersicht weist Vf. auf die günstigen Wirkungen hin, die durch Injektionen des Homöopathicums *Lachesis* D7—D10 (Schlangengift) in der Human- u. Veterinärmedizin erzielt wurden. Indikationsgebiet ist Sepsis der verschiedensten Ursachen mit allen Begleiterscheinungen. — 23 Literaturangaben. (Mh. Veterinärmed. **6.** 440—43. 15/11. 1951. Eichendorf bei Landau/Isar, Ndb.) KRUSEN. 4609

P. K. Roy, G. K. Ray, A. T. Dutta und **B. Mukerji,** *Untersuchungen über Suchikabharana, ein Ayurveda-Tonikum aus Cobragift.* Die Toxizität von Suchikabharana (I; Bestandteile: „Kashtha visha“, „Krishna sarpa visha“, Arsenik, Zinnober u. Galle von Eber, Büffel, Ziege u. Pfau), intravenös gegeben, ist für weiße Mäuse ca. $^1/_{200}$, für Tauben ca. $^1/_{400}$ von der des Cobragiftes (II). II injiziert wirkt über das Vasomotorenzentrum, nicht aber über das Myocard u. die Acceleratoren des Herzens. I hingegen wirkt durch direkte Stimulierung des Herzens u. der Gefäße auf den Blutdruck ein. Der Zubereitungsprozeß von I aus II hat eine Toxizitätsverminderung zur Folge. I ist daher nur ein untox. Stimulans. Hinweis auf die Möglichkeit, durch ähnliche Entgiftungsprozesse zu physiol.-akt. Zubereitungen aus einheim. vernachlässigten Arzneimitteln zu kommen. (Indian J. Med. Res. **40.** 101—07. Jan. 1952. Calcutta, Dep. of Pharmacol., School of Trop. Med.) K. BÖHM. 4609

Wilhelm Pfannenstiel, *Die allgemeine Resistenz und die Chemotherapie.* Zur Steigerung der natürlichen Keimvernichtung ist stets im Körper ein Zellreiz notwendig. Die Beseitigung unspezif. u. spezif. Reizstoffe (Chemotherapeutica u. Antibiotica) erfolgt dann durch eine Kette natürlicher Funktionsabläufe, denen auch die durch die Therapie geschädigten Krankheitserreger erliegen. Für eine erfolgreiche Therapie ist demnach ein reaktionsfähiger Organismus Voraussetzung. (Dtsch. med. Wschr. **77.** 609—10. 9/5. 1952. Marburg.) K. BÖHM. 4610

Dhruba Mohan Gupta und **Sital Chandra Ghosh,** *Chloroquine in der Behandlung von Amöbenhepatitis und Amöbenleberabszeß.* An Hand von 8 Fällen von Amöbiasis zeigten Vff., daß *Chloroquine* (*7-Chlor-4-[4'-diäthylamino-1'-methylbutyl-amino]-chinolinmonosulfat*) in Fällen von Amöbenhepatitis u. -leberabszeß gute Wirkungen aufweist, bei intestinalen Symptomen jedoch fast wirkungslos ist. (Calcutta med. J. **49.** 468—75. Dez. 1952. Calcutta, Med. Coll. Hosp.) KRUSEN. 4610

Je. F. Ljubomudrowa und **A. I. Iwanowa,** *Die Anwendung von Acrichin bei der Behandlung von Trichomonadenkolpitiden.* 90 Frauen mit Trichomonadenbefund in der Scheide wurden mit 4%ig. Acrichinlsg. behandelt. Bei 49 Kranken genügte eine Spülung. Gonorrhöe verzögerte die Besserung. (Акушерство и Гинекология [Geburtshilfe u. Gynäkol.] **1952.** Nr. 5. 84—85. Sept./Okt. Kostroma, Frauenklinik.) DU MANS. 4610

Gerhard Bornmann, Gisela Hess und **Rudolf Kopf,** *Blut-Gehirnschranke und Sulfonamide.* Es wurden an Mäuse je 0,1 mg/10 g 2%ig. Sulfonamidlsgg. intravenös verabreicht u. an einen Teil der Tiere zusätzlich 0,25 ml/10 g 50%ig. wss. *Glycerin* (**I**)-Lsg. intramuskulär. Bei Zufuhr von *Sulfanilsäure, Eleudron* (*Sulfathiazol*), u. geringer bei *Irgafen* (*N'-Dimethylbenzoylsulfanilamid*) wurde durch **I** eine um mehr als das Doppelte höhere Anreicherung der Sulfonamide im Gehirn als bei den Kontrollen erreicht, während diese **I**-Wrkg. bei *Prontalbin* (*Sulfanilamid*) u. *Eubasin* (*Sulfapyridin*) ausblieb. Ähnlich wie **I**, wenn auch schwächer, wirkte *Diäthylenglykol.* (Arzneimittel-Forsch. **3.** 29—30. Jan. 1953. Münster/Westf., Univ., Pharmakol. Inst.) KRUSEN. 4610

F. Blaschke, *Praktische Erfahrungen mit „Sulfanilamid".* Mit *Sulfanilamid* bzw. daraus hergestellten Uterusstäben (DEUTSCHE HYDRIERWERKE, Rodleben) konnten bei Kühen, Schweinen, Schafen, Ziegen u. Pferden bei puerperalen Erkrankungen, infizierten u. Operationswunden, Ferkelgrippe, Mastitiden u. anderen Erkrankungen gute Heilwirkungen erzielt werden. (Mh. Veterinärmed. **7.** 89—90. 1/3. 1952. Stolpen/Sa.) KRUSEN. 4610

Josef Balík, *Linsenschädigung durch Syphilistherapie.* In einem Fall, bei dem nach Syphilisbehandlung mit *As* u. *Bi* seroplast. Iridocyclitis auftrat, wird angenommen, daß eine über das Kammerwasser erfolgte As-Schädigung vorlag (durch Neosalvarsan intravenös). (Českoslov. Dermatol. [J. Dermatol. Syphilol. Czechoslov.] **28.** 36—41. 5/1. 1953. Prag [Praha], Karlova Univ., I. Očn. Klin.) R. K. MÜLLER. 4610

A. D. Lapp, G. A. Black und **J. N. O'Rafferty,** *Isonicotinsäurehydrazid bei der Lungentuberkulose.* Bei den tuberkulösen Patienten wurde nach der Behandlung mit *Isonicotinsäurehydrazid* eine Besserung des subjektiven Befindens, wie zunehmender Appetit, Gewichtszunahme, Fieberabfall u. Abnahme der Sputummenge, beobachtet. Nach 10 Wochen waren 12 von 16 positiven Fällen im direkten Abstrich negativ. Die Kulturen blieben jedoch, mit 1 Ausnahme, positiv. Auch der röntgenolog. Befund besserte sich während der Kur in einigen Fällen. In 1 Fall trat als Nebenwrkg. des Medikamentes eine leichte Hämoptysis auf. (Canad. med. Assoc. J. **67.** 619—23. Dez. 1952. Halifax, N. S., Camp Hill Hosp.) RUTKOWSKI. 4610

R. B. McConnell und **H. D. Cheetham,** *Akute Pellagra während der Isoniazidbehandlung.* Bei einem 22jährigen Mann entwickelte sich innerhalb einer 3wöchigen Behandlung mit *Isoniazid* (**I**; *Isonicotinsäurehydrazid*) eine akute Pellagra, die mit Vitamin-B-Komplex intramuskulär behandelt wurde. Vermutlich ist **I** für das Auftreten der Krankheit verantwortlich. (Lancet **263.** 959—60. 15/11. 1952. Liverpool, Royal Infirmary.) RUTKOWSKI. 4610

Richard A. Hunter, *Verwirrungspsychose mit zurückbleibender cerebraler Schädigung im Anschluß an eine Isoniazidtherapie.* Bei einer Patientin mit doppelseitiger, chron. Lungentuberkulose, die 3 Monate lang mit einer täglichen Dosis von 3,5—5 mg/kg Körpergewicht *Isoniazid* (**I**; *Isonicotinsäurehydrazid*), dann einen weiteren Monat mit 8—10 mg **I**/kg täglich behandelt wurde, trat eine akute tox. Verwirrungspsychose auf. 8 Wochen später waren Anzeichen für eine organ. Gehirnschädigung vom KORSAKOW-Typus vorhanden. (Lancet **263.** 960—62. 15/11. 1952. St. Albans, Napsbury Hosp.) RUTKOWSKI. 4610

Giovanni Astaldi, *Berichte über die Therapie der Lungentuberkulose.* In einem ausführlichen Ref. wird zusammenfassend über die diätet., symptomat. u. ätiolog. Behandlung der Lungentuberkulose mit *Tb I/698, PAS, Isonicotinsäurehydrazid* u. *Streptomycin* berichtet. (Minerva med. [Torino] **43.** II. 315—24. 6/9. 1952. Pavia, Univ., Clin. Med.) H. SCHEURLEN. 4611

F. Bastos Mora und **J. Plaja,** *Chirurgische Behandlung der Ostitis tuberculosa mit Streptomycin in Trockenplasma.* Die Verabfolgung von *Streptomycin* (**I**) verbunden mit Trockenplasma hat den Vorteil, daß dieses eine Verlangsamung der Verteilung von I bewirkt u. daß gleichzeitig ein mechan. Schutz gegenüber der entzündlichen Umgebung hergestellt werden kann, vor allem auch die Koagulation beschleunigt wird. (Clín y Lab. **55.** (**38.**) 175—79. März 1953. Barcelona.) P. G. SCHEURLEN. 4611

O. W. Schalm und **Gladys M. Woods,** *Charakteristica der coliformen Mastitis und Behandlung mit Dihydrostreptomycin.* Von 43 Fällen mit akuter Mastitis, die mit durchschnittlich 13—29 g *Dihydrostreptomycin* behandelt wurden, konnten 39 geheilt werden. (J. Amer. veterin. med. Assoc. **120.** 385—88. Juni 1952. Davis, Calif., Univ. of California, School of Veterin. Med.) KRUSEN. 4611

José Ramón Mozota Sagardia, *Überempfindlichkeit der operierten Otosklerosen auf Streptomycin. Streptomycin* wird nach den kurz berichteten Beobachtungen des Vf. von denjenigen Kranken schlechter vertragen (Hyperakusis oder Hypakusis), an denen der Otosklerose wegen die typ. Fensterungsoperation durchgeführt worden war. (Clín. y Lab. **55.** (**38.**) 188—92. März 1953. Santander.) P. G. SCHEURLEN. 4611

José Ramón Mozota Sagardia, *Penicillintherapie bei der Fensterungsoperation.* Da an Otosklerose erkrankte Patienten, bei denen die typ. Fensterungsoperation durchgeführt wurde, eine mit Drehschwindel u. Gehörstörungen einhergehende Überempfindlichkeit auf Sulfonamide u. Streptomycin zeigen, wird als antibiot. Schutz *Penicillin* empfohlen. (Clín. y Lab. **55.** (**38.**) 127—29. Febr. 1953. Santander.) P. G. SCHEURLEN. 4611

W. A. Dolinin, *Die Prophylaxe der Wundinfektion durch Anwendung von Penicillin und Sulfanilamiden.* Nachdem sich in Verss. in vitro eine synergist. Wrkg. der Kombination *Penicillin* (I)–*Sulfanilamide* gezeigt hatte, gelang es auch in Verss. an Kaninchen mit infizierten Wunden nachzuweisen, daß die lokale Anwendung von I in Kombination mit *Marfanil–Prontalbin* von großem Nutzen ist. Dasselbe erwies sich auch für die Klinik als richtig: obwohl bei 55% der Patienten in der Wundflora Colibakterien nachweisbar waren, kam es in 97,3% dort zu glatter Heilung. Löste man I in einem der therapeut. verwendeten Antiseren, so ließ es sich bis zu 24 Std. im Blut nachweisen (intramuskuläre Injektion), während in physiol. NaCl-Lsg. gelöstes I bereits nach 6 Std. aus dem Blut verschwunden war. (Вестник Хирургии имени И. И. Грекова [Grekow-Nachr. Chirurgie] **72.** Nr. 4. 7—12. Juli/Aug. 1952. Militär-Med. Kirow-Akad., Lehrstuhl für Feldchir.) RENTZ. 4611

I. I. Derjabin, *Penicillin in der Prophylaxe und Therapie von Peritonitiden.* Bei Hunden bzw. Kaninchen, bei denen man durch Injektion von Dickdarminhalt (0,25 g pro 1 kg Tier) in die Bauchhöhle eine diffuse eitrige Peritonitis erzeugt hatte, verschwand unter der Zufuhr von 100000 Einheiten Penicillin (I) die grampositive Flora aus dem Exsudat schon nach 8 Stunden. Wurde 0,5—1 g Dickdarmmittel intraperitoneal beigebracht, so gingen die Tiere an der Wrkg. der Darmgifte zugrunde. Intraperitoneal verabreichtes I bleibt länger im Blut als nach intramuskulärer Applikation. Am Menschen ist bei Peritonitiden verschied. Art prophylakt. die intraperitoneale Injektion von 300000—400000 Einheiten I gegen Ende der Operation zu empfehlen. Nach Zunähen der Bauchhöhle ist es ratsam, 8—10 Std. später I noch einmal intramuskulär zu injizieren. (Вестник Хирургии имени И. И. Грекова [Grekow-Nachr. Chirurgie] **72.** Nr. 4. 12—17. Juli/Aug. 1952. Militär-Med. Kirow-Akad., Lehrstuhl für Feldchir.) RENTZ. 4611

Hans Georg Honerla, *Vergleichende Scharlachbehandlung mit Omnacillin und Penicillin.* (Vgl. auch C. **1952.** 4332.) An 2 streng alternierenden Versuchsreihen von je 108 scharlachkranken Kindern, die je nach Größe 200000—300000 I.E. *Penicillin* (I) bzw. *Omnacillin* (II; 300000 I.E. I mit 1 ml konz. Omnadinlsg.) erhielten, wurde beobachtet, daß die Verabreichung von II keine Verbesserung hinsichtlich der nach I häufig auftretenden Komplikationen bes. der oberen Luftwege mit sich bringt. (Arch. Kinderheilkunde **146.** 47—49. 1953. Lübeck, Krankenhaus Süd.) KRUSEN. 4611

Sidney Ross, E. Clarence Rice, Frederic G. Burke, Joseph J. McGovern, Robert H. Parrott und **John P. McGovern,** *Behandlung von Haemophilus influenzae-Meningitis mit Chloromycetin und Sulfadiazin.* Die Behandlung von 15 Kindern zwischen 2 Monaten u. 4 Jahren mit durch Haemophilus influenzae hervorgerufener Meningitis mit *Chloromycetin* (I) u. *Sulfadiazin* (II) führte bei 13 zur Heilung, 2 kamen ad exitum. Die Kinder erhielten zunächst intramuskulär, später nach begonnener Besserung peroral täglich 100—150 mg/kg I u. 150—400 mg/kg II. Zur Injektion von I wurde ein besonderes mikrokrist. Präp., zur peroralen Darreichung I-Palmitat verwendet. — 22 Literaturangaben. (New England J. Med. **247.** 541—47. 9/10. 1952. Washington, D. C., Children's Hosp.) KRUSEN. 4611

Karl-Friedrich Blanke, *Beitrag zur Chloromycetin (Chloramphenicol)-Behandlung des Typhus und Paratyphus.* Bericht über 58 Fälle, von denen 17 mit Typhus abdominalis u. 9 mit Paratyphus B eine *Chloromycetin* (I)-Behandlung erhielten. I wurde nur an schwerkranke Fälle gegeben. Dosierung täglich 2 g, in 4 Gaben zu 500 mg per os, insgesamt 15 g. In allen Fällen eindeutige Wrkg. innerhalb weniger Tage. 34,6% Rezidive, die aber auf erneute I-Gaben sofort ansprachen. Typhusbacillenausscheider wurden nicht festgestellt. Zur Vermeidung von Komplikationen ist die Kenntnis der Vorbehandlung der Patienten bei I-Therapie notwendig. Störende Magen- u. Darmerscheinungen traten auf, wenn die Patienten vorher Sulfonamide (II) erhalten hatten. In 2 Fällen letaler Ausgang, der auf II-Behandlung zurückzuführen war. Bei vorliegenden Leberschäden wird vor I- u. II-Verabreichung gewarnt wegen der Gefahr der *Vitamin*-Stoffwechselstörung. (Münchener med. Wschr. **95.** 197—99. 6/2. 1952. Herford/Westf., Kreis- u. Stadtkrankenhaus.) DOSSMANN. 4611

E. G. Saint und **R. A. Joske,** *Bericht über Fettänderungen in der Leber als Komplikation der Aureomycintherapie.* Bericht über einen Fall mit subakuter Virushepatitis, bei dem sich eine reversible Fettinfiltration der Leber entwickelte, die mit Sicherheit auf die *Aureomycin* (I)-Therapie zurückzuführen war. Verabreicht wurden täglich 2 g I über 4 Wochen. Biopsie ergab das Fehlen von Fetttropfen in der Leber vor der I-Behandlung u. ihr Verschwinden innerhalb von 6 Wochen nach Absetzen von I. Einfl. durch die Ernährung war auszuschalten, da Patientin eine proteinreiche Standard-Hepatitis-Diät während der Beobachtungszeit erhalten hatte. Es wird vermutet, daß durch I der *Sulfhydryl*-Stoffwechsel gestört wird. (Med. J. Australia **40.** I. 222—24. 14/2. 1953. Melbourne, Walter and Eliza Hall Inst. of Med. Res., u. Royal Melbourne Hosp.) DOSSMANN. 4611

H. v. Pein, *Über Behandlungserfolge mit Terramycin.* Bericht über eine Reihe von Fällen, die zum Teil nach erfolgloser *Penicillin*-Behandlung *Terramycin* (I) erhielten, u. zwar 4—6stündlich 500 mg. Mit I-Therapie waren zum Teil überraschende Wendungen im Krankheitsbild bei Krankheiten, deren Ursache auf verschied. Bakterienarten oder Viren als Erreger zurückzuführen war, zu beobachten. Nach Vf. ist es wichtiger, in krit. Fällen sofort mit der I-Therapie zu beginnen, als ihr Einsetzen vom gesicherten bakteriol. Nachw. des Erregers abhängig zu machen. Für eine Abgrenzung der Indikationsgebiete sind nach Vf. die Erfahrungen noch nicht groß genug. (Die Medizinische **1952.** 1318—22. 18/10. Offenburg, Städt. Krankenhaus.) DOSSMANN. 4611

E. B. Hendrick, E. H. Botterell und **P. H. Greey,** *Akute Staphylokokkensepticämie, die systematisch mit Bacitracin geheilt wurde.* Eine typ., durch *Staphylococcus pyogenes* verursachte Septicämie bei einem an einer Paraplegie leidenden Patienten wird durch intramuskuläre Applikation von *Bacitracin* geheilt, nachdem *Terramycin* (I), *Penicillin* (II) u. *Streptomycin* (III) keinen Erfolg hatten. Die Bakterien waren in vitro resistent gegen I, II, III, *Aureomycin, Chloromycetin* u. *Dihydrostreptomycin.* (Canad. med. Assoc. J. **67.** 669—71. Dez. 1952. Toronto, Univ. u. General Hosp., Dep. of Bacteriol. u. Dep. of Surg. Neuro-surgical Div.) RUTKOWSKI. 4611

W. I. Koslowa, *Ein Versuch der Behandlung von Trichomonadenkolpitis und Cervixerosionen mit einer Synthomycinemulsion.* 50 Kranke mit Trichomonadenkolpitis erhielten täglich nach einer Scheidenspülung mit $KMnO_4$ Tamponaden mit 10%ig. Synthomycinemulsion (6—8 Std.). Die Gegend der Urethra u. des Afters wurde mit der gleichen Emulsion bestrichen. Die Behandlung dauerte 1—2 Wochen, entschiedene Besserung trat bereits nach 5—6 Tagen ein. Bes. günstige Resultate erzielte man bei Cervixerosionen. Nur bei 2 Kranken trat eine Verschlimmerung mit starkem Jucken u. Ödem der kleinen Labien ein. Diese Erscheinungen konnten schnell mit $KMnO_4$-Bädern behoben werden. (Акушерство и Гинекология [Geburtshilfe u. Gynäkol.] **1952.** Nr. 5. 85—86. Sept./Okt. Saran, Republ. Krankenhaus, Gynäkol. Abt.) DU MANS. 4611

William B. Bass und **Milton J. Vander Brook,** *Verbesserte Methode für die Auswertung von Analgeticis.* Die Testmeth. nach D'AMOUR u. SMITH (J. Pharmacol. exp. Therapeut. **72.** [1941.] 74) wird verbessert durch automat. Messung der Reaktionszeit mittels Einbau einer elektr. Stoppuhr in den zur Wärmeerzeugung erforderlichen Stromkreis. Anführung von Meßergebnissen an Ratten für verschied. Analgetica. (J. Amer. pharmac. Assoc., sci. Edit. **41.** 569—70. Okt. 1952. Kalamazoo, Mich., Upjohn Co.) FRESENIUS. 4621

G. Hermann und **H. C. Wood,** *Der Einfluß des Körperfettes auf die Dauer der Thiopentalanästhesie.* An Albinoratten wurde gezeigt, daß jede Vermehrung des Körperfettes die Dauer der Anästhesie abkürzt oder höhere Dosen an *Thiopental* (I) erfordert. Verringerung des Körperfettes um 5% hatte eine 100%ig. Verlängerung der Anästhesiedauer bei einer bestimmten I-Dosis zur Folge, oder es war für eine bestimmte Dauer der Anästhesie 40% weniger I für diese Tiere nötig. (Proc. Soc. exp. Biol. Med. **80.** 318—19. Juni 1952. St. Louis, Wash., School of Med.) DUCHO. 4621

Allen S. Johnson, *Chinin zur Besserung von Parästhesien unbekannter Ursache.* Bei 6 von 7 Personen, die an Parästhesien unbekannter Ätiologie litten, konnte durch 2 mal täglich 0,3 g *Chininsulfat* vorübergehende Beseitigung der Symptome erzielt werden. (New England J. Med. **247.** 568–69. 9/10. 1952. Springfield, Mass., Hosp.) KRUSEN. 4621

Walter Ronchi und **Luciano Novi,** *Vorbeugung und Therapie von Ermüdungserscheinungen bei Sportlern.* Vff. berichten über die Anwendung von *Aminosäuren, B-Vitaminen* u. *Coraminglucose* zur Behandlung von Ermüdungserscheinungen. Die Anwendung dieser Therapie führte bei Sportlern verschied. Sportarten zu anhaltender psych. u. phys. Besserung. (Minerva med. [Torino] **43.** II. 332–34. 6/9. 1952. Forli, Federazione Medico-Sportiva Italiana.) H. SCHEURLEN. 4622

R. W. Richards und **A. R. G. Chamings,** *Die Antihistaminica — ein Überblick.* 1. Mitt. Überblick über die physiol. Wrkg. des *Histamins* (I) u. die geschichtliche Entw. der Antihistaminica. Die heutzutage im Handel befindlichen Prodd. leiten sich im großen u. ganzen von drei Grundsubstanzen ab: Äthylendiamin, Äthanolamin u. Propylamin. Außerdem zählen noch nachst. Verbb. zu den gebräuchlichen Prodd.: *2-Phenylbenzylaminomethyl-4.5-imidazolin (Antistin), N-[2-Dimethylamino-n-propyl]-phenothiazin, N-[p-Chlorbenzhydryl]-N'-methylpiperazin, 2-Methyl-9-phenyl-2.3.4.9-tetrahydro-2-azafluoren (Phenindamin)* u. *N-[β-Pyrrolidinoäthyl]-phenothiazin.* Die Wrkg. der Verbb. wurde durch Verminderung der durch I hervorgerufenen Zusammenziehung des isolierten Meerschweinchendarmes, durch Verhinderung von Bronchokonstriktion nach Einatmen von I-haltiger Luft u. durch die Aufhebung der Effekte von intravenös verabreichtem I gemessen. (Chem. Products chem. News [N. S.] **15.** 40–44. Febr. 1952. Ciba Labors., Ltd.) HILDEGARD BAGANZ. 4625

R. W. Richards und **A. R. G. Chamings,** *Die Antihistaminica — ein Überblick.* 2. Mitt. (1. vgl. vorst. Ref.) Übersicht über Nebenwrkg., Applikation, Art der Anwendung u. Angriffsvermögen der *Antihistaminica* (I). Neben Wiedergabe einer bekannten Klassifizierung von I nach Wrkg. u. sedativem Effekt werden kurz klin. Anwendungsgebiete spezieller I-Präpp. erörtert. Folgende Antihistaminica werden angegeben: *Antazoline* (*Antistin,* CIBA LABORS., LTD); *Histostab* (BOOTS PURE DRUG CO., LTD.); *Ben-a-Hist* (C. L. BENCARD, LTD.); *Tripelenamine* (*Pyribenzamine,* CIBA LABORS., LTD.); *Phenindamine* (*Thephorin,* ROCHE PRODUCTS, LTD.); *Mepyramine* (*Anthisan,* MAY & BAKER, LTD.); *Promethazine* (*Phenergan,* MAY & BAKER, LTD.); *Chlorcyclizine* (*Histantin,* BURROUGHS WELLCOME & CO.); *Di-paralene* (ABBOT LABORS., LTD.); *Diphenylhydramine* (*Benadryl,* PARKE DAVIS & CO., LTD.); *Enstamine* (*Diatrin,* WILLIAM R. WARNER & CO., LTD.) u. *Synopen* (*Teevex vintment,* PHARMACEUTICAL LABORS. GEIGY, LTD.). (Chem. Products chem. News [N. S.] **15.** 89–91. März 1952. Ciba Labors., Ltd., B. Pharm., Ph. C.) MARGARETE VELDER. 4625

Harold R. Griffith, *Die klinische Verwendung der Muskelrelaxantien.* Vf. stellt für die klin. Verwendung der Muskelrelaxantien (MR) folgende Grundsätze auf: Kombination der MR mit Anästheticis; von den MR allein alles zu erwarten, vermehrt die Gefahr der Überdosierung. Für MR gibt es keine Routine- oder Standarddosierung. Anpassung an Größe u. Alter des Patienten, die Art der Operation u. die Tiefe der Anästhesie ist notwendig. Kenntnis der endotrachealen Intubation u. künstliche Beatmung muß bei der Verwendung von MR sichergestellt sein. Ebenso müssen die Antidota für das jeweils gebrauchte MR bekannt u. injizierbar bereitliegen. (Anesthésie et Analgésie **9.** 1–4. Febr. 1952. Montréal, Can., McGill Univ., Dep. of Anaesthesia.) K. BÖHM. 4628

Richard I. Bodman, *Einige Beobachtungen bei der Prüfung von Muskelrelaxantien an Versuchspersonen mit besonderer Beachtung von Compound 15 und 20 aus der Reihe der heterocyclischen bisquartären Dekamethylenammoniumverbindungen.* Beschreibung der charakterist. Reihenfolge der Muskellähmungen. Auch bei *Gallamine, d-Tubocurarine* (I) u. *Compound 20* (II) gleiche Reihenfolge, Stärke u. Dauer der Wrkg. jedoch verschieden. *Compound 15* wirkt etwas stärker als I, die Wrkg. ist aber kürzer. Bei 20 mg intravenös traten Kopfschmerzen, fliegende Röte, Palpitatio u. Tachycardie von 160/Min. auf, so daß die Verss. abgebrochen wurden. II ergab bei vorläufiger Prüfung: halb so stark wirksam wie I bei gleicher Gewichtsmenge. Dauer der Wrkg. ungefähr gleich. Antagonist ist *Neostigmin.* Wahrscheinlich setzt es weniger Histamin frei als I; bisher keine Nebenwirkungen beobachtet. (Anesthésie et Analgésie **9.** 5–13. Febr. 1952. Bristol, Univ.) K. BÖHM. 4628

J. Ojeda Gil, *Behandlung der postoperativen Urinretention mit Priscol.* Bericht über die Anwendung von *Priscol* (I) zur Behandlung u. Prophylaxe von postoperativen Blasenlähmungen. I wurde zu 0,01 g je 6 Std. dosiert. Es handelte sich bei den 51 beobachteten Patienten um Bauchoperierte. Erfolge gut. (Med. clin. [Barcelona] **20.** (11.) 108–09. Febr. 1935. Barcelona, Univ., Clín. Quir.) P. G. SCHEURLEN. 4628

Erich K. Sauter, *Arzneimittelschädigungen durch Diphenylhydantoin im Kindesalter.* Bericht über 2 Fälle. 1 Kind zeigte nach 3wöchiger Medikation von täglich 0,15 g *Diphenylhydantoin* (I) ein starkes hämorrhag.-bullöses Arzneimittelexanthem mit schweren Allgemeinerscheinungen. Behandlung mit *ACTH, Penicillin, Streptomycin, Aureomycin,* Infusion u. Kreislaufmitteln. Das 2. Kind zeigte nach Aufnahme von 1,2 g I Intoxikationserscheinungen mit Ataxie, Falltendenz, Benommenheit u. Sehstörungen. Therapie mit Abführmitteln u. Adsorbentien. Vf. fordert, I nur bei echten Krampffällen zu verordnen. (Arch. Kinderheilkunde **146.** 64—70. 1953. Essen, Städt. Krankenhaus.) KRUSEN. 4628

Broustet, Blanchot, Chevais und **Robert,** *Über einen wahrscheinlich durch Salicylattherapie geheilten Fall von Pericarditis mit cortico-pleuraler Reaktion.* Bericht über einen Fall von Pericarditis, der nach erfolgloser Behandlung mit Penicillin durch *Na-Salicylat* (5 Wochen täglich 9 g intravenös) geheilt werden konnte. (J. Méd. Bordeaux Sud-Ouest **129.** 1085—87. Nov. 1952. Tondu, Hôpital.) KRUSEN. 4630

R. Kutz Echave, *Angina pectoris, pathogenetische Auffassungen und sympathicolytische Behandlung.* Vf. berichtet über 12 Fälle von Angina pectoris, die mit *Hydergin* behandelt wurden. Dosierung: 3mal 10—20 Tropfen täglich während mehrerer Wochen oder Monate. Bei 9 Patienten wurden die Schmerzen behoben, bei 1 gemildert, bei 2 kein Erfolg. Es werden ferner der Einfl. des *Adrenalins* auf den Myocardstoffwechsel u. die Bedeutung des Adrenalins in der Pathogenese der Angina pectoris sowie die verschied. Ansichten über die vegetative Regulation der Coronardurchblutung erörtert. (Cardiologia [Basel] **20.** 129—48. 1952. San Sebastian, Dispensaire Antituberculeux de l'Etat, Service de Cardiologie.) K. BÖHM. 4630

Oscar H. Comess, *Auriculäres Flattern mit komplettem Herzblock. „Reitender Embolus" bei einem Fall rheumatisch bedingter Klappenerkrankung.* Obwohl in der Literatur vor der Anwendung von Antikoagulantien nach chirurg. Eingriffen gewarnt wird, berichtet Vf. über einen Fall, bei dem nach Embolektomie zur Verhinderung von Rückfällen eine erfolgreiche *Dicumarol*-Behandlung angeschlossen wurde. (Ann. intern. Med. **37.** 394—99. Aug. 1952. Chicago, Ill., Mount Sinai Hosp., Dep. of Med.) REICHLE. 4630

K. Denninger, *Klinische Erfahrungen mit Hirudoid.* Gute Erfolge mit *Hirudoid* wurden erzielt bei leichten u. mittelschweren Thrombosen u. Thrombophlebitiden (hier auch zusammen mit Penicillin), in der Prophylaxe von Venenentzündungen bei mit Varicen behafteten Herzkranken u. zur Verhütung von Injektions-Infusions-Phlebitiden. (Die Medizinische **1952.** 1273—74. 4/10. Würzburg, Juliusspital, Innere Abt.) H.-J. KOCH. 4630

Jozef Černáček und **Livia Böhmová,** *Wertung einiger neuerer Heilungsmethoden bei multipler Sklerose.* Bei der Behandlung von multipler Sklerose mit *Neopeviton* (I), *Pelentan, Histamin, T. S. 160* u. Gewebeextrakten zeigte das vasodilator. wirkende I mit 70% Besserungen den besten therapeut. Erfolg. (Bratislavské Lekárske Listy **33.** 89—98. 1953. Bratislava, Neurolog. klin. SV.) LOCH. 4630

K. Engelbach, *Beitrag zur Dyspepsiebehandlung Lungentuberkulöser.* Vf. behandelte 92 Fälle tuberkulotox. sub- u. anacider Gastritis chron. Lungentuberkulöser mit *Paraktol* (CHEMIEWERK, Homburg), einem Glutaminsäure- u. Betainhydrochlorid enthaltenden Präp., das sich gut bewährte. (Tuberkulosearzt **6.** 726—29. Dez. 1952. Schwarzenborn II über Treysa, Landeslungenheilstätte „Am Knüll".) BÖHM. 4645

J. Sala Roig, *Banthin in der Behandlung des Ulcus gastroduodenale.* Bericht über die Anwendung des *Banthins* u. kasuist. Mitt. über die guten Ergebnisse bei 8 Patienten. (Med. clin. [Barcelona] **20.** (**11.**) 110—18. Febr. 1953.) P. G. SCHEURLEN. 4645

M. Abdulla und **D. K. Rohini,** *Eine einfache und zuverlässige Behandlung von Schwangerschaftserbrechen.* In 4 Fällen von Schwangerschaftserbrechen konnten Vff. durch 1—3 täglich aufeinanderfolgende Injektionen von 10—15 ml 20%ig. *Ca-Gluconat*-Lsg. ohne Nebenerscheinung Verschwinden des Erbrechens u. Steigerung des Allgemeinbefindens erzielen. (Indian med. Gaz. **87.** 347—50. Aug. 1952. Vaniyambadi, N. A. Distr., S. India, Nursing Home.) KRUSEN. 4646

Jaswant Singh, N. G. S. Raghavan, B. G. Misra, A. K. Krishnaswamy und **Radhagovinda Roy,** *Bemerkung zur ascariciden Wirkung von Hetrazan.* Verabreichung von 5 Tage lang 2mal täglich 2 mg/kg *Hetrazan* (I) an 702 Erwachsene u. 291 Kinder führten bei 23,6% zu einer Ausscheidung von lebenden Ascariden. Unterss. 1 Woche bzw. 6—7 Monate nach I-Behandlung ergaben, daß $^1/_3$ der Personen frei von Ascarideneiern waren. Die Wrkg. von I gegen Filarieninfektion beeinflußt nicht seinen gleichzeitigen ascariciden Effekt. (Indian med. Gaz. **87.** 353—56. Aug. 1952. Delhi, Malaria Inst. of India.) KRUSEN. 4649

W. Frh. v. Waldenfels, *Beitrag zur Wundbehandlung mit nieder- und hochmolekularen Kohlenhydraten.* Bericht über gute Erfolge bei 42 ambulanten Fällen mit *Dextromucid* (I; Maizena-Werke, Hamburg) bei verschied. Arten von Wunden u. Ulcera. I verbindet die Vorzüge einer fettfreien Salbe mit der günstigen osmot. u. bakteriostat. Wrkg. des Traubenzuckers; *Dextrose*-Geh. 42%, p_H ca. 5,4. Die Konsistenz von I bewirkt guten Kontakt mit der Wundfläche. Schädliche Nebenwirkungen wurden nicht gesehen. (Die Medizinische **1952.** 1337. 18/10. München, Univ., Chirurg. Klinik.) Dossmann. 4660

W. P. Winogradow, *Die Behandlung der sogenannten allergischen Augenerkrankungen mit Natriumhyposulfit.* 20%ig. Na-Hyposulfit-Lsg. (I) wurde Patienten intravenös gegeben, bei denen andere Desensibilisierungsmittel ohne Dauererfolg waren (Bindehaut-, Hornhaut- u. Regenbogenhautentzündungen). Während 2jähriger Beobachtungsdauer wurden bei 70 Fällen 5 Recidive festgestellt. Kontraindiziert ist I bei Malaria. Vf. kam zu folgendem Ergebnis: I ist ein gutes, für den Körper unschädliches Desensibilisierungsmittel, das schnell den allerg. Zustand herabsetzt u. sowohl in der ambulator. als auch in der klin. Praxis verwendbar ist. Die Dauerhaftigkeit des Heilerfolges von I ist noch ungeklärt. (Вестник Офтальмологии [Nachr. Ophthalmol.] **31.** Nr. 4. 18—19. Juli/Aug. 1952.) Burghardt. 4670

Lawrence Greenman, W. A. Frey, R. E. Lewis, M. J. Sakol und **T. S. Danowski,** *Biochemische Veränderungen im Serum und Stuhlgang während der Aufnahme von carboxylischen, sulfonischen und anionischen Austauschern.* Vff. beobachteten bei klin. Verss. bei Verabreichungen von Kombinationen verschied. Ionenaustauscher Beeinflussung der Na^+- u. K^+-Exkretion. Als Nebenerscheinung trat allg. eine Veränderung im Säuren-Basen-Gleichgewicht u. im Mineralgeh. des Körpers ein. (J. Lab. clin. Med. **41.** 236—47. Febr. 1953. Pittsburgh, Pa., Univ., School of Med., Childrens, Presbyterian and Womans Hosp., Dep. of Res. Med.) Bratfisch. 4670

Milton J. Chatton and others, Handbook of medical treatment (formerly medical management). 3rd ed. Los Altos, Calif.: Lange Medical Pubns. (524 S. m. Abb.) $ 3,—.

Howard F. Conn, ed. 1953 current therapy. Phil.: Saunders. 1953. (835 S.) $ 11,—.

F. Pharmazie. Desinfektion.

Romuald Klimek, *Citral oder Citronenöl im III. Polnischen Arzneibuch?* Es wird vorgeschlagen, das eingeführte Citronenöl in der Neuauflage des Poln. Arzneibuches durch einheim. synthet. Citral oder solches aus der in Polen anbaufähigen *Perilla citriodora Makino* zu ersetzen. (Farmacja polska **8.** 423—24. Nov. 1952.) R. K. Müller. 4750

—, *Zum III. Polnischen Arzneibuch.* Vorschläge für Herstellungs- u. Prüfungsvorschriften für Emulsion Olei Ricini, Extracta u. Extracta fluida. (Farmacja polska **8.** 425—27. Nov. 1952.) R. K. Müller. 4750

E. Steigerwald, *Über den Heilpflanzenanbau im Bundesgebiet.* (Dtsch. Apotheker-Ztg. **93.** 255—57. 9/4. 1953. München, Bayer. Landesanstalt für Pflanzenbau u. Pflanzenschutz.) Fresenius. 4782

A. Guillaume und **E. Lang,** *Über die chemische Zusammensetzung des Hopfens.* Übersicht über die Inhaltsstoffe des auch in der Pharmazie verwendeten Hopfens u. ihre chem. u. physikal. Eigenschaften. (France-Pharmacie **6.** 5. Jan. 1953. Strasbourg, Fac. de Pharmacie.) Rutkowski. 4782

Magne Halse, *Spektrophotometrie.* Vortrag über Grundlagen, prakt. Ausführung u. Auswertung, mit zahlreichen Hinweisen auf die U. S. Pharmakopoe. (Medd. norsk farmac. Selsk. **14.** 133—49. Dez. 1952. Blindern, Spesialitetskontr.) R. K. Müller. 4880

R. Kress, *Über das Thiocarbaminat als Fällungsreagens von Metallionen.* Hinweis auf einen Vorschlag von Wiberg u. Bauer (vgl. C. **1953.** 3452) über die Verwendung von Ammoniumthiocarbaminat zur Erzeugung von H_2S u. auf seine Brauchbarkeit für pharmazeut. Untersuchungen. (Pharmazie **8.** 249—50. März 1953. Gotha.) Fresenius. 4880

V. Vukčević-Kovačević und **T. Bićan-Fišter,** *Über den Nachweis und die annähernde Bestimmung von Histidin mit Hilfe von Brom in salpetersauren Lösungen.* Bei der Knoopschen Rk. auf Histidin (I) mit Br tritt in Ggw. von HNO_3 keine Färbung auf. Die Rk. wird aber auch in Ggw. von HNO_3 positiv, wenn man Filtrierpapier mit einem Tropfen I-Lsg. tränkt, Br-Dämpfen u. danach Wasserdämpfen aussetzt. Bei über 5%ig. Lsgg. von I-HCl tritt eine tiefblauviolette Farbe auf, bei Lsgg. niedrigerer Konz. findet man charakterist. Unterschiede, wobei auch die Konz. der HNO_3 u. die Einwirkungszeit der Br- u. Wasserdämpfe eine Rolle spielen. Die Rk. ist geeignet für Kontrollbest. der 4%ig. I-HCl-Lsgg. für Injektionszwecke: das I-Präp. wird mit der gleichen Menge

50%ig. HNO_3 verd. u. gleichzeitig mit einer Vergleichsprobe von 2% I-HCl in 25%ig. HNO_3 1, 3 u. 5 Min. Br-Dämpfen u. 1 Min. Wasserdämpfen ausgesetzt. Enthält die Injektionslsg. 4% I-HCl, dann fällt die Rk. bei beiden Proben gleich aus, anderenfalls muß mit I-Lsgg. höherer oder niedrigerer Konz. verglichen werden. *Histamin* (II) reagiert nicht u. stört die Rk. auf I nicht. Daher ist die Rk. zur Best. von I als Verunreinigung von II geeignet. (Acta pharmac. jugosl. **1.** 53—61. 1951. Zagreb, Pharmaz.-Chem. Inst.) BECKMANN. 4880

J. Büchi, X. Perlia und **A. Strebel,** *Vakuummikrosublimate einiger Lokalanästhetica und ihre Identifizierung.* Im EDERschen Gerät wurde der optimale Sublimationsdruck zwischen 11 u. 1 mm Hg gefunden. Bei höheren Drucken traten instabile Modifikationen auf, bei niedrigeren Drucken war die Sublimationsgeschwindigkeit erhöht, die Sublimationsausbeute geringer. Die Sublimationstempp. haben nicht den Wert von Konstanten. Das zwischen den einzelnen Teilen des Sublimationsgerätes herrschende Temperaturgefälle bleibt auch beim Konstanthalten der Badtemp. bestehen. Die Zusammenhänge zwischen Sublimationstemp., Temp. des Sublimationsgutes, Badtemp. u. F. der untersuchten Verbb. werden in Tabellen u. Diagrammen verdeutlicht. Höheres Temperaturgefälle führt zu schlechter ausgebildeten Kristallen bzw. zu leicht viscosen Schmelzen oder amorphen Gläsern; die Entstehung instabiler Kristallformen wird begünstigt. Höherer Sublimationsabstand führte bei Anästhesie zur vermehrten Bldg. von Kristallaggregaten, niedrigerer von Einzelkristallen. Die Sublimationsdauer wurde durch niedrigen Druck, hohe Temp. u. kleinen Sublimationsabstand abgekürzt. Verlängerung der Sublimationsdauer führt zum Schwinden von Tröpfchen, Tröpfchenkristallen u. kleinen Einzelkristallen zugunsten von großen Einzelkristallen bzw. größeren Kristallaggregaten. Impfen führte auch bei niedrigeren Tempp. zu gleichmäßig entwickelten Einzelkristallen oder Aggregaten. Bei polymorphen Substanzen entsteht immer die Form, mit der geimpft wurde. Bei *Cycloform* u. *Pantocain* wurden erst durch Umkristallisieren der Sublimate aus Bzl. oder A. für kristallopt. Unterss. geeignete sphärolith. Aggregate erhalten. (Pharmac. Acta Helvetiae **27.** 334—49. 30/11. 1952. Beilage zu: Schweiz. Apotheker-Ztg. Zürich, ETH, Pharmazeut. Inst.) SCHEIBE. 4880

Fr. Rolf Preuß, *Kurze Bemerkungen zur Unterscheidung von Trypaflavin- und Rivanollösungen und zur Stabilisierung von Rivanollösungen gegen Elektrolyte.* Eine sichere Unterscheidung von Rivanol (I)-Lsgg. u. Trypaflavin (II)-Lsgg. ist durch Farbvgl., mit der J-Rk. oder mit HNO_2 nicht möglich. I-Lsgg. zeigen auf NH_4Cl-Zusatz je nach Konz. sofort Trübungen oder Fällungen bzw. Entfärbung u. Abscheidung von Kriställchen. Lsgg. mit mehr als 0,1% I werden verdünnt. II-Lsgg. verändern sich mit NH_4Cl nicht oder erst nach vielen Stunden. Gemeinsame Lsgg. von I u. II sind gegen Elektrolyte, bes. NaCl u. NH_4Cl, viel beständiger als reine I-Lösungen. Es wird vorgeschlagen, I-Lsgg. zur peroralen oder zur Wundbehandlung mit II zu versetzen. (Dtsch. Apotheker-Ztg. **93.** 218—19. 26/3.; Arch. Pharmaz. Ber. dtsch. pharmaz. Ges. **286/58.** 129. 1953. Freiburg/Br., Univ., Pharmaz. Inst.) FRESENIUS. 4880

Jan Pepke, *Über die sogenannte Pasteur'sche Reaktion in der Gruppe der Alkaloide der Chinarinde.* Überblick über den Stand der Kentnnisse auf Grund der neueren Literatur (7 Literaturangaben). (Farmacja polska **8.** 415—19. Nov. 1952. Posen [Poznań], Univ., Zakł. Chem. organ.) R. K. MÜLLER. 4880

Maria Rożyńska und **Krystyna Goszczyńska,** *Colorimetrische Bestimmung der Belladonnaalkaloide im Halbmikromaßstab.* Die Belladonnaalkaloide geben mit REINECKEschem Salz $[NH_4Cr(NH_3)_2(CNS)_4 \cdot H_2O]$ einen Nd., der in organ. Lösungsmitteln lösl. ist; der Farbvgl. mit Lsgg. von bekanntem Geh., die in gleicher Weise mit Atropinsulfat (50 mg in 100 cm^3 1%ig. H_2SO_4) hergestellt sind, dient zur colorimetr. Bestimmung. (Farmacja polska **8.** 421—22. Nov. 1952. PZH, Dz. chem.-farm.) R. K. MÜLLER. 4880

Soc. des Usines Chimiques Rhône-Poulenc, Paris, Frankreich, *Sulfonamide* der nebenst. allg. Formel (R = Alkyl mit höchstens 5 C-Atomen, durch Methyl, Cl, NH_2 oder Acetylamino substituiertes Aryl; A u. A_1 = gerad- oder verzweigtkettige KW-stoffreste oder Aralkyl; R_1 u. R_2 = Methyl oder Äthyl oder beide zusammen mit N ein Piperidin- oder Morpholinrest) erhält man durch Kondensation eines Äthansulfonsäurederiv. $C_2H_5SO_2X$ mit einer Verb. der Formel $Y-(CH_2)_3-N(C_2H_5)_2$ (X u. Y = bei der Kondensation sich abspaltende Substituenten mit Ausnahme von —NH—). Das gebildete Diäthylamino-3-äthansulfamido-1-propan wird dann als Na-Salz mit 3-Diäthylaminopropylhalogenid in Ggw. von $NaNH_2$ umgesetzt. — Äthansulfochlorid + Diäthylamino-3-amino-1-propan → *3 Diäthylamino-1-äthansulfamido-propanhydrochlorid,* $Kp._{0,3}$ 142°, + 3-Diäthylamino-1-chlor-propan + $NaNH_2$ in Toluol → *N.N-Bis-(3-diäthyl-*

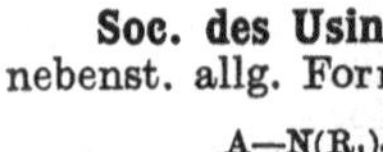

amino-1-propyl)-äthansulfamid, $Kp._{0,5}$ 169°. *Dipikrat*, F. 148°. Verwendung zur Behandlung des *traumat.* u. *hämorrhag. Schocks.* (**Schwz. P. 281 602** vom 29/10. 1948, ausg. 1/7. 1952. F. Priorr. 4/11. 1947 u. 14/4. 1948.) KRAUSS. 4807

E. Merck (Erfinder: **Otto Zima** und **Fritz von Werder**), Darmstadt, *Herstellung von N-Isoamylcarbaminsäureestern.* Nach dem Verf. des Hauptpatents werden hergestellt: der *Isothymolester*, $Kp._{0,2}$ 152—154°, u. *Carvacrolester*, $Kp._{0,3}$ 170—172°. *Therapeutica.* (**D. B. P. 843 549** Kl. 12q vom 28/10. 1950, ausg. 10/7. 1952. **Zusatz zu D. B. P. 816 545; C. 1952. 3246.**) FABEL. 4807

G. D. Searle & Co. (Erfinder: **John W. Cusic**), Skokie, Ill., V. St. A., *Dialkylaminoalkylätheralkyläther.* — (*-diäthylaminoäthyläther* = **I.**) — *Benzhydryl*-**I.** Beim Erwärmen von Benzhydrol mit β-Diäthylaminoäthylchloridhydrochlorid u. NaOH auf dem Dampfbad. $Kp._{7}$ 174—176°. — Analog: *9-Fluorenyl*-**I**, $Kp._{8}$ 180—190°. — *9-Xanthyl*-**I**, $Kp._{6}$ 184 bis 186°; *Hydrochlorid*, F. 176—178°. — *9.10-Dihydro-9-anthryl*-**I**, $Kp._{6}$ 194—200°; *Hydrochlorid*, F. 172—174°. — *9-Fluorenyldiäthylaminopropyläther*, $Kp._{6}$ 202—204°. — *Benzhydryldiäthylaminopropyläther*, $Kp._{6}$ 172—174°. — *9-Fluorenyldibutylaminoäthyläther*, $Kp._{6}$ 204—206°. — *Benzhydryldibutylaminoäthyläther*, $Kp._{2}$ 188—190°. — *Benzhydryldimethylaminoäthyläther*, $Kp._{7}$ 165—167°; *Hydrochlorid*, F. 167—168°. Die Verbb. wirken *spasmolytisch.* (**D. B. P. 857 502** Kl. 12q vom 29/9. 1950, ausg. 1/12. 1952. A. Prior. 7/10. 1943.) LANGER. 4807

Schieffelin & Co., New York, übert. von: **Francis M. Whitacre**, Manhasset, und **Dina Van Praag**, New York, N. Y., V. St. A., *Silbersalze acylierter Aminosäuren*, die als *chemotherapeut.* Mittel gegen pathogene Mikroorganismen zu verwenden sind, mit der allg. Formel R—CH(NHR')—COOAg, in der R der zweckmäßig S enthaltende Rest der α-Aminomonocarbonsäure u. R' eine Acylgruppe ist. Bes. wirksam sind die Salze des Acetyl-, Propionyl- u. Salicoylmethionins, ferner das Acetyl- u. Propionylleucins u. des Acetyltryptophans. (**A. P. 2 596 631** vom 14/6. 1948, ausg. 13/5. 1952.) GRÄGER. 4807

Farbenfabriken Bayer, Leverkusen (Erfinder: **Hans Schmidt, Robert Behnisch** und **Ernst Schraufstätter**, Wuppertal-Elberfeld), *Herstellung von Thiosemicarbazonen* (**I**), dad. gek., daß man Thiosemicarbazid (**II**) auf Verbb. der Formel R—CH=CH—CO—R' einwirken läßt, worin R einen unsubstituierten oder substituierten Benzolring u. R' einen aromat. oder heterocycl. Ring bedeuten. Katalysatoren können anwesend sein. Gegebenenfalls können auch Veränderungen an den Substituenten der bereits gebildeten **I** erfolgen. — Benzalacetophenon u. **II** werden mit A. 12 Std. gekocht, A. abdest., Rückstand mit Ligroin ausgekocht u. aus 75%ig. A. umkristallisiert. Man erhält *Benzalacetophenonthiosemicarbazon*, F. 143°. Ferner werden hergestellt: *4-Methylbenzalacetophenonthiosemicarbazon*, F. 154°. — Aus 4-Methoxybenzalacetophenon u. **II**: *4-Methoxybenzalacetophenonthiosemicarbazon*, F. 142°. Beim Umkristallisieren aus Eisessig erhält man eine isomere Verb., F. 190°. — 4-Äthoxychalkon u. **II** ergeben *4-Äthoxybenzalacetophenonthiosemicarbazon*, F. 157°. — 4-n-Propoxybenzalacetophenon (F. 59°) ergibt mit **II** *4-n-Propoxybenzalacetophenonthiosemicarbazon*, F. 164°; 4-Allyloxybenzalacetophenon (F. 66°) ergibt *4-Allyloxybenzalacetophenonthiosemicarbazon*, F. 159°. 4-n-Butoxybenzalacetophenon (F. 64°) ergibt *4-n-Butoxybenzalacetophenonthiosemicarbazon*, F. 150°, u. 4-Phenoxybenzalacetophenon (F. 94°) ergibt das *4-Phenoxybenzalacetophenonthiosemicarbazon*, F. 171°. — Aus den entsprechenden Acetophenonen werden erhalten: das *3-Methoxy-*, F. 146°; *2-Methoxy-*, F. 174°; *3.4-Dimethoxy-*, F. 165°; *4.4'-Dimethoxy-*, F. 180°; *4'-Methoxy-*, F. 226°; *4-Methoxy-4'-methyl-*, F. 199°; *4-Methoxy-4'-chlor-*, F. 217°; *4-Äthoxy-4'-methyl-*, F. 155°; *4-Acetoxy-*, F. 185°; daraus durch kurzes Erwärmen mit 2%ig. NaOH; *4-Oxy-*, F. 244°; *4-Acetylamino-*, F. 205°; *4-Dimethylamino-*, F. 163°; *4-Nitro-*, F. 185°; *3.5-Dibrom-*, F. 227°; *4-Chlor-*, F. 164°; *4-Methoxy-4'-brom-*, F. 223°; *4-Äthylsulfomyl-*, F. 211° (Zers.); *4-Methoxy-4'-methylmercapto-*, F. 155°; *4-Carboxy-*, gelbe Kristalle, F. 253° (Zers.); *4-Carboxy-4'-chlor-*, F. 263° (Zers.); *4'-Carboxy-*, F. 224° (Zers.); *4-Methoxy-4'-carboxybenzalacetophenonthiosemicarbazon*, F. 224° (Zers.). Das *Thiosemicarbazon*: der *4-Oxybenzalacetophenon-o-essigsäure*, F. 208° unter Zers.; der *3-Oxybenzalacetophenon-o-essigsäure*, F. 181° (Zers.); des *β-Naphthyl-(4-methoxystyryl)-ketons*, F. 117°; des *α-Thienyl-(4-methoxystyryl)-ketons*, F. 173°, u. des *5-Cinnamoyl-8-oxychinolins*, F. 234° (Zers.). (**D. B. P. 845 196** Kl. 12o vom 7/7. 1950, ausg. 28/7. 1952.) G. KÖNIG. 4807

Farbenfabriken Bayer, Leverkusen-Bayerwerk (Erfinder: **Robert Behnisch**, Wuppertal-Elberfeld), *Herstellung von Thiosemicarbazonen*, dad. gek., 1. daß man aromat. Oxoverbb., die mindestens eine m-ständige Nitrogruppe tragen, mit Thiosemicarbazid oder seinen am S oder N durch Acyl- oder heterocycl. Reste substituierten Abkömmlingen umsetzt oder sie stufenweise mit Hydrazinen oder Rhodaniden umsetzt oder sie mit

Semicarbaziden in Semicarbazone umwandelt u. diese mit S-Verbb. in Thiosemicarbazone überführt, oder daß man in bereits gebildeten Thiosemicarbazonen bereits vorhandene reaktionsfähige Gruppen in die NO_2-Gruppe umwandelt; 2. daß man an Stelle der Oxoverbb. deren funktionelle Derivv., wie Thioaldehyde, Thioketone, Acetale, Mercaptale, Halbacetale u. Bisulfitverbb., verwendet. — Beispiel: Das aus 3-Nitrobenzaldehyd u. Thiosemicarbazid erhaltene Thiosemicarbazon stellt gelbliche Kristalle mit F. 227°, das 2-Chlor-5-nitrobenzaldehydthiosemicarbazon farblose Kristalle mit F. 257° (Zers.) dar. — *Tuberkulosemittel.* (**D. B. P. 845 345** Kl. 12o vom 31/10. 1943, ausg. 31/7. 1952.) DERSIN. 4807

Farbenfabriken Bayer, Leverkusen-Bayerwerk (Erfinder: **Robert Behnisch,** Wuppertal-Elberfeld, und **Hans Schmidt,** Wuppertal-Vohwinkel), *Herstellung von Thiosemicarbazonen,* 1. dad. gek., daß man Thiosemicarbazid auf solche Derivv. des Benzaldehyds einwirken läßt, die in 4-Stellung einen unsubstituierten Benzolring entweder direkt oder über eine C-haltige Brücke gebunden tragen; 2. daß an Stelle der freien Aldehyde deren funktionelle Derivv. umgesetzt werden. — Man erhitzt z. B. 4-Phenylbenzaldehyd, gelöst in A., in Ggw. von Eisessig mit Thiosemicarbazidlsg. in W. zum Sieden. Das erhaltene Thiosemicarbazon hat F. 205°. Analog von 4-Benzoylbenzaldehyd das Thiosemicarbazon, gelbe Kristalle, F. 232°; von 4-Benzylbenzaldehyd gelblichweiße Kristalle, F. 154°, u. von 4-Stilbenaldehyd gelbe Kristalle, F. 222°. — *Tuberkulosemittel.* (**D. B. P. 845 508** Kl. 12o vom 12/10. 1950, ausg. 31/7. 1952.) DERSIN. 4807

Farbenfabriken Bayer, Leverkusen (Erfinder: **Hans Schmidt,** Wuppertal), *Derivate von Thiosemicarbazonen* erhält man durch Anlagerung von Halogenen oder Rhodan an diese; z. B. durch Einw. von Br_2 auf *4-Methoxybenzalthiosemicarbazon* (I) in Eisessig ein Pulver, das bei ca. 174° schm. u. ca. 34% Br enthält. I kann auch mit Cl_2 oder F_2 in verschied. Mengen behandelt werden, oder mit Rhodanlsg., wobei Rhodanreste in das Mol. eintreten. Weitere Beispiele mit *4-Acetylaminobenzal*-**II**, *4-Acetylaminoacetophenon*-**II**, *4-Methylmercaptobenzal*-**II** u. *4'-Acetylaminobenzal-4-aminobenzal*-**II**, wobei **II** = „thiosemicarbazon". — *Tuberkulostat.* Wirkung. (**D. B. P. 876 092** Kl. 12o vom 2/10. 1948, ausg. 7/5. 1953.) BRÖSAMLE. 4807

Farbenfabriken Bayer, Leverkusen (Erfinder: **Hans Schmidt,** Wuppertal), *Phosphorderivate von Thiosemicarbazonen* (**I**). Man läßt auf **I** PCl_5, $POCl_3$ oder $PSCl_3$, bes. in Ggw. von Pyridin oder Dimethylamin, einwirken u. behandelt gegebenenfalls die Reaktionsprodd. dann mit Wasser. Die erhaltenen phosphorhaltigen Verbb. sind *tuberkulostat.* wirksam. Als **I** werden z. B. verwendet: *4-Acetylaminobenzal*-**II**; *4-Aminobenzal*-**II**; *3-Oxybenzal*-**II**; *4-Dioxypropyloxybenzal*-**II**; *4-Oxybenzal*-**II**, wobei **II** = „thiosemicarbazon". (**D. B. P. 876 093** Kl. 12o vom 9/2. 1949, ausg. 7/5. 1953.) BRÖSAMLE. 4807

Farbenfabriken Bayer, Leverkusen (Erfinder: **Bruno Puetzer,** Cincinnati, O., V. St. A.), *Thiosemicarbazone aromatischer Aldehyde* erhält man durch Rk. der Aldehyde in wss.-alkoh. saurem Lösungs- oder Verdünnungsmittel mit Hydrazinthiocyanat, vorteilhaft bei 80—100°. Aus p-Oxybenzaldehyd erhält man in einem Eisessig–A.-Gemisch *p-Oxybenzalthiosemicarbazon,* F. 228—233°. — *p-Acetylaminobenzal*-I, F. 235° (Zers.); *p-Dimethylaminobenzal*-I, F. 211—214°; *p-Nitrobenzal*-I, F. 248° (Zers.), wobei I = „thiosemicarbazon". (**D. B. P. 876 240** Kl. 12o vom 9/12. 1951, ausg. 11/5. 1953. A. Prior. 9/12. 1950.) BRÖSAMLE. 4807

Farbenfabriken Bayer, Leverkusen, *4-Acetoacetylaminobenzaldehydthiosemicarbazon,* F. 190° (Zers.), erhält man durch Kondensation von 4-Aminobenzaldehydthiosemicarbazon (hergestellt aus p-Aminobenzaldehyd u. Thiosemicarbazid, F. 204°) mit Diketen, zweckmäßig in Ggw. eines Lösungsmittels. — *Tuberkulosebekämpfungsmittel.* (**E. P. 671 209** vom 22/8. 1950, ausg. 30/4. 1952. D. Prior. 27/8. 1949.) KRAUSS. 4807

Farbenfabriken Bayer, Leverkusen-Bayerwerk (Erfinder: **Ewald Urbschat,** Köln-Mülheim), *Herstellung von organischen Arsenverbindungen.* Man setzt prim. oder sek. organ. Verbb. des As(III) mit Dithiocarbaminsäuren (**I**), ihren Salzen oder Oxydationsprodd. um, oder Arsinoxyde oder die entsprechenden Halogenverbb. mit den freien **I** bzw. deren Salzen in einem geeigneten Lösungs- oder Verdünnungsmittel. Man kann auch As(II)-Verbb. mit Thiuramdisulfiden verschmelzen. — Man setzt z. B. Methyl-, Phenyl- oder p-Aminophenylarsinoxyd in Ggw. von HCl mit dimethyldithiocarbaminsaurem Na oder Arsenobenzol mit Tetramethylthiuramdisulfid um. — *Therapeut. Verwendung.* (**D. B. P. 845 342** Kl. 12o vom 16/2. 1949, ausg. 31/7. 1952.) DERSIN. 4807

Farbwerke Hoechst, vormals Meister Lucius & Brüning, Frankfurt/M. (Erfinder: **Alfred Fehrle,** Bad Soden, **Walter Herrmann** und **Friedrich Hampe,** Frankfurt/M.), *3-Carbamino-4-oxy-5-jodbenzolarsinsäure* dient zur *Bekämpfung* von *Rickettsien.* Sie entsteht, indem man 3-Amino-4-oxy-5-jodbenzolarsinsäure mit Cyansäure umsetzt oder

3-Carbamino-4-oxybenzolarsinsäure jodiert oder 3-Carbamino-4-oxy-5-jod-1-aminobenzol diazotiert u. die Diazoverb. in NaOH-Lsg. u. Ggw. von ammoniakal. Cu-Lsg. mit arseniger Säure behandelt. Weißes Pulver. (**D. B. P. 849 697** Kl. 12q vom 14/7. 1942, ausg. 18/9. 1952.) LANGER. 4807

Wm. S. Merrell Co., Cincinnati, übert. von: **Robert S. Shelton,** Mariemont, **Josselyn L. Farmer,** Cincinnati, und **Charles H. Tilford,** Silverton, O., V. St. A., *N-[2-Methoxy-3-(α.β-dicarboxyäthylmercaptomercuri)-propyl]-O-[carboxymethyl]-salicylamid* (I), ein *Diureticum*, erhält man durch Rk. von Thioäpfelsäure mit N-(2-Methoxy-3-hydroxymercuripropyl)-O-[carboxymethyl]-salicylamid in Ggw. von NaOH. — F. ca. 210°. (**A. P. 2 601 461** vom 20/5. 1949, ausg. 24/6. 1952.) BRÖSAMLE. 4807

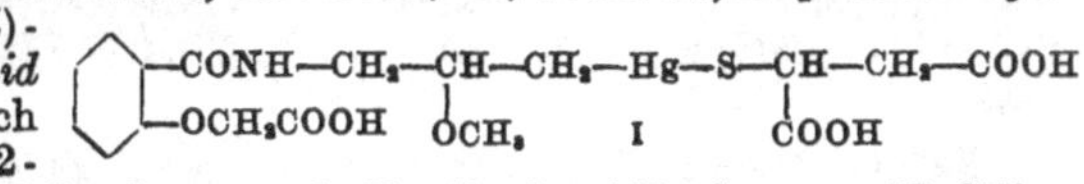

I

Farbwerke Hoechst, vormals Meister Lucius & Brüning (Erfinder: **Max Paquin**), Frankfurt/M., *Pentamethylentetraminsulfon* (I) erhält man durch Rk. von 1 (Mol) $SO_2(NH_2)_2$, 5 CH_2O u. 2 NH_3 bei 0—100°. I zers. sich bei 222—225°. — Verwendung wie Hexamethylentetramin, wobei die SO_2-Gruppe eine besondere Wrkg., z. B. in der *Therapie*, bedingt. (**D. B. P. 855 566** Kl. 12p vom 30/4. 1943, ausg. 13/11. 1952.) MÜLLER-MEININGEN. 4807

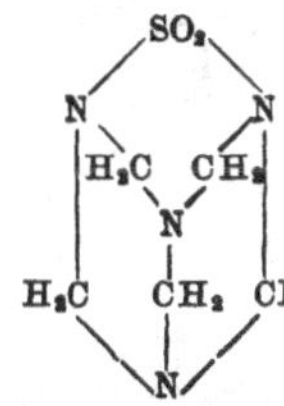

I

Sharp & Dohme, Inc., Philadelphia, Pa., V. St. A., *Benzoesäureester von sek.-Alkyl-sek.-aminopropanolen oder -butanolen* der Zus. $C_6H_5—COO—(R_1)—NH—R$ (R = offenkettige sek. Alkyl- oder alicycl. Gruppe mit maximal 10 C, R_1 = Propyl- oder Butylrest) erhält man durch Rk. von $(C_6H_5CO)_2O$ oder Benzoylhalogenid mit einem Salz eines sek. Alkylaminoalkanols in Ggw. eines mit W. nicht mischbaren Lösungsm., z. B. CH_2Cl_2 oder $CHCl_3$. — Beispiel: Man sätt. eine Lsg. von 13,1 (g) 2-Isopropylamino-1-butanol in 30 Chlf. mit trockenem HCl-Gas unter Kühlen, gibt 14,0 C_6H_5COCl in 30 Chlf. zu u. erhitzt 4 Tage unter Wasserausschluß im Wasserbad auf 50—55°, entfernt das Lösungsm. im Vakuum, rührt den sirupösen Rückstand mit Bzl. an, entfernt dieses im Vakuum u. wäscht das *2-Isopropylamino-1-butylbenzoathydrochlorid* mit absol. Ae., F. 144—145°. Weiter werden hergestellt die Hydrochloride von: *1-Cyclopentylamino-2-propylbenzoat*, F. 151—152°. — *2-Cyclopentylamino-1-propylbenzoat*, F. 165,5—166,5°. — *2-Cyclohexylamino-1-butylbenzoat*, F. 166—167,5°. — *2-Cyclohexylamino-1-propylbenzoat*, F. 195—196°. — *1-Cyclohexylamino-2-propylbenzoat*, F. 177—178,5°. — *2-Diisobutylmethylamino-1-propylbenzoat*, F. 108—109,5°. — *2-Diisobutylmethylamino-1-butylbenzoat*, F. 125—126°. — *1-Cyclohexylamino-2-methyl-2-propylbenzoat*, F. 162—163°. — *1-Cyclopentylamino-2-methyl-2-propylbenzoat*, F. 154—155°. — *2-Cyclopentylamino-1-butylbenzoat*, F. 115,5—117°. — *Lokalanästhetica*. (**D. B. P. 837 848** Kl. 12o vom 2/4. 1950, ausg. 30/6. 1952. A. Priorr. 5/10. 1943 u. 31/5. 1944.) MÜLLER-MEININGEN. 4807

Walter Julius Freund, Elwood, Melbourne, Australien, *Stilben-4-arsensäure* dient als *Therapeuticum* oder Zwischenprodukt. — Man diazotiert Arsanilsäure, versetzt mit Zimtsäure + Aceton + Na-Acetat u. erwärmt bei p_H 6 mit $CuCl_2$ in W., setzt das entstandene *Cu-Salz* (lederfarbener Nd.) mit NaOH, dann mit HCl um. Gelbliche Platten (aus Eisessig), F. >300°. (**Schwz. P. 282 221** vom 24/2. 1949, ausg. 1/8. 1952. Aust. Priorr. 26/2. u. 29/12. 1948.) LANGER. 4807

Alumni Research Foundation, übert. von: **Karl Paul Link,** Madison, Wis., **Harold A. Campbell,** Denville, **Mark A. Stahmann,** Middleton, und **Charles F. Huebner,** Summit, N. J., V. St. A., *Blutgerinnung verhinderndes Mittel*, bestehend aus *3.3'-Methylen-bis-(4-oxycumarin)* (I). Reines I kann peroral u. die Alkali-, Erdalkali-, NH_4-Salze können in Lsg. intravenös angewendet werden. I, F. 288—289°, wird entweder synthet. durch Rk. von 4-Oxycumarin mit CH_2O in sd. A. oder Dioxan hergestellt, oder es wird aus fermentiertem Kleeheu durch Extraktion gewonnen. (**A. P. 2 601 204** vom 15/11. 1947, ausg. 17/6. 1952.) K. HEINZE. 4807

Spofa, Spojené farmaceutické závody, národní podnik, Prag, Tschechoslowakei, *Bis-(4-oxycumarinyl)-essigsäureester* erhält man durch Verestern der entsprechenden Säuren oder des Lactons. — Bis-(4-oxycumarinyl)-essigsäurelacton wird in Bzl. mit absol. A. erhitzt, wobei der Ester mit dem niedrigen F. durch weiteres Erhitzen in den *Bis-(4-oxycumarinyl)-essigsäureäthylester*, F. 176°, übergeführt wird. — *Methylester*, F. 203—204°. — *Propylester*, F. 140—141°. — *Isobutylester*, F. 170—171°. — *Isopropylester*, F. 204—205°. — Sämtliche Verbb. setzen den Prothrombinspiegel des Blutes herab. (**Schwz. PP. 280 072, 280 073, 280 074** vom 6/11. 1946, ausg. 1/4. 1952, u. **280 370**

vom 6/11. 1946, ausg. 16/5. 1952. **Sämtliche Zusätze zu Schwz. P. 268684. Schwz. P. 280 322** vom 12/8. 1949, ausg. 1/5. 1952. Tschech. Prior. 30/12. 1948.) KRAUSS. 4807

Spofa, Spojené farmaceutické závody, národní podnik, Prag, Tschechoslowakei, *Bis-(oxycumarinyl)-essigsäureester* entstehen durch Kondensation von Benzotetronsäure mit Glyoxylsäureestern in W. bei n. Temperatur. Sie schmecken bitter u. erniedrigen den *Prothrombinindex* des *Blutes.* — *n-Propylester,* F. 141°. — *Isobutylester,* F. 170 bis 171°. — *Methylester,* F. 204°. (**Schwz. PP. 279 771, 279 772** u. **279 773** vom 30/9. 1944, ausg. 17/3. 1952. D. Prior. 18/3. 1944.) LANGER. 4807

Parke, Davis & Co., Detroit, übert. von: **Eldon M. Jones,** Grosse Pointe Woods, Mich., V. St. A., *α-Piperidinocarbonsäureester* der Formel I, worin R_1 einen unverzweigten Alkylrest mit 5—8 C-Atomen u. R_2 einen niederen Alkylrest bedeuten, wirken stärker *analget.* als Morphin. Sie entstehen durch Rk. von Piperidin mit dem entsprechenden α-Halogencarbonsäureester. — (α-Piperidino = II.) — II-*heptansäureäthylester,* Kp.$_8$ 134—136°; *Hydrochlorid,* F. 11—12°. — II-*octansäureäthylester,* Kp.$_8$ 145—150°; *Hydrochlorid,* F. 106—108°. — II-*octansäure-n-propylester,* Kp.$_{7,5}$ 155 bis 158°; *Hydrochlorid,* F. 124—125°. — II-*octansäureisopropylester,* Kp.$_{7,5}$ 146—156°; *Hydrochlorid,* F. 104—106°. — II-*nonansäureäthylester,* Kp.$_8$ 140—153°; *Hydrochlorid,* F. 108—110°. — II-*decansäureäthylester,* Kp.$_7$ 171 bis 181°; *Hydrochlorid,* F. 97—99°. — II-*heptansäuremethylester, Hydrobromid.* — II-*decansäure-n-butylester*; *Sulfamat.* (**A. P. 2 582 255** vom 15/9. 1950, ausg. 15/1. 1952.) LANGER. 4807

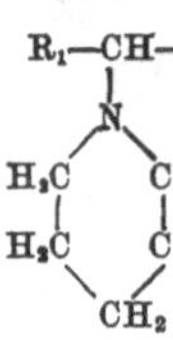

I

Alexis Jean-Marie Moussalli, André Soubiran und **Pierre Chabrier,** Paris, Frankreich, *Wasserlösliche Theophyllinderivate.* Durch Rk. von Theophyllin mit β-Diäthylaminoäthylchlorid in alkal. Medium erhält man *7-(β-Diäthylaminoäthyl)-theophyllin,* F. 74°; *Hydrochlorid,* F. 240°; *Methyljodid,* F. 234°. — *7-(β-Dimethylaminoäthyl)-theophyllin,* F. 95°; *Hydrochlorid,* F. 260°. (**E. P. 669 070** vom 14/6. 1949, ausg. 26/3. 1952. F. Prior. 28/6. 1948.) BRÖSAMLE. 4807

G. D. Searle & Co., Chicago, übert. von: **John W. Cusic,** Skokie, Ill., V. St. A., *Herstellung salzartiger Verbindungen* aus 8-Halogentheophyllin bzw. -xanthin u. N-Dialkylaminoalkyl-N-arylmethyl-α-aminopyridin durch Rk. der Komponenten in heißem Äthylalkohol. Aus N-(β-Dimethylaminoäthyl)-N-benzyl-α-aminopyridin u. 8-Chlortheophyllin ein Salz, F. 106—108°. Weitere Beispiele. — *Antihistaminwirkung.* (**A. P. 2 602 793** vom 10/12. 1949, ausg. 8/7. 1952.) K. HEINZE. 4807

Soc. des Usines Chimiques Rhône-Poulenc, Paris (Erfinder: **Raymond Jacques Horclois,** Malakoff, Seine), Frankreich, *Herstellung von Salzen aus 8-Chlortheophyllin* (**I**) *und 10-Diäthylaminoalkylphenthiazinen* (**II**) durch Einw. von **I** auf ein **II**, deren Alkylgruppe im Diäthylaminoalkylrest gerade oder verzweigt ist u. 2 oder 3 C-Atome enthält, von denen mindestens 2 sich in einer Kette zwischen den beiden N-Atomen befinden, in organ. Lösungsmitteln; z. B. werden 412 (g) 10-[2′-Diäthylaminopropyl-(1′)]-phenthiazin mit 260 **I** in 2000 (cm³) A. u. 100 W. am Rückfluß 30 Min. gekocht. Ausbeute 505 g Reaktionsprod., F. 230°. Weiteres Beispiel für Prod. aus 10-Diäthylaminoäthylphenthiazin u. **I**. Gegen *See- u. Luftkrankheit.* (**D. B. P. 828 249** Kl. 12p vom 21/10. 1950, ausg. 17/1. 1952. F. Prior. 25/10. 1949.) K. HEINZE. 4807

Soc. des Usines Chimiques Rhône-Poulenc, übert. von: **Raymond Jacques Horclois,** Malakoff, Frankreich, *Mittel gegen Luft- und Seekrankheit* erhält man durch Herst. von Salzen aus *Theophyllinessigsäure* (**I**) u. N-(Dialkylaminoalkyl)-phenthiazinen. Es werden dargestellt die Salze aus: **I** u. *N-(2′-Dimethylaminoäthyl)-phenthiazin,* F. 132°; **I** u. *N-(2′-Diäthylaminoäthyl)-phenthiazin,* F. 110°; **I** u. *N-(2′-Dimethylamino-2′-methyläthyl)-phenthiazin,* F. 135°; **I** u. *N-(2′-Diäthylamino-2′-methyläthyl)-phenthiazin,* F. 132°. (**A. P. 2 595 853** vom 8/12. 1950, ausg. 6/5. 1952. F. Prior. 23/12. 1949.) BRÖSAMLE. 4807

Chemical Foundation, Inc., New York, N. Y., V. St. A., *Herstellung von halogensubstituierten 2-Thiouracilen.* Aus Verbb. der allg. Formel I, in der R für eine Alkyl- oder Aralkylgruppe, X für ein Halogenatom u. Y für H oder einen Alkylrest stehen, spaltet man den Rest R unter Bldg. einer Mercaptangruppe ab, z. B. durch Behandlung mit HJ unter 100°. — Die Prodd. sind Heilmittel zur Behandlung der *Hyperthyreose.* (**N. P. 79 894** vom 4/1. 1949, ausg. 17/3. 1952. A. Prior. 5/1. 1948.) JÜRGEN SCHMIDT. 4807

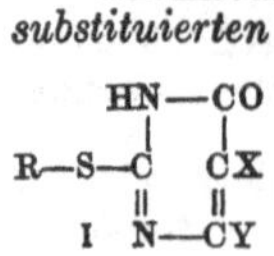

Commercial Solvents Corp., übert. von: **Alfred R. Stanley,** Terre Haute, Ind., V. St. A., *Gärmedium für die Züchtung penicillinbildender Mikroorganismen,* bestehend aus Lactose, $CaCO_3$, Phenylacetamid (I) u. ölfreien wasserunlösl. Rückständen von mit W. extrahiertem Baumwollsamenmehl u. Sojabohnenmehl. Statt I können auch 2-Phenyläthylamin, Phenylessigsäure, deren p-Chlor-, p-Brom- oder p-Jodverbb., ferner die p-Oxyverbb. obiger Stoffe verwendet werden. Ausbeuteerhöhung. (**A. P. 2 609 330** vom 10/4. 1948, ausg. 2/9. 1952.) SCHINDLER. 4811

Schenley Industries, Inc., übert. von: **Jacques L. Wachtel, Donald R. Croley** und **Justin J. Murtaugh**, New York, N. Y., V. St. A., *Herstellung von Alkalisalzen des Penicillins* (I) durch Rk. eines Salzes aus I-G u. einem organ. prim., sek. oder tert. Amin mit einem Alkalisalz einer organ. Säure in aliphat. Ketonen, Chlor-KW-stoffen oder Alkanolen mit 1—8 C-Atomen. — Z. B. wird Triäthylammonium-I in Aceton mit K-Acetat in n-Butanol umgesetzt. Zur Herst. des Na-I wird Na-Dimethyldithiocarbamat verwendet. (**E. PP. 684 766** u. **684 767** vom 21/10. 1949, ausg. 24/12. 1952. A. Prior. 23/10. 1948.) SCHINDLER. 4811

Commercial Solvents Corp., übert. von: **Vernon V. Young**, Terre Haute, Ind., V. St. A., *Penicillinsalz des N-Methyl-(2-oxy-1.2-diphenyläthyl)-amin* erhält man durch Rk. von z. B. K-Penicillin mit dem Aminhydrochlorid in wss. Lösung. Depotwirkung. (**E. P. 682 931** vom 24/5. 1951, ausg. 19/11. 1952. A. Prior. 24/5. 1950.) SCHINDLER. 4811

Boots Pure Drug Co. Ltd., Nottingham, England, *Penicillinsalze mit Antihistaminwirkung* erhält man durch Rk. von Penicillin mit α-(N-Phenyl-N-benzylamino)-acetamidin, 2-(N-Phenyl-N-benzylaminomethyl)-4.5-dihydroglyoxalin, N-(2-Dimethylaminopropyl)-phenothiazin, 2-(N-p-Methoxybenzyl-N-β-dimethylaminoäthyl)-aminopyrimidin bzw. -aminopyridin oder dl-1-(4'-Chlorbenzhydryl)-4-methylpiperazin. — Beispiele. (**E. P. 683 409** vom 7/2. 1950, ausg. 26/11. 1952.) SCHINDLER. 4811

Sharp & Dohme, Inc., Philadelphia, übert. von: **James M. Sprague**, Drexel Hill, und **Karl H. Beyer**, Bala Cymoyd, Pa., V. St. A., *Penicillinpräparate* mit Zusatzstoffen der allg. Formel $R_1CH_2SO_2NHR_2COOH$, worin R_1 = Phenyl-, Aminophenyl-, Nitrophenyl-, Halogenphenyl-Gruppen u. R_2 = Benzol- oder Thiazolgruppen sind. Nach den Beispielen wird N-(Benzylsulfonyl)-p-aminobenzoesäure verwendet, die mit Lactose oder Mg-Trisilicat (I) u. Na-Penicillin (II) zu Tabletten, mit Maisstärke, I u. II zu Kapseln mit Trockenfüllung u. mit Mais- oder Erdnußöl u./oder I u. II zu Kapseln mit Dispersionsfüllung verarbeitet wird. Vgl. Finn. P. 24 954, C. **1951**. II. 2776. (**A. P. 2 608 509** vom 5/9. 1946, ausg. 26/8. 1952.) SCHINDLER. 4811

Theodor Mildner, Grüne Arzneien. Ein Handbuch für prakt. Heilpflanzen-Verwendung in alphabetischer Reihenfolge. 2., völlig neubearb. Aufl. Hamburg: Dt. Literatur-Verl. 1951. (128 S.) DM 2,90.

G. Analyse. Laboratorium.

S. L. Hood, *Einfache Einfüllpipette.* Um beim Arbeiten mit radioakt., giftigen oder rauchenden Fll. das Füllen durch Saugen mit dem Mund zu vermeiden, wurde ein kleiner App. entwickelt, der die Saugfunktion des Mundes übernimmt. Der App. besteht aus einem birnenförmigen Gummiball, in dem sich eine Hohlnadel befindet u. über die noch eine Gummischeibe gezogen wird, die als luftdichter Abschluß beim Aufsetzen auf die Pipette dient. (Analytic. Chem. **24**. 2020. Dez. 1952. Oak Ridge, Tenn., Univ. of Tenn., Atomic Energy Commission, Agricultural Res. Program.) GOTTFRIED. 5014

George Glockler und **Helene Ven Horst**, *Eine Mikrogasbürette.* Beschreibung der Anordnung, die benutzt werden soll, um kleine u. meßbare Gasmengen in ein Vakuumsyst. einzuführen. (Rev. sci. Instruments **23**. 563—64. Okt. 1952. Iowa City, Io., Univ., Dep. of Chem. and Chem. Eng.) GOTTFRIED. 5014

Arthur W. Knudsen, *Metallische Vakuumdichtung.* Als Dichtungsmaterial wird metall. *In* empfohlen. (Rev. sci. Instruments **23**. 566—67. Okt. 1952. Washington, Naval Res. Labor., Nucleonics Division.) GOTTFRIED. 5026

D. Alpert, *Vakuumventil beim Arbeiten mit sehr reinen Gasen.* Es wird ein ganz aus Metall bestehendes Vakuumventil beschrieben, das gegen hohe Entgasungstempp. widerstandsfähig ist u. keinerlei Einfetten benötigt. (Rev. sci. Instruments **22**. 536—37. Juli 1951. East Pittsburgh, Penn., Westinghouse Res. Labor.) GOTTFRIED. 5026

Sanborn C. Brown und **Joseph E. Coyle**, *Ein ganz aus Metall bestehendes Vakuumventil.* Beschreibung des Ventils. (Rev. sci. Instruments **23**. 570—71. Okt. 1952. Cambridge, Mass., Inst. of Technol., Res. Labor. of Electronics.) GOTTFRIED. 5026

Marcel Gysin, *Über eine kleine, an einem Polarisationsmikroskop für reflektiertes Licht angebrachte Vervollkommnung.* An einem Metallmikroskop wurde eine in einem kleinen Messingrahmen befindliche hellblaue Mattglasscheibe fest mit dem Analysator derart gekoppelt, daß sich beim Herausnehmen des Analysators die Glasscheibe vor der Lichteintrittsöffnung befand, beim Einschieben des Analysators das einfallende Licht jedoch ungeschwächt in das Mikroskop eintreten konnte. (Arch. des Sci. **5.** (**157**). 179—80. 1952. Genève, Univ., Labor. de Minéral.) Gottfried. 5056

M. Ulmann, *Aluminiumoxyd als chromatographisches Adsorptionsmittel bei wässerigen Lösungen.* Vergleichende Unterss. mit 3 Al_2O_3-Präpp. (I) des Handels hinsichtlich Aussehen, Korngröße, Filtriergeschwindigkeit, auswaschbarer Salze, p_H, Austauschvermögen, Verwendung als Anionenaustauscher, Chromatographie verkleisterter Kartoffelstärke. Ein wirklicher Vgl. chromatograph. Untersuchungsreihen ist nur möglich, falls die verwendeten I gleicher Herkunft sind. (Pharmazie **7.** 787—91. Dez. 1952. Potsdam-Rehbrücke, Inst. f. Ernährungsforsch.) Fresenius. 5062

Cornelius S. Hurlbut jr., *Ein Monochromator unter Benutzung der optischen Aktivität des Quarzes.* (Sitzungsbericht.) Kurze Mitt. zu der C. **1953. 4741** referierten Arbeit. (Amer. Mineralogist **36.** 318. März/April 1951. Cambridge, Mass., Havard Univ.) Hiller. 5063

Leo D. Frederickson jr., *Kreisförmiger Rechenschieber zur Berechnung von Spektralintensitäten.* Der Rechenschieber, der dazu benutzt werden soll, um die %ige Durchlässigkeit in logarithm. Intensitätswerte umzurechnen, besteht aus mehreren kreisförmigen Skalen, von denen die äußere für jeden Halbkreis eine logarithm. Skala besitzt, während der oder die inneren Kreise die %ig. Durchlässigkeiten angeben. (Analytic. Chem. **24.** 2019. Dez. 1952. New Kensington, Pa., Aluminium Res. Labor.) Gottfried. 5063

H. B. Collier und **R. P. Barschel,** *Anpassung eines Photomultiplierphotometers an ein Beckman DU-Spektrophotometer.* Vff. beschreiben die mechan. Anpassung einer Photomultiplierröhre an das Photogehäuse eines Beckman-Spektrophotometers zur Erzielung einer größeren Empfindlichkeit für flammenphotometr. Analysen u. Reflexionsmessungen. Die Ergebnisse der Best. als lineare Abhängigkeit der Absorptionsmessungen von der Konz. einer Na_2CrO_4-Lsg. u. als gesteigerte Empfindlichkeit bei der flammenphotometr. Best. von Na, K u. Ca in Serumstandard werden tabellar. mitgeteilt. (Analytic. Chem. **24.** 1030—31. Juni 1952. Edmonton, Canada, Univ. of Alberta, Dep. of Biochem.) Weitbrecht. 5063

J. Schieß, *Über die Reproduzierbarkeit gleichheitsphotometrischer Messungen von Spektrallichtern.* Entsprechend den in der vorangegangenen Arbeit (C. **1953. 4253**) angestellten Unterss. wird nun für gleichheitsphotometr. Messungen die Reproduzierbarkeit untersucht. Die Reproduzierbarkeitsschwankungen sind beim Kleinstufenvergleich von derselben Größenordnung wie beim Flimmerverfahren. Dagegen schwankt die Reproduzierbarkeit beim Direktvergleich wesentlich stärker. Vf. kommt daher zu dem Schluß, daß die Zuverlässigkeit gleichheitsphotometr. Messungen nach dem Kleinstufenverf. für die prakt. Photometrie ausreichend, nach dem Direktverfahren dagegen unzureichend ist. (Optik **9.** 312—18. Juli 1952. Karlsruhe.) Lenz. 5063

Haruo Takeyama, Katuyuki Nisimoto und **Tutomu Matubayasi,** *Über die Lichtintensitäten kleiner Spektrallampen.* 2. Mitt. *Insbesondere über den Einfluß äußerer Stromkreise und eines schwachen Magnetfeldes.* (1. vgl. J. Sci. Hiroshima Univ., Ser. A **14.** [1950.] 233). Unters. des Einfl. eines in Serie geschalteten Widerstandes, eines parallelgeschalteten Kondensators, einer Veränderung der Speisespannung, eines getrennten Heizstromes für die Elektroden u. eines schwachen Magnetfeldes senkrecht zur Lampenachse auf die kurzperiod. Schwankungen der Lichtintensität u. Brennspannung. Ohne eine volle Erklärung der Erscheinung geben zu können, wird angenommen, daß sie durch die Natur der Anode u. eine Art von Gleichgewicht zwischen Anode u. Plasma bestimmt wird. (J. Sci. Hiroshima Univ., Ser. A **15.** 57—66. März 1951. Hiroshima Univ., Physics Labor. [Orig.: engl.].) Eichhoff. 5066

C. J. Plank, *Die Wirksamkeit von Kieselsäure–Tonerde-Crackkatalysatoren. Ein einfacher p_H-Test.* Das p_H einer NH_4-Acetatstandardlsg., die mit einem SiO_2-Al_2O_3-Gel im Gleichgewicht steht, ist ein Maß für die Adsorption der NH_4^+-Ionen an das Gel; es steht über einen ausgedehnten Bereich der Zus. u. Darst. des Gels mit der katalyt. Wrkg. des Gels (bestimmt nach dem CAT-A Test) in linearer Beziehung. Auf dieser Grundlage wurde ein einfacher Test zur Aktivitätsbest. eines SiO_2-Al_2O_3-Gels ausgearbeitet; fremde Kationen, die zum Basenaustausch mit den NH_4^+-Ionen befähigt sind, stören. Ausführung: 2,500 g zerkleinertes, durch ein 6–16-Maschensieb getriebenes Gel werden mit 25,00 ml einer 0,100 n NH_4-Acetatlsg. 24 Std. bei 25 $\pm 2^0$ stehengelassen. Dann wird noch 15 Min. bei dieser Temp. geschüttelt, durch ein Papierfilter filtriert u. das p_H des Filtrats bei 25^0 durch ein Beckman-p_H-Meter, Modell G, bestimmt. (Analytic. Chem. **24.** 1304—06. Aug. 1952. Paulsboro, N. J., Socony-Vacuum Oil Co., Inc., Labors.) K. F. Müller. 5066

Charles N. Reilley, Ralph N. Adams und **N. Howell Furman,** *Verbesserte konstante Stromquelle für die coulometrische Analyse.* Vff. beschreiben eingehend unter Angabe einer schemat. Schaltung sowie einer Stückliste ein Röhrengerät zur Erzielung eines konstanten Stromes bis 150 mA aus 110 V Wechselstrom. Die Kontanz beträgt über 1 Std. 0,01—0,02%. (Analytic. Chem. **24.** 1044—45. Juni 1952. Princeton, N. J., Princeton Univ.) WEITBRECHT. 5066

Louis Meites, *Millicoulometrische Redoxtitrationen.* Vf. untersucht das coulometr. Titrationsverf. im Bereich von 200—0,005 mVal bei der Redox-Best. von Ce^{4+}, Cr^{6+}, Mn^{7+} u. V^{5+} mit Fe^{2+}. Der Generatorstromkreis besteht aus einer Pt-Spirale als Kathode u. einer gesätt. HgCl-Elektrode als Anode, einem Integrationsrelais als Millicoulometer u. einer geeigneten Stromquelle, während als Meßkreis zur Best. des Redoxpotentials ein p_H-Meter mit Pt- u. HgCl-Elektrode benutzt wird. Zur Best. werden 100 ml H_2SO_4-H_3PO_4-Lsg. in der Meßzelle mit dem gewünschten Vol. einer 0,1 mol. $Fe(ClO_4)_3$-Lsg. in 0,1 mol. $HClO_4$ versetzt u. mit CO_2 entlüftet. Man gibt die zu bestimmende Oxydationslsg. mit ca. 0,2μVal Überschuß hinzu, red. elektrolyt. bis zum Äquivalenzpunkt von +0,80 V, fügt die Probelsg. hinzu u. elektrolysiert wieder bis zum Endpunkt. Die Berechnung erfolgt aus den verbrauchten μ-Faraday-Werten. Die Genauigkeit des Verf. ist gut. Die Einfll. der Säurekonz. u. von Spuren Reduktionsmittel in den Lösungen werden diskutiert. (Analytic. Chem. **24.** 1057—59. Juni 1952. New Haven, Conn., Yale Univ., Sterling Chem. Labor.) WEITBRECHT. 5066

Louis Meites und **Julian M. Sturtevant,** *Automatischer Tropfenzeitregler zum Gebrauch für Quecksilbertropfelektroden.* Vff. beschreiben einen automat. Tropfenzeitregler u. teilen die Schaltskizze mit. Die mittlere Lebensdauer eines Tropfens konnte zu 7,0097 $\pm$ 0,0012 Sek. bestimmt werden. Der Temperaturkoeff. der Tropfzeit wurde zu $-2{,}16\ (\pm 0{,}11)\cdot 10^{-3}$ pro Grad in dem Bereich von 9,9—40,0° berechnet. (Analytic. Chem. **24.** 1183—84. Juli 1952. New Haven, Conn., Yale Univ., Sterling Chem. Labor.) MOSLÉ. 5066

a) Elemente und anorganische Verbindungen.

J. P. Phillips, J. F. Emery und **H.-P. Price,** *Einige analytische Eigenschaften des 8-Oxychinaldins. 8-Oxychinaldin* (I) wurde durch eine Modifikation der DOEBNER-MILLER-Meth. mit 35% Ausbeute an reinem Prod. dargestellt: Zu einem auf 120° erhitzten Gemisch von 27,5ig. o-Aminophenol, 100 ml konz. HCl u. 5 g As_2O_5 gibt man schnell 20 g Crotonaldehyd, dest. mit Wasserdampf, neutralisiert unter Kühlung den Rückstand mit konz. NaOH-Lsg. u. dest. das I mit Wasserdampf über; krist. aus A., F. 73,5—74°, Kp.$_{15}$ 145°, n_D^{71} 1,5960. Best. von I: Die in 50 ml 6 n HCl gelöste Probe wird mit 1—2 ml Überschuß an 0,1 n Bromid-Bromatlsg. 5 Min. im verschlossenen Kolben stehen gelassen; dann gibt man 0,5 g KJ hinzu u. titriert nach weiteren 5 Min. mit 0,1 n $Na_2S_2O_3$-Lsg. das J. Die Meth. ist auch auf andere alkylsubstituierte 8-Oxychinoline anwendbar; arylsubstituierte 8-Oxychinoline geben zu niedrige Werte. — Bei 100° geben die Salze von Zn^{2+}, Cd^{2+}, Mg^{2+} u. Al^{3+} mit I gelbfluorescierende Komplexverbb.; metall. *Zn, Cu* u. *Al* lösen sich im geschmolzenen I. *In, Sc, Th,* UO_2 u. *Pb* ließen sich durch Fällung des entsprechenden Komplexes mit I quantitativ bestimmen. Best. von In^{3+}: Fällung aus Acetatpufferlsg., Wägung des bei 105° getrockneten wasserfreien Niederschlags; oder durch bromometr. Titration. Best. von Sc^{3+}: Verbrennung des Nd. zum Oxyd oder Wägung als $Sc(C_{10}H_8ON)_3\cdot C_{10}H_9ON$. Best. von Th^{4+}: Zugabe von überschüssigem I-Reagens in essigsaurer Lsg. zu $Th(NO_3)_4$-Lsg. u. Fällung aus der heißen Lsg. durch Zugabe von NH_4-Acetat u. NH_4OH, 1 Std. bei 70° stehenlassen u. Waschen mit heißem NH_4OH, Trocknen des Nd. bei 105° u. Wägen. Best. von UO_2^{2+}: Zugabe des I-Reagenses in Essigsäure zur heißen UO_2-Acetatlsg. u. Fällung bei p_H 8 (NH_4OH) u. 70°; Auswaage als $UO_2(C_{10}H_8ON)_2\cdot C_{10}H_9ON$. Best. von Pb: Auswaage des Nd. nach Trocknen bei 105°. (Analytic. Chem. **24.** 1033—34. Juni 1952. Louisville, Ky., Univ., Chem. Dep.) K. F. MÜLLER. 5100

Ronald A. McAllister, *Vorschlag für die Verwendung einer Wismutmercaptoimidazolverbindung als spezifisches Farbreagens auf Jodide.* Zum spezif. Farbnachw. von J^- eignet sich, wie Vf. vorschlägt, eine gelbe Komplexverb., die aus Bi^{3+} u. *1-Methyl-2-mercaptoimidazol* (I) entsteht. Zur Darst. versetzt man 10 ml einer 0,1%ig. wss. Lsg. von I mit 50 mg $Bi_2(SO_4)_3$ u. 1 ml n/1 H_2SO_4. Gibt man einige Tropfen der gelben, über ungelöstem Bi-Salz stehenden Lsg. zu einem Jodid, so entsteht ein roter mikrokrist. Nd., der für J^- spezif. ist u. sich in W. u. verd. Säuren nicht löst, von Oxydationsmitteln jedoch zerstört wird. Die Empfindlichkeit beträgt ca. 100 μg. Durch Isolierung der gelben Bi-I-Verb. scheint eine Steigerung der Empfindlichkeit möglich zu sein. *2-Mercaptoimiazol, 4-Aminomethyl-2-mercaptoimidazol* u. *Thioharnstoff* sowie andere Thioverbb. bilden auch Bi-Komplexe, die aber die Farbreaktion auf J^- nicht oder nur schwach geben.

Nature [London] **169.** 708. 26/4. 1952. Glasgow, Royal Samaritan Hospital, Biochem. Labor.) WEITBRECHT. G 249

C. L. Luke und **Mary E. Campbell,** *Photometrische Bestimmung von Beryllium in Beryllium-Kupferlegierungen. Eine Methode mit Aluminon.* Zur unmittelbaren photometr. Best. von Be in 2%ig. Be-Cu-Legierungen entwickeln Vff. eine Meth., bei der Störungen von Cu, Al, Zr, Ti, Mn, Fe, Co, Ni u. Zn durch *Äthylendiamintetraessigsäure* (I) unterdrückt werden können. Zur Analyse wird 0,2 g Probe in HCl + 30%ig. H_2O_2 gelöst u. auf 2 ml eingedampft. 5 ml der auf 500 ml verd. Lsg. werden mit 75 ml W., 2 ml einer mit NH_3 neutralisierten 2,5%ig. wss. Lsg. von I u. 15 ml einer Aluminonpufferlsg. nach (LUKE u. BRAUN versetzt u. auf 100 ml verdünnt. Nach 20 Min. wird die Lichtdurchlässigkeit bei 515 mμ gemessen. Störungen durch höhere Cu-Gehh. werden diskutiert. (Analytic. Chem. **24.** 1056—57. Juni 1952. Murray Hill, N. J., Bell Telephone Labors., Inc.) WEITBRECHT. G 281

J. P. Pagliassotti und **F. W. Porsche,** *Spektroskopische Bestimmung von Metallen in Crack-Katalysatoren aus Aluminiumsilicat.* Es wird eine spektroskop. Meth. zur raschen u. exakten Best. von metall. Verunreinigungen in *Al-Silicat-Katalysatoren* (I) beschrieben. Die genaue Kenntnis der Konzz. gewisser Metalle (*Fe, V, Ni, Cu, Pb, Ca* u. *Mg*) ist wichtig wegen ihrer Rolle als Katalysatorgifte. Untersucht werden natürl. u. synthet. **I.** — 1 g der Probe wird auf ±0,001 g genau gewogen, auf 1500° F 1 Std. erhitzt u. in einer Pt-Schale nochmals gewogen. Dann fügt man 5 ml Co-Lsg. (0,7 mg Co/ml in 15 Vol.%ig. $HClO_4$) als inneren Standard hinzu u. vertreibt SiO_2 vorsichtig mit HF unter mehrmaliger Zugabe u. leichter Erwärmung. Zum Schluß setzt man nochmals 1—2 ml HF zu u. erhitzt bis zum Auftreten von $HClO_4$-Dämpfen. Der Rückstand wird mit 10 ml verd. HCl aufgenommen, in ein kleines Becherglas übergespült u. vorsichtig erhitzt, bis die Lsg. klar ist. Dann filtriert man heiß, fügt nochmals 2 ml $HClO_4$ hinzu, erhitzt bis zum Auftreten weißer Dämpfe, verd. mit 5 ml dest. W. u. stumpft mit 0,25 ± 0,01 g Li_2CO_3 ab. Ein Teil der so vorbereiteten Probe wird in ein schmales Porzellanschiffchen übergeführt u. unter Vorschaltung einer rotierenden Scheibe (5 Umdrehungen/Min.) entweder im Abreißbogen oder im Entladungsfunken angeregt. Zur quantitativen Best. werden folgende Linien benutzt: Co 3044,0; Fe 2599,4, 2607,1, 2621,7 u. 3008,1; V 3185,4, 2952,1; Ni 3050,8; Cu 3274,0; Pb 2833,1; Ca 3158,9; Mg 2781,4 Å. — Die Best. von Na erfolgt mit einem Flammenphotometer (PERKIN-ELMER, Modell 52 A). Hierzu werden 2 ± 0,001 g der erhitzten Probe in einer Pt-Schale gewogen u. nach Zusatz von 5 ml Li-Lsg. (Li_2CO_3 in 65%ig. Vol. H_2SO_4 ~ 1,5 mg Li/ml) in ähnlicher Weise wie oben behandelt. (Analytic. Chem. **24.** 1403—05. Sept. 1952. Whiting, Ind., Stand. Oil Co., Res. Lab.) SCHLEGEL. G 294

J. A. Norris und **C. E. Pepper,** *Quantitative spektrochemische Analyse von Mischungen Seltener Erden.* Zur Kontrolle der Reinheit von Verbb. Seltener Erden, die zur elektromagnet. Anreicherung von Isotopen dieser Elemente im „Calutron" dienen sollten, wurde ein spektrochem. Verf zur Analyse ihrer Gemische verwendet. Vff. benutzten hierzu eine poröse Becherelektrode aus Graphit nach FELDMAN (C. **1950,** II, 446), die in einer wassergekühlten Elektrode aus Ta gehaltert wurde, um das Überkochen der Lösung bei der Anregung durch Hochfrequenzfunken (5—7 A, 12000 V) zu vermeiden. Als Eichlösungen dienten reinste (95—99,5%) käufliche Oxyde, die in verd. HCl in einer Konz. von 20 mg/ml (*Dy, Gd, La, Nd, Pr, Sm* u. *Y*) bzw. 5 mg/ml (*Eu* u. *Yb*) gelöst wurden. Verschied. Mengen dieser Lsgg. wurden mit verd. HCl u. dest. W. auf 10 ml aufgefüllt u. 100 μ einer 0,05%ig. Sr-Lsg. als innerer Standard (4215,52 Å) zugesetzt. — Zur quantitativen Best. dienten folgende Linien: Y 4309,63; La 4429,90, 4238,38, 4196,55; Pr 4222,98, 4298,92; Nd 4247,37, 4303,57; Sm 4424,35, 4256,40; Eu 4435,60, 3971,99; Gd 4251,74, 4342,19; *Tb* 3702,85, 3703,92, 3874,19; Dy 3944,70; *Ho* 3891,02, 4103,84; *Er* 3906,34; *Tm* 3761,33, 3761,91, 3848,01; *Yb* 3694,20, 3987,99; *Cp* (Lu) 3554,44 Å. — Die Genauigkeit der Meth. beträgt 10% unter Zugrundelegung eines Verläßlichkeitsgrades von 99,5%. —(Analytic. Chem. **24.** 1399—1403. Sept. 1952. Oak Ridge, Tenn., Stable Isotope Res. Prod. Div., Oak Ridge National Labor.) SCHLEGEL. G 303

M. Venkataramaniah, B. S. V. Raghava Rao und **C. Lakshmana Rao,** *m-Kresoxyessigsäure als Reagens auf Thorium. Abtrennung des Thoriums von den Seltenen Erden des Monazitsandes und von Uranium.* Vff. untersuchen die Brauchbarkeit von *m-Kresoxyessigsäure* (I) zur Best. von Th sowie den Einfl. des p_H auf die quantitative Th-Abscheidung u. Trennung von Seltenen Erden wie Ce, Nd, Pr, La. Danach ist zwischen p_H 3,0 u. 2,0 die Fällung vollständig, doch werden erhebliche Mengen der Seltenen Erden mitgerissen, so daß eine Doppelfällung notwendig ist. Zur Best. des Th in Monazitsand schließt man 1 g der Probe mit 3—4 ml konz. H_2SO_4 auf, verd. nach dem Abkühlen mit 25 ml W., filtriert u. versetzt das sd. Filtrat von 100 ml mit 100 ml sd., kalt gesätt. Oxalsäurelösung. Der Nd. wird nach 12 Std. in konz. HNO_3 gelöst, die Lsg. zur Trockne gedampft, in W. aufgenommen u. die Fällung mit Oxalsäure wiederholt. Die Oxalate werden dann in konz. HNO_3 unter Zusatz von 3—4 ml 10%ig. H_2O_2 gelöst, fast bis zur Trockne gedampft, auf 100 ml verd., mit 10 g NH_4NO_3 versetzt u. gegen Kongorot neutralisiert. Man säuert mit 8 ml 0,1 n HNO_3 an u. gibt zur sd., auf 100 ml verd., Lsg. in 5 Min. 100 ml sd. 2%ig. Lsg. von I, filtriert nach 1 Std. u. löst den Nd. zur Doppelfällung in 50 ml heißer HNO_3 (1:4). Da der Th-I-Nd. wechselnde Zus. zeigt, wird er zu Oxyd verbrannt. Zur Trennung von UO_2^{2+} gibt man zur Th.-Lsg. 10 g NH_4Cl u. 10 ml 0,1 n HCl, fällt aus der auf 100 ml verd. sd. Lsg. mit 100 ml 1%ig. Lsg. von I u. filtriert nach 5 Min., verdrängt die Mutterlauge mit einer heißen Lsg. von 2 g I u. 5 g NH_4Cl/Liter u. verglüht zu ThO_2. Eine Doppelfällung ist nicht nötig. Die tabellar. mitgeteilten Ergebnisse zeigen die Brauchbarkeit des Verf. mit einer Genauigkeit von ± 0,2 mg ThO_2 bei Gehh. von 0,0025—0,130 g Th. (Analytic. Chem. **24**. 747—49. April 1952. Waltair, South India, Andhra Univ.) WEITBRECHT. G 324

Robert C. Brasted, *Gemeinsame jodometrische Bestimmung von Kupfer und Eisen.* Um in *Messing, Chalkopyrit* $CuFeS_2$ u. *Bornit* Cu_5FeS_4 die Gehh. an Cu u. Fe gemeinsam jodometr. rasch bestimmen zu können, prüft Vf. die Cu-Best. in HNO_3-haltiger Lsg. u. untersucht die besten Pufferbedingungen in Ggw. von Fe unter Verwendung von NH_4HF_2. Cu kann danach in Fe-freier salpetersaurer Lsg. direkt nach Zugabe von 0,3—3 g *Sulfaminsäure* (I) (je nach Säuregeh.) jodometr. titriert werden. In Ggw. von Fe neutralisiert man nach der Zugabe von I mit 4 n NaOH, puffert mit ca. 2 g K-Biphthalat oder Essigsäure, maskiert mit 2 g NH_4HF_2 u. kann Cu titrieren. Zur gemeinsamen Best. Cu + Fe kann unmittelbar nach Zugabe von I titriert werden, wobei sich der Fe-Geh. aus der Diff. der Voll. n/10 $Na_2S_2O_3$-Lsg. berechnet. Die Genauigkeit ist gut. (Analytic. Chem. **24**. 1040—41. Juni 1952. Minneapolis, Minn., Univ. of Minnesota, School of Chem.) WEITBRECHT. G 358

Louis Meites, *Jodometrische Bestimmung von Kupfer.* Vf. führt eine Reihe Titrationen nach der Meth. von SCOTT aus u. stellt dabei die Titrierfehler in Abhängigkeit von der Jodidkonz. an Hand einer Kurve dar. Der durchschnittliche Fehler unter den angegebenen Bedingungen beträgt ungefähr ± 0,02% bei allen KJ-Konzz., die größer als erforderlich sind, um das Cu (I) in Lsg. zu halten. Außerdem wird die Einw. des p_H-Wertes zwischen 0,4 u. 8,3 untersucht. Die Resultate zeigen eine Genauigkeit von ± 0,02%, die bei jedem p_H zwischen 0,4 u. 6,3 erreicht werden kann. Diese Ergebnisse führten zu folgender Vorschrift für die Best. von Cu(II)-Salzen in Ggw. einer Reihe anderer Metallionen: Eine salpetersaure Lösung von 150/mg Cu wird fast bis zur Trockne eingedampft, 3 ml konz. H_2SO_4 werden zugefügt, abermals eingedampft, die 2. Verdampfung wiederholt. Der Rückstand wird in 25 ml W. gelöst, u. 1 g Na-Acetat, 4 g NaF u. 25 g KJ werden hinzugefügt. Nach kurzem Schütteln wird mit 0,05—0,1 n Thiosulfatlsg. mit Stärke als Indicator titriert. In Ggw. von Fluorid ist Fe (III) fast vollständig ausgefallen als $(Na,K)_3FeF_6$ u. stört die Titration nicht. Fe(II) muß vor der Zugabe von KJ in Fe(III) übergeführt werden. Bei Ggw. von As muß das p_H der Reaktionslsg. berücksichtigt werden. Bei gleicher Anzahl Moll. von Cu(II) u. As(V) muß das p_H beim Endpunkt der Titration bei 4,9 sein. Bei Titrationen von Lsgg., die ungefähr 400 mg Cu u. 100 mg As enthalten, sollen die p_H-Werte zwischen 4,7 u. 6,3 liegen. Bi(III) stört die Titration nur dann nicht, wenn seine Konz. sehr klein ist, andernfalls bildet sich BiJ_4^-, dessen tiefe Orangefarbe die Best. des Titrationsendpunktes außerordentlich erschwert. Pb gibt bei der empfohlenen Meth. keine Störung. Sb(V) bildet bei u. über p_H 4,8 einen Nd. von Antimonsäure, welche eine beträchtliche Menge Cu einschließt. Daher werden zu niedrige Resultate für die Cu-Best. gefunden. Sn(IV), Ag(I) u. Hg(II) ergeben nur kleine Fehler, stören die Titration aber nicht. Ba, Ca, Cd, Mg, Mn, Sr, Ti, W u. Zn stören ebenfalls die Titration nicht. Cr(III), Co u. Ni geben keine Störung, wenn nicht ihre Konzz. so hoch sind, daß sie den Endpunkt verdecken. Mo u. U stören in großen Mengen die Titration. V stört die Titration durch Bldg. von V^{4+} u. Überverbrauch von Thiosulfat. Perchlorate, Phosphate, Pyrophosphate u. Sulfate wie auch andere Anionen hindern die Rk. nicht. (Analytic. Chem. **24**. 1618—20. Okt. 1952. New Haven, Conn., Yale Univ., Sterling Chem. Labor.) HILDEGARD SCHULZ. G 358

G. C. B. Cave und **David N. Hume**, *Colorimetrische Bestimmung von Silber mit p-Dimethylaminobenzalrhodanin.* Zur Best. von ca. $6 \cdot 10^{-7}$ mol. Ag in Ggw. von KNO_3 untersuchen Vff. die Farb-Rk. zwischen Ag^+ u. *p-Dimethylaminobenzylidenrhodanin* (I) u. prüfen den Einfl. der Acidität u. der I-Konz., der Temp. sowie der Gehh. an Cl^- u. SCN^-, des Lichtes u. der Zeit auf die Stabilität der Farbsuspension. Als geeignet erweist sich folgendes Verf.: man macht die $2 \cdot 10^{-8}$ bis $2 \cdot 10^{-7}$ mol. Ag-haltige Lsg. 0,05 mol. an KNO_3 u. 0,0025 mol. an KSCN, dampft mit 5,0 ml 8 mol. HNO_3 zur Trockne u. löst nach 30 Min. mit 24 ml Cl-freiem W., neutralisiert mit 0,2 mol. KOH unter Verwendung von *Phenolphthalein* als Indicator, gibt 10,0 ml Pufferlsg. (90,0 g $NaHSO_4$ + 200,0 g Na_2SO_4/Liter),

3 g *Rohrzucker* u. 3 ml *Aceton* u. schließlich 2,000 ml filtrierte 0,009%ig. I-Lsg. in absol. A. hinzu, schützt vor hellem Licht, verd. auf 50 ml mit W. u. mißt nach 60 Min. die Lichtabsorption bei 470 mμ gegen eine analoge Ag-freie Vergleichslösung. Die Genauigkeit des Verf. beträgt ca. 1%. (Analytic. Chem. **24.** 1503—05. Sept. 1952. Cambridge, Mass., Massachusetts Inst. of Technol., Dep. of Chem., u. Labor. for Nucl. Sci. and Engng.) WEITBRECHT. G 359

W. P. Petelin, *Trennung von Mineralien durch schwere Flüssigkeiten in Scheidegläsern.* Die Anwendung der vorgeschlagenen Scheidegläser ermöglicht die Trennung der Leicht- u. Schwerfraktion bei 3—4 g Material. Das Material wird mittels Glasstabs mit der die Hälfte des Glases ausfüllenden Schwer-Fl. verrührt. Dasselbe erfolgt nach Zusatz von Schwer-Fl. bis 1—2 mm unterhalb des Abflusses. Nach genügender Sedimentation des suspendierten Materials wird zunächst die Leichtfraktion, dann die Schwerfraktion auf dem BÜCHNER-Filter abgesaugt u. im Trockenschrank getrocknet. (Записки Всесоюзного Минералогического Общества [Schr. Allunions mineralog. Ges.] [2] **81.** 307—09. 1952. Inst. für Ozeanol. der Akad. der Wiss. der UdSSR.) LEBTAG. 5290

b) Organische Verbindungen.

Roger Lévy, *Neuere Fortschritte und Möglichkeiten der quantitativen modernen organischen Mikroanalyse.* Der Fortschrittsbericht umfaßt: Mikrowaagen, Dumas-N-Best. nach ZIMMERMANN, O-Best. nach ZIMMERMANN u. nach UNTERZAUCHER, C—H-Best. nach PREGL-ZIMMERMANN u. nach UNTERZAUCHER, N—H-Best. nach WURZSCHMITT, den Aufschluß in der Mikro-PARR-Bombe nach WURZSCHMITT u. ZIMMERMANN u. in der Universalbombe nach WURZSCHMITT, S-Best. nach ZIMMERMANN u. die Mikrobest. funktioneller Gruppen (akt. H nach SCHÖNIGER, CO-Best. nach SCHÖNIGER, LIEB u. GASSNER, Amido- u. α-Amino-N nach RENARD u. DESCHAMPS). — 13 Abb., 55 Literaturangaben. (Bull. Soc. chim. France, Mém. [5] **19.** 672—87. Juli/Aug. 1952. Paris, Labor. Municipal, Sect. de Microanalyse.) K. F. MÜLLER. 5350

O. E. Sundberg und **G. L. Royer,** *Mikrobestimmung von Schwefel in der Verbrennungsapparatur nach Grote. Verbrennung von Sulfanilamid.* Die Verbrennung erfolgt in einem Quarzrohr an einem Pt-Katalysator mit Einwaagen von 6—22 mg. Als Heizquelle dienen ein fest angebrachter Ofen mit einer Temp. von 730° u. ein beweglicher mit 720°. Die Tempp. können ohne Beeinträchtigung der Genauigkeit zwischen 540 u. 730° geändert werden, jedoch sind höhere Tempp. vorzuziehen. (Analytic. Chem. **24.** 907—08. Mai 1952. Bound Brook, N. J., American Cyanamid Co., Calco chem. Div.) SCHLEGEL. 5352

M. V. Tracey, *Die Bestimmung von Glucosamin durch alkalische Zersetzung.* Vf. zers. Aminozucker durch eine gesätt. Na_3PO_4-Lsg., die mit $Na_2B_4O_7 \cdot 10\,H_2O$ gesätt. ist. Das in einer Mikroapp. abdest. NH_3 wird nach Nesslerisation colorimetr. bestimmt. Es sind auf diesem Wege 50—500 γ Glucosamin bestimmbar. Es stören nicht: Acetylglucosamin, Asparaginsäure, Glutaminsäure, Serin, Threonin, Citrullin, Arginin, Lysin, Thymin, Uracil, Guanin, Adenin, Xanthin, Allantoin, Alloxan, Kreatinin, Kreatin, Hydantoin, Sarkosin, Betain, Cholin, Äthanolamin, Hyaluronsäure oder Chitin. Die durch Ammoniumsalze, Glutamin, Asparagin, Nicotinamid, Harnstoff u. gewisse Proteine (z. B. Glutenin u. Edestin) bedingten Störungen können eliminiert werden. Gemische von Zuckern u. Aminosäuren stören die Best. ebenfalls. (Biochem. J. **52.** 265—67. Okt. 1952. Harpenden, Hertfordshire, Rothamsted Exp. Stat.) NEHRING. G 3400

John M. Miller und **J. G. Kirchner,** *Einige Verbesserungen der chromatographischen Technik für Terpene.* Um bessere Trennungen der Zonen bei der Säulenchromatographie von flüchtigen, farblosen Duftstoffölen, bes. bei Terpenen, zu erreichen, haben Vff. das Füllverf. der Säule mit Kieselsäure als Adsorbens verbessert u. die Streifenchromatographie zur Auffindung der besten Entwicklungs-Fl. benutzt. Die Kieselsäure wurde sorgfältig gereinigt (von Öl durch Waschen mit Aceton, von wasserlösl. Kieselsäuren durch Waschen mit W.) u. präpariert (Mischung mit 5% Amiokastärke u. 200% W., Erhitzung auf 85° bis zum Dickwerden u. Trocknung auf Glasplatten bei 80° mit gefilterter Luft). Das Säulenrohr (32×300 mm) wird mit 125 g des mit der Entwicklungs-Fl. (5facher Menge) gut aufgeschlämmten Adsorbens durch Einschlämmen mit Spezialtrichter unter starkem Rühren gefüllt. Es wurden so nicht nur verbesserte Fließgeschwindigkeiten, sondern auch glatte u. nicht kon. vermischte Zonengrenzen auf der Säule erhalten. Die Streifenchromatographie wurde aber auch während der Chromatographierung auf der Säule zur Kontrolle der eluierten Stoffe in den Fraktionen auf Trennungsreinheit u. -schärfe verwendet. Nach der angegebenen Meth. ließen sich chromatograph. sauber trennen: Die Reaktionsprodd. der Red. von *Carvon* zu *Carveol* (mit Hexan (I) + 15% Äthylacetat (II) als Entwicklungs-Fl.), die Reaktionsprodd. von *Linolool* u. *Perbenzoesäure* (mit Chlf. + 10% II) u. *N-Methylmethylanthranilat* (Handelsprod.) von seinen Verunreinigungen mit I + 15% II). (Analytic. Chem. **24.** 1480—82. Sept. 1952. Pasadena, Calif., U. S. Dep. of Agricult., Fruit and Vegetable Chem. Labor.) Wingchen. G 3600

d) Medizinische und toxikologische Analyse.

Hans-Werner Muth und **Wolfgang Beckmann,** *Klinische Flammenphotometrie.* Beschreibung des Flammenphotometers Modell 4 nach Lange, der Anlegung von Eichkurven für *K* u. *Na* sowie der Arbeitsweise während der Best. von K u. Na in Körperflüssigkeiten. Betrachtungen über die klin. Bedeutung der K- u. Na-Kontrolle. (Aerztl. Wschr. **7.** 961—65. 10/10. 1952. Berlin-Schöneberg, Auguste-Viktoria-Krankenhaus.) Fresenius. 5725

F. David-Chaussé, *Die Papierelektrophorese und einige ihrer klinischen Anwendungen.* Übersicht über die Anwendung der Papierelektrophorese bei der Diagnose von Proteinstoffwechsel-, Infektions-, Leber-, Nieren-, Herz- u. Gefäßkrankheiten. (J. Méd. Bordeaux Sud-Ouest **130.** 681—83. Mai 1953.) Loch. 5725

H. Kutzim, *Bluteiweißkörper und Antibiotica bei der Papierelektrophorese.* Antibiotica wandern bei der Papierelektrophorese (110 V, p_H 8,6) unabhängig von den Bluteiweißkörpern (I). *Penicillin* hat bei p_H 8,6 die gleiche Wanderungsgeschwindigkeit wie das Albumin; bei p_H 3,3 wandert es zur Anode, I zur Kathode. *Streptomycin* wandert infolge seiner starken Basizität bei p_H 8,6 zur Kathode. *Aureomycin* allein bleibt an der Auftragsstelle liegen, während es mit Serum zusammen teilweise in Richtung Anode mitgenommen wird. (Klin. Wschr. **30.** 852. 15/9. 1952. Köln, Univ., Hautklinik.) K. Maier. 5727

F. William Sunderman, *Weitere Modifikationen zur Bestimmung der Blutglucose.* (Vgl. auch C. **1952.** 6909.) Die von Sunderman u. Fuller (Amer. J. clin. Pathol. **21.** [1951.] 1077) angegebene Meth. zur Blutzuckerbest. kann auch als Mikrobest. durchgeführt werden. Es wird dazu 0,1 ml Blut entnommen, mit 1 ml Wolframsäurereagens versetzt, auf 2 ml aufgefüllt u. nach einigen Min. zentrifugiert. 1 ml der überstehenden Fl. wird in bekannter Weise weiter behandelt. Zur visuellen Colorimetrie wird zu einem Endvol. von 5 ml, bei photoelektr. Verf. auf 10 ml aufgefüllt. Es wird ein neues Glucoseteströhrchen beschrieben, das bei Mikro- u. Makrobestimmungen verwendet werden kann. Bei Durchführung der Makrometh. soll bei Anwendung eines photoelektr. Photometers das Endvol. auf 20 ml aufgefüllt u. die Färbung bei 540 mμ gemessen werden. (Amer. J. clin. Pathol. **23.** 193—96. Febr. 1953. Philadelphia, Pa., Jefferson Med. Coll., Div. of Metabolic Res.) Krusen. 5727

Bengt Swahn, *Eine neue Mikromethode zur Bestimmung der Gesamtlipoide im Serum.* 0,02 ml Serum wird chromatographiert, getrocknet u. 60 Min. in eine Sudanschwarzlsg. getaucht (0,1 g Sudanschwarz B in 100 ml 50%ig. A.). Nach dreimaligem Waschen in 50%ig. A. wird der Farbfleck herausgeschnitten u. 30—60 Min. mit einer 25%ig. A.-Lsg. in Eisessig herausgelöst u. die Extinktion bei 590 mμ bestimmt. (Scand. J. clin. Lab. Invest. **4.** 247—48. 1952. Lund, Schweden, Univ., Med. Klinik.) Matthies. 5728

Otto Meyer zu Schwabedissen, *Isonicotinsäurehydrazid-Bestimmung im Urin.* Die Best. wird photometr. nach Hydrolyse mit HCl in dem 1 : 10 mit W. verd. Harn u. nach Zusatz von Ehrlich-Reagens vorgenommen. Meth. eignet sich nur für Harn. Erfaßt werden noch 50 γ/cm³ Harn. (Dtsch. med. Wschr. **78.** 104—05. 16/1. 1953. Freiburg, Univ., Med. Klinik.) Fresenius. 5732

Jakob Bauer, *Die praktische Bedeutung der C-17-Ketosteroide, ihre chromatographische Trennung und ihre Reindarstellung.* Zur qualitativen Unterscheidung der einzelnen mit dem Harn ausgeschiedenen *C-17-Ketosteroide* (I) verwendet Vf. die Chromatographie an Al_2O_3. 500 cm³ Urin (ohne Konservierungsmittel) nach saurer Hydrolyse mit Ae. extrahieren, Ae. 2mal mit $NaHCO_3$, 3mal mit n-NaOH, 2mal mit dest. W. waschen, Ae-Rückstand (Gesamtheit der Neutralsteroide) in 5 cm³ CCl_4 lösen, CCl_4-Rückstand in 2,5 cm³ 96%ig. A. lösen, 1,25 cm³ 2nKOH u. 1,25 cm³ 1%ig. Dinitrobenzol zugeben, 60 Min. bei 25° im Dunkeln stehenlassen, photometrieren, wobei die Farbe einer Blindprobe u. die Eigenfarbe des Extrakts kompensiert werden; Aufstellung der Eichkurve mit reinem Androsteron. Analog wird mit den chromatograph. gewonnenen I-Einzelfraktionen verfahren. CCl_4-Stammlsg. mit Ae. verdünnen u. mit jeweils 50 cm³ CCl_4, CCl_4 + 10% Ae., CCl_4 + 30% Ae., Ae. u. A. als Fraktionier-Fl. 5 Fraktionen herstellen. Die Brauchbarkeit der Meth. wurde an Modellharnen unter Zusatz von Steroiden erwiesen. Die Aufteilung der Gesamt-I in 25 Fraktionen ergab beim gesunden Menschen übereinstimmende Werte, wodurch die Aufstellung n. Ausscheidungschromatogramme zu Vergleichszwecken möglich wird. (Verh. dtsch. Ges. inn. Med. **58.** 412—16. 1952. München, Diakonissenanst., u. wiss. Labor. Prof. Dr. J. Bauer.) K. Maier. 5732

H. F. W. Kirkpatrick, *Abgeänderter Nachweis für Harnurobilin nach Schlesinger.* Der Zink–Urobilin-Komplex wird mit Chlf. extrahiert u. im UV-Licht auf goldgelbe Fluorescenz geprüft. Säure- u. Alkalizusatz sind unerwünscht. *Urobilinogen* wird mit Ammoniumpersulfat oxydiert, nicht mit Jod. Filtration vor Extraktion mit Chlf. ist zu vermeiden. (Lancet **264.** 71. 10/1. 1953. London Clinic, Dep. of clinical Invest.) FRESENIUS. 5732

Hans Umstätter, Einführung in die Viscosimetrie und Rheometrie. Unter Mitw. von **Raimund Schwaben,** hrsg. Berlin, Göttingen, Heidelberg: Springer. 1952. (XII + 152 S. m. 106 Abb.) 8°. DM 16,50.

H. Angewandte Chemie.

I. Allgemeine chemische Technologie.

Th. Goldschmidt Akt.-Ges. (Erfinder: **Herbert Stahl),** Essen, *Herstellung von Wasser-in-Öl-Emulsionen,* dad. gek., daß man als Emulgatoren Di- oder Polyacylpolyamine benutzt, die durch Kondensation von Polyalkylenpolyaminen, wie Diäthylentriamin oder Triäthylentetramin, mit höheren ungesätt. Fettsäuren, z. B. Ölsäure, oder ungesätt. Oxyfettsäuren, wie Ricinolsäure, oder Leinölfettsäuren gebildet werden. Die Emulgatoren eignen sich zur Herst. von Salben, Kremen, Fußboden-, Möbel- u. Lederpflegemitteln, ferner zur Herst. von Margarine. (**D. B. P. 864 724** Kl. 23c vom 1/7. 1941, ausg. 26/1. 1953.) DERSIN. 5825

Metallgesellschaft Akt.-Ges., Frankfurt/M. (Erfinder: **Karl Sondermann,** Sprendlingen), *Destillation höhersiedender Flüssigkeiten,* z. B. von Mineralölen, anderen höheren KW-stoffen, Glycerin oder Fettsäuren, unter Umwälzung der zu destillierenden Fll., z. B. nach dem Prinzip der Druckgasflüssigkeitshebung mittels Wasserdampfs oder KW-stoffdämpfen. Die Fll. werden in einem Destilliergefäß nacheinander durch 2 oder mehrere hintereinandergeschaltete Umwälzvorr. geführt, die in getrennten Flüssigkeitsräumen untergebracht sind. Die Beheizung erfolgt mittelbar während der Umwälzung. — Zeichnungen. (**D. B. P. 855 691** Kl. 12a vom 17/5. 1949, ausg. 17/11. 1952.) HEINSEN. 5865

Badische Anilin- & Soda-Fabrik (Erfinder: **Walter Reppe** und **Walter Schweckendiek),** Ludwigshafen/Rh., *Komplexe Phosphine.* Man läßt auf quaternäre Phosphoniumverbb. Schwermetalle, unsubstituierte Schwermetallcarbonyle u. freies Halogen oder solche Carbonyle von Schwermetallen einwirken, in denen ein Teil der CO-Gruppen durch organ. Reste, bes. Phosphinreste, substituiert ist. — $[(C_6H_5)_3P]_2NiCl_2 \cdot C_6H_5CH_2Cl$ (**I**), F. 196°, wird z. B. nach folgender Gleichung erhalten: $2[(C_6H_5)_3C_6H_5CH_2P]Cl + Ni(CO)_4 + Cl_2 \rightarrow$ **I** $+ 4\,CO + C_6H_5CH_2Cl$. — Ferner werden dargestellt: $[(C_6H_5)_3P]_2NiBr_2 \cdot C_4H_9Br$, F. 177°; $[(C_6H_5)_3P]_2ZnBr_2 \cdot C_4H_9Br$, F. 174°. — *Katalysatoren.* (**D. B. P. 876 094** Kl. 12o vom 7/4. 1951, ausg. 7/5. 1953. **Zusatz zu D.B.P. 817 909; C. 1953. 2522.**) BRÖSAMLE. 5905

II. Feuerschutz. Rettungswesen.

T. de Jong und **S. Koopmans,** *Verunreinigung von Boden, Wasser und Luft durch Fluorverbindungen.* Vf. gibt eine Übersicht über die mit verschied. Gasreinigungsvorr., die zum Schutz gegen F-Verbb. in Industrierauch angewandt werden, erzielten Erfahrungen. (Ingenieur ['s-Gravenhage] **65.** G 17—20. 24/4. 1953.) WESLY. 5930

P. Pelnář, *Gesundheitliche Gefahren für die in der Schwefelsäureerzeugung Beschäftigten.* Kurze Darst. der Möglichkeiten gesundheitlicher Schädigungen bei der H_2SO_4-Herst.: durch SO_2, SO_3, nitrose Gase, Staub der Röstrückstände, Pb, Verätzungen u. Verbrennungen, Verletzungen durch hochgespannten elektr. Strom. (Chem. Průmysl. **2.** (**27.**) 92—94. 1952.) FREYTAG. 5932

Alfred Machis und **John C. Geyer,** *Die Verbrennung radioaktiver Abfälle in Institutsverbrennungsanlagen.* Vff. bringen allg. Betrachtungen sowie Beobachtungsergebnisse über die Gefahren, die mit der Verbrennung radioakt. verseuchter Abfälle in den üblichen Verbrennungsanlagen verbunden sind. Gefahrenquellen sind der abziehende Rauch, die Asche u. die Wände des Ofens selbst. Vgl. mit den festgesetzten Toleranzdosen zeigt, daß diese durchaus erreicht werden können. (Amer. ind. Hyg. Assoc. Quart. **13.** 199—205. Dez. 1952. Baltimore, Md., Johns Hopkins Univ.) REUSSE. 5936

G. T. Kensler, E. T. Anderson und **L. W. Horne,** *Kontrolle des Schimmels in der Luft.* Die Entfernung von Schimmelsporen (**I**) aus der Luft wurde unter prakt. Bedingungen mit verschied. Filtern geprüft. Es ergab sich, daß ein Staubfilter vom Pralltyp nur ca. 60% **I** beseitigt. Ein anderes mechan. Filter, eine sechsfache Lage von Ölpapier benutzend, entfernte ca. 79%. Die untersuchten vier elektrostat. Filter entfernten hingegen 90% u. mehr **I.** Elektrostat. Filter geben stets die besten Ergebnisse. UV-Strahlung setzte den I-Geh. nur bei Luftumwälzung ohne Erneuerung herab. Bei 2,5maligem Luftwechsel je Std. ohne Umwälzung war keine Verminderung des I-Geh. feststellbar. (Dairy Wld. **31.** Nr. 6. 12—14. 16—21. Juni 1952. Glenview, Ill., Res. Labors., Kraft Foods Co.) FREYTAG. 5940

III. Elektrotechnik.

H. Herglotz, *Eine Röntgenröhre mit Durchstrahlanode zur Sekundärerregung von Röntgenspektren.* Beschreibung einer einfachen App., welche Röntgenspektroskopie mit Sekundärerregung erlaubt, bei welcher die Präpp. nicht in das Innere der Vakuumröhre gebracht zu werden brauchen. Das Al-Fenster der Röntgenröhre ist zu diesem Zweck selbst als Anode ausgebildet. (Österr. Ing.-Arch. **5.** 135—40. 1952. Wien, TH, Inst. für Experimentalphys.) LENZ. 5974

E. Zieler, *Messung der Halbwertschicht bei ölisolierten Röntgenröhren.* Die Messung der Strahlenqualität (Halbwertschicht) bei therapeut. Röntgenanlagen kann durch die bei Ölhauben aus dem Öl u. aus dem Material des Strahlenaustrittsfensters stammende Sekundärstrahlung gefälscht werden. Letztere erweist sich bei exakter Messung mittels einer besonderen Blendenanordnung als härter als die Primärstrahlung. Vf. weist in diesem Zusammenhang auf die Bedeutung dieser Feststellung für die Messung der Dosis hin, die bei jeder Bestrahlung mit dem gleichen Aufbau, bes. der gleichen Blendenanordnung, vorgenommen werden muß, wie sie während der Bestrahlung selbst verwendet wird. (Z. angew. Physik **4.** 293—97. Aug. 1952. Hamburg-Fuhlshüttel, C. H. F. Müller A. G., Labor.) REUSSE. 5974

J. Schutten, *Ein elektromotorischer Magnetstrom-Stabilisator.* Vf. beschreibt eine Schaltung zur Stabilisierung des Magnetstromes eines Isotopenseparators auf $^1/_{20000}$. Der von einem Gleichstromgenerator erzeugte Magnetstrom fließt über einen Widerstand. Der an diesem entstehende Spannungsabfall wird in einer empfindlichen Brückenschaltung durch eine regelbare Bezugsspannung kompensiert, so daß die Brückenspannung Null wird. Ändert sich nun der Magnetstrom, dann entsteht eine Spannung an der Brücke, die über einen Gleichstromverstärker u. weitere elektron. Glieder die Erregerspannung des Speisegenerators für den Magneten beeinflußt. Die Schaltelemente werden eingehend beschrieben. (Appl. sci. Res. B **2.** 249—63. 1952. Amsterdam, Stichting voor Fundamenteel Onderzoek de Materie, Labor. voor Massaspectrografie.) REUSSE. 5980

Licentia Patent-Verwaltungs-G. m. b. H., Hamburg (Erfinder: **Helmut Helbig,** Clausthal-Zellerfeld), *Lichtelektrisch empfindliche Halbleiterelemente* zum Steuern elektr. Ströme bestehen aus CdS mit aufgedampften flächenhaften Elektroden aus Leichtmetall, bes. Al. (**D. B. P. 828 891** Kl. 21g vom 12/8. 1950, ausg. 21/1. 1952.) KESSEL. 5953

Monsanto Chemical Co., St. Louis, Mo. (Erfinder: **Russell L. Jenkins,** Anniston, Ala.), V. St. A., *Dielektrische Stoffe,* bes. für Kondensatoren, Transformatoren, Kabel, bestehen aus halogenierten aromat. Verbb. u. Dibutyldiphenyl-Sn (I) z. B. aus chloriertem Diphenyl, Trichlorbenzol u. 0,05—0,5 Gew.-% I. (**D. B. P. 850 770** Kl. 21c vom 30/9. 1950, ausg. 29/9. 1952. A. Prior. 19/8. 1946.) KESSEL. 5957

Siemens & Halske Akt.-Ges., Berlin und München (Erfinder: **Theodor Rummel,** Karlsruhe), *Umwandlung von Wärme in elektrische Energie.* Ein Kondensator mit temperaturabhängiger Kapazität wird bei der Temp., der die größere Kapazität angehört, aufgeladen u. bei gleichbleibender Ladung bei der Temp., der die kleinere Kapazität angehört, entladen. Als Dielektrikum dient ein Stoff mit hoher u. temperaturabhängiger DE., z. B. Ba- oder Ba–Sr-Titanat. (**D. B. P. 838 933** Kl. 21g vom 31/10. 1949, ausg. 15/5. 1952.) KESSEL. 5971

Siemens & Halske Akt.-Ges., Berlin und München (Erfinder: **Hartmut Ganswindt,** Berlin, und **Werner Müller,** Bernau), *Schwärzung der Elektroden von Entladungsröhren.* In den Raum der zu schwärzenden Elektrode wird ein Hilfsglühdraht eingeführt, der das zur Schwärzung dienende Metall enthält u. im Vakuum so aufgeheizt wird, daß sich das Metall auf der kälteren Elektrode niederschlägt. Das zur Schwärzung dienende Metall kann auch einen von dem Elektrodenmetall abweichenden therm. Ausdehnungskoeff. haben. (**D. B. P. 851 985** Kl. 21g vom 16/1. 1950, ausg. 9/10. 1952.) KESSEL. 5975

C. Lorenz Akt.-Ges., Stuttgart (Erfinder: **Christian Bürkert,** Berlin), *Leuchtschirme für Kathodenstrahlröhren.* In den Kolben wird eine Schicht einer Fl. eingefüllt, auf die oder in die das Fluorescenzmaterial in genau abgewogener Menge gesprüht wird. So können auch mehrere verschied. Fluorescenzstoffschichten übereinander angeordnet u. durch Ausheizen gemeinsam getrocknet werden. (**D. B. P. 854 062** Kl. 21g vom 7/11. 1944, ausg. 30/10. 1952.) KESSEL. 5975

Licentia Patent-Verwaltungs-G. m. b. H., Hamburg (Erfinder: **Werner Koch** und **Siegfried Poganski**, Belecke/Möhne), *Si-Trockengleichrichter*. Auf einer mindestens auf 180°, prakt. auf über 195° erhitzten krist. Unterlage, bes. SiC mit geringen, gemischte Leitfähigkeit hervorrufenden Beimengungen, wird Si aus der Dampfphase niedergeschlagen. Die Unterlage kann chem. aus der Oberflächenschicht der Trägerelektrode gebildet werden, indem z. B. eine Trägerelektrode aus C oder eine auf einer Trägerelektrode angebrachte C-Schicht in einer $SiCl_4$ u. H_2 enthaltenden Atmosphäre mindestens bis zur Bldg. einer dünnen SiC-Oberflächenschicht zur Rk. gebracht wird. (**D. B. P. 853 926** Kl. 21g vom 1/4. 1949, ausg. 30/10. 1952.) Kessel. 5977

Siemens & Halske Akt.-Ges., Berlin und München (Erfinder: **Johann Kalb**, Gera), *Kältefester Fe-Elektrolytkondensator* mit 2 dielektr. wirksame Oberflächenschichten tragenden, in eine Elektrolytlauge (I) eintauchenden Fe-Platten. Als **I** dient 21%ig. NaOH oder 35%ig. KOH. (**D. B. P. 847 313** Kl. 21g vom 1/10. 1948, ausg. 21/8. 1952.) Kessel. 5983

Siemens & Halske Akt.-Ges., Berlin und München (Erfinder: **Reinhard Tandler**, München, und **Hans-Nikolaus Schulz**, Gera), *Korrosionsschutz* für dünne, auf hygroskop. Trägerschichten (I) aufgebrachte Metallschichten, bes. für *Metallpapierkondensatoren*. Die **I** werden mit Stoffen (II) beschwert, die die Wrkg. der Einrichtung nicht beeinträchtigen, aber der Feuchtigkeit einen p_H-Wert erteilen, bei dem die Korrosion am geringsten ist (z. B. ca. 10,9 bei einer Zn-Schicht). Als **II** dient z. B. bei einer Zn-Schicht ein bas. 2 wertiges Metalloxyd, z. B. CaO. Für Kunststoff-**I** kommen organ. Basen in Frage, bes. aliphat. Amine, z. B. Hexamethylentetramin. (**D. B. P. 847 175** Kl. 21g vom 1/10. 1948, ausg. 21/8. 1952.) Kessel. 5983

Lonza Elektrizitätswerke und Chemische Fabriken Akt.-Ges. (Gampel), Basel, Schweiz, *Betrieb druckfester Wasserelektrolyseure* mit beiderseits abgestützten Asbestdiaphragmen zwischen Anoden- u. Kathodenraum jeder Zelle. Die Betriebstemp. des Elektrolyten wird auf 90—120° gehalten u. gleichzeitig der Druck mindestens auf den 3fachen Wert des Sättigungsdruckes eingestellt, den der Elektrolyt bei der gewählten Betriebstemp. aufweist. So wird z. B. bei der Elektrolyse einer ca. 26%ig. KOH u. einer Betriebstemp. von ca. 110° mit einem Betriebsdruck von 20—50 atü gearbeitet. (**Schwz. P. 282 081** vom 10/3. 1950, ausg. 16/7. 1952.) Schreiner. 5993

Fa. Ludwig Seibold (Erfinder: **Josef Stepanek**), Wien, *Elektrodialytische Zelle*, insbes. zur Reinigung von *Fll.* auf elektroosmot. Wege. Für die Kathode u. die sonstigen in der Zelle befindlichen Metallteile wird zwecks Verwendung von Wechselstrom ein Gleichrichterwrkg. besitzendes Material oder ein Überzug aus solchem, z. B. aus Rein-Al oder Ta, verwendet. — Schaltskizzen. (**D. B. P. 861 993** Kl. 12d vom 31/5. 1942, ausg. 8/1. 1953.) Reichelt. 5993

Paul Drossbach, Grundriß der allgemeinen technischen Elektrochemie. Berlin-Nikolassee: Borntraeger. 1952. (VII + 400 S. m. 129 Abb.) 8°. DM 46,—.

IV. Wasser. Abwasser.

Nandor Porges, Janet B. Pepinsky, Leonore Jasewicz und **Sam R. Hoover**, *Biochemische Oxydation von Molkereiabwässern*. 3. Mitt. *Versagen von Natriumnitrat als Sauerstoffquelle*. (2. vgl. Sewage ind. Wastes **22**. [1950.] 888.) Es wurde die Oxydation von Buttermilch, Casein u. Milchzucker durch Belebtschlamm unter titrimetr. u. manometr. Best. der entwickelten CO_2-Menge untersucht. Die CO_2-Entw., u. damit die Aktivität des Schlammes wurde durch $NaNO_3$-Zusatz nicht merklich gesteigert. Der Nitrat-N wird durch die Abwasser–Schlamm-Mischung nicht ausgenutzt, weil vermutlich der hohe N-Geh. die Entw. der gewünschten Organismen nicht begünstigt. (Sewage ind. Wastes **24**. 874—81. Juli 1952. Philadelphia, Pa., U. S. Dep. of Agric., Agric. Res. Admin.) Manz. 6044

Sam R. Hoover, Lenore Jasewicz und **Nandor Porges**, *Biochemische Oxydation von Molkereiabwässern*. 4. Mitt. *Endogene Atmung und Stabilität von belüftetem Schlamm aus Molkereiabwasser*. (3. vgl. vorst. Ref.) Die endogene Respiration der Organismen, die Molkereiabwasser aerob oxydieren, ist relativ niedrig; der aus 1000 mg/Liter Feststoffen der Magermilch erzeugte Schlamm verbraucht 3—4 mg/Liter O_2 je Stunde. Die gleiche Kultur verbraucht bei vollem Wachstum 40—45 mg/Liter. Die Oxydation der Milchstoffe erfolgt 10mal so rasch als die endogene Veratmung. Es wird die Anwendung der Berechnung des Umsatzes auf die Beurteilung der Funktion u. der Schlammbilanz einer biol. Anlage besprochen. (Sewage ind. Wastes **24**. 1144—49. Sept. 1952. Philadelphia, Pa., U. S. Dep. of Agric., Agric. Res. Admin.) Manz. 6048

V. Anorganische Industrie.

Bamag-Meguin Akt.-Ges. (Erfinder: **Thomas Fischer**), Berlin, *Überführung der bei der Absorption von Stickoxyden in den Restgasen verbleibenden Stickoxydgase in Kalksalpeter.* Die Restgase werden in einer einzigen Stufe bis zu >50% in einem bes. Oxydationsraum, z. B. in einem eisernen Turm, dessen Innenwandung mit Kalkmilch berieselt wird, aufoxydiert, worauf die Absorption mittels Kalkmilch in einem besonderen Absorptionsturm erfolgt, der Füllmaterial aufweisen kann, das ständig oder zeitweise unten entnommen u. nach erfolgter Reinigung oben wieder zugeführt wird. — Abbildung. (**D. R. P. 752 822** Kl. 12i vom 30/4. 1940, ausg. 9/2. 1953.) ZÜRN. H 243

Hüttenwerke Huckingen Akt.-Ges. (Erfinder: **Peter Dickens** und **Walter Middel**), Duisburg-Huckingen, *Gewinnung von Jod und Kalisalzen aus Hochofenflugstaub.* Der Flugstaub wird mit W. ausgelaugt. Die durch Eindampfen erhaltenen Rohsalze werden bei 500—700°, bes. 600—700°, geglüht bzw. geschmolzen u. in W. gelöst. Die Lsg. wird mit $CaCl_2$ versetzt, bis noch etwas CO_3'' vorhanden ist. Der Nd. wird abfiltriert. Die klare Lsg. wird mit HCl angesäuert, mit einem Oxydationsmittel, z. B. $FeCl_3$, oxydiert u. daraus das J_2 durch Dest. gewonnen. Aus der J_2-freien Lsg. wird das Fe mit KOH gefällt u. abfiltriert; die Lsg. selbst wird mit HCl neutralisiert u. eingedampft. Aus den hieraus mit W. gelösten Alkalichloriden wird KCl durch Kristallisation abgetrennt. (**D. B. P. 853 161** Kl. 12i vom 23/11. 1941, ausg. 23/10. 1952.) ZÜRN. H 249

American Cyanamid Co., New York, N. Y., V. St. A., *Herstellung von Calciumcyanamid.* Man azotiert ein Gemisch aus CaC_2 u. Flußspat. Hierbei geht man von einer Mischschmelze aus CaC_2 u. Flußspat aus, oder man schm. Kalk, Koks u. Flußspat zusammen u. läßt das erhaltene Material fest werden u. mahlt es. Bes. hohe Azotierung je kg eingesetztes Carbid. Die Menge Flußspat soll höchstens 10%, bes. 2% der Summe aus Carbid u. Flußspat betragen. (**N. P. 79 851** vom 4/2. 1951, ausg. 10/3. 1952.) JÜRGEN SCHMIDT. H 260

Allied Chemical & Dye Corp., übert. von: **Hans R. Neumark** und **John H. Pearson,** New York, N. Y., V. St. A., *Herstellung von Alkalicyanaten* aus geschmolzenen Alkalicyaniden durch Oxydation mit einem O_2-haltigen Gas, z. B. Luft, in einem Gefäß aus MONEL-Metall bei Tempp. unter 700°, z. B. 550—600°. (**Can. P. 477 787** vom 16/2. 1942, ausg. 16/10. 1951. A. Prior. 29/4. 1941.) M. F. MÜLLER. H 260

Edward Oneal Sears, Alameda, Calif., V. St. A., *Herstellung einer NaCl enthaltenden SiO_2-Gallerte.* Zu einer Wasserglaslsg. fügt man HCl oder eine andere Säure u. NaCl-Lsg., so daß das Gemisch 1—10% NaCl enthält. Es erstarrt sofort. Man entfernt es aus der Form u. führt die erhaltenen Formlinge durch einen Gefrierraum. Anschließend werden sie z. B. in Cellophan verpackt u. zum Kühlen von *Packungen* verwendet. (**A. P. 2 574 763** vom 29/11. 1948, ausg. 13/11. 1951.) ZÜRN. H 261

Leon Louis Hoste, Belgien, *Herstellung von Monocalciumdimagnesium-, Dicalciummonomagnesium- und Monocalciummonomagnesiumphosphat.* Rohphosphat wird mit 30%ig. HCl oder 66%ig. NHO_3 u. W. gemischt u. das Ungelöste abgetrennt, mit Kieserit versetzt u. das $CaSO_4$ entfernt u. alsdann mit $Mg(OH)_2$ vermischt. Die ausgefällten Salze weisen nach dem Waschen u. Trocknen einen Reinheitsgrad von 90—95% auf. (**F. P. 989 829** vom 28/6. 1949, ausg. 13/9. 1951. Belg. Prior. 1/7. 1948.) WITTHOLZ. H 264

Paper Patents Co., übert. von: **Harold H. Heller,** Neenah, Wisc., V. St. A., *Verfahren und Vorrichtung zur Elektrolyse von Alkalichloriden* in einer Zelle mit Hg-Kathode) — Zeichnung. (**Can. P. 476 519** vom 28/6. 1948, ausg. 28/8. 1951. A. Prior. 1/7. 1947.) M. F. MÜLLER. H 272

Aubrey K. Brewer, Richland Center, Wis., V. St. A., *Elektrochemische Trennung von Chemikalien durch Ionenwanderung.* In einer Mischung von Ionen gleichen Ladungssinnes führt man den Elektrolyten, z. B. RbCl + NaCl, durch Capillaröffnungen (I), leitet einen elektr. Strom von ausreichender Spannung in Längsrichtung durch **I**, um eine Ionenwanderung (II) von durchschnittlicher Geschwindigkeit (III) zu erzielen, u. führt eine Lsg. in entgegengesetzter Richtung zu **II** mit einer der **III** etwa gleichen Geschwindigkeit hindurch. An der in Strömungsrichtung aufwärts gelegenen Seite wird ein mit schnellen Ionen angereichertes Prod. u. an der abwärts gelegenen Seite ein mit langsamen Ionen angereichertes Prod. entnommen. — Abbildungen. (**A. P. 2 566 308** vom 7/2. 1947, ausg. 4/9. 1951.) REICHELT. H 272

N. V. Zuid-Nederlandsche Spiritusfabriek, Holland, *Behandlung der Rückstände der Melassebrennereien.* Die Rückstände der Melassebrennerei enthalten neben organ. Substanz anorgan. Salze, u. a. K_2CO_3 (**I**), K_2SO_4 (**II**) u. KCl (**III**). Von diesen ist **I** das wertvollste, während **II** u. **III** nur als Düngemittel Verwendung finden können. Es gelingt durch das genannte Verf., das wenig wertvolle **II** in das wertvollere **I** zu verwandeln, indem man die auf 50—60% eingedampften Rückstände in geeigneten Öfen unter genau dosiertem Luftzutritt verbrennt, wodurch II zu K_2S red. wird. Durch Einleiten von CO_2 in die wss. Lsg. der Aschen wird K_2S in I umgewandelt. Der entstehende H_2S kann als solcher oder in Form von Verbb. ebenfalls verwendet werden. Die Verbrennung der konz. Melasserückstände kann kontinuierlich ausgeführt werden, indem man sie in der Verbrennungszone des Ofens durch die heißen Verbrennungsgase leitet. (**F. P. 974 847** vom 12/11. 1948, ausg. 26/2. 1951. Holl. Prior. 14/11. 1947.) W. HEYNE. H 275

VI. Silicatchemie. Baustoffe.

E. S. Chrzan, E. C. Petrie und **S. M. Swain,** *Untersuchung an Silicasteinen aus einem Glaswannengewölbe.* Die Steine waren einer Betriebstemp. von 1470° ausgesetzt u. zeigten starke Aufnahme von Alkali u. Größenwachstum von *Cristobalit-* u. *Tridymit-*Kristallen. Über der Schmelzzone: Cristobalit mit wenig Tridymit mit steigendem Tridymitgeh. zum kalten Ende; über der Läuter- u. Abkühlzone: nur Tridymit. In der heißen Steinzone konnte nur die Absorption von Na_2O u. SO_2 festgestellt werden, nicht dagegen: CaO oder andere Flußmittel aus dem Gemengestaub. (J. Amer. ceram. Soc. **35.** 173—81. Juli 1952. Cleveland, O., North American Refraktories Comp.) SCHÜTZ. 6172

Hans Wessel, *Spezielle Probleme der chemischen Haltbarkeit von Glas am Beispiel eines Jenaer Eelektrodenglases.* Nach einer grundsätzlichen Diskussion der früheren GEFFCKENschen Erkenntnisse über die Oberflächenlöslichkeit von Gläsern behandelt Vf. die Gelschichtbldg. infolge H-Ioneneinwanderung durch Säure- u. Wasserangriff. Cu-Ionen hemmen die Anlagerung. Bei niederohmigen Elektrodengläsern werden durch 2nNatronlaugen 86 mg/cm² gegenüber 360 mg/cm² bei Wasserangriff abgegeben, da beim Laugenangriff durch die Mischlsg. nach DIN 12122 Polymerisationserscheinungen an der Glasoberfläche eintreten, die eine Filmbldg. bewirken u. dadurch den weiteren Angriff stark eindämmen. (Silikattechnik **3.** 483—86. Nov. 1952.) KÜHNERT. 6200

M. Ss. Kamenitschnyi, M. P. Nasarow, I. Ja. Salkind und **T. W. Burssian,** *Über die laboratoriumsmäßige Bestimmung der Schlackenzerstörung von feuerfesten Materialien.* Die vorgeschlagene Meth. zur Prüfung der Zerstörung von feuerfesten Materialien durch Schlacken besteht in der gleichzeitigen Unters. mehrerer Proben bei kontinuierlicher Drehung im Ofen (eine Probe dient als Standard), ferner muß eine gleichmäßige Zufuhr der Schlacke durch automat. Beschickung gesichert sein, die Temp. automat. geregelt u. viereckige Prüfprobe angewandt werden. Die Ausführung der Best. in der eingehend beschriebenen Vorr. erfolgt in der Weise, daß nach Beschickung mit den Prüflingen die Ofentemp. um 10°/Std. bis zur erforderlichen Höhe gesteigert u. 30 Min. gehalten wird. Hier werden die Prüfstücke gedreht. Bei bestimmter Temp. u. während einer bestimmten Dauer wird die Schlacke zugeführt, dann zur Entfernung der Schlackenreste die Ofentemp. um 50° erhöht. Mit Hilfe eines Volumeters wird das Vol. des Prüfstückes ermittelt u. eine Korrektur bzgl. des Schwundes angebracht. Die bei verschied. Temp., verschied. Prüfdauer u. verschied. Schlackenmenge durchgeführten Unterss. mit verschied. Hochofenschlacken u. Auskleidungen erwiesen die Brauchbarkeit der Methode. Bei wiederholten Bestimmungen gehen die Werte für eine Probe um 10—12% auseinander. (Огнеупоры [Feuerfeste Mater.] **17.** 414—20. Sept. 1952.) LEBTAG. 6218

S. Dilnot, *Calciumsilicat-Zellenbeton.* Wesen, Eigg. u. Herstellungsart von Zellenbeton, mit Hilfe von Schaummitteln u. Beschreibung der Nachbehandlung mit Dampf im Autoklaven zur Erzielung besserer Raumbeständigkeit. (Rock Products **55.** Nr. 10. 110—12. Okt. 1952.) K. SEIDEL. 6224

Frant. Vavřin, *Hydraulischer Kalk aus dem Zementwerk Tlumačov.* Der untersuchte hydraul. Kalk (I) kann zu allen Arbeiten benutzt werden, zu denen man solchen auch anderwärts verwendet. I ist billiger als Portlandzement (II), dem er sich hinsichtlich seiner Eigg. merklich nähert. Er wird wie Zement verarbeitet u. bewährt sich zur Herst. bes. fester u. wetterbeständiger Mörtel. Zur Verbesserung hydraul. Eigg. von Beton wird II mit I gründlich vermischt. Nach 28 Tagen erreicht I ca. 15—20%, nach 180 Tagen ca. 20—25% der Festigkeit des II. Anfangs erhärtet I langsamer als Zement, später ist der prozentuale Anstieg der Festigkeit wiederum größer. I eignet sich zur Herst. von Kalksandziegeln u. Betonprodd., die durch Dämpfen bei 8 at gefestigt werden. Bei gleicher Verarbeitung lassen sich so 60% der Festigkeit n. Betons aus II erzielen. Die Undurchlässigkeit von Beton mit I dürfte wahrscheinlich höher sein als von Beton aus II. Größere I-Zusätze mindern die Brauchbarkeit des Betons. Die zu rasche Verfestigung frischen I kann durch Zumischen eines eine bestimmte Zeit gelagerten oder durch Zusatz geeigneter Verlangsamer aufgehoben oder reguliert werden. (Zprávy českoslov. keram. Sklářské Společnosti [Trans. czechoslov. ceram. Glass Soc.] **26.** 99—111. 1950. Gottwaldov, ČSSZ, Výzk. úst.) FREYTAG. 6228

Robert F. Patrick, *Einige Anwendungen der Fluorescenz-Röntgenspektralanalyse in der Keramik.* Nach Hinweis auf die besonderen Vorzüge der Röntgenspektralanalyse auf Grund der charakterist. Strahlung der Elemente im Vgl. zu den üblichen Röntgenstreuspektren u. kurzer Beschreibung des *G. E. SPG*-Röntgenfluorescenzspektrometers werden einige Anwendungen in der Keramik besprochen. Da mit diesem Verf. nur Elemente mit einer Ordnungszahl $>$22 (Ti) bestimmt werden können, eignet es sich bes. zur Best. von Schwermetallen wie Ni u. Co auf Eisenblechen nach der Tauchbehandlung für die Emaillierung, sowie des Eisengeh. in keram. Rohstoffen, des Pb-Geh. in Glasuren u. für den Nachw. von Nb, W, Sb im TiO_2. Schließlich werden die Vorzüge u. Nachteile dieser Meth. im Vgl. zu der chem. u. der opt. Spektralanalyse erörtert. (J. Amer. ceram. Soc. **35.** 189—93. Aug. 1952. Baltimore, Md., Pemco Corp.) HENTSCHEL. 6248

Olof Hansson, *Untersuchung von Sägespänen mit der Permanganatmethode.* Zur Unters. von Sägespänen auf ihre Eignung als Füllmaterial für Beton wiegt man so viel feuchte Sägespäne ein, daß sie ca. 15 g Trockensubstanz entsprechen, u. versetzt sie mit 100 cm^3 3%ig. wss. Lsg. von NaOH. Nach 1 Std. setzt man nochmals 200 cm^3 W. zu. Die so behandelte Probe schüttelt man 7 Std. lang. Hierauf entnimmt man mit einer Pipette 25 cm^3 klare Lsg. u. füllt mit W. auf 500 cm^3 auf. Hiervon entnimmt man 10 cm^3 u. füllt auf 100 cm^3 auf, säuert mit H_2SO_4 an u. setzt dann 20—49 cm^3 n/100 $KMnO_4$-Lsg. zu. Dann kocht man auf u. hält 20 Min. lang auf 80° u. setzt die gleiche Menge n/100 Oxalsäurelsg. ($H_2C_2O_4$) zu wie vorher Permanganatlsg., also 20—40 cm^3. Hierauf titriert man mit Permanganatlsg. zurück bis zum Farbumschlag (Blindprobe). Den Permanganatverbrauch rechnet man in g $KMnO_4$/kg trockene Späne, wobei diese bei 103° getrocknet sein sollen. Der Verbrauch soll für Sägespäne zur Herst. von Beton 80 g $KMnO_4$/kg trockene Späne nicht übersteigen. (Cement och Betong **27.** 142—46. Sept. 1952.) KÜHNERT. 6252

Canadian Kodak Co., übert. von: **William F. Parsons** und **John R. Dann,** Toronto, Ont., Canada, *Warm abbindender Linsenkitt,* bestehend aus einer teilweise polymerisierten Mischung von 2—8 Gewichtsteilen einer organ. Verb., die eine einzige $CH_2{=}C{<}$-Gruppe enthält, z. B. ein α-Methacrylsäureester, wie n-Butyl-α-methacrylat, ein Acrylsäureester, ein Vinylester oder Styrol, u. 8—2 Gewichtsteilen Bis-allyldiäthylenglykol-, Bis-allyltriäthylenglykol-, Bis-2-alkallyldiäthylenglykolcarbonat, sowie aus 0,25—6% einer Vinylbenzolverb., z. B. n-Butyl-α-methacrylsäureester des Vinylbenzols. (**Can. P. 485 259** vom 28/1. 1946, ausg. 29/7. 1952. A. Prior. 19/3. 1945.) WITTHOLZ. 6201

Reinhold Magnus Elgenstierna, Stockholm, **Bengt Erik Persson,** Uppsala, und **Thord Ebbe E:son Lundgren,** Norrköping, Schweden, *Herstellung von Blöcken aus Ziegelsteinen.* Man umgibt die Einzelsteine mit einem Bindemittel, z. B. einem Mörtel, baut sie zu Blöcken zusammen u. unterwirft diese Blöcke einem Vibrieren, so daß größere Zwischenräume zwischen den Steinen vollständig ausgefüllt u. gegebenenfalls harte Teilchen zwischen den Steinen zerrieben werden. (**N. P. 79 721** vom 19/4. 1950, ausg. 11/2. 1952. Schwed. Priorr. 21/4. u. 12/9. 1949.) JÜRGEN SCHMIDT. 6229

Deutsche Erdöl-Akt.-Ges., Hamburg (Erfinder: **Kurt Falk,** Gelsenkirchen-Bismarck), *Herstellung leichter Kunststeinmassen.* Auf den Teilchen von Steinkohlenflugasche u. Zuschlagstoffen, wie Zement, Kalk oder dgl., wird ein Kieselsäuregelüberzug, z. B. aus Wasserglas, aufgebracht, worauf die Mischung mit einem Fällungsmittel für dieses Gel, z. B. mit Säuren, Alkali- oder Erdalkalisalzen, behandelt wird. Die voluminöse M. wird durch Pressen verformt. (**D. B. P. 849 527** Kl. 80b vom 10/10. 1948, ausg. 15/9. 1952.) HANS HOFFMANN. 6229

Steven B. Avery, East Orange, N. J., V. St. A., *Wasserdichte Überzugsmasse.* Zur Herst. wasserdichter Überzüge auf Mauerwerk wird Zement, Kalk oder ein Gemisch hiervon mit $SnCl_2$ versetzt. Nach dem Aufbringen des Überzuges geht $SnCl_2$ in das in W. nicht lösl. Oxychlorid über, welches die Poren der M. verschließt. — Beispiel für eine Massezus.: 4 (Gewichtsteile) $SnCl_2$ u. 65 Portlandzement. (**A. P. 2 583 985** vom 5/1. 1950, ausg. 29/1. 1952.) HANS HOFFMANN. 6229

Carborundum Co., übert. von: **Henry Russel Houchins,** Niagara Falls, N. Y., V. St. A., *Keramisch gebundene Schleifmittel.* Die Schleifkörner aus Diamanten sind eingefaßt in eine gesinterte M. aus 55—80% Talkum, 3—15 Feldspat, 5—20 Ton u. 5—22 SiC. Die M. soll 5—30% Anteile einer glasigen Phase haben. (**Can. P. 475 837** vom 26/3. 1949, ausg. 7/8. 1951.) SCHÖNAUER. 6239

Carborundum Co. (Erfinder: **Henry Russels Houchins**), Niagara Falls, N. Y., V. St. A., *Schleifwerkzeug.* Keram. Massen, die aus der Erhitzung von einen größeren Prozentsatz von Talkum enthaltenden Mischungen stammen, werden als Bindemittel für Diamantschleifkörper benutzt. Solche verglasten Bindemittel sind hart u. zäh u.

halten daher die Diamantteilchen fest. Die Schrumpfung dieser Bindemittel ist gering u. somit die Regulierung der Abmessung der Gegenstände u. das Ausschalten des Verziehens beim Brennen leicht. Die Bindemassen bestehen z. B. aus 50—100 (%) Talkum, bis 16 Flußmittel, wie Feldspat, bis 30 Ballclay u. bis 25 SiC. (**D. B. P. 858 378** Kl. 80b vom 14/5. 1950, ausg. 8/12. 1952. A. Prior. 21/9. 1946.) REINHART. 6239

VII. Agrikulturchemie. Schädlingsbekämpfung.

R. G. Downes und **R. S. Beckwith**, *Untersuchungen über die Veränderlichkeit der Bodenreaktion.* 1. Mitt. *Unterschiede auf dem Feld in Barooga, New South Wales.* Die Bodenproben zeigten bei ein u. demselben Bodentypus Standortunterschiede von über 3 p_H-Einheiten. Die Unterschiede wurden um so kleiner, je geringer die Abstände der Bodenentnahmestellen waren. (Austral. J. agric. Res. **2.** 60—72. Jan. 1951. Adelaide, Australien, Div. of Soils, C. S. I. R. O.) GRÜTZ. 6304

M. Raupach, *Untersuchungen über die Veränderlichkeit der Bodenreaktion.* 2. Mitt. *Jahreszeitliche Unterschiede in Barooga, New South Wales.* (1. vgl. vorst. Ref.) Die jahreszeitlichen Unterschiede in der Boden-Rk. sind gering. (Austral. J. agric. Res. **2.** 73—82. Jan. 1951.) GRÜTZ. 6304

M. Raupach, *Untersuchungen über die Veränderlichkeit der Bodenreaktion.* 3. Mitt. *Vom Wait-Institut für Agrikultur festgestellte Schwankungen.* (2. vgl. vorst. Ref.) Die jahreszeitlichen Unterschiede der Boden-Rk. betragen 0,15 p_H-Einheiten, werden aber von Standortschwankungen überdeckt. (Austral. J. agric. Res. **2.** 83—91. Jan. 1951.) GRÜTZ. 6304

Filippo Venturi, *Über die Verwendung chlorierter organischer Insekticide bei Pflanzen.* Allg. Ausführungen. (Agric. ital. **52.** ([N. S.] 7) 71—74. April 1952. Pisa.) GRIMME. 6312

O. Verona und **G. Picci**, *Über die Wirkung von Systeminsekticiden auf die Bodenmikroflora.* Bericht über Verss. mit *Pestox 3 H* u. *66.* Sie beeinträchtigen die Bodenmikroflora nicht, sondern begünstigen vielmehr die Wrkg. gewisser Mikroorganismen, welche die Mineralisation der organ. Substanzen herbeiführen. (Agric. ital. **52.** ([N. S.] 7) 61—70. April 1952. Pisa.) GRIMME. 6312

F. Bertossi, *Wirkungen von insekticiden Präparaten auf der Basis von Oktachlor (Chlordan) auf Tabakpflanzen.* Bericht über Verss. mit Präpp. auf Basis von Oktachlor. Ein 50%ig. Präp. wurde in Mengen von 2, 1,5, 1 u. 0,5 g/Liter Leitungswasser angewendet. Nach einem Monat wiesen die Pflanzen bzgl. Wuchs u. Vitalität untereinander u. im Vgl. zu unbehandelten Pflanzen keine erkennbaren Unterschiede auf. Bei Konzz. zwischen 1 u. 2 g/Liter zeigten die Basalblätter charakterist. Rißbildungen. (Tabacco **56.** 62—64. Febr. 1952. Pavia, Univ., Botan. Inst.) SCHEIFELE. 6312

Mario Tumminello, *Phosphororganische Insekticide zum Schutze der Tabakkulturen.* Bericht über gute Erfahrungen mit den neueren phosphororgan. Insekticiden, ihre Dosierung u. Wirkungsart. (Tabacco **56.** 218—21. Juli 1952.) GRIMME. 6312

R. J. W. Byrde, *Versuche zur Bekämpfung der Braunfäule von Äpfeln und Pflaumen.* 1. Mitt. *Laboratoriumsversuche.* Vorläufige Sporenkeimungsverss. (Austesten von Sporensuspension + Fungicidlsg. auf Objektträgern) mit Sclerotinia fructigena u. laxa Aderh. u. Ruhl. in 33 Fungiciden ergaben eine ED. 50 (50%ig. Keimungshemmung) bei Konzz. >1 p.p.m. für Di-2.2'-naphthylmethan-3.3'-disulfonsäure [Diphenyl-Hg(II)-Salz], Phenyl-Hg(II)-Acetat (90%), Phenyl-Hg(II)-Chlorid (**I**), Phenyl-Hg(II)-Formamid, Phenyl-Hg(II)-Monoäthanolammoniumacetat, 1-Phenyl-3.5-dimethyl-4-nitrosopyrazol (J. 55, **II**), 0,2—1,2 p.p.m. für 1-(4-Chlorphenyl)-3.5-dimethyl-4-nitrosopyrazol (J. 49), 8-Oxychinolinsulfat (**III**), 2.3-Dichlor-1.4-naphthochinon (**IV**, 50%), Na-Pentachlorphenolat (**V**), Bis-(2-oxy-5-chlorphenyl)-sulfid, koll. S (50%), Bordeauxmischung (**VI**), Glyoxalidinacetate (54%+Kalk, **VII**), N-Trichlormethylthiotetrahydrophthalimid (**VIII**), Malachitgrün (**IX**), bei 2,5—11,0 p.p.m. für Na-Dinitro-o-kresolat (**X**), S-Kalk, Na-Hypochlorit, Cu-8-chinolinolat (**XI**), Cu-Sulfat (Pentahydrat), Ferridimethyldithiocarbamat, Zn-Dimethyldithiocarbamat, Dinitro-o-kresol (in Ölemulsion), bei 38—79 p.p.m. für 1-(4-Sulfamylphenyl)-3.5-dimethyl-4-nitrosopyrazol, Teeröl, Na-Arsenit, bei >100 p.p.m. für Zn-Äthylen-bis-dithiocarbamat (65%), Pentachlornitrobenzol (20%), Cu-Naphthenat (Ölemulsion), Petroleum, Monocalciumarsenit. — Exakte Sporenkeimungsverss. (Übersprühen der Objektträger mit Fungicidlsgg., nach Eintrocknen Beimpfen mit Sporensuspensionen) mit 7 der genannten Verbb. ergaben folgende korr. mittlere ED. 50-Werte ($\mu g \cdot cm^2$): **VI**: 0,2263, **III**: 0,05992, **IV**: 0,031777, **I**: 0,008058, S-Kalk 0,8952, **XI**: 0,06972, **VII**: 0,3370. Vgll. der Ergebnisse der vorläufigen u. exakten Keimungsverss. zeigten erhebliche Differenzen bzgl. der Verfügbarkeit der wirksamen tox. Substanz von eingetrockneten Sprühablagerungen. — Bei Laboratoriumsverss. mit auf tox. Kartoffeldextroseagar gezüchtetem Testpilzmycel betrug ED. 50 (Mittelwerte in p.p.m.) bei **I**: 1,1; **IX**: 1,3; **V**: 1,4; **II**: 3,0; **X**: 4,3. Bei 100 p.p.m. wuchsen die Testpilze noch auf einem Medium mit Zusatz von Cu-Sulfat, S-Kalk, **VII**, Na-Arsenit, **IV**, **VIII** u. Dinitrocaprylphenylcrotonat. — Nach den Ergebnissen ist eine Anzahl der Verbb., die bei Konzz. $>$10 p.p.m. noch tox. gegen Konidien wirken, bei 100 p.p.m. gegen Mycel unwirksam. (J. horticult. Sci. **27**. 130—44. April 1952. Bristol, Long Ashton Res. Stat.) RANG. 6312

R. J. W. Byrde, *Versuche zur Bekämpfung der Braunfäule von Äpfeln und Pflaumen.* 2. Mitt. *Winterspritzversuche.* (1. vgl. vorst. Ref.) Es wurde untersucht, ob die durch Sclerotinia (Sc.) fructigena Aderh. u. Ruhl. u. Sc. laxa Aderh. u. Ruhl. verursachte Braunfäule durch Winterspritzung mit Fungiciden bekämpft werden kann. Wurden vom Baum entfernte, mumifizierte Pflaumen u. „Krebs"-Tumoren von Apfelzweigen mit folgenden Verbb. in geeigneter Konz. (die zwischen 0,8 u. 0,025% lag) Anfang April behandelt, so erfolgte im Juni kein oder nur geringer Befall mit Sporen: Na-Dinitro-o-kresolat, Na-Pentachlorphenolat, Pentachlorphenol, 8-Oxychinolinsulfat, Phenylmercurichlorid (**I**), Phenylmercuriacetat, Phenylmercuriformamid, Phenylmercurimonoäthanolammoniumacetat, Diphenylmercurisalz der Di-2.2'-naphthylmethan-3.3'-disulfonsäure. Die organ. Hg-Verbb. waren in niedrigerer Konz. wirksamer als die anderen Verbindungen. Eine weitere Anzahl von Fungiciden waren gegen Sc. unwirksam, darunter Verbb., die gegen Infektion von Pflanzen durch luftübertragene Sporen schützen. — Bei Freilandverss. verhinderte Spritzen mit 0,2 bzw. 0,3%ig. **I** Anfang März die Sporenbldg. bei überwinterten Mumienfrüchten zu ca. 90%. Trotzdem wurden die neuen Früchte mit Sc. stark befallen, weil die nicht vernichteten Sporen sich während des Sommers bei mehrmaligem Generationswechsel sehr schnell vermehren. — Phytotox. Erscheinungen traten nach Winterspritzungen nicht auf. (J. horticult. Sci. **27**. 192—200. Juli 1952. Bristol, Long Ashton Res. Stat.) RANG. 6312

R. J. W. Byrde, *Versuche zur Bekämpfung der Braunfäule von Äpfeln und Pflaumen.* 3. Mitt. *Sommerspritzversuche.* (2. vgl. vorst. Ref.) Durch Spritzen im Juli mit Phenylmercurichlorid (**I**), 2.3-Dichlor-1.4-naphthochinon (**II**) bzw. N-Trichlormethylthiotetrahydrophthalimid wurde keine statist. gesicherte Bekämpfung von Sclerotinia fructigena u. S. laxa bei Victoriapflaumen bewirkt. Zusatz einer übermäßigen Netzmittelkonz. zu den Spritzmitteln dürfte in Verbindung mit starkem Regenfall nach dem Spritzen zum Mißlingen der Infektionsverringerung beigetragen haben. — Durch 2 Sommerspritzungen mit 0,5%ig. **II** zu Äpfeln wurde ein relativ leichter Befall wesentlich reduziert. Entsprechende Behandlung mit 0,005%ig. **I** war wirkungslos. — Phytotox. Symptome traten nach Anwendung von **I** u. **II** bes. bei Pflaumen auf. — Abbildungen. (J. horticult. Sci. **27**. 237—44. Okt. 1952. Bristol, Univ., Long Ashton Res. Stat.) RANG. 6312

G. C. Wade, *Untersuchungen über Braunfäule bei Aprikosen. Bedeutung des Tetramethylthiuramdisulfids und eines Kalidüngemittels für die Bekämpfung.* Bei Aprikosen wurde Sclerotinia fructicola (Wint.) Rehm. durch eine Spritzung bei Blumenblattfall u. zusätzlich Spritzungen bei Beginn der Fruchtreife mit Tetramethylthiuramdisulfid (1,5 lbs./100 gallons) sicher u. wirksam bekämpft. Düngung mit 4 cwt. KCl oder einmaliges Spritzen der Bäume mit 1%ig. KCl-Lsg. 1 Monat vor dem Pflücken verringert die Empfänglichkeit der Bäume für Sclerotiniainfektion. (Tasmanian J. Agric. **23**. 241—46. Aug. 1952.) RANG. 6312

Hans Wenzl, *Die therapeutische Bekämpfung des Apfelschorfes* (*Venturia inaequalis*). Vf. berichtet über Verss. mit Hg-Präparaten. Spritzbrühen mit sehr hohem Wirkstoffgeh. (60—120 g metall. Hg/100 Liter Brühe) zeigten eine ausgesprochen therapeut. Wrkg. bei jungen Schorfinfektionen, wirkten aber auch sehr stark phytotox., allerdings nicht an allen Versuchsstellen. Mit einem Präp. mit niedrigerer Wirkstoffkonz. (2,6 g Hg/100 Liter) war eine solche ausgeprägte therapeut. Wrkg. nicht mehr festzustellen. Die Wrkg. auch der Brühen mit dem geringsten Hg-Geh. war der einer 1,5%ig. Normalschwefelkalkbrühe (16 g Polysulfid-S/100 cm^3) im allg. zumindest gleichwertig. (Pflanzenschutzberichte [Wien] **8**. 75—92. April 1952. Wien, Bundesanst. für Pflanzenschutz.) WINIKER. 6312

Hans Wenzl, *Beitrag zur Normung von Schwefelpräparaten auf Grund von Schorfversuchen.* Es wurde festgestellt, daß bei gleichem Schwefel (**I**)-Geh. der Spritzbrühen Kolloid-**I** (Teilchengröße $>1\ \mu$) oder feinere Netz-**I** wirksamer sind als die gröbere Teilchen aufweisenden typ. Netz-**I**. Der aus dem Polysulfid der Schwefelkalkbrühe freigesetzte **I** ist wirksamer als der **I** der Netz-**I** u. wahrscheinlich von ähnlicher Wirksamkeit wie der Kolloid-**I**. Bzgl. der Vereinfachung der biol. Prüfung der Netz- u. Kolloid-**I** ist von Bedeutung, daß für die Schorfbekämpfung (Venturia inaequalis) u. die Bekämpfung stärkeren Auftretens von Oidium Tuckeri beim Weinstock die gleichen Grenzkonzz. gültig sind. (Pflanzenschutzberichte [Wien] **9**. 65—79. Okt. 1952. Wien, Bundesanst. für Pflanzenschutz.) WINIKER. 6312

Paul F. Hoffman, *Prüfung von Chemotherapeuticis auf ihre Eignung zur Bekämpfung der Haferwelke.* Die Haferwelke wird durch den Pilz Chalara quercina H. hervorgerufen. Vf. berichtet über systemat. Verss. mit zahlreichen organ. u. anorgan. Fungiciden, wobei auch auf eventuelle phytotox. Wrkg. auf die Wirtspflanze geprüft wurde. — Umfassende Tabellen im Original. (Proc. Iowa Acad. Sci. **58.** 139—47. Ames, Iowa. 1951.) GRIMME. 6312

A. R. Brimblecombe, *Die Verhinderung von Bohrkäferbefall bei Hopfenkieferstämmen.* Gegen die zahlreichen holzzerstörenden Schädlinge bewährten sich vor allem Tränkungen mit Kreosotlsgg.; die verschied. mineral. Imprägnierungsmittel ergaben keinen sicheren Dauerschutz. (Queensland J. agric. Sci. **8.** 69—105. Dez. 1951.) GRIMME. 6312

Helene Böhm, *Beitrag zur Biologie und Bekämpfung der Apfel- und Birnensägewespe (Hoplocampa testudinea Klug., Hoplocampa brevis Klug., Hymenopt., Tenthredinidae).* In 3 Jahre dauernden Unterss. wurde festgestellt, daß Phosphorsäureester- u. Hexapräpp. bestens zur Bekämpfung der Apfel- u. Birnensägewespe geeignet sind. Eine einmalige Behandlung knapp vor dem Schlüpfen der Larven reicht zur Abtötung aus. Mit Nicotin sind ebenfalls gute Erfolge erzielbar, allerdings nur bei wiederholten Spritzungen. DDT-Spritzmittel befriedigte nicht. (Pflanzenschutzberichte [Wien] **8.** 129—49. Juni 1952. Wien, Bundesanst. für Pflanzenschutz.) WINIKER. 6312

E. L. Loewel und **H. Reich,** *Ergebnisse der Zweiguntersuchungen auf Schädlingseier im niederelbischen Obstanbaugebiet und die sich daraus ergebenden Folgerungen für die Obstbaumspritzung.* Vff. stellten eine deutliche Dauerwrkg. der Winterspritzungen mit Gelbkarbolineen beim Apfelblattsauger u. beim Frostspanner fest. Ferner wurde gefunden, daß die regelmäßige Winterspritzung eine Vermehrung der Obstbaumspinnmilbe, wahrscheinlich infolge Abtötung ihrer Feinde, bewirkt. (Nachrichtenbl. dtsch. Pflanzenschutzdienstes [Braunschweig] **4.** 153—56. Okt. 1952. Jork, Bez. Hamburg, Obstbaumversuchsanst.) WINIKER. 6312

H. Böhm und **H. Pschorn-Walcher,** *Biologie und Bekämpfung von Hyphantria cunea Drury. (Lepidopt., Arctiidae — Weißer Bärenspinner).* DDT-Spritz- u. Stäubemittel wirken nur bei Raupen des 1.—3. Stadiums, Gamma- u. kombinierte DDT-HCCH-Präpp. bei solchen des 4. u. 5. (mit Einschränkung) Stadiums befriedigend. Parathionmittel wirken durchschlagend bis einschließlich zum 5. Stadium u. weisen bei Raupen des 6. u. 7. Stadiums noch befriedigende Teilerfolge auf. Nebel-Lsgg. auf der Basis von DDT, HCCH u. DDT-HCCH-Gemisch wirken bis zum 5. Stadium durchschlagend, versagen aber beim 6. u. 7. Stadium. (Pflanzenschutzberichte [Wien] **9.** 105—50. Nov. 1952. Wien, Bundesanst. für Pflanzenschutz.) WINIKER. 6312

Otto Böhm, *Der „falsche Kohlerdfloh" (Haltica oleracea L.) als Schädling an Wein.* Zur Bekämpfung eignen sich DDT-, Hexa- u. Parathionpräpp. in den im Weinbau verwendeten Konzentrationen. (Pflanzenschutzberichte [Wien] **9.** 153—54. Nov. 1952. Wien, Bundesanst. für Pflanzenschutz.) WINIKER. 6312

Ludwig Kamm, *Neue Untersuchungen zur Dasselbekämpfung.* Bei der therapeut. Dasselbekämpfung während der Alpung muß der Beuleneinzelbehandlung der Vorzug vor der Ganzbehandlung gegeben werden. Die besten Ergebnisse wurden mit den HCH-Präpp. *Bo 17* (*Bosan*) der Fa. CELA, Ingelheim, u. *Dasselin D 4* der Fa. WEYL, Mannheim, erzielt. Bei der prophylakt. Behandlung ergab eine wöchentliche Besprühung während der Alpung mit 0,5—1,5%ig. *Wendelinusöl*-Lsgg. (HCH-Emulsion der Fa. CELA, Ingelheim) einen merklichen Schutz gegen das Auftreten der Dasseln im folgenden Jahr. (Anz. Schädlingskunde **25.** 81—84. Juni 1952. Weihenstephan, Inst. für Zoologie, Nutztier- u. Schädlingskunde der T. H. München.) WINIKER. 6312

R. Kühl, *Der augenblickliche Stand der Dasselbekämpfung in Westdeutschland.* Bericht über in- u. ausländ. Erfahrungen auf dem Gebiet der Dasselbekämpfung. — 14 Literaturhinweise. (Anz. Schädlingskunde **25.** 177—82. Dez. 1952. Altstädten [Allgäu].) WINIKER. 6312

Fritz Steiniger, *Über die Giftigkeit des Actosinwirkstoffs für Haustiere.* Die Verwendung von *Actosin* (Cumarinpräp. der SCHERING AKT.-GES. Berlin) oder gleichartiger Präpp. in Streupulverform zur Bekämpfung von Ratten ist für Haustiere ungefährlich, wenn darauf geachtet wird, daß das Streupulver nicht mit Futtermitteln oder Speisen in Berührung kommt, die auf Haustiere eine anlockende Wrkg. ausüben. — 17 Literaturhinweise. (Nachrichtenbl. dtsch. Pflanzenschutzdienstes [Braunschweig] **4.** 149—53. Okt. 1952. Flensburg, Staatl. Hygien.-Bakteriol. Untersuchungsamt.) WINIKER. 6312

Heinz Itzerott, *Eine Schnellmethode zur Prüfung der Dauerwirkung und Regenbeständigkeit von DDT- und DDT-Gamma Suspensionen.* Aus mit DDT- oder Gamma-Präpp. behandelten Pflanzen, die im Freiland während einer gewissen Zeit dem Regen

ausgesetzt waren, werden trockene Blattstücke (2,5 cm Durchmesser) ausgestanzt u. 1 Min. mit 50 cm^3 Aceton (I) behandelt. Man läßt die hellgrüne Lsg. in Petrischalen völlig verdampfen, gibt 6 cm^3 I zu, löst durch Hin- u. Herschwenken u. filtriert in Reagenzgläser. Das Filtrat wird mit 6 cm^3 dest. W. versetzt. War noch Wirkstoff auf den Blättern vorhanden, so fällt dieser aus der wss. I-Lsg. in feinster Form aus u. trübt sie. Je stärker die Trübung, um so besser ist also die Dauerwrkg. u. Regenbeständigkeit. Der Test läßt nur dann eine einwandfreie Beurteilung zu, wenn das Suspensionspräp. neben dem Wirkstoff keine anderen I-lösl. Bestandteile enthält. Für Emulsionen ist die Meth. daher nicht anwendbar. (Anz. Schädlingskunde **26.** 25—26. Febr. 1953. Kleinkarlbach.)
WINIKER. 6328

Davison Chemical Corp., Baltimore, übert. von: **Casimer C. Legal jr.,** Pasadena, und **Thomas O. Tongue,** Curtis Bay, Md., V. St. A., *Ammonisierung von granuliertem Superphosphat.* Getrocknetes, granuliertes Superphosphat wird mit 1,5—4% W. angefeuchtet u. die M. mit einer 40% N in Form von NH_3 u. NH_4NO_3 enthaltenden Lsg. bei 75—100° in geschlossenen Gefäßen bis zu einem N-Geh. von ca. 4,5—9% behandelt. Das Zusammenbacken der granulierten M. wird durch Kühlen unter Einblasen von Luft verhindert. (**E. P. 674 775** vom 20/12. 1949, ausg. 2/7. 1952. A. Prior. 17/2. 1949.)
KARST. 6291

Chemische Werke Albert (Erfinder: **Rüdiger Lothar von Reppert**), Wiesbaden, *Herstellung granulierter, humushaltiger Düngemittel* nach Pat. 821 946, wobei an Stelle von Klärschlamm *Seeschlick* verwendet wird, der auf einen W. -Geh. von ca. 20—30% mechan. entwässert, mit anorgan. oder organ. Pflanzennährstoffen innig vermischt u. im Drehrohr unter Mischen u. Bewegen des Gutes zu Granulaten weiterverarbeitet wird. Das Mischgut wird mit organ. oder anorgan. Bindemitteln in Form von wss. Lsgg. oder Emulsionen oder in Pulverform, mit Spurenelementen (I) oder Schädlingsbekämpfungsmitteln (II) versetzt. Die Granulate können noch mit feinpulverigen Trennsubstanzen in Mischung mit I oder II bestäubt werden. (**D. B. P. 867 999** Kl. 16 vom 9/2. 1951, ausg. 23/2. 1953. **Zusatz zu D. B. P. 821 946; C. 1952. 5322.**) KARST. 6295

Walter Haselhorst, Polle, Oberweser, *Herstellung von Düngemitteln.* Bei Verwendung von kalten Fischpreßsäften wird vor deren Zugabe zu Humuserde oder Torf eine Suspension des Bodensatzes des Saftes in diesem herbeigeführt. Nach Tränkung u. Vermischung wird die M. getrocknet. Die Herst. der Suspension erfolgt durch Rührwerke, Einpressen von Luft oder Erwärmung. (**D. B. P. 867 998** Kl. 16 vom 4/4. 1950, ausg. 23/2. 1953.) KARST. 6295

Albert Frank Bowles, Naugatuck, Conn., V. St. A., *Baktericide und Fungicide.* Man läßt 2-Methyl-4-oxy-6-butylbenzol, 2-Mercapto-5-butylbenzoesäure u. Äthylenchlorid in Ggw. von $AlCl_3$ miteinander reagieren u. mercuriert die erhaltene Diphenylmethanverb. (I) mit Äthyl- bzw. Isopropylmercuriacetat, wobei eine Verb. der Formel II ($R = C_2H_5$ bzw. C_3H_7) erhalten wird. Man kann I auch mit Äthyl- bzw. Isopropylcupriacetat behandeln (**A. P. 2 618 645** vom 12/11. 1948, ausg. 18/11. 1952.)

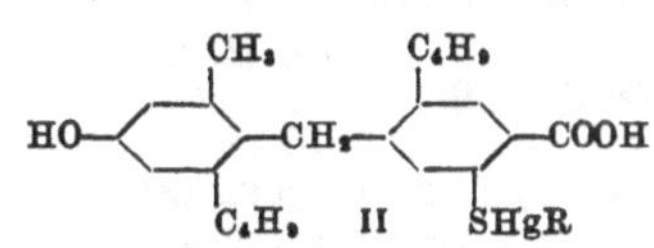

BRÖSAMLE. 6313

R. T. Vanderbilt Co., Inc. New York, übert. von: **Albert A. Somerville,** Carmel, N. Y., V. St. A., *Fungicide Mittel.* Die Mittel enthalten als akt. fungicide Stoffe *Zn-Mercaptobenzothiazol* (I) u. *Fe-Dimethyldithiocarbamat* (II) in solchen Mengen, daß I 25—50% von I + II beträgt. Die Verbb. werden durch Rk. der entsprechenden Na-Salze mit wasserlösl. Zn- bzw. Fe-Salzen hergestellt. Sie werden in W. suspendiert als Spritzmittel u. im Gemisch mit Kalk, Bentonit, Talkum u. dgl. als Stäubemittel verwendet. Starke fungicide u. fungistat. Wirkungen. (**A. P. 2 614 958** vom 28/3. 1949, ausg. 21/10. 1952.)
KARST. 6313

Merck & Co., Inc., Rahway, übert. von: **Renald G. Dunning,** Westfield, N. J., V. St. A., *Wiedergewinnung von $(NH_4)_2SO_4$* aus sauren Abwässern der DDT-Herstellung. Man mischt zu 1 (Teil) Abwasser wenigstens 1 gesätt., wss. Lsg. von $(NH_4)_2SO_4$, trennt das ausgefällte Ammon-p-chlorbenzolsulfonat ab, neutralisiert mit NH_3, trennt das ausgeschiedene $(NH_4)_2SO_4$ ab u. verwendet die Mutterlauge erneut. (**A. P. 2 610 906** vom 4/6. 1948, ausg. 16/9. 1952.) NEBELSIEK. 6313

VIII. Metallurgie. Metallographie. Metallverarbeitung.

—, *Pelletisieren von Feinerzen und Konzentraten, Übersicht über einige neue Arbeiten.* (Iron Coal Trades Rev. **162.** 1099—1102. 11/5. 1951.) K. STEIN. 6376

E. D. Malcolm, *Schmelzen und Sintern von Metallen im Vakuum.* Übersicht über Vorteile, App., Verff. u. Anwendungen der Hochvakuumschmelze u. -sinterung von Ni,

Cu, Stahl usw. bei gleichzeitiger Entgasung u. Reinerhaltung. (J. sci. Instruments, Suppl. Nr. 1. 63—66. 1951. Wishaw, Lenarks., Brit. Amer. Res., Ltd.) BLUMRICH. 6380

Paul A. Heller, *Fortschritte im Gießereiwesen im 1. Halbjahr 1952.* Überblick mit 104 Schrifttumsangaben. (Stahl u. Eisen **73.** 230—34. 12/2. 296—99. 26/2. 1953.) HABBEL. 6382

J. C. Wright, *Kontinuierliches Gießen von Blöcken. Anwendung auf Legierungen mit hohem Schmelzpunkt.* (Iron Coal Trades Rev. **162.** 1319—23. 8/6. 1951. Mond Nickel Comp., Ltd.) PAHL. 6382

R. Grunberg, *Technische Möglichkeiten des Spritzgusses.* Angaben über Abmessungen, Wandstärke, Gewichte, Toleranzen der Gußstücke bei Verwendung verschied. Legierungen. (Métallurgie Construct. mécan. **84.** 561. 563. Aug. 1952.) HAUG. 6382

Tom Bishop, *Europäische Versuche mit im Vakuum erschmolzenem reinem Eisen.* Überblick über das Erschmelzen u. die Eigg. von prakt. reinem Fe. (Metal Progr. **61.** Nr. 4. 75—81. April 1952. London.) HABBEL. 6392

J. E. Rehder, *Verbesserung von Gußeisen mit Kugelgraphit durch Abschrecken und Anlassen.* Sphärolith. Gußeisen erfordert zur Härtung eine Erhitzung von mindestens $^1/_2$ Std. bei einer Temp., die 10° oberhalb des krit. Temp.-Gebietes liegt. Gußeisensorten mit vorwiegend ferrit. Gefüge müssen entweder länger erhitzt u./oder bei höheren Tempp. durchgreifend erwärmt werden. Es werden in einem so gehärteten Gußeisen mit 3,1% *C* nach einem Anlassen bei 540° gute Zugfestigkeits- u. Härtewerte erzielt. Während *Si* u. in geringerem Maße *Ni* u. *Cu* die Kugelgraphitbldg. unterstützen, wird diese durch *Mn* u. bes. durch *P* behindert. (Iron Age **169.** Nr. 3. 89—93. 17/1. 1952.) HOCHSTEIN. 6404

Arthur B. Everest, *Neueste Fortschritte in der Metallurgie des Gußeisens.* Bes. wird Gußeisen mit Kugelgraphit behandelt. — Abbildungen. (Metallurgia [Manchester] **46.** 293—97. Dez. 1952. London, Mond Nickel Comp. Ltd.) K. STEIN. 6404

E. Voce, *Kupfer und Kupferlegierungen, ein Überblick über den technischen Fortschritt im Jahre 1952.* Auswertung von Schrifttumsangaben. (Metallurgia [Manchester] **47.** 9—17. Jan. 1953. Copper Develop. Ass.) K. STEIN. 6432

—, *Normung handelsüblicher bearbeiteter Kupfersorten und Kupferlegierungen.* Tabellar. Übersicht über Bezeichnung, Zus., handelsübliche Form, physikal. u. techn. Eigg. sowie Schweißbarkeit von reinem *Cu* u. seinen Legierungen mit *Zn*, *Pb*, *Sn*, *Mn*, *Al*, *P*, *Ni* u. *Si*. (Amer. Machinist **95.** Nr. 22. 118—19. 29/10. 1951.) WEITBRECHT. 6432

—, *Physikalische und mechanische Eigenschaften von reinem Nickel.* Tabellar. Zusammenstellung der Werte für Ni mit einem Reinheitsgrad von 99,94%. (Nickel Bull. **24.** 2—5. Jan. 1951.) PAHL. 6434

J. H. Jacobs, P. E. Churchward, T. E. Hill jr., W. H. Curry, E. C. Perkins und **O. Q. Leone,** *Untersuchungen in einer halbgeregelten Fabrikanlage über die elektrische Gewinnung von Mangan aus Chloridelektrolyten.* 1. Mitt. *Erzvorbereitung und Reinigung der Lösung.* Aufbereitung des Erzes durch Zerkleinern, Mahlen u. Rösten, Auslaugen u. Beseitigen der Verunreinigungen (Co, As, Ni usw.). u. koll. Stoffe bis zur fertigen Elektrolytlsg. werden beschrieben. (Mining J. [London] **237.** 523—24. 23/11. 1951. Boulder City, Nev., U.S. Bur. of Mines, Electrometallurgical Labor.) KÖHN. 6436

J. H. Jacobs, P. E. Churchward, T. E. Hill jr., W. H. Curry, E. C. Perkins und **O. Q. Leone,** *Untersuchungen in einer halbgeregelten Fabrikanlage über die elektrische Gewinnung von Mangan aus Chloridelektrolyten.* 2. Mitt. *Der elektrolytische Prozeß.* (1. vgl. vorst. Ref.) Es werden die Abhängigkeit der Mn-Ausbeute von Konz., p_H u. restlichen Verunreinigungen der Lsg., von Stromdichte, Kathoden- u. Anodenmaterial, von Temp. u. Lösungsfluß durch die Diaphragmazellen sowie die optimalen Bedingungen, Vor- u. Nachteile dieses kontinuierlichen Chloridverf., das ein 99,9%ig. Mn liefert, angegeben. (Mining J. [London] **237.** 552—54. 30/11. 1951.) KÖHN. 6436

Marcel Pubellier, *Der Anfang der Herstellung von Duralumin in Frankreich.* Geschichtlicher Rückblick. (Rev. de l'Aluminium **28.** 335—38. Sept. 1951.) HABBEL. 6442

H. W. Greenwood, *Fortschritte der Pulvermetallurgie.* Beschreibung der Gewinnung von Metallpulver, Fe-Pulver u. 18/8-Pulver für Filter. 5—10% Cu-Pulver zu Fe-Pulver u. 1—2% W-Pulver macht die Mischung beim Sintern raumbeständig u. verbessert die Festigkeitseigg. wesentlich. Herst. von selbstschmierenden Lagerschalen, Gasturbinenschaufeln für höchste Tempp. u. Sintermagneten. — Schrifttum. (Metallurgia [Manchester] **46.** 289—92. 298. Dez. 1952. London, Powder Metallurgy, Ltd.) K. STEIN. 6474

W. Seith und **H. Schmeken,** *Sinterwerkstoffe aus metallischen und nichtmetallischen Pulvern.* Keramometall. Sinterwerkstücke, hergestellt aus keram. Pulvern (einschließlich der reinen Oxyde, u. aus metall. Pulvern (einschließlich der Carbide, Boride, Silicide u. Nitride), besitzen eine größere Widerstandsfähigkeit gegen Schlacken u. Stahlschmelzen als die Werkstücke aus den einzelnen Komponenten, wie Verss. mit Sinterkörpern aus *Fe* u. *Pythagoras-Masse* bzw. *Kaolin, W* oder Mo_2C u. *Kaolin, SiC* bzw. Mo_2C, *WC, Ti-Carbid* u. Al_2O_3 bzw. ThO_2 oder ZrO_2 zeigten. Es war auch möglich, Sinterkörper zur Hälfte aus *Kaolin* u. *Fe*-Pulver u. zur anderen Hälfte aus *Kaolin* u. *Ni*-Pulver herzustellen. Eine systemat. Unters. wurde an den Systemen Al_2O_3–*Fe*, Al_2P_3–*Ni* u. Al_2O_3–Mo_2C vorgenommen. Hierbei wurden bes. die *D.*, *Bruchfestigkeit, elektr.* u. *therm. Leitfähigkeit* ermittelt. Bei den Systemen Al_2O_3–*Fe* u. Al_2O_3–*Ni* trat in der Sinterung bei 1850—1900° eine fl. Phase auf. Ihr eigentümliches Verh. wird diskutiert, u. die Gebiete der Mischungsverhältnisse, in denen Sinterung erzielt werden kann, werden abgegrenzt. Das System Al_2O_3–Mo_2C kann dagegen in jedem Mischungsverhältnis mit Erfolg gesintert werden, da bis 1900° keine fl. Phase auftritt. Die Unstetigkeiten der Eig.-Kurven werden besprochen, bes. die Tatsache, daß gesinterte Mischungen aus ca. 80% Mo_2C u. 20% Al_2O_3 eine größere elektr. u. therm. Leitfähigkeit aufweisen als das entsprechend gesinterte reine Mo_2C. (Festschr. 100 Jahre W. C. Heraeus GmbH., Hanau 1951. 218—42. Münster/W.; Münster/Hanau.) Skaliks. 6474

Willy Oelsen, *Zur Probenahme bei metallurgischen Untersuchungen.* (Stahl u. Eisen **73.** 495—98. 9/4. 1953. Clausthal.) Hochstein. 6480

M. Pfender, *Fragen der Werkstoffbeurteilung und Entwicklungstendenzen der Werkstoffprüfung.* Wenn auch durch Zug- u. Druckverss. die meisten prakt. Fälle der Festigkeitsforschung u. Verformung beurteilt werden können, wird für die Werkstoffprüfung das Problem der Unstetigkeitsstellen wesentlich. Hierbei handelt es sich um Unstetigkeit bes. des Gitteraufbaues, des Gefüges, der Streuung, der Spannungen, der Spannungsverteilung u. von Temperatureinww. unter Berücksichtigung des chem. Beanspruchungsmediums. — Schrifttumsangaben. (Konstruktion **4.** 129—37. Mai. 167—72. Juni 1952. Berlin-Dahlem, Materialprüfungsamt.) Habbel. 6480

Norman P. Goss, *Kornverschiebung in unterhalb der Elastizitätsgrenze beanspruchten Metallen.* Durch röntgenograph. Unterss. wird nachgewiesen, daß äußere Beanspruchungen die Verschiebung der mosaikartigen Blockelemente veranlassen können u. daß bei der Entfernung der Beanspruchung die Körner wieder in ihre ursprünglichen Lagen zurückkehren. In einzelnen Fällen ist es möglich, die Unterschiede in der Orientierung der Körner festzustellen, wenn die Metalle elast. beansprucht werden. (Metal Progr. **61.** Nr. 5. 87—91. Mai 1952. Mayfield Heights, O., Cold Metal Products Co.) Hochstein. 6482

E. P. Klier, *Eine Untersuchung der Bruchflächen im Ferrit.* Durch Röntgenfeinstrukturanalyse wird gezeigt, daß bei der Entstehung von Spaltbrüchen in Ferrit an der Oberfläche der Spaltflächen plast. verformtes Material vorhanden ist. Es kann durch das Untersuchungsverf. nicht entschieden werden, ob diese plast. verformte Schicht in Sägezahnform oder in Form einer Schicht zerbrochener Kristalle unregelmäßiger Dicke vorhanden ist. Das plast. verformte Metall an der Bruchoberfläche ist möglicherweise gefasert in Richtung der Bruchausdehnung. Der Bruchvorgang im Ferrit ist komplex u. läßt Spaltungen sowohl auf {1 0 0} als wahrscheinlich auch auf {1 1 2} erkennen. Bei —190° erfolgt der Bruch sicher auf {1 2 3} u. wahrscheinlich auf {1 1 2}. Bei höheren Tempp. werden {1 1 0}, {1 1 2} u. {1 2 3} aktiv. (Trans. Amer. Soc. Metals **43.** 935 bis 957. 1951.) O. Werner. 6482

Robert B. Stanton, *Radiokobalt enthüllt Fehler in dicken Gußstücken.* Unter Verwendung von ^{60}Co können Gegenstände aus Stahl bis zu 15 in. Dicke untersucht werden. — Skizzen. (Amer. Machinist **95.** Nr. 12. 137. 11/6. 1951.) Haug. 6484

R. Kieffer und **E. Nachtigall,** *Zum Oberflächenschutz hochschmelzender Metalle.* Nach Erörterung der verschied. Arbeiten u. Patente, durch eine chem. Rk. auf dem Grundmaterial (W, Mo, Ta u. Nb) einen dünnen Überzug aus hochschm. Material zu erzeugen, haben Vff. versucht, das für *Fe* bekannte Silicierungsverf. auf *Mo* u. *W* zu übertragen. Silicierung mit $SiCl_4$-Dämpfen in H_2 bei 1100—1300°. Die Bldg. der Schicht erfolgt in den ersten Min. rasch bis zur Dicke von 0,01—0,02 mm u. schreitet dann nur sehr langsam fort. Der Überzug besteht aus Mo- bzw. W-Silicid u. einer porösen, Si-reicheren Außenschicht. Die Oxydationsschutzwrkg. (wahrscheinlich durch einen sehr dünnen SiO_2-Film) bei Tempp. bis über 1700° ist anfangs beachtlich, genügt aber den prakt. Anforderungen nicht. Ein neuer Weg wurde beschritten durch Aufbringen von Metallegierungen u. Überführen in Oxyde bzw. oxyd. Verbindungen. Bes. wurden im Schmelztauchverf. Überzüge aus *Al-Si-Legierungen* aufgebracht u. an der Luft oxydiert. Die Überzüge haben infolge einer Diffusionszone eine gute Haftung auf dem Grundmetall u. sind nach der Oxydation sehr hart (Mikrohärte H_v = 1000—1100 kg/mm²). Damit derartige Überzüge auf Heizleitern die verlangte Beständigkeit über lange Zeit u. gegen schroffen

Temperaturwechsel haben, müssen sie möglichst rein u. homogen sein. — 40 Literaturangaben. (Festschr. 100 Jahre W. C. Heraeus GmbH., Hanau **1951.** 186—205. Reutte, Tirol.) SKALIKS. 6512

G. Rossi-Landi, *Dekapierbeschleuniger.* Allg. Ausführungen zur Wirkungsweise. (Métallurgie Construct. mécan. **83.** 687—89. Sept. 1951. KATZ. 6512

Jean Bary, *Beizen von Kupfer und seinen Legierungen mit Ferrisulfat.* Die Dekapierung von *Cu* mit $Fe_2(SO_4)_3$ in schwefelsaurer Lsg. verläuft unter vergleichbaren Bedingungen etwa 3—5mal schneller als in H_2SO_4 gleicher SO_4-Konzentration. Auf die Verbesserung der Dekapierung von „*Cupro-nickel*", *Neusilber* u. *Messing* wird hingewiesen. (Métallurgie Construct. mécan. **83.** 689. Sept. 1951.) KATZ. 6512

E. A. Tice, *Schutzmaßnahmen vom Standpunkt des Korrosionsingenieurs.* An einigen Beispielen wird der Einfl. von Luft in Lsgg. auf die Korrosion gezeigt. Es wird daraus geschlossen, daß Teile von Anlagen, die solchen Bedingungen ausgesetzt sind, aus Materialien gebaut werden müssen, die leicht oxydieren, also passiv werden. Ebenso groß ist der Einfl. der Strömungsgeschwindigkeit des Korrosionsmittels u. der Einfl. der Temperatur. Je nach der Wahl des Metalles kann durch diese Faktoren der Angriff beschleunigt oder durch Bldg. von Deckschichten verzögert werden. Es werden die entsprechenden Verhaltungsmaßregeln für die Vermeidung von Angriffen gegeben. (Chem. Engng. Progr. **48.** 329—32. Juli 1952. New York, N. Y. International Nickel Co., Inc.) J. FISCHER. 6538

H. O. Nicolaus, *Korrosion durch Mikroorganismen.* Kurze Darlegungen über das Erscheinungsbild der biolog. Korrosion, die Chemie der biolog. bedingten Korrosion u. Abhilfemaßnahmen. Bes. wird hierbei auf die Arbeit von ROGERS (J. Inst. Metals **75.** [1948] 19) eingegangen. (Z. Ver. dtsch. Ing. **94.** 39. 11/1. 1952. Göttingen.) HABBEL. 6538

Noel Shaw, Haydon Bridge, England, *Herstellung von Formen für den Metallguß.* Man stellt zunächst über einem Modell eine mehrteilige Gipsform her, überzieht diese mit einem wasserabstoßenden Mittel, z. B. einer Wachslösung. Dann stellt man mit der Gipsform ein mehrteiliges Arbeitsmodell her u. überzieht auch diese einzelnen Teile mit einem wasserabstoßenden Mittel. Über jedem Teil des Arbeitsmodells wird dann durch Einbetten in eine Formmasse aus feuerfesten Stoffen u. hydrolysierten Si-Estern als Bindemittel die endgültige Form hergestellt. Das Bindemittel kann auch ein Gelierungsmittel, bes. Piperidin, enthalten. — Zeichnungen. (**N. P. 79 662** vom 29/4. 1949, ausg. 4/2. 1952.) JÜRGEN SCHMIDT. 6383

Babcock & Wilcox Tube Co., West Mayfield, Pa., V. St. A. (Erfinder: **I. Harter jr., O. R. Carpenter, G. G. Zipf** und **T. W. Ratcliffe**), *Kontinuierliches Gießen von Metallsträngen.* Man führt beim Gießen die hochschmelzenden Metalle möglichst ohne Schlacke zu u. hält die Atmosphäre oberhalb der beginnenden Erstarrung nichtoxydierend. Die Berührung von Form u. Kühlwasser soll nur bis zu der Stelle reichen, an der das Metall außen erstarrt ist, aber im Innern noch fl. ist. — Zeichnungen. (**Schwed. P. 133 531** vom 10/1. 1949, ausg. 6/11. 1951. A. Priorr. 13., 26/2. u. 17/8. 1948.) JÜRGEN SCHMIDT. 6383

Société Française des Charbonnages du Tonkin, Paris, übert. von: **Paul Beauchesne,** Redon, und **René Sainte-Claire Deville,** Paris, Frankreich, *Erzeugung von Roheisen und Stahl aus Eisenerzen.* Eine Mischung aus Eisenerzen, Kohle u. Flußmittel wird in einer dünnen Schicht auf die Wand eines Drehofens aufgebracht, wobei der C-Anteil entsprechend dem gewünschten Kohlungsgrad des Eisenerzes vorausbestimmt wird. Darauf wird der Ofen mit einer Umdrehungszahl von 100 Umdrehungen/je Min. in Betrieb gesetzt, wobei durch die Zentrifugalkraft das Anhaften der auf die Ofenwandungen aufgebrachten Schicht erzielt wird. Gleichzeitig werden die Ofenwandungen während der Rotation durch einen außerhalb des Ofens angeordneten Brenner beheizt. Das Verf. eignet sich auch für andere oxyd. Metallerze, bes. für armen *Galmei.* —Zeichnung. (**A. P. 2 566 548** vom 23/7. 1947, ausg. 4/9. 1951. F. Prior. 27/3. 1944.) HOCHSTEIN. 6401

Electric Furnace Products Co. Ltd., New York, N. Y., V. St. A., *Briketts zum Aufkohlen von Kupolroheisen.* Die Briketts bestehen aus Roheisen u. C in Form von feinem Pulver u. $CaSi_2$ u. einem Bindemittel. Als Bindemittel werden anorgan. Stoffe verwendet. die 900° aushalten, ohne zu schmelzen. Die C-Anteile sollen äußerst fein sein. Ferner kann man desoxydierende, entschwefelnde u. schlackenbildende Mittel zusetzen. Die Briketts dienen zur Herst. von Eisen mit perlit. Struktur. (**N. P. 79 772** vom 28/5. 1949, ausg. 25/2. 1952.) JÜRGEN SCHMIDT. 6403

Electric Furnace Products Co. Ltd., Toronto, Ontario, Can., *Eisenlegierung.* Die Legierung enthält 10—30 (%) *Cr,* 10—40 *Co,* 0—7,5 *Mo,* 0,5—15 *W,* bis 1 *Si,* bis 2 *Mn,* bis 1 *C,* bes. bis 0,35, ferner insgesamt 0,5—7 *Nb, Ta, Ti* u./oder *V.* Hierbei darf der Geh. an Ti u. V 2% für jedes dieser Elemente nicht übersteigen u. außerdem soll die Legierung bis 0,25 N aufweisen. Die Legierung dient für die Herst. von Maschinenteilen, bes. für Gasturbinen, die bei Betriebsbedingungen 650° oder höher erreichen. (**N. P. 79 899** vom 23/4. 1947, ausg. 17/3. 1952. A. Priorr. 13/6. 1945 u. 9/5. 1946.) JÜRGEN SCHMIDT. 6411

Mond Nickel Co. Ltd., London, England, *Herstellen von Gegenständen aus korrosionsfesten Legierungen.* Korrosionsfeste Legierungen für die Herst. von korrosionsfesten Maschinenteilen, bes. für Gasturbinen, sollen aus etwa 16—20 (%) *Ni,* 10—14 *Cr,* 2,5 bis 2,7 *Ti,* 0,4—0,6 *Al* u. Rest *Fe* bestehen. Diese Legierungen werden einer Lösungsbehandlung bei 1000—1300° unterworfen u. dann abgekühlt u. nach dem Abkühlen nochmals 2—100 Std. auf 850—600° angelassen. Die Behandlungszeit bei 1000—1300° hängt stark von der Temp. ab u. soll bei 1000° 48 Std. betragen; bei 1275° kann man mit $^1/_2$ Std. Behandlungszeit auskommen. (**Dän. P. 73 930** vom 23/7. 1946, ausg. 24/3. 1952. E. Priorr. 1/12. 1942, 8/4. 1943 u. 11/4. 1944.) JÜRGEN SCHMIDT. 6411

General Electric Co. Ltd., übert. von: **Philip William Hyde** und **Wilfred Roberts Pitkin,** England, *Herstellung von Eisen–Silicium-Legierungen.* Ein inniges Gemisch aus Fe- u. Si-Pulver, in dem der Si-Geh. nicht über dem zur Bldg. einer festen Lsg. im Fe erforderlichen maximalen Geh. liegen darf, wird bei Tempp. über 700°, zweckmäßig bei 800—1000°, in einem nichtoxydierenden inerten oder reduzierenden Gas sowie in einem Halogen oder in einem anorgan. gasförmigen Halogenchlorid, das mit dem Fe oder Si bei dieser Temp. zu reagieren vermag, erhitzt. Zweckmäßig wird als Halogen Cl_2 u. als nichtoxydierendes, inertes oder reduzierendes Gas H_2 verwendet. Anstatt Halogenchlorid kann $FeCl_3$, $SiCl_4$, HCl oder NH_4Cl verwendet werden. Die hergestellte Fe–Si-Legierung dient infolge ihres hohen elektr. Widerstandes als Ausgangsmaterial für Magnetkerne. (**F. P. 991 978** vom 5/8. 1949, ausg. 12/10. 1951. E. Prior. 6/8. 1948.) HOCHSTEIN. 6411

Bell Telephone Laboratories, Inc., New York, N. Y., übert. von: **Morris E. Fine,** Morristown, N. J., V. St. A., *Körper mit niedrigem Elastizitätskoeffizient,* der sich nur wenig über einem weiten Temp.-Bereich ändert, besteht aus einer Fe-Legierung in einem Bereich, der im tern. Fe-Ni-Mo-Diagramm durch eine Fläche mit folgenden 4 Eckpunkten gekennzeichnet ist: 41,5 (%) *Ni* u. 58,5 *Fe*; 37 Ni, 11 *Mo* u. 52 Fe; 42,5 Ni, 12 Mo u. 45,5 Fe; 44,5 Ni u. 55,5 Fe. Zusätzlich könnten vorhanden sein bis 0,25 *C,* bis 2 *Mn,* bis 6 *Al* u. bis 5 *Si.* Der Körper wird zunächst mit mindestens 3% Querschnittsverminderung kalt verarbeitet u. dann bei einer Temp. geglüht, die über 150° , aber unter der Temp. völliger Rekristallisation liegt. Beispiel: Der Körper besteht aus einer Fe-Legierung mit 43 Ni u. 0,66 Mn, ist mit 73% kalt verarbeitet u. bei 400° geglüht. — Zeichnung u. Diagramm. (**A. P. 2 561 732** vom 13/4. 1950, ausg. 24/7. 1951.) HABBEL. 6411

Aktiebolaget Kanthal, Hallstahammar, Schweden, übert. von: **Erik H. Mattiasson Hägglund,** Southport, Conn., V. St. A., und **Nils Gösta Rehnqvist,** Hallstahammar, Schweden, *Hitzebeständige ferritische Legierung* mit stark verminderter Neigung zum Sprödwerden bei hohen Tempp. enthält außer *Fe* u. Verunreinigungen noch 0,1—9 *Al,* 10—40 *Cr,* 0,2—2,5 Si u. 0,05—10 feine Teilchen einer Mischung aus Oxyden u./oder Carbiden, die bei hohen Tempp. (ca. 1200°) beständig u. als unlösl. Suspensionen gleichmäßig in der Legierung verteilt sind. Bevorzugt werden als Oxydbildner *Li, Be, Mg, Ca V, Sr, Zr, Ba, Ce, Ta, Ti* u. *Th.* — als Carbidbildner *V, Zr, Nb, Mo, Hf, Ta, W, Ti* u. *Th.* — Geeignet für elektr. Widerstände u. Bauteile für hohe Temperaturen. (**A. P. 2 580 171** vom 6/4. 1950, ausg. 25/12. 1951. Schwed. Prior. 10/3. 1945.) HABBEL. 6411

Mond Nickel Co. Ltd., übert. von: **Vsevolod N. Krivobok,** England, *Örtliches Kaltverformen von austenitischen Chrom-Nickel-Stählen.* Zur mechan. Erzeugung von örtlichen Kaltverformungen (Bördeln, Warzenbldg.) werden die Stähle im kaltverfestigten Zustande bei einer Temp. unter —18°, bes. bei Tempp. zwischen —45° u. —100°, verformt. Vorzugsweise werden die Verarbeitungswerkzeuge während der Verformung gekühlt. Die Stähle zeigen nach der Verformung keine Rißbildung. (**F. P. 997 583** vom 13/10. 1949, ausg. 8/1. 1952. A. Prior. 19/10. 1948.) HOCHSTEIN. 6411

Edouard-Claude Arbel, Frankreich, *Behandeln von Eisenmineralien.* Um die in Fe-Erzen enthaltenen Nichteisenmetalle zu gewinnen, werden die zerkleinerten Erze einer chlorierenden Röstung unterworfen; hierdurch wird das in den Erzen enthaltene Fe prakt. nicht angegriffen, sondern nur die Nichteisenmetalle, wie *Zn, Cu* oder dergleichen, deren Chloride dann ausgelaugt werden können. Zum Auslaugen wird zweckmäßig eine schwache HCl–H_2SO_4-Lsg. verwendet. (**F. P. 993 967** vom 28/11. 1944, ausg. 9/11. 1951.) HANS HOFFMANN. 6421

Louis-Jean-Henri Hackspill, Frankreich, *Zinkgewinnung.* Sulfid. Zn-Mineralien, bes. Zn-Blende, werden in Ggw. von CaC_2 auf ca. 700° erhitzt. Das durch Rk. frei werdende Zn wird hierbei verdampft u. kann durch Kondensation verflüssigt u. in homogene Barren gegossen werden. (**F. P. 992 585** vom 11/7. 1944, ausg. 19/10. 1951.) HANS HOFFMANN. 6427

New Jersey Zinc Co., New York, N. Y., V. St. A., *Schmelzen von feinverteiltem Zink.* Das in N. P. 76 342 (C. **1951.** II. **134**) beschriebene Verf. zum Kondensieren von Zn-Dampf, bei dem der Gasstrom durch eine Kammer geleitet wird, an deren Boden sich fl. Zn befindet, wobei die Beschickung so bemessen wird, daß das kondensierende fl. Zn in diese Schmelze herabsinkt, wird nunmehr auf das Schmelzen von feinverteiltem Zn angewendet, wobei man die feinverteilten Zn-Teilchen in eine Säule aus geschmolzenem Zn einführt, die so heiß gehalten wird, daß die Zn-Teilchen des eingeführten Gasstromes schmelzen. Zweckmäßig wird der Zn-Gasstrom am oberen Ende eingeführt u. unten die äquivalente Menge geschmolzenes Zn abgezogen. — Zeichnung. (**N. P. 79 368** vom 24/6. 1946, ausg. 12/11. 1951. A. Prior. 21/10. 1945. **Zusatz zu N. P. 76 342; C. 1951. II. 134.**) JÜRGEN SCHMIDT. 6427

Metallgesellschaft Akt.-Ges., Frankfurt/M. (Erfinder: **Arthur Burckhardt,** Geislingen/Steige, **Erich Gwinner,** Berlin-Lichtenrade, **Karl Löhberg** und **Erich Schmid,** Frankfurt/M.), *Zinkgußlegierungen* bestehen aus 5,3 bis weniger als 6,5 (%) *Al* u. 0,5 bis weniger als 3 *Cu,* Rest *Feinzink* in solchen Zuss., die im Dreistoffsystem Zn–Al–Cu auf oder annähernd auf der vom bin. Zn–Al-Eutektikum zum tern. Zn–Al–Cu-Eutektikum verlaufenden Schmelzkurve liegen. Die Legierungen eignen sich bes. für komplizierte, z. B. dünnwandige, mehrere Kerne benötigende oder große Querschnittsänderungen aufweisende Formgußstücke. — Tern. Zustandsdiagramm Al–Cu–Zn. (**D. B. P. 865 978** Kl. 40b vom 4/3. 1941, ausg. 9/2. 1953.) GÖTZE. 6427

International Nickel Co. of Canada Ltd., Copper Cliff, Ontario, Can., übert. von: **Harry Rollason Copson,** Cranford, und **Andrew Wesley,** Plainfield, und **Thomas Howard Wickenden,** Short Hills, N. J., V. St. A., *Elektrolytische Herstellung von Nickelpulver.* Der Elektrolyt besteht aus einer wss. Lsg. von 200—400 g/l $NiSO_4$, 15—70 $NiCl_2$, 10—40 $B(OH)_3$ u. 0,2—0,3 Thioharnstoff. Die Kathode besteht aus einem Metall, das leicht einen Oxydfilm bildet, auf dem die elektrolyt. niedergeschlagene Ni-Schicht nicht festhaftet, z. B. 18% Cr, 8 Ni, Rest Fe. Die Stromstärke soll 9—72 A/sq. ft. betragen bei einer Badtemp. von 45—65°. Der abgelöste Ni-Nd. wird einer Wärmebehandlung in reduzierender Atmosphäre unterworfen u. zerkleinert. (**Can. P. 475 886** vom 17/5. 1943, ausg. 7/8. 1951.) SCHÖNAUER. 6435

International Nickel Co. of Canada Ltd., Toronto, Can. [**Mond Nickel Co. Ltd.,** London, England] (Erfinder: **Paul Etienne Queneau, William Kelvin Sproule** und **Alexander Illis,** Copper Cliff, Ontario, Can.), *Behandlung von sulfidischem Erz.* Aus Erzen mit einem Geh. an *Ni*-haltigem *Pyrrhotin* wird durch Zerkleinern, Entschlämmung u. Flotation ein prakt. reines, Ni-haltiges Magnetkieskonzentrat gewonnen, das gegebenenfalls nach Magnetscheidung durch Rösten bei Tempp. zwischen 760 u. 815° in eine nicht agglomerierte, poröse, Ni u. Fe prakt. vollständig in Oxydform enthaltende M. übergeführt wird. Diese wird einer selektiven Red. des NiO unterworfen. Zweckmäßig wird das Konzentrat während des Röstens in feinverteilter Form in der Röstkammer in der Schwebe gehalten, wobei es in einem Luft- oder O_2-Luft-Strom in die Kammer eingeblasen wird. Hierbei soll die zum Rösten umgewälzte Luftmenge die theoret. zur Umwandlung des gesamten FeS im Konzentrat in Fe_2O_3 u. H_2SO_4 benötigte Menge um 25 bis 75% übersteigen. Die Red. wird in einer Atmosphäre durchgeführt, in der das Verhältnis von $CO_2 + H_2O$ zu $CO + H_2$ zwischen 1,5:1 u. 3:1 liegt, die z. B. aus 12% $H_2 + CO$, 24% $H_2O + CO_2$, Rest N_2 besteht. Nach mehrstündiger Behandlung im Reduktionsofen wird dann aus dem Reaktionsprod. das Ni durch ammoniakal. Auslaugen gewonnen (**D. B. P. 863 998** Kl. 40a vom 25/3. 1949, ausg. 22/1. 1953 u. **E. P. 659 283** vom 30/3. 1949, ausg. 17/10. 1951. Beide Can. Prior. 1/4. 1948.) HANS HOFFMANN. 6435

Gebr. Borchers Akt.-Ges. (Erfinder: **Friedrich Borchers**), Goslar, Harz, *Trennung von Kobalt und Nickel vom Eisen.* Beim Trennen von Co u. Ni vom Fe durch Behandeln der sauren Salzlsgg. mit Na_2S-Lsgg. wird während der Fällung u. Nacherhitzung ein p_H-Wert von 3 bis 4 aufrechterhalten. (**D. B. P. 860 279** Kl. 40a vom 10/12. 1939, ausg. 18/12. 1952.) HANS HOFFMANN. 6435

Magnesium Elektron Ltd., Clifton Junction, Lancashire, England, *Geräte für Magnesiumschmelzen.* Um eine Verunreinigung von Schmelzen aus Mg oder Mg-Legierungen durch Bestandteile der mit diesen Schmelzen in Berührung kommenden Geräte (Tiegel, Kellen, Rührstäbe, Thermoelementhüllen oder dergleichen) zu vermeiden, sollen diese ganz oder ihre Überzüge aus wenigstens 50 (%) *Fe,* 1 bis 37 *Al, Cr* u./oder *Mn* u. bis zu 10 anderen Elementen bestehen. Es kommen Stähle mit 8 bis 25 Mn oder 4 bis 15 Cr, gegebenenfalls mit einem Ni-Gehalt bis 1 in Frage. Beispiel für eine Stahlzus.: 0,21 C, 23,1 Mn, 13,0 Cr, 1,86 Al, 0,10 Ni, 0,023 S, 0,019 P, 0,26 Si, Rest Fe. (**E. P. 649 594** vom 1/4. 1948, ausg. 31/1. 1951.) HANS HOFFMANN. 6445

Établissements Skoda, Tschechoslowakei, *Hartmetallegierungen* bestehen aus 3—20% eines oder mehrerer der Metalle der Fe-Gruppe, Rest Doppelcarbide oder Doppelcarbonitride von Metallen der vierten, fünften und sechsten Gruppe des Period. Systems. Die Doppelcarbide werden hergestellt durch Erhitzen der Grundelemente über 2000° in einem Kohleofen in reduzierender Atmosphäre oder im N_2-Strom. (**F. P. 979 327** vom 20/1. 1949, ausg. 25/4. 1951. Tschech. Prior. 22/1. 1948.) GÖTZE. 6477

Établissements Skoda, Tschechoslowakei, *Hartmetalle mit erhöhter Wärmeleitfähigkeit.* Legierungen auf der Basis *WC–TiC–Co* erhalten 0,5—3% *Cu* oder *Be*, das den Ausgangsstoffen vor dem Zerkleinern in Form von Pulver oder Salzlsg. zugegeben wird. Im letzteren Falle muß nach dem Zerkleinern eine Red. bei Tempp. bis 700° vorgenommen werden. (**F. P. 979 362** vom 21/1. 1949, ausg. 25/4. 1951, Tschech. Prior. 23/1. 1948.) GÖTZE. 6477

Friedr. Krupp Akt.-Ges. (Erfinder: **Josef Hinnüber**), Essen, *Hartmetallegierungen* bestehen aus 0,3—3 (%) *CrC* oder einer entsprechenden Menge *Cr*, 12—30 eines niedrigschmelzenden Hilfsmetalls, wie *Fe, Co, Ni, Mn* oder deren Legierungen untereinander oder mit *W* oder *Mo*, Rest *WC*, das bis zu 10 durch TaC, VC, MoC einzeln oder zu mehreren ersetzt sein kann. Die Legierungen eignen sich zur Bestückung von Schlagbohrern oder ähnlichen Werkzeugen. (**D. R. P. 751 608** Kl. 40b vom 25/3. 1938, ausg. 24/11. 1952.) GÖTZE. 6477

Régie Nationale des Usines Renault, Billancourt, Seine, Frankreich, *Herstellung eines Gases zum Zementieren von Stahl.* Ein Gemisch von Luft u. mindestens einem O_2-haltigen organ. Stoff, welcher unter den n. Temp.- u. Druckbedingungen fl. ist oder unter diesen Bedingungen in Lsg. gebracht werden kann, wird bei einer Temp. über 900° zur Rk. gebracht. Vorzugsweise wird das Gemisch durch einen zum Gleichgewicht führenden Kontakt von Luft u. auf konstanter Temp. gehaltener Fl. hergestellt. Die Rk. wird zweckmäßig in Berührung mit einem Katalysator oder mit amorphem C, z B. Holzkohle, durchgeführt. In Berührung mit einem Oberflächenkatalysator oder Holzkohle wird eine therm. Spaltung von organ. O_2-haltigen Stoffen durchgeführt, in denen die Zahl der C-Atome u. der O-Atome gleich ist. (**D. B. P. 850 900** Kl. 18c vom 16/11. 1950, ausg. 29/9. 1952. F. Prior. 16/11. 1949.) HOCHSTEIN. 6493

Deutsche Edelstahlwerke Akt.-Ges., Krefeld (Erfinder: **Gerhard Seulen,** Remscheid-Hasten), *Behandlung geschmiedeter Walzen, insbesondere Kaltwalzen.* Durch Normalisieren oder Härten u. Anlassen wird zunächst ein zäher Walzenkern erzeugt, worauf die Walze zwecks Herst. einer Mittelschicht bis zu einer gewünschten Tiefe auf Härtetemp. gebracht u. in Öl oder dgl. abgeschreckt sowie anschließend auf eine höhere Festigkeit als die des Kernes angelassen u. abschließend die Walze oberflächengehärtet wird. Die Wärmebehandlung wird zweckmäßig so durchgeführt, daß die Härte in der Mittelschicht von außen nach innen ansteigt. Die Walzenzapfen sollen in der gleichen Weise behandelt werden wie die Walzenballen. Unter Verzicht auf die Kernbehandlung kann auch unmittelbar die Zone höherer Härte u. anschließend die Oberflächenhärte erzeugt werden. Die so behandelten Walzen widerstehen besser den hohen Beanspruchungen, u. die Gefahr der Rißbldg. ist verringert. (**D. B. P. 843 423** Kl. 18c vom 28/5. 1949, ausg. 7/7. 1952.) HOCHSTEIN. 6493

Wild-Barfield Electric Fournaces Ltd. (Erfinder: **Frederick Wardle Haywood** und **Douglas Stuart Laidler**), Watford, Hertfordshire, England, *Einsatzhärten von Werkstücken aus Eisen.* Die Werkstücke werden zwischen 850 u. 950° in einer aus einem aufkohlenden Gas, z. B. Stadtgas, u. einem nitrierenden Gas, z. B. NH_3, bestehenden Atmosphäre behandelt, wobei der Geh. an nitrierendem Gas 2,5—5% des Gesamtvol. beträgt. Verbesserte Aufkohlung u. Nitrierung der Einsatzschicht. (**D. B. P. 823 887** Kl. 18c vom 16/3. 1950, ausg. 6/12. 1951. E. Priorr. 29/3. u. 6/12. 1946.) HOCHSTEIN. 6493

United Aircraft Corp., East Hartford, Conn., V. St. A., übert. von: **Alden Potter Edson, Isaac Laird Newell** und **Earl Kenneth Moore,** *Löten von Metallteilen.* Die Lötung wird in einer inerten Atmosphäre, z. B. in N_2, durchgeführt, der eine anorgan. F-Verb. zugesetzt ist, die bei n. Temp. nicht gasförmig, unterhalb der Löttemp. aber flüchtig ist, wie NH_4BF_4, $(NH_4)_2SiF_6$, NH_4F. Auch Verbb. wie BF_3, SiF_4, WF_6 sind geeignet. Diese Verbb. lösen die Oxydhaut auf der zu lötenden Oberfläche, zum Teil unter Bldg. flüchtiger Fluoride des zu lötenden Metalls. (**E. P. 678 081** vom 12/6. 1947, ausg. 27/8. 1952. A. Prior. 22/6. 1946.) MARKHOFF. 6505

N. V. Philips' Gloeilampenfabrieken, Eindhoven, Holland, *Löten von Gegenständen, die ganz oder auf der Oberfläche aus chromhaltigen oxydationsfesten Legierungen bestehen.* Man behandelt Gegenstände, die bei der Löttemp. in einer reduzierenden Atmosphäre mit einem Wasserdampfdruck von mehr als 10^{-5} noch red. werden können, bes. Gegenstände aus rostfreiem Stahl, mit einer Lötlegierung aus einer *Cu–Ni*-Legierung mit bis zu 3% *Si*, u. gegebenenfalls etwas *Mn*, *Ti* u./oder *Nb*. Eine geeignete Legierung besteht z. B. aus 50 (%) Ni, 40 Cu u. 10 Cr, der 1 Si, 0,1 Nb u. 0,25 Mn zugesetzt sind. (**Dän. P. 73 985** vom 25/8. 1948, ausg. 7/4. 1952. Holl. Prior. 28/8. 1947.) JÜRGEN SCHMIDT. 6505

Emil Rohner, Effretikon, Zürich, Schweiz, *Mittel zum Löten und Verzinnen von Metallen* besteht aus einer pulverförmigen Mischung von *Sn*, NH_4Cl u. $ZnCl_2$. Die Teile brauchen vor dem Löten nicht gereinigt zu werden. (**Schwz. P. 281 145** vom 23/2. 1950, ausg. 3/6. 1952.) MARKHOFF. 6505,

Union Carbide and Carbon Research Laboratories, Inc., New York, N. Y., V. St. A. (Erfinder: **L. T. Jones, H. E. Kennedy** und **M. A. Rotermund**), *Elektrisches Schweißverfahren.* Man überschichtet die zu verschweißende Stelle mit einer pulverförmigen M., die kalt schwer, aber als Schmelze gut leitet, in solcher Menge, daß beim Schmelzen durch Einführung einer Elektrode nur ein Teil des Pulvers schm. u. so die Schweißnaht nach oben abgedeckt bleibt. Die M. soll in der Schmelze beständig sein u. keine Gase abgeben. Geeignet sind vor allem Erdalkalisilicate, bes. mit bis ca. 6% Erdalkalifluorid u. gegebenenfalls Al-Verbindungen. Die Schweißung wird so geführt, daß kein freier Lichtbogen gebildet wird. (**Schwed. P. 130 859** vom 10/2. 1934, ausg. 13/2. 1951. A. Priorr. 21/2. 1933 u. 9/1. 1934.) JÜRGEN SCHMIDT. 6507

Hadfields Ltd., Sheffield, England, *Schweißdraht* besteht aus einem Metallstab aus austenit. Mn-Stahl in Kombination mit einer M., die feine Teile aus Schwermetallcarbiden, wie WC, enthält. (**Finn. P. 25 318** vom 24/3. 1949, Auszug veröff. 31/10. 1951.) JÜRGEN SCHMIDT. 6507

Soc. d'Électrochimie, d'Électrométallurgie et des Aciéries Électriques d'Ugine, Frankreich, *Überziehen eines Metallkörpers mit einer harten Schicht.* Ein Schweißstab, bestehend aus einer Mischung aus feuerfestem feinkörnigem Metallcarbid, einem sich mit dem Metallkörper legierenden Metall u. Reduktionskohle, wird bis zur pastenartigen Konsistenz erhitzt u. auf die bis zum beginnenden Schmelzen erhitzten Stellen des Körpers aufgetragen. Die Schweißmasse wird entweder durch ein reduzierendes Bindemittel zusammengehalten, oder sie befindet sich in einem Rohr aus dem Legierungsmetall, oder sie wird um das Legierungsmetall in Stabform gepreßt. Der Schweißstab besteht z. B. aus WoO_3, Graphit, Ferromangan, Al-Feilspänen u. Bakelit, die M. wird, in Stäbchen gepreßt, bei 100° gehärtet. Zum Erhitzen wird ein Acetylenschweißbrenner benutzt. (**F. P. 984 909** vom 8/10. 1943, ausg. 12/7. 1951.) HOLM. 6507

Morton Gregory Corp., Detroit, Mich., V. St. A., *Schweißstift.* In eine Öffnung am Ende des Schweißstifts ist ein Al-Stück eingesetzt, das als Flußmittel beim Schweißen dient. — Zeichnungen. (**N. P. 79 354** vom 2/8. 1948, ausg. 12/11. 1951.) JÜRGEN SCHMIDT. 6507

Alloy Research Corp., Baltimore, Md., V. St. A., *Elektrolytisches Polieren von nichtrostendem Stahl.* Die Gegenstände werden mit Wechselstrom in einem konz. HNO_3 enthaltenden Bade behandelt. Z. B. besteht das Bad aus 80—40 Vol.-% konz. HNO_3 u. 20—60 konz. *Essigsäure.* Das Bad arbeitet bei Tempp. von —12 bis +15° u. mit Stromdichten von 0,078—1,86 A/cm^2. Die unter Strom aus dem Bad kommenden Gegenstände haben nach 3 Min. hohen Glanz. — Abbildung. (**E. P. 651 077** vom 17/2. 1948, ausg. 14/3. 1951. A. Prior. 30/9. 1942.) MARKHOFF. 6515

City Auto Stamping Co., Toledo (Erfinder: **Charles Lawson Faust** und **Wilbur Gene Hespenheide,** Columbus), O., V. St. A., *Elektrolyt zur galvanischen Erzeugung von Kupfer-Zinn-Legierungsüberzügen* besteht aus einer Lsg. eines komplexen Alkalicuprosalzes, eines komplexen Alkalistannosalzes, eines Alkalipyrophosphates u. eines Alkaliorthophosphates, die außerdem ein Koll., wie Polypeptide, enthält u. einen p_H-Wert von 6,5—10,5 aufweist. Das Bad liefert glänzende Legierungsniederschläge. — Beispiel: 25 (g/Liter) KCN, 18,8 ($Cu_2[CN]_2$), 40 $K_4P_2O_7 \cdot 3\,H_2O$, 10,8 $SnSO_4$, 7 KH_2PO_4, 0,1 Tischlerleim u. Rest Wasser. Temp. 60°. Kathod. Stromdichte 0,033 A/cm^2. (**D. B. P. 860 300** Kl. 48a vom 3/6. 1950, ausg. 18/12. 1952. A. Prior. 11/6. 1949.) MARKHOFF. 6517

John F. Beaver, Osborn, O., V. St. A., *Erzeugen glänzender, galvanischer Kupferüberzüge aus sauren Kupfersulfatbädern.* Den Bädern werden ca. 0,005—0,05 (g/Liter) *Acetylthioharnstoff* u. 0,001—0,015 *Cl*-Anion zugesetzt. Die Bäder liefern glatte, glänzende Überzüge u. sind sehr stabil. — Beispiel: 250 (g/Liter) $CuSO_4 \cdot 5\,H_2O$, 60 H_2SO_4, 0,005 Cl-Anion, 0,1 Dextrin, 0,015 Acetylthioharnstoff, 0,02 Na-Octylsulfat. Spannung 4,5 V. (**A. P. 2 602 774** vom 11/5. 1948, ausg. 8/7. 1952.) MARKHOFF. 6517

Western Electric Co., Inc., New York, N. Y., V. St. A., *Verbesserung der Benetzbarkeit von Eisenoberflächen für Quecksilber.* Die Fe-Oberfläche wird zunächst oxydiert u. das entstandene Oxyd red., z. B. im H_2-Strom in der Wärme. Zweckmäßig ist es, vor der Oxydbldg. die Gegenstände einer Rekristallisationsbehandlung zu unterziehen u. anschließend Ätzung oder Sandstrahlung vorzunehmen, um kleine Kanäle zwischen den Kristallen zu bilden. (**E. P. 674 960** vom 1/6. 1949, ausg. 2/7. 1952. A. Prior. 10/6. 1948.) MARKHOFF. 6517

Vereinigte Deutsche Metallwerke Akt.-Ges., Frankfurt/M.-Heddernheim (Erfinder: **Herbert Schulze**, Altena/Westf.), *Erzielen hoher Zunderfestigkeit metallischer Gegenstände, die mit einer aufgespritzten Schicht aus Chrom–Nickel-Legierungen überzogen sind.* Die Oberfläche der Spritzschicht wird mit MgO, NaOH, KOH, Ca–Si oder Al_2Ca nachbehandelt. Ca–Si wird z. B. in Pulverform in einem Bitumenlack verteilt auf die Oberfläche aufgetragen u. erhitzt. MgO dagegen wird mit Kalkmilch, Tonerde u. W. angerührt aufgetragen. Die Schichten schützen gegen die Einw. von Tempp. von über 800° u. gegen korrosive Gase. (**D. B. P. 860 589** Kl. 48b vom 4/10. 1950, ausg. 22/12. 1952.) MARKHOFF. 6517

Friedr. Blasberg elektrochem. Fabrik (Erfinder: **Karl Gebauer** und **Karl Sommer**), Solingen, *Verchromen von Gegenständen aus austenitischen Chrom–Nickel-Stählen und Chrom–Kobalt–Wolfram-Legierungen.* Die Gegenstände werden nacheinander anod. u. kathod. in einer Säurelsg., bes. aus organ. Säuren, wie Ameisen-, Oxal- oder Citronensäure, vor der Verchromung behandelt. Man erhält festhaftende Cr-Überzüge auch an Schweißstellen. (**D. R. P. 752 103** Kl. 48a vom 8/8. 1942, ausg. 22/12. 1952.) MARKHOFF. 6519

Bozel-Maletra, Soc. Industrielle de Produits Chimiques, Frankreich, *Nickelüberzug.* Einem elektrolyt. Ni-Bad mit $p_H < 5$ werden 0,5 g/Liter einer oder mehrerer organ. Stoffe, wie sulfoniertes Naphthalin, Toluolamine oder Sulfonamide von Bzl., Toluol, β-Naphthol oder Saccharin zugegeben u. bei >35° elektrolysiert. Die organ. Stoffe machen den harten glänzenden Überzug zäh. (**F. P. 976 801** vom 19/10. 1948, ausg. 22/3. 1951.) HOLM. 6521

Battelle Development Corp., übert. von: **Charles L. Faust** und **John G. Beach**, Columbus, O., V. St. A., *Glänzende galvanische Nickelüberzüge auf Metallen, besonders auf Messing.* Nach dem elektrolyt. Polieren werden die gespülten Oberflächen in eine 10%ig. H_2SO_4 getaucht, die 0,5—10 oz./gal. (3,75—75 g/Liter) Oxalsäure enthält, u. dann in einem Glanznickelbad vernickelt. Durch die Tauchbehandlung wird die gegebenenfalls nach dem Polieren auftretende Passivität der Metalloberflächen beseitigt. (**A. P. 2 563 229** vom 25/6. 1948, ausg. 7/8. 1951.) MARKHOFF. 6521

Henry A. Roemer, übert. von: **Robert F. Renkin**, Sharon, Pa., V. St. A., *Verzinken von Stahl.* Die Gegenstände werden mit einer Geschwindigkeit von 70—130 ft/Min. (21—39 m/Min.) zunächst durch ein Bad aus 2—50% Sn, Rest Pb, Temp. 800—840° F (427—449° C), gezogen u. dann unmittelbar in ein Schmelzbad von reinem Zn gebracht. Verhinderung der Bldg. der spröden Fe–Zn-Legierungsschicht. — Abbildungen. (**A. P. 2 557 764** vom 6/3. 1947, ausg. 19/6. 1951.) MARKHOFF. 6523

Westinghouse Electric International Co., New York, N. Y., V. St. A., *Erzeugen von elektrisch isolierenden Oxydschichten auf Eisenblechen.* Die Bleche werden zunächst in reduzierender Atmosphäre auf ca. 570° erhitzt, um vorhandene Oxydschichten zu Fe zu reduzieren, u. dann abgekühlt. Dann werden sie bei Tempp. von 450—550° in einer Atmosphäre behandelt, die mindestens 20 Vol.-% H_2O oder Mischungen von H_2O u. CO_2 u. im übrigen mindestens eines der Gase H_2, CO oder N_2 enthält. Das Verhältnis H_2O zu H_2 soll größer als 0,25, das Verhältnis CO_2 zu CO größer als 1,2 sein. Der Geh. an freiem O_2 soll unter 0,5—1% liegen. Es bildet sich eine gut isolierende Schicht aus Fe_3O_4. — Abbildung. (**E. P. 678 715** vom 4/1. 1949, ausg. 10/9. 1952. A. Prior. 15/1. 1948.) MARKHOFF. 6531

A/S Nordisk Aluminiumindustri, Oslo, Norwegen, *Oberflächenbehandlung von Aluminiumgegenständen.* Man behandelt die Gegenstände nach dem Eloxieren mit infraroten Strahlen. Hierbei soll die Eloxalschicht eine solche Dicke aufweisen, daß für eine bestimmte größte Wellenlänge der Infrarotstrahlen eine maximale Absorption erfolgt. Die Infrarotbehandlung kann auch nach einem Lackieren der eloxierten Oberflächen erfolgen u. dient dann zum Einbrennen des Lackes. (**Dän. P. 73 876** vom 22/2. 1949, ausg. 10/3. 1952.) JÜRGEN SCHMIDT. 6531

United Anodising Ltd., England, *Anodische Oxydation von Metallen, besonders Blechen.* Die Bleche werden so zwischen Anode u. Kathode angeordnet, daß sie als Mittelleiter wirken. Die der Kathode zugewandte Seite des Bleches wirkt dann als Anode u. überzieht sich mit einer Oxydschicht. Das Verf. eignet sich bes. zum Oxydieren von *Al*, aber auch von *Sb, Bi, Ce, Cd, Cr, Co, Cu, Fe, Pb, Mg, Ni, Nb, Ag, Ta, Sn, Ti, W, V* u. *Zn.* (**F. P. 1 014 528** vom 8/7. 1947, ausg. 18/8. 1952. E. Priorr. 26/2. 1946 u. 26/3. 1947.) MARKHOFF. 6531

Anox Akt.-Ges., Vaduz, Lichtenstein, *Anodische Oxydation von Aluminium und seinen Legierungen.* Als Elektrolyt wird eine Lsg. von CrO_3 u. chromsauren Mg- oder Zn-

Salzen verwendet. Der Geh. an CrO_3 soll mindestens 5 (%), an Zn- oder Cr-Salz 0,5—20 betragen, die Spannung 10—30 V, die Stromdichte 1,8—2,5 A/dm² u. die Temp. des Elektrolyten 20—80°. Man erhält opake, hitzebeständige Oxydschichten. (**E. P. 652 743** vom 23/12. 1947, ausg. 2/5. 1951. It. Prior. 4/10. 1939.) MARKHOFF. 6531

IX. Organische Industrie.

T. Weaver, *Verbilligung des Acetylens durch das Wulff-Verfahren.* Beschreibung einer nach dem 1925 erfundenen WULFF-Verf. ausgeführten Anlage zur Gewinnung von C_2H_2 durch therm. Zers. von mit Wasserdampf verd., leichten KW-stoffen unter 15 in. Hg-Druck, bei dessen Entw. das Problem kurzzeitiger Erwärmung auf hohe Tempp. bei vermindertem Druck gelöst werden mußte. Standortabhängiger Kostenvgl. gegenüber der Herst. aus CaC_2. (Chem. Engng. Progr. **49.** 35—39. Jan. 1953.) METZENER. H 530

—, *N-Chlorsuccinimid* (*N. C. S.*). Die Verb., ein weißes, nach Chlor riechendes, sich bei 145° zers. Pulver, chloriert Toluol zu Benzylchlorid, oxydiert prim. u. sek. Alkohole zu Aldehyden u. Ketonen u. desinfiziert W. u. Wäsche. (Chem. pharmac. Techniek **7.** 170. 1/3. 1952.) WESLY. H 820

E. I. du Pont de Nemours & Co., Wilmington, Del., übert. von: **Virgil L. Hansley,** Niagara Falls, und **Williard John P. Hilts,** Buffalo, N. Y., V. St. A., *Herstellung von Alkalimetalldispersionen in Kohlenwasserstoffen.* Man dispergiert geschmolzene Alkalimetalle (**I**) in einem KW-stoff, dessen Kp. höher als der F. des Metalles ist, z. B. von Na in Toluol, indem man das geschmolzene Metall unter Zusatz eines Dispergiermittels verrührt, das aus einem Gemisch eines Alkalialkoholats mit einer alkalimetallorgan. Verb. der allg. Formel $\overset{|}{\underset{|}{C}}=\overset{|}{\underset{|}{C}}-\overset{|}{\underset{|}{C}}-M$ besteht, in der M ein **I** bedeutet u. das Verhältnis der Gesamtzahl der C-Atome zum **I**-Atom 2—8 : 1 beträgt. Es können auch O-haltige Verbb. verwendet werden, in der die Bindung C—O—C oder C—O—M vorliegt. Man kann z. B. Alkaliverbb. von Allyläther, 1.10-Dialkoxy-3.7-decadien, α-Naphthylallyläther, Phenyläthyläther oder Dibenzyläther verwenden. Die Dispersion kann für Reduktions-Rkk., Mineralölraffination oder als Zusatz zu Dieseltreibstoffen zwecks Erhöhung der Zündwilligkeit verwendet werden. (**A. P. 2 579 257** vom 17/3. 1949, ausg. 18/12. 1951.) DERSIN. H 450

Union Carbide & Carbon Corp., New York, N. Y., übert. von: **Frank G. Young,** Charleston, W. Va., V. St. A., *Acetale* (**I**) *gesättigter aliphatischer Dialdehyde* erhält man bei der Rk. eines Alkenyläthers (**II**) oder eines einfach ungesätt. heterocycl. Monoäthers (**III**) mit einem Orthoameisensäureester in Ggw. von Katalysatoren (**IV**), wie hydrathaltigen Al-Silicaten ($Al_2O_3 \cdot 2\ SiO_2 \cdot 2\ H_2O$) oder ähnlichen Erden, in Mengen von vorzugsweise 1—10 Gew.-%, bei —50 bis 150° u. gegebenenfalls in Ggw. von inerten Lösungsmitteln. Als **II** sind bes. geeignet: Vinylmethyläther, -2-äthylhexyäther, -2-chloräthyläther, 2-äthoxyäthyläther, -2-äthylhexen-1-yl-1-äthyläther. Als **III** sind Äther mit einer olefin. Bindung in 2-Stellung, entsprechend der allg. Formel $CR_2R_3{=}CHOR_4$, wobei R_2 u. R_4 zusammen eine geschlossene C-Kette $-(CH_2)_y-$ bilden u. R_3 = H u. y = 2 oder 3, z. B. 2-Dihydrofuran, 2-Dihydropyran, geeignet. **IV** können durch Mineralsäuren aktiviert sein, u. es kommen außer Al-Silicaten noch Fullererden des Halloysit-, Montmorillonit-, Beidellit-, Nontronit-, Kaolinit-, Nakrit-, Dickit- u. Metahalloysittyps in Betracht. — Über trockenen, aktivierten Montmorillonit leitet man Äthylorthoformiat (**V**) u. Vinyläthyläther bei 23° bis zur Endtemp. von 49° u. erhält: *1.1.3.3-Tetraäthoxypropan,* $Kp._{15}$ 105°, n_D^{30} 1,408, $D.^{15,6}_{30}$ 0,912; *1.1.3.5.5-Pentaäthoxypentan,* $Kp._1$ 90°, n_D^{30} 1,4180, $D^{28,2}_{30}$ 0,9233, u. *1.1.3.5.7.7-Hexaäthoxyheptan,* $Kp._{0,2}$ 118—123°, $D.^{15,6}_{30}$ 0,933, n_D^{30} 1,4258. Aus **V** u. Dihydropyran in Ggw. von **IV** bei 30° erhält man *2-Äthoxy-3-diäthoxymethyltetrahydropyran* (**VI**), $C_{12}H_{24}O_4$, $Kp._{0,5}$ 60—61°, n_D^{30} 1,4302, $D._{30}$ 0,971. — Tri-n-butylorthoformiat u. n-Butylvinyläther ergeben *1.1.3.3-Tetra-n-butoxypropan,* $Kp._{0,5}$ 128°, n_D^{30} 1,4268, $D.^{15,6}_{30}$ 0,883, u. *1.1.3.5.5-Penta-n-butoxypentan,* sowie höhere Kondensationsprodukte. — 2-Äthylhexylorthoformiat u. 2-Äthylhexylvinyläther ergeben *1.1.3.3-Tetra-2'-äthylhexoxypropan,* $Kp._2$ 164°, n_D^{30} 1,4458, $D.^{15,6}_{30}$ 0,870. — **I** sind Zwischenprodd. für die Herst. von Pyrimidinen u. Arzneimitteln. (**A. P. 2 556 312** vom 4/10. 1949, ausg. 12/6. 1951.) G. KÖNIG. H 680

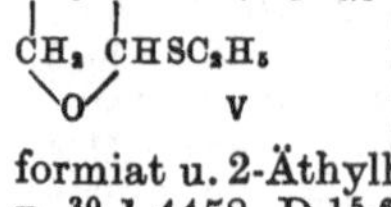

V

G. D. Searle & Co., Chicago, übert. von: **John W. Cusic,** Skokie, Ill., V. St. A., *N-Substituierte basische Amide* der allg. Zus. RR'N·CO·Alk·NXX' (R u. R' = Benzylsäure, Alk = Alkylen C_2—C_5, X u. X' = Alkyl C_1—C_2) erhält man z. B. durch Zugabe von 127 (Teilen) β-Chlorpionylchlorid in 530 absol. Ae. (**I**) zu 394 Dibenzylamin (**II**) in

530 I bei 0°, nach 1 Std. Zugabe von Bzl. Abfiltrieren von II-HCl u. Isolierung von *N.N-Dibenzyl-β-chlorpropionamid* (**III**) durch Vakuumeindampfen des Filtrats. — 303 III u. 200 Diäthylamin in 800 $CH_3 \cdot CO \cdot C_2H_5$ + 10 KJ werden 20—50 Min. im geschlossenen Gefäß auf 60° erhitzt, Reaktionsprod. mit verd. Mineralsäure aufgenommen u. mit Ae. extrahiert. Man erhält *N.N-Dibenzyl-β-diäthylaminopropionamid*, $Kp._{1,5}$ 208—210°. *Hydrochlorid*, F. 144—145°. — Weiter wird beschrieben die Herst. von: *N.N-Dibenzyl-β-dimethylaminopropionamid*, $Kp._2$ 204—208°; *Hydrochlorid*, F. 142—144°. — *N.N-Dibenzyl-β-dimethylaminopropionamidchlormethylat*, F. 153—154°. — *N-Benzyl-N-phenyl-β-dimethylaminopropionamid*, $Kp._2$ 183—188°; *Hydrochlorid*, F. 180—181° (aus Isopropanol) u. *Ascorbinat*. — *N-Benzyl-N-phenyl-β-trimethylaminopropionamidchlorid*, F. 204—205°. — *N.N-Diphenyl-β-chlorpropionamid*, F. 93—94° (aus A.). — *N.N-Diphenyl-β-diäthylaminopropionamid*, $Kp._{1,5}$ 192—194°; *Hydrochlorid*, F. 135—136° (aus $CH_3CO \cdot C_2H_5$). — *N.N-Diphenyl-β-dimethylaminopropionamid*, $Kp._2$ 182—186°; *Hydrochlorid*, F. 169—170° (aus Essigester u. Isopropanol). — *N.N-Diphenyl-β-trimethylaminopropionamidchlorid*, F. 198—199°. — *N.N-Dicyclohexyl-β-dimethylaminopropionamid*; *Hydrochlorid*, F. 206—208°. — *N.N-Dicyclohexyl-β-trimethylaminopropionamidchlorid*, F. 214—215°. — *N.N-Dicyclohexyl-β-diäthylaminopropionamid*, $Kp._{1,5}$ 182—184°; *Hydrochlorid*, F. 176—177°. — *N-Benzyl-N-phenyl-β-diäthylaminopropionamid*, $Kp._{1,5}$ 190—191°; *Hydrochlorid* u. *Citrat*. — *N-Benzyl-N-phenetyl-β-dimethylaminopropionamid*. $Kp._{1,5}$ 205—208°; *Hydrochlorid*, F. 146—147°. — *N-Benzyl-N-phenetyl-β-diäthylaminopropionamid*, $Kp._{1,5}$ 216—218°; *Hydrochlorid*, F. 119—120°. — *N-Cyclohexyl-N-phenyl-β-chlorpropionamid*, F. 77—78° (aus A.). — *N-Cyclohexyl-N-phenyl-β-dimethylaminopropionamid*, $Kp._{1,5}$ 174—175°; *Hydrochlorid*, F. 151 bis 153°. — *N-Cyclohexyl-N-phenyl-β-diäthylaminopropionamid*, $Kp._{1,5}$ 184—186°; *Hydrochlorid*, F. 140—141°. — *N.N-Diphenetyl-β-dimethylaminopropionamid*, Kp. 216—218°; *Chlormethylat*, F. 168—169°. — *N-Phenyl-N-phenetyl-β-dimethylaminopropionamidchlormethylat*, F. 144—147°. — *10-β-Dimethylaminopropionylacridan·HCl*. — *10-β-Diäthylaminopropionylacridan·HCl*, F. 185—186°. — *N-Benzyl-N-phenyl-β-diäthylaminopropionamid*; *Chlormethylat*. — *N.N-Phenetyl-β-diäthylaminopropionamid*, F. 135 bis 136°. — *N.N-Diphenetyl-β-diäthylaminopropionamid*, $Kp._{1,5}$ 224—227°; *Hydrochlorid*, F. 92—94°. — *N.N-Dicyclohexyl-γ-dimethylaminobutyramid*, $Kp._{1,5}$ 186—190°. — *N.N-Dicyclohexyl-γ-diäthylaminobutyramid*, $Kp._{1,5}$ 198—202°. — *N.N-Dibenzyl-β-dimethylaminobutyramid*, $Kp._2$ 212—215°. — *N.N-Dicyclohexyl-δ-diäthylaminovaleramid*, $Kp._1$ 210 bis 214°. — *N-Phenyl-N-(β-naphthyl)-β-diäthylaminopropionamid·HCl*, F. 170—171° (aus Isopropanol). — *N-Phenyl-N-(α-naphthyl)-β-diäthylaminopropionamid·HCl*, F. 153 bis 155° (aus Isopropanol–Ae.). — *10-(β-Methyläthanolaminopropionyl)-phenothiazin*, F. 129 bis 130° (aus A.). — Spasmolytica, Antihistaminica, Diuretica, Antiseptica, oberflächenakt. Verbb., Zwischenprodukte. (**A. P. 2 576 106** vom 13/7. 1948, ausg. 27/11. 1951.)
MÜLLER-MEININGEN. H 810

Corning Glass Works, übert. von: **James F. Hyde** und **William H. Daudt,** Corning, N. Y., V. St. A., *Herstellung von Organosiloxanen* durch Rk. eines Dialkylsiloxans mit einem Diorganosiloxan der allg. Formel R·R'SiO, worin R ein monocycl. Arylrest u. R' ein Alkyl- oder monocycl. Arylrest ist, in Ggw. eines Alkalihydroxyds. Pro Siliciumatom wird weniger als 1 Äquivalent Alkalihydroxyd verwendet. (**Can. P. 483 905** vom 13/6. 1946, ausg. 10/6. 1952.) M. F. MÜLLER. H 1380

General Electric Co., übert. von: **Glennard R. Lucas,** Pittsfield, Mass., V. St. A., *Abtrennung von Diorganodihalogensilanen aus Gemischen mit Organotrihalogensilanen.* Man versetzt das Gemisch mit einem Diorganodiacyloxysilan, das mit dem Trihalogensilan unter Bldg. eines Organotriacyloxysilans reagiert; letzteres sd. so hoch, daß das Diorganodihalogensilan rein abdest. werden kann. — Beispiele: Trennung von $(CH_3)_2SiCl_2$ u. CH_3SiCl_3 mittels $(CH_3)_2Si(OOCCH_3)_2$ (**I**) oder von $CH_3C_6H_5SiCl_2$ u. $C_6H_5SiCl_3$ mittels I. (**A. P. 2 594 946** vom 4/1. 1951, ausg. 29/4. 1952.) BRÖSAMLE. H 1380

General Electric Co., übert. von: **Stuart D. Brewer,** Burnt Hills, N. Y., V. St. A., *Phenyltrichlorsilan.* Man läßt ein Gemisch aus $SiCl_4$, H_2SiCl_2 u. Bzl. in Ggw. von BCl_3 bei 250—450° unter dem autogenen Druck reagieren. (**A. P. 2 594 860** vom 2/5. 1951, ausg. 29/4. 1952.) BRÖSAMLE. H 1380

General Electric Co., übert. von: **Jerome T. Coe,** Schenectady, und **William A. Schwenker,** Alplaus, N. Y., V. St. A., *Phenyltrichlorsilan* erhält man beim Überleiten eines Gemisches von C_6H_5Cl, Bzl. u. HCl-Gas bei 350—600°, bes. 450—550°, über erhitztes Si, das mit Cu- oder Ag-Pulver aktiviert ist. (**A. P. 2 595 767** vom 10/8. 1950, ausg. 6/5. 1952.) BRÖSAMLE. H 1380

Dow Corning Corp., übert. von: **Arthur John Barry,** Midland, Mich., V. St. A., *Di- bzw. Trihalogensilylderivate von Benzolkohlenwasserstoffen* (**I**) erhält man durch Erhitzen eines Polyhalogenmonohydrosilans, vorteilhaft mit Trichlorsilan, mit I in Ggw. von $AlCl_3$ bei >250°, bes. 250—400°, unter solchem Druck, daß mindestens ein Teil des Reaktionsgemisches in fl. Phase vorliegt. — Bzl. wird mit $HSiCl_3$ u. $AlCl_3$ 16 Std. auf 290° im Druckgefäß erhitzt; durch Dest. erhält man *Phenyltrichlorsilan* u. Organosiliciumchloride. (**D. B. P. 849 841** Kl. 12o vom 21/9. 1950, ausg. 18/9. 1952. E. Prior. 13/1. 1948 u. A. Prior. 16/10. 1948.) Krauss. H 1380

Dow Corning Ltd., London, England, übert. von: **Harold Arthur Clark**, Midland, Mich., V. St. A., *Organosiliciumverbindungen* der allg. Formel $(R')_3SiRSi(R')_3$ (R' = Phenyl oder Methyl, R = $-C_6H_4-$, $-C_6H_4C_6H_4-$, $-C_6H_4OC_6H_4-$) erhält man durch Kondensation eines Halogensilans $(R')_3SiX$ (X = Halogen) mit einer Verb. der Formel XRY [Y = Halogen oder $(R')_3Si-$] in Ggw. eines Alkalimetalls. — Chlorphenyltrimethylsilan wird mit Triphenylchlorsilan in Toluol mit Na erhitzt, wobei nach der Entfernung des Lösungsm. im Vakuum eine Mischung isomerer, wachsartiger *Triphenylsilyltrimethylsilylbenzole*, Kp. 205—215°, zurückbleibt, aus der durch fraktionierte Kristallisation *p-Triphenylsilyltrimethylsilylbenzol*, F. 162,5°, gewonnen wird. — *1.4-Trimethylsilylbenzol*, Nadeln, F. 88°. — *1.3-Trimethylsilylbenzol*, Kp.$_{22}$ 112°, E. —26°, n_D^{25} 1,4867. — *1.2-Trimethylsilylbenzol*, Kp.$_{20}$ 135°, n_D^{25} 1,5110. — *4.4'-Trimethylsilylbiphenyl*, F. 79°. — *4.4'-Phenyldimethylsilylbiphenyl*, Kp.$_1$ 241°, F. 75°. — *4.4'-Phenyldimethylsilyldiphenyläther*, Kp.$_{2,5}$ 249°, E. —8°. Die Verbb. sind therm. in Abwesenheit von O_2 bei 350° noch stabil, in Ggw. von O_2 noch bei ca. 150°. Verwendung als Fl. für *Vakuumdiffusionspumpen, Schmieröle* u. *Heizbadflüssigkeit*. (**E. P. 671 553** vom 16/1. 1950, ausg. 7/5. 1952. A. Prior. 23/2. 1949.) Krauss. H 1380

Dow Corning Ltd., London, England, übert. von: **Arthur John Barry**, Midland, Mich., V. St. A., *Di- bzw. Trichlorsilylderivate aromatischer Chlorkohlenwasserstoffe* erhält man durch Kondensation eines kernsubstituierten Halogenaryls mit einem Organodichlorsilan $RHSiCl_2$ (R = KW-stoffrest ohne aliphat. Doppelbindungen) bzw. Trichlorsilan in Ggw. von 0,1—5% $AlCl_3$ oder BCl_3 bei 150—310° bzw. 235—360°, wobei ein Teil der Reaktionsmischung in fl. Phase vorliegen soll. — Chlorbenzol wird mit Methyldichlorsilan u. BCl_3 16 Std. bei 120 lbs./sq.in. auf 166° erhitzt; man erhält durch Dest. eine Mischung der *isomeren* (= i) bes. *m-* u. *p-Chlorphenylmethyldichlorsilane*, $ClC_6H_4(CH_3)SiCl_2$, Kp.$_{30}$ 128—129°. — *Bis-(methyldichlorsilyl)-chlorbenzol*, $(CH_3Cl_2Si)_2C_6H_3Cl$. — *i-Dichlorphenylmethyldichlorsilane*, $Cl_2C_6H_3(CH_3)SiCl_2$, Kp.$_{30}$ 145—151°. — *(2-Chlordiphenyl)-methyldichlorsilan*, $ClC_{12}H_8(CH_3)SiCl_2$. — *Chlorphenylphenyldichlorsilan*. — *i-Phenyltrichlorsilane, i-Chlorphenyltrichlorsilane*. — *i-Bis-(trichlorsilyl)-chlorbenzole*, $(Cl_3Si)_2C_6H_3Cl$, Kp.$_{30}$ 180,5—184°. *i-(Chlorphenyl)-phenyldichlorsilane*, $ClC_6H_4(C_6H_5)\cdot SiCl_2$, Kp.$_{30}$ 208—213,5°. — *i-Bis-(chlorphenyl)-dichlorsilane*, Kp.$_{30}$ 224—227°. — *Bis-(trichlorsilyl)-benzol*. — *i-Chlordiphenyltrichlorsilane*, $ClC_{12}H_8SiCl_3$. — *i-Dichlorphenyltrichlorsilane*, $Cl_2C_6H_3SiCl_3$. (**E. PP. 669 219** vom 18/1. 1950, ausg. 26/3. 1952, u. **671 710** vom 18/1. 1950, ausg. 7/5. 1952. Beide A. Prior. 23/2. 1949.) Krauss. H 1380

Dow Corning Ltd., London, England, übert. von: **Harold Arthur Clark**, Midland, Mich., V. St. A., *Monocyclische Arylalkoxysilane* erhält man durch Kondensation eines gesätt. aliphat. Alkohols mit < 4 C-Atomen in der Dampfphase mit einem fl. Chlorsilan R_nSiCl_{4-n} (n = 1—3, R = Aryl oder Methyl). — Eine Mischung isomerer (= i), fl. Chlorphenylmethyldichlorsilane wird mit A.-Dampf im Gegenstrom auf 100° bei 50 bis 70 mm Druck erhitzt, wodurch man in 96%ig. Ausbeute *i-Chlorphenylmethyldiäthoxysilane* erhält. — *i-Phenylmethyldiäthoxysilane*. — Mischung der 3 isomeren *Tolylmethyldiäthoxysilane*. — *Phenyldimethylmethoxysilan, Phenylmethyldimethoxysilan, Phenyltrimethoxysilan*. — *Diphenyldimethoxysilan*. (**E. P. 670 859** vom 2/6. 1950, ausg. 23/4. 1952. A. Prior. 20/6. 1949.) Krauss. H 1380

Dow Corning Ltd., London, England, *Aryltrichlorsilane und Arylmethyldichlorsilane* (Aryl = Phenyl oder Diphenyl) erhält man durch Kondensation von Bzl. oder Diphenyl mit $SiCl_4$ oder CH_3SiCl_3 in Ggw. von Si bei 275—500° u. wenigstens 75 lbs./sq.in. zweckmäßig in Anwesenheit von 0,1—15 Mol.-% $AlCl_3$ oder BCl_3. — $SiCl_4$ wird mit Bzl. in Ggw. von Si-Pulver u. $AlCl_3$ 115 Std. auf 350° bei 1135 lbs./sq.in. erhitzt; durch Dest. gewinnt man *Phenyltrichlorsilan*, Kp.$_{30}$ 97—102°. — *Diphenyltrichlorsilan* u. *m-Diphenyltrichlorsilan*. — Zwischenprodukte. (**E. P. 672 180** vom 16/8. 1950, ausg. 14/5. 1952. A. Priorr. 3/10. 1949 u. 3/5. 1950.) Krauss. H 1380

Dow Corning Corp., Midland, Mich., übert. von: **John L. Speier jr.**, Pittsburgh, Pa., V. St. A., *Bis-(trialkylsilylphenoxy)-dialkylsilane*. Durch Rk. von p-Chlorphenoxytrimethylsilan (I) mit $(CH_3)_2SiCl_2$ in sd. Toluol bei Ggw. von geschmolzenem Na erhält man $(CH_3)_2Si[p\text{-}(CH_3)_3SiOC_6H_4-]_2$ vom Kp.$_{105}$ 206°. Verwendet man statt I (p-Chlor-m-methylphenoxy)-trimethylsilan, so erhält man analog II vom Kp.$_1$

252—276°. — Zwischenprodukte. (**A. P. 2 611 780** vom 18/9. 1950, ausg. 23/9. 1952. E. Prior. 29/11. 1949.) BRÖSAMLE. H 1380

Dow Chemical Co., übert. von: **Arthur J. Barry, Lee De Pree** und **Donald E. Hook**, Midland, Mich., V. St. A., *Phenylsiliciumtrichlorid.* Man läßt Bzl. mit $HSiCl_3$ bei 350 bis 500° u. einem Druck reagieren, der oberhalb des krit. Drucks des Bzl. liegt, z. B. bei 350° u. 1200 lbs/sq.in. (**A. P. 2 591 668** vom 4/11. 1947, ausg. 8/4. 1952.) BRÖSAMLE. H 1380

René Michel, Frankreich, *Herstellung von Diäthyl-p-nitrophenylthiophosphat* aus Diäthyldithiophosphorsäure durch Chlorieren in wss. Lsg. unter Bldg. von Diäthylchlorthiophosphorsäure, welche mit Nitrophenol in Ggw. von Na_2CO_3 u. Aceton kondensiert wird. (**F. P. 997 471** vom 14/9. 1949, ausg. 7/1. 1952.) M. F. MÜLLER. H 1380

Gebr. Borchers Akt.-Ges., Goslar, *p-Nitrophenyldiäthylphosphat* erhält man durch Rk. von $POCl_3$ bei maximal 30° mit in Xylol suspendiertem Na-Alkoholat u. anschließender Behandlung des entstandenen Diäthoxyphosphorsäurechlorids mit trockenem p-Nitrophenol-Na. (**Schwz. P. 281 665** vom 23/8. 1949, ausg. 1/7. 1952. D. Prior. 12/7. 1949.) G. KÖNIG. H 1380

Verein für chemische und metallurgische Produktion, Nationalunternehmen, Prag, Tschechoslowakei, *Darstellung von Halogeniden aromatischer Mercuriverbindungen mit am Kern gebundenen Quecksilber* der allg. Formel RHgY, worin R einen Rest eines aromat. KW-stoffes u. Y ein Halogenatom bedeuten, durch Diazotierung des entsprechenden aromat. Amines RNH_2 unter Bldg. eines Diazoniumsalzes. Letzteres wird mit einem Mercurihalogenid zu einem Doppelsalz der Formel $RN_2Y \cdot HgY_2$ umgesetzt u. das Doppelsalz unter Kühlung mit einem Cu-haltigen Reduktionsmittel (I) behandelt, wobei das I in ein in W. lösl., das Hauptprod. nicht verunreinigendes Cuprihalogenid verwandelt wird. (**Schwz. P. 273 316** vom 28/4. 1947, ausg. 1/6. 1951. Tschech. Prior. 19/2. 1947.) NEBELSIEK. H 1380

Dow Chemical Co., Midland, Mich., V. St. A., *Katalysatoren zum Spalten und zum Dehydrieren*, bes. von *Äthylbenzol* (I) zu *Styrol* (II). Die Katalysatoren werden mit einem zementartigen Binder u. 3—15% gepulverter Methylcellulose, deren 2%ig. Lsg. in W. bei 20° eine Viscosität von 300—7500, bes. 2000—3000 cP haben soll, u. W. zu einer dicken Paste angeteigt. Diese wird verformt, getrocknet u. dann auf die Temp. erhitzt, bei der die Rk. erfolgen soll, zweckmäßig auf 600—650° im Dampfstrom, zweckmäßig der Verb., die umgesetzt werden soll. Dem Katalysator kann auch noch Graphit oder Ruß zugesetzt werden. Als Binder wird ein handelsüblicher korrosionsbeständiger Zement z. B. folgender Zus. verwendet: 9,5% SiO_2, 6,6% FeO, 4,1% Fe_2O_3, 40,2% Al_2O_3 einschließlich TiO_2, 37,4% CaO, 1% MgO, 0,3% S, 0,32% SO_3 u. 0,5% unlösl. Rückstand. Ein zur Dehydrierung von I zu II verwendeter Katalysator wird aus folgender M. hergestellt: 80% ZnO, 10% Al_2O_3, 5,7% CaO, 2,3% KOH, 0,5—0,7% Cr_2O_3, 5,15% Zementbinder, 6% Methylcellulose u. 20—30% Wasser. (**E. P. 667 876** vom 2/2. 1950, ausg. 12/3. 1952. A. Prior. 11/6. 1949.) KRAUSS. H 1410

General Tire & Rubber Co. (Erfinder: **Gilbert Holm Swart**, Akron, und **Guido Hermann Stempel jr.**, Cuyahoga Falls), O., V. St. A., *Herstellung von α-Methylstyrolen*, die gleichzeitig mit einer CH_3-Gruppe u. einem Cl-Atom in 3- u. 4-Stellung substituiert sind, dad. gek., daß man Toluol mit Propylen, Isopropylchlorid oder Isopropylalkohol im Verhältnis von mindestens 4:1 Mol in Ggw. eines Katalysators, wie $AlCl_3$, H_3PO_4 oder HF, bei 20—130° umsetzt, auf das entstandene m- oder p-Cymol bei mäßig erhöhter Temp. in Ggw. üblicher Halogenierungskatalysatoren unter Fernhaltung von Licht Cl_2 einwirken läßt, bis die zur Bldg. von Monochlorcymol erforderliche Menge Cl_2 aufgenommen ist, u. das erhaltene 3-Methyl-4-chlorisopropylbenzol bzw. 3-Chlor-4-methylisopropylbenzol in Dampfform, bes. in Mischung mit einem gasförmigen Verdünnungsmittel, bei 550—700° durch eine Schicht eines Dehydrierungskatalysators, wie Ni- oder W-Sulfid, Ni-Phosphat, Fe-Oxyd oder ZnO, hindurchleitet. (**D. B. P. 864 094** Kl. 12o vom 7/4. 1949, ausg. 22/1. 1953. A. Prior. 22/4. 1948.) DERSIN. H 1400

Pittsburgh Plate Glass Co., Allegheny County, übert. von: **Roger T. Businger**, Pittsburgh, Pa., und **Howard L. Gerhart**, Milwaukee, Wis., V. St. A., *Reinigen von Dicyclopentadien*, das noch Styrol, Cumaron u. Inden enthält, durch rasches Verdampfen u. Erhitzen der Dämpfe auf 550—800° F erhitzt, wobei Depolymerisation eintritt. Die Cyclopentadiendämpfe läßt man dann auf 100—200° F abkühlen, wobei wieder Dimerisierung erfolgt. — App., Zeichnung. (**A. P. 2 582 920** vom 7/11. 1947, ausg. 15/1. 1952.) KRAUSS. H 1810

Ruhrchemie Akt.-Ges., Oberhausen-Holten (Erfinder: **Walter Rottig**, Duisburg-Hamborn), *Dehydrierung cyclischer Kohlenwasserstoffe.* Diese werden in Ggw. von Dehydrierungskatalysatoren (Al_2O_3, Bauxit, Bimsstein, akt. Bleicherden, Mg-, Al-Silicaten, wie „Sterchamol") mit Cl_2 oder Br_2 behandelt, wobei zuerst Halogenierung u. anschließend Abspaltung des Halogens erfolgt. — Leitet man bei 540° u. 15 mm Hg über Bimsstein ein Gemisch aus Cyclohexan u. Br_2, so erhält man *Cyclohexen* in 93%ig. Ausbeute. Höchste Ausbeute: 96%. (**D. B. P. 855 257** Kl. 12o vom 16/1. 1943, ausg. 10/11. 1952.) KRAUSS. H 1810

Deutsche Hydrierwerke Akt.-Ges., Düsseldorf (Erfinder: **Winfrid Hentrich**, Riehen, Basel, Schweiz, und **Alfred Kirstahler**, Düsseldorf), *Perhydrierte Diarylmethane*. Kondensationsprodd. aus Oxoverbb. u. aromat. Oxyverbb. werden mit H_2 perhydriert, dann spaltet man W. ab u. behandelt die erhaltenen cycl. Olefine in Ggw. von Katalysatoren bei 100—200° mit CO + H_2 in bekannter Weise. — Perhydriertes 4.4'-Dioxydiphenyldimethylmethan wird mit wasserfreiem $KHSO_4$ 8 Std. auf 160° erhitzt. Das gebildete Diolefin, $Kp._{20}$ 160—175°, JZ. 245, wird mit 80 atü H_2 in Ggw. eines Co–Th–Mg-Katalysators 4 Std. auf 155—170° erhitzt u. mit H_2 3 Std. bei 155—170° nachbehandelt. Durch Dest. erhält man einen diprim. Alkohol, ein Isomerengemisch von *Dimethylcyclohexyldimethylmethan*. (**D. B. P. 857 961** Kl. 12o vom 7/12. 1941, ausg. 4/12. 1952.) KRAUSS. H 1810

Badische Anilin- & Soda-Fabrik (Erfinder: **Hermann Schlenk**, Texas College, Tex., V. St. A., und **Walter Reppe**, Ludwigshafen/Rh.), *Cyclopolyenderivate* erhält man durch Überführen von Cyclopolyolefinen C_2nH_2n (n = 4 oder 5) in die entsprechenden Alkalimetallverbb., die dann mit den in üblicher Weise zur Rk. mit metallorgan. Verbb. befähigten Stoffen behandelt werden. — Cyclooctatetraen gibt mit Li in Ae. unter N_2 die entsprechende Li-Verb., die mit CO_2 → *Cyclooctatriendicarbonsäure*, bzw. mit Methanol → *Cyclooctatrien*, $Kp._{22}$ 45—49°, $Kp._{760}$ 147—148°, bzw. mit C_2H_5J → *1.4-Diäthylcyclooctatrien*, $Kp._{20}$ 98—108°, liefert. Ferner können die Metallverbb. mit Säuren, Phenolen, Aldehyden, Ketonen, α.β-ungesätt. Verbb., S-Verbb., Nitrilen oder heterocycl. Basen umgesetzt werden. (**D. B. P. 857 376** Kl. 12o vom 23/6. 1942, ausg. 27/11. 1952.) KRAUSS. H 1810

I. G. Farbenindustrie Akt.-Ges. (Erfinder: **Ernst Runne** und **Herbert Bestian**), Frankfurt/M., *4.4'-Diaminodicyclohexylmethane* (I) erhält man durch katalyt. Hydrierung von 4.4'-Diaminodiphenylmethan in Ggw. von Katalysatorgemischen aus Co oder Co-Verbb. u. bas. wirkenden Alkalisalzen u./oder Erdalkalioxyden oder -hydroxyden bei erhöhter Temp. mit H_2 unter Druck. I, $Kp._3$ 156—162°, ist ein Gemisch der Stereoisomeren, geruchlos, in organ. Lösungsmitteln lösl., stark bas., bildet Carbonate u. ist mit n/1 HCl titrierbar. Die *HCl-Salze* sind in W. leicht, in A. schwer löslich. — Verwendung für Farbstoffe, Kunststoffe u. Textilhilfsmittel. (**D. R. P. 748 457** Kl. 12o vom 26/1. 1941, ausg. 17/11. 1952.) KRAUSS. H 2110

Badische Anilin- & Soda-Fabrik (Erfinder: **Otto Stichnoth** und **Willi Schmidt** †), Ludwigshafen/Rh., *N-alkylierte Hexahydroaniline* erhält man in ca. 99%ig. Ausbeute durch katalyt. Hydrierung N-alkylierter Aniline in fl. oder in Dampfform mit überschüssigem H_2 in Ggw. von Ni-Katalysatoren (z. B. aktiviert mit Cu u. Mn) bei ca. 100 bis 300° u. ca. 20—300 at. — N.N-Dimethylanilin → *Hexahydro-N.N-dimethylanilin*. — *Hexahydro-N-methylanilin*. — *Hexahydro-N.N-dibutylanilin*. (**D. B. P. 851 189** Kl. 12o vom 30/4. 1944, ausg. 2/10. 1952.) KRAUSS. H 2110

I. G. Farbenindustrie Akt.-Ges., Frankfurt/M. (Erfinder: **Max Coenen**, Krefeld), *Herstellung von Oxydiphenylmethancarbonsäuren*. Chlormethylbenzoesäuren werden mit ein- oder mehrwertigen Phenolen, bes. in Ggw. eines sauren Kondensationsmittels (H_2SO_4, $ZnCl_2$), kondensiert. *2.4-Dioxydiphenylmethan-3'-carbonsäure*, F. 185°. *2-Oxy-5-chlordiphenylmethan-3'-carbonsäure*, F. 150°. *2-Oxy-5-methyldiphenylmethan-4'-carbonsäure*, F. 129—130°. — Zwischenprodukte. (**D. R. P. 752 832** Kl. 12q vom 3/3. 1942, ausg. 28/8. 1952.) FABEL. H 2260

J. R. Geigy Akt.-Ges. (Erfinder: **Heinrich Häusermann** und **Reinhard Zweidler**), Basel, Schweiz, *Herstellung* von *Sulfonsäureestern von Polyaryläthylenderivaten*, dad. gek., daß man einen aromat. Aldehyd, der keine Substituenten enthält, die mit der Aldehydgruppe reagieren können, mit einem Nitrotoluolderiv. der allg. Formel I,

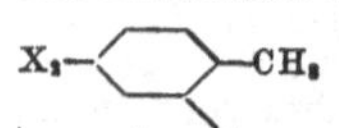

worin das eine X eine Nitrogruppe, das andere X eine Sulfonsäurearylestergruppe bedeutet, in Ggw. von bas. Katalysatoren, wie sek. Aminen, bei erhöhter Temp. kondesiert. Reaktionstemp. 115—170°. Die Ggw. inerter höhersd. Lösungsmittel (Amylalkohol) möglich. — 4-Nitrotoluol-2-sulfonsäurephenylester u. Benzaldehyd ergeben in Ggw. von Piperidin bei 135—145° *4-Nitrostilben-2-sulfonsäurephenylester*, F. 147° (Eisessig), gelbe kristalline Masse. — Mit Toluylaldehyd erhält man *4-Nitro-4'-methylstilben-2-sulfonsäurephenylester*, F. 142° (Eisessig), hellgelbe Nadeln. — Auf ähnliche Weise werden hergestellt: *4-Nitro-4'-methoxystilben-2-sulfonsäurephenylester*, gelbe Kristalle, F. 160°; *4-Nitro-2'-chlorstilben-2-sulfonsäurephenylester*, F. 139°; *4.4'-Dinitrostilben-2-sulfonsäurephenylester*, F. 170°; *4-Nitrotoluol-2-sulfonsäure-*

p-chlorphenylester, F. 136°; *4'.4''-Dinitro-1.4-distyrylbenzol-2'.2''-disulfonsäurephenylester*, dunkelgelbe Prismen, F. 239—241° (Nitrobenzol–Eisessig), die verd. Lsgg. in Nitrobenzol oder Dichlorbenzol sind gelb u. besitzen eine gelbgrüne Fluorescenz; *4'.4''-Dinitro-1.3-distyrylbenzol-3'.2''-disulfonsäurephenylester*, F. 210°; *2'.2''-Dinitro-1.4-distyrylbenzol-4'.4''-disulfonsäurephenylester*, F. 255—256°, dunkelgelbe Prismen; *4-Nitro-4'-dimethylaminostilben-2-sulfonsäurephenylester*, dunkle, glänzende Nadeln, F. 160°; *2-Nitrostilben-4-sulfonsäurephenylester*, F. 151°; *4'.4''-Dinitro-1.4-distyrylbenzol-2'.2''-disulfonsäure-p-chlorphenylester*, gelbe Prismen, F. 250. — Farbstoffzwischenprodd. u. dergleichen. (**D. B. P. 846 849** Kl. 12o vom 15/9. 1949, ausg. 18/8. 1952. Schwz. Prior. 13/8. 1948.) G. König. H 2290

Deutsche Hydrierwerke Akt.-Ges., Düsseldorf (Erfinder: **Winfried Hentrich**, Riehen, Schweiz), *4.4'-Diaminostilbene* der allg. Formel **I**. In 2-Stellung Disulfimidgruppen-haltige 4-Nitrotoluole der allg. Formel **II** [R = Aryl, Alkyl, Cycloalkyl, Alkaryl, die substituiert oder durch Heteroatome (O, S, N) oder Heteroatomgruppen unterbrochen sein können] werden in Ggw. von Oxydationsmitteln alkal. kondensiert u. die NO_2- zu NH_2-Gruppen reduziert. — 4-Nitrotoluol-2-sulfomethylsulfimid-Na (aus 4-Nitrotoluolsulfochlorid + Methansulfamid + NaOH) wird in NaOH in Ggw. von NaOCl (mit 8% akt. Cl) auf 50—60° erwärmt. Nach dem Aussalzen mit NaCl u. Red. mit Fe-Spänen in Essigsäure erhält man *4.4'-Diaminostilben-2.2'-di-(sulfonmethylsulfonimid)* in 90%ig. Ausbeute, leicht gelb gefärbte Nädelchen, die bei 279° verkohlen. — *4.4'-Diaminostilben-2.2'-di-(sulfonphenylsulfonimid)*, bräunliches Pulver mit Zersetzungspunkt 286—287°. Die Prodd. *fluorescieren*, Zwischenprodd. für *Farb-* u. *Arzneistoffe*. (**D. B. P. 855 706** Kl. 12o vom 23/3. 1944, ausg. 17/11. 1952.) Krauss. H 2290

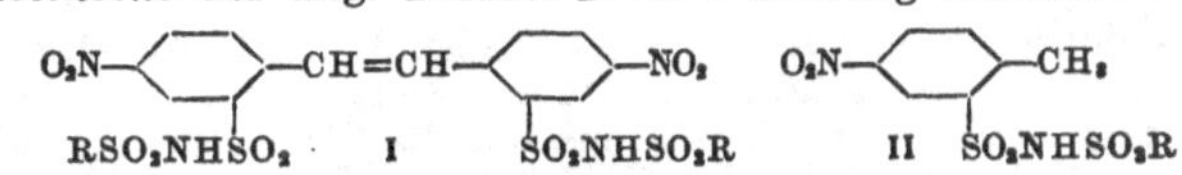

Farbenfabriken Bayer, Leverkusen (Erfinder: **Otto Linsert** und **Fritz Mietzsch**, Wuppertal), *o.o'-Dioxybenzil* (**I**) erhält man durch Einw. von Säuren (H_2SO_4) auf Alkoxymethyläther des **I**, z. B. den Bis-methoxymethyläther. F. 154°. Analog: *5.5'-Dibrom-o.o'-dioxybenzil*, F. 212°. (**D. B. P. 875 195** Kl. 12o vom 14/7. 1944, ausg. 30/4. 1953. **Zusatz zu D. B. P. 850 609; C. 1953. 898.**) Brösamle. H 2380

May & Baker Ltd., Dagenham, Essex, England, *Herstellung von Amidinsalzen*, dad. gek., daß man die dem herzustellenden Amidin entsprechende Iminoätherbase mit dem NH_4-Salz einer Säure, z. B. NH_4Cl, NH_4-Lactat, β-oxyäthansulfonsaurem, β-oxypropanolsulfonsaurem, methansulfonsaurem NH_4, umsetzt u. das entstandene Amidinsalz isoliert. Eine Abänderung des Verf. besteht darin, daß man die Iminoätherbase mit dem Salz einer organ. Base, bes. prim./sek. Aminen, umsetzt. Das Verf. ist bes. geeignet zur Herst. aromat. Diamidinsalze der allg. Formel Am·B·X·B·Am, worin Am eine Amidingruppe, B einen aromat. Kern u. X eine direkte Bindung, eine 1—12 C-Atome enthaltende Alkangruppe, in der eine/mehrere CH_2-Gruppen ersetzt sein können durch O, S oder —NH— oder eine CR_1=CR_2-Gruppe ist, deren R_1 u. R_2 — einander gleich oder voneinander verschieden — W., Alkyl, Aralkyl oder Aryl darstellen. Umsetzung bei gegebenenfalls erhöhter Temp. (50—80°) in wss.-alkoh. Lsg. oder Dispersion, wobei die Dispersionsmittelmengen derart zu bemessen sind, daß die Reaktionskomponenten bei der Reaktionstemp. in Lsg. bleiben. Die Iminoätherbase wird hergestellt durch Zusatz von wss. NaOH zu in inertem Lösungsm., bes. Chlf., suspendiertem Iminoätherhydrochlorid. — Bei 60° hergestellte Mischung von 5,25 (g) 4.4'-Diiminoätherstilben in 12,6 l A. u. 4,9 β-oxyäthansulfonsaures NH_4 in 6,3 W. werden 4 Std. bei 7—80° gerührt. Aus mit Kohle behandelter u. filtrierter Lsg. durch Zusatz von A. *trans-Stilben-4.4'-bis-(carbonamidin)-di-β-oxyäthansulfonat*. Ferner werden hergestellt: *α.γ-Diphenoxypropan-4.4'-bis-(carbonamidin)-di-β-oxyäthansulfonat*; *trans-Stilben-4.4'-bis-(N-äthylcarbonamidin)-dilactat*; *trans-Stilben-4.4'-bis-(carbonamidin)-dilactat*; *trans-α.β-Dimethylstilben-4.4'-bis-(carbonamidin)-dichlorhydrat* (gelbe Kristalle); *trans-Stilben-4.4'-bis-(N-piperidincarbonamidin)-dichlorhydrat*; *trans-β-Äthylstilben-4.4'-bis-(carbonamidin)-dichlorhydrat* (weiße Blättchen); *α.ε-Diphenoxypentan-4.4'-bis-(carbonamidin)-diisoäthionat*, *α.γ-Diphenoxypropan-4.4'-bis-(carbonamidin)-dimethansulfonat*. (**D. B. P. 850 297** Kl. 12o vom 1/1. 1949, ausg. 22/9. 1952. E. Prior. 27/7. 1942.) Schmauser. H 2400

Emil Bertalanffy Chemisch-pharmazeutische Fabrik (Erfinder: **Gunther Lock** und **Vinzenz Rieger**), Unterach/A., Oberösterreich, *Darstellung von Diarylacetonitrilen* der allg Formel (R, R'):CH·CN, worin R u. R' gleiche oder verschied., gegebenenfalls substituierte, aromat. Reste bedeuten, dad. gek., daß man Diarylhalogenmethanderivv. der Formel (RR'):CH·Hal, bes. Cl- u. Br-Derivv., mit Cu(I)- oder Zn-Cyanid bei erhöhter Temp., bes. bei 100—200°, umsetzt. — 100 (g) Diphenylbrommethan u. 40 CuCN werden im Gemisch unter Rühren in 3 Portionen in ein auf 120° erhitztes Reaktionsgefäß eingetragen u. danach ½ Std. bei 150° erhitzt. Nach dem Auskochen des Reaktionsprod. mit Bzl. u. durch Vakuumdest. des Benzolrückstandes wird *Diphenylacetonitril*, F. 75—76°, erhalten. (**Oe. P. 170 871** vom 3/10. 1950, ausg. 10/4. 1952.) M. F. MÜLLER. H 2410

G. D. Searle & Co., übert. von: **Robert R. Burtner**, Skokie, und **Harry A. Arbit**, Chicago, Ill., V. St. A., *Herstellung von Oxyxenoylalkylencarbonsäuren* der Zus. I (Alk = Alkylen C_2—C_8).

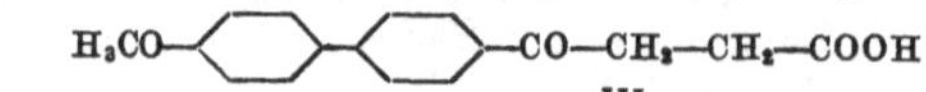

III

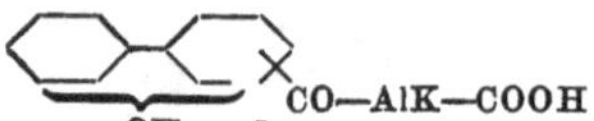

I

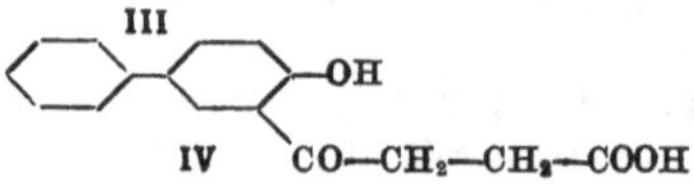

IV

Man löst z. B. 100 (Teile) p-Methoxydiphenyl u. 60 Bernsteinsäureanhydrid in 1200 $C_6H_5NO_2$ (II), kühlt auf 5° u. gibt unter Rühren bei dieser Temp. allmählich 146 wasserfreies $AlCl_3$ zu, rührt 15 Std. bei 20°, zers. das Reaktionsgemisch mit Eis + HCl, entfernt II mit Wasserdampf, nimmt Rücktsand mit 125 Na_2CO_3 in 2500 W. auf, kocht mit akt. Kohle auf u. erhält durch Kühlen das Na-Salz, worauf man nach Waschen u. Trocknen in 1500 heißem W. suspendiert u. durch Ansäuern *β-(4-Methoxy-4'-xenoyl)-propionsäure* (**III**) erhält, F. 196—198° (aus 50%ig. CH_3COOH). Aus den Mutterlaugen des Na-Salzes erhält man die entsprechende *3-Xenoylverb.*, F. 149—150° (aus 50%ig. A.) u. aus dieser mit KJ *β-(4-Oxy-3-xenoyl)-propionsäure* (**IV**), F. 136—137°. — *β-(4-Oxy-4'-xenoyl)-propionsäure*, F. 218—220°. — *β-(2-Methoxy-5-xenoyl)-propionsäure*, F. 131—132° (aus Toluol) u. die entsprechende *2-Oxyverb.*, F. 169—170°. — Ausgangsprodd. für Farbstoffe u. Sterine, Weichmacher, Antiseptica, Fungicide u. Insekticide. (**A. P. 2 590 085** vom 19/1. 1948, ausg. 25/3. 1952.) MÜLLER-MEININGEN. H 2470

E. I. du Pont de Nemours & Co., Wilmington, Del., übert. von: **William S. Krause**, Pitman, N. J., V. St. A., *Herstellung von Benzidinsulfat.* Bei der Herst. von *Benzidin* durch katalyt. Red. von Nitrobenzol anfallende Lsgg. von Benzidinhydrochlorid (I) werden bei 60—80° mit NaCl versetzt, bis alles I ausgeschieden ist. Dann wird dieses durch Zugabe von 30—40%ig. H_2SO_4, die 0,1—0,5 (Teile HCl auf 1 H_2SO_4 enthält, in das Sulfat umgewandelt. (**A. P. 2 587 861** vom 13/3. 1951, ausg. 4/3. 1952.) LÜTTGEN. H 2510

Allied Laboratories, Inc., Kansas City, Mo., übert. von: **Herman E. Faith**, New Palestine, Ind., V. St. A., *2.2'-Methylen-bis-(4-chlor-6-aminophenol).* Man behandelt 2.2'-Methylen-bis-(4-chlorphenol) mit rauchender HNO_3 in Eisessig u. red. das gewonnene *2.2'-Methylen-bis-(4-chlor-6-nitrophenol)* mit $SnCl_2$ in alkoh. HCl, F. 230—232°. (**A. P. 2 615 046** vom 23/6. 1950, ausg. 21/10. 1952.) LANGER. H 2520

Farbwerke Hoechst, vormals Meister Lucius & Brüning, Frankfurt/M., *Herstellung von optisch-aktiven heterocyclischen Derivaten des 4.4-Diphenylheptanon-(5)*, dad. gek., daß man rac. Verbb. der allg. Formel I, worin X einen Pyrrolidino-, Piperidino- oder Morpholinorest bedeutet, mittels opt.-akt. organ. Säuren, bes. dl-Weinsäure, in Ggw. von Lösungsmitteln behandelt u. die dabei gebildeten opt.-akt. Salze durch fraktionierte Kristallisation voneinander trennt. — 2-Pyrrolidino-4.4-diphenylheptanon-(5) wird in A. gelöst u. d-Weinsäure zugesetzt. Es kristallisiert das weinsaure Salz des *l-2-Pyrrolidino-4.4-diphenylheptanon-(5).* Durch Zusatz von NaOH wird die Base in Freiheit gesetzt. Mit alkohol. HCl entsteht daraus *l-2-Pyrrolidino-4.4-diphenylheptanon-(5)-hydrochlorid*, F. 218—219°. — In weiteren Beispielen ist die Herst. des *l-2-Morpholino-4.4-diphenylheptanon-(5)-hydrochlorid*, F. 246—247°, u. des *l-2-Piperidino-4.4-diphenylheptanon-5-hydrobromid*, F. 191—192°, beschrieben. (**Oe. P. 171 406** vom 27/3. 1950, ausg. 26/5. 1952. D. Prior. 9/4. 1949.) M. F. MÜLLER. H 2540

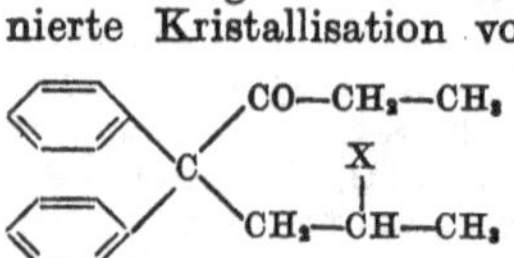

I

Farbenfabriken Bayer, Krefeld-Uerdingen (Erfinder: **Heinrich Vollmann**, Leverkusen), *Herstellung von Oktachlorinden* (F. 128—131°), dad. gek., daß man aus Dekachlorhydrinden (**I**; F. 134°) durch Erhitzen Cl_2 abspaltet. Als Ausgangsstoff kann man auch die durch spaltende Chlorierung von Naphthalin erhältlichen Rohprodd., die als Gemisch von I mit Perchlorinden vorliegen, verwenden. (**D. B. P. 844 143** Kl. 12o vom 30/7. 1944, ausg. 17/7. 1952.) G. KÖNIG. H 2650

Henkel & Cie. G. m. b. H., Düsseldorf (Erfinder: **René Hirth**), *Reinigung von Alkyl- und bzw. oder Cycloalkylnaphthalinen.* Man unterwirft aliphat. substituierte Naphthalinderivv. einer Behandlung mit H_2. Man arbeitet mit Mengen, die für die Hydrierung des Naphthalinkerns zu Tetrahydronaphthalin nicht ausreichen, in Ggw. von Katalysatoren bei 150—250° u. bei n., erhöhtem oder vermindertem Druck. (**D. B. P. 874 299** Kl. 12o vom 11/6. 1943, ausg. 23/4. 1953.) UNGER. H 2700

Koppers Co., Inc., Pittsburgh, übert. von: **Robert Johnson,** Ingomar, Pa., V. St. A., *α-Naphthol* (I). Tetralin wird mit Luft bei 80—120° in fl. Phase in Ggw. von $CuCO_3$ oxydiert. Das entstandene Tetralinperoxyd gibt beim Erhitzen mit wss. NaOH oder einem Cu-Salz auf 60—120° eine Mischung aus ca. 33,5 (%) α-Tetralol u. ca. 65,5 α-Tetralon, die dann in der Gasphase über calciniertem Kalkstein bei 500—650° u. 0,5—2 Sek. Berührungszeit in Ggw. von Dampf zu I dehydriert wird. Ausbeute 80—85%. (**A. P. 2 595 266** vom 9/1. 1948, ausg. 6/5. 1952.) Krauss. H 2700

G. D. Searle & Co., übert. von: **Robert R. Burtner,** Skokie, Ill., V. St. A., *Herstellung von 1-Oxynaphthylcarbonsäuren.* Man amalgamiert z. B. 200 Zn durch 5 Min. langes Rühren einer Lsg. aus 20 (Teilen) $HgCl_2$, 12 konz. HCl (I) u. 300 W., dekantiert die Fl. ab, gibt zum Zn-Amalgam 150 W., 415 I, 8 Eisessig u. 165 Toluol (II) u. hierzu 98 β-(4-Methoxy-1-naphthoyl)-propionsäure, kocht unter Rückfluß u. setzt jeweils nach 6, 12 u. 18 Std. 120 I zu. Nach 30 Std. wird abfiltriert, die W.-Schicht 2 mal mit II extrahiert u. werden die vereinigten II-Lsgg. mit 64 NaOH in 640 W. gemischt, II wird mit Wasserdampf abdest., der wss. Rückstand auf 80° abgekühlt u. bei dieser Temp. 30 Min. mit 67 Dimethylsulfat gerührt, über Nacht stehengelassen, mit verd. H_2SO_4 neutralisiert, filtriert u. das Filtrat mit III stark angesäuert, wobei rohe *γ-(1-Methoxy-4-naphthyl)-buttersäure* (**IV**) erhalten wird, die man absaugt u. trocknet u. dann 6 Std. mit 270 absol. A. u. 32 **III** unter Rückfluß kocht, $^2/_3$ des Lösungsm. im Vakuum entfernt u. den Rest in 700 Eis + W. gießt, worauf man 2 mal mit Ae. extrahiert u. den Extrakt mit W. wäscht. Aus ihm erhält man **IV**-*äthylester*, $Kp._{1,4}$ 180—191°. — Durch Verseifen dieser Verb. mit Alkohol NaOH erhält man eine **IV**, F. 127—128° (durch Ausfällen aus Bzl. mit PAe.). — 1 **IV** wird mit 16,6 HJ (D. 1,66) 10 Min. unter Rückfluß gekocht, die heiße Lsg. in 50 kaltes W. gegossen u. die *γ-(1-Oxy-4-naphthyl)-buttersäure* bei 65° getrocknet. F. 147—148° (aus W.). — Ferner: *δ-(1-Methoxy-4-naphthoyl)-valeriansäure.* $\xrightarrow{\text{Zn Hg}}$ *ω-(1-Methoxy-4-naphthyl)-capronsäure* $\xrightarrow{\text{HJ}}$ *ω-(1-Oxy-4-naphthyl)-capronsäure.* — *γ-(4-Oxy-1-naphthyl)-α-methylisovaleriansäure.* — *γ-(1-Oxy-2-naphthyl)-buttersäure.* — *β-(1-Oxy-4-naphthyl)-acrylsäure,* F. 132—133° (Zers.) $\xrightarrow{\text{Red.}}$ *β-(1-Oxy-4-naphthyl)-propionsäure.* — *β-(1-Oxy-2-naphthyl)-propionsäure.* — *β-1.5-Dimethoxy-4-naphthoyl)-propionsäure,* F. 171—172° (aus Isopropanol). — *β-(1.5-Dioxy-4-naphthoyl)-propionsäure,* F. 176° (Zers.), *ω-(1.5-Dioxy-4-naphthoyl)-capronsäure.* — *γ-(1.5-Dimethoxy-4-naphthyl)-buttersäure,* F. 155° (aus Bzl.); *Methylester,* $Kp._{0,4}$ 153°. — Antiseptica, Antixoydantien, Pharmazeutica, Insecticide u. Ausgangsprodd. für Steroide u. Farbstoffe. (**A. P. 2 590 086** vom 31/3. 1948, ausg. 25/3. 1952.) Müller-Meiningen. H 2700

N. V. Philips' Gloeilampenfabrieken (Erfinder: **Jan Anne Keverling Buisman**), Eindhoven, Holland, *7-Dehydrosterinester,* bes. *7-Dehydrocholesterinester,* erhält man durch Abspaltung von Halogenwasserstoff aus 7-Halogensterinestern mit reinem 2.4.6-bzw. 2.3.6-Trimethylpyridin oder deren Gemischen. — *7-Dehydrocholesterinbenzoat, -acetat.* Ausbeute 29% bzw. 39%. (**D. B. P. 818 945** Kl. 12o vom 14/12. 1948, ausg. 29/10. 1951. Holl. Prior. 25/11. 1946.) Krauss. H 3700

X. Färberei. Organische Farbstoffe.

Cassella Farbwerke Mainkur (Erfinder: **Christoph Kohl, August Bansa** und **Hans Pleisteiner**), Frankfurt/M., *Herstellung von trockenen, stabilen, leicht dispergierbaren Farbstoff-Präparaten.* Man behandelt Farbstoffe, die entweder aus schwefelnatrium- oder hydrosulfithaltigem Bad färbbar sind u. als Schwefelfarbstoffe bezeichnet werden, mit an sich zum Färben unzureichenden Mengen an Reduktionsmitteln bei gleichzeitiger Anwesenheit von Schutzmitteln sowie von Dispergiermitteln u. trocknet die so erhaltenen Gemische zweckmäßig auf einem Walzentrockner. (**D. B. P. 865 139** Kl. 8m vom 6/6. 1950, ausg. 29/1. 1953.) v. Schiller. 7007

Textilausrüstungs-Gesellschaft Schroers & Co. (Erfinder: **Joachim Müller**), Krefeld, *Erzeugung hochdisperser Küpenfarbstoffe in Form der Küpensäuren.* Man neutralisiert Küpen in beliebiger Konz. u. unterwirft die so erhaltene mehr oder weniger grob verteilte Aufschlämmung der Küpensäuren einem Zerkleinerungsprozeß, z. B. durch Naßmahlung oder mit Hilfe von Ultraschall, zur Erzielung für unmittelbare Verwendung in der Färberei bzw. Druckerei bestimmter Suspensionen. (**D. B. P. 864 989** Kl. 8m vom 18/7. 1950, ausg. 29/1. 1953. **Zusatz zu D. B. P. 845 336; C. 1953. 1886.**) v. Schiller. 7021

American Cyanamid Co., New York, N. Y., übert. von: **Joseph L. Borstelmann** und **Frederick Fordemwalt,** Bound Brook, N. J., V. St. A., *Emulsionsdruckfarbe.* In einer Öl- u. W.-Emulsion, die Na_2- u. K_2CO_3, ein Reduktionsmittel, wie Na-Formaldehydsulfoxylat, u. Na-Ligninsulfonat als Emulgator enthält, wird ein in W. unlösl. Küpenfarbstoff dispergiert. Als Öl dient eine Petroleumfraktion mit einem Kp. zwischen 100 u. 400°. — Nach dem Drucken der Farbe, z. B. auf *Textilien*, werden diese in bekannter Weise getrocknet, mit Wasserdampf u. danach mit einem Oxydationsmittel behandelt, gewaschen u. wieder getrocknet. (**A. P. 2 597 281** vom 8/9. 1949, ausg. 20/5. 1952.) LAASS. 7023

Heinz Ginzel, Dornberg, Österreich, *Bedrucken von Textil-, besonders Baumwollgeweben.* Man druckt mit einer Paste aus einem säurebeständigen Pigment u. einer wss. Ölemulsion als Bindemittel. Anschließend transparentiert man das Gewebe in üblicher Weise, wobei der Druck gleichzeitig fixiert wird, u. wäscht dann den Säureüberschuß u. nicht gebundenes Pigment aus. (**A. P. 2 611 678** vom 11/7. 1947, ausg. 23/9. 1952. D. Prior. 18/10. 1941.) MÖLLERING. 7023

J. R. Geigy Akt.-Ges., Basel, Schweiz, *Trisazofarbstoff.* Man läßt 1 (Mol) tetr*azotiertes 4.4'-Diaminodiphenyl* in saurem Medium auf 1-Amino-8-oxynaphthalin-3.6-disulfonsäure einwirken, kuppelt die Diazomonoazoverb. mit der Diazoverb. von 1-Aminobenzol-4-sulfonsäure in alkal. Medium u. vereinigt mit 1 1-Aminophthalin. Blauschwarzes wasserlösl. Pulver, das Chrom- u. Velourleder ohne Bronzierungswrkg. aus saurem Bade tiefblau färbt. (**Schwz. P. 280 838** vom 15/12. 1949, ausg. 16/5. 1952.) KALIX. 7055

Ciba Akt.-Ges., Basel (Erfinder: **Paul Grossmann**, Binningen, und **Walter Kern** Sissach), Schweiz, *Farbstoffe der Anthrachinonreihe.* Monooxymonoaminoanthrachinone, deren Oxygruppe in 1-Stellung u. deren Aminogruppe in 5-Stellung sitzt, behandelt man mit acylierenden Mitteln, die den Rest einer aliphat. Monocarbonsäure mit mindestens 3 C-Atomen einzuführen imstande sind. — Die erhaltenen Farbstoffe können als Pigmente verwendet werden. Die Derivv. von niedrigmol. Carbonsäuren eignen sich zum Färben u. Bedrucken von Acetatkunstseide (**E**) u. Polyamidfasern; mit steigender Mol.-Größe des Acylrestes steigt die Löslichkeit der gelben Farbstoffe in Ölen u. Fetten. — 6 (Gewichtsteile) 1-Amino-5-oxyanthrachinon versetzt man in 30 *o*-Dichlorbenzol u. 3,3 Dimethylanilin bei 120° mit 2,6 Propionsäurechlorid u. rührt $^{1}/_{2}$ Std. bei 120°. Der erhaltene Farbstoff färbt **E** lichtecht gelb. — Färbebeispiel. (**D. B. P. 845 552** Kl. 22b vom 1/1. 1949, ausg. 4/8. 1952. Schwz. Priorr. 7/8. 1946 u. 13/6. 1947.) ROICK. 7059

E. I. du Pont de Nemours & Co., Wilmington, übert. von: **Gordon Bradbury Robbins**, Claymont, Del., V. St. A., *Schwefelfarbstoffe der Dioxazinreihe* erhält man dadurch, daß man ein Dioxazin der allg. Zus. **I** (Z = Cl oder Br, R = Alkyl mit nicht mehr als 2 C-Atomen) tetrazotiert u. auf die erhaltene Verb. eine wss. Lsg. von Alkali-Thiocyanaten, -Alkylxanthaten oder -disulfiden einwirken läßt. — Die neuen Prodd. sind wasserunlösl., färben aber aus den üblichen Na-Sulfidküpen (grünstichiggelb) Baumwolle nach dem Oxydieren in sehr echten klaren violetten Tönen. — Beispiel: 6.13-Dichlor-2.9-di-(3'-methoxy-4'-benzoylaminophenyl)-triphendioxazin wird zum 6.13-Dichlor-2.9-di-(3'-methoxy-4'-aminophenyl)-triphendioxazin verseift, tetrazotiert u. mit Na-Thiocyanat zum Farbstoff der Zus. **II** umgesetzt. (**A. P. 2 600 690** vom 7/4. 1950, ausg. 17/6. 1952.) ROICK. 7071

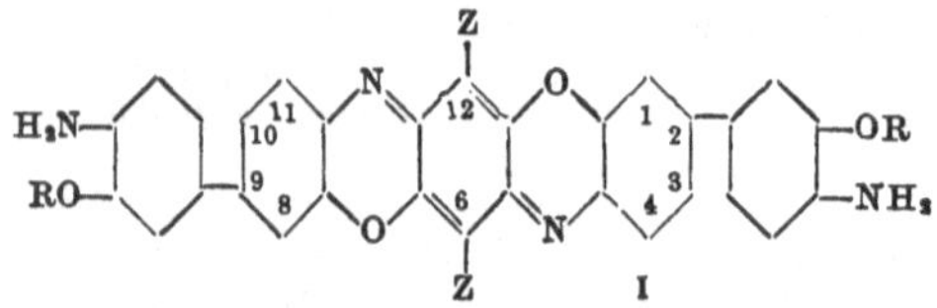

I

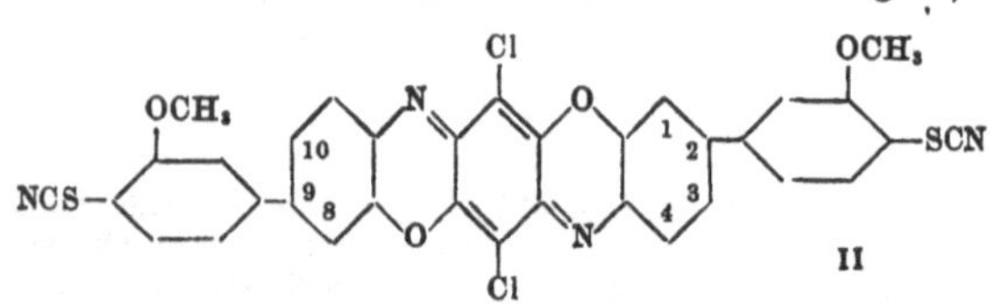

II

XIa. Farben. Anstriche. Lacke. Naturharze.

H. W. Chatfield, *Pilchardölextrakte.* Durch Extraktion mit fl. Propan (SOLEXOL-Prozeß) wurde aus Pilchardöl der höher ungesättigte Glyceridanteil (*Marinol K*) (**I**) abgetrennt: JZ. 200—215, VZ. 188—195, n^{20} 1,483, n^{25} 0,927—0,933, freie Fettsäure max. 1,0%, Farbzahl (GARDNER) max. 10. **I** polymerisiert beim Erhitzen ohne Induktionsperiode u. viel rascher als Leinöl. Erhitzung auf 290—300° für 2,5—4 Std. ergibt Standöl von 50 Poise, das heller ist als entsprechendes Leinölstandöl. **I** polymerisiert mit reaktiven Alkylphenolharzen rascher als Leinöl. Diese Eigg. sind bei einer bes. hoch ungesättigten Fraktion (*Marivonol 225*, JZ. 225) noch ausgeprägter; die Reaktionsfähigkeit von Holzöl oder Ricenenöl wird jedoch nicht erreicht. Alkylphenolharz-**I**-Lacke besitzen gute Trockenfähigkeit u. Wasserbeständigkeit. **I**-Standöl neigt bei tieferen Tempp. zur Trübung (Ausscheidung gesättigter Glyceride), doch wird dieser Nachteil durch Kombination mit anderen Ölen behoben. Bei Verkochung von **I** mit reaktiven

Harzen ist Vorerhitzung auf niedrigere Temp. ratsam. I neigt beim Einbrennen über 9° zum Vergilben. Eingebrannte I-Filme sind geruchfrei. I kann mit Asphalten kombiniert u. mit Luft geblasen werden. (Paint, Oil Colour J. **123**. 27—33. 2/1. 1953.) SCHEIFELE. 7096

Andries Voet und **Louis R. Suriani**, *Dielektrische Eigenschaften von Farbstoffdispersionen*. Vff. bestimmten mittels Kapazitätsmethode die DKK. verschied. organ. u. anorgan. Farbstoffdispersionen in Firnis, Lein- u. Mineralöl. Die DKK. wurden versuchsweise durch die von BOETTCHER (Receuil Trav. chim. Pays-Bas **64**. [1945.] 47) abgeleitete (vereinfachte) Gleichung $\varepsilon = \varepsilon_M (1 + kv)$ beschrieben (ε_M = DK. des Dispersionsmittels, ε = DK. der Dispersion, v = Volumkonz., k = konstante Funktion von ε_M und DK. des Farbstoffs). Die DK. nimmt für kleine bis mittlere Konz. linear mit v zu, doch weichen die gemessenen k-Werte zum Teil sehr stark von den berechneten ab. Ursache hierfür dürfte neben Agglomeration der Teilchen deren nichtkugelförmige Gestalt sein. Zur Ausschaltung der Agglomeration wurden den an ruhenden Dispersionen ausgeführten Messungen solche an sehr schnell gerührten gegenübergestellt, wodurch sich das Verhältnis der beobachteten u. berechneten k-Werte als unmittelbares Maß der Abweichung von der idealen Kugelgestalt darstellt. (J. Colloid Sci. **7**. 1—10. Febr. 1952. Borger, Tex., J. M. Huber Corp., Research Dep.) R. WOLFF. 7106

—, *Harzemulsion*. Unterss. zur Best. der Verwendbarkeit von wss. Emulsionen auf Phthalatharzbasis. Angaben über Art u. Menge der verwendbaren Pigmente, wenn Casein als Stabilisator zugesetzt wird, die Beständigkeit der Emulsionen bei Einw. von feuchter Atmosphäre bei 40° während 1000 Std., die Waschbarkeit des Anstriches, seine Beständigkeit gegen atmosphär. Angriffe sowie das Auftreten von Thixotropie in den Emulsionen. (Chim. Peintures **15**. 221—24. Juni 1952. Laboratoire d'Applications des Peintures et Matières Plastiques de l'Union Chimique Belge.) DALL'ASTA. 7106

F. Ijak, *Die Aluminiumanstriche*. Überblick über Herst., Eigg. u. Verwendung von Aluminiumbronzen. (Chim. Peintures **15**. 256—60. Juni 1952.) DALL'ASTA. 7106

N. V. Zilvervisch, Rotterdam, Holland, *Herstellung von Perlessenz aus Fischen, Fischschuppen oder -schwimmblasen oder aus Insektenteilen*. Man behandelt die Ausgangsstoffe mit einer Suspendierungs-Fl., die nicht mit W. mischbar ist, u. Wasser. Hierbei werden die Guaninkristalle des Ausgangsmaterials aufgenommen u. dieses dann, nach Abtrennung der groben Teile, auf Perlessenz verarbeitet. Die Behandlung erfolgt z. B. mit Tri-, Tetrachloräthylen u. CCl_4 u. KW-stoffen, so daß eine D. von 1,1—1,3 erhalten u. die Guaninkristalle gut suspendiert werden. Gleichzeitig werden die Schleimstoffe zum Aufschwimmen gebracht. Das Ausgangsmaterial wird vor dieser Behandlung kurze Zeit (bis 15 Sek.) auf 65—100° erhitzt, worauf unmittelbar die Suspendierungsbehandlung erfolgt. (**Dän. P. 73866** vom 15/10. 1948, ausg. 10/3. 1952. Holl. Priorr. 24/10. 1947 u. 21/8. 1948.) JÜRGEN SCHMIDT. 7097

Kittelberger & Co., Kaiserslautern (Erfinder: **Erich Hein**, Bad Ems, und **Paul Kittelberger**, Diepenthal), *Entschäumen von zähflüssigen Auftragsmassen* (*Anstrich-, Spachtel-, Betonmassen oder dergleichen*) unter gleichzeitigem Verdichten der Massen, dad. gek., daß man diesen vor, während oder nach dem Mischvorgang ca. 0,5—1% Petroleum beimischt. Petroleum kann in W. emulgiert oder mit z. B. Testbenzin verd. sein. (**D. B. P. 849152** Kl. 22g vom 6/5. 1950, ausg. 11/9. 1952.) SCHINDLER. 7097

Deutsche Hydrierwerke Akt.-Ges. (Erfinder: **Wolfgang Gündel**), Düsseldorf, *Hochsiedende Lösungsmittel, besonders für lacktechnische Zwecke*, bestehend aus eine oder mehrere Methylolgruppen enthaltenden Tetrahydronaphthalinen, z. B. Methylol-, Methylolmethyl-, Methyloläthyl-, Methyloldimethyl- oder Dimethyloltetrahydronaphthalin. — *Lackrezepte*. (**D. B. P. 849154** Kl. 22h vom 18/8. 1944, ausg. 11/9. 1952.) SCHINDLER. 7101

Badische Anilin- & Soda-Fabrik, Ludwigshafen/Rh., *Polymerisation von Diolefinen mit nichtkonjugierten Doppelbindungen*. Man behandelt die Diolefine unterhalb —10° mit FRIEDEL-CRAFTS-Katalysatoren. — Beispiel für Polymerisation von 2.5-Dimethylhexadien-(1.5) in Ggw. von BF_3 zu einem hellen Harz. — Verwendung in der *Lackindustrie*. (**D. B. P. 854707** Kl. 39c vom 20/2. 1943, ausg. 6/11. 1952.) DONLE. 7107

Shell Development Co., San Francisco, übert. von: **Edward C. Shokal**, Oakland, und **Paul A. Devlin**, San Francisco, Calif., V. St. A., *Trocknende Ester* werden erhalten durch Polymerisation einer Mischung von Allylalkohol u. 10—40% Styrol durch Erhitzen auf 100—200° unter Durchleiten von O_2 u. nachfolgende Veresterung des erhaltenen Mischpolymerisats mit ungesätt. Fettsäuren mit 10—20 C-Atomen u. einer JZ. von wenigstens 85 u. gegebenenfalls einem Dicarbonsäureanhydrid, wie Phthalsäureanhydrid oder Maleinsäureanhydrid. — *Schnell trocknende Anstrichmittel*. (**A. P. 2588890** vom 5/1. 1948, ausg. 11/3. 1952.) HERBST. 7107

Rile-Coe Filter Process, Inc., Pinehurst, N. C., übert. von: **Mayne R. Coe,** Washington, D. C., V. St. A., *Flüssiges Überzugsmaterial zum selektiven Lichtdurchlaß.* Chlorophyll-, enzym- u. vitaminhaltige Stoffe, bes. solche, die Blut, Hämoglobin, Porphyrin, Carotin u dgl. enthalten, wie Blumen, Kautschuk, Tabakprodd., Fleisch, Fleichwaren, Molkereiprodd., pflanzliche Öle, Früchte, Gemüse, Eier u. Pharmazeutika, werden mit einem transparenten Film überzogen, der aus einem Gemisch von Phthalocyaninpigment u. gelben, orange u. blauen lichtechten Farbstoffen besteht, das in einem Lösungsm. gelöst ist u. einen lackartigen Trägerstoff für beide aufweist. Der Geh. an Farbstoffen u. Pigment beträgt nicht mehr als ca. 1,4% u. an ersteren ca. 0,4, 0,05 u. 0,25%. Der auf die Oberfläche der zu schützenden Stoffe aufgespritzte Film absorbiert alle Wellenlängen des Lichts in UV-, Violett- u. Blaubereich, bes. zwischen 6300—6700, u. ist zu 10% durchlässig für Licht von 4900—6300 Å. (**A. P. 2 546 724** vom 11/4. 1947, ausg. 27/3. 1951.) KARST. 7107

Johns-Manville Corp., New York, N. Y., übert. von: **Norman S. Greiner,** Somerville, N. J., V. St. A., *Hitze- und wetterbeständige Überzugsmasse.* Diese besteht aus der Suspension eines mineral. Pigmentes in einer wss. Alkalisilicat-Alkylphenylsiliconharzemulsion, welche 50—60 (%) Alkalisilicat (I) u. 3—6 Silicon enthält. Bei I soll das Mol-Verhältnis von SiO_2 zu Alkali 3,2 bis 3,9:1 betragen. Die M. eignet sich bes. zum Überziehen von Asbestzementschindeln, die nach dem Aufbringen des Überzuges auf ca. 500° F erhitzt werden. (**A. P. 2 588 828** vom 11/12. 1948, ausg. 11/3. 1952.) HANS HOFFMANN. 7107

Badische Anilin- & Soda-Fabrik, Ludwigshafen/Rh. (Erfinder: **Fritz Lorenz,** Kirchheim/Eck), *Herstellen von Überzügen auf Leichtmetallen.* Als Überzugsmittel dienen Superpolyamide aus ω-Aminocarbonsäuren, ω, ω'-Diaminen u. ω, ω'-Dicarbonsäuren zusammen mit in Alkoholen oder Monoäthern von Glykolen lösl. Natur- oder Kunstharzen. — Z. B. werden zur Herst. eines Lackes (I) 15 (Teile) eines Mischsuperpolyamids aus 375 adipinsaurem Hexamethylendiamin, 375 ε-Caprolactam, 245 ketopimelinsaurem u. 20 bernsteinsaurem Hexamethylendiamin mit 15 eines Kondensationsprod. aus Phthalsäure u. Trimethylpropan unter Erwärmen in einem Gemisch von 67 A., 10 Äthylenglykolmonoäthyläther u. 8 W. gelöst. Der Lack wird durch Streichen, Spritzen oder Tauchen z. B. auf Al aufgebracht u. kann noch mit einem wasserfesten Decklack überzogen werden. (**D. B. P. 862 861** Kl. 75c vom 24/1. 1941, ausg. 12/1. 1953.) LAASS. 7107

Henry-Paul Parant, Rhône, Frankreich, *Herstellung von Folien oder Tuben.* Man verwendet einen Pigmente enthaltenden Celluloseacetatfirnis, dem man zur Verbesserung der Weichheit des Endprod. eine Ätherlsg. zusetzt. Mit den Folien kann man Gewebe überziehen, das dann zu Tuben verarbeitet wird. (**F. P. 976 565** vom 22/4. 1942, ausg. 20/3. 1951.) PANKOW. 7107

Heresite & Chemical Co., übert. von: **Charles Henry Hempel,** Manitowoc, Wis., V. St. A., *Herstellung von verspritzbaren Lösungen von synthetischem Kautschuk,* wie Butadien–Styrol- bzw. Butadien–Acrylnitril-Mischpolymerisaten. Zur Erzielung solcher lösl. Bunaarten werden die Monomeren in Ggw. von Bzl. oder Cyclohexan in Emulsion polymerisiert. Aus der Milch wird das Polymerisat ausgefällt, getrocknet, dann mit Pigmenten, Vulkanisiermitteln, Vulkanisationsbeschleunigern, Weichmachern u. Aktivatoren verknetet, u. das Ganze mit Bzl. oder Bzl.-Homologen gelöst. Beispiel für Polymerisation: 50—90 (Teile) Butadien, 10—50 Styrol oder Acrylnitril, 100—140 W., 2 bis 15 Seife, 0,2—2 Alkalihydroxyd, 0,1—4 $K_2S_2O_8$, 10—20 Bzl.; für Verarbeitung 100 bis 150 Mischpolymerisat, 50—200 Pigment, 2—25 Weichmacher, 5—40 Vulkanisationsmittel, 1—5 Aktivator, 2—10 Beschleuniger, 200—500 Lösungsmittel. Verwendung zum Überziehen von metall. Flächen zum Schutze gegen aggressive Chemikalien. Nach dem Aufspritzen usw. wird der Überzugsfilm ca. 10 Min. auf ca. 100° erhitzt. (**A. P. 2 582 991** vom 11/12. 1948, ausg. 22/1. 1952.) HERBST. 7107

Union Chimique Belge S. A., Brüssel, Belgien, *Kieselsäureester,* die als *Überzüge* oder *Bindemittel* dienen u. lösl. in W. sind, entstehen beim Behandeln eines Kieselsäureesters, der wasserfrei ist oder weniger als 1,5 Mol W. enthält, mit einem anorgan. Amid. — Präpp. aus Kieselsäureäthylester + $NaNH_2$; Kieselsäuretetrakresylester + $NaNH_2$; Orthokieselsäureäthylester + Hydrazinhydrat. (**Schwz. P. 282 374** vom 27/4. 1949, ausg. 1/8. 1952.) LANGER. 7107

Patent-Treuhand-Ges. für elektrische Glühlampen m. b. H., Heidenheim/Brenz (Erfinder: **Curt Saatmann** und **Bernhard Knull,** Berlin), *Trocknen von Lacküberzügen aus weiterkondensier- bzw. -polymerisierbaren Polymeren,* die auf beliebige Körper, z. B. auf Fahrzeuge, aufgebracht sind. Der Lacküberzug wird zuerst der Einw. eines UV-Strahlers und dann der eines Temperaturstrahlers ausgesetzt. (**D. B. P. 851916** Kl. 75c vom 22/6. 1943, ausg. 9/10. 1952.) LAASS. 7107

XIb. Plaste (Kunstharze. Plastische Massen).

R. Landwehr, *Anwendung von Kunststoffen zu spannungsoptischen Interferenzversuchen.* Es werden die opt. Verwendungsmöglichkeiten sowie einige der wichtigsten opt. u. spannungsopt. Kennzahlen verschied. Kunststoffe angegeben. Eigene u. Methoden anderer Vff. zur Unters. von Güte u. spannungsopt. Effekten von Kunststoffolien u. -platten werden beschrieben u. Abbildungen wiedergegeben. (Optik **9.** 547—56, 1952. Menden.) LINDBERG. 7170

E. Rabinowicz und **K. V. Shooter,** *Der Übergang von Metall auf Kunststoffe während des Gleitens.* Mittels radioakt. Metalle wurde die Menge des an Kunststoffen während des Gleitens haftenbleibenden Metalls ermittelt. Dabei wurde gefunden, daß bei allen untersuchten Kunststoffen [Polyäthylen, Nylon, Polytetrafluoräthylen (I), Polyvinylchlorid, Polyäthylenterephthalat] Metallteilchen auf dem Kunststoff haftenbleiben, u. zwar in etwa gleicher Menge bei allen Kunststoffen u. Metallen. Die Analogie dieser Befunde mit den Ergebnissen bei Metallen führt zum Schluß, daß ein dem Verschweißen von Metalloberflächen analoger Vorgang stattfindet, wobei starke lokale Adhäsion auftritt, wenn Metall u. Kunststoff aufeinandergepreßt werden u. aneinander gleiten. Zwischen dem Reibungskoeff. u. der Menge des übertragenen Metalls konnte kein Zusammenhang festgestellt werden. Dieser Befund bei I steht in krassem Gegensatz zu den äußerst guten Selbstschmiereigg. dieses Kunststoffs. (Proc. physic. Soc., Sect. B **65.** 671—73. 1/9. 1952. Cambridge, Dep. of Physic. Chem., Res. Labor. for the Phys. and Chem. of Surfaces.) SCHÄFF. 7170

K. V. Shooter und **D. Tabor,** *Der Reibungskoeffizient von Kunststoffen.* Bei einer Reihe von linearen Hochpolymeren [Polytetrafluoräthylen (I), Polytrifluorchloräthylen, Polystyrol, Polymethacrylsäuremethylester, Polyvinylchlorid, Polyäthylen u. a.] wurde die Reibung gegenüber Metallen bei geringer Gleitgeschwindigkeit u. verschied. Belastungen untersucht. Der Reibungskoeff. nimmt bei geringer Belastung zu, bis er ab 100 g Belastung nahezu konstant u. fast unabhängig von der Größe u. der Form der Oberfläche bleibt. Während des Gleitens findet eine Übertragung des Kunststoffes auf das härtere Material statt. Wenn der Kunststoff auf einem weicheren Metall gleitet, dann wird die Reibung hauptsächlich durch die Eigg. des weicheren Materials bestimmt, d. h. das weichere Material wird auf den Kunststoff übertragen. (Bei den geringen Gleitgeschwindigkeiten war die Reibungswärme nicht groß genug, um eine therm. Erweichung hervorzurufen.) Die Befunde entsprechen damit weitgehend den Untersuchungsergebnissen bei Metallen. Eine Theorie zur Deutung des Ursprungs u. der Größe der Reibung, analog der Theorie von BOWDEN u. TABOR für die Reibung von Metallen, wurde entwickelt. Bei den untersuchten Kunststoffen nimmt I eine Sonderstellung ein, da die Adhäsion sehr klein ist u. Scherkräfte offensichtlich nur an der Grenzfläche auftreten. Wenn jedoch I auf einem genügend weichen Metall, wie Na, gleitet, ist die Adhäsion deutlich u. das Metall bleibt an I haften. Diese besonderen Eigg. des I werden durch die Mol.-Struktur des I erklärt. (Proc. physic. Soc., Sect. B **65.** 661—71. 1/9. 1952. Cambridge, Dep. of Physic. Chem., Res. Labor. for the Phys. and Chem. of Surfaces.) SCHÄFF. 7172

R. E. Bayes, *Fortschrittsbericht über Epoxydharze.* Überblick über einige neuere Entwicklungen auf dem Gebiet der Epoxydharze [nichtmodifizierte Epoxydharzmischungen, Epoxydharzester (*Epon Ester LR-8* u. *D-4*)]. (Paint, Oil chem. Rev. **115.** Nr. 24. 24—26. 20/11. 1952. Shell Chem. Co.) SCHÄFF. 7176

Peter P. Grad, *Erörterung der Analysenmethoden für Harnstoff-Formaldehyd-Harze.* Die analyt. Methoden zur Unters. von Harnstoff-CH_2O-Harzen u. ihre Auswertung werden zusammenfassend beschrieben u. erörtert. (Paint, Oil chem. Rev. **115.** 20—36. 18/12. 1952. Bainbridge, N. Y., Borden Co., Chem. Div.) SCHÄFF. 7180

Temple C. Patton, *Die Ausprüfung der Weichmacherwirksamkeit bei Vinylharzen.* Die heute üblichen Prüfmethoden für die Weichmacherwirksamkeit bei Vinylharzen (Polyvinylchlorid) werden kurz erörtert. (India Rubber Wld. **127.** 371—74. Dez. 1952. Bayonne, N. J., Baker Castor Oil Co., Sales Serv. Dep.) SCHÄFF. 7210

Phillips Petroleum Co., übert. von: **William B. Reynolds, John E. Wicklatz** und **Thomas J. Kennedy,** Bartlesville, Okla., V. St. A., *Polymerisation von Vinylidenverbindungen* in Ggw. von Hydrazin u. Alkylenpolyaminen in wss. Emulsion. Zwecks Herst. von synthet. Gummi polymerisiert man ein Gemisch von Monomeren, z. B. einen größeren Teil 1.3-Butadien mit einem kleineren Teil Styrol, die in Ggw. eines Emulgators in W. (p_H 9—12) dispergiert sind. Die Polymerisationstempp. liegen zwischen 30 u. —40°. Als Katalysatoren verwendet man 0,1—10 mMol des Monohydroperoxyds des tert.-

Butylisopropylbenzols u. 0,2—5 Gewichtsteile Diäthylentriamin (I) u. Hydrazin (II), wobei das Molverhältnis von **II** : **I** 0,3 : 1 bis 5 : 1 betragen kann. Diese Mengen beziehen sich auf 100 Gewichtsteile des monomeren Materials. (**A. P. 2 606 893** vom 15/6. 1950, ausg. 12/8. 1952.) UNGER. 7173

Badische Anilin- & Soda-Fabrik (Erfinder: **Hans Fikentscher** und **Karl Herrle**), Ludwigshafen/Rh., *Polymerisation von ungesättigten organischen Verbindungen in wässeriger Emulsion.* Man verwendet als Emulgiermittel Salze von Alkylarylsulfonsäuren mit einem Alkylrest von mindestens 10 C-Atomen. — Beispiele für die Mischpolymerisation von Vinylchlorid u. Acrylsäuremethylester, Butadien u. Styrol, Acrylsäuremethylester u. Benzoesäurevinylester in Ggw. von alkylnaphthalinsulfonsaurem Na. (**D. B. P. 854 577** Kl. 39c vom 23/5. 1941, ausg. 6/11. 1952.) DONLE. 7173

Dr. Alexander Wacker, Gesellschaft für elektrochemische Industrie G. m. b. H., München (Erfinder: **Hans Rudolph,** Frankfurt/M.), *Poröse Formkörper* aus Polymerisaten (Polyvinylverbb., Acrylsäurepolymerisate), die durch oberflächliches Anquellen u. Zusammenpressen unter Freilassung von Zwischenräumen miteinander verbunden werden, erhält man durch Anwendung von Quellmitteln bzw. Lösungsmittelgemischen (Aceton + W.), welche Nichtlöser für die benutzten Kunstharze sind. (**D. R. P. 765 225** Kl. 39b vom 31/5. 1940, ausg. 27/10. 1952.) SALZMANN. 7173

United States Rubber Co., New York, N. Y., V. St. A., *Härtbare Zwischenpolymerisate.* Ein Gemisch aus einer Verb. $XCH{=}CX{-}CH_2{-}Z$ (ein X = H, ein X = H, Cl, Chlormethyl-, Oxymethyl- oder niedriger Alkylrest, Z = OH, Cl, Alkoxy-, Aryloxy-, Arylalkoxy- oder Acyloxyrest), einem monomeren 2-Alkenylester einer α-olefin. Polycarbonsäure, aus monomerem Styrol u. einem monomeren monoolefin. Carboxylester, wird in Ggw. von 0,1—10% Peroxydkatalysator erhitzt. Die Prodd. sind für Überzüge u. Preßmassen geeignet. — 39,2 (Teile) Diallylfumarat, 6,8 Diäthylfumarat, 20,8 Styrol, 256 Methallylalkohol u. 1 Benzoylperoxyd werden mehrere Std. auf 90—95° erhitzt. Beim Eingießen in die mehrfache Menge Hexan fallen 72,2 Zwischenpolymerisat als Nd. mit JZ. 105 aus. Ein aus dem Prod. geformter Film erhärtet bei 200°. (**E. P. 671 177** vom 25/5. 1950, ausg. 30/4. 1952. A. Prior. 27/10. 1949.) MÖLLERING. 7173

Erich Cohn Hoff, Saint-Marcellin, Frankreich, *Herstellung einer stabilen wässerigen kolloidalen Lösung von Kondensationsprodukten.* Zu der wss. Lsg. der *Phenol-CH_2O-Kondensationsprodd.* wird Tannin (1—10 Gew.-%) als Stabilisator zugesetzt. (**Schwz. P. 277 991** vom 31/12. 1947, ausg. 3/1. 1952. F. Prior. 4/11. 1941.) STEIL. 7177

American Cyanamid Co., New York, N. Y., V. St. A., *Kunstharz-Kationenaustauscher.* Phenol, CH_2O u. ein schwefligsaures Salz einer starken Base, z. B. $NaHSO_3$ oder $NaSO_3$, werden so umgesetzt, daß höchstens 40% W. (bezogen auf das Ausgangsgut) zugegen sind, u. Tempp. zwischen 125 u. 175° eingehalten werden. — Z. B. werden 95 (Teile) wasserfreies Phenol, 26 $NaHSO_3$, 31,5 Na_2SO_3 u. 75 Paraformaldehyd in Ggw. von 11,3 W. umgesetzt. Der erhaltene viscose Sirup härtet in 16 Std. aus. (**E. P. 648 281** vom 24/10. 1947, ausg. 3/1. 1952. A. Prior. 27/11. 1946.) MÖLLERING. 7177

Chemische Werke Albert (Erfinder: **Kurt Hultzsch**), Wiesbaden-Biebrich, *Aufhellung von schmelzbaren und nicht härtbaren, harzartigen Kondensations- und Polymerisationsprodukten,* die mit HF, BF_3 oder deren Komplexverbb. als Katalysatoren hergestellt worden sind, dad. gek., daß durch Erhitzen der harzartigen Prodd. über ihre Bildungstempp. hinaus zunächst die freien u. hierauf die gebundenen Katalysatorenteile, gegebenenfalls unter Durchleiten von indifferenten Gasen oder flüchtigen indifferenten Lösungsmitteln, gegebenenfalls zusammen mit geringen Mengen der harzartigen Prodd., abdest. werden. — Z. B. wird ein aus 150 (Teilen) Kolophonium, 38 Kresolen u. 2 Borfluoressigsäure durch 5std. Erhitzen auf 80° erhaltenes Kondensationsprod. bei 15—20 mm Druck auf 250—260° erhitzt, wobei zunächst ein dunkles, bräunliches Harz entsteht, das sich bei weiterem Erhitzen stark aufhellt. (**D. B. P. 867 914** Kl. 39c vom 27/10. 1939, ausg. 19/2. 1953.) R. HERBST. 7177

Farbenfabriken Bayer (Erfinder: **Wilhelm Müller** und **Theodor Cürten †**), Leverkusen, *Kunstharze aus hydroxylgruppenhaltigen hochchlorierten Diphenylen.* Die OH-Gruppen in den OH-gruppenhaltigen hochchlorierten Diphenylen werden ganz oder teilweise veräthert bzw. verestert, z. B. mit CH_3Cl, C_2H_5Cl, $COCl_2$, Phthaloylchlorid. Man erhält springharte, harzartige Stoffe mit lacktechn. Eigenschaften. (**D. B. P. 865 061** Kl. 39c vom 22/11. 1942, ausg. 29/1. 1953.) UNGER. 7177

E. I. du Pont de Nemours & Co., Wilmington, Del., übert. von: **Edward Francis Casassa,** Cambridge, Mass., V. St. A., *Herstellung von Polyäthylenterephthalat.* Man läßt Äthylenglykol mit Dimethylterephthalat in Ggw. eines Katalysators, wie 0,05 bis 0,2 Gew.-% Zinkborat, reagieren u. erhitzt das entstandene Bis-2-oxyäthylterephthalat bei Unterdruck, bis das faserbildende Linearpolymere gewünschter Intrinsikviscosität entstanden ist. Man erhitzt z. B. die Ausgangsstoffe auf 140—220°, bis sich kein Methanol mehr entwickelt, u. dann (ebenfalls in Ggw. von Zn-Borat) bei 0,1—20 mm Druck auf 230—290°. (**Can. P. 481 031** vom 25/4. 1949, ausg. 12/2. 1952. A. Prior. 24/7. 1948.) PANKOW. 7177

E. I. du Pont de Nemours & Co., übert. von: **Mae L. Beck**, Wilmington, Del., V. St. A., *Herstellung von Polymerisaten aus Glykolsäure* (I). Wasserfreie I wird bei 160—230° so lange erhitzt, bis das stürm. Entweichen von Wasserdampf beendet ist. In Ggw. von Triphenylphosphit als Stabilisierungsmittel u. von SbF_3 als Katalysator erhitzt man die M. im Vakuum über den F., bis der gewünschte Polymerisationsgrad erreicht ist. Die Prodd. eignen sich zur Herst. von selbsttragenden Filmen u. von Fäden. (**A. P. 2 585 427** vom 11/1. 1951, ausg. 12/2. 1952.) MÖLLERING. 7177

Dorman Long & Co., Middlesbrough, England (Erfinder: **W. Lunn, Eric Rymer** und **Th. G. Woolhouse**), *Kunstharze aus Aldehyden und aromatischen Carbonsäuren.* Auf bekannte Weise durch Einw. von Aldehyden auf aromat. Carbonsäuren in Ggw. eines Kondensationsmittels, z. B. einer starken Säure, wie H_2SO_4, hergestellte Kunstharze werden mit einem als Härtungskatalysator wirksamen Stoff, wie p-Toluolsulfonsäure, bei Tempp. $>140°$ erhitzt. Nach Entfernen überschüssiger Säure durch Neutralisation erhält man ein Prod. mit F. 100—130°. (**E. P. 666 873** vom 7/10. 1948, ausg. 20/2. 1952.) MÖLLERING. 7177

Badische Anilin- & Soda-Fabrik, Ludwigshafen/Rh. (Erfinder: **Josef Lintner**, La Garenne-Colombes, Frankreich), *Kondensationsprodukte aus Methylolverbindungen des Acetylendiharnstoffs* u. seiner Homologen erhält man durch Erhitzen von Tri- oder Tetramethylolacetylenharnstoff oder deren Homologen als solche oder in Form ihrer noch wasserlösl. Kondensationsprodd. oder ihrer Äther mit einwertigen Alkoholen in Ggw. von sauren Mitteln mit Polyoxyverbb., wie Äthylenglykol, Glycerin, Trimethylolpropan, Butandiol-(1.4), Hexantriol, Hydrochinon usw. Für *Kunststoff-* u. *Lackindustrie.* (**D. B. P. 865 976** Kl. 39c vom 3/10. 1944, ausg. 9/2. 1953.) SCHINDLER. 7181

Phillips Petroleum Co., übert. von: **John C. Hillger**, Bartlesville, Okla., V. St. A., *Furfurolharze.* Um harte thermoplast. Harze zu erhalten, erhitzt man eine Mischung von Furfurol 24—48 Std. unter Rückfluß mit 1—10 Gew.-% *Morpholin* auf 250—320° F u. gewinnt das gebildete Harz durch Abdest. oder Abfiltrieren des nicht umgesetzten Furfurols. Die Harze dienen zur Herst. von Isoliermaterial, Paneelbrettern, Maßstäben u. dergleichen. Als Furfurole eignen sich ferner: Monoalkyl-, Dialkyl- u. Monophenylfurfurol, die nicht >12 C-Atome enthalten. Als Morpholine verwendet man Monophenyl-, Monoalkyl- u. Dialkylmorpholin mit nicht >10 C. (**A. P. 2 607 758** vom 22/11. 1948, ausg. 19/8. 1952.) UNGER. 7181

Farbenfabriken Bayer (Erfinder: **Erwin Müller** und **August Höchtlen**), Leverkusen, *Formstücke mit poröser bzw. schwammartiger Struktur.* Hochmol. organ., natürliche oder synthet., thermoplast. oder härtbare Stoffe werden mit aliphat. Verbb. vermischt, die ein- oder mehrmals eine der Gruppierungen $-CO \cdot N{=}N \cdot CO-$ oder $-N{=}N \cdot CO-$ enthalten, z. B. Azodicarbonsäureester, Diamide, Halbamide oder Hydrazide. Bei Erhitzung der Mischungen unter Formgebung zers. sich die Azoverbb. unter Gasentw., womit gegebenenfalls eine Härtung der Gerüstsubstanzen verbunden ist. (**D. B. P. 871 835** Kl. 39b vom 28/1. 1943, ausg. 26/3. 1953.) SALZMANN. 7181

Dow Corning Corp., Midland, Mich. (Erfinder: **Earle J. Smith**, Hasbrouck Heights, N. J.), V. St. A., *Herstellung von Siloxanharzen* durch Hydrolyse u. Kondensation von Silanmischungen nach Patent 853 351, dad. gek., daß eine Mischung von Silanen der allg. Formeln $CH_3Si{\equiv}$, $C_6H_5Si{\equiv}$, $C_6H_5CH_3Si{=}$, in denen die restlichen Valenzen durch Halogen- oder Alkoxygruppen abgesätt. sind, verwendet wird, wobei die Mischung 10—40 (Mol-%) Methylsilane, 25—55 Phenylsilane u. 30—50 Methylphenylsilane enthält. Hydrolyse erfolgt durch W. u. Weiterkondensation oder Polymerisation der als Öl abgetrennten Siloxane zu viscosen Harzen durch Erhitzen. Regelung der Polymerisation in der letzten Stufe. (**D. B. P. 868 975** Kl. 39c vom 30/9. 1950, ausg. 2/3. 1953. A. Prior. 21/1. 1946. **Zusatz zu D. B. P. 853 351; C. 1953. 1255.**) SCHINDLER. 7189

XII. Kautschuk. Guttapercha. Balata.

J. W. Meeks und **I. C. Feustel**, *Das durch Extraktion und Verarbeitung beeinflußte Molekulargewicht von Guayule-Kautschuk.* Die Wärmetrocknung von Guayule-Kautschuk ohne Alterungsschutzmittel wirkt sich ungünstig auf das Mol.-Gew. (ermittelt durch Viscositätsmessungen) aus. Die relativ kleinen Viscositätsänderungen bei den anderen Verarbeitungsstufen sind auch nicht ohne Bedeutung, da sie in Summa zur verminderten Qualität der Fertigprodd. beitragen. Antioxydantien verhindern zum mindesten teilweise diese Alterungseffekte. (India Rubber Wld. **125.** 187—90. Nov. 1951. Salinas, Calif., U. S. Nat. Rubber Res. Stat.) SCHÄFF. 7222

J. R. Beatty und **A. E. Juve,** *Spannungsrelaxation bei Druckbeanspruchung von in Öl eingetauchten Naturkautschuk- und synthetischen Kautschukvulkanisaten.* An Vulkanisaten von Naturkautschuk, GR–S, Neopren GN u. Hycar OR–15 wurde der Einfl. von 3 Ölen auf Erdölbasis (wenig, mittelmäßig u. stark quellend) auf die Spannungsrelaxation bei Druckbeanspruchung bei 20 u. 70° untersucht. Es wurde gefunden, daß die kontinuierliche Spannungsrelaxation durch die Ggw. von Ölen gehindert wird u. daß durch Quellungsmessungen der Grad dieser Behinderung direkt vorauszubestimmen ist. (India Rubber Wld. **127.** 357—62. 423. Dez. 1952. Brecksville, O., B. F. Goodrich Co., Res. Center.) SCHÄFF. 7224

I. Drogin, *Zur Untersuchung von Mischungen verwendete Methoden.* 2. Mitt. *Bestandteile der Mischung.* (1. vgl. C. **1953.** 780.) Die heute auf dem Kautschuksektor eingesetzten kautschukelast. Verbindungsklassen u. die bei der Verarbeitung erforderlichen Zusatzstoffe werden schemat. aufgezählt. Von den Kautschuktypen werden zunächst der Naturkautschuk u. die Naturkautschuklatices eingehender besprochen. (India Rubber Wld. **127.** 365—69. Dez. 1952.) SCHÄFF. 7226

Merton L. Studebaker, *Die Beziehung zwischen dem Modul von verstärkten Kautschukprodukten und den physikalischen Eigenschaften verschiedener Rußtypen.* Durch eine kolloidchem. Betrachtung der Kautschuk–Ruß-Mischungen als dickfl. Dispersionen wurde versucht, die Natur der Kautschukverstärkung aufzuklären. (Die Eigg. dickfl. Dispersionen werden hauptsächlich durch die Anziehung zwischen Feststoff u. Fl. u. zwischen Feststoff u. Feststoff u. durch elektr. Kräfte bestimmt, die eine Abstoßung der Teilchen bewirken; beim untersuchten Syst. sind diese elektr. Kräfte zu vernachlässigen.) Es wird gezeigt, daß die ermittelte Beziehung zwischen Modul u. Ölaufnahme bzw. MOONEY-Viscosität diese Betrachtungsweise der Verstärkung rechtfertigt, daß jedoch auch die chem. Kräfte dabei nicht unberücksichtigt bleiben dürfen. (India Rubber Wld. **127.** 215—19. 225. Nov. 1952. Akron, O., Phillips Chem. Co.) SCHÄFF. 7226

S. D. Sutton, *Verfahren und Herstellung von Kautschukartikeln.* Kurze Übersicht. (India Rubber J. **124.** Nr. 3. 6—9. 17/1. 1953.) SCHÄFF. 7230

Frank S. Gregory, *Schlauchmischungen.* Die Herst. von Kautschukschläuchen mit Gewebeeinlage wird kurz besprochen. (India Rubber Wld. **127.** 223—25. Nov. 1952. Cambridge, Mass., Boston Woven Hose & Rubber Co.) SCHÄFF. 7230

Harry K. Fisher, *Entwicklung und Verwendung von Kautschuk in bituminösen Straßendecken.* Kurzer Übersichtsbericht. (India Rubber Wld. **127.** 220—22. Nov. 1952. Washington, D. C., Natural Rubber Bur.) SCHÄFF. 7230

A. Schallamach, *Die Abhängigkeit der Reibung von der Belastung bei Kautschuk.* Experimentell wird gezeigt, daß die Abhängigkeit der Kautschukreibung von der Belastung dadurch erklärt werden kann, daß diese von der Belastung der wirklichen Berührungsfläche zwischen Kautschuk u. Unterlage abhängt, wenn man annimmt, daß die Oberflächenrauhigkeiten des Kautschuks halbkugelig sind. (Proc. physic. Soc., Sect. B **65.** 657—61. 1/9. 1952. Welwyn Garden City, Herts., Brit. Rubber Prod. Res. Assoc.) SCHÄFF. 7230

C. C. Biard und **J. F. Svetlik,** *Der Einfluß der Stärke der Beanspruchung auf die relative Abriebfestigkeit von Naturkautschuk, GR–S–10 und GR–S–100.* Die relative Abriebfestigkeit von Kautschuk hängt in starkem Maße vom Grad der Beanspruchung beim Straßentest ab. Es wird gezeigt, daß GR–S–100 Werte für den Abriebindex von 98% (bei schwacher Beanspruchung) bis 216% (bei sehr robuster Beanspruchung) im Vgl. zum Naturkautschuk (= 100%) aufweist. GR–S–10 ist ebenfalls dem Naturkautschuk überlegen. Laborteste mit dem GOODYEAR-Prüfgerät brachten ähnliche Ergebnisse, wenn der Beanspruchungsgrad durch den Radwinkel eingestellt wurde. Wenn der Beanspruchungsgrad nicht festgelegt ist, kann man also die Verschleißfestigkeit von Reifen im prakt. Einsatz nur schwer mit den Labortesten auf Abriebfestigkeit in Beziehung bringen. (India Rubber Wld. **127.** 363—64. Dez. 1952. Bartlesville, Okla., Phillips Petrol. Co.) SCHÄFF. 7248

R. T. Stacy und **S. Bernstein,** *Die Kontrolle mittels β-Strahlen in der Kautschukindustrie.* Beschreibung der App. u. Meth. zur Betriebskontrolle genauer Toleranzen mittels β-Strahlen bei der Kautschukverarbeitung. (Rubber Age [New York] **72.** 350—52. Dez. 1952. Schenectady, N. Y., Gen. Electric Co.) SCHÄFF. 7248

Erich Freitag, Freudental, Kr. Konstanz, *Herstellung von im wesentlichen aus Kohlenstoff bestehenden aktiven Kautschukfüllstoffen.* In Kohlenstoff mit Graphitgitter,

z. B. künstlich ganz oder teilweise graphitierte Kohle, Retortengraphit, Hochofen- oder Garschaumgraphit, graphit. CO-Kohlenstoffe oder Naturgraphit, wird O_2 eingelagert, so daß das Prod. dem Graphitoxyd gleicht oder ähnelt. Diese Oxydation erfolgt durch Behandlung mit HNO_3, H_2SO_4 u. $KClO_3$, durch anod. Oxydation oder mit O_2 im Autoklaven. Das oxydierte Prod. wird gemahlen u. mit einer Geschwindigkeit von <5 cm/Sek. aus einer um mindestens 10° niedrigeren Temp. auf eine Temp. gebracht, bei der in exotherm. Rk. eine innere Verbrennung zu CO u. CO_2 u. Bldg. des rußartigen Endprod. stattfindet. Dessen Elastizität u. Plastizität kann man ändern, indem man den zur Oxydation dienenden Säuren Thiosulfate oder Selenide oder dem oxydierten Zwischenprod. S oder Se oder deren Verbb. zusetzt. (**D. B. P. 862 299** Kl. 12i vom 26/10. 1940, ausg. 8/1. 1953.) ZÜRN. 7227

Varley Dry Accumulators Ltd., Barking, England (Erfinder: **J. A. Szper**), *Herstellung von Trennwänden zum Einsetzen zwischen Elektroden in elektrischen Zellen.* Man trägt auf Glaswolle eine Füllmasse aus einem anorgan. Füllstoff (Kieselgur) u. vorvulkanisiertem Kautschuk oder Kunstkautschuk auf, preßt zusammen u. vulkanisiert. Die Trennwände zeichnen sich durch Weichheit u. Nachgiebigkeit aus. (**Schwed. P. 132 783** vom 13/12. 1940, ausg. 4/9. 1951. E. Prior. 13/12. 1939.) JÜRGEN SCHMIDT. 7229

Soc. Méridionale du Caoutchouc Someca (Soc. à Responsabilité limitée), Aude, Frankreich (Erfinder: **De Saint-Mleux**), *Tauchware aus Kautschukmilch.* Die mit dem Koagulationsmittel überzogene Tauchform wird kontinuierlich über das Bad mit der Kautschuk- oder Kunstkautschukmilch oder -lsg. geführt u. dabei entgegen der Fortbewegungsrichtung in das Bad hinein- u. wieder heraus- u. zum Verteilen nach oben geschwenkt. (**F. P. 988 557** vom 10/1. 1944, ausg. 29/8. 1951.) PANKOW. 7231

George Angus and Co. Ltd., Mark Balkin und **Denys Grahame Turner,** Newcastle-upon-Tyne, England, *Walzenbelag für Spinnzylinder,* bestehend aus zellförmigem Kunstkautschuk (I), z. B. aus Butadien–Acrylnitril oder Thiokol mit einem Zusatz von 50% Tragant, Gummi arabicum, Stärke oder Dextrin. Der rauhe Überzug ist ölunempfindlich u. verhindert das Wickeln. — Das Pflanzengummi wird in der Form einer dicken wss. Paste in die I-Mischung, die zusätzlich $NaHCO_3$ enthält, eingearbeitet. (**E. PP. 683 219** u. **683 220** vom 27/2. 1950, ausg. 26/11. 1952.) SALZMANN. 7231

XIII. Ätherische Öle. Parfümerie. Kosmetik.

G. J. Constantini, *Extraktion ätherischer Öle.* Verbesserung der Blütenextraktion durch Verwendung von Butan, das gasförmig durch die auf Lochplatten in 0,45 bis 1,4 m^3 großen dichten Kesseln ausgebreiteten Blüten umläuft, u. nach Kondensieren u. Abdampfen das Konkret ergibt, das wie üblich aufgearbeitet wird. Das bei $+1°$ sd. Butan erhält den Blütengeruch besser als die bisher verwendeten, bei 70° sd. Lösungsmittel. (Perfum. essent. Oil Rec. **43.** 449—50. Dez. 1952.) MÜHLMEISTER. 7262

Gilbert E. Smith, *Englische ätherische Öle, Meinungen und Tatsachen.* Vf. schildert u. begründet die Vorzüge der äther. Öle von Pfefferminze, Lavendel, Scharlachsalbei, Dill u. röm. Kamille, die aus in England gewachsenen Pflanzen dest. werden. (Perfum. essent. Oil Rec. **43.** 445—48. Dez. 1952. London, Stafford Allen & Sons, Ltd.) MÜHLMEISTER. 7262

Sadgopal und **Kuldip Bhatia,** *Chemische Untersuchung des ätherischen Öls und der Wurzeln von Homalomena rubescens (Kunth.).* Die Wurzeln der Aracee Homalomena rubescens Kunth, syn. Calla rubescens Roxb., werden medizin. u. als Tabakzusatz genutzt. Sie geben getrocknet durch Wasserdampfdest. bis zu 5% helles strohfarbenes äther. Öl mit angenehmem Maiglöckchengeruch; Vork. in Indien u. Insulinde. Aus einwandfrei getrockneten Wurzeln waren die Eigg. $D.^{30}$ 0,8868, n_D^{30} 1,4598, $[\alpha]_D^{30}$ $-15°$ 50′, SZ. 2,80, EZ. 5,60, AZ. 137, lösl. in 4 Teilen 70%ig. A.; 15% geben Bisulfitverbindungen. Dest. (180—280°) ergab 6 Fraktionen, bei deren Unters. 40% l-Linalool, α-Terpineol u. 2% Ester (Linalylacetat) festgestellt wurden. Im alkoh. Wurzelextrakt wurden geringe Mengen Isophthal-, m-Oxybenzoe- u. Oxymesitylsäure neben neutraler kristallin. Substanz u. einem Glucosid gefunden. (Soap, Perfum. Cosmet. **25.** 1265—68. Dez. 1952. Dehra Dun, Indien, Forest Res. Inst. and Coll.) MÜHLMEISTER. 7262

Nadje Avalle, *Die Fettsäuren und ihr Gebrauch in der Kosmetik.* Inhaltlich ident. mit der C. **1953.** 3325 referierten Arbeit. (Ind. Parfumerie **7.** 291—92. Okt. 1952.) MÜHLMEISTER. 7284

Yves-René Naves, *Brasilianische Cabriuvae und ihr ätherisches Öl.* Nerolidol u. daraus Farnesol werden gewonnen aus dem äther. Öl des Holzes verschied. Cabriuva-Arten des trop. Amerika, so Myrocarpus fastigiatus, M. frondosus, Myrospermum erythroxylon, auch als M. peruiferum D. C., Myroxylon peruiferum Linn. Fil. oder Toluifera peruifera Baillon beschrieben, mit ca. 1,7% äther. Öl aus Sägewerksabfällen. (Perfum. essent. Oil Rec. **43.** 357—93. Okt. 1952. Genf, Schweiz, L. Givaudan & Co.; São Paulo, Brasilien, Comp. Bras. Givaudan.) MÜHLMEISTER. 7262

Pierre Muller, *Über Verwendung aus Flechten gewonnener Antibiotica in der Kosmetik.* Bericht über die Arbeiten von KLOSA (vgl. C. **1950.** I. 748. 1000) u. Mitarbeiter über die antibiot. Wrkg. der aus Flechten extrahierbaren Stoffe, bes. des *Evosins* bei infektiösen Hautkrankheiten, nebst prakt. Hinweisen für die Herst. von Hautcremes. (Riv. ital. Essenze, Profumi, Piante officin., Olii veget., Saponi **34.** 228—31. 15/5. 1952.) STEINER. 7284

Maurice D. Sutherland, *Das Brechungsindex-Dichte-Diagramm bei der Trennung der Terpenoide.* D^{25} als Abszisse u. n_D^{25} als Ordinate von reinen Terpenen, Sesquiterpenen u. ihren Derivv. ergeben ein Diagramm, in dem die acycl., mono-, di- u. polycycl. Körper je getrennte Gruppen bilden. Werden deren Gemische auf leistungsfähigen Kolonnen unter gleichmäßigen Bedingungen bzgl. Druck, Verdampfungsgeschwindigkeit u. Rücklaufverhältnis in möglichst kleine Fraktionen zerlegt, u. diese in ein n-D-Diagramm eingetragen, so läßt die Lage der erhaltenen Kurven, unter Umständen unter Zuhilfenahme von Kp., UV-Absorption u. anderen Konstanten, Schlüsse auf die Zus. zu. Vf. schildert an 6 Diagrammen die Arbeitsweise bei bin., tern. u. komplizierteren Gemischen u. dabei auftretende Anomalien u. Schwierigkeiten. (Perfum. essent. Oil Rec. **43.** 453—59. Dez. 1952. Queensland, Australien, Univ., Chem. Dep.) MÜHLMEISTER. 7286

A. Davidsohn, *Bemerkung zur Trockenverlustbestimmung in Creme, Pasten und flüssigen Emulsionen.* Best. des Wassergeh. von Emulsionen durch mehrmaliges Zufügen u. Abdampfen einer Mischung gleicher Teile Bzl. (als Lösungsm. der Fettphase) u. Isopropylalkohol (als Lösungsm. des W.), wodurch die Bldg. einer Fetthaut vermieden wird, die sonst völlige Trocknung verhindert. (Soap, Perfum. Cosmet. **25.** 1268—87. Dez. 1952. Haifa, Israel.) MÜHLMEISTER. 7294

Louis G. Barail, *Messung kosmetischer Gerüche.* Ausführliche Beschreibung (Abb.) des vom Vf. entwickelten Gerätes zur Messung von Gerüchen (Osmometer), das nach dem Prinzip der Verdünnung der odorisierten mit desodorisierter Luft arbeitet. (Amer. Perfumer essent. Oil Rev. **60.** 347—49. Nov. 1952.) FREYTAG. 7294

Badische Anilin- & Soda-Fabrik (Erfinder: **Conrad Schöller,** Bad Dürkheim), *Mit Wasser ohne Ausscheidungen verdünnbare Mischungen von in Wasser nicht oder schwerer löslichen Riechstoffen, Fixateuren, Lösern oder Geschmacksaromen,* dad. gek., daß man diese Stoffe mit Polyäthern, die im Mol. wenigstens 3, zweckmäßig mehr als 5 $(CH_2)_2O$-Gruppen aufweisen, mischt. (**D. B. P. 865 510** Kl. 30h vom 2/10. 1948, ausg. 2/2. 1953. F. Prior. 30/6. 1948.) E. PETERSEN. 7261

Miramar Zimmermann & Co. G. m. b. H. (Erfinder: **Theodor Gollasch**), Hamburg, *Lippenstift,* gek. durch einen Geh. an Salzen bas. Farbstoffe mit organ. Säuren vom Typ der Sulfonsäuren, der sauren Schwefel- bzw. Phosphorsäureester, der Partialester von Polycarbon- oder der sauren Ester von Oxysäuren. (**D. B. P. 864 440** Kl. 30h vom 26/2. 1950, ausg. 26/1. 1953.) E. PETERSEN. 7285

Heinrich Mack Nachf. (Erfinder: **Hans Ruf**), Illertissen, Bayern, *Rasiermittel,* gek. durch einen Geh. an Reaktionsprodd., die aus wasser- oder alkalilösl., nicht oder fast nicht abgebauten Eiweißstoffen u. mindestens der gleichen Menge eines Fettsäurehalogenids in Ggw. säurebindender Stoffe erhalten werden. (**D. B. P. 860 095** Kl. 23e vom 2/10. 1948, ausg. 18/12. 1952.) LÜTTGEN. 7285

Emil Gantner, Zürich, Schweiz, *Rasierhilfsmittel,* bestehend aus einem Formstück, das ca. 20(%) Fett, ca. 80 Gleitmittel, z. B. Talk, u. gegebenenfalls ein Antisepticum, Farb- u. Riechstoff enthält. (**D. B. P. 864 610** Kl. 30h vom 1/4. 1951, ausg. 26/1. 1953. Schwz. Prior. 14/11. 1946.) E. PETERSEN. 7285

Leo Kumer, Dermatologische Kosmetik. 2. u. 3. vollst. neubearb. u. erw. Aufl. Wien, Düsseldorf: Maudrich. 1953 (V + 199 S. m. 1 Tab. u. über 350 Rezepten) 8° = Wiener Beiträge zur Dermatologie. Bd. 2. DM 19,—.

XVI. Nahrungs-, Genuß- und Futtermittel.

Ernst Fertig, *Biologische Konservierung. Gedanken zu einer zukünftigen Konservierungstechnik.* Nach Besprechung der hergebrachten biol. Konservierungsmethoden, wie Milchsäuregärung, Essigbldg. u. alkoh. Gärung in ihren verschied. Formen, schlägt Vf. als neues Konservierungsverf. vor, ein Substrat, z. B. Apfelsaft, angären zu lassen, wobei im ersten Stadium der Gärung keine nennenswerten A.-Mengen entstehen, aber der leicht assimilierbare N_2 verbraucht wird. Eine neue Infektion der geklärten u. gefilterten angegorenen Fl. bringt meistens keine neue Gärung mehr zustande, nur unter Zusatz von assimilierbaren Stickstoffverbindungen. Als weitere Meth. empfiehlt Vf. den Zusatz spezif. Sera, um das Aufkommen von Schädlingen zu verhindern. Es müßten wilde Hefen oder Sarcina, auflösende oder agglutinierende Sera sein. (Brauwissenschaft **1953.** 12—13. Jan. Beilage zu: Brauwelt, Ausg. B. Buenos Aires.) HAEVECKER. 7634

C. N. Stark, *Diskussion einiger Grundlagen der Hitzebehandlung von Lebensmitteln.* Zur Beurteilung der Wrkg. der Hitzesterilisierung von Konserven müssen bekannt sein: 1. Zeit (St.Z.) u. Temp. (St.T.), die zur Abtötung der resistentesten Bakterien benötigt werden; 2. Zeit, die das Konservengut zur Erreichung der St.T. benötigt; 3. p_H-Wert des Gutes. Auf Grund seiner Beobachtungen kommt Vf. zu dem Schluß, daß die Abtötung von Bakterien durch therm. Einw. ähnlich wie eine monomolekulare Rk. verläuft u. demnach mit einiger Sicherheit berechnet werden kann. Bei Erhöhung der St.T. um 10° kann die St.Z. auf $^1/_3$—$^1/_{10}$ verkürzt werden; außerdem kann durch Senkung des p_H-Wertes von z. B. 6,1 auf 4,5 die St.Z. auf $^1/_4$ gesenkt werden. Abschließend weist Vf. darauf hin, daß zur Verkürzung der St.Z. der Zusatz geringer Mengen von *Subtilin*, gegen das sporenbildende Bakterien, wie Clostridium botulinum, empfindlich sind, geeignet ist. Dadurch könnte die St.Z. auf einige Min. u. St.T. auf 212° F gesenkt werden, was zur Ausschaltung der Fermente, Hefen, Pilze u. nichtsporenbildenden Bakterien genügen würde. (J. Milk Food Technol. **15.** 68—69. 93. März/April 1952. Ithaca, N. Y., Cornell Univ., New York State Coll. of Agric.) KRUSEN. 7634

L. E. Brownell, C. A. Lawrence und **J. T. Graikoski,** *Sterilisierung von Lebensmitteln durch γ-Strahlen.* Sporenbildner sind gegen γ-Strahlen bes. widerstandsfähig. Bac. subtilis u. Clostr. botulinum benötigen zur völligen Abtötung der Sporen 2—2,5·10^6 rep. Nicht sporenbildende Mikroorganismen benötigen viel weniger. Mit 2,04·10^6 rep. wurde rohe u. pasteurisierte Milch steril. Psittacosis- u. Mäusepneumonievirus sowie Tuberkelbacillen wurden durch 0,085—0,26·10^6 rep. in Luft inaktiviert. Tier. Lebensmittel sind gegen Bestrahlung bes. empfindlich u. erleiden unliebsame Aromaveränderungen (I). Frische Gemüse, u. a. Spargel, Erbsen, Karotten, können ohne solche I durch Bestrahlung sterilisiert werden. Fleisch kann durch geringen Zusatz von Chemikalien bei der Bestrahlung vor I bewahrt werden. (Refrigerating Engng. **61.** 55—57. 104. Jan. 1953. Ann Arbor, Mich., Univ.) FRESENIUS. 7634

C. C. Fifield und **D. W. Robertson,** *Vermahlung, Backen und chemische Eigenschaften von Marquis- und Kanredweizen aus Colorado nach Lagerung von 19—27 Jahren.* Die Lagerung geschah in trockenen, ungeheizten Räumen. Bis zu 26 Jahren bleib die Keimkraft in verschied. Stärke erhalten, ohne daß ein Zusammenhang mit der Lagerungszeit erkennbar war. Nach 27 Jahren war die Keimkraft erloschen. Etwa 60% der Muster zeigten einen leichten Abfall im Proteingehalt. Der Aschegeh. des Kornes bleib unverändert, der des Mehles stieg leicht an. Mit steigender Lagerungsdauer erhöhte sich das Gasbildungsvermögen der Mehle. Der Fettgeh. stieg deutlich an, die Fettsäurewerte lagen hoch. Ein Einfl. auf den Thiamingeh. war nicht festzustellen. (Agronomy J. **44.** 555—59. Nov. 1952.) HAEVECKER. 7664

William Cover, *Korntrocknung durch Elektrizität.* Vf. bespricht Messung der Kornfeuchtigkeit, kontinuierliche Trockner, Korntrocknung in Behältern, Luftgeschwindigkeit, Lufterhitzer, Luftumlauf, Trocknung von gesacktem Korn, Vorteile der elektr. Trocknung. (Brewers' Guild J. **39.** 21—27. Jan. 1953.) HAEVECKER. 7664

B. Thomas und **K. Fuchs,** *Zur Beurteilung der chemischen Behandlung von Mehlen.* Backverss. zeigten, daß eine Verbesserung der Backfähigkeit durch künstliche Mehlveredelung nicht immer mit Sicherheit zu erreichen ist. In bestimmten Einzelfällen leistet die chem. Mehlbehandlung unentbehrliche Dienste. Bes. günstig sind die Ergebnisse für $KBrO_3$. — 8 Literaturhinweise. (Pharmazie **7.** 791—99. Dez. 1952. Potsdam-Rehbrücke, Inst. für Ernährungsforschung.) HAEVECKER. 7670

J. Russell Esty, *Der Rückstand neuer Insekticide auf Konservenobst und -gemüse.* Aprikosen wurden mit DDT (I), DDD (II), Parathion (III) u. Methoxychlor (IV) behandelt. III läßt sich durch Waschen beim Eindosen leicht entfernen, IV haftet bes. fest. Die zurückbleibenden Reste der Behandlungsmittel waren weder bei Aprikosen noch bei Pflaumen als gesundheitlich bedenklich anzusehen. Grüne Bohnen wurden mit I—IV, Tomaten mit I—III, Toxaphen u. Ca-Arsenat behandelt. Dabei waren die Ergebnisse den geschilderten prinzipiell gleich. Bei Erbsen, Pfirsichen, Birnen oder Tomaten, die enthülst u. geschält verwendet werden, sind keine Chemikalienreste mehr vorhanden. Benzolhexachlorid, Lindan u. Chlordan verursachen Aromaveränderungen. (Proc. annu. Meeting Washington State horticult. Assoc. **48.** 19—24. Dez. 1952. Berkeley, Calif., Nat. Canners Assoc.) FRESENIUS. 7690

C. J. Babcock, D. R. Strobel, R. H. Yager und **E. S. Windham,** *Konservierung von Schokoladentrunk durch Gefrierung.* 380 Tage dauernde Lagerung von Schokoladentrunk bei −17,8° hatte keine Geschmacksveränderungen zur Folge. Durch Auftauen der gefrorenen Proben bei 4—6° u. 20° wird eine größere Sedimentbldg. als durch 90 Sek. dauerndes Rühren bei 4—6° oder Auftauen bei 62—63° u. rasches Abkühlen bewirkt. Bei den letzten 2 Verff. ist das Sediment nach 380 Tagen nicht größer als nach 3 Tagen. Die Sedimentation macht sich in keinem Fall geschmacklich bemerkbar. Es konnte während der Lagerung keine Entmischung von Fett u. Protein beobachtet werden. (J. Milk Food Technol. **15.** 74—75. März/April 1952. Washington, D. C., U. S. Dep. of Agric., Dairy Branch; Army Med. Serv. Grad. School, Veterin. Div.) Krusen. 7726

B. R. Warner, *Messung der Oberflächen von Tabaken durch Stickstoffadsorption bei niedrigen Temperaturen.* Die spezif. Oberflächen (s. O.) von Tabakproben wurden nach der Meth. von Brunauer, Emmett u. Teller (J. Amer. chem. Soc. **60.** [1938.] 309) durch Best. der Adsorptionsisothermen für N_2 bei −195° ermittelt. Vf. konnte zeigen, daß durch Dämpfen, Methylalkoholextraktion u. bes. durch „force aging" die s. O. von 0,5—0,6 m^2/g bis auf 10,3 m^2/g erhöht werden. Darüber hinaus wurde gefunden, daß sich bei gleichbleibender s. O. die Adsorptionswärmen ändern können, was auf eine Änderung der chem. Struktur der Oberflächen durch die Bearbeitung zurückzuführen ist. Tabake verschied. Herkunft können bei gleicher chem. Zus. verschied. s. O. aufweisen. (Arch. Biochem. Biophysics **40.** 143—52. Sept. 1952. Chicago, Ill., Guardite Corp.) Krusen. 7734

H. J. Stafseth, Margaret M. Cooper und **A. M. Wallbank,** *Verhalten von Salmonella pullorum auf menschlicher Haut und in Eiern während Lagerung und nach verschiedenen Kochverfahren.* Die germicide Wrkg. der menschlichen Haut konnte auch gegen S. pullorum, wenn auch mit starken individuellen Schwankungen, nachgewiesen werden. Mit S. pullorum infizierte Eier wiesen noch nach 9 Monaten Lagerung bei 25° lebende Keime auf, während S. schottmülleri, S. enteritidis, S. typhinurium u. S. paratyphi 12 Monate bei 25° überlebten. Zur Abtötung der Bakterien in infizierten Eiern ist mindestens 4 Min. dauerndes Kochen oder Zubereitung als Rühreier erforderlich. (J. Milk Food Technol. **15.** 70—73. März/April 1952. East Lansing, Mich., State Coll., Dep. of Bact. and Public Health.) Krusen. 7754

C. P. Cox, *Die Viscosität von Vollmilch und ihre Veränderung mit der Temperatur.* Die Viscositätsmessungen von Soxleth, Kobler, Taylor, Tapernoux & Vuillaume, Spöttel & Gneist u. Caffyn werden überprüft u. diskutiert. Gleichungen für relative u. absol. Viscosität u. die danach errechneten Kurven für die Temperaturabhängigkeit der Viscosität werden angegeben. (J. Dairy Res. **19.** 72—82. Febr. 1952. Reading, Univ., Nat. Inst. for Res. in Dairying.) Fresenius. 7756

M. Jean Stone und **A. Rowlands,** *Rahm-„Bruch" in roher und pasteurisierter Milch.* Beschreibung eines Milchfehlers, der als Rahm-„Bruch" („broken" or „bitty" cream) bezeichnet wird. Milch im Anfangsstadium des Fehlers ist hinsichtlich Geschmack u. titrierbarer Säure normal. Später tritt nichtsaure Gerinnung ein. Beobachtung während einer ungewöhnlichen Hitzeperiode. Die Milch enthält aerobe Sporenbildner. Von 161 Kulturen aus roher u. pasteurisierter Milch wurden 96 mal Bac. cereus (I), 27 mal B. mycoides (II), 11 mal B. sphaericus, 17 mal B. subtilis, 3 mal B. megatherium, 2 mal B. pumilus, 1 mal B. firmus isoliert, 4 weitere Arten wurden nicht identifiziert. Ein großer Teil von I u. II rief den Rahm-„Bruch" in Sterilmilch hervor. Das Auftreten scheint mit der Erzeugung von Lecithinase durch I u. II zusammenzuhängen. (J. Dairy Res. **19.** 51—62. Febr. 1952. Dairying, Univ. of Reading, Nat. Inst. for Res.) Fresenius. 7756

Janet C. Curry und **Franklin W. Barber,** *Hemmung von Streptococcus lactis durch eine quaternäre Ammoniumverbindung in Käsereimilch.* Unterss. mit einem *Alkyldimethylbenzylammoniumchlorid* enthaltenden Reinigungsmittel (I) ergaben, daß St. lactis in dest. W. schon bei weniger als 10 p.p.m. innerhalb von 10 Min. abgetötet wird, während zur Erreichung des gleichen Effektes in Milch mehr als 600 p.p.m. erforderlich sind. Jedoch konnte gezeigt werden, daß schon 2,5—10 p.p.m. I in Milch eine Hemmung der Milchsäurebldg. bewirken. Demnach ist eine spezif. Wrkg. von I auf das milchsäurebildende Enzymsyst. der Bakterien anzunehmen. (J. Milk Food Technol. **15.** 278—81. Nov./Dez. 1952. Oakdale, Long Island, N. Y., Nat. Dairy Res. Labor., Inc.)
Krusen. 7756

J. Babad und **A. Shenhav-Hetman,** *Qualitätserhaltung von Milchpräparaten.* Vff. untersuchten (Best. der titrierbaren Säure, des p_H, der Gerinnung beim Kochen; Reduktase- u. Alkoholprobe) die Haltbarkeit von Milchzubereitungen. Die Zus. derselben war folgende: Frischmilch mit 3% Fett mit Zusatz von Magermilchpulver bis zu 24% Trockenmasse; die gleiche Zubereitung verd. mit gleichen Teilen W., Milch mit 0,75%

Fett u. 13,5% Trockenmasse aus Frischmilch + W. + Milchpulver. Schließlich wurde noch Frischmilch erprobt, der außer Magermilchpulver ein Milchpulver nach Entzug des Milchzuckers zugesetzt war. Die Proben wurden bei 23 u. 18° 40 Std. u. bei 10° 60 Std. sowohl mit als ohne Pasteurisierung aufbewahrt. Die Haltbarkeit pasteurisierter Proben der Gemische war innerhalb der genannten Zeitabstände u. Tempp. befriedigend. Die Haltbarkeit nichtpasteurisierter Proben mit Milchpulverzusatz war unbedeutend besser als die von Rohmilch. (J. Dairy Res. **19.** 63—71. Febr. 1952. Rehovoth, Israel, Agricult. Res. Stat.) FRESENIUS. 7756

Paul Simonart und **Kwang Yü Chow,** *Trennung von Labferment und Pepsin durch Mikroelektrophorese und Papierchromatographie.* Durch Mikroelektrophorese u. nachfolgende Papierchromatographie, durch Papierelektrophorese u. durch elektrophoret. Papierchromatographie konnten Vff. in handelsüblichen Labpräpp. *Pepsin* nachweisen u. dieses vom *Labferment* trennen. — Beschreibung der Verfahren. (Nederl. Melk- en Zuiveltijdschr. **6.** 206—13. Juli/Sept. 1952. Louvain, Univ., Stat. de Recherch. Lait.) KRUSEN. 7760

Donato C. Azman, *Schmackhaftigkeit und chemische Zusammensetzung von Zuckerrohr- und Napiergrasfutter.* Zuckerrohr (I) u. Napiergras (Pennisetum purpureum) (**II**) (durchschnittliche Höhe 184 bzw. 245 cm) wurden an Ochsen verfüttert. **I** wurde mehr aufgenommen als **II. I** hatte einen höheren Geh. an Rohprotein, Feuchtigkeit, Rohfett u. Invertzucker als **II,** jedoch einen niedrigeren Geh. an Asche, stickstofffreiem Extrakt, Kalk, Rohfaser u. einen niedrigeren Kalorienwert. (Philippine Agriculturist **35.** 333—37. Nov. 1951.) FRESENIUS. 7782

John L. Hendry jr. und **Richard R. Pederson,** Elizabeth, N. J., V. St. A., *Vermahlen von fetthaltigen Nahrungsmitteln* (I), wie Cocosfleisch, Kakaobohnen, oder Gewürzen. **I** werden zunächst mit fl. N_2 auf ca. —100° F heruntergekühlt u. in der N_2-Atmosphäre in einer Hammermühle feinst vermahlen u. sofort verpackt. (**A. P. 2 583 697** vom 5/6. 1950, ausg. 29/1. 1952.) KRANZ. 7633

Procédés industriels et Charbons actifs, Frankreich, *Behandlung von Kälteisoliermitteln pflanzlichen Ursprungs zur Beseitigung üblen Geruches,* dad. gek., daß den zum Isolieren von Kühlschränken, Kühlgefäßen u. ähnlichen App. verwendeten Stoffen, wie Kork, Korkpulver, mit Petrolpech imprägnierter Kork usw., Aktivkohle in Pulver oder granuliert in Mengen von 1—5% zugemischt wird. (**F. P. 995 181** vom 9/9. 1949, ausg. 28/11. 1951.) W. HEYNE. 7633

Abbott Laboratories, North Chicago, Ill., und **Geo. A. Hormel & Co.,** Austin, Minn., übert. von: **Pagadam N. E. Naidu,** Waukegan, Ill., und **Laurence W. Murphy,** Austin, Minn., V. St. A., *Fibringewinnung.* Der sich im frischen Blut bildende Blutkuchen wird durch einen Reib- u. Schneideprozeß in fl. Dispersion so zerkleinert, daß sich das Fibrin in granulierter Form abscheidet. Nach Abtrennung des Plasmas u. des Blutfarbstoffes wird das Fibrin nachgewaschen u. gegebenenfalls getrocknet. (**A. P. 2 577 353** vom 7/7. 1948, ausg. 4/12. 1951.) KRANZ. 7647

Sherwin-Williams Co., Cleveland, O., V. St. A., übert. von: **James Victor Hunn** und **Joseph I. Wecks,** *Konservierung von Eiweiß und eiweißhaltigem Material* durch Zusatz von in alkal. Lsg. lösl. Derivv. der Benzoesäure u. des Phenols, wie Chlorbenzoesäure, Brombenzoesäure, Salicylsäure, o-Phenylphenol, 2.4.5-Trichlorphenol, 2.3.4.6-Tetrachlorphenol, Pentachlorphenol u. 2-Halogen-4-phenylphenol. Nach Ansäuern der alkal. konservierten Eiweißlsgg. fallen Eiweiß u. Konservierungsmittel aus, da diese Konservierungsmittel in saurem u. auch neutralem Medium unlösl. sind. Die Menge des Konservierungsmittels darf nicht weniger als 1% des ausfällbaren Eiweißes oder eiweißhaltigen Materials betragen. (**E. P. 663 098** vom 22/11. 1948, ausg. 19/12. 1951. A. Prior. 22/12. 1947.) MAASS. 7647

Courtaulds Ltd., London, England (Erfinder: **William Henry Farrant, Leonard Ernest Hodges, Robert Louis Wormell,** Coventry, und **Claude Leonard Knight,** Australien), *Eiweißgewinnung* aus entöltem Erdnuß-, Bohnen- oder Nußmehl durch alkal. Extraktion bei p_H 8,5—11,5 in Ggw. eines Aluminates, wie $NaAlO_2$, Abtrennung des fl. Extraktes vom Ungelösten u. Säurefällung des Proteins. (**E. P. 653 188** vom 27/5. 1948, ausg. 9/5. 1951.) KRANZ. 7647

Paul Doittau, Elie Valentin, Pierre Koechlin, Lucien Rouzet und **Henry Nouveau,** Paris, Frankreich, *Hefehaltige Nährmittel.* Entbitterte Hefe (**I**) wird autolysiert oder mittels eines hyperton. Mediums, wie NaCl oder Alkaliphosphat, plasmolysiert, mit Stärke gemischt u. die Mischung einem kombinierten Koch- u. Trockenprozeß (**II**) unter mechan. Druck unterworfen, wobei sie zwischen erhitzten Walzen hindurchgeführt wird. Die Stärke kann dabei in Form von enthülsten, aber sonst ganzen Getreidekörnern verwendet werden; die I wird dann ohne vorherige Autolyse oder Plasmolyse damit vermischt, die Mischung unter Druck im Autoklaven gekocht u. anschließend wie oben im II weiterbehandelt. (**E. P. 648 244** vom 14/3. 1946, ausg. 3/1. 1951. F. Prior. 28/4. 1942.) KETTNER. 7647

Albert Cuer, Frankreich, *Zwei neue Nahrungsmittel aus Hefe.* In W. aufgeschlämmte — bes. obergärige — Hefe wird in Ggw. von Alkalisalzen der Halogene schrittweise u. allmählich bis zum Kochen erhitzt, damit durch Osmose der Zellsaft möglichst vollständig aus den Zellen der Hefe austreten kann. Man erhält ein Filtrat (I) u. einen Rückstand (II). I wird bis zur Sirupdicke eingedampft u. stellt einen „Fleischsaft" dar, der zum Würzen von Speisen geeignet ist u. diesen einen Geschmack nach Fleischbrühe erteilt. II wird mit W. verd. u. bis zur cremeartigen Beschaffenheit eingekocht als „Fleischcreme". Dieser ist verwendbar zum Brotaufstrich, in Mischung mit Gemüsen oder, mit Butter gebraten, in Form von Beefsteak. (**F. P. 978 999** vom 21/1. 1942, ausg. 20/4. 1951.) W. HEYNE. 7647

Mars and Huzenlaub, übert. von: **Erich G. Huzenlaub,** Chicago, Ill., V. St. A., *Anreichern des Endosperms von Getreide mit natürlichen Vitaminen.* Das Getreide wird in einer vitaminhaltigen Fl., die z. B. eine Aufschlämmung von Kleie enthält, eingeweicht u. anschließend getrocknet. (**Can. P. 475 894** vom 28/7. 1944, ausg. 7/8. 1951. A. Prior. 30/8. 1943.) WITTHOLZ. 7665

F. Hoffmann-La Roche & Cie. (Soc. An.), Schweiz (Erfinder: **Max Frank Furter** und **Werner M. Lauter**), *Anreicherung von Körnerfrüchten mit Vitaminen und Mineralsalzen,* dad. gek., daß die Körner (Mais, Reis, Getreide) mit einer die Vitamine u. Mineralsalze enthaltenden Lsg. imprägniert u. dann mit einer filmbildenden Schicht, die in warmem W. lösl. u. in kaltem W. unlösl. ist, überzogen werden. Hierzu eignet sich z. B. eine Lsg. von Zein, Abietin- u. Palmitinsäure in Isopropanol. Durch Mischung von behandelten mit unbehandelten Körnern wird das Endprod. auf einen gewünschten Vitamin- u. Mineralsalzgeh. eingestellt. (**F. P. 989 244** vom 12/2. 1948, ausg. 6/9. 1951. A. Prior. 8/7. 1947.) W. HEYNE. 7665

Oursina Soc. An., Schweiz, *Gewinnung von Nährmehlen für Säuglinge und für die Diätkost.* Nach den üblichen Methoden hergestellte Nährmehle werden vor der endgültigen Trocknung noch einige Zeit bei einer zwischen 80 u. 115° liegenden Temp. behandelt, um die Stärke aufzuschließen u. leichter verdaulich zu machen, so daß ein Kochen bei der Herrichtung der Speisen überflüssig ist. (**F. P. 978 145** vom 22/12. 1948, ausg. 10/4. 1951.) W. HEYNE. 7671

Fernstrom Paper Mills, Inc., Ponoma, Calif., V. St. A. (Erfinder: **R. B. Baum** und **J. R. MacRill**), *Seidenpapier zum Einwickeln von Früchten, besonders Citrusfrüchten.* Man imprägniert das Seidenpapier mit α-Terpineolverbb. in Mineralöllsg., bes. unter Zusatz von etwas Paraffin. Als Terpenkomponente kann auch ein Nadelholzteeröl verwendet werden. Die Imprägnierung verhindert das Wachstum von Schimmelpilzen, bes. *Penicillium italicum.* (**Schwed. P. 132 016** vom 17/6. 1946, ausg. 19/6. 1951. A. Prior. 19/6. 1945.) JÜRGEN SCHMIDT. 7689

Igor Voïnovitch, Frankreich, *Verfahren, die enzymatischen Vorgänge in biologischen Substanzen zu unterbinden,* die z. B. das Braunwerden u. Verfärben bei Gemüsen u. Früchten hervorrufen. Es wurde gefunden, daß die Wirksamkeit der bei der Gemüsekonservierung verwendeten Stoffe, wie z. B. SO_2 u. ihre Salze, Thiamin, Nicotin- u. Ascorbinsäure, wesentlich gesteigert wird, wenn diese nicht einzeln, sondern in Kombination miteinander angewandt werden. — Um das durch enzymat. Vorgänge hervorgerufene Braunwerden von Kartoffeln, Äpfeln, Birnen, Aprikosen, Champignons zu unterbinden, genügt z. B. bei gleichzeitiger Anwendung von SO_2 u. von Thiamin, Thiazolpyrimidin, Nicotin- oder Ascorbinsäure von ersterer $^1/_{100}$, von den übrigen $^1/_2$—$^1/_4$ der Menge, die bei der Einzelanwendung erforderlich ist. An Stelle von Thiamin u. Thiazolpyrimidin können Säfte oder Extrakte pflanzlicher oder tier. Herkunft, die diese Stoffe enthalten, genommen werden. (**F. P. 993 141** vom 7/6. 1949, ausg. 26/10. 1951.) W. HEYNE. 7691

Ernest-François Detienne, Frankreich, *Frischhalten von Früchten, Blumen, Gemüsen,* dad. gek., daß das zum Umhüllen, Einwickeln oder Aufbewahren von Früchten usw. dienende Papier mit solchen Stoffen imprägniert wird, die den Ablauf der biol. Prozesse, welche das Welken, Verfärben usw. bedingen, aufhalten. — Äußere Schalen von Körnern u. Knollen, die das Keimen verhindernde Wirkstoffe enthalten, werden getrocknet u. zu Pulver gemahlen oder mit W. extrahiert. Mit dem Pulver oder dem Extrakt wird Papier vor, während oder nach der Fertigstellung durch Imprägnieren oder Aufstreichen behandelt. (**F. P. 983 076** vom 26/1. 1949, ausg. 19/6. 1951.) W. HEYNE. 7691

Dow Corning Corp. (Erfinder: **William Ralph Collings**), Midland, Mich., V. St. A., *Mundstück für Zigaretten*, bestehend aus einem Seidenpapierstreifen, der mit fl., durchschnittlich 1,75—2,25 einwertige KW-stoffradikale (Alkyle u. Aryle) auf 1 Si-Atom enthaltenden Siloxanen (I), z. B. Dimethylpolysiloxan, getränkt ist, wobei das Papier 5—12% seines Gewichts an I enthält. (**D. B. P. 846 369** Kl. 79c vom 27/9. 1950, ausg. 11/8. 1952. F. Prior. 29/3. 1949.) KRANZ. 7735

Theodor Magrutsch jr. (Erfinder: **Theodor Magrutsch** und **Oskar Olaj**), Wien, Österreich, *Herstellung von Schläuchen, besonders für künstliche Wursthüllen aus Papierbahnen.* Die Papierbahnen werden unter Verwendung von Caseinleim zum Schlauch verklebt, wobei der Caseinleim gleichzeitig mit der Verklebung oder dieser nachfolgend bes. mit Formaldehyd unlösl. gemacht wird. (**D. R. P. 752 394** Kl. 53c vom 8/4. 1941, ausg. 4/9. 1952.) MAASS. 7751

Joseph Seraphim, Frankreich, *Herstellung von Kunsthäuten.* Bahnen aus Natur- oder Kunstseide oder anderem Fasermaterial werden mit Polyvinyl-, Polyacryl- oder Latexemulsion getränkt u. kalandriert, damit eine innige Verb. stattfindet. Um der Bahn das Aussehen von Häuten zu geben, wird eine Seite mit einer Weichmacher, Casein oder Eiweißleim enthaltenden Vinylemulsion überzogen. Als Weichmacher wird Dimethylglykolphthalat empfohlen. (**F. P. 971 261** vom 1/3. 1940, ausg. 15/1. 1951.) WITTHOLZ. 7751

Novacel Soc. An., Frankreich, *Schutzumhüllung für Schweinefleischwaren.* Schinken, Würstchen usw. werden durch Eintauchen in eine Lsg. von Salzen der Carboxymethylcellulose u. Koagulieren dieser mittels einer Salzlsg. u. Trocknen mit einem dünnen Schutzhäutchen überzogen. — Cervelatwurst wird in eine 2,5%ig. wss. Lsg. des Na-Salzes der Carboxymethylcellulose, die eine Viscosität von 250 cP. bei 20° hat, getaucht u. kommt nach dem Abtropfen in eine gesätt. sd. Lsg. von NaCl. Man trocknet dann in einer Trockenvorr. mit starker Luftbewegung bei 50°. (**F. P. 983 509** vom 1/2. 1949, ausg. 25/6. 1951.) W. HEYNE. 7751

Soc. Française des Carburants Forestiers, Frankreich (Erfinder: **Georges Fouilloux** und **Henri Guinot**), *Konservierung von Fleisch.* Das Fleisch wird entweder in eine wss., filtrierte Lsg. von Räucheröl unter gleichzeitigem Zusatz konz. Salzlake eingetaucht, oder es wird mit Salz eingerieben, das mit einer wss. filtrierten Lsg. von Räucheröl befeuchtet wurde, wobei der Feuchtigkeitsgeh. 10—20% beträgt. Durch dieses Verf. gelingt es z. B., auf dem Fleisch die doppelte Menge an wirksamen Stoffen des Räucheröls wie nach den üblichen Verff. niederzuschlagen. (**F. P. 988 097** vom 12/4. 1949, ausg. 22/8. 1951.) W. HEYNE. 7751

Pierre L. N. Herbinot und **John A. C. A. Hoveman,** Frankreich, *Räuchern von Lebensmitteln, wie Fleisch, Fisch* u. dgl. unter Ersatz des natürlichen Schmokes durch Behandlung mit einer Fl., die in bezug auf Geschmack, Geruch u. Farbe die gleiche Wrkg. besitzt. Diese Fl. enthält die im natürlichen Schmok enthaltenen Stoffe, wie Essig-, Propion-, Butter-, Valeriansäure, Ketone, CH_2O oder Formol, Guajacol, Kreosot. Die Lebensmittel werden in diese Fl. 5—20 Min. eingetaucht oder damit bespritzt, auch kann diese Fl. der Salzlake zugegeben werden. Eine Behandlung unter Vakuum u. Druck nach Art der Imprägnierung von Holz ist ebenfalls möglich. (**F. P. 974 090** vom 10/12. 1941, ausg. 19/2. 1951.) WITTHOLZ. 7753

Didier-Jean-Charles Petyt, Frankreich, *Neues Nahrungsmittel aus Milch und Milchprodukten.* Ein Gemenge gleicher Teile geronnener Voll- oder Magermilch, Käse oder Proteine, Getreidekörner, wie Gerste oder Mais, Hülsenfrüchte, Sojabohnen, Kürbiskerne, werden im Autoklaven 20 Min. bei 120° gekocht, wodurch die Stärke der Samen durch die vorhandene Milchsäure teilweise zu Glucose abgebaut wird. Die erhaltene feste M. wird zerkleinert u. nach Zusatz von Voll-, Mager- oder Buttermilch oder mit $CaCO_3$ neutralisierter Molke in einem Homogenisator zu einem gleichmäßigen dünnen Brei verarbeitet, der dann z. B. auf einem Walzentrockner getrocknet wird. Das Prod. stellt nach dem Vermahlen u. Sieben ein vollwertiges Nahrungsmittel für Kinder u. Kranke dar u. kann in der Diätkost verwendet werden. Das Verf. gestattet, den sommerlichen Milchüberschuß für die Ernährung der Jungtiere in der Landwirtschaft im Winter nutzbar zu machen. (**F. P. 996 630** vom 7/5. 1945, ausg. 24/12. 1951.) W. HEYNE. 7757

Usines de Melle, Saint-Léger-les-Melle, Frankreich, *Abtrennung von Lactose aus Milchserum.* Man führt vor der Konz. des Serums zwei aufeinanderfolgende Ausflockungen durch, u. zwar eine im sauren u. die andere im alkal. Medium. Im sauren Medium arbeitet man bei p_H 3—5 unter 5—15 Min. langer Erhitzung. Die Ausflockung im alkal. Medium nimmt man bei p_H 7—9 vor. (**Schwz. P. 278 272** vom 27/8. 1948, ausg. 3/1. 1952. F. Prior. 5/9. 1947.) MAASS. 7757

Glaces et Crème Glacées Ch. Gervais, Soc. An., Frankreich (Erfinder: **Yves Lhermitte**), *Verfahren zum Aufbewahren verderblicher Nahrungsmittel bei niedrigen Temperaturen*, wie z. B. Gefrorenes u. Eiscreme, dad. gek., daß man sich eines eutekt. Gemisches bedient, dessen Zus. je nach der gewünschten Temp. zu wählen ist. Mit dem fl. Gemisch werden Bänder, Streifen oder Tafeln aus saugfähigem Material, wie Abfallpapier, Wolle, Baumwolle, Watte oder Beutel mit Infusorienerde, bis zur Sättigung getränkt u. diese mit Gummi, wasserdichtem Gewebe oder Papier umhüllt. Die Nahrungsmittel werden mit diesen Bändern, Streifen usw. umgeben u. in einem isolierenden Karton aus Wellpappe verpackt. Die vollständige Packung wird in einem Kühlschrank von genügend tiefer Temp. gelagert. Nach Entnahme aus dem Schrank bewahrt die Packung ihre Temp. je nach Art des eutekt. Gemisches u. der Stärke der Verpackung mehr oder weniger lange, z. B. ca. 5 Std. lang. (**F. P. 994 055** vom 13/12. 1944, ausg. 12/11. 1951.) HEYNE. 7757

John R. Sorensen & Co. Ltd. (Erfinder: **Walter Finkler**), Manchester, England, *Eßbare Schaummasse.* Ein Celluloseäther wird zusammen mit einem Fettsäureester, wie Glycerinmonostearat, in W. oder *Milch, Molke* oder dgl. bei 50—100° gelöst. Die Lsg. wird abgekühlt u. bei erhöhter Temp. emulgiert. Gegebenenfalls weiterer Zusatz von Zucker u. Aromastoffen. (**D. B. P. 843 200** Kl. 53k vom 19/10. 1950, ausg. 7/7. 1952.) KRANZ. 7757

Bowman Dairy Co., Chicago, übert. von: **Martin M. Kloser**, Chicago, **Timothy L. Kimball**, Park Ridge, und **Otto I. Schrenk**, Chicago, Ill., V. St. A., *Herstellung von Quark.* Nach Bldg. von Casein u. Molke kühlt man auf 65° F, pumpt das Material auf eine Filterpresse, pumpt dann Kühlwasser durch die Presse, läßt Kühlluft zur Verminderung des Feuchtigkeitsgeh. die Presse passieren u. entfernt den Quark von der Presse. (**A. P. 2 586 830** vom 31/3. 1949, ausg. 26/2. 1952.) MAASS. 7759

Charles E. French, Research procedure in evaluating milk receiving labor in Indiana. Lafayette, Ind.: Purdue Univ. 1952. (23 S. m. Diagr.) apply.

XVII. Fette. Seifen. Wasch- u. Reinigungsmittel. Wachse. Bohnermassen usw.

Rex J. Sims, *Veränderungen in den chemischen, physikalischen und organoleptischen Eigenschaften des Sojaöles, unter weit variierten Bedingungen hydriert.* Um weitere Beiträge zur Frage der Beziehungen zwischen Geschmacks- u. Oxydationsstabilität zu liefern, werden Proben von Sojaöl unter Variierung von Temp., H-Druck, Rührgeschwindigkeit, Hydrierdauer, Katalysatorkonz. laboratoriumsmäßig gehärtet u. anschließend desodoriert (Zugabe von 0,005% Citronensäure als Stabilisator); ein Teil der Prodd. wird 3 Tage gealtert (bei 60°). Analyt. Charakterisierung der Proben im frischen u. im gealterten Zustand nach Refraktionsindex, JZ., Geh. an Linol- sowie Linolensäure, an Dien, an Transsäure, nach Erweichungs- u. Schmelzpunkt. Aus dem experimentellen Material geht hervor, daß gesetzmäßige Beziehungen zwischen Geschmacksstabilität, Oxydationsneigung (SWIFT-Test) sowie Geh. an polyolefin. Fettsäuren bei partiell gehärtetem Sojaöl nicht bestehen. Bei Hochdruckhydrierung werden Prodd. mit hohem F. u. Erweichungspunkt erhalten, wobei die Differenz zwischen beiden Kennzahlen sehr groß ist. Bei mäßigen Drucken variiert die Selektivität der Härtung direkt proportional mit der Katalysatorkonz. u. umgekehrt proportional mit der Rührgeschwindigkeit; bei hohen Drucken ist der Effekt dieser Faktoren umgekehrt. Der Geh. an Transsäuren fällt mit der Drucksteigerung ab; es werden unter diesen Umständen vermehrt vollgesätt. Glyceride gebildet, die die Konsistenz der Prodd. entscheidend bestimmen. (J. Amer. Oil Chemists' Soc. **29.** 347—50. Aug. 1952. Chicago, Ill., Swift and Co.) TÄUFEL. 7894

C. G. Reuther jr., R. D. Westbrook, Wade H. Hoffman jr., H. L. E. Vix und **E. A. Gastrock**, *Extraktion von Baumwollsamen- und Erdnußöl mit Lösungsmitteln.* 8. Mitt. *Einwirkung von Feuchtigkeit auf die Zubereitung und Flockenherstellung von Baumwollsamen.* (7. vgl. C. **1951.** II. 2267.) Der Einfl. des Feuchtigkeitsgeh. von Baumwollsamen auf Abschälen, Trennen in ganze u. zerkleinerte Samen, Schalengeh. der einzelnen Fraktionen, Flockenbereitung, Perkolieren u. Entfetten wurde sowohl an künstlich getrockneten als auch angefeuchteten Samen untersucht. Es zeigte sich, daß ein Feuchtigkeitsgeh. von 9—10% am günstigsten für Flockenherst. u. Extraktion war. Bei niederen Feuchtigkeitsgehh. war der Geh. an Feinsubstanzen erhöht, der die Perkolation durch die Flocken verminderte. Höhere Feuchtigkeitsgehh. erhöhten den Schalenanteil der Flocken u. damit den nach der Extraktion verbleibenden Fettgeh., ferner waren Feinsubstanzen vermehrt u. die Flocken von zu weicher Beschaffenheit. Die Ergebnisse dieser Verss. wurden in einer Versuchsanlage verwendet. (J. Amer. Oil Chemists' Soc. **28.** 146—49. April 1951. New Orleans, La., South Reg. Res. Labor.) GRAU. 7894

A. V. Graci jr., A. J. Crovetto, J. S. Parker und **C. G. Reuther jr.**, *Extraktion von Baumwollsamen- und Erdnußöl mit Lösungsmitteln. 9. Mitt. Bestimmung der Trübstoffe im Ölextrakt.* (8. vgl. vorst. Ref.) Extrakte aus Baumwollsamen, Erdnuß-, Eibischsamen u. Reiskleie enthalten bis zu 5% Trübstoffe (**A**), so daß sie vor der Filtration durch Absetzen oder Zentrifugieren abgetrennt werden müssen. Zur Best. der **A** entwickeln Vff. eine volumetr. Schnellmeth., nach der sich das Gewicht von **A** berechnen läßt. Hierzu wird ein kalibriertes Zentrifugenglas nach Art der TROMSDORFschen Röhre verwendet. Der Einfl. des Feuchtigkeitsgeh. der zur Extraktion vorbereiteten Samen ist bei Leinsamen gering, bei Erdnußflocken bedeutend. Die Werte werden graph. in Abhängigkeit von der Menge Trübstoffe/Liter Extrakt aufgetragen u. bilden eine Gerade. (J. Amer. Oil Chemists' Soc. **29**. 71—73. Febr. 1952. New Orleans, La., South Reg. Res. Labor.) GRAU. 7932

C. Whalley und **M. Ellison**, *Die Mikrobestimmung der Jodzahl von Ölen nach der Methode von Wijs.* Beschreibung von App. u. Methode. Die App. besteht hauptsächlich aus Reaktionsgefäß u. einer AGLA-Mikrometer-Spritzbürette u. Glaselektrode. Einzelheiten vgl. Original. Einwaage 5—15 mg Öl (je nach erwarteter JZ.). Auflösen in 0,5 ml reinem Chlf. u. langsame Zugabe von 1,0 ml Lsg. nach WIJS in Eisessig. Den Stöpsel mit 1 Tropfen einer 12%ig. KJ-Lsg. abdichten u. 45 Min. im Dunkeln stehenlassen. Dann Stöpsel mit wenigen Tropfen W. waschen u. sofort 0,5 ml 12%ig. KJ-Lsg. u. 2,5 ml dest. W. in Gefäß geben. Mit 0,2n$Na_2S_2O_3$-Lsg. unter Rühren titrieren, bis Galvanometerausschlag aufhört. JZ. = $12{,}7\cdot\{[R_2W_1]/W_2-R_1\}$ 1000 N/M, wobei W_1 u. W_2 die Gewichte der WIJS-Lsg. in g sind, die für Probe u. Blindvers. genommen wurden, R_1 u. R_2 die verbrauchten ml $Na_2S_2O_3$, N ist die Normalität der $Na_2S_2O_3$-Lsg., M die Einwaage. (J. Oil Colour Chemists' Assoc. **35**. 596—600. Dez. 1952. Teddington, Paint Res. Stat.) BÖSS. 7932

Oskar Oldenroth, Erich Wedekind u. Peter Dämkes, Wäscherei-Fachlexikon. Marburg: Wäschereitechnik u. -chemie Verl.-GmbH. 1951. (II + 164 S.) 8°. DM 6,75.

—, Wäscher-Jahrbuch. Hrsg. Ernst Glagow. Bd. 2 (1950). Bd. 3, (1951). Marburg/Lahn: Wäschereitechnik u. -chemie 1950—51. (2. 312 S. u. 3. 321 S.) 8°. Je DM 4,75.

XVIIIa. Holz. Cellulose. Zellstoff. Papier. Papierdruck. Celluloid. Linoleum.

Hans Fredrik Holmgren, *Erfahrungen mit Feldversuchen an Holzschutzstoffen in Schweden.* In Schweden wurden zuerst nur *Teeröl*, *$ZnCl_2$* u. *$CuSO_4$* als Imprägniermittel benutzt. Zur Prüfung der neuen Holzschutzmittel wurde 1943 mit der Durchführung von Freilandverss. begonnen, über deren Ergebnisse jedoch noch keine abschließenden Mitteilungen gemacht werden können. Das Versuchsholz wurde in verschied. Konzz. der folgenden Schutzmittel behandelt: *Teeröl, Basilit UA, Bolidensalz,* fluorhaltiges Schutzsalz. (Holz Roh- u. Werkstoff **11**. 70—72. Febr. 1953. Stockholm.) SEIFERT. 7952

R. Breny und **Z. Straszewska**, *Überlegungen und Vorversuche über den Schutz frisch geschlagenen, noch nicht entrindeten Holzes gegen holzzerstörende Insekten.* Orientierende Verss. mit Pentachlorphenol u. Monochlornaphthalin-Stäuben u. Spritzmitteln. Die aussichtsreichen Verss. werden fortgesetzt. (Bull. agric. Congo belge **43**. 1019—36. Dez. 1952. Gembloux.) GRIMME. 7952

Louis E. Wise und **M. A. Buchanan**, *Die Chemie der cellulosehaltigen Holzfaser.* Neuere Forschungsergebnisse über die Cellulose u. Hemicellulose (**I**) des Holzes sind kurz u. leichtverständlich zusammengestellt. Es wird auf die Schwierigkeit hingewiesen, **I** aus der Zellwand quantitativ zu isolieren. **I** besitzt einen niedrigen DP von 100—300. Xylankristalle können durch vorsichtige Behandlung aus **I** erhalten werden. Neben Xylose sind in **I** je nach Holzart, Alter des Baumes u. Stammteil auch andere Zucker, z. B. Mannose in Coniferenholz, enthalten. Der Einfl. von **I** bei der Papierbldg. wird kurz besprochen. (Paper Ind. **34**. 1229—32. Jan. 1953. Inst. of Paper Chem.) WERGIN. 7956

L. G. Cottrall, *Einfluß der chemischen Zusammensetzung und der Morphologie der Fasern von mechanischem und Kraftzellstoff auf ihre papiermachenden Eigenschaften.* Inhaltlich ident. mit der C. **1953**. 3659 referierten Arbeit. (Paper-Maker Brit. Paper Trade J. **125**. 34—38. Jan. 1953.) H. BECKER. 7974

J. R. Simmons, *Die chemische Natur der α-, β- und γ-Fraktionen von gebleichtem chemischem Nadelholzzellstoff.* Vf. analysierte verschied. Sorten Sulfit-, Sulfat- u. Kraftzellstoff nach einer modifizierten CROSS u. BEVAN-Methode. Aus den Verss. wird geschlossen, daß die α-Fraktion aus n. Cellulose (**I**) u. Resten Hemi-**I**, die β-Fraktion aus abgebauter **I** u. die γ-Fraktion aus Hemi-**I** bestehen. Analysenmeth.: Mit 1 g Zellstoff wird der Trockengeh. bestimmt; zur Trennung wird 1 g Zellstoff in 5 ml W. eingeweicht, 5 ml 17,8%ig. NaOH zugegeben u. 25 Min. bei 20° gehalten, 15 ml W. dazu u. nach

5 Min. abgesaugt u. mit W., 30 ml 10%ig. Essigsäure (**II**) u. sd. W. nachgewaschen u. der Nd. der α-Fraktion 2 Std. bei 105° getrocknet; das Filtrat ist durch die **II** neutralisiert u. die β-Fraktion ausgefallen. Sie wird durch Kochen koaguliert, vorsichtig abgesaugt u. getrocknet. Die γ-Fraktion ist die Differenz zum Trockengewicht. Ferner Angaben über die gravimetr. u. colorimetr. Best. der Pentosane in den einzelnen Fraktionen u. im Gesamtzellstoff. (Paper-Maker Brit. Paper Trade J. **124**. 497—502. 506. Dez. **1952**.) H. BECKER. 8006

A. Letcher Jones und **Robert W. Foreman**, *Flüssige thermische Diffusion von Tallöl.* Die App. zur Best. der therm. Diffusion wird beschrieben. Untersucht wurden rohes Tallöl (**I**), Handelsname Liqro, u. doppelt dest. **I** (= **II**, Handelsname Indusoil). **I** enthielt 52% Fettsäuren, 41% Harzsäuren, 7% nichtsaure Verbb., für **II** waren die Werte 60,9; 31,1; 8. Versuchsdurchführung wird beschrieben. Die Tempp. der Wände der App. waren 20 u. 100°. Die Ergebnisse zeigen, daß durch therm. Diffusion die freien Fettsäuren an der Spitze u. die Harzsäuren am Boden der Diffusionssäule konz. werden. Es wird festgestellt, daß bei einer Reihe von Fraktionen die therm. Diffusion auf eine Trennung komplexer Systeme mehrerer Substanzen in eine Anzahl von Fraktionen verschied. chem. Zus. anwendbar ist. (Ind. Engng. Chem. **44**. 2249—53. Sept. 1952. Cleveland, O., Standard Oil Co., Chem. and phys. Res. Div.) BOYE. 8006

Paul Heisel und **Erhard Müller**, Lech-Chemie, Gersthofen, *Fungicid wirkendes Holzschutzmittel.* Das Mittel enthält als wirksame Bestandteile neben Ölen chlorierte aliphat. oder hydroaromat. KW-stoffe mit >5, bes. 10—20 C-Atomen. Diese Chlorierungsprodd. sollen, wenn man von dünnen Ölen ausgeht, 30—40 (%) Cl, bei mittelviscosen Ölen ca. 40—50 u. bei hochviscosen Ölen 50—60 Cl enthalten. (**N. P. 78 423** vom 24/11. 1949, ausg. 16/4. 1951.) JÜRGEN SCHMIDT. 7953

Courtaulds Ltd. (Erfinder: **John Gordon Daroud**), London, England, *Nachbehandlung von ausgefällten sekundären Celluloseestern* durch Stabilisierung mittels verd. wss. Mineralsäure (H_2SO_4) bei >70°, bes. unter Druck. Während oder nach der Stabilisierung wird mit wss. $NaClO_2$-Lsg. in Ggw. von Säure (H_2SO_4) gebleicht. (**D. B. P. 870 249** Kl. 12o vom 31/7. 1951, ausg. 12/3. 1953. E. Prior. 3/8. 1950.) FABEL. 7971

Alginate Industries Ltd., London, übert. von: **Arthur Johnson**, Leeds, und **Edwin George Millatt**, Maidenhead, England, *Papier aus Fasern von Erdalkalialginat.* Um die Fasern, z. B. Abfälle von Alginatstapelfasern, verfilzungsfähig zu machen, werden sie klein geschnitten, in W. dispergiert u. mit einem Alkalisalz versetzt, dessen Anion mit Erdalkali unlösl. Verbb. gibt. Es werden nur 15—55% des Erdalkalis substituiert, so daß die Fasern nur an der Oberfläche quellen. — Beispiel: 3 (g) Ca-Alginatfasern, die ein flammfestes Prod. ergeben, werden in 300 W. mit 32 engl. Härtegraden ($CaCO_3$) dispergiert. Nach Zusatz von 02 Na_2CO_3 (**I**) wird bei 15—21° 30 Min. gerührt u. das Prod. handgeschöpft. 0,4 **I** ergibt ein pergamentartiges Papier. (**A. P. 2 600 504** vom 4/6. 1948, ausg. 17/6. 1952. E. Prior. 19/6. 1947.) G. VOGEL. 7987

Armstrong Cork Co., Lancaster, übert. von: **David A. Feigley jr.**, Manheim Township, Pa., V. St. A., *Herstellung von Schichtmaterial*, z. B. für Dichtungen, Tür- u. Fensterfüllungen, bes. für Autos. Der Stoff besteht aus Papierfasern (bes. Sulfitzellstoff) u. feinem Korkpulver. Der wss. Suspension des Stoffes wird ein lösl. Al-, Fe- oder Sn-Salz zugesetzt, letzteres mit einem Hydroxyd gefällt u. der M. ein Latex eines Polymerisates aus Butadien, Isopren, Chloropren oder eines Mischpolymerisates aus Butadien oder Isopren u. Vinylverbb. zugesetzt. Der Latex wird unter Rühren koaguliert, das Korkpulver dadurch mit den Papierfasern gebunden u. der Ganzstoff auf die Papiermaschine gegeben. — 2 Beispiele. (**A. P. 2 613 190** vom 26/1. 1951, ausg. 7/10. 1952.) G. VOGEL. 7987

Gardner Board and Carton Co., Ohio, übert. von: **Brainard E. Sooy**, Middletown, und **Harry C. Fischer**, Cincinnati, O., V. St. A., *Verfahren zur Herstellung von Papier oder Karton mit glatter Oberfläche.* Die die Papiermaschine verlassende Bahn wird auf dem Kalander zunächst mit einem wasserlösl. Bindemittel (Stärke), das 4,5—15 Gew.-% an Feststoffen enthält, überzogen u. dann mit einem Auftrag mineral. Pigmente versehen, getrocknet u. nach Wiederanfeuchten des Auftrages erneut kalandriert. — Zeichnung. (**A. P. 2 611 717** vom 22/1. 1949, ausg. 23/9. 1952.) ZIERHOLD. 7987

Cassella Farbwerke Mainkur (Erfinder: **Ernst Honold** und **Otto Hansen**), Frankfurt/M., *Herstellung von flammfestem Papier*, dad. gek., daß dem Papierstoff Salze aus einer Mineralsäure u. Polymerisaten des Äthylenimins zugesetzt werden. — Beispiel: 100 (Teile) einer 50%ig. Paste von polymerisiertem Äthylenimin werden mit 50 einer 75%ig. H_3PO_4 gemischt, das gallertig ausfallende Phosphat wird mit 500 W. kalt digeriert u. die wss. Schicht entfernt. 200 Liter einer 25%ig. Lsg. des in warmem W. gut lösl. Salzes werden 100 kg gebleichtem Nadelholzsulfitzellstoff im Holländer nach der Mahlung zugesetzt. (**D. B. P. 863 450** Kl. 55f vom 14/3. 1951, ausg. 19/1. 1953.) G. VOGEL. 7987

American Cyanamid Co., New York, N. Y., übert. von: **Volney Tullsen**, Westfield, und **Frederick L. Pfeiffer**, Chatham, N. J., V. St. A., *Stabilisieren von Farbstoffen für warmtrocknende Druckfarben.* Zum Überführen in die stabile Form erhitzt man den Farbstoff in einer O_2-haltigen, organ. Fl., z. B. Mono-, Di- oder Triäthylenglykol, bis zu 70 Std. auf ca. 50—200°. (**A. P. 2 601 468** vom 27/9. 1949, ausg. 24/6. 1952.) NEEBELSIEK. 7989

Lange & Co. K.-G. (Erfinder: **Ulrich Lange**), Krefeld, *Herstellen dauerhafter, mehrfarbiger Landkarten* auf dünnen biegsamen u. durchsichtigen Folien aus thermoplast. Kunststoffen (I). Auf einen Zwischenträger, z. B. aus Papier, wird mit Hilfe übertragbarer Druckfarben die Karte aufgedruckt u. dieser Kartendruck auf die Folie unter Erwärmen u. Pressen übertragen. Nach Entfernen des Trägers wird Leinwand oder ein sonstiger Schutzstoff, der mit einer Lsg. des I behandelt sein kann, auf die Folie als Unterlage unter Erwärmen aufgepreßt. (**D. R. P. 753 291** Kl. 15k vom 30/1. 1941, ausg. 1/12. 1952.) LAASS. 7989

British Cellophane Ltd., Bridgewater, England, *Feuchtigkeitsbeständiges Verpackungsmaterial.* Ein Cellulosehydratfilm wird 20 Sek. in ein 35° warmes Bad, bestehend aus 6 (Teilen) Glycerin, 2 Harnstoff, 0,5 eines teilweise kondensierten Harnstoffharzes u. 91,5 W., getaucht, unter leichter Spannung getrocknet, beiderseitig mit einem Weichmacher u. SO_2 enthaltenden Nitrocelluloselack ($p_H < 4$) überzogen u. 15 Sek. einem 80° warmen Luftstrom ausgesetzt, wobei die Lösungsmittel u. SO_2 verdampfen. (**E. P. 670 108** vom 16/6. 1949, ausg. 16/4. 1952.) SALZMANN. 7995

XVIIIb. Textilfasern.

Giorgio Serchi und **Paolo Chini**, *Untersuchungen über das Wasserabstoßungsvermögen.* 3. Mitt. *Analytische und technologische Verfahren zur Bestimmung des Wasserabstoßungsvermögens eines Gewebes.* (2. vgl. C. **1953**. 2857.) Krit. Überblick über die wichtigsten Verff. zur Best. des Wasserabstoßungsvermögens, die meist einseitig einzelne Erscheinungen in Abhängigkeit von den physikal. Eigg. des Gewebes, den chem. Wirkungen seiner Hydrophobierung u. den äußeren Bedingungen der Benetzung zahlenmäßig feststellen, so daß sie verschied. Bewertungen liefern u. je nach der Qualität des wasserabstoßend gemachten Gewebes das eine oder andere Verf. zu bevorzugen ist. Eine Zusammenfassung aller Bedingungen u. Wirkungen in einem mathemat. Ausdruck ist anscheinend noch unmöglich. Eine gültige Beurteilung einer Fabrikation ließe sich dadurch erreichen, daß man aus einer solchen nur einzelne Stücke nach dem Verf. von ROWEN u. GAGLIARDI (J. Res. nat. Bur. Standards **38**. [1947.] 103) prüft, um auf Grund der Wasserdurchdringungs-Zeit-Kurve die Länge der Induktionsperiode u. den Gleichgewichtswert konstanter Geschwindigkeit des durchtretenden W. festzulegen, u. andererseits die übrigen Stücke nach dem Sprühverf. AATCC auf ihre Hydrophobierung, auf die physikal. Eigg. des Gewebes nach dem Verf. der hydrostat. Säule AATCC u. des Fadens nach dem Verf. von BAXTER u. CASSIE (J. Text. Inst. **36**. [1945.] T 67) (Zeitmessung bis zum Rückgang des Kontaktwinkels auf 90°) untersucht. (Chimica [Milano] [N. S.] **28**. (**7**.) 233—38. Juni 1952. Cagliari, Univ., Ist. Chim. farmaceut. e tossicol.) METZENER. 8036

Giorgio Serchi und **Paolo Chini**, *Untersuchungen über das Wasserabstoßungsvermögen.* 4. Mitt. *Untersuchungen über die Bestimmung des Wasserabstoßungsvermögens eines Gewebes.* (3. vgl. vorst. Ref.) Zwei Baumwollgewebe, ein feines, lockeres mit schwach gezwirnten Fäden (A) u. ein dichter Gabardine mit stark gezwirnten Fäden (B), wurden mit je 25 Handelspräpp. nach den mitgeteilten Vorschriften imprägniert. Die A-Proben wurden einer Trockenwäsche durch Extraktion mit warmem C_2HCl_3, die B-Proben einer Naßwäsche mit einer Lsg., die 3% Soda u. 2% Texapon (SABO) enthielt, bei 80° unterzogen. Zur Prüfung des Wasserabstoßungsvermögens wurden Texanlsgg. in den Konzz. von 10^{-3}—10^{-5} mit den Oberflächenspannungen 32—59 Dyn·cm hergestellt, zu denen noch dest. W. mit 72 Dyn·cm hinzukam. Je 5 Tropfen von stalagmometr. kontrollierter gleicher Größe solcher Lsgg. ließ man auf unter 45° Neigung gespannte Stoffstreifen fallen u. beobachtete jene Tropfen von bestimmter Oberflächenspannung, die nicht mehr die Streifenfläche hinabrollten, sondern die gerade auf dem Gewebe haftenblieben. Wenn das Verf. auch keine scharfe Unterscheidung der einzelnen Gewebe liefert, so stehen doch seine Ergebnisse in guter Übereinstimmung mit denen des Sprühverf. AATCC. (Chimica [Milano] [N. S.] **28**. (**7**.) 371—74. Okt. 1952. Cagliari, Univ., Chim. Ist. farmaceut. e tossicol.) METZENER. 8036

Carl-Heinz Fischer-Bobsien, *Ein modernes Bild der Wolle.* 1. Mitt. An Hand der Literatur wird ein kurzer Überblick über den Wachstumsvorgang der Wolle u. dessen grundlegende Bedeutung gegeben. (Färber u. Chemischreiniger, Färber-Ztg. **6.** Nr. 2. 1—3. Febr. 1953.) P. ECKERT. 8060

Carl-Heinz Fischer-Bobsien, *Ein modernes Bild der Wolle in Einzeldarstellungen.* 2. Mitt. (1. vgl. vorst. Ref.) Kurzer zusammenfassender Überblick an Hand von Mikroaufnahmen. (Färber u. Chemischreiniger, Färber-Ztg. **6.** 6—8. März 1953.) P. ECKERT. 8060

H. Jörder, *Über das Verhalten von Schellack bzw. von synthetischen Steifmitteln beim Steifen von Hutfilzen.* Wie die Unterss. ergeben haben, sind die beiden verwendeten Steifmittel (Prod. A u. B) in ihrer Steifwrkg. dem Schellack in der Wasserechtheit überlegen. Weitere Einzelheiten werden besprochen. (Z. ges. Textilind. **55.** 40—41. 5/1. 1953. Badenweiler, Staatl. Inst. für Textilchemie.) P. ECKERT. 8066

P. Franchetti, *Die Anwendungsmöglichkeiten wässeriger Emulsionen.* Besprochen wird die Verwendung von Polyvinylacetat als Schlichte auf Kupferreyon. Weiter werden Fragen des Entschlichtens, des Färbens der geschlichteten Strangware, sowie des Schlichtens nach dem Färben im Strang behandelt u. die für die entsprechenden Zwecke geeigneten Farbstoffe genannt. Schlicht- u. Färbevorschriften werden angeführt. (Reyon, Zellwolle andere Chemiefasern **31.** 136—37. März 1953.) P. ECKERT. 8074

L. Marcou, *Fehlerquellen bei der colorimetrischen p_H-Messung in Gegenwart von Textilhilfsmitteln.* Nach einem Überblick über die verschied. elektrometr. u. colorimetr. Verff. zur p_H-Best. nebst ihren spezif. Vor- u. Nachteilen beschreibt Vf. Verss. über den Einfl. je eines kation., eines anion. u. eines nichtionisierten Textilhilfsmittels (I) auf den Farbumschlag von Indicatoren durch Vgl. des aus der Färbung ermittelten p_H-Wertes mit dem Meßwert eines Glaselektrodengerätes. Untersucht wird die Wrkg. der oberflächenakt. Stoffe *Fixogene T, Sunaptol O* u. *Primatex LM* auf die Indicatoren Methylrot, Neutralrot, Thymolblau, Bromphenolblau, Bromthymolblau sowie auf 2 Universalindicatoren. Anion. I verschieben den Umschlagspunkt der Indicatoren nach höheren, kation. I nach niederen p_H-Werten; die Wrkg. nichtionisierter I ist verschiedenartig. Die Ergebnisse werden theoret. erklärt. Vf. hält in Ggw. von einem I nur die elektrometr. Methoden für zuverlässig. (Teintex **18.** 3—21. 15/1. 1953.) FILCEK. 8096

H. Sulser, *Theoretische Grundlagen für die Beurteilung der Ungleichmäßigkeit von Garnen.* Es werden die verschied. Prüfmethoden besprochen. Ferner werden an Hand von Abbildungen u. mathemat. Betrachtungen die minimale Ungleichmäßigkeit von Garnen, die effektive Ungleichmäßigkeit von Faserbändern, Vorgarnen u. Garnen im Vgl. zur Minimalgleichmäßigkeit sowie andere Fragen der Gleichmäßigkeitsprüfung behandelt. (Schweiz. Arch. angew. Wiss. Techn. **19.** 85—96. März 1953.) P. ECKERT. 8096

Madeleine Raison, *Bestimmung der kritischen Micellenkonzentration von anionischen Netzmitteln durch colorimetrische Titration mit einem kationischen Farbstoff, dem Pinacyanolchlorid.* Für folgende anion. Netzmittel wird die krit. Micellenkonz. sowohl durch colorimetr. Titration mit einer verd. Lsg. von *Pinacyanolchlorid* (0,03 g/Liter) bei 50° als auch aus den Oberflächenspannungskurven bei 60° bestimmt: *Na-* u. *K-Laurat, Na-, K-* u. *Li-Laurylsulfat, Na-Dodecylsulfat, Li-Laurylsulfonat, Na-Laurylthiosulfat, Li-Myristylsulfat, Li-Cetylsulfat* u. *Na-Undecylthiosulfat.* Das Verf. der colorimetr. Titration zeichnet sich gegenüber dem der Oberflächenspannungsmessung durch Einfachheit, Schnelligkeit u. weit höhere Genauigkeit aus. (C. R. hebd. Séances Acad. Sci. **235.** 1129—30. 10/11. 1952.) HENTSCHEL. 8098

Joseph Bancroft & Sons Co., Wilmington, Del., V. St. A., *Fertigbehandlung von Textilstoffen aus Cellulose oder regenerierter Cellulose.* Man imprägniert die Stoffe mit einer wss. Lsg. von Dimethylolderivv. von Äthylenharnstoff, Äthylenthio-, 1.2-Propylen-, 1.2-Propylenthio-, 1.3-Propylen-, 1.3-Propylenthio-, 1.3-Butylen-, 1.3-Butylenthio-, 2.3-Butylen- oder 2.3-Butylenthioharnstoff u. einem sauren Katalysator. Anschließend wird der Stoff, der 4—7% Feuchtigkeit enthalten soll, mechan. u. schließlich therm. bei 82—205° 5 Sek. bis 2 Std. behandelt, damit die Dimethylolderivv. mit der Cellulose reagieren können. Die Konz. der Lsg. beträgt 0,5—50 Gew.-%, bezogen auf das trockene Gewebe. Man erhält eine bleibende Imprägnierung, die auch waschfest ist. (**N. P. 79 766** vom 1/8. 1950, ausg. 25/2. 1952. A. Priorr. 15/8. 1949 u. 1/7. 1950.) JÜRGEN SCHMIDT. 8033

Textilwerk Akt.-Ges., St. Gallen, Schweiz, *Filz- und schrumpffreie Wolle* erhält man durch Imprägnierung bei höchstens n. Temp. mit einer sauren wss. Lsg. von Melamin–Aldehyd-Harzen, CH_2O u. HCOOH bei $p_H < 7$. Man trocknet u. fixiert durch Erwärmen. — Eine Imprägnierlsg. enthält z. B. in 1 Liter 2 (g) Melamin–Aldehyd-

Harzlsg. (40%ig) u. 2 CH_2O-Lsg. (4%ig). Man imprägniert bei einer Flottenlänge von 1 : 40. (**E. P. 669 442** vom 8/11. 1948, ausg. 2/4. 1952. Schwz. Prior. 8/11. 1948.) MÖLLERING. 8061

Badische Anilin- & Soda-Fabrik (Erfinder: **Friedrich Lieseberg** und **Hugo Widmann**), Ludwigshafen/Rh., *Verspinnen von Viscose zu hohlen Fäden* aus ringförmiger Düse mit hohl ausgebildetem Kern im Spinntrichter. Durch diesen leitet man auf die Viscose (Salzpunkt unter 1,3; Kugelfall mindestens 200 Sek./20°) eine nicht oder nur sehr langsam koagulierend wirkende organ. Fl., z. B. Holzterpentinöl oder ein Gemisch aus Cyclohexanon u. dem durch Hydrierung von CO erhaltenen Gemisch aus Alkoholen, Ketonen u. KW-stoffen, die im Falle ihrer Wasserlöslichkeit auch mit W. vermischt sein kann. (**D. B. P. 864 904** Kl. 29b vom 9/3. 1944, ausg. 29/1. 1953.) SALZMANN. 8075

Farbenfabriken Bayer, Leverkusen (Erfinder: **Max-Otto Schürmann**, Dormagen), *Zellwolle aus Kupferoxydammoniakcelluloselösung* nach dem Streckspinnverf. mit Fällstrecke von mindestens 1 m u. einer Abzugsgeschwindigkeit von mindestens 60 m/Minute. Die Geschwindigkeit der in Fadenrichtung strömenden Fäll-Fl. soll höchstens 40% der Abzugsgeschwindigkeit betragen, während sie zum Ende des Spinntrichters hin ca. gleich groß sein soll. In der zweiten Hälfte der Fällstrecke wird eine Verfestigung des Fadens durch Einleiten eines Härtungsmittels (verd. Säure) erzielt. (**D. B. P. 864 310** Kl. 29b vom 10/6. 1944, ausg. 22/1. 1953.) SALZMANN. 8075

Farbenfabriken Bayer, Leverkusen (Erfinder: **Max-Otto Schürmann**, Dormagen), *Füllmaterial aus regenerierter Cellulose.* Spinnfrische Fäden, z. B. aus Kupferoxydammoniakcelluloselsg., werden mit härtenden Kondensationsprodd., z. B. einer Lsg., die Harnstoff u. CH_2O enthält, imprägniert, stark gedreht, so daß die einzelnen Windungen überspringen, auf 110° erhitzt, zurückgedreht u. auf 30 cm geschnitten. — *Polstermaterial.* (**D. B. P. 864 435** Kl. 29b vom 18/2. 1944, ausg. 26/1. 1953.) SALZMANN. 8075

Deutsche Rhodiaceta Akt.-Ges., Freiburg/Br. (Erfinder: **Gaston Mouchiroud** und **Joseph Trillat**, Lyon, Frankreich), *Fäden aus Cellulosederivaten nach dem Trockenspinnverfahren* im Schacht. Der die Fäden usw. umgebende Trockenstrom wird mechan. ausschließlich durch die Bewegung des geformten Gutes, u. zwar in der gleichen Richtung u. prakt. mit der gleichen Geschwindigkeit wie diese durch die Spinnzelle bewegt u. der im Kreislauf umlaufende Gasstrom nach dem Austritt der Fäden aus der Zelle bis zu einer Temp. abgekühlt, bei der der Dampfdruck des Lösungsm $< {}^1/_{10}$ at beträgt. — Zeichnung. (**D. B. P. 862 643** Kl. 29a vom 24/8. 1943, ausg. 12/1. 1953. F. Prior. 25/8. 1942.) SALZMANN. 8075

Monsanto Chemical Co., St. Louis, Mo., V. St. A., übert. von: **Elmer Harold Rossin**, *Schlichten von Nylonfäden.* Man behandelt mit einer wss. Lsg. eines quaternären NH_4-, eines NH_4-, Na- oder K-Salzes des Mischpolymerisates aus Styrol (I) u. einem Maleinsäurealkylester (Alkylrest = 1—4 C-Atome), wobei die Lsg. von anderen reaktionsfähigen Verbb. frei sein soll. Nach dem Trocknen der Fäden läßt man reakt. Verbb. einwirken. — Äquimol. Mengen I u. Maleinsäureester des sek. Butanols werden bei 93° polymerisiert, das Prod. wird mit 1750 (Teilen) W. u. 100 NH_4OH-Lsg. (26%ig) aufgenommen u. auf 93—100° erwärmt, bis sich eine viscose Lsg. gebildet hat, die zum Schlichten weiter mit W. verd. wird. (**E. P. 665 199** vom 4/5. 1948, ausg. 16/1. 1952. A. Prior. 2/6. 1947.) MÖLLERING. 8081

Badische Anilin- & Soda-Fabrik, Ludwigshafen/Rh. (Erfinder: **Rudolf Kern**, Neustadt/Weinstraße), *Kontinuierliche Hochdruckpolymerisation von Äthylen.* Man polymerisiert Äthylen (I) in Ggw. von O_2 oder O_2 abgebenden Stoffen als Katalysatoren, wobei man I in Mischung mit geringen Mengen (2—3 Vol.-%) H_2 einsetzt. — Beispiel: 96%ig. I mit 0,04% O_2 als Polymerisationskatalysator u. 4% H_2 werden bei 1000 at u. 180° durch eine Rohrschlange von 6 mm Durchmesser geleitet. Feste, farblose, paraffinähnliche M., die bei 110° klare Schmelzen ergibt, aus denen sich *Fäden* ziehen lassen. (**D. B. P. 864 150** Kl. 39c vom 16/1. 1942, ausg. 22/1. 1953.) UNGER. 8081

Rudolf Pummerer, Chemische Textilfasern, Filme und Folien. Grundlagen und Technologie. Lfg. 7. Stuttgart: Enke. 1953. (S. 945—1104 m. Abb. u. Tab.) 8°. DM 20,—.

XIX. Brennstoffe. Erdöl. Mineralöle.

D. W. van Krevelen, *Einteilung der Steinkohlen.* Übersicht über besondere Eigg. der Steinkohle, geschichtliche Entw. u. Parameter der Einteilung, Systeme der wissenschaftlichen, wirtschaftlichen u. internationalen Einteilung. (Het Gas **73.** 27—34. 1/2. 51—57. 1/3. 1953. Geleen, Staatsmijnen in Limburg, Centraal Labor.) WESLY. 8126

D. J. W. Kreulen, *Schwefelkohle auf Istrien.* Die untersuchte Rasa-Kohle zeichnet sich durch einen hohen Geh. an organ. S (11%) u. geringen O-Geh. aus. Sie hat einen zweifachen Charakter. Einige Werte, wie der Geh. an Flüchtigem (49%), Teerausbeute (20%), weisen auf einen minderen Wert, auf der anderen Seite hat sie gute Kokungseigg., hohen Heizwert (5800 kcal), eine Zündtemp. von 179° u. einen geringen Geh. an Staub, so daß hier von einer sehr guten Kohle gesprochen werden kann. Der Hauptanteil des S gehört ringförmigen Verbb. an. Sulfonhuminsäure (mit 8% S) erhält man durch Oxydation der Kohle. Die Adsorptionsfähigkeit für H_2S bei der Kohle u. der Huminsäure ist bes. hoch. Vf. vergleicht an Hand von Tabellen die Rasa-Kohle mit verschied. bekannten Kohlen. (Fuel **31.** 462—67. Okt. 1952. Rotterdam, Labor. für Kohlen- u. Ölchemie.) ROSENDAHL. 8126

E. Rammler, *Gewinnung von Braunkohlenstaub in Brikettfabriken und im Anschluß daran.* Besprochen wird die Gewinnung von Braunkohlenstaub in Brikettfabriken unter Berücksichtigung betrieblicher u. wirtschaftlicher Bedingungen. (Bergbautechnik **2.** 437—48. Okt. 1952.) H. SCHÖBERL. 8136

J. Tourret, *Korrosionsprobleme in der Raffinerie.* Überblick über die hauptsächlichsten Korrosionsprobleme in den Raffinerien. — 49 Literaturstellen. (Bull. Assoc. franç. Techniciens Pétrole **1952.** Nr. 94. 49—68. 31/7. Comp. Française de Raffinage.) J. FISCHER. 8194

Gyula Rabó und **András Zalai,** *Untersuchungen über die spaltende Hydrierung von Normalparaffin-Mineralöl.* Vff. untersuchten die spaltende Hydrierung von reinem Normalparaffin-Mineralöl unter 300 at Druck. Unter den Versuchsbedingungen war sowohl die Konvertierung als auch, infolge von Sekundär-Rkk., die Ausbeute an fl. Prodd. kleiner als die aus thermodynam. Daten berechnete. Wegen der geringen Methanbldg. ist es wahrscheinlich, daß die Sekundär-Rkk. nicht homogen therm., sondern katalyt. stattfinden. Die Benzin- u. Mittelölprodd. enthalten auch Naphthene u. Aromaten, die sich wahrscheinlich über gasförmige KW-stoffe bilden. (Magyar Kémiai Folyóirat [Ung. Z. Chem.] **58.** 303—05. Okt. 1952.) P. ECKERT. 8200

R. A. Brown, F. W. Melpolder und **W. S. Young,** *Analyse von gasförmigen, flüssigen und festen Stoffen mit Hilfe der Massenspektrometrie.* Beschreibung der Arbeitsweise des Massenspektrometers der CONSOLIDATED ENGINEERING CORP. an Hand von Bildern. Apparative Einzelheiten u. Versuchsdurchführung. (Petroleum Processing **7.** 204—11. Febr. 1952. Atlantic Refining Co.) K. O. MÜLLER. 8242

W. S. McDonald und **H. S. Turner,** *Bestimmung von Naphthalin in Kohlenteerprodukten durch die isotope Verdünnungsanalyse.* Die bisher übliche Best. des Geh. an Naphthalin (I) in Teeren durch fraktionierte Dest., Kristallisation u. andere Techniken wird durch die isotope Verdünnungsanalyse nach RADIN ersetzt. Ein von RADIOCHEMICAL CENTRE in Amersham beschafftes ^{14}C-I (F. 79,45° gegenüber 80,7° eines 99,98% reinen I, aber mit ident. UV-Spektr. in Cyclohexan) wurde mit reinem I verd., um ein Prod. der spezif. Aktivität von $\sim 2{,}5 \cdot 10^{-3}$ µC pro mg zu erhalten. Etwa 0,1 g dieses I wurde zu einer genügenden Menge Kohlenteer gegeben, um die gewünschte Verdünnung der Radioaktivität zu erhalten. Eine Probe des verd. ^{14}C-I wurde unter Anwendung der Standardmeth. in reinem Zustand isoliert. Die spezif. Aktivität des isolierten I wurde mit der bekannten Verdünnung nach der Meth. von AUDRIC u. LONG verglichen. Nach dem neuen Verf. werden 8,3% I erhalten gegenüber 5,5% nach der bisherigen Standardmethode. In mit I angereicherten Kohlenteeren wurden gegenüber der alten Meth. auch die höheren Ausbeuteziffern ermittelt. (Chem. and Ind. **1952.** 1001—02. 11/10. Teddington, Middlesex, Chem. Res. Labor. D. S. I. R.) K. O. MÜLLER. 8248

M. A. Hughes und **E. C. Hughes,** *Wie bewertet man Schmieröladditive?* Mit dem „Polyveriform"-Oxydationstester wurden **47** verschied. Schmieröladditive überprüft. Ihre Wirksamkeit scheint mit der S-Menge, die durch sie dem Öl einverleibt wird, in einem gewissen Verhältnis zu stehen. Die Steigerung der Viscosität während des Testens stimmt gut mit der Änderung der SZ. überein. Manche Additive geben, in unzulänglichen Mengen angewendet, unbefriedigende Resultate. (Petroleum Processing **7.** 1274—78. Sept. 1952. Ohio, Standard Oil Co.) STEINER. 8258

Michele Bonotto, Princeton, N. J., V. St. A., *Ölhaltiges Material als Filtermaterial für Lösungsmittelextraktionen.* Man siebt das flockige, mit einem Lösungsm. extrahierbare ölhaltige Material u. gewinnt daraus ein Siebgut kleiner, sehr feiner Teilchen, die man mechan. zu körnigen Stücken preßt. Die gepreßte körnige M. ist gröber u. hat größeren Umfang u. größere D. als das ursprüngliche Siebgut. Man benützt die M. als Filtermaterial bei der Lösungsmittelextraktion ölhaltigen Materials, aus dem sie hergestellt wurde. Das gepreßte Filtermaterial wird in einem getrennten Strom der Gegenstromextraktionszone zugeführt. — Zeichnung. (**A. P. 2 608 565** vom 2/7. 1949, ausg. 26/8. 1952.) UNGER. 8193

Ruhrchemie Akt.-Ges. (Erfinder: **Otto Roden, Heinrich Heckel** und **Paul Schenk**), Oberhausen-Holten, *Herstellung von Kohlenwasserstoffen* durch katalyt. Hydrierung des CO, dad. gek., daß man einen Katalysator verwendet, dessen Alkaligeh. eine möglichst vollständige Rk. sowohl des CO als auch des H_2 in dem zur Verfügung stehenden Ausgangsgas gewährleistet, wobei in an sich bekannter Weise ein erhöhter CO-Verbrauch durch Steigerung des Alkaligeh. u. ein erhöhter H_2-Verbrauch durch Verminderung des Alkaligeh. erzielt wird. (**D. R. P. 767 128** Kl. 12o vom 14/9. 1940, ausg. 26/1. 1953.) G. KÖNIG. 8199

Badische Anilin- & Soda-Fabrik, Ludwigshafen/Rh. (Erfinder: **Ernst Donath,** Pittsburgh, Pa., V. St. A., und **Helmut Nonnenmacher,** Mannheim), *Herstellung eines Hochleistungskraftstoffes aus Benzinen,* dad. gek., daß man eine hochsd., zwischen ca. 100 u. 250° sd. Fraktion des zu verbessernden Bzn. dampfförmig mit H_2 bei 420—550° unter einem Gesamtdruck von 2—100 at, bes. 5—60 at, u. bei einem H_2-Partialdruck, der ca. 20—90% des Gesamtdruckes beträgt u. unter 50 at, zweckmäßig unter 30 at, liegt, behandelt, wobei ein aus oxyd. Trägern, bes. akt. Tonerde, u. einer oder mehreren Verbb. von Metallen der 5. u. 6. Gruppe des Period. Syst. bestehender Katalysator verwendet wird, u. die den Reaktionsraum verlassenden H_2-haltigen Gase ohne weitere Zugabe von frischem H_2 in einer Menge von 0,3—4,5 m^3 je kg Ausgangsstoff in den Reaktionsraum zurückgeführt werden, eine mittlere, zwischen 70 u. 150° sd. Fraktion des zu verbessernden Bzn. in Ggw. von Metallhalogeniden isomerisiert u. die behandelten Fraktionen, zweckmäßig unter Zugabe der niedrigsd. Fraktion des zu verbessernden Bzn., dann miteinander vermischt. Die Fraktionen des zu verbessernden Bzn. werden so scharf auseinander dest., daß sich ihre ENGLER-Siedekurven nicht überschneiden u. sie zweckmäßig Siedelücken von mindestens 5°, bes. 10° u. mehr, aufweisen. (**D. B. P. 856 142** Kl. 12o vom 18/1. 1944, ausg. 20/11. 1952.) G. KÖNIG. 8199

Phillips Petroleum Co., übert. von: **S. Grant Stewart,** Bartlesville, Okla., V. St. A., *Herstellung von Synthesegas* mit hohem H_2-Geh., bes. für die FISCHER-TROPSCH- u. für die Methanolsynthese. Ein Gas, das CH_4 u. nicht mehr als 20—40 Mol-% von Paraffin-KW-stoffen mit mehr als 2 C enthält, bes. ein Naturgas, wird zur partiellen Oxydation zusammen mit O_2 u./oder Wasserdampf 0,02—2 Sek. auf 2000—2500° F erhitzt, dann durch indirekten Wärmeaustausch auf 1200—1600° F u. anschließend zur Vermeidung der CO_2-Bldg. schnell unter 900° F abgeschreckt. Aus den Crackprodd. trennt man H_2 u. CH_4 ab u. mischt sie ganz oder teilweise mit dem zu oxydierenden Gas. Hierdurch gewinnt man ein Synthesegas, in dem $H_2 : CO = 1{,}7—2{,}3 : 1$. Die übrigen Spaltprodd. werden, bes. nach Abtrennung von C_2H_2 u. von Propan, aufgearbeitet. — Abbildung. (**A. P. 2 606 158** vom 4/1. 1949, ausg. 5/8. 1952.) ZÜRN. 8201

Texas Co., New York, N. Y., übert. von: **Leon Jacoby,** Irvington, N. J., und **Leon P. Gaucher,** Mount Vernon, N. Y., V. St. A., *Herstellung von Synthesegas* mit hohem H_2-Gehalt. KW-stoffe, bes. CH_4, werden mit O_2 oberhalb 2000° F teilweise oxydiert, so daß ein Gemisch von H_2 u. CO erhalten wird. Das Gemisch schreckt man ab, indem man es durch eine Wirbelschicht von inerten Teilchen leitet, z. B. Sand, SiC, die durch Rohre gekühlt wird, die mit einem Katalysator gefüllt sind u. in denen W. u. CH_4 endotherm, z. B. bei 1500° F, zu H_2 u. CO umgesetzt werden. Der Katalysator kann ebenfalls eine Wirbelschicht bilden. Beide Gasströme werden, bes. nach Reinigung u. Trocknung, vereinigt. — Abbildungen. (**A. P. 2 606 826** vom 27/3. 1948, ausg. 12/8. 1952.) ZÜRN. 8201

Phillips Petroleum Co., übert. von: **Bertrand J. Mayland,** Bartlesville, Okla., V. St. A., *Gleichzeitige Gewinnung von Synthesegas mit hohem und mit niederem H_2 : CO-Verhältnis.* Naturgas wird teilweise oxydiert, auf 1000° F gekühlt u. an eine poröse Wand, z. B. aus Draht- oder Bandgeweben, durchlochte Platten aus Silica, Alundum, Porzellan, geführt. H_2 diffundiert schneller durch als CO, so daß ein Spülgas, bes. Wasserdampf, auf der anderen Seite ein Gas mit höherem H_2-Geh. wegführt, das nach Mischung mit teilweise oxyd. Naturgas zur FISCHER-TROPSCH-Synth. verwendet wird. Der H_2-ärmere Teil des Gases dient zur Herst. von Aldehyden u. Ketonen aus olefin. KW-stoffen. — Abbildung. (**A. P. 2 609 382** vom 31/12. 1948, ausg. 2/9. 1952.) ZÜRN. 8201

Phillips Petroleum Co., Del., übert. von: **Alfred Clark,** Bartlesville, Okla., V. St. A., *CO-Hydrierung zu Kohlenwasserstoffen und O-haltigen organischen Verbindungen* im Wirbelschichtverf. wird unter gleichbleibenden Bedingungen fortlaufend ausgeführt, indem durch Regulierung des Rücklaufs die D. des Katalysators im Reaktionsraum konstant gehalten wird. — Zeichnung. (**A. P. 2 583 255** vom 24/5. 1948, ausg. 22/1. 1952.) G. KÖNIG. 8201

Ruhrchemie Akt.-Ges., Oberhausen, *Herstellung von Synthesegas.* Schwere Öle enthaltende Prodd. werden mit O_2 enthaltenden Gasen unvollständig zu H_2 u. CO enthaltenden Gasgemischen verbrannt. Die Verbrennung kann mit Luft, gegebenenfalls unter Zusatz von Wasserdampf, CO_2 u. CH_4, bes. auch unter Druck, erfolgen. Als schwere Öle sind Heizöle, Erdölrückstände, Teere, Crackrückstände geeignet. — 2 Abbildungen. (**Schwz. P. 282 987** vom 27/6. 1949, ausg. 1/9. 1952.) ZÜRN. 8201

Phillips Petroleum Co., übert. von: **Bertrand I. Mayland**, Bartlesville, Okla., V. St. A., *Herstellung von Synthesegas unter gleichzeitigem Regenerieren unwirksam gewordener Fischer-Tropsch-Katalysatoren.* Ein mit bis zu 50% C bedeckter Katalysator wird mit ausgebrauchtem Sauerstoffüberträger gemischt, der aus einem Verf. zur Oxydation von Naturgas zu Synthesegas stammt. Das Katalysatorgemisch wird bei 1100—1250° F mit Wasserdampf u. H_2 behandelt, wobei der Katalysator vom C befreit u. teilweise oxydiert wird. Der teilweise oxydierte Katalysator wird bei 1100—1250° in Ggw. von Wasserdampf weiteroxydiert. Ein Teil des regenerierten Katalysators wird red. u. als Katalysator verwendet. Der andere wird mit heißen O_2-haltigen Verbrennungsgasen auf 2300—2800° F erhitzt u. dann mit Naturgas behandelt, das sich unter Aufnahme von O_2 aus dem Gemisch zu Synthesegas umsetzt. — Abbildung. (**A. P. 2 598 186** vom 20/12. 1948, ausg. 27/5. 1952.) ZÜRN. 8201

Alfons Klemenc, Wien, und **Reuttener Textilwerke Akt.-Ges.**, Reutte, Österreich, *Herstellung eines an Wasserstoff und Kohlenmonoxyd reichen Gasgemischs.* Organ. Verbb. (z. B. organ. Säuren oder deren Salze, Alkohole, Aldehyde usw. oder Gemische solcher Verbb.) werden einer Glimmlichtelektrolyse (mit Gleich- oder Wechselstrom) unterworfen, bes. in wss. Lsg., wobei gegebenenfalls zur Erhöhung der elektr. Leitfähigkeit ein am Ablauf der Elektrolyse nicht unmittelbar beteiligter Elektrolyt zugesetzt sein kann. Der Elektrolyt wird während der Elektrolyse gerührt, z. B. indem ein Teil des durch die Elektrolyse erzeugten Gasgemischs im Kreislauf in das Elektrolytgefäß durch den Elektrolyt hindurch zurückgeleitet wird. Die so erhaltenen Gasgemische ähneln in ihrer Zus. einem Synthesegas, so daß sie z. B. für die *Bzn.*-Synth. nach FISCHER-TROPSCH verwendet werden können. (**D. B. P. 850 743** Kl. 12i vom 12/5. 1951, ausg. 29/9. 1952. Oe. Prior. 20/5. 1950.) SCHREINER. 8201

Phillips Petroleum Co., übert. von: **Thomas B. Hudson**, Bartlesville, Okla., V. St. A., *Katalysatorkontrolle bei organischen Reaktionen, besonders Umwandlungen von Kohlenwasserstoffen.* Um exotherme katalyt. organ. Umwandlungen durchzuführen, läßt man ein fl. Reaktionsgemisch unter Reaktionsbedingungen durch eine Kammer laufen, so daß die Temp. in der Strömungsrichtung steigt (entsprechend der frei werdenden Reaktionswärme). Man führt an mehreren Punkten einen festen, beweglichen Katalysator in die Reaktionszone ein u. führt ihn im Gegenstrom zur Reaktionsmischung. Getrennt davon wird die Menge u. Aktivität des eingeführten Katalysators an jedem dieser Punkte überwacht, um eine gesteigerte Aktivität des Katalysators in der Strömungsrichtung der Reaktionsteilnehmer (als umgekehrte Temperaturfunktion) zu erzielen, wodurch die Rk. sich gleichmäßig durch die ganze Kammer fortpflanzt. — Zeichnungen. (**A. P. 2 590 539** vom 14/10. 1947, ausg. 25/3. 1952.) UNGER. 8201

Elgin National Watch Co., Elgin, Ill., übert. von: **George E. Barker**, Newport, Del., V. St. A., *Nichtkriechende Schmieröle zum Schmieren feiner Instrumente*, z. B. Uhren. Man mischt 50—90 (Teile) nichtkriechende Öle, z. B. stabile nichtflüchtige Ester von Aralkylalkoholen u. Aralkylsäuren mit wenigstens 3 C-Atomen in der Alkylkette, mit 50—10 kriechenden Ölen, z. B. Diestern des Glykols mit einwertigen organ. Säuren mit einer gesätt. Alkylkette von 4—16 C-Atomen, die sich gegenseitig lösen. — Beispiel: 60 Benzylphenylundecanat (**II**) u. 40 Diäthylenglykoldicapronat unter Zusatz von 0,5 Dodecylpiperidinstearat u. 0,1 tert.-Butylbrenzcatechin. Analoge Gemische: Benzylphenylvalerat u. Benzylthioäthylundecanat, **II** u. Thiodiglykoldihexoat, **II** u. Benzylthioäthylcapronat. (**A. P. 2 583 200** vom 8/3. 1946, ausg. 22/1. 1952.) DERSIN. 8221

Herausgeber u. verantwortlich für den Inhalt: Prof. Dr. Maximilian Pflücke, Berlin W 8, Jägerstraße 22/23, Fernsprecher: 200481, 201464. Redaktion: Chefredakteure Dr. Eugen Klever und Prof. Dr. Maximilian Pflücke. Verlag: Akademie-Verlag GmbH, Berlin NW 7, Schiffbauerdamm 19 (Fernsprecher 42 55 71, Postscheckkonto Berlin 350 21) u. Verlag Chemie, GmbH, Weinheim/Bergstraße (Postscheckkonto Frankfurt/M. 145314 u. Berlin [West] 7430, Fernsprecher: Weinheim 2017). Bestell- u. Verlags-Nr. dieses Heftes: 1007/124/35. Das Chemische Zentralblatt erscheint wöchentlich. Satz u. Druck: VEB Leipziger Druckhaus, Leipzig. III/18/203. VIII. 53.
Veröffentlicht unter der Lizenznummer 1212 des Amtes für Literatur und Verlagswesen der Deutschen Demokratischen Republik.
Printed in Germany.

FSC
www.fsc.org
MIX
Papier | Fördert
gute Waldnutzung
FSC® C083411

Zeitfracht Medien GmbH
Ferdinand-Jühlke-Straße 7
99095 Erfurt, Deutschland
produktsicherheit@kolibri360.de